Das elektrische Widerstandsschweißen

Von

Dipl.-Ing. **Walter Brunst**

Mit 408 Abbildungen

Springer-Verlag
Berlin/Göttingen/Heidelberg
1952

ISBN 978-3-642-51080-9   ISBN 978-3-642-51079-3 (eBook)
DOI 10.1007/978-3-642-51079-3

Alle Rechte, insbesondere das der Übersetzung
in fremde Sprachen, vorbehalten.
Copyright 1952 by Springer-Verlag OHG.
Berlin/Göttingen/Heidelberg.
Softcover reprint of the hardcover 1st edition 1952

Vorwort.

Das Widerstandsschweißen ist ein Verfahren, ohne das eine heutige Fertigung der blechverarbeitenden Industrie nicht mehr denkbar ist. Die Anwendung immer größerer Schweißleistung, größerer Elektrodenkräfte und hochwertiger Schalteinrichtungen für den Schweißstrom, insbesondere der Schweißtakter und der zündstiftgesteuerten Schaltgefäße, haben den Möglichkeiten dieses Schweißverfahrens eine große Weite gegeben. Trotz der großen Bedeutung, die das Widerstandsschweißen hat, sind neuere zusammenfassende Arbeiten, außer den mehr für den praktischen Betrieb gedachten Darstellungen von FAHRENBACH bezw. GÖNNER und außer den kürzeren Übersichten in den allgemeinen Werken der Schweißtechnik, nicht vorhanden. Insbesondere vermißt man eine ihrer Bedeutung entsprechende Behandlung des steuertechnischen Teiles. Ich habe daher mit dem vorliegenden Buch versucht, diese Lücke zu schließen.

Unter dem Begriff Widerstandsschweißen werden hier die vier Hauptverfahren verstanden, und zwar das Punkt-, Naht-, Buckel- und Stumpfschweißen. Zur Erläuterung der physikalischen Grundlagen wird in erster Linie das Punktschweißen herangezogen, da es sich hierfür von den vier Verfahren am besten eignet. Der Beschreibung der Maschinen und Steuerungen wird ein großer Teil des Buches gewidmet. Sondermaschinen werden, soweit der gegebene Rahmen es erlaubte, berücksichtigt. Bezüglich ihrer Schweißbarkeit werden die Stähle und Leichtmetalle eingehend behandelt.

Ich hoffe, daß das Buch seiner Aufgabe gerecht geworden ist und von den Betriebs- und Fertigungsingenieuren begrüßt wird. Sicher kann es auch dem Studierenden als Leitfaden dienen. Für Anregungen und Verbesserungsvorschläge bin ich jederzeit dankbar.

Zum Schluß möchte ich noch die angenehme Pflicht erfüllen und allen denjenigen meinen Dank sagen, die mich in meiner Arbeit unterstützt haben, und zwar in erster Linie der ROBERT BOSCH GmbH. Stuttgart. Durch ihr Entgegenkommen wurde es erst ermöglicht, daß das Buch zustande kam. Herrn Dr.-Ing. ADALBERT SPERLING, Erlangen, danke ich für seine wertvolle freundschaftliche Mitarbeit bei der Planung des Buches und für einige Beiträge zum Manuskript. Herr Dr.-Ing. WOLFGANG FAHRENBACH, Oakland-USA, hat durch seinen Beitrag zum Abschnitt des Temperaturverlaufes das Buch bereichert.

Den verschiedenen Firmen, die durch Überlassung der vielen Unterlagen meine Arbeit unterstützt haben, spreche ich ebenfalls meinen verbindlichsten Dank aus.

Nicht zuletzt möchte ich aber dem Springer-Verlag danken, der es unter weitgehender Berücksichtigung meiner Wünsche ermöglicht hat, daß die Drucklegung in so guter Ausführung erfolgte.

Stuttgart-Ditzingen, im Dezember 1951.

W. Brunst.

Inhaltsverzeichnis.

Seite

I. Einleitung: Schweißverfahren.
§ 1. A. Begriffsbestimmungen und Übersicht 1
§ 2. B. Elektrisches Widerstandsschweißen 5
    1. Punktschweißen 6
    2. Rollennahtschweißen 6
    3. Buckel- oder Warzenschweißen 6
    4. Stumpfschweißen 7
        a) Wulststumpfschweißen 7
        b) Abbrennschweißen 7

II. Metallische Werkstoffe.
    A. Metallkundliche Grundbegriffe 7
§ 3.   1. Allgemeines 7
§ 4.   2. Methoden der Metalluntersuchung 10
    B. Stahl und Eisen 12
§ 5.   1. Begriffsbestimmungen 12
        a) Übersicht 12
        b) Reinsteisen und reines Eisen 12
        c) Kohlenstoff-Stähle 13
        d) Baustähle 13
        e) Werkzeug- und Schnellarbeitsstähle 14
        f) Einfluß der Legierungselemente 14
§ 6.   2. Herstellungsverfahren 15
    3. Gefügeaufbau der Kohlenstoff-Stähle 18
§ 7.   a) Allgemeines 18
§ 8.   b) Verhalten bei langsamer Abkühlung und Erwärmung . . . 19
§ 9.   c) Mechanische Behandlung und Gefüge 20
    4. Warmbehandlung der Stähle 21
§ 10.   a) Glühen mit folgender langsamer Abkühlung 21
§ 11.   b) Glühen mit anschließendem raschen Abkühlen 24
§ 12.   c) Rekristallisation 26
§ 13.   5. Normung 26
    C. Leichtmetalle 31
§ 14.   1. Allgemeines (leichte metallische Elemente, technische Leichtmetalle) 31
    2. Aluminium und Aluminiumlegierungen 32
§ 15.   a) Geschichtliches 32
§ 16.   b) Herstellung von Roh- und Hüttenaluminium 32
§ 17.   c) Allgemeine Angaben für Reinaluminium, Al-Knetlegierungen und Gußlegierungen. Normen 34
    3. Metallkundliches 35
§ 18.   a) Reinstaluminium, Reinaluminium 35
§ 19.   b) Gattung Al–Cu–Mg 38
§ 20.   c) Gattung Al–Mg (Al–Mg–Si) 39
§ 21.   d) Leitfähigkeiten 41

III. Grundlagen der Widerstandsschweißung.
§ 22. A. Stoffliche Vorgänge beim Widerstandsschweißen 43
§ 23. B. Ursprung der Schweißwärme 45

Inhaltsverzeichnis. V

Seite

        C. Widerstand des Schweißgutes 46
§ 24.   1. Stoffwiderstand. 47
§ 25.   2. Kontaktwiderstand 49
§ 26.   3. Weitere Angaben und Messungen von Widerständen 55

        D. Schweißstrom und Transformator 61
§ 27.   1. Allgemeines. 61
        2. Vektordiagramm der Transformatoren 62
§ 28.   a) Transformator im Leerlauf. 62
§ 29.   b) Transformator bei Last 63
§ 30.   c) Kreisdiagramm des Transformators 67
§ 31.   d) Beispiele gemessener Kennlinien 70
§ 32.   3. Mechanischer Aufbau der Transformatoren. 75

        E. Temperaturfeld und zeitliche Änderung. 80
§ 33.   1. Temperaturfeld und elektrisches Potential 80
§ 34.   2. Allgemeines nicht-stationäres Temperaturfeld. 83
§ 35.   3. Messungen des Temperaturverlaufes 89
§ 36.   4. Wirkungsgrad und Wärmebilanz 93
          a) Maschinenwirkungsgrad 93
          b) Thermischer Wirkungsgrad. 95
          c) Wirkungsgrad und Maschineneinstellung. 97

§ 37. F. Zusammenfassende Betrachtung zu Abschnitt III 99

IV. Punktschweißen.

§ 38. A. Verfahren 101
        B. Einrichtungen zur Erzeugung der Elektrodenkraft . . . 104
§ 39.   1. Vorbemerkungen über die Elektrodenkraft. 104
§ 40.   2. Krafterzeugung mit Federgestänge 105
§ 41.   3. Kraftantriebe bei Krafterzeugung mit Gestänge und Feder . . . 107
§ 42.   4. Krafterzeugung mit Druckluft und Drucköl 109
§ 43.   5. Erzeugung veränderter Kraft, Kraftprogramme. 111

        C. Schalt- und Steuereinrichtungen 114
§ 44.   1. Allgemeines, Leistungsschalter, Steuereinrichtungen 114
        2. Steuergrundsätze 118
§ 45.   a) Schweißtechnisches 118
§ 46.   b) Elektrotechnische Forderungen 120
§ 47.   c) Programmsteuerungen 123
        3. Beschreibung von Schweißbegrenzern 125
§ 48.   a) Allgemeines, verschiedene Schweißbegrenzer 125
§ 49.   b) Schweißzeitbegrenzer 127
        4. Schweißtakter, Gittersteuerungen 130
          a) Allgemeines 130
§ 50.   α) Vorbemerkungen. Wirkungsweise der Stromrichtergefäße . . 130
§ 51.   β) Gittergesteuerte Stromrichtergefäße. Thyratrons . . . 133
§ 52.   γ) Zündstiftgesteuerte Stromrichtergefäße. Ignitrons . . . 134
§ 53.   b) Ausführung der Leistungsstufen 137
§ 54.   c) Ausführung einiger Steuerstufen 141
        5. Weitere Schalt- und Steuergeräte 145
§ 55.   a) Allgemeines 145
§ 56.   b) Spannungskompensator 146
          c) Speichermaschinen 148
§ 57.   α) Induktive Speicher. 148
§ 58.   β) Kapazitive Speicher 151
§ 59.   d) Elektronisch gesteuerte Drehstrommaschinen (Frequenzwandler) 154

        D. Elektroden und deren Werkstoffe. 160
§ 60.   1. Elektrodenhalter und Elektrodenform 160
§ 61.   2. Elektrodenwerkstoffe 164

		Seite
	E. Punktschweißmaschinen und Punktschweißzeuge	167
§ 62.	1. Allgemeines	167
§ 63.	2. Fußbetätigte Maschinen	170
§ 64.	3. Maschinell betätigte Maschinen	172
§ 65.	4. Punktschweißzeuge	173
§ 66.	5. Folge-Punktschweißmaschinen	175
	F. Punktschweißen der Stähle und Leichtmetalle	177
	1. Allgemeines	177
§ 67.	a) Schweißbedingungen	177
§ 68.	b) Festigkeiten	179
	2. Schweißbarkeit der Stähle	181
§ 69.	a) Elektrodenform	181
§ 70.	b) Elektrodenkräfte	182
§ 71.	c) Schweißzeit	183
§ 72.	d) Gefügeaufbau	184
§ 73.	e) Festigkeiten	188
§ 74.	f) Einfluß der Oberflächenbehandlung	192
	3. Schweißbarkeit der Leichtmetalle (Punkt- und Nahtschweißen)	194
§ 75.	a) Grundsätzliches	194
§ 76.	b) Elektrodenform	197
§ 77.	c) Elektrodenkräfte	198
§ 78.	d) Schweißzeit	199
§ 79.	e) Festigkeit	201
§ 80.	f) Korrosion und Gefügebild	206
§ 81.	g) Wärmebehandlung und Programmsteuerung	208
§ 82.	G. Anwendungsbeispiele	210

V. Nahtschweißen.

§ 83.	A. Verfahren	211
§ 84.	B. Maschinen	213
	C. Schalten des Schweißstromes	219
§ 85.	1. Allgemeines	219
§ 86.	2. Modulator	219
§ 87.	3. Kaskade	221
§ 88.	4. Schweißtakter	222
§ 89.	D. Nahtleistung der Maschine	224
§ 90.	E. Rollenelektroden	225
§ 91.	F. Schweißbarkeit der Stähle	228
§ 92.	G. Anwendungsbeispiele	232

VI. Buckelschweißen.

§ 93.	A. Verfahren	233
§ 94.	B. Maschinen und deren Steuerungen	234
§ 95.	C. Elektroden	237
§ 96.	D. Schweißwerkzeuge	239
§ 97.	E. Schweißbarkeit der Stähle	245
§ 98.	F. Anwendungsbeispiele	251

VII. Stumpfschweißen.

	A. Zwei Ausführungen des Verfahrens	252
§ 99.	1. Wulststumpfschweißen	252
§ 100.	2. Abbrennschweißen	253

Inhaltsverzeichnis. — Liste der wichtigsten Bezeichnungen. VII

		Seite
	B. Maschinen	254
	1. Steuerung der Maschinen	254
§ 101.	a) Wulststumpfschweißen	254
§ 102.	b) Abbrennschweißen	255
§ 103.	2. Konstruktiver Aufbau der Maschinen	260
§ 104.	3. Elektroden	266
	C. Schweißbarkeit der Stähle	272
§ 105.	1. Wulststumpfschweißen	272
§ 106.	2. Abbrennschweißen	274
§ 107.	D. Anwendungsbeispiele	282
Literaturverzeichnis		284
Sachverzeichnis		287

Liste der wichtigsten Bezeichnungen.

a = Halbmesser einer leitenden Kontaktfläche, besonders einer a-Fläche (cm).
a-Fläche = eine zusammenhängende leitende Kontaktfläche bzw. Teilfläche eines Kontaktes.
c = Spezifische Wärme (kcal · kg^{-1} · °C^{-1}) und Konstante.
d = Durchmesser einer Strombahn bzw. einer Elektrodenspitze (mm).
d_B = Durchmesser des Schweißbutzens (mm).
e = Punktabstand (mm) beim Nahtschweißen und Basis des natürlichen Logarithmus.
f = Frequenz (Hertz).
i = Momentanwert eines (sinusförmigen) veränderlichen Stromes (Amp.).
j = Elektrische Stromdichte (Amp · cm^{-2}).
l = Länge (mm).
n = Umdrehungszahl/Minute.
q = Querschnitt (mm²).
r = Radius.
s = Blechdicke (mm).
t = Zeit als unabhängige Veränderliche (Sek.).
u = Momentanwert einer (sinusförmigen) veränderlichen Spannung (Volt).
$ü$ = Übersetzungsverhältnis des Transformators.
v = Vorschubgeschwindigkeit (m/Min.).
w = Windungszahl.
z_B = Dicke des verschweißten Querschnittes (Schweißbutzen) (mm).

A = Elektrische oder mechanische Arbeit (Watt · Sek. = Joule).
C = Konstante.
E = Induzierte elektromotorische Kraft (EMK) (Volt) eff.
ED = Einschaltdauer (%).
F = Scheinbare Berührungsflächen (mm²).
F_0 = Wirklich tragende Berührungsflächen (mm²).
F_a = Leitende Kontaktfläche (mm²).
G_r = Grenzfläche.
H = Druckhärte nach Mayer (kg/mm²).
I = Elektrischer Strom (Amp.) eff.
I_D = Dauerstrom (Amp.) eff.
I_h = Wirkkomponente des Magnetisierungsstromes (Amp.).
I_{max} = Scheitelwert eines (sinusförmigen) veränderlichen Stromes (Amp.).
I_{mi} = Mittelwert (Amp.).
I_0 = Leerlaufstrom (Amp.).
I_μ = Magnetisierungsstrom (Amp.).

Liste der wichtigsten Bezeichnungen.

N = Leistung (Watt bzw. kWatt).
N_n = Nahtleistung (m/Min.).
N_T = Totalleistung der Maschine zwischen den Elektroden (Watt bzw. kWatt).
O = Oberfläche (mm²).
P = Elektrodenkraft bzw. Kontaktlast (kg).
Q = Wärmemenge (cal).
Q_B = Wärmemenge zur Erwärmung eines Metallvolumens V_B (cm³) (cal).
R = Elektrischer Widerstand bzw. Summe alle elektrischen Widerstände (Ohm).
R_1 = Widerstand der Primärwicklung (Ohm).
R_2 = Widerstand der Sekundärwicklung (Ohm).
$R_{e_1 e_2}$ = Gesamtwiderstand zwischen den Meßpunkten $e_1 e_2$ (Ohm).
R_e = Doppelseitiger Engewiderstand (Ohm).
R_h = Hautwiderstand einer Fremdschicht (Ohm).
R_k = Kontaktwiderstand (Ohm).
R_T = Totalwiderstand (Ohm).
R_{st} = Stoffwiderstand der Strombahn (Ohm).
S = Koeffizient der Streuinduktivität (Henry).
T = Zeit des Stromflusses (Schweißzeit, oder der Arbeitsleistung (Sek.).
T_p = Pause des Stromflusses (Sek.).
T_t = Taktzeit (Sek.).
U = Elektrische Spannung (Volt).
$U_{e_1 e_2}$ = Spannung zwischen e_1 und e_2 (Volt).
U_m = Spannung, Mittelwert (Volt).
U_{max} = Scheitelwert einer (sinusförmigen) veränderlichen Spannung (Volt).
V_B = Volumen des Schweißbutzens (mm³).
W = Wärmewiderstand (cm · grd · sek · Q^{-1}).
X = Reaktanz (Ohm).
Y = Wärmestromstärke (Q · sek $^{-1}$).
Z = Impedanz (Ohm).

α = Temperaturkoeffizient und Überlappungswinkel (grd.).
γ = Spezifisches Gewicht (gr/cm³).
η = Wirkungsgrad.
ϑ = Temperatur (°C) als unabhängige Veränderliche
$\varkappa$ = Elektrische Leitfähigkeit (m · Ohm^{-1} · mm^{-2}).
λ = Wärmeleitfähigkeit (W · grd^{-1} · cm^{-1}).
ϱ = Spezifischer Widerstand (mm² · Ohm · m^{-1}).
φ = Potential (Volt) und Phasenwinkel (grd).
ω = Kreisfrequenz (Hertz).
Θ = Temperatur (°C).
Φ = Induktionsfluß (Volt · sek).

I. Einleitung.
A. Begriffsbestimmungen und Übersicht.

§ 1. Das Schweißen ist einer von denjenigen Arbeitsgängen der modernen Fertigung, die uns erlauben, einzelne Bau- oder Formteile miteinander zu verbinden. Die gewonnene Verbindung ist ohne teilweise Zerstörung des Werkstückes nicht lösbar. Andere nicht-lösbare Verbindungen, die mit dem Schweißen in Wettbewerb stehen, sind bei kleinen und insbesondere großen Werkstücken die Nietverbindungen. Bei kleineren Formteilen ist das Hartlöten mit Kupfer im Schutzgasofen sehr viel in Anwendung. Bei großen Bauwerken (z. B. Hoch-, Brücken-, Schiffs-, Flugzeug- und Automobilbau) wurde die Nietverbindung durch das Schweißen stark verdrängt, das gleiche gilt ebenso für den gesamten Maschinenbau, Behälterbau, für Gebrauchsgegenstände u. a. Industriezweige.

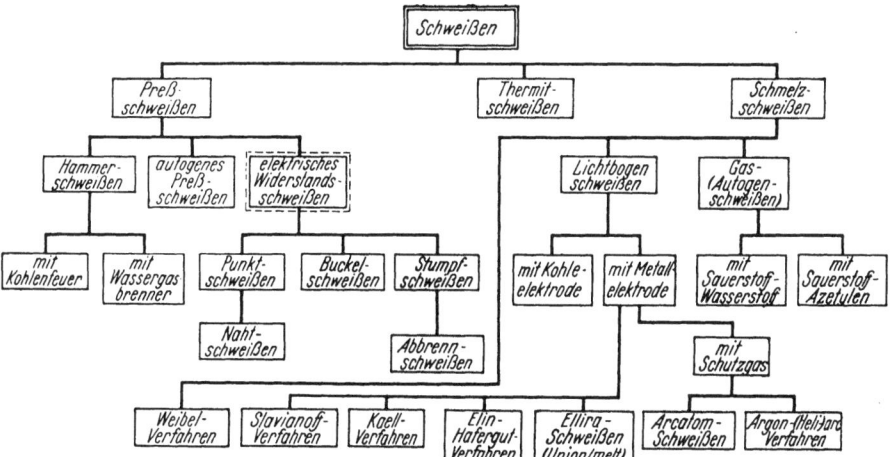

Übersicht 1. Die gebräuchlichsten Schweißverfahren.

Im allgemeinen erstrebt man, die Herstellung von Bauwerken oder Bauteilen aus gängigen, evtl. vorgeformten Walzerzeugnissen (Blechen, Profilen, Rohren usw.) oder aus verhältnismäßig einfachen Schmiedestücken. Die Schweißverbindung gestattet eine reichhaltige Kombination von Elementen aus geeignetem Werkstoff und von richtiger Form mit hoher, oft nicht anders zu erreichender Wirtschaftlichkeit. — Auch bei Instandsetzungsarbeiten und beim Auftragen von Schichten bestimmter Gütewerte (z. B. Härte) spielen die Schweißverfahren eine sehr nützliche Rolle.

Merkmal des Schweißens ist das Erwärmen der Teile an der Verbindungsstelle auf „Schweißtemperatur". Der Begriff des Schweißens beschränkt sich in der Regel auf das Vereinigen von Metallen gleicher oder gleichartiger Zusammensetzung mit oder ohne Zuführen eines gleichen oder gleichartigen Metalles[1]. Gegenüber Lötverbindungen hat die Schweißverbindung im allgemeinen den

[1] s. DIN 1910 (1940).

Übersicht 2. *Schweißverfahren, ihre Anwendung*

Verfahren				Werkstücke und hauptsächliche Anwendung
1				2
Preßschweißen	Hammerschweißen		Feuerschweißen	quadratische, runde, rechteckige Stangen Bleche dünnwandige Rohre geringen Durchmessers
			Wassergasschweißen	Rohre und Behälter mittlerer und großer Wanddicken und großer lichter Weite
			Autogenes Preßschweißen	quadratische, runde, rechteckige Stangen, Rohre
	Elektrisches Widerstandsschweißen	Rollennahtschweißen	Punktschweißen]]	Bleche, Bänder, Drähte, dünne Profile; im Leichtbau, Fahrzeug- und Flugzeugbau, Geschirre, Feinblechwaren; bei Massenfertigung
			Reihenpunktnähte	wie beim Punktschweißen
			Dichte Nähte	Behälter, Rohre, Geräte der Wärme- und Kältetechnik
			Buckel- oder Warzenschweißen	kleine und mittlere Zieh- und Stanzteile; Anbringen von Verstärkungen und Befestigungsteilen, Massenfertigung
		Stumpfschweißen	Abbrennschweißen	Walzstahl, Profile, Schienen, Rohre, schalenförmige Körper, Ringe, schwere Kettenglieder, Werkzeuge, legierte Stähle — auch mit unlegierten, Schmiedestücke
			(Wulst-)Stumpfschweißen	Kettenglieder, Drähte, Nichteisenmetalle
Schmelzschweißen	Gasschweißen		mit Acetylen	Bleche mäßiger Dicken, besonders dünne Bleche, Behälter, Rohre, Rohrleitungen, Kleineisenwaren, auch für legierte Stähle, bei Instandsetzungsarbeiten, Gußeisen, dünne Stahlbleche und Nichteisenmetalle
			mit Wasserstoff	
			mit Leuchtgas oder Propan	
	Lichtbogenschweißen		Arcatom-Verfahren Argon-(Heli-)arc-Verf.	Bleche aus Stählen höherer Festigkeit und legierten Stählen, Leichtmetalle
			mit Metallelektroden, nackten oder umhüllten Schweißdrähten, Seelendrähten (Slavianoff) Kaell-, Elin-, Ellira-Verfahren	Bleche bis zu größten Dicken, Herstellen geschweißter Profile, Stahlhoch- und Brückenbau, Behälter-, Schiff-, Fahrzeug- und Maschinenbau, an Stelle von Guß- und genieteten Bauwerken, Instandsetzung von Grau- und Stahlguß
			mit Kohleelektroden	Dünnblech, Behälter, Eisenfässer, Rohre
			Widerstandsschmelzschweiß. (Weibel-Verfahren)	für Bleche von 0,2 bis 2 mm Dicke aus Aluminium und Zink
	Thermitschmelzschweißen und kombiniertes Verfahren			Stumpfschweißen mittlerer und großer Querschnitte, Instandsetzungen

[1] Zeichenerklärung: ** leicht schweißbar; * schweißbar, jedoch unter Anwendung besonderer Maßnahmen, oder nicht unbedingt zuverlässig, oder leichter und besser nach anderem Verfahren; 0 schwer schweißbar; 00 allgemein nicht schweißbar; — praktisch nicht angewendet. [2] Und Legierungen. [3] Oder andere hochschmelzende Metalle wie Molyb-

§ 1 Begriffsbestimmungen und Übersicht. 3

und die Schweißbarkeit metallischer Werkstoffe.

Blechdicke [mm]	u. ähnliche Querschnitte [mm²]	Stähle unter 0,2% C	Stähle 0,2 bis 0,35% C	Stähle über 0,35% C	Stahlguß bis 0,6% C	Gußeisen Kaltschweißung	Gußeisen Warmschweißung	Aluminium[2]	Kupfer	Messing	Zink	Blei	Wolfram[3]
3	4	5	6	7	8	9	10	11	12	13	14	15	16
		*	0	00	—	—	—	—	—	—	—	—	—
2 ... 4	—	*	—	—	—	—	—	*	0	—	0	—	*
(6) 15 ... 80 (100)[4]	—	**	0	—	—	—	—	—	—	—	—	—	—
	45 000	**	*	*	—	—	—	—	—	—	—	—	—
bis ~25 mm Gesamtdicke[5]	—	**	*	0	—	—	—	**	0	**	**	0	**
bis ~15 mm Gesamtdicke[5]	—	**	*	0	—	—	—	**	—	**	**	—	**
bis ~5 mm Gesamtdicke[5,6]	—	**	*	0	—	—	—	**	—	**	**	—	**
0,8 ... 10 mm[7]	—	**	*	0	—	—	—	*	—	*	—	—	**
	bis 40 000	**	*	*	0	—	—	*	00	00	00	00	00
	bis 200	**	—	—	—	—	—	**	*	**	0	0	*
0,2 ... 12 (40)[4]	—	**	*	0	**	*	**	**	**	**	**	**	*
0,2 ... 4	—	—	—	—	—	—	—	**	—	**	**	**	—
		**	*	—	—	—	—	**	—	**	**	**	—
1 ... 80	—	**	*	*	*	—	—	**	0	**	*	*	*
2 ... 100 (120)[4]	—	**	*	0	**	*	**	*	*	00	00	—	*
0,5 ... 3 (5)[4]	—	**	0	00	*	00	*	*	*	0	00	—	*
	—	00	00	00	—	—	—	**	00	0	**	—	00
20 ... 100	bis 300 000 u. mehr	**	*	*	**	—	**	—	—	—	—	—	—

dän, Nickel, auch Legierungen. [4] Klammerwerte bedeuten: Ausnahmsweise verarbeitbare Dicken. [5] Bei ungleichen Blechdicken und Vorhandensein wenigstens eines dünnen Bleches größere Gesamtdicken schweißbar. [6] Bei verquetschten Nähten je nach Verformungsgrad erheblich geringer. [7] Für das geprägte Blech; Gegenstück von beliebiger Dicke.

Vorzug größerer Festigkeit, höherer Temperaturbeständigkeit und besserer Korrosionsbeständigkeit. Neuerdings wird der Begriff des Schweißens auch beim Vereinigen von nichtmetallischen Werkstoffen, z. B. Kunststoffen, angewendet[1].
Nach grundsätzlichen Kennzeichen unterscheidet man:
1. Preßschweißen,
2. Schmelzschweißen.

Beim Preßschweißen geschieht die Vereinigung der erhitzten Teile in teigigem Zustand durch mechanischen Druck oder Schlag. Zusatzwerkstoffe werden nicht benötigt. Die Schweißtemperatur zum Preßschweißen kann unterhalb des Schmelzpunktes der niedrigst schmelzenden metallischen Komponente sein.

Beim Schmelzschweißen wird an der Verbindungsstelle ein örtlich begrenzter Schmelzfluß erzeugt, in dem die Werkstoffe teils ohne, teils mit Zusatzwerkstoffen zusammenfließen.

Eine Zusammenstellung der gebräuchlichen Schweißverfahren gibt Übersicht 1. Hinweise auf die Anwendung der Verfahren und die Schweißbarkeit einiger Werkstoffe enthält Übersicht 2.

Nach den Mitteln zur Erzeugung der Schweißtemperatur ist folgende Einteilung üblich:

1. Elektroschweißung.
  a) Widerstandsschweißen.
  b) Lichtbogenschweißen.

Benennung	Grund-zeichen	Sinnbilder			
		überwölbt	flach	hohl	wurzelseitig nachgeschw.[1]
Bördelnaht	≽	≽)	≽|		
I-Naht	=	=)	=|		
V-Naht	<	<)	<|		|<)
U-Naht	⊂	⊂)	⊂|		⊢⊂)
X-Naht	×	(×)	|×|		
Doppel U-Naht	)-(	()-()	|)-(|		
Kehlnaht	⌐	⌐)	⌐|		
Ecknaht					
Dreiblechnaht	⊔	⌒	⊓		
½ V-Naht	≤	≤)	≤|	⊿	|≤|
K-Naht	⋎	(⋎)	|⋎|	⋎([2]	
Loch u. Schlitznaht	±		±		
Wulststumpfnaht	⊥⊤		⊥⊤		
Abbrennstumpfnaht	±		±		
Punktnaht	○		○		
Buckelnaht	○		⊙		
Rollennaht	○		⊖		
Quetschnaht	○		⊖		

[1] Das Nachschweißen kann „flach" oder „überwölbt" erfolgen, man verwendet die entsprechenden Zeichen.
[2] Bei der K-Naht können verschiedene Schweißformen in Anwendung gebracht werden, die dann im Sinnbild entsprechend darzustellen sind z. B. ⋏⋎

Übersicht 3. Schweißzeichen nach DIN E 1912.

2. Gasschweißung mit Azetylen, Wasserstoff, Leuchtgas, Propan, Wassergas usw.
3. Thermitschweißung. Die Wärmeerzeugung geschieht durch die exotherme Reaktion zwischen Aluminiumpulver und Eisenoxyduloxyd, evtl. unter Bildung von geschmolzenem Eisen als Zusatzwerkstoff.
4. Feuerschweißung. Wärmeerzeugung im Schmiedefeuer, Ofen o. ä.

Formen der Schweißnähte werden im DIN-Entwurf E 1911 (1940) und Sinnbilder und zeichnungsmäßige Angaben im DIN-Entwurf E 1912 (1940) behandelt. Die wichtigsten Schweißzeichen sind in Übersicht 3 aufgeführt.

---
[1] VDI-Richtlinien Schweißen von Kunststoffen, VDI 2007.

Normenmäßige Kurzzeichen sind:
- R Widerstandsschweißen,
- E Lichtbogenschweißen,
- G Gasschweißen.

Die Aufgabe des vorliegenden Buches ist es, die 4 hauptsächlich angewendeten Verfahren des Widerstandsschweißens zu besprechen. Sie mögen einleitend kurz folgendermaßen charakterisiert werden. Bezüglich der vielen anderen Schweißverfahren sei auf die entsprechende Literatur (73, 83, 87, 109, 113, 122)[1] verwiesen.

B. Elektrisches Widerstandsschweißen.

§ 2. Mit Ausnahme des WEIBEL-Verfahrens wird das elektrische Widerstandsschweißen als Preßschweißung durchgeführt. Die Schweißhitze wird durch hohe elektrische Ströme (meist Wechselstrom) und in bestimmten Fällen in sehr kurzer Zeit erzeugt. Angewendet werden Stromstärken bis etwa 100 000 A, die treibenden Spannungen sind meist unter 15 V. Maßgebend für die Wärmeerzeugung

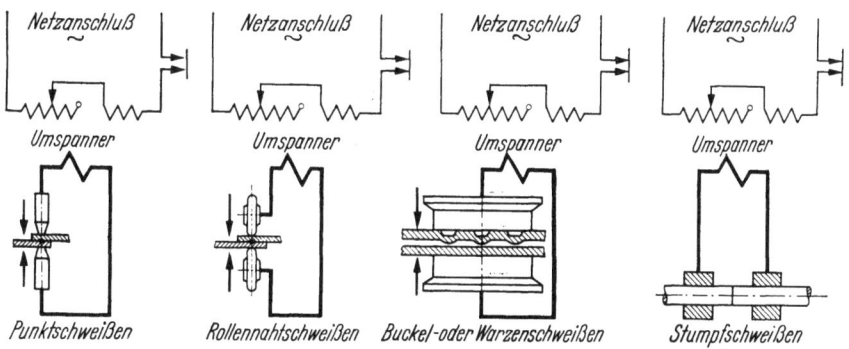

Abb. 1. Ausführungsformen der elektrischen Widerstandsschweißung.

in der Schweißzone sind die elektrischen Widerstände zwischen den gutleitenden Elektroden. Die zwischen den zu verbindenden Flächen, insbesondere nach Erreichen der Schweißtemperatur wirkende Preß- oder Stauchkraft beeinflußt die Güte der erzielten Bindung.

Die elektrische Widerstandsschweißung ist zu einem bedeutenden Zweig der Fertigungstechnik entwickelt worden. Fachleute der Elektrotechnik, der Metallkunde und der Fertigungstechnik haben in einer glücklichen Vereinigung von wissenschaftlicher und praktischer Arbeit leistungsfähige, betriebssichere Geräte geschaffen und ihre nutzbringende Anwendung in weitem Ausmaß erreicht. Eindeutige Vorzüge am geschweißten Erzeugnis, verringerter Kostenaufwand infolge Einsparung von Stoff- oder Arbeitsaufwand begründen die Wirtschaftlichkeit und schließlich die erreichte wirtschaftliche Bedeutung der elektrischen Widerstandsschweißung.

Die Grenzen der Anwendung der Widerstandsschweißung sind einerseits feinste Haardrähte und Folien, andererseits Gesamtblechdicken bis 25 mm, bzw. Querschnitte bis 40 000 mm² und darüber. Mit der Widerstandsschweißung lassen sich dauerhafte Verbindungen an Werkstoffen fast aller Gattungen erzielen

Die hauptsächlichsten Ausführungsformen der elektrischen Widerstandsschweißung kennzeichnet Abb. 1.

---

[1] Die Zahlen in den Klammern beziehen sich auf das Literaturverzeichnis am Schluß des Buches, S. 284.

1. Punktschweißen.

Stiftförmige Elektroden pressen die zu verbindenden Teile aufeinander und ein kurzzeitiger Stromstoß erwärmt die Verbindungsstelle auf Schweißtemperatur. Die Wirkung der Preßkraft auch noch während der ersten Abkühlung ist günstig. Die meist kreisflächige Schweißverbindung mit etwa linsenförmiger Wärmeeinflußzone wird Schweißpunkt genannt. Abb. 2 zeigt die Ansicht einfacher Punktschweißungen an zwei übereinander liegenden Stahlblechstreifen und darunter eine Zerreißprobe.

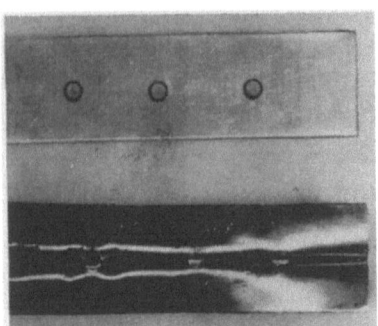

Abb. 2. Punktschweißungen an Stahlblechen. Oben: Ansicht. Unten: Zerreißprobe.

2. Rollennahtschweißen.

Diese Ausführungsform der elektrischen Widerstandsschweißung entspricht einer laufenden Punktschweißung mit scheibenförmigen, drehbaren, meist motorisch angetriebenen Elektroden. Für *dichte Nähte* ist ein gleichmäßiger Fluß des (Wechsel-)Stromes nur bei sehr dünnen Blechen tragbar. Allgemein ist die Anwendung rasch aufeinander folgender Stromimpulse, für einfache Fälle der Nahtschweißung von Stahlblechen mindestens eine wellenförmige Modulation des Schweißstromes notwendig. Die Ansicht einer Dichtnahtschweißung an Stahlblechstreifen und darunter die Zerreißprobe sind in Abb. 3 ersichtlich. — Bei *Reihenpunktschweißung* mittels Rollen ist die zeitliche

Abb. 3. Rollennahtschweißung an Stahlblechen. Oben: Ansicht. Unten: Bleche längs der Naht aufgeschlagen.

Folge der Stromstöße entsprechend der gewünschten Teilung und dem zulässigen Vorschub zu wählen.

3. Buckel- oder Warzenschweißen.

Die erzielte Schweißverbindung ist der Punktschweißung ähnlich. Statt stiftförmiger Elektroden werden großflächige Elektroden angewendet und die örtliche Konzentration des Stromflusses und der Wärmeerzeugung wird durch warzenförmige oder andere kleine Erhebungen vorzugsweise nur an einem der zu verbindenden Teile erreicht. Im allgemeinen werden die Buckel durch kugelkalottenförmige oder kegelstumpfförmige Werkzeuge, meist im gleichen Arbeitsgang der Formgebung des Teiles, geprägt.

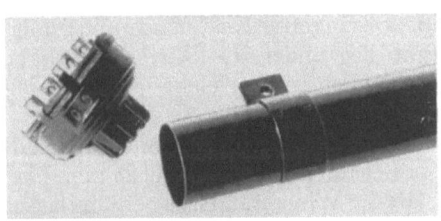

Abb. 4. Buckelschweißung an Teilen der Massenfertigung (Oberflächenbehandelt.) (BOSCH)

Die Buckel- oder Warzenschweißung wird angewendet, falls zwei oder mehrere Punkte in geringem Abstand voneinander geschweißt werden müssen, oder falls bei zu großer Blechdicke oder bei Steifigkeit der zu verbindenden Teile der Verlauf des Schweißstromes oder der anschmiegenden Kraft an der Verbindungsstelle bei der Punktschweißung nicht gewährleistet wäre.

Abb. 4 zeigt zwei Teile der Massenfertigung mit ausgeführter Buckelschweißung.

4. Stumpfschweißen.

a) Das (*Wulst-*)*Stumpfschweißen* (Abb. 5 oben) ist die ursprüngliche Ausführungsform mit sauber bearbeiteten Stoßflächen meist stabförmiger Teile. Die Widerstandserwärmung der fest zwischen den Elektroden gespannten Teile geschieht bei mäßiger Kontaktkraft an der Verbindungsstelle. Nach Erreichen der Schweißtemperatur wird die eigentliche Preßschweißung mit hoher Stauchkraft ausgeführt. Die wulstförmige Aufweitung an der Verbindungsstelle ist nötigenfalls nachträglich abzuarbeiten.

b) *Abbrennschweißen*. Der Schweißvorgang gliedert sich in Vorwärmen, Abbrennen und Stauchen. Das Vorwärmen geschieht als häufig wiederholtes Berühren der Stoßenden bei eingeschaltetem Transformator, bis der Temperaturanstieg ein stetiges „Abbrennen" bei langsamer Vorbewegung des einen Teiles ermöglicht. Unstimmigkeiten der Form der zu verschweißenden Flächen werden zunächst abgebrannt. In der sich bildenden Metalldampfatmosphäre werden die zu verbindenden Flächen gereinigt und schließlich gleichmäßig auf die gewünschte Schweißtemperatur erwärmt. Das Verschweißen geschieht durch schlagartiges Stauchen. Dabei bildet sich der die Abbrennschweißung kennzeichnende Perlgrat (Abb. 5 unten), der in vielen Fällen mit einfachen Schnittwerkzeugen zu beseitigen ist.

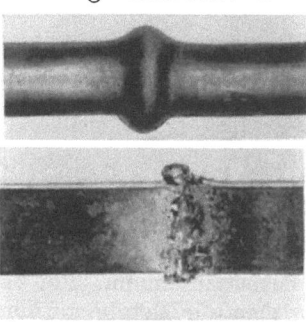

Abb. 5. Stumpfschweißungen.
Oben: Wulststumpfschweißung
Unten: Abbrennschweißung.
Beide Bilder mit Stauchgrat.

II. Metallische Werkstoffe.
A. Metallkundliche Grundbegriffe [1].
1. Allgemeines.

§ 3. Das periodische System ordnet die Elemente nach dem Prinzip chemischer Ähnlichkeit, wie auch nach atomphysikalischen Prinzipien. Die Ordnungszahl ist unmittelbar ein Maß für die elektrische Ladung der Atomkerne. Elemente in gleicher Vertikalgruppe haben — abgesehen von einem weiteren Bestand an abgeschlossenen Elektronenschalen — die gleiche Elektronenzahl in der äußersten Schale. Diese Elektronenzahl bestimmt chemisch: Valenz und Reaktionscharakter; atomphysikalisch: elektrische Eigenschaften, z. B. für die Ionenbildung, die ihrerseits mannigfaltige Auswirkungen haben. Atomradius, Dichte, Ionisierungsarbeit u. a. sind in Abhängigkeit von der Ordnungszahl Funktionen, die sich für die Elemente der einzelnen Horizontalreihen in ähnlicher Form periodisch wiederholen.

Der Aufbau fester Körper geschieht vorwiegend durch geordneten Zusammenbau kleinster, meist dreiachsiger Elementarzellen zu Kristallen. Bei langsamer und langsam fortschreitender Abkühlung heißer, reiner Flüssigkeiten kann die Bildung von Kristallisationskeimen unterbunden werden und somit das Aufwachsen eines winzigen Kristalls zu einem einheitlichen, sehr großen Kristall geschehen. Man spricht dann von einem Einkristall, wenn alle Elementarzellen

---

[1] Literatur: (*7, 18, 30, 31, 40, 41, 45, 67, 81, 85, 110, 114, 123*).

des Körpers in gleicher räumlicher Orientierung aneinander gebaut sind. Dabei ist gleichgültig, welche äußere Form der Körper schließlich angenommen hat. Einkristalle werden beispielsweise in Stangenform in Reagenzgläsern gezüchtet.

Bei rascher Erstarrung einer Flüssigkeit erhält man in der Regel einen polykristallinen Körper. Das Kristallwachstum beginnt infolge einer großen Zahl von Keimen. Die vielen kleinen Kristalle, regellos angeordnet und regellos orientiert, wachsen solange, bis sie mit den ebenfalls wachsenden Nachbarn kollidieren. Die entstehenden Kristalle, die sog. Kristallite, sind kleine Kristalle verschiedenster Gestalt und Größe. Die Willkürlichkeit ihrer räumlichen Orientierung bedingt, daß zufolge ihrer großen Zahl im allgemeinen alle nur erdenklichen Kristallorientierungen in einer polykristallinen Probe vertreten sind. Die Trennungsflächen zwischen den Kristalliten heißen Korngrenzen. Abb. 6 zeigt z. B. ein Schliffbild von reinem Eisen, das die einzelnen Korngrenzen im Schnitt erkennen läßt.

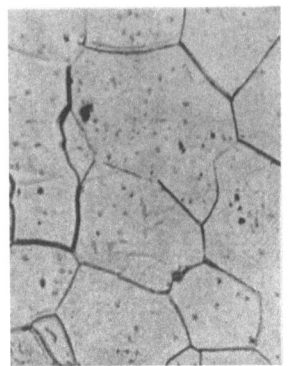

Wir beschränken die Betrachtung auf die Metalle, die durch große Leitfähigkeit für den elektrischen Strom und für Wärme, durch hohes optisches Reflexionsvermögen und — wenigstens rein — durch beträchtliche plastische Verformbarkeit (Reinsteisen, Reinstaluminium, Blei usw.) gekennzeichnet sind. Im periodischen System stehen die Metalle auf der linken elektropositiven Seite.

Die Mehrzahl der metallischen Elemente kristallisiert im kubischen Gitter (Kub. 12). Die Elementarzelle zeigt Abb. 7. Es sind außer den Würfelecken die Flächenmitten mit Atomen besetzt. Jedes Atom ist im Gitterverband im Abstand einer halben Flächendiagonalen von 12 Atomen umgeben. Die Koordinationszahl ist also 12. Die Anordnung stellt eine dichteste Kugelpackung

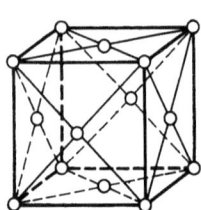 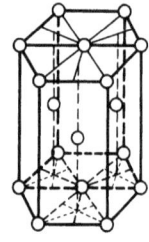 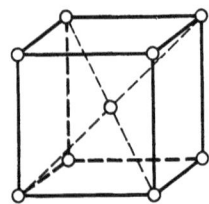

Abb. 7. Flächenzentriertes kubisches Gitter (γ-Eisen).   Abb. 8. Hexagonales Gitter.   Abb. 9. Innenzentriertes kubisches Gitter (α-Eisen).

dar. Flächenzentriert kubisches Gitter haben die Elemente: γ-Fe, Al, Cu, Ag, Au, Ni, Pt, Pb u. a.

Ebenfalls eine dichteste Kugelpackung mit der Koordinationszahl 12 ist das hexagonale Gitter (hex. 12) nach Abb. 8. Die Atome sind im Abstand der Sechseckkante angeordnet. Hexagonale dichteste Kugelpackung haben u. a. Mg, Be, Ru, Os, Ti, und in einer längs der hexagonalen Achse gestreckten Abart Zn und Cd.

Das innenzentriert kubische Gitter (kub. 8) nach Abb. 9 hat die Koordinationszahl 8. Außer an den Kanten ist in der Körpermitte ein Atom angeordnet. Die Atomanordnung ist ihrem inneren Wesen nach sehr unterschiedlich, insbesondere sehr locker im Vergleich zu den vorgenannten dichtesten Kugelpackungen. α- und δ-Eisen, ferner Cr, Mo, W, V, Ta und die Alkalimetalle kristallisieren innenzentriert kubisch.

Mit der weiter unten besprochenen thermischen Analyse werden die sog. Zustandsdiagramme ermittelt. Schon bei vielen elementaren Metallen ist es nicht ausreichend, einen „festen" gegenüber einem „flüssigen" Zustand zu beschreiben. Chemisch reines festes Eisen hat beispielsweise 3 Modifikationen sehr verschiedener physikalischer Eigenschaften. Metallkombinationen — im einfachsten Fall als Zweistoffsystem — sind im festen Zustand in weiten Bereichen vieler Mischungsverhältnisse möglich. Der entscheidende Parameter, in dessen Abhängigkeit die möglichen Zustände ermittelt werden, ist die Temperatur. Abb. 10 zeigt ein einfaches Zustandsdiagramm für ein Zweistoffsystem. Nur die reinen Metalle und eine Schmelze vom eutektischen Mischungsverhältnis haben in dem dargestellten Beispiel bestimmte Erstarrungstemperaturen. Schmelzen anderer Mischungsverhältnisse zeigen vor der vollständigen Erstarrung in einem weiteren Temperaturbereich einen Gleichgewichtszustand. Nur bei hohen Temperaturen können sich z. B. im Verlauf einer Abkühlung die verschiedenen Zustände als Gleichgewichtszustände in maßgebendem Umfang und schnell einstellen. Bei niederen Temperaturen ist die Temperaturbewegung der einzelnen Atome so gering, daß sich häufig das Gleichgewicht nur spärlich einstellen kann. Es sind dann lange Erhitzungsdauern auch über Stunden oder Tage nötig, um eine vollständige Ausbildung des betreffenden Gleichgewichtes zu erhalten. Diese Tatsache wird technisch ausgewertet, um bestimmte, durchaus dauerhafte Zwangszustände durch plötzliche Abkühlung zu erlangen. Bei weiterer thermischer

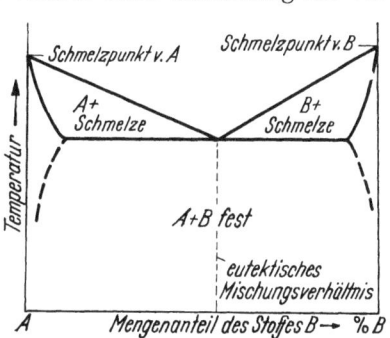

Abb. 10. Zustandsdiagramm eines Zweistoffsystems.

Behandlung kann der Zwangszustand verändert, z. B. gemildert oder schließlich unter Herbeiführung des Gleichgewichtszustandes beseitigt werden. Solche technisch angestrebten Zwangszustände zeichnen sich durch große Härte und Festigkeit aus, jedoch besitzen sie auch vielfach größere Sprödigkeit. Der Feinbau technischer Legierungen ist oft recht kompliziert. Die Kristallite können Gittersysteme reiner Metalle, von Metallverbindungen oder Mischkristallen sein. Bei den Mischkristallen kann ein fremdes Metall durch Substitution gelegentlich die Plätze des anderen Metalls einnehmen, so daß der Typ der Elementarzelle sich kaum ändert. Die Menge der ausgetauschten Atome ist veränderbar, in einigen Fällen bis zum vollständigen Ersatz der ursprünglichen Atome durch Substitutionsatome.

Von wichtigem Einfluß auf die Eigenschaften eines Metalls ist die Beschaffenheit der Korngrenzen. An diesen lagert meist eine verhältnismäßig dünne Schicht, die mehr Beimengungen und auch Verunreinigungen enthält als die Kristallite. Die Festigkeit der Korngrenzen ist bei niederen Temperaturen größer als die der Kristallite.

Ehe ein Körper unter der Einwirkung von Kräften zur Trennung längs einer Bruchfläche kommt, tritt eine Verformung ein. Diese geschieht vielfach durch Gleiten (Abrutschen) längs sog. Gleitebenen. Besonders an Einkristallen ist diese Erscheinung anschaulich wahrzunehmen. Die Trennfestigkeit braucht durch die Gleitung keinesfalls gemindert zu sein. Im Gegenteil, es wirkt sich die Gleitung in den einzelnen Kristalliten als deren Verfestigung aus. Die Summe der vielen verschiedenen Einzelvorgänge ergibt die Formänderung des ganzen Körpers. Der Körper ist in einem Zwangszustand mit durchschnittlich höherer Festigkeit; er ist kaltverfestigt. Durch Erwärmen kann der Zwangszustand abgebaut werden. Dabei spricht man von Erholen, wenn die Kristallite im großen und ganzen die ursprüngliche Gestalt und Anordnung behalten haben.

Bei höherer Temperatur tritt Rekristallisation ein. Die Wahrscheinlichkeit, daß Atome ihre ursprünglichen Plätze im Gitter verlassen und neue oder veränderte Kristalle aufbauen, ist erhöht, so daß in kurzen Zeiten Kristallite in veränderter Zahl, Anordnung, Größe und Gestalt entstehen.

Zur Veranschaulichung des Vorstehenden sei noch angegeben, daß die Atomabstände in Metallgittern meist bei wenigen 10^{-7} mm, die Größe von Kristalliten meist zwischen einigen 10^{-3} mm und wenigen Zehnteln mm liegt.

2. Methoden der Metalluntersuchung.

§ 4. Die grundlegende Untersuchung ist die der qualitativen und quantitativen chemischen Analyse, die Gewißheit gibt, welche Elemente überhaupt und in welcher Menge, bzw. ob bestimmte besonders vorteilhafte oder schädliche

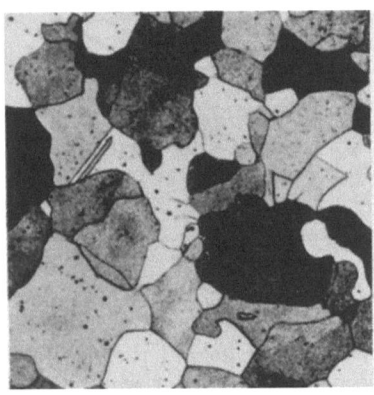
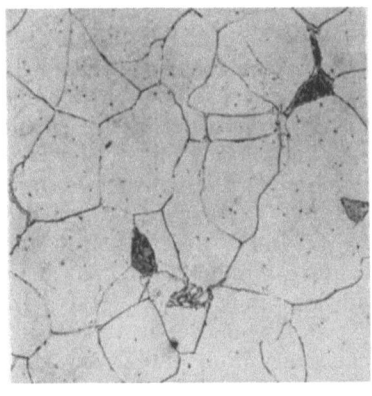

Abb. 11. Kristallfelderätzung an Elektrolyteisen (disloziierte Reflektion). (SIEBEL.)

Abb. 12. Korngrenzenätzung an weichem Eisen mit 0,06% C. (SIEBEL.)

Bestandteile vorhanden sind. Da vielfach kleinste Mengen eines Zusatzes bedeutenden Einfluß haben können, sind große Sorgfalt und Genauigkeit notwendig. Als Kurzuntersuchung ist die Spektralanalyse nützlich, die auch einen Hinweis auf die Menge einzelner Bestandteile geben kann.

Bei feststehender chemischer Zusammensetzung sind weiteste Verschiedenheiten in den physikalischen und technologischen Eigenschaften einer Legierung möglich, je nachdem, welcher Gefügeaufbau durch die thermische oder mechanische Behandlung erreicht wurde. Das in weitestem Umfange eingesetzte Verfahren zur Gefügeuntersuchung ist die Metallographie. Man versteht darunter die visuelle oder fotografische Untersuchung von geätzten, meist geschliffenen Metallflächen mit dem Metallmikroskop. Es ist eine spezielle Technik der Probeentnahme und Schliffherstellung, insbesondere günstiger Ätzungen entwickelt worden, die die Metallographie außer für wissenschaftliche Zwecke auch für technologische Massenuntersuchungen äußerst geeignet, ja heute unentbehrlich gemacht hat. Bereits der ungeätzte Schliff läßt nichtmetallische oder fremdartige Einschlüsse, ferner Risse, Hohlräume u. a. grobe Störungen ermitteln. In vielen Fällen können die Kristallite durch unterschiedliches Ätzen der Korngrenzen oder durch unterschiedliches Ätzen verschiedener Kristallfelder sichtbar gemacht werden. Die Abb. 11 und 12 zeigen Beispiele verschiedener Ätzungen. Zur Erlangung eines Überblickes werden Makroaufnahmen mit beispielsweise 10- oder 20 facher Vergrößerung, zur näheren Prüfung Mikroaufnahmen mit 50- bis 500 facher, gelegentlich auch stärkerer Vergrößerung gemacht.

Gerade auch zur Beurteilung von Schweißverbindungen leistet die Metallographie mit der Untersuchung von Schliffen quer durch die Verbindungsstelle wertvolle Dienste.

Die Verwendung des Übermikroskopes mit schnellen Elektronenstrahlen zur Gefügeuntersuchung beschränkt sich z. Zt. auf Sonderfälle, insbesondere auf die Untersuchung dünner Schichten. In recht weitem Umfange wird seit langem die thermische Analyse zur Bestimmung von Zustands-Diagrammen angewendet. Die Zustandsänderungen sind mit Abgabe und Aufnahme von Wärme, mit Wärmetönungen verbunden. Beim Erstarren einer Schmelze wird die Schmelzwärme, bei einer sonstigen Zustandsänderung die Umwandlungswärme frei. Beim umgekehrten Vorgang muß der gleiche Wärmebetrag zugeführt werden. Der Bedarf oder der Überschuß an Wärme muß sich im Temperatur-Zeitdiagramm einer sonst gleichmäßigen Abkühlung oder Erwärmung als Störung anzeigen. Beispiele einer gleichmäßigen, sowie von 4 durch Zustandsänderungen gekennzeichneten Abkühlungskurven beschreibt Abb. 13. Aus den Kurven ist leicht zu entnehmen, in welchem Temperaturintervall bzw. bei welchem Temperaturniveau Umwandlungen vorliegen. Es wird vorteilhaft bei Abkühlung statt bei Erwärmung gemessen. Die Abkühlung kann im Ofen geschehen. Temperaturmessung mittels Thermoelement. Um ein Zustandsdiagramm zu erhalten, müssen die Kurven für die interessierenden Mischungsverhältnisse aufgenommen werden.

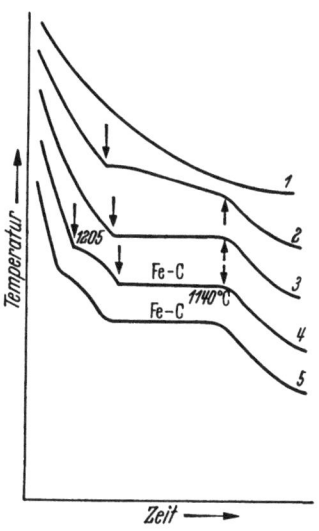

Abb. 13. Verschiedene Formen von Temperatur-Zeitkurven (Abkühlung).

1 ohne Wärmetönung, 2 Erstarrung in einem Temperatur-Intervall, 3 Erstarrung bei konstanter Temperatur, 4 schematische Abkühlungskurve einer Fe—C-Legierung mit 4% C, 5 Wirkliche Kurve einer solchen Legierung. (SIEBEL.)

Sehr aufschlußreich sind auch Messungen des elektrischen Widerstandes. Bei verschiedenen Mischkristallen ist der Widerstand ein Vielfaches der Werte der elementaren Komponenten. Bei gleicher chemischer Zusammensetzung (beispielsweise des Systems Au-Cu) können bei gleicher Temperatur die Widerstandswerte auf das Doppelte und mehr erhöht werden, wenn nur die Atomverteilung im Gitter geändert wird. Geringe Verunreinigungen, Gefügeänderungen, auch durch Kaltverformung sind in vielen Fällen durch Widerstandsmessung in verhältnismäßig einfacher Weise festzustellen.

Kristallstrukturen werden hauptsächlich durch Röntgeninterferenzen ermittelt. Strahlen schneller Elektronen sind wegen der starken Absorption in Metallen nur zur Untersuchung dünner Schichten geeignet, bei diesen aber wegen der kräftigen Wechselwirkung zwischen Strahl und Elektronenfeld des Metalls besonders günstig. Das ursprüngliche LAUE-Verfahren mit „weißem" Röntgenlicht wird nur noch selten angewendet. Man bedient sich vorzugsweise der Drehkristallmethode nach BRAGG oder für polykristalline Proben des DEBYE-SCHERRER-Verfahrens. Beide Verfahren arbeiten mit monochromatischer Röntgenstrahlung.

Röntgenstrahlen haben bei der technischen Untersuchung von Metallkörpern erhebliche Bedeutung zur Ermittlung von Inhomogenitäten, Hohlräumen usw., namentlich auch an Schweißverbindungen. Auch andere Strahlen, die in Metallen wenig absorbiert werden, wie Schall und Ultraschall, sind für gleiche Aufgaben geeignet und haben Aussicht, gerade für die Prüfung von Widerstandsschweißungen Anwendung zu finden. Auf das Magnetpulververfahren zur ebenfalls zerstörungsfreien Werkstoffprüfung sei hier nur verwiesen.

Ein nahezu selbständiges sehr umfangreiches Gebiet stellen die Festigkeits- und Härteprüfungen dar. Die Methoden sind in Anlehnung an die verschiedenen Fälle praktischer Beanspruchung sorgfältig entwickelt und in Anwendung.

B. Stahl und Eisen.
1. Begriffsbestimmungen.
a) Übersicht.

§ 5. Nach der Begriffsbestimmung durch den Normenausschuß wird alles schon ohne Nachbehandlung schmiedbare Eisen als „Stahl" bezeichnet. Dies gilt für alle Sorten bis zu einem Kohlenstoffgehalt von $\sim 1{,}7\%$ und ohne Rücksicht auf Festigkeit und Legierung. Alle Eisensorten mit über $\sim 1{,}7\%$ C sind nicht schmiedbar, wobei die Zahl 1,7 nicht als scharfe Grenze anzusehen ist, da der Übergang vom schmiedbaren zum nichtschmiedbaren Zustand ein allmählicher ist. Unter den Begriff Stahl fallen sowohl der durch Vergießen in Blöcken mit nachfolgender Formgebung durch Walzen oder Schmieden erzeugte Flußstahl als auch der Stahlguß, hergestellt durch Vergießen in Fertigformen ohne nachträgliche Formgebungsverfahren. Unter Eisen schlechthin versteht man Roheisen, Gußeisen und Temperguß[1]. Roheisen, das im Hochofen gewonnen wird, ist ein wesentliches Zwischenprodukt zur Herstellung von Flußstahl, Stahlguß, Gußeisen und Temperguß.

Die technisch verwerteten Flußstahlsorten kann man nach folgenden Gesichtspunkten einteilen:

b) Reinsteisen und reines Eisen.

Reinsteisen ($>99{,}99\%$ Fe) ist ein sehr weiches Metall, das außer guten magnetischen Eigenschaften und hoher chemischer Beständigkeit sehr hohe Dehnung besitzt, bei geringeren Festigkeiten. Reinsteisen ist sicherlich für die Zukunft auf Grund seines besonders indifferenten chemischen Verhaltens und seiner außerordentlichen Verformbarkeit ein für bestimmte Zwecke interessanter Werkstoff.

Reineisen hat Bedeutung als magnetischer Werkstoff, ferner für wissenschaftliche Zwecke und insbesondere als Ausgangsprodukt zur Herstellung hochwertiger, reiner Stähle.

Reines Eisen hat folgende Eigenschaften:

Atomgewicht	55,84
spez. Gewicht	7,876 g/cm³
spez. elektr. Widerstand	$20° = 0{,}099$ Ω mm²/m
	$1000° = 1{,}17$ Ω mm²/m
Schmelzpunkt	$\sim 1537°$
Siedepunkt	$\sim 3000°$

---

[1] Die Bezeichnung Eisen wird in Abweichung zu obiger Abgrenzung in wichtigen Kombinationsbegriffen wie Doppel-T-Eisen, Z-Eisen usw. regelmäßig angewendet.

Umwandlungstemperaturen:
magnetische Umwandlung (Curiepunkt) A_2 Punkt: 770°
α—γ Umwandlung Ac_3 ,,   910°
γ—δ ,, Ac_4 ,,   1400°
Wärmeleitfähigkeit   0° = 0,134 cal/cm. sek° C
   900° = 0,078 ,, ,, ,,
spez. Wärme: 0—100° = 0,111 cal/g° C
   0—1000° = 0,17 ,, ,, ,,
   0—1500° = 0,165 ,, ,, ,,
lineare Wärmeausdehnung   0—100° = 0,12%
   1000° = 1,4%
magnetische Sättigung ($4\pi I_\infty$)   21 600 (CGS)
Zugfestigkeit: ∼25 kg/mm²
Streckgrenze: ∼12 ,, ,,
Einschnürung: ∼75%
Dehnung: ∼45%
Brinellhärte: Hn   ∼50 kg/mm².

c) Kohlenstoff-Stähle.

Der Kohlenstoff ist dasjenige Legierungselement, das die Eigenschaften des Stahles am einschneidendsten beeinflußt. Alle nur mit ihm legierten Stähle werden „Kohlenstoffstähle" oder schlechthin „unlegierte" Stähle genannt, trotzdem es sich nie um den Kohlenstoff als Legierungselement allein handelt, denn es sind immer noch teils gewollt, teils ungewollt geringe Mengen anderer Elemente vorhanden. Kohlenstoff beeinflußt in erster Linie die mechanischen Eigenschaften der Stähle. Er erhöht die Zugfestigkeit und Streckgrenze bei gleichzeitiger Erniedrigung der Dehnung und Kerbschlagzähigkeit. Es genügen schon geringe Mengen, um eine Änderung dieser Eigenschaften herbeizuführen. Ein Prozentsatz von 0,05% C macht z. B. einen Stahl weich, zäh und leicht bearbeitbar, jedoch nicht härtbar; wohingegen ein solcher mit 0,5% C bereits hart, härtbar und meistens schwer zu bearbeiten ist. Die Festigkeit der Kohlenstoffstähle im gewalzten Zustand in Abhängigkeit des Kohlenstoffgehaltes zeigt

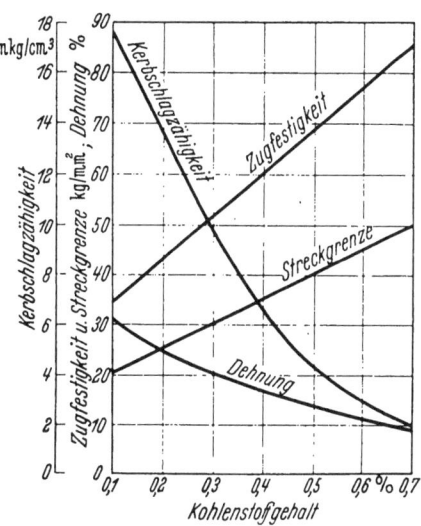

Abb. 14. Abhängigkeit der Festigkeitseigenschaften der Kohlenstoffstähle vom Kohlenstoffgehalt (Walzzustand).

Abb. 14. Zu beachten ist hierbei allerdings, daß die Abkühlbedingungen für das Walzgut die Werte auch beeinflussen. Schmiedbarkeit und Schweißbarkeit verringern sich mit steigendem Kohlenstoffgehalt. Eine weitere wichtige Eigenschaft des Kohlenstoffes ist, daß er den Stahl härtbar macht. Außerdem können die mechanischen Werte auch noch durch Kaltverformen (Kaltwalzen, Ziehen, Hämmern) beeinflußt werden. Dies wird z. B angewendet, um die Härte und Zugfestigkeit von Drähten, Blechen, Bändern u. a. zu steigern.

d) Baustähle.

Stähle mit 0,05 bis etwa 0,5% C werden Baustähle genannt, wobei noch andere Legierungselemente hinzutreten können. Baustähle sind alle Stähle, aus denen Bauteile wie Maschinen-, Fahrzeuge, Brücken-, Hoch- und Eisenbahnbauten hergestellt werden. Die handelsüblichen nichtlegierten Baustähle werden auch Maschinenstähle genannt und sind unlegiert als Maschinenbaustahl genormt. Als Baustähle gelten auch die Einsatz- und Vergütungsstähle, die unlegiert oder legiert sein können. Die Beurteilung der Baustähle erfolgt in erster Linie nach ihren mechanischen Eigenschaften.

e) Werkzeug- und Schnellarbeitsstähle.

Werkzeugstähle dienen zur Herstellung von Werkzeugen, woraus sich eine mannigfaltige Anwendung derselben ergibt. Sie müssen geeignet sein, um Arbeitsgänge wie Ziehen, Stanzen, Schneiden, Pressen, Feilen, Sägen u. a. mit ihnen ausführen zu können. Es lassen sich daher die Bedingungen für die Werkzeugstähle nicht in der gleichen Weise wie für die Baustähle erfassen. In vielen Fällen kommt es hier nicht so sehr auf die Zugfestigkeit, als wie auf die Schneidfähigkeit und Schneidhaltigkeit an. Insbesondere ist für schneidende Werkzeuge eine gute Härtbarkeit und eine hohe Härte wichtig neben einer gewissen Zähigkeit z. B. für schlagende Werkzeuge. Unlegierte Werkzeugstähle haben mindestens 0,3% C, meist aber 0,5—1,5% C. Legierte Werkzeugstähle enthalten noch Chrom, Nickel, Wolfram, Mangan, Molybdän, Kobalt und Vanadin.

Schnellarbeitsstähle oder auch Schnelldrehstähle bzw. Schnellstähle genannt, haben eine höhere Schnittgeschwindigkeit bei Zerspanungsarbeiten als die üblichen Schneidstähle. Dies wird durch stark karbidbildende Legierungselemente wie Wolfram (3—24%), Chrom (3—6%), Vanadin (0,5—5%) und Kobalt (3 bis 17%) erreicht. Dadurch haben sie den Vorteil, daß sie bis zu fast 600° nur sehr wenig von ihrer Härte verlieren. Um diese hochwertigen Stähle einzusparen, versieht man im allgemeinen nur den tatsächlich arbeitenden Teil des Werkzeuges mit Schnellstahl, wobei dann der Schaft, z. B. bei einem Drehstahl, aus unlegiertem Kohlenstoffstahl sein kann. Bei diesen Verbindungsarbeiten spielt dann das Löten und Schweißen eine wesentliche Rolle.

f) Einfluß der Legierungselemente.

Im folgenden wird eine kurze Übersicht der wesentlichsten Einflüsse der Legierungselemente mit steigendem Prozentgehalt gegeben:

Kohlenstoff: Zunahme der Zugfestigkeit und Streckgrenze bei abnehmender Dehnung. Abnehmende Schmiedbarkeit, Schweißbarkeit (wesentliche Verschlechterung ab etwa 0,25÷0,3%) und spanabhebende Bearbeitbarkeit. Steigender elektrischer Widerstand.

Mangan: Zunahme der Zugfestigkeit und Streckgrenze bei schwacher Abnahme der Dehnung. Steigende Schmied- und Schweißbarkeit bis etwa 1%. Mangan wirkt dem schlechten Einfluß des Schwefels auf die Schmiedbarkeit entgegen. Erhöhung der Einhärtetiefe. Überhitzungsempfindlichkeit.

Silicium: Zunahme der Zugfestigkeit und Streckgrenze. Geringe Abnahme der Dehnung, Neigung zur Kornvergröberung. Steigerung der Einhärtetiefe. Starke Erhöhung des elektrischen Widerstandes. Zunderbeständigkeit. Verbesserung der magnetischen Eigenschaften (bis etwa 4%). Verringerung der Schweißbarkeit schon bei geringen Gehalten.

Nickel: Geringe Zunahme der Zugfestigkeit und Streckgrenze, desgl. geringe Abnahme der Dehnung. Verhinderung starken Kornwachstums. Steigerung der Einhärtungstiefe. Zunahme des elektrischen Widerstandes. Bei Schmelzschweißungen Neigung zur Aufhärtung. Austenitische Nickelstähle unmagnetisch.

Chrom: Zunahme der Zugfestigkeit und geringe Abnahme der Dehnung. Erhöhung der Einhärtungstiefen. Bei Werkzeugstählen Vermehrung der Karbide. Über 12% Steigerung der Korrosionsbeständigkeit. Bei Schmelzschweißungen und geringen Prozentsätzen Aufhärtungen in den Übergangszonen.

Molybdän: Zunahme der Zugfestigkeit, Warmfestigkeit und Einhärtungstiefe. Bei den praktisch vorkommenden Prozentsätzen Verbesserung der Schweißbarkeit.

Wolfram: Zunahme der Zugfestigkeit und Streckgrenze bei abnehmender Dehnung. Steigerung der Warmfestigkeitseigenschaften. Erhöhung des magnetischen Gütewertes.

Schwefel: Stahlschädling. Meist nicht über 0,06%. Innerhalb dieses Bereiches keine nachteilige Beeinflussung der Schweißbarkeit. Neigt zu Seigerungen. Höhere Gehalte (0,15—0,3%) erhöhen die spanabhebende Bearbeitbarkeit (Automatenstähle).

Phosphor: Stahlschädling. Meist nicht über 0,06%. Automatenstähle bis 0,15%. Wirkt kornvergröbernd und versprödend. Neigt zu Seigerungen, soweit diese nicht vorhanden, kein Einfluß auf die Schweißbarkeit. In Verbindung mit Kupfer Erhöhung des Korrosionswiderstandes.

2. Herstellungsverfahren.

§ 6. Eisen kommt in der Natur überwiegend als chemische Verbindung mit dem Sauerstoff vor, der noch Kieselsäure, Kalk, Tonerde, Phosphor, Schwefel und Metallverbindungen beigemengt sind. In diesem Zustand ist es uns als Eisenerz bekannt und bildet etwa 4,2% der Erdkruste. Zur Gewinnung des Eisens wird es von seinen chemischen Verbindungen und Verunreinigungen getrennt. Dies geschieht im Hochofen. Es ist dies ein Schachtofen, in dem unter Verwendung von Kohlenoxydgasen die Eisenerze reduziert werden. Als Rohstoff dient zur Durchführung des Prozesses außer den Erzen noch Koks und Zuschläge. In der unteren heißen Zone trennt sich das Metall von den anderen flüssigen Bestandteilen und wird als flüssiges Roheisen gewonnen. Man erhält im Hochofen neben gasförmigen Produkten in der Hauptsache Roheisen und Schlacke. Bei den auftretenden Temperaturen spielen sich auch Reaktionen ab, die Elemente dem flüssigen Eisen zuschmelzen und mit dem Eisen eine Legierung ergeben. Im wesentlichen sind dies C, Si, Mn, P und S. Diese Bestandteile, ausgenommen P und S, die meist als schädlich anzusehen sind, sind nur in kleineren Mengen erwünscht. Es ist daher Aufgabe der weiteren Behandlung, diese Legierungsbestandteile auf den gewünschten Stand zu bringen. Der Entzug der unerwünschten Gehalte dieser Elemente erfolgt durch Verbrennen derselben, ein Vorgang, den man „Frischen" nennt und in der Praxis durch verschiedene Verfahren erreicht.

Tiegelstahl: Das älteste Verfahren ist dasjenige, bei dem der Flußstahl im Tiegel erzeugt wird. Zur Herstellung reinsten Tiegelstahls verwendet man heute einen möglichst oxydfreien und phosphor- und schwefelarmen Einsatz. Ein Vorteil der Tiegelstahlherstellung ist die geringe Möglichkeit einer Oxydation des Stahles durch die zur Erhitzung erforderlichen Feuergase während des Schmelzens. Außerdem ist von Vorteil, daß der Stahl aus der Tiegelwandung Silicium aufnimmt und dadurch ruhig erschmolzen werden kann. Der Tiegelstahl ist ein hochwertiges Produkt. Seine Erzeugung beschränkt sich aber infolge der hohen Herstellungskosten auf einige hochwertige Werkzeugstähle, Schnellarbeitsstähle u. a. Die Tiegelstahlerzeugung ist fast ganz durch die Elektrostahlerzeugung verdrängt.

Bessemer-Stahl: Das Bessemer-Verfahren ist ein sog. ,,Windfrisch-Verfahren" und wurde 1855 dem Engländer H. BESSEMER patentiert, und brachte eine gewaltige Umwälzung auf dem Gebiete des Eisenhüttenwesens. Der Grundgedanke ist: den Kohlenstoff mittels Luftsauerstoff zu verbrennen, wozu man durch das flüssige Roheisen Luft hindurchbläst, was in großen birnenförmigen Gefäßen geschieht. Die hierzu erzeugte Wärme reicht aber nicht aus, einer zu großen Abkühlung der Eisenmassen entgegen zu wirken. Die notwendige Wärmemenge wird erst durch das Verbrennen des Si-Gehaltes erzielt. Um den Bessemer-Prozeß durchzuführen, soll das Roheisen ungefähr folgende Zusammensetzung haben: 3,5—4% C; 1—2% Si; 0,5—2% Mn; höchstens 0,1% P und 0,05% S.

Da aber in Deutschland nur wenig phosphorarmes Roheisen verwendet wird, ist das sog. saure BESSEMER-Verfahren nur in ganz kleinem Umfang in Anwendung. Der Phosphorgehalt des Roheisens geht beim sauren Verfahren ganz in das Flußeisen über und macht es kaltbrüchig.

Dieses wird bei dem sog. THOMAS-Prozeß vermieden. In diesem Fall wird ein geeignetes basisches Futter der Birnen verwendet, wodurch eine genügende Entphosphorung des Roheisens erfolgt. Allerdings ist der THOMAS-Prozeß durch die notwendigen Zuschläge (Phosphorkreide usw.) etwas teuer. Dies wird aber wieder aufgehoben durch die Verwendung der THOMAS-Schlacke als Thomasmehl vermahlen zur Düngung in der Landwirtschaft.

Siemens-Martin-Stahl: Während beim THOMAS- und BESSEMER-Verfahren nur ein flüssiger Einsatz möglich ist, kann beim SIEMENS-MARTIN-Verfahren gleichzeitig fest oder flüssig eingesetzt werden. Dies gelang 1865 PIERRE MARTIN mit einem Ofen der SIEMENS-Umschalt-(Regenerativ-)Feuerung. Das Verfahren ist heute als das SIEMENS-MARTIN-Verfahren im großen Umfange in Anwendung.

Der Ofen hat eine muldenförmige Herdfläche, bei dem in umschaltbaren Kammern (Regeneratoren), die unter dem Herde angeordnet sind, vorerhitztes Gas mit vorgewärmter Luft zur Verbrennung gelangt. Dies ermöglicht eine wirtschaftliche Erzeugung der notwendig hohen Temperaturen.

Der Schmelzprozeß wird derartig geführt, daß, wenn die Beschickung, die aus Roheisen, Schrott und Kalk besteht, geschmolzen ist, die freiwerdenden Sauerstoffmengen sich mit den Legierungselementen Kohlenstoff, Mangan, Phosphor und Schwefel verbinden. Sie werden als Schlacke ausgeschieden. Der Kohlenstoff verbindet sich mit dem Sauerstoff und wird als Kohlenoxydgas abgegeben. Hierbei sinkt der Kohlenstoffgehalt sehr stark. Steigt gegen Ende des Schmelzprozesses die Ofentemperatur auf 1700°, so zerfällt das Manganoxyd wieder und der Mangangehalt der Schmelze steigt wieder an. Der Schmelzprozeß wird in der Regel mit starkem Sauerstoff-Überschuß geführt. Um hierdurch aber keinen minderwertigen Stahl zu erhalten, wird zum Schluß desoxydiert, und es werden dann auch noch die notwendigen Legierungsbestandteile zugesetzt, um die gewünschte Endanalyse des Stahles zu erreichen.

Im SIEMENS-MARTIN-Ofen können die unlegierten und niedriglegierten Bau- und Werkzeugstähle hergestellt werden.

Elektro-Stahl: Das Erschmelzen der Edel- und höher legierten Stähle erfolgt heute im Elektroofen, und zwar gibt es hier zwei Grundformen; einmal den Lichtbogenofen und andererseits den Induktionsofen. Beim Lichtbogenofen wird die notwendige Wärme durch große, zwischen Elektroden brennende Lichtbögen erzeugt. In Induktionsöfen geschieht die Erwärmung im elektromagnetischen Spulenfeld, meist bei höheren Frequenzen. Wenn auch der Elektrostahl heute oft höhere Gestehungskosten hat wie der THOMAS- oder SIEMENS-MARTIN-Stahl, so sichert ihm seine hohe Reinheit die Anwendung dort, wo hohe Anforderungen an das Erzeugnis gestellt werden. Bei dem Verfahren ist eine fast vollkommene Entphosphorung und Entschwefelung, sowie eine fast vollständige Desoxydation möglich.

Ist der Schmelzprozeß beendet, so wird der Stahl in Blockformen gegossen. Diese werden zur Weiterverarbeitung dem Walzwerk zugeleitet. Auch wird für bestimmte Zwecke der Stahl gleich in fertige Formen gegossen. Auf diese Weise entsteht der sog. Stahlguß. Dieser erfährt dann keine Warm- oder Kaltverformung mehr, sondern wird je nach Bedarf nur noch gewissen Glühbehandlungen unterzogen. Außer dem Weg ins Stahlwerk nimmt auch noch Roheisen denjenigen zur Gießerei. Es sind dies graue und weiße Sorten. Sie werden mittels dem Kupolofen zu Maschinenguß, Hartguß und Temperguß verarbeitet. Diese Werkstoff-Gruppe wird unter dem Namen Gußeisen und Temperguß zusammengefaßt. Sie hat einen Kohlenstoffgehalt von über 1,7%. Die Legierung kann anschließend einer spanabhebenden Bearbeitung unterzogen werden. Weißer Temperguß ist ein aus weißem Roheisen gewonnenes Gußerzeugnis, das durch eine Glühbehandlung soweit entkohlt wurde, daß es zäh, hämmerbar und bis zu einem gewissen Grade sogar schmiedbar ist.

Der geschilderte Herstellungsgang ist in Abb. 15 zusammengestellt.

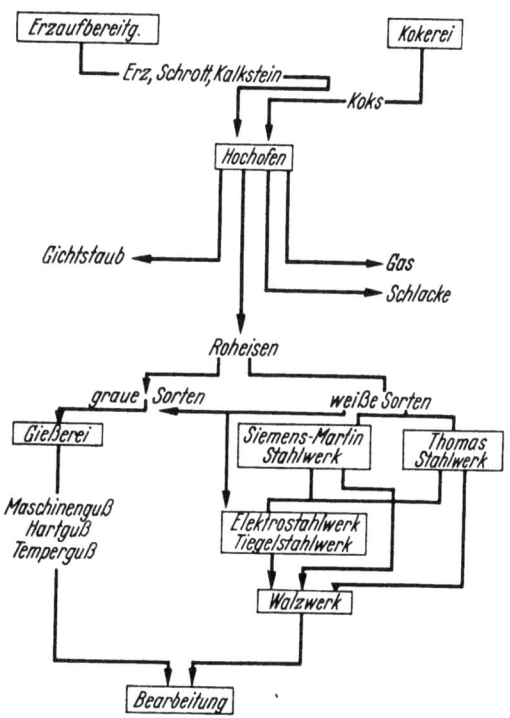

Abb. 15. Der Herstellungsgang von Eisen und Stahl.

Hieraus ist zu ersehen, daß der Stahl, wenn er das Stahlwerk vorlassen hat, in das Walzwerk kommt. Er wird auf den Walzstraßen zum Fertigerzeugnis verwalzt. In diesen Straßen befinden sich Walzen, die profiliert sind und verschiedene Durchgänge haben. Sie sind so angeordnet, daß auf mehreren Hin- und Hergängen der Stahlblock, der vorher auf die richtige Walztemperatur gebracht wurde, auf immer kleinere Querschnitte heruntergewalzt wird, bis er schließlich den Endquerschnitt bzw. das Endprofil hat. Sollen einwandfreie Erzeugnisse entstehen, so ist es notwendig, daß man die Walzbarkeit des Werkstoffes gut kennt. Bei Stahl besteht die Möglichkeit, ihn im warmen Zustand plastisch zu verformen. Die Walztemperatur beträgt bei gewöhnlichen Stählen etwa 900°. Die Walzbarkeit sinkt mit steigendem Kohlenstoff und Schwefelgehalt. Diese Stähle werden dann rotbrüchig, was durch Aufspalten von Ecken und Enden in Erscheinung tritt. Die obere Grenze für den Kohlenstoffgehalt liegt bei ungefähr 1,7%. Nickel und Mangan erhöhen die Walzbarkeit. Wird eine sachgemäße und gute Verformung der gegossenen Stahlblöcke durchgeführt, so tritt gleichzeitig eine Verfeinerung des Gefüges auf, was eine wesentliche Verbesserung der Festigkeitseigenschaften zur Folge hat.

3. Gefügeaufbau der Kohlenstoff-Stähle.

a) Allgemeines.

§ 7. Der Praktiker beurteilt gern die vorhergegangene Behandlung und die Zusammensetzung des Stahles nach dem Bruchbild. Hier ist jedoch große Vor-

Abb. 16. Lamellarer Perlit. Eutektoid, etwa 0,9% C. V = 500×.

Abb. 17. Ferrit mit Perlit. Etwa 0,2% C. V = 500×.

sicht angebracht. Bei großer Erfahrung kann man aus einem frischen Bruchbild sicher manche richtige Erkenntnis ziehen, jedoch besteht auch die Gefahr von Fehlschlüssen. In erster Linie kann man Rückschlüsse auf die Härte und Warmbehandlung ziehen. Man wird also z. B. erkennen, ob Stahl überhitzt oder

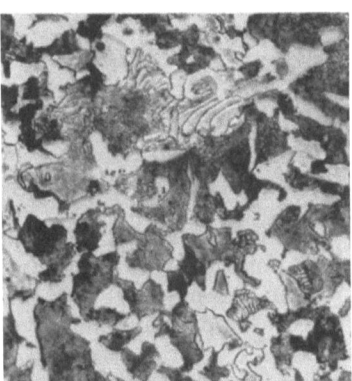

Abb. 18. Ferrit und Perlit. 0,45% C. V = 500×.

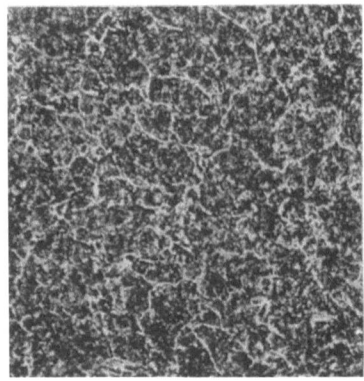

Abb. 19. Zementit und Perlit. 1,5% C. V = 100×.

verbrannt ist oder ob ein einsatzgehärteter Stahl im Kern richtig vergütet bzw. ein hochgekohlter Stahl richtig gehärtet ist. Das Bruchbild ermöglicht aber keine genauen Rückschlüsse auf den eigentlichen Gefügeaufbau.

Das Gefüge des Stahles besteht meist aus verschiedenartigen Kristalliten, für die bestimmte metallographische Bezeichnungen üblich sind. Der Kohlenstoff kommt vorwiegend in der chemischen Verbindung Fe_3C (Eisenkarbid) vor, die in der Metallographie Zementit heißt. Das Gefüge langsam gekühlter Kohlenstoffstähle bis etwa 1,7% C kann je nach den Umständen außer dem genannten Zementit hauptsächlich Perlit und Ferrit enthalten. Ferrit ist die Bezeichnung für α-Eisen. Perlit ist ein Gemenge von Ferrit und Zementit entsprechend einem C-Gehalt von 0,9%. Der Mikroschliff von Stahl dieser Konzentration zeigt Kristallite von Perlit, die vielfach die schichtweise Anordnung von Zementit und Ferrit in seiner Streifung erkennen lassen, Abb. 16. Hier ist der Ferrit hell und der Zementit dunkel. Das Gefüge des Stahles mit weniger als 0,9% Kohlenstoffgehalt besteht aus Kristalliten von Perlit und aus Kristalliten von Ferrit. Der Anteil des Ferrits steigt mit abnehmendem C-Gehalt (s. Abb. 17 und 18). Reines Eisen enthält natürlich kein Zementit.

Wird der Kohlenstoffgehalt größer als 0,9%, so tritt immer mehr freier Zementit in Erscheinung (Abb. 19). Als eutektoider Stahl kann der nur aus Perlit, als untereutektoider der aus Perlit und Ferrit und als übereutektoider der aus Perlit und freien Zementit bezeichnet werden. Bezüglich der Härte haben die Gefügebestandteile folgende Reihenfolge: Zementit ∼ 600 HB, Perlit ∼ 200 HB und Ferrit ∼ 80 HB.

b) Verhalten bei langsamer Abkühlung und Erwärmung.

§ 8. Kühlt man flüssiges reines Eisen langsam ab, so treten bei vier Temperaturen Verzögerungen, die Haltepunkte auf. Trägt man die Temperaturwerte in Abhängigkeit der Zeit auf, so erhält man eine Kurve, wie sie Abb. 20 zeigt (118). Der oberste Haltepunkt liegt bei etwa 1530°. Er entspricht dem Erstarrungspunkt des reinen Eisens, und zwar bildet sich festes δ-Eisen. Bei 1400° erfolgt die Umwandlung von δ-Eisen in γ-Eisen, bei 900° von γ-Eisen in α-Eisen; der Übergang

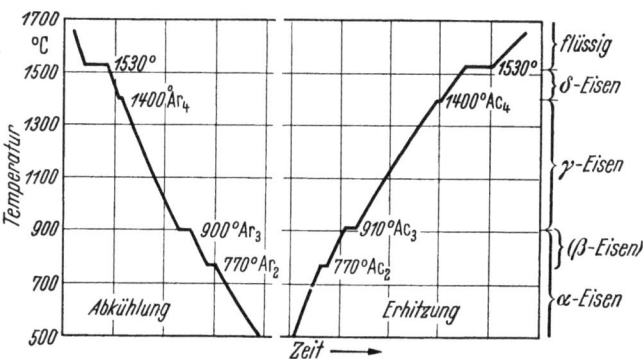

Abb. 20. Schematische Abkühlungskurve (links) und Erhitzungskurve (rechts) von reinem Eisen. (Stahl und Eisen.)

zum β-Eisen bedeutet keine Strukturumwandlung, sondern ist die magnetische Umwandlung. Die entsprechenden Erscheinungen treten in umgekehrter Richtung d. h. also beim Erwärmungsvorgang auf. Die Haltepunkte werden mit A bezeichnet und erhalten die in Abb. 20 angegebenen Zeiger. Außerdem wird noch beim Abkühlungsvorgang der Buchstabe r (refroidissement = Abkühlung) und beim Erwärmen der Buchstabe c (chauffage = Erwärmung) hinzugefügt. α- und δ-Eisen haben ein raumzentriert kubisches Gitter, γ-Eisen ein flächenzentriert kubisches Gitter. Nur α-Eisen ist unterhalb von 770° ferromagnetisch.

Die Höhe der oben angegebenen Haltepunkte ist nicht immer gleich, sondern ändert sich mit dem Gehalt an Kohlenstoff (Eisenkarbid). Ermittelt man die Haltepunkte für die verschiedenen Kohlenstoffgehalte und trägt sie in ein Schema ein, von dem die Waagerechte den Gehalt an Eisenkarbid oder Kohlenstoff und die Senkrechte die Temperatur angibt, so erhält man ein Schaubild, wie es Abb. 21 zeigt. Es ist dies das sog. Eisen-Zementit-Schaubild. Wir interessieren uns hier nicht für das Gebiet der C-Gehalte oberhalb 1,7%. Einer der markanten Punkte ist derjenige mit 0,9% C. Wird diese Legierung langsam abgekühlt, so bleibt die feste Lösung (γ-Eisen) bis 720° bestehen, dann tritt aber eine Umwandlung in ein feines Gemenge aus Ferrit und Zementit ein. Wir erhalten den schon oben erwähnten streifigen Perlit. Diese Umwandlung geht nun bei höheren oder niedrigerem Kohlenstoffgehalt anders vor sich, und zwar derartig, daß sich bei weniger als 0,9% C zunächst Ferrit ausscheidet und bei mehr als 0,9% C zunächst Zementit. Bei einer Legierung mit weniger als 0,9% C wird durch das Ausscheiden von Ferrit die zurückbleibende Lösung reicher an Kohlenstoff und bei mehr als 0,9% C durch die Ausscheidung von Zementit ärmer an Kohlenstoff.

Ist die Temperatur auf 720° gesunken, so hat in allen Fällen die feste Lösung die eutektoide Zusammensetzung von 0,9%. Bei weiterer Abkühlung wandelt

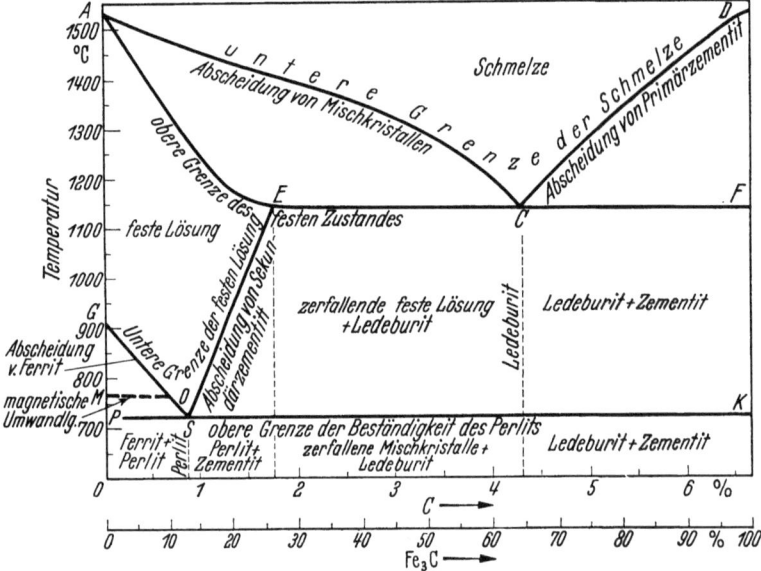

Abb. 21. Schematische Darstellung des Eisen-Zementit-Schaubildes (ohne Berücksichtigung der A_4-Umwandlung). (Stahl und Eisen.)

sich diese insgesamt in Perlit um. Damit erhalten wir unterhalb 720° folgende Gefüge: Stahl unter 0,9% C: Perlit und Ferrit. Stahl mit 0,9% C: Perlit. Stahl über 0,9% C: Perlit und freier Zementit.

In Abb. 21 sind folgende Umwandlungslinien eingetragen: Die Linie AC stellt die untere Grenze der reinen Schmelze dar. Bei ihr beginnt bei Abkühlung die Abscheidung von Mischkristallen. AEC ist die obere Grenze des festen Zustandes, unterhalb dieser Linie ist nur die feste Lösung von Kohlenstoff in γ-Eisen vorhanden. Diese wird metallographisch mit Austenit bezeichnet. Die Härte ist etwa 250 HB. Die Linie $GOSE$ ist die untere Grenze der festen Lösung. Weitere Gefügebestandteile werden später bei der Warmbehandlung besprochen.

c) Mechanische Behandlung und Gefüge.

§ 9. Außer der chemischen Zusammensetzung, insbesondere dem C-Gehalt und außer den Temperaturzuständen bestimmt auch die mechanische Behandlung den Gefügeaufbau und damit die technischen Eigenschaften des Stahles. Mit der Widerstandsschweißung werden sehr viel Walzwerkerzeugnisse verarbeitet. Der Werkstoff ist bei seiner Herstellung meist bei hoher Temperatur beträchtlicher oft wiederholter Verformung unterworfen worden. Neben der gewünschten Formgebung ist dadurch eine technologisch günstige, feinkörnige Faserstruktur erreicht. In bestimmten Fällen werden auch Schmiedestücke oder warmgepreßte, oft auch kaltgewalzte oder gezogene Werkstoffe mit gutem Gefüge verarbeitet.

Eine nachträgliche Glühbehandlung kann eine stark gerichtete Textur der Kaltverformung aufheben (Abb. 22a und b). Gelegentlich wird im Verlauf einer Schweißung durch mechanische Einwirkung eine Gefügeänderung angestrebt. Von besonderem Interesse ist der Zusammenhang zwischen Verformung und Rekristallisationsglühung von Stahl (s. unten).

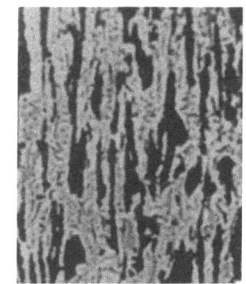 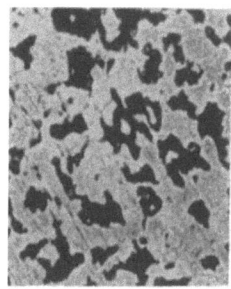

Abb. 22. a weicher Stahl, kaltgezogen. b wie a, jedoch geglüht. V = 100 ×.

4. Warmbehandlung der Stähle.
a) Glühen mit folgender langsamer Abkühlung.

§ 10. Das Glühen wird bei folgenden charakteristischen Fällen angewendet:
1. Spannungsfrei Glühen und Erholen.
2. Rekristallisieren von kaltverformtem Gefüge.
3. Rückfeinen nach Warmbehandlung.
4. Verfeinern von Gußstruktur.
5. Spezielle Gefügeumwandlungen.

Das Ziel des Glühens in all diesen Fällen ist die Beseitigung von Spannungen, höherer Härte und Sprödigkeit. Beim Schweißen ist es in vielen Fällen notwendig, die Schweißstelle einer Warmbehandlung zu unterziehen, um für die weitere Bearbeitung des Werkstückes (Drehen, Fräsen, Härten und Vergüten) die richtige Struktur zu erhalten. Gerade beim Widerstandsschweißen haben wir im wesentlichen rasche Abkühlungsvorgänge von hohen Temperaturen, was Strukturen zur Folge hat, die für die weitere Bearbeitung nicht immer geeignet sind und daher eine Glühbehandlung notwendig machen.

Für eine richtige Glühbehandlung sind folgende 3 Punkte wichtig: Glühtemperatur, Glühzeit und Abkühlverlauf.

Glühtemperatur: Die Vorgänge beim Glühen des C-Stahles ergeben sich aus dem Eisen-Zementit-Schaubild (Abb. 21). Wird im Laufe der Erhitzung des Stahles die Linie PSK überschritten, so geht der ausgeschiedene Perlit in feste Lösung über. Bei untereutektoiden Stählen gehen bei weiterer Erwärmung größere Mengen von Ferrit und bei übereutektoiden größere Mengen von Zementit in Lösung. Dieser Lösungsvorgang ist oberhalb der Linie $GOSE$ beendet. Wird nun abgekühlt, so erfolgt wieder die entsprechende Ausscheidung von Ferrit, Zementit und Perlit. Hierbei ist zu beachten, daß diese Kristallisationsvorgänge um so feinkörniger erfolgen, je weniger hoch und je kürzere Zeit die Lösung über ihre Entstehungstemperatur erhitzt wurde. Sollen sämtliche Reste des groben Gefüges in Lösung gehen, so müssen mindestens die Temperaturen der Linie $GOSE$ erreicht werden. Mit Rücksicht darauf, daß bei der Erwärmung höhere Temperaturen für die Haltepunkte gefunden werden als bei der Abkühlung, wählt man die Glühtemperatur um 30—60° höher, als im Schaubild angegeben. Für Glühungen in dem betreffenden Temperaturbereich, der in Abb. 23 schraffiert gezeichnet ist, hat sich der Begriff „Normalglühen" ein-

geführt. Die hier angegebenen Temperaturen gelten für einen Stahl mit 0,8%
Mangangehalt. Mangan bewirkt eine Verschiebung der Temperaturen nach unten.
Auch andere Legierungszusätze bringen eine Änderung. Bei Mangan bewirkt
1% eine Temperaturerniedrigung um etwa 65°, bei Nickel 1% etwa 30—35°,
dagegen bewirken in etwas schwächerem Maße Chrom und Wolfram eine Temperaturerhöhung. Es ist noch zu beachten, daß die Carbide von Chrom, Wolfram,
Vanadin und Molybdän schwer löslich sind.

Hat das Glühen den Zweck, Eigenspannungen zu beseitigen, so genügt ein
Glühen bei 450°—550° mit anschließender verzögerter Abkühlung. Bei untereutektoiden Stählen, die eine Kaltverformung erfahren haben, kann die hierdurch
entstandene Härte durch eine Glühung bei 600°—700° beseitigt werden. Durch
eine Glühbehandlung zwischen 600° und 700° kann bei kohlenstoffreicheren,
untereutektoiden Stählen der streifige Perlit in körnigen Zementit übergeführt werden. Dieser Zustand ist für eine weitere Kaltverformung und bei über 0,5% C auch für spanabhebende Bearbeitung günstig. Ähnliches gilt für die vorwiegend aus Perlit bestehenden eutektoiden Stähle.

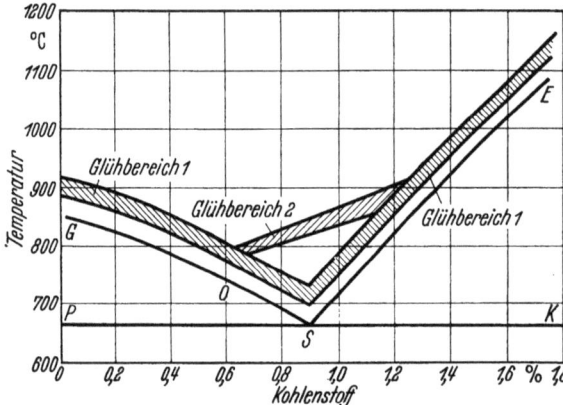

Abb. 23. Glühtemperaturen für die Wärmebehandlung von Stählen mit einem mittleren Mangangehalt von 0,8%.
Glühbereich 1: Glühen zur vollständigen streifigem Perlit.
Glühbereich 2: Glühen zur Bildung von Umkristallisation
(Stahl und Eisen.)

Glühzeit: Die Glühzeit ist in erster Linie abhängig von der Größe des Werkstückes. Dieses muß bis zum Kern gut durchgewärmt sein und kurze Zeit auf dieser Temperatur gehalten werden. Andererseits ist ein
zu langes Halten der Temperatur nicht erwünscht, da es eine Kornvergröberung
zur Folge hat. Auch kann eine zu rasche Erhitzung bei ungleichmäßigen Querschnitten schädliche Folgen haben, desgleichen bei Sonderstählen mit geringer
Wärmeleitfähigkeit. Es können hier Wärmespannungen zu Rissen führen. Bei
Glühtemperaturen unterhalb der Linie PSK (A_{c1}) ist eine längere Glühzeit
günstig und nicht gefährlich.

Abkühlverlauf: Die Geschwindigkeit, mit der abgekühlt wird, hat einen sehr
großen Einfluß auf die Gefügeausbildung des Stahles. Schnelle Abkühlung ergibt
ein feines Korn, bringt aber die Gefahr von Ungleichheiten und Spannungen mit
sich. Langsame Abkühlung, z. B. im Ofen oder Kasten, hat ein gröberes Korn
zur Folge, aber auch den weichsten Zustand und Spannungsfreiheit. Die Abkühlungsgeschwindigkeit unterhalb der Linie PSK (A_{c1}) hat auf das Korn keinen
Einfluß mehr. Die rasche und langsame Art wird in der sog. gebrochenen Abkühlung vereinigt. Bei dieser Art kühlt man weiche Stähle bis 600° an Luft ab,
um ein feines Korn zu erzielen und dann im Ofen, damit man Spannungsfreiheit
erhält. Harte Stähle kühlt man bis 670° im Ofen ab, um eine gleichmäßige
Weichheit zu bekommen. Anschließend kann man sie an der Luft abkühlen
lassen.

Folgende beide Zahlentafeln (*118*) zeigen, welche Änderungen der Festigkeitseigenschaften durch das sog. „Normalglühen" erzielt werden.

Zahlentafel 4. *Änderung der Festigkeitseigenschaften von Stahlguß durch umkristallisierendes Glühen.* (Nach Angaben von OBERHOFFER zusammengestellt.)

Kohlenstoff %	Glühtemperatur (bezogen auf 0,8% Mn)	Streckgrenze kg/mm²	Zugfestigkeit kg/mm²	$\frac{\text{Streckgr.}}{\text{Zugfest.}}$ %	Dehnung δ_{10} %	Einschnürung %	Kerbschlagwerte mkg/cm²
0,11	ungeglüht	18	41	44	26	30	4
	905°	26	42	62	30	59	17
0,23	ungeglüht	22	43	51	15	27	—
	870°	29	48	60	25	52	—
0,26	ungeglüht	23	43	54	13	14	3
	850°	29	48	60	24	41	9
0,40	ungeglüht	30	57	53	11	9	—
	850°	31	57	54	20	32	—
0,53	ungeglüht	25	62	40	7	4	1,3
	820°	35	70	50	16	18	3,5
0,70	ungeglüht	—	63	—	4	1	1,4
	775°	33	80	41	8	9	1,4
0,85	ungeglüht	30	62	48	1	0,4	1,4
	720°	32	76	42	9	7	2

Zahlentafel 5. *Änderung der Festigkeitseigenschaften vorwiegend perlitischer Stähle durch verschiedene Glühbehandlungen.* (Nach H. MEYER und W. WESSELING.)

Kohlenstoff %	Behandlung bzw. Glühtemperatur	Streckgrenze kg/mm²	Zugfestigkeit kg/mm²	$\frac{\text{Streckgr.}}{\text{Zugfest.}}$ %	Brinellhärte	Dehnung δ_{10} %	Einschnürung %	Kerbschlagwerte[1] mkg/cm²
0,74	gewalzt, überhitzt, Luftabkühlung	45	94	48	270	10	16	2,3
	½ h 750° Ofenabkühlung	34	73	47	200	17	37	6
	5 h 750° Luftabkühlung	35	73	48	204	17	32	4,2
	½ h 800° Luftabkühlung	44	92	48	255	13	21	3,6
0,94	gewalzt, überhitzt, Luftabkühlung	51	108	47	311	9	10	1,3
	5 h 750° Ofenabkühlung	37	77	48	218	16	23	3,7
	½ h 850° Ofenabkühlung	40	76	53	216	16	30	3,8
	½ h 750° Luftabkühlung	39	83	47	225	13	20	2,9
	½ h 800° Luftabkühlung	47	92	51	269	13	18	2
	½ h 850° Luftabkühlung	49	102	48	282	8	15	1,7
1,10 mit nur 0,2% Mn	gewalzt, überhitzt, Luftabkühlung	56	112	50	314	4	6	1,2
	5 h 800° Ofenabkühlung	40	72	56	200	17	30	6
	½ h 900° Ofenabkühlung	41	77	53	221	14	19	3,8
	½ h 850° Luftabkühlung	54	108	50	293	6	6	1,3

[1] Besondere Probenform: b = 10 mm; h = 15 mm; 4-mm-⌀-Bohrung.

b) Glühen mit anschließendem raschen Abkühlen.

§ 11. Das rasche Abkühlen von hohen Temperaturen ist ein Vorgang, wie er fast durchweg bei der Widerstandsschweißung vorkommt, und daher maßgebend für die Gefügeausbildung in der Schweißstelle ist. Wir wollen uns daher mit diesem Vorgang, der in vielem große Ähnlichkeit mit dem Härtevorgang hat, noch etwas näher befassen.

Der Gefügeaufbau des Stahles aus Ferrit, Perlit und Zementit stellt einen Gleichgewichtszustand dar. Das besagt, daß dieser Zustand beständig ist, er ändert sich nicht mit der Zeit und der Temperatur, soweit letztere den Umwandlungspunkt nicht überschreitet. Das gleiche gilt auch für den Austenit. Wir haben nun seither gefunden, daß aus ihm Ferrit, Perlit und Zementit hervorgehen, allerdings unter der Voraussetzung, daß die Abkühlung langsam genug vor sich geht, damit sich immer bei der jeweiligen Temperaturhöhe das Gleichgewicht einstellen kann. Ist diese Bedingung nicht mehr vorhanden, d. h. kühlen wir schneller ab, so haben wir folgende Erscheinung: Einmal sinken die Umwandlungspunkte auf tiefere Temperaturen und zweitens bilden sich infolge der tieferen Temperaturen nicht mehr beständige Gefügebestandteile (Perlit u. a.), sondern weniger beständige. Beide Erscheinungen werden um so krasser, je rascher abgekühlt wird. Dies geht bei schroffer Abkühlung so weit, daß die Umwandlungen A_{r1} und A_{r3} ganz unterdrückt werden. Haben wir also vor der Abkühlung die feste Lösung Austenit gehabt, so zerfällt diese nicht, sondern es tritt ein tetragonaler Zwischenzustand ein, der Martensit genannt wird. Dieser Vorgang erfolgt bei etwa 200°. Der Gefügezustand, feste Lösung von Kohlenstoff in α-Eisen, wird Martensit genannt. Dies ist kein Gleichgewichtszustand, sondern ein Zwangszustand, den der Stahl aufgeben wird, sobald er kann. Es ist aber nur möglich, wenn der atomare Aufbau

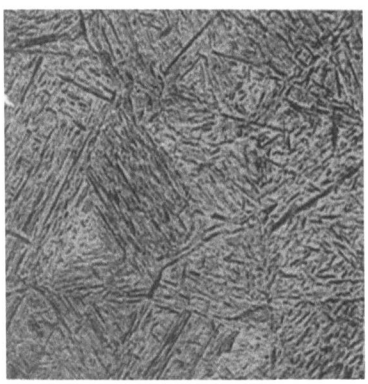

Abb. 24. Martensit. V = 200 ×.
(HOUDREMONT.)

gelockert wird, was durch Erwärmen geschehen kann. Dieser Vorgang ist unter dem Begriff Anlassen bekannt. Für Martensit ist der nadelige Aufbau kennzeichnend; er ist das Zeichen des Zwangszustandes, bzw. des beginnenden Zerfalls. Martensitgefüge zeigt Abb. 24 (64). Um diesen Gefügeaufbau zu erhalten, muß eine bestimmte Mindesthöhe der Abkühlgeschwindigkeit eingehalten werden. In der Härtetechnik wird sie als kritische Abkühlgeschwindigkeit bezeichnet. Für nichtlegierte Stähle beträgt sie etwa 6 sek. Dies besagt, daß der Temperaturbereich von 700—200° in mindestens dieser Zeit durchlaufen werden muß. Wird die Geschwindigkeit kleiner als die kritische, so erhält man nicht Martensit, sondern neben dem Martensit eine Zwischenstufe zwischen ihm und dem Perlit, den Troostit. Ist die Abkühlgeschwindigkeit noch geringer, so erhält man eine weitere Zwischenstufe, die mit Sorbit bezeichnet wird. Mit wachsender Abkühlgeschwindigkeit ergibt sich somit folgende Gefügereihe: Perlit, Sorbit, Troostit und als letztes Martensit. Folgende Übersicht 6 gibt eine Zusammenstellung der Gefügebezeichnungen des Stahles.

Über den Gefügeaufbau des *Troostit* ist noch zu bemerken, daß er im Gegensatz zu Martensit keine feste Lösung mehr ist. Der Kohlenstoff ist hier nicht mehr in Atomen in das Raumgitter des Eisens eingelagert, sondern bildet als

Übersicht 6.

Bezeichnung	Gefügebestandteil	Er entsteht:
Ferrit	α-Eisen	in allen Stählen durch langsames Abkühlen. Frei (C < 0,9%) und in feinem Gemenge mit Zementit.
Zementit	Eisenkarbid (Fe_3C)	in allen Stählen durch langsames Abkühlen. Frei (C > 0,9%) und in feinem Gemenge mit Ferrit.
Perlit	Das Eutektoid des Eisen-Zementit-Systems. Bestehend aus feinem Gemenge von Ferrit und Zementit.	in allen Stählen durch langsames Abkühlen unter A_{r1}.
Austenit	γ-Mischkristalle (feste Lösung von Kohlenstoff in γ-Eisen).	in allen Stählen bei Temperaturen über A_1.
Martensit	Feste Lösung von Kohlenstoff in α-Eisen.	in allen Stählen durch Abschrecken mit mindestens der kritischen Geschwindigkeit von oberhalb A_{c1}.
Troostit	Ferrit und Zementit in feinster Verteilung. Strukturlos.	in allen Stählen durch Abschrecken unterhalb der kritischen Geschwindigkeit.
Sorbit	Ausgesprochen flächiges Perlitgefüge mit wechselndem Kohlenstoffgehalt. Strukturlos.	in allen Stählen durch Abschrecken mit geringerer Geschwindigkeit als für Troostit nötig.

feines Eisenkarbid kleine Körner mit feiner Verteilung im Eisen. Er ist daher völlig strukturlos. Den Gefügeaufbau zeigt Abb. 25. Auch *Sorbit* zeigt noch keine deutliche Struktur. Es stellt ebenfalls ein feines Gemenge aus α-Eisen und

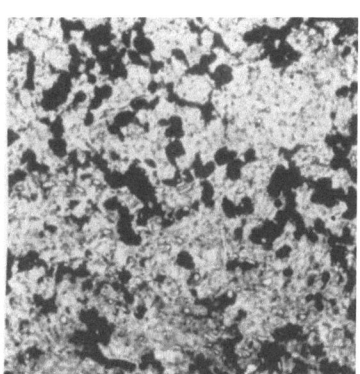

Abb. 25. Schwarze Troostitflecken in hellem Martensit. Weiße Karbidkörnchen. V = 500 ×.

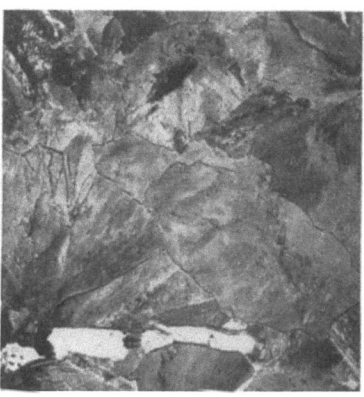

Abb. 26. Sorbit und Ferrit. V = 200 ×.)
(HOUDREMONT.)

Eisenkarbid dar. Das Gefügebild zeigt Abb. 26. Über die Härte kann gesagt werden, daß Sorbit und Troostit steigend härter sind als Perlit. Der Unterschied beträgt bei einem Stahl mit 0,9% C etwa 100 Brinelleinheiten. Martensit ist dagegen um etwa 500 Brinelleinheiten härter als Perlit.

Die seither besprochenen Bestandteile entstehen bei Warmbehandlung des Stahles im festen Zustand. Anders liegen jedoch die Verhältnisse, wenn aus dem schmelzflüssigen Zustand abgekühlt wird, wie es z. B. in der Schmelzzone von Schweißungen der Fall ist. Hier läßt sich beobachten, daß sich Ferrit und Perlit nicht mehr in regelmäßig begrenzten Körnern abscheiden, wie es bei langsamer Abkühlung aus dem festen Zustand der Fall ist, sondern in strahligen, oft parallelen Schichten mit zackiger, unregelmäßiger Gestalt. Dieses Gefüge heißt

WIDMANNSTÄTTENsches Gefüge. Die Ausbildung dieser Struktur steht im Zusammenhang mit der Höhe des Kohlenstoffgehaltes, der Gieß- bzw. Schweißtemperatur und der Erstarrungsgeschwindigkeit. Das Gefüge gibt Abb. 27 wieder. Ein Stahl oder eine Schweißung mit WIDMANNstättenscher Struktur ist gegen Stoß und Schlagbeanspruchung empfindlich. Auch ist die Kerbschlagzähigkeit geringer; ferner ist sie ein Zeichen für noch nicht erfolgte nachträgliche Warmbehandlung.

Abb. 27. WIDMANNSTÄTTEN-Struktur. Stahl St 55.29 DIN 2391 C = 0,3. V = 200×.

c) Rekristallisation.

§ 12. Wird ein kaltverformter Stahl bei bestimmten Temperaturen über den Bereich der Erweichung hinaus erhitzt, dann treten Gefügeänderungen auf, die von der Glühtemperatur und der vorangegangenen Formänderung abhängig sind. Es entstehen an den Gleitflächen und Korngrenzen neue Körner. Dieser Vorgang wird mit Rekristallisation bezeichnet. Dabei kann sowohl Kornvergröberung als auch Verfeinerung auftreten. Die Rekristallisationstemperaturen sind abhängig vom Verformungsgrad, siehe die gestrichelte Kurve in der Abb. 28. Die Abbildung zeigt das Rekristallisationsschaubild für Stahl mit 0,05 % C, wie es auch für weiche Schweißungen annähernd zutrifft. Die schraffierte Kurve zeigt, welche Korngrößen bei gewissen Temperaturen und Verformungsgraden auftreten. Die Rekristallisation wird häufig zur Verbesserung des Gefüges und der Güteeigenschaften, z. B. bei Gasschweißungen, verwendet.

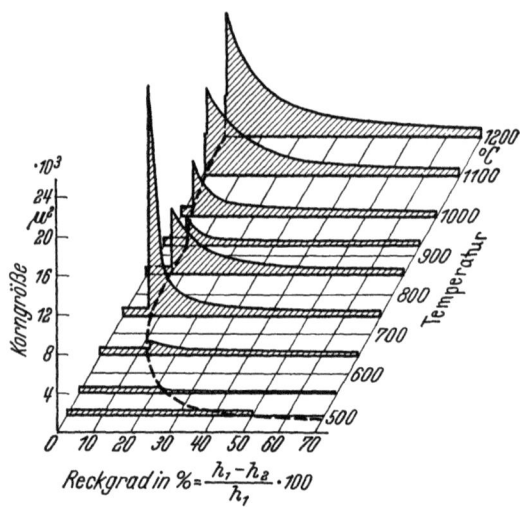

Abb. 28. Rekristallisation von Weicheisen (nach HANEMANN).

Reckgrad in % = $\frac{h_1 - h_2}{h_1} \cdot 100$

5. Normung.

§ 13. Für Stahl und Eisen umfaßt die Werkstoffnormung in erster Linie die Markenbezeichnung, die Gütevorschrift und die Lieferbedingungen. Bezüglich der Gütevorschrift sind Grenzwerte festgelegt, welche aber eine Beurteilung der Schweißbarkeit nicht zulassen, da hierzu die metallurgische Seite bekannt sein muß. Allerdings enthalten die Normenblätter nur teilweise für die chemische Zusammensetzung bestimmte Anforderungen. Der Sinn der Markenbezeichnung ist es, Stähle verschiedener Eigenschaften und Zusammensetzungen zu kennzeichnen. Die Beispiele für die Markenbezeichnung nach DIN[1] sind folgende:

---

[1] Normblattwiedergabe mit Genehmigung vom Beuth-Verlag. Maßgebend ist die jeweils neueste Ausgabe des Normblattes im Normformat A 4, das bei der Beuth-Vertrieb G. m. b. H. Berlin W 35 erhältlich ist.

```
           St . . . . . . . . . . . . 34 . . . . . . . . . . . . 13
           St . . . . . . . . . . C 35 . . . . . . . . . . 61
```

Buchstaben	erste Ziffergruppe	zweite Ziffergruppe
Die Buchstaben geben die *Werkstoffart* an, z. B. St = Stahl Stg = Stahlguß Ge = Gußeisen Te = Temperguß (eisen)	Die erste Ziffergruppe gibt im allgemeinen die *Mindestzugfestigkeit* an (im Beispiel 1 also $\sigma_B = 34$ kg/mm²). Bei Handelsgüte ohne Gewährleistung der Zugfestigkeit lautet die erste Ziffergruppe 00. Nur bei Sonderstählen und legierten Stählen wird der *Kohlenstoffgehalt* oder der *Legierungsbestandteil* angegeben (z. B. C 35 bedeutet im Beispiel 2 einen mittleren Kohlenstoffgehalt von 0,35%).	Die Zehnerzahl weist auf eine der 10 Hauptgruppen (0 bis 9) hin (im Beispiel 1 also auf die Gruppe 1: „Flußstahl, allgemeiner Baustahl"). Die Einerzahl gibt die Untergruppe an (im Beispiel 1 also die Untergruppe 3: „Schraubeneisen, Nieteisen"). Die Normblätter für Stahl und Eisen haben die Nummern DIN 1600 bis 1699. Setzt man vor die zweite Ziffergruppe die Zahl 16, so erhält man die Nummer des für den betreffenden Werkstoff in Betracht kommenden Normblattes (im Beispiel 1 also „DIN 1613 Schraubeneisen, Nieteisen").

Muß bei Bestellung ausnahmsweise das *Herstellungsverfahren* gekennzeichnet werden, so sind die einzelnen Stähle unmittelbar hinter der zweiten Ziffergruppe der Markenbezeichnung mit folgenden Buchstaben zu bezeichnen:

```
    Bessemer-,   Thomas-,   Martin-,   Tiegel-,   Elektrostahl
        B          Th          M          T            E
```

Bezeichnung für ausgeglühten, im Elektroofen hergestellten Vergütungsstahl nach DIN 1661 mit 0,35% mittlerem Kohlenstoffgehalt:

St C 35.61 E ausgeglüht.

Für Rohblöcke und gegossene Brammen wird keine Markenbezeichnung vorgesehen.

Die Stähle werden im allgemeinen nach folgenden Begriffen unterschieden:

In der ersten Gruppe sind die unlegierten Maschinenbaustähle zusammengefaßt. Diese wird wieder in die Gruppe A und B eingeteilt. Gruppe A enthält diejenigen, bei denen der zahlenmäßige Schwefel- und Phosphorgehalt nicht gewährleistet ist. Bei der Gruppe B ist hier dagegen eine oberste Grenze vorgeschrieben. Die DIN-Vorschrift legt die Markenbezeichnung folgendermaßen fest:

Flußstahl geschmiedet oder gewalzt $\overline{\text{DIN}}$ 1611
unlegiert
Maschinenbaustahl
                                    A

Reinheitsgrad: Zahlenmäßiger Schwefel- und Phosphorgehalt nicht gewährleistet.

Die mechanischen Eigenschaften gelten für den Anlieferungszustand. Der Werkstoff wird nur geschmiedet oder zum Schmieden verwendet, und die Abnahmebedingungen gelten für den gut durchgeschmiedeten oder gut durchgewalzten Zustand. Fertig gewalzten Werkstoff siehe DIN 1612.

Markenbezeichnung	Zugversuch nach DIN 1605			Eigenschaften
	Zugfestigkeit σ_B kg/mm²	Bruchdehnung mindestens [1] %		
		am kurzen Normalstab oder kurzen Proportionalstab δ_5	am langen Normalstab oder langen Proportionalstab δ_{10}	
St 00.11				Der Stahl darf weder kalt- noch rotbrüchig sein, d. h. die Proben müssen sich im warmen und kalten Zustande bis zum rechten Winkel biegen lassen bei einer Ausrundung, deren Halbmesser gleich der doppelten Probedicke des Stabes ist.
St 37.11	37 bis 45	25	20	Übliche Thomas- oder SM-Güte. Schweißt nicht immer gut und zuverlässig.

[1] Bei dem im Auslande zum Teil üblichen kleineren Meßlängenverhältnis werden die Dehnungswerte entsprechend höher.

B

Reinheitsgrad: Schwefel- und Phosphorgehalt nicht mehr als je 0,06%, zusammen jedoch nicht mehr als 0,10%. Die mechanischen Eigenschaften gelten für den ausgeglühten (normalgeglühten) Zustand. Annähernd gleiche Eigenschaften sollen bei dem fertig durchgewalzten oder durchgeschmiedeten Werkstoff vorhanden sein. Wird ein bestimmter Anlieferungszustand gewünscht, z. B. geglüht, so ist dies bei der Bestellung anzugeben.

Der Werkstoff wird geschmiedet oder vorgewalzt zum Schmieden oder fertig gewalzt (fertig gewalzt im allgemeinen unter 50 mm Dicke), gegebenenfalls mit nachfolgender spanabhebender Bearbeitung verwendet.

Gewalzt wird dieser Werkstoff nur mit Rund-, Quadrat-, Sechskant- und Flachquerschnitten bis herunter zu 8 mm Dicke geliefert, fertig gewalzt mit den Maßabweichungen nach DIN 1612, vorgewalzt mit Abweichungen, die von Fall zu Fall zu vereinbaren sind.

Markenbezeichnung	Zugversuch nach DIN 1605				Kohlenstoffgehalt C (für die Abnahme nicht bindend) $\approx$ %	Eigenschaften
	Zugfestigkeit σ_B kg/mm	Bruchdehnung mindestens[1] %		Streckgrenze σ_s[2] (für die Abnahme nicht bindend) mindestens kg/mm²		
		am kurzen Normalstab oder kurzen Proportionalstab δ_5	am langen Normalstab oder langen Proportionalstab δ_{10}			
St 34.11	34 bis 42	30	25	19	0,12	Einsetzbar Feuerschweißbar
St 42.11	42 bis 50	25	20	23	0,25	Noch einsetzbar, wenn Kern bereits hart sein darf. Schwer feuerschweißbar.
St 50.11	50 bis 60	22	18	27	0,35	Nicht für Einsatzhärtung bestimmt. Kaum feuerschweißbar. Wenig härtbar.
St 60.11	60 bis 70	17	14	30	0,45	Härtbar Vergütbar
St 70.11	70 bis 85	12	10	35	0,60	Hoch härtbar Vergütbar

Durch Ziehen, Pressen, Schlagen u. dgl. kalt gereckter Werkstoff fällt nicht unter diese Normen.

Unter „Ausglühen" (Normalglühen) ist hier ein gleichmäßiges Erhitzen auf eine Temperatur kurz oberhalb des oberen Umwandlungspunktes mit folgendem Erkaltenlassen in ruhiger Luft zu verstehen.

Die mechanischen Eigenschaften gelten in der Faserrichtung.

Prüfung der mechanischen Eigenschaften nach DIN 1602 usw.

Über die Ausführung der chemischen Prüfung sind gegebenenfalls besondere Vereinbarungen zwischen Besteller und Lieferer zu treffen. Es wird empfohlen, in strittigen Fällen sich an die vom Chemikerausschuß des Vereins deutscher Eisenhüttenleute ausgearbeiteten Analysenverfahren zu halten.

Für die Anwendung der Normen siehe auch Erläuterungsblatt DIN 1606.

In Sonderfällen ist bei Bestellung anzugeben, ob der Stahl zum Einsetzen, Feuerschweißen, für ein Schmiedestück bestimmter Art u. dgl. verwendet werden soll.

DIN 1612 enthält Angaben über gewalzten Flußstahl, Formstahl, Stabstahl, Breitflachstahl mit der Markenbezeichnung: St 00.12; St 34.12; St 37.12; St 42.12 und St 44.12.

---

[1] Bei dem im Auslande zum Teil üblichen kleineren Meßlängenverhältnis werden die Dehnungswerte entsprechend höher.

[2] Sollen diese Werte als Abnahmewerte für die Deutsche Reichsbahn-Gesellschaft gelten, so ist der Markenbezeichnung ein R anzuhängen, z. B. St 50.11 R.

Die Widerstandsschweißung wird in sehr vielen Fällen in der blechverarbeitenden Industrie angewendet. Es ist daher für das Verfahren die Gütevorschrift für Bleche von wesentlicher Bedeutung. Diese Vorschriften sind in den DIN-Blättern 1621, 1622 und 1623 festgelegt. Auf den einzelnen Blättern sind folgende Markenbezeichnungen aufgeführt:

DIN-Blatt	Marke	Benennung
1621 Stahlblech über 4,75 mm	St 00.21	gewöhnliche Bleche (Handelsware)
	St 37.21	Baubleche I
	St 42.21	Baubleche II
1622 Stahlblech von 3—4,75 mm	St 00.22	Handelsblech
	St 00.22S	Handelsblech S (Schmelzschweißbarkeit gewährleistet)
	St 34.22P	Preßblech (Schmelz- und Preßschweißbarkeit gewährleistet)
	St 34.22 R	Röhrenblech (Schmelz- und Preßschweißbarkeit gewährleistet)
	St 37.22	Baublech I
	St 37.22 S	Baublech IS (Schmelzschweißbarkeit gewährleistet)
	St 42.22	Baublech II
	St 50.22	Stahlbleche höherer Festigkeit
	St 60.22	Stahlbleche höherer Festigkeit
	St 70.22	Stahlbleche höherer Festigkeit

Handelsbleche[1]

1623 Stahlbleche unter 3 mm (Feinblech)	St I 23	Schwarzblech I (walzwerksgeglüht)
	St II 23	Schwarzblech II (in Glühkisten geglüht)
	St III 23	Emaillier- und Verzinkungsbleche (ungebeizt)

Qualitätsbleche[1]

	St V 23	Ziehblech I (einmal dekapiertes[2] Stanzblech)
	St VI 23	Ziehblech II (zweimal dekapiertes Stanzblech)
	St VII 23	Tiefziehblech (zweimal dekapiert)
	St VIII 23 t	Sondertiefziehblech t (beste Oberfläche)
	St VIII 23 k	Sondertiefziehblech k (höchste Tiefziehfähigkeit)
	St IX 23	Bekleidungsbleche
	St X 23	Karosseriebleche

Bleche mit vorgeschriebener Festigkeit

	St 34.23	—
	St 37.23	—
	St 42.23	—
	St 50.23	—
	St 60.23	—
	St 70.23	—

[1] Ab 0,5 mm Dicke aufwärts gasschmelzschweißbar, elektrisch schweißbar nach vorherigem Reinigen.
[2] Unter Dekapieren versteht man das Entfernen leichter Oxydhäute.

Hinweis für die Bezeichnung von Blechen: Die Bezeichnung eines Bleches geschieht nach folgenden Gesichtspunkten:
Angabe der Bezeichnung,
Abmessung Dicke mal Breite mal Länge,
DIN-Blatt-Nummer für Gewichtsabweichungen,
Werkstoffgruppe.
Es ist also die Bezeichnung eines Feinbleches von 1,2 mm Dicke, 800 mm Breite und 1600 mm Länge in St VI 23 nach DIN 1623 wie folgt auszuführen:
Ziehblech II 1,2 × 800 × 1600 DIN 1541 St VI 23.
Werden bestimmte Längen- oder Breitenmaße gefordert, so ist jeweils dahinter das Wort „fest" aufzuführen.

Auf das Blatt 1629, in dem die Gütevorschriften für nahtlose Flußstahlrohre behandelt werden, sei verwiesen.

Ein höherer Reinheitsgrad ist für die Einsatz- und Vergütungsstähle vorgeschrieben. Für die unlegierten Stähle sind diese in DIN 1661 festgelegt. Folgende Markenbezeichnungen sind aufgeführt:
A. Einsatzstähle: St C 10.61   St C 16.61.
B. Vergütungsstähle: St C 25.61   St C 35.61   St C 45.61   St C 60.61

Der Buchstabe C bedeutet hier Kohlenstoff und die erste Zifferngruppe gibt seinen Gehalt an. Es ist also St C 10.61 ein ausgeglühter Einsatzstahl mit 0,10% C nach DIN 1661.

Die legierten Einsatz- und Vergütungsstähle sind durch die Blätter DIN 1662 und 1663 genormt. Folgende Markenbezeichnungen werden aufgeführt:
DIN 1662: Nickel- und Chromnickelstähle
    Einsatzstähle: EN 15; ECN 25; ECN 35 und ECN 45
    Vergütungsstähle: VCN 15w und h; VCN 25w und h; VCN 35w und h; VCN 45.

Bei dieser Bezeichnung bedeutet E = Einsatzstahl, V = Vergütungsstahl, C = Chrom und nicht Kohlenstoff, wie oft irrtümlich angenommen wird, N = Nickel und die folgende Zahl den Nickelgehalt; w und h bedeuten weich und hart.

DIN 1663: Chromstahl und Chrom-Molybdän-Stahl
    Einsatzstähle: EC 30; EC 60; ECMo 80; ECMo 100
    Vergütungsstähle: VCMo 125; VC 135; VCMo 135; VCMo 140; VCMo 240.

Die Bedeutung der Buchstaben ist hier wieder die gleiche wie bei DIN 1662; die Zahlen haben jedoch folgende Bedeutung: Bei den Einsatzstählen bedeuten sie den Mindestchromgehalt. Der Molybdängehalt wird nicht angegeben. Bei den Vergütungsstählen bedeutet die erste Zahl den Chromgehalt in % und die beiden folgenden Zahlen den Prozentsatz an Kohlenstoff mal 100. VCMo 125 ist demnach ein Vergütungsstahl mit 1% Chrom und 0,25% Kohlenstoff.

Neue Markenbezeichnungen für unlegierte und niedrig legierte Einsatz- und Vergütungsstähle enthält das Einheitsblatt DIN E 1660. Die Bezeichnungen gliedern sich wie folgt:
I. Unlegierte Stähle: Diese werden durch den Buchstaben C und durch eine Zahl, die den mittleren Gehalt an Kohlenstoff in $^1/_{100}$ Gewichtsprozenten angibt, bezeichnet.
II. Niedrig legierte Stähle: Hier steht an erster Stelle der Kohlenstoffgehalt in $^1/_{100}$ Gewichtsprozenten. An zweiter Stelle stehen die Legierungsbestandteile mit folgenden Buchstabenbezeichnungen:

A = Aluminium   S = Silizium
C = Chrom   V = Vanadin
M = Mangan   F = Schwefel
D = Molybdän   P = Phosphor
N = Nickel

An dritter Stelle stehen die Legierungskennzahlen, und zwar in der gleichen Reihenfolge wie die Buchstabenbezeichnungen. Die Legierungskennzahlen werden durch Multiplikation des mittleren Gehaltes des betreffenden Legierungselementes mit den nachstehend angegebenen Multiplikatoren gebildet:

  Chrom, Mangan, Nickel, Silizium   = 4
  Aluminium, Molybdän, Phosphor, Schwefel, Vanadin = 10

Als Beispiele seien folgende Bezeichnungen aufgeführt:

Bisherige Bezeichnung:	Neue Bezeichnung:
StC 10.61	C 10
StC 45.61	C 45
EN 15	13 N 6
ECN 45	13 NC 13
VCN 25 w	28 NC 10
VCN 25 h	35 NC 10
ECMo 80	15 CMD 5
VCMo 135	32 CD 4

Das Blatt DIN 1660 ist neuerdings vollkommen überarbeitet worden und unter der Bezeichnung DIN 17 006 (Eisen und Stahl. Systematische Benennung) neu erschienen.

Zum Schluß sei darauf hingewiesen, daß teilweise noch die Bezeichnungen früherer Behördennormen verwendet werden. Ferner kommen Fachnormen vor wie z. B.: DIN-Berg = Bergbau, DIN Kr = Kraftfahrbau, DIN VDE = Elektrotechnik. Daneben gibt es noch Werksnormen, die aber im wesentlichen nur interne Bedeutung haben.

C. Leichtmetalle.

1. Allgemeines (leichte metallische Elemente technische Leichtmetalle).

§ 14. Die leichtesten metallischen Elemente, s. Zahlentafel 7, sind die Alkalimetalle in der ersten Reihe des periodischen Systems: Lithium (0,53)[1], Kalium (0,86), Natrium (0,97), Rubidium (1,52), dann folgen die Erdalkalien Kalzium (1,55), Magnesium (1,74) und Beryllium (1,84) und schließlich neben anderen das Aluminium (2,69). Ein weiteres Element mit sehr geringem spezifischem Gewicht ist das Silizium (2,34), das aber seinem chemischen und physikalischen Verhalten nach nicht zu den Metallen gehört. Dennoch spielt es als Legierungsbestandteil der technischen Leichtmetalle eine bedeutende Rolle, die bisweilen mit der des Kohlenstoffs für die Stahlerzeugung verglichen wird.

Die lebhafte Reaktionsfähigkeit der erstgenannten leichtesten Metalle schon bei Zimmertemperatur selbst mit den milden Agenzien Wasser oder feuchter Luft macht sie als technischer Baustoff allgemeiner Verwendung ungeeignet. Indessen ist Lithium — das leichteste Metall überhaupt — auch in der Leichtmetalltechnik zu gewisser Bedeutung gelangt. Lithiumsalze finden als Löthilfsmittel und als Flußmittel beim Schmelzschweißen oder beim Schmelzen Verwendung. Die beträchtliche Sprödigkeit von Beryllium hat es bisher verhindert, brauchbare Be-reiche Leichtlegierungen herzustellen. Es ist wohl auch nicht gelungen, Al- oder Mg-reiche Leichtlegierungen mit Be-Zusatz herzustellen, deren Eigenschaften den wertvollen Be-Zusatz rechtfertigen könnten. Aber als Zusatz zu Kupfer-, Nickel- und Eisenlegierungen vermag Beryllium einzigartige

---

[1] Die Zahlen in den Klammern geben das spez. Gewicht bei 20° C an.

veredelnde Wirkungen auszuüben. Sicherlich liegt auch die Bedeutung des Berylliums für die Zukunft in der Ausnützung dieser Eigenschaft. Die beiden Leichtmetalle, durch die in wenigen Jahrzehnten eine bedeutende Leichtmetallindustrie begründet und entfaltet wurde, sind das Aluminium und das Magnesium. Die Legierungen dieser beiden Leichtmetalle und auch unlegiertes Aluminium werden heute in weitem Umfange verarbeitet, wobei der Anwendung der Widerstandsschweißung bereits ein beachtlicher Anteil zukommt.

Zahlentafel 7. *Die wichtigsten Leichtmetalle nach dem spez. Gewicht und nach Reihen des periodischen Systems geordnet.*

2. Aluminium und Aluminiumlegierungen.

a) Geschichtliches.

§ 15. Aluminium kommt im metallischen Zustand in der Natur nicht vor. In Form zahlreicher Verbindungen ist es eines der am weitesten verbreiteten Elemente; es bildet, namentlich als Feldspat und verschiedener Ton, etwa 8% der uns bekannten Erdkruste. Seine starke Affinität, besonders zum Sauerstoff und die beträchtliche Bildungswärme des Oxydes und anderer natürlicher Verbindungen haben wohl verursacht, daß das Metall erst vor gut 100 Jahren erstmalig dargestellt werden konnte und daß die größere industrielle Erzeugung erst im Anschluß an die Erfindung der Dynamomaschine zur Lieferung starker elektrischer Energien ermöglicht wurde. Die wissenschaftliche Entdeckung des Aluminiums mit rein chemischen Mitteln geschah im dritten Jahrzehnt des 19. Jahrhunderts durch den dänischen Physiker CHRISTIAN OERSTED und den deutschen Chemiker FRIEDRICH WÖHLER (46). 1854 gab der deutsche Physiker BUNSEN der französischen Akademie der Wissenschaften die erstmalige elektrolytische Darstellung des Aluminiums bekannt.

Das von H. STE. CLAIRE DEVILLE entwickelte chemische Verfahren der Aluminiumerzeugung aus Aluminiumchlorid, später Aluminium-Natriumchlorid und metallischem Natrium in Gußeisenmuffeln bei 200—300° C ist seit den 50er Jahren des vorigen Jahrhunderts eingeführt (97). DEVILLE hat ebenfalls die Anwendung des Kryoliths zur Schmelzpunktsenkung erstmalig empfohlen.

Um die Entwicklung der technischen elektrolytischen Aluminiumgewinnung haben sich in den 80er Jahren HÉROULT in Frankreich und HALL in Amerika sowie der Deutsche KILIANI verdient gemacht. 1906 erfand ALFRED WILM das Duralumin, die erste aushärtbare Al-Legierung vom Typ Al-Cu-Mg.

b) Herstellung von Roh- und Hüttenaluminium (Reinaluminium H).

§ 16. Die Verfahren zur rein chemischen Aluminiumgewinnung unter Verwendung von metallischem Natrium oder Kalium als Reduktionsmittel sind schon lange nicht mehr im Gebrauch. Heute wird das Aluminium durchweg auf elektrolytischem Wege hergestellt (1). Die wichtigsten Ausgangsstoffe sind die Bauxite, die außer der benötigten Tonerde (Al_2O_3) zu einem Drittel oder mehr Eisenoxyd, Kieselsäure und Wasser enthalten.

§ 16   Leichtmetalle.

Der Gang der Aluminiumherstellung gliedert sich in 2 Stufen:
1. Gewinnung einer möglichst reinen Tonerde (Al_2O_3), 2. Reduktion der Tonerde zu Aluminium durch Elektrolyse.

Die *Tonerdegewinnung* geschieht heute vorwiegend nach dem BAYER-Verfahren (s. Abb. 29): Getrockneter und gemahlener Bauxit wird im Druckgefäß bei etwa 170° C und 6—7 atü mit Natronlauge aufgeschlossen, d. h. die Tonerde als Natrium-Aluminat in Lösung gebracht. Die übrigen Bestandteile des Bauxit,

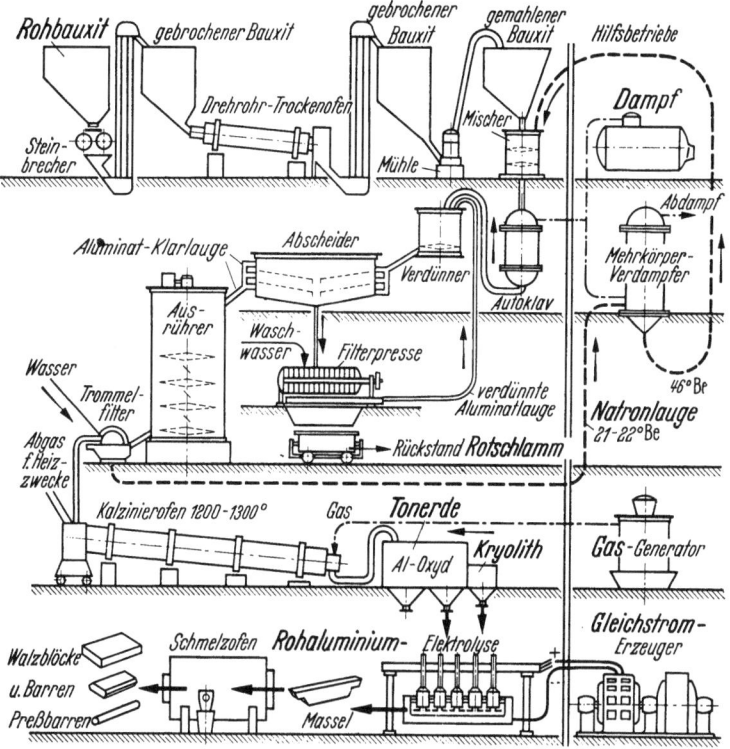

Abb. 29. Tonerdegewinnung nach dem Bayer-Verfahren und Aluminium-Elektrolyse.
(Aluminium-Taschenbuch.)

das Eisenoxyd und die Kieselsäure, bleiben ungelöst. Vor dem Abscheiden wird mit weiterer im Kreislauf zurückkehrender Aluminatlauge verdünnt. Die abgeschiedene klare Natrium-Aluminatlauge zerfällt im Ausrührer unter starkem Rühren in Tonerdehydrat und Natronlauge, die im Trommelfilter voneinander getrennt werden. Die Natronlauge wird eingedampft und dem Druckgefäß wieder zugeführt. Das Tonerdehydrat wird in einem langen Drehrohrofen, dem Kalzinierofen, bei 1200—1300° C vom gebundenen Wasser befreit. Das wasserfreie Endprodukt ist die elektrolysefertige Tonerde (Al_2O_3).

Elektrolyse: Der Elektrolyt besteht aus einem zwischen 900 und 950° C schmelzenden Gemisch von Tonerde und Natrium-Aluminiumfluorid (Kryolith). Das Elektrolysiergefäß, der Ofen, ist eine mit Kohle ausgekleidete Eisenwanne, die den geschmolzenen Elektrolyten aufnimmt. Das Gefäß ist Kathode; auf seinem Boden sammelt sich das abgeschiedene flüssige Rohaluminium. Die in den Elektrolyten tauchenden Anoden sind aus aschefreiem Koks. Der an der Anode frei werdende Sauerstoff zersetzt die Anoden zu Kohlensäure. Fluorabscheidungen an den Anoden bilden Kohlenstofffluorid. Es wird mit Gleichstrom von 10 000 bis 30 000 Amp. je Ofen gearbeitet. Die Betriebsspannung am Ofen ist 5—6 Volt. Je t Aluminium werden benötigt: 20 000 kWh, ferner 2 t Tonerde, gewonnen aus 4 t Bauxit, sowie 420 Arbeitsstunden einschließlich Erzeugung des Stromes und der Tonerde.

Noch in der Hütte wird das Rohaluminium in Flammenöfen oder in elektrischen Öfen umgeschmolzen, und in der Form von Gußblöcken, Walzplatten oder Preßbolzen vergossen. Als Hüttenaluminium, meist mit 99% Reinheit oder darüber, wird es an die Halbzeugwerke und Gießereien weitergeleitet. Die Herstellung von Legierungsbarren geschieht teils in den Hütten, teils in den Halbzeugwerken.

Kurzzeichen und Reinheitsbedingungen für Reinaluminium H (Hüttenaluminium) nach DIN 1712 Blatt 1, 2. Ausgabe Dezember 1937. Danach ist beispielsweise die Bezeichnung für Hüttenaluminium mit 99,5% Aluminium: Al 99,5 H DIN 1712. — Umgeschmolzene Abschnitte von Hüttenaluminium fallen ebenfalls unter Aluminium H, sonstiges umgeschmolzenes Reinaluminium nach Blatt 2 der gleichen Norm unter Umschmelzlegierungen U.

c) Allgemeine Angaben für Rein-Aluminium, Al-Knetlegierungen und Gußlegierungen. Normen.

§ 17. *Reinaluminium* als Halbzeug wird hinsichtlich Kurzzeichen und Reinheit des Metalls in DIN 1712 Blatt 3 (1937) beschrieben. Reinheiten von 98 bis 99,7% sind vorgesehen. Beispiel: Al 99,5 DIN 1712. Maße mit Abweichungen für Bänder und Streifen, kaltgewalzt nach DIN 1753 (1941).

Al-Knetlegierungen: Die Aluminiumlegierungen sind nach DIN 1713 — unter Vermeidung der großen Zahl von Handelsnormen der Herstellerfirmen — zu Gattungen gleicher Legierungen übersichtlich zusammengefaßt. Das Blatt 1 behandelt die Knetlegierungen.

Maße mit Abweichungen für Bleche siehe DIN 1783 März 1940 für Bänder und Streifen DIN 1784 März 1940.

Die Al-Gußlegierungen haben gegenwärtig für die Widerstandsschweißung kaum Bedeutung. Sie sind in DIN 1713 Blatt 2 (1941) behandelt. Spritzgußlegierungen in DIN 1744 (1941).

Man findet bisweilen noch Bezeichnungen nach alten Behördennormen, die folgende Bedeutung haben:

3000	Reinaluminium
3115} 3125}	Al-Cu-Mg
3116	Al-Cu-Mg pl.
3305	Al-Mg 5
3310	Al-Mg 7
3315	Al-Mg 9
3355	Al-Mg-Si

Als Vorläufer der Neuausgabe des Blattes DIN 1725 ist seinerzeit eine Kurzliste erschienen, aus der gelegentlich folgende Kurzzeichen gebraucht werden:

E Legierung für Elektrotechnik
Pl Plattierwerkstoff
D Druckgußlegierungen (einschl. Spritzguß)
Lg Lagerlegierungen
K Kolbenlegierungen
V Verschnittlegierungen
R Reduktionslegierungen.

Die mechanischen Eigenschaften für Halbzeug werden in verschiedenen Vornormen in der Form technischer Lieferbedingungen geregelt, und zwar *für Reinaluminium:*

Blech, Band und Streifen nach DIN 1788 VN
Rohr nach DIN 1789 VN
Stangen (Voll-, Flach-, Profil-) nach DIN 1790 VN
Beispiel: Al 99 F 14 = Reinaluminium mit 99% Al, mit 14—17 kg/mm² Zugfestigkeit, d. h. „hart" nach alter Zustandsbezeichnung;

für Knetlegierungen:

Blech und Band . . . . nach DIN 1745 VN
Rohr . . . . „ „ 1746 VN
Vollstangen . . . . „ „ 1747 VN
Profilstangen . . . . „ „ 1748 VN
Preßteile . . . . „ „ 1749 VN

Beispiel: Al-Cu-Mg F 44/39 = Knetlegierung nach DIN 1713 Gattung Al-Cu-Mg mit einer Mindest-Zugfestigkeit von 44—39 kg/mm² je nach Abmessungen; Zustand warm ausgehärtet und gegebenenfalls nachgerichtet.

Die mechanischen Daten für *Gußlegierungen* sind im allgemeinen Normblatt für Aluminium-Gußlegierungen DIN 1713 Blatt 2 (1941) enthalten.

3. Metallkundliches.

a) Reinstaluminium, Reinaluminium.

§ 18. Durch wiederholtes Umschmelzen des Elektrolyten vor der Elektrolyse oder durch nachträgliche Raffination kann ein Aluminium bis 99,99, auch bis 99,999% Reinheit erhalten werden, das *Reinstaluminium* genannt wird. Reinstaluminium hat eine beträchtliche Knetbarkeit (Duktilität), so daß es etwa wie Blei verarbeitet werden kann. Seine chemische Beständigkeit gegen bestimmte Agentien ist dem Reinaluminium wesentlich überlegen. Die Bruchdehnung kann bei einer Zugfestigkeit σ_B von 4—6 kg/mm² 50—40% betragen. Die elektrische Leitfähigkeit bei 20° C für geglühtes Reinstaluminium von 99,999% ist zu 37,87 m/Ohm mm² gemessen. Schmelzpunkt für

Abb. 30. Oberfläche von Reinstaluminium. Elektronenoptisch 4100:1. Nachvergrößert auf 8000:1. (SEMMLER.)

99,996% 660,24° C; spezifisches Gewicht bei 20° C 2,6989 g/cm³. Abb. 30 zeigt einen übermikroskopisch (also elektronen-optisch) aufgenommenen Abdruck einer Oberfläche von Reinstaluminium bei rund 8000facher Vergrößerung.

Eine Übersicht wichtigster physikalischer Eigenschaften von reinem *Aluminium*, einiger Aluminium-Legierungen, sowie vergleichsweise einige andere Metalle zeigt Zahlentafel 8.

Die thermische Analyse von *reinem Aluminium* schon von nur 99,9% zeigt mit Sicherheit keinen weiteren Haltepunkt unterhalb des Schmelzpunktes. Frühere abweichende Feststellungen sind durch Verunreinigungen vorgetäuscht worden. Das Aluminium kommt im festen Zustand, also nur in *einer* Modifikation, nämlich mit kubisch flächenzentriertem Gitter, vor. Die Kantenlänge der kubischen Elementarzelle ist röntgenographisch zu 4,05 Å gemessen (29).

Die Korngröße gegossenen Reinaluminiums wird durch Kernzahl und Kristallisationsgeschwindigkeit beim Übergang vom flüssigen in den festen Zustand

Zahlentafel 8. *Physikalische Eigenschaften von Aluminium-Werkstoffen und einigen anderen Metallen.*

Werkstoff	Spez. Gew. kg/dm³	Schmelzpunkt °C	Elastizitäts-Modul E kg/mm²	Torsions-Modul G kg/mm²	Wärmeleitfähigkeit cal/cm·sec·°C	Wärmeausdehnungszahl /°C × 10⁻⁶ 20—100°	20—200°	Elektrische Leitfähigkeit m/Ω·mm²	Widerstandstemperatur-Koeffizient × 10⁻³
Reinaluminium	2,7	658	6000—7000		0,52	23,8	24,7	weich 34—36 hart 35	4,0
Knetlegierungen Al-Cu-Mg	2,8	650	7000—7200		0,3—0,4	22,9	23,4	28 weich 18—21 ausgeh.	2,0 3,5
Al-Cu-Ni	2,8	640	6500—7200	2600—2800	0,3	22,5	23,9	30—32 weich 26—28 ausgeh.	3,5 2,8
Al-Mg-Si (Knetlegier.)	2,7	650	6500—7200		0,4—0,5	22,7	23,3		
Al-Mg-Si (Leitlegier.)	2,7	650	∼6000		0,4—0,5	23		31—33	3,6
Al-Mg 3	2,65	630			0,3—0,4	20	24	20	2,4
Al-Mg 5	2,63	630	6600—7200		0,3—0,4	20	24	17	2,1
Al-Mg 7	2,61	615			0,25—0,35	20	24	15	1,8
Al-Mg 9	2,59	600			0,22	20	24	12	1,6
Al-Mg-Mn	2,7	630	6500—7100		0,35	23,6	24,3	20—23	2,4
Al-Mn	2,75	650	6500—7000		0,4—0,5	23,8	24,7	23—25	2,7
Gußlegierungen G Al-Si	2,65	570	∼7650		0,38	19—22		18—20	
G Al-Si-Cu	2,7	570	∼7750		0,38	19—22		∼18	
G Al-Si-Mg	2,65	570	∼7850		0,38	19—22		18—19	
G Al-Mg 3	2,7	640—590	∼7000		0,25—0,34	20	24	13—20	
G Al-Mg 5	2,6	630—560	∼7000		0,30	20	24	16	
G Al-Mg 7	2,6	635—500	∼7000		0,25—0,27	20	24	14	
G Al-Mg Si	2,7	640—560	∼7000		0,3—0,45		23	18—21	
G Al-Cu-Ni	2,75	640—550	∼7000		0,33		24	20—22	
Andere Metalle Kupfer	8,9	1083	∼12700		0,9	16,7	17,1	57	3,8
Messing	8,5	900—950	8—10000		0,28	19		15—17	1,6—2,4
Magnesiumlegierungen	1,8—1,83	590—650	4200—4550		0,2—0,36	24,5	25	12—20	3,8
Zinklegierungen	5,7—7,2	380—420	11—13000		0,24—0,26	28	29	15,5—18	3,2—4,0
Eisen	7,85	1550	∼21000		0,11	12		7	5

bestimmt. Die Unterkühlbarkeit ist in der Regel gering. Verunreinigungen können sowohl als Korngrenzensubstanz oder als fremde Kristallite ausgeschieden werden. Höhere Reinheit begünstigt meist die Bildung gröberen Kornes. Rühren oder Erschüttern der erstarrenden Schmelze fördert die Keimbildung, bedingt also feineres Korn. Kernzahl und Kristallisationsgeschwindigkeit nehmen mit fallender Temperatur zu. Die Kernzahl nimmt aber nach Überschreiten eines verhältnismäßig steilen Maximums bei niedrigen Temperaturen wieder sehr stark ab. Infolgedessen ergibt rasche Abkühlung zur Herbeiführung einer Unterkühlung in das Gebiet der maximalen Kernzahl sehr feines Korn. Dies gelingt am besten, wenn die Gießtemperatur nur wenig über dem Schmelzpunkt liegt. Einseitiger Wärmeentzug beim Erstarren erzeugt gerichtetes Kornwachstum, z. B. Stengelkristalle (Transkristallisation).

Durch längeres Glühen oder durch Abschrecken spannungsfreien Gusses ändern die Aluminiumkristalle nicht mehr ihre Größe. Lediglich die Verunreinigungen können Einformungsvorgängen unterliegen (gegenseitige Aufzehrung)

Verformung, z. B. Walzen, Ziehen, Pressen usw. stört den spannungsfreien Gitteraufbau der Gußkristalle. Neben einfacher Gleitung von Kristallitteilen längs bevorzugter Gleitflächen können Verbiegungen, Verzerrungen, sowie Zertrümmerungen von Kristalliten auftreten. Die Festigkeit steigt unter Abnahme der Dehnung. Mikrographische Schliffbilder zeigen bei starker Verformung Fasertextur, die besonders bei Anwendung von polarisiertem Licht deutlich sichtbar wird.

Durch Erwärmen wird eine Erholung der Kristalle erreicht. Die Verfestigung wird aufgehoben und die Dehnung wieder erlangt. Im mikrographischen Gefügebild bleibt im allgemeinen die Fasertextur erhalten. Man sieht aber auch neugebildete kleine Kristalle (Keime), deren Anzahl und Größe bei Temperaturerhöhung wächst, bis schließlich bei einer bestimmten Temperatur eine rasch vollendete Rekristallisation des ganzen Körpers eintritt. Es bilden sich zahlreiche neue Keime,

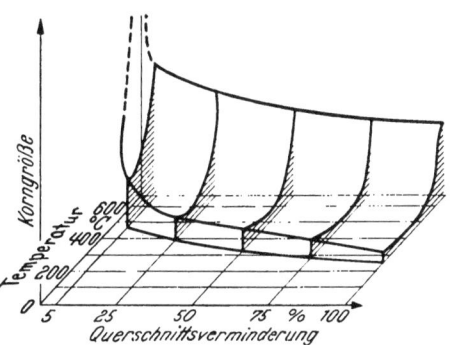

Abb. 31. Rekristallisations-Diagramm des Aluminiums für rasche Erhitzung. (FUSS.)

die schnell wachsen, bis gegenseitige Behinderung dem Vorgang ein Ende setzt. Diese Grenztemperatur ist die untere Rekristallisationstemperatur. Der Grad der Kaltverformung[1] vor der Rekristallisationserwärmung hat erheblich Einfluß auf die untere Rekristallisationstemperatur und auf die nach der Rekristallisation erlangte durchschnittliche Korngröße. Den Zusammenhang gibt die vordere Kurve der Abb. 31 wieder. Geringere Verformung bedingt höhere, starke Verformung beträchtlich niedere untere Rekristallisationstemperatur. Als besonders beachtenswert ist dieser Kurve ferner die Tatsache zu entnehmen, daß geringe Kaltverformung ein grobes Rekristallisationskorn ergibt. Die räumliche Diagrammfläche der Abb. 31 gibt auch den Zusammenhang zwischen der Größe des Rekristallisationskornes und dem Grad der Kaltverformung für alle oberhalb der „unteren" Temperaturen liegenden Rekristallisationstemperaturen wieder (38). Man sieht, daß, besonders nach starker Kaltverformung, eine Glühtemperatur oberhalb der unteren Rekristallisationstemperatur ein feineres Rekristallisationskorn ergibt. Bei weiterer Temperaturerhöhung wird das Kornbildungsoptimum überschritten; es entsteht grobes Korn, besonders aber nach geringer Verformung. Über das Zusammenwirken von „Bearbeitungsrekristallisation", „Sammelrekristallisation" und „Oberflächenrekristallisation" vgl. (13, 44).

---

[1] Auch Reinheit des Aluminiums, Verformungsgrad und Geschwindigkeit, überhaupt das Gefüge vor der Rekristallisationserwärmung können auf die Rekristallisation einwirken. (10). Siehe auch die weiteren Angaben unter Al-Cu-Mg, Al-Mg und Al-Mg-Si.

Wird nach einer Verformung rekristallisierter Stoff nochmals verformt und geglüht, gelten ähnliche Zusammenhänge, wie eben geschildert.

Das Diagramm der Abb. 31 gilt für rasche Erhitzung. Wird zu langsam erwärmt, so verweilt der Werkstoff zu lange bei einer niederen Temperatur mit geringer Kernbildung. Es ist dies eine Gelegenheit zum Wachsen größerer Körner. Das nachfolgende längere Glühen bei höherer Temperatur kann ein weiteres Wachsen der Körner des rekristallisierten Gefüges ergeben. Hohe Reinheit des Aluminiums fördert die Neigung zur Rekristallisation, die schon bei niederen Temperaturen auftreten kann. (24)

b) Gattung Al–Cu–Mg.

§ 19. Die Grundlage der wegen ihrer hervorragenden mechanischen Eigenschaften so bedeutsamen aushärtbaren kupferhaltigen Al-Legierungen bildet das System Al/Cu, genauer das System $\alpha/\alpha + \beta$ (der Mischkristall Al-Cu = α, die sehr spröde Metallverbindung $Al_2Cu = \beta$). Die angewendeten Knetlegierungen liegen durchweg auf der Al-Seite des eutektischen Teilsystems. Das zugehörige Zustandsdiagramm zeigt Abb. 32.

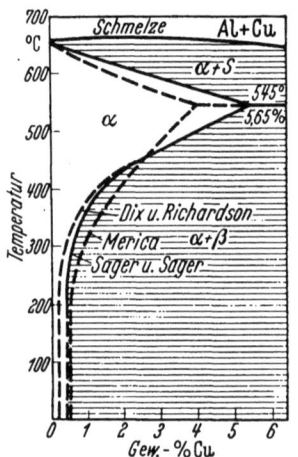

Abb. 32. Zustands-Diagramm des Systems Al + Cu. (Fuss.)

Die maximale Sättigung des α-Mischkristalls (max. Löslichkeit von Cu in Al) ist 5,65%, bei 545°C. Mit fallender Temperatur nimmt die Löslichkeit beträchtlich ab; bei 538° ist sie nur 1,25%.

Die verhältnismäßig flache Entmischungslinie $\alpha/\alpha + \beta$ bietet eine günstige Bedingung für das Aushärten durch Abschreckung aus dem Bereich hoher Cu-Löslichkeit im α-Mischkristall. Der abgeschreckte Werkstoff stellt eine bei Raumtemperatur übersättigte feste Lösung von Cu in Al. dar, ist demnach bei Raumtemperatur nicht im Gleichgewicht. Bedingung für günstige Werte der Aushärtung sind nach kräftigem Kneten das Glühen (sog. „Lösungsglühen") bei 505° C und Abschrecken in kaltem Wasser. Danach tritt beim „Kaltauslagern" bei Raumtemperatur im Verlauf von 100—200 Stunden eine selbsttätige weitere Festigkeitssteigerung ohne Abfall von Dehnung auf. Unter Einbuße von Dehnung kann das Auslagern bei Anlaßtemperaturen von etwa 150° C als „Warmauslagern" in beispielsweise 24 Stunden geschehen.

Zur Deutung des Vorganges mögen folgende kurze Hinweise dienen: Eine Ausscheidung des Verbindungskristalls (Al_2Cu) geschieht erst, nachdem eine Sammlung der benötigten Atome auf bestimmten Gittergeraden oder Netzebenen stattgefunden hat (114). Aufschlußreich ist die vergleichsweise Messung von Zugfestigkeit, Gitterkonstant, elektrische Leitfähigkeit und magnetischer Suszeptibilität für verschiedene Temperaturen des Auslagerns bzw. Glühens in Abhängigkeit von der Zeit (3, 4). Während beispielsweise bei 150° C die magnetische Suszeptibilität (exponentiell) kontinuierlich verläuft, ist die Änderung der Gitterkonstanten steil innerhalb eines engen Zeitbereichs. Vor der Ausscheidung des Al_2Cu-Gitters können „Zwischenzustände" angenommen werden (119), die einerseits schon sehr nahe die endgültige Kupferkonzentration der Verbindung aufweisen, andererseits aber strukturell noch mit dem Gitter des Al-Mischkristalls nahe verwandt sind. Die Zwischenzustände zeigen die Möglichkeit von kontinuierlicher Konzentrationsänderung, bzw. Anreicherung in kleinen Bezirken, die mit der Strukturumbildung nicht parallel geht. Daher ist kontinuierliche Suszeptibilitätsänderung vor der Kristallausscheidung möglich. Die Anreicherung der Cu-Atome geschieht bevorzugt an Störungsstellen, wie Korngrenzen oder in den Grenzflächen der Mosaikstruktur.

Röntgenographisch wurde bestätigt (51), daß beim Kaltauslagern keine Al-Cu-Kristalle ausscheiden. Es wird eine innere Entmischung angenommen, d. h. eine Abweichung von

§ 20 Leichtmetalle. 39

der statistischen Verteilung unter Anreicherung von Kupferatomen in sehr kleinen Bereichen. Auf eine interessante übermikroskopische Beobachtung namentlich der Wärmeaushärtung sei hier nur verwiesen (79).

Die Rekristallisation sowohl der binären Legierungen Al-Cu bis 3,6% Cu-Gehalt, wie auch technischer Legierungen der Gattung Al-Cu-Mg nach DIN 1713 ist namentlich für höhere Walzgrade mit Röntgen-(Kupfer-)Strahlung untersucht worden (24). Sofort nach dem Abschrecken kaltgewalzte und rekristallisierend geglühte Proben zeigen gleiche Rekristallisationstemperatur, wie die nach dem Abschrecken noch kalt ausgelagerten Proben. Durch Weichglühen vor dem Abwalzen wird die Rekristallisationstemperatur deutlich erniedrigt, durch Warmauslagern nur schwach beeinflußt. In Abb. 33 ist der Temperaturbereich der Kristallisation für 80 und 50% Walzgrad in Abhängigkeit vom Cu-Gehalt der binären Legierungen wiedergegeben. Das Kornwachstum mit der Zeit ist bei den technischen Legierungen gegenüber den binären Legierungen Al-Cu weitgehend verringert.

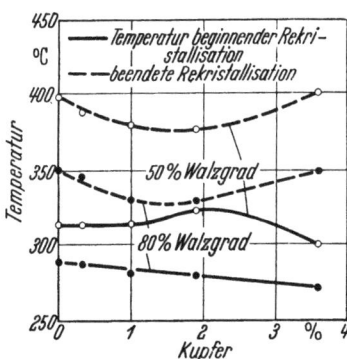

Abb. 33. Temperatur des Beginns und Endes der Rekristallisation in Abhängigkeit vom Kupfergehalt. (BUNGARDT-OSWALD.)

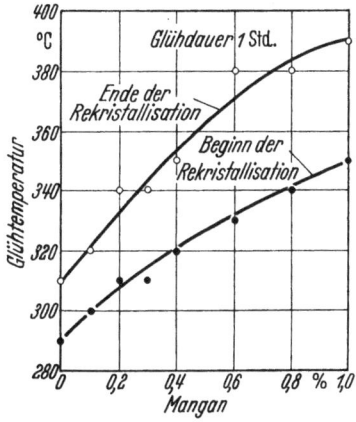

Abb. 34. Wirkung des Mangans auf die Rekristallisationstemperatur einer um 44% kaltverformten Legierung. (DREYER, HANSEN.)

Weitere Legierungszusätze, namentlich der Mangangehalt, haben starken Einfluß auf die Rekristallisationstemperatur kaltverformter Bleche der Gattung Al-Cu-Mg (33). Bei starker Verformung steigt die untere Grenze der Rekristallisationstemperatur mit wachsendem Mangangehalt beträchtlich, in noch stärkerem Maße die obere Grenztemperatur, s. Abb. 34.

c) Gattung Al–Mg (Al–Mg–Si).

§ 20. Die Legierungen der Gattung Al–Mg zeichnen sich bei günstigen mechanischen Eigenschaften durch hohe Korrosionsbeständigkeit und Seewasserbeständigkeit aus. Das Zustandsdiagramm der Al-reichen binären Legierungen Al+Mg (s. Abb. 35) hat große Ähnlichkeit mit dem entsprechenden Diagramm Al+Cu. α ist der Mischkristall Al–Mg, β ist die sehr spröde Metallverbindung Al_3Mg_2. Der eutektische Punkt für $\alpha+\beta$ liegt bei 450°. Die (max.) Sättigung des α-Mischkristalls bei der besagten eutektischen Temperatur beträgt fast 15% Mg; bei 150° C ist sie auf rund 3% gesunken. Durch Abschrecken aus dem α-Gebiet ist Härtung möglich. Die Legierungen mit dem im α-Gebiet höchst möglichen Mg-Gehalt sind wegen zu geringer Dehnung technisch meist uninteressant.

Die Legierungen der Gattung Al–Mg–Si haben bei hoher Korrosionsbeständigkeit sehr gute mechanische Eigenschaften und z.T. besonders gute elektrische Leitfähigkeit.

Die Al-Ecke des (ternären) Systems wird durch einen binären Schnitt Mg$_2$Si-Al in 2 Teilsysteme zerlegt, wovon das eine durch die Bestandteile Al, Al$_3$Mg$_2$ und Mg$_2$Si, das andere durch Al, Mg$_2$Si und Si gebildet wird. α ist ein Mischkristall von Mg und Si in Al. Weitere Bestandteile der kristallisierenden Gefüge sind: Si und die Verbindungen Al$_3$Mg$_2$ und Mg$_2$Si. Die selbsttätige Aushärtung durch Kalt- oder Warmauslagern des Systems beruht auf der hoch dispersen Ausscheidung von Segregaten von Mg$_2$Si in α. Über eine förderliche Wirkung von freiem Si s. (39).

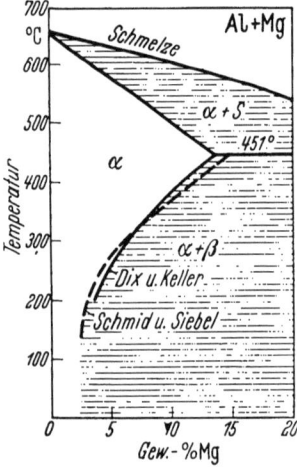

Abb. 35. Zustandsdiagramm des Systems Al + Mg. (FUSS.)

Die schon beschriebenen grundsätzlichen Zusammenhänge zwischen Grad der Kaltverformung, Rekristallisationstemperatur und Korngröße nach der rekristallisierenden Glühung gelten auch für Legierungen der Gattung Al–Mg, ebenso mit hohem Mg-Gehalt. Das sehr anschauliche Rekristallisationsdiagramm für eine Legierung Al–Mg nach DIN 1713 mit 7% Mg (Hy 7) gibt Abb. 36 wieder (23). Zur Vergleichmäßigung des Ausgangsgefüges wurden die Proben vor der Kaltverformung und anschließenden Rekristallisationsglühung mit etwa 25% kalt abgewalzt und bei 410° geglüht und an ruhender Luft abgekühlt. Bemerkenswert ist das krasse Minimum der Korngröße bei hohem Verformungsgrad bei bestimmter mittlerer Glühtemperatur und die erhebliche Korngröße bei geringem Verformungsgrad.

Über den Einfluß des Mg-Gehaltes auf den Rekristallisationsgrad und die Rekristallisationstemperatur wurde berichtet (25). Untere und obere Grenze der Rekristallisationstemperatur für 50% Walzgrad in Abhängigkeit des Mg-Gehaltes zeigt Abb. 37[1]. Für höheren oder geringeren Verformungsgrad ist der Verlauf ähnlich. Der Wiederanstieg der Rekristallisationstemperatur oberhalb 4—5% Mg wird im Zusammenhang mit der Entmischungslinie $\frac{\alpha}{\alpha+\beta}$ des Zustandsdiagrammes Al +Mg beurteilt. Findet bei der Rekristallisation eine Ausscheidung der Phase Al$_3$Mg$_2$ statt oder wird diese Ausscheidung z. B. durch ein Anlassen bei 115° C zwischen Walzen und Rekristallisationsglühen gefördert, so tritt eine Erhöhung der Rekristallisationstemperatur ein.

Zwei verschiedene Erhitzungsgeschwindigkeiten, nämlich durch Erwär-

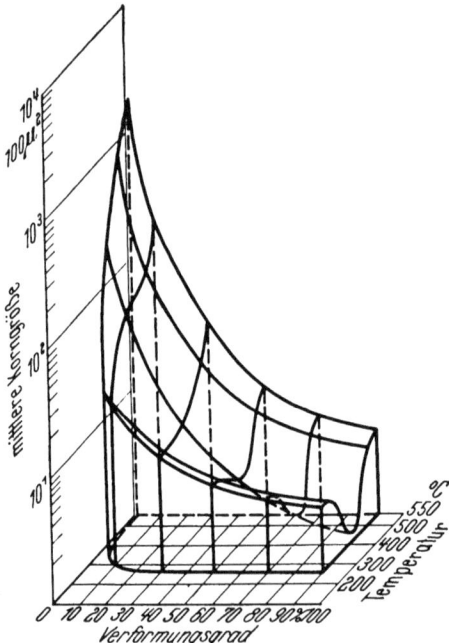

Abb. 36. Rekristallisationsschaubild der Legierung Hy 7. Glühdauer 1 Stunde, mittlere Ausgangskorngröße 7,5 × 100 μ^3. (BUNGARDT, BOLLENRATH.)

---

[1] Das Ergebnis einer französischen Untersuchung (C. R. Acad. Sci. Paris 204 [1937] S. 980—983) ist vergleichsweise eingetragen.

§ 21 Leichtmetalle. 41

men der Proben wahlweise im Salzbad bzw. im Muffelofen, werden angewendet (15). Es wurden die Korngrößen in Abhängigkeit vom Verformungsgrad und für bestimmte Rekristallisationstemperaturen von 300—500°C sowie für sehr verschiedene Glühdauern an einer Legierung der Gattung Al-Mg mit 8,8% Mg ermittelt. Bei Rekristallisationsglühung im Salzbad wurden auch Glühdauern unter einer Minute, abwärts bis zu einer Sekunde angewendet. Die zur Grobkornbildung führende Wirkung einer geringen Kaltverformung kann durch sehr kurze Zwischenglühung bei etwa 650°C aufgehoben werden (vgl. DRP. 420 337 vom 22. 5. 1919).

Weitere Untersuchungen (13) verfolgen den Einfluß der thermischen und mechanischen Vorbehandlung auf die Rekristallisationskorngröße für Al-Mg-Legierungen mit verschiedenem Mg-Gehalt. Ein Minimum der Korngröße, nämlich bei Rekristallisationstemperaturen zwischen 350—450°C, wird nur bei *langsamer* Erhitzung festgestellt. Al$_3$Mg$_2$-Ausscheidungen vermögen den Gang der Korngröße mit der Rekristallisationstemperatur nicht befriedigend zu deuten. Zusammenhänge zwischen Korngröße und mechanischen Eigenschaften bzw. der Spannungs-Korrosionsempfindlichkeit rekristallisierter Proben werden ebenda behandelt.

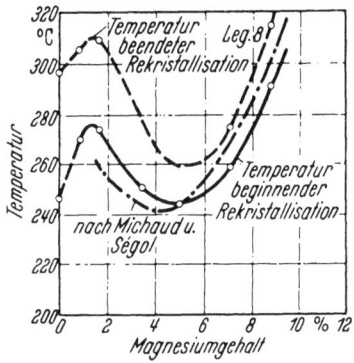

Abb. 37. Temperatur des Beginns und Endes der Rekristallisation in Abhängigkeit vom Magnesiumgehalt. Verformungsgrad 50%. Glühdauer ½ Std. (BUNGARDT, OSWALD.)

d) Leitfähigkeiten.

§ 21. Im Gedankenkreis der Widerstandsschweißung beansprucht die Leitfähigkeit für Wärme und Elektrizität und auch deren Abhängigkeit von der Tem-

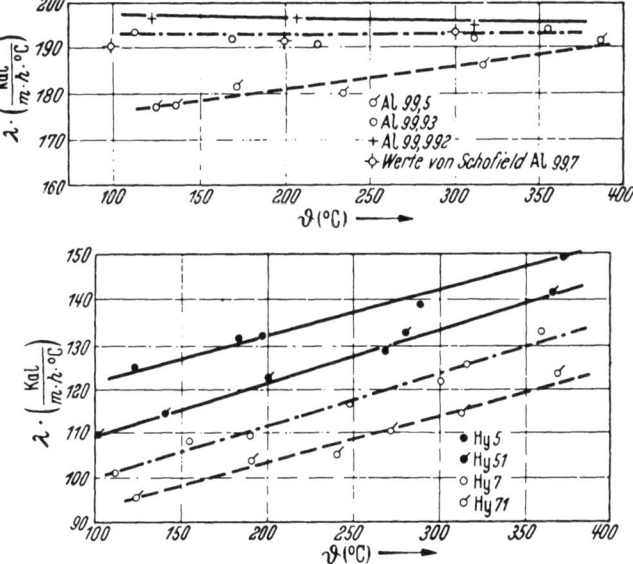

Abb. 38. Wärmeleitfähigkeit von Aluminium verschiedenen Reinheitsgrades (oben) und verschiedener Aluminiumlegierungen (unten) in Abhängigkeit von der Temperatur. (HASE, HEIERBERG, WALKENHORST.)

peratur erhebliches Interesse. Reinster, mechanisch ungestörter Werkstoff hat die größte Leitfähigkeit. Durch Weichglühen der Walzdrahtringe aus Reinaluminium bei 300°C vor dem Ziehen auf Fertigdicke wird die elektrische Leitfähigkeit auf Kosten der Zugfestigkeit erhöht (9). Im Temperaturbereich von 0°C bis zum Schmelzpunkt ist die elektrische Leitfähigkeit von Leitungsaluminim (kaltgezogener Al-Draht) gemessen worden (4), und zwar in Stickstoffatmosphäre bei Temperaturen im Beharrungszustand. Das Ergebnis kann durch folgende Gleichung dargestellt werden:

$$R_\vartheta = R_0 (1 + 0{,}3850 \cdot 10^{-2}\, \vartheta + 1{,}05 \cdot 10^{-6}\, \vartheta^2),$$
$R_0 =$ elektr. Widerstand bei 0°C,
$R_\vartheta =$ elektr. Widerstand desselben Leiters bei der Temperatur ϑ°C.

Zahlentafel 9 gibt für verschiedene Temperaturen den elektrischen Widerstand von Leitungsaluminium im Verhältnis zum Widerstand bei 0°C an. Kalt-

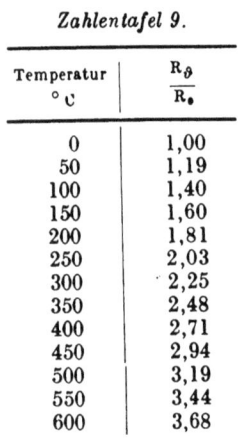

Zahlentafel 9.

Temperatur °C	$\dfrac{R_\vartheta}{R_0}$
0	1,00
50	1,19
100	1,40
150	1,60
200	1,81
250	2,03
300	2,25
350	2,48
400	2,71
450	2,94
500	3,19
550	3,44
600	3,68

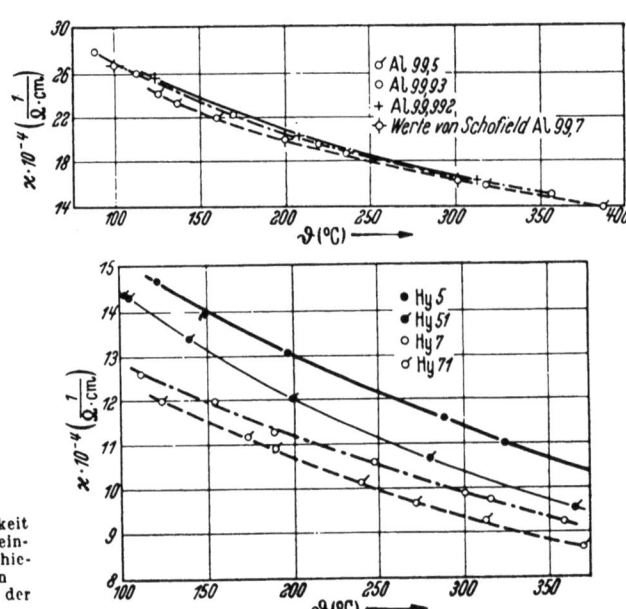

Abb. 39. Elektrische Leitfähigkeit von Aluminium verschiedenen Reinheitsgrades (oben) und verschiedener Aluminiumlegierungen (unten) in Abhängigkeit von der Temperatur. (HASE HEIERBERG, WALKENHORST.)

bearbeitung erhöht den elektrischen Widerstand und erniedrigt dessen Temperaturkoeffizienten. Dicht vor Erreichen des Schmelzpunktes wächst der Temperaturkoeffizient des elektrischen Widerstandes an. Eine weitere Untersuchung (49) betrifft die Wärmeleitfähigkeit und die elektrische Leitfähigkeit von Reinaluminium bis 99,99% Reinheit und von Legierungen der Gattung Al-Mg und Al-Mg-Si. Die Messungen sind im Temperaturbereich von 100—400°C durchgeführt. Je mehr Unreinheit oder Legierungszusätze vorhanden sind, desto geringer ist die Leitfähigkeit für Wärme und Elektrizität; diese Wirkung verringert sich aber — namentlich bei der Wärmeleitung — bei höherer Temperatur. Mit wachsender Temperatur fällt die elektrische Leitfähigkeit, während die Wärmeleitfähigkeit besonders für unreinen oder legierten Werkstoff steigt. Die Abb. 38 und 39 geben die wichtigsten Meßergebnisse wieder.

III. Grundlagen der Widerstandsschweißung.
A. Stoffliche Vorgänge beim Widerstandsschweißen.

§ 22. Widerstandsschweißen ist das unlösbare Verbinden von Metallteilen durch Wärmewirkung (starken) elektrischen Stromes unter Ausnutzung der elektrischen Widerstände der zu verbindenden Teile mit Anwendung von Preß- oder Stauchkräften. Die Abgrenzung gegenüber den Verfahren der Schmelzschweißung wird bisweilen durch den Ausdruck Widerstandpreßschweißung oder elektrische Preßschweißung veranschaulicht. In der Regel sind zwei wesentliche Bedingungen bei der Ausführung des Verfahrens zu erfüllen:

1. Erzeugung einer günstigen Schweißtemperatur an der Verbindungsstelle eben durch elektrische Widerstandswirkung des Schweißgutes,
2. Wirkung einer die innige Verbindung fördernden mechanischen Kraft.

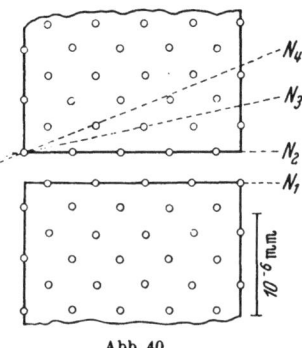

Abb. 40.

Es ist die Frage nicht unberechtigt, ob eine Verschweißung von Metallen nicht auch ohne nennenswerte Temperaturerhöhung möglich ist, bzw. welche Bedingungen hierfür einzuhalten sind. Allein die sanfte Annäherung zweier reiner, kalter Metallflächen wird ohne weiteres zu einer Kopplung führen, weil die einander nahekommenden Atome auf denjenigen Abstand zueinander „fallen", der dem Gitter des betrachteten Metalls eigentümlich ist. Die Haftkräfte zwischen den fremden Atomen werden nicht kleiner sein als im Verband der einzelnen Metallkörper. D. h. zur Verschweißung zweier sehr kleiner metallischer Einkristalle (s. § 3) ist bloße Annäherung, nicht aber die Anwendung einer besonderen Preßkraft oder einer Temperatursteigerung erforderlich. Dabei ist allerdings stillschweigend vorausgesetzt, daß die Berührungsflächen eben sind und zwar Netzebenen (N_1, N_2) *entsprechender* Orientierung zu den zu verbindenden Gittersystemen (Abb. 40). Ist der eine der Kristalle längs einer anders gerichteten Netzebene gespalten, z. B. längs N_3 oder N_4, so ist eine ungestörte Kopplung auf gleiche Atomabstände nicht möglich.

Bei dem Versuch, das oben beschriebene Gedankenexperiment zu verwirklichen, kommt als Schwierigkeit hinzu, daß metallische Einkristalle einer Größe, die sich praktisch handhaben läßt, nicht sorgfältig längs einer Ebene spalten. Die sich bildenden Stufungen verhindern die gleichmäßige Annäherung größerer Flächenteile. Bei polykristallinen Metallen, wie sie technisch meist vorliegen, ist wegen der verschiedenen Art,

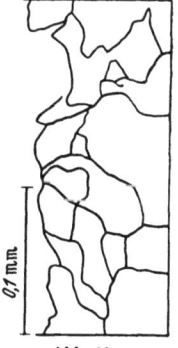

Abb. 41.

Größe und Orientierung der einzelnen Kristallite eine gleichmäßige Annäherung der äußeren Atome nur an ganz wenigen Stellen der Oberfläche möglich. Abb. 41 zeigt schematisch einen Schnitt durch die Kristallite eines polykristallinen, reinen Metalls nahe der Oberfläche und veranschaulicht die geringen Aussichten einer guten Passung. Durch Glätten der Oberflächen, z. B. durch Schleifen, Polieren und Läppen werden hervorstehende Kristallite, besonders deren Ecken, abgetragen, doch ist eine Anpassung mit einer Genauigkeit vom Bruchteil eines Atomabstandes nicht zu erreichen. Man könnte erwarten, daß durch gewaltsame Zusammenpressung der Oberflächen die rechte

Annäherung passender Netzebenen und damit die atomaren Haftkräfte im ganzen gefördert würden. In diesem Zusammenhang ist es nützlich zu bedenken, welche Kräfte zwischen zwei Metallatomen in Abhängigkeit von ihrem Abstand wirken, oder wie der Potentialverlauf in groben Zügen anzunehmen ist. Das Atom ist an seinen Platz in einer Potentialmulde gebunden. Wird es aus seiner mittleren Lage nach außen entfernt, so verringert sich die anziehende Kraft mit wachsendem Abstand erheblich, um z. B. bei doppeltem Abstand nur noch einen geringen Bruchteil auszumachen. Bei einer Bewegung gegeneinander, bzw. nach innen wirkt eine Abstoßungskraft, die mit Kürzung des Abstandes sehr steil anwächst. Werden zwei praktisch ebene Metallkörper gegeneinander gedrückt, so sind die Verhältnisse sehr verwickelt. Es kann aber gesagt werden, daß die aufgewendete Preßkraft Abstoßungskräfte zwischen solchen Atomen auslöst, die einander ungewöhnlich nahe kommen oder sich durchdringen. Bei festen Körpern steht bei ihrer Berührung der Vielzahl der erheblich vermehrten Abstoßungskräfte keinesfalls ein gleicher Gewinn an Anziehungskräften durch Kürzung ungünstig großer Atomabstände gegenüber.

Es wird nicht verwundern, daß Untersuchungen der Haftkräfte zwischen glatten vielkristallinen Metallflächen bei kalter Anschmiegung Werte ergeben haben, die beträchtlich geringer sind als nach der Zugfestigkeit des betreffenden Metalles errechnet werden kann. Immerhin konnten an einem Kupferkontakt Haftkräfte entsprechend etwa 12% der Zugfestigkeit gemessen werden (*61, 63*). Spätere Messungen an einem Abhebekontakt aus Nickel zeigten geringere Haftkräfte. Die Messungen dürfen nicht an der Luft ausgeführt werden, da adsorbierte Gashäute oder chemische Beeinträchtigungen der Oberfläche eine reine metallische Berührung verhindern. Dennoch ist trotz aller Sorgfalt bei den aufschlußreichen Untersuchungen kaum je die ganze wirkliche Berührungsfläche metallisch rein gewesen. Durch Einlassen von Luft in das Vakuumgefäß konnten die Haftkräfte bei Kupfer im Bruchteil einer Minute zum Verschwinden gebracht, jedenfalls auf weniger als 10% herabgesetzt werden. Bei Gold ist eine mehr als 1000mal so lange Einwirkung der Luft nötig, um die gleiche Oberflächenstörung zu erhalten[1].

Für praktische Schweißungen ist es nicht möglich, die zu verbindenden Flächen nach den Methoden des physikalischen Laboratoriums zu reinigen oder gar im Hochvakuum zu arbeiten, vor allem ist aber eine Festigkeit der Schweißung von nur 12% der Ursprungsfestigkeit keinesfalls tragbar. Durch kräftige Pressung[2] der Schweißfuge und durch Temperatursteigerung werden die zu verbindenden Teile nach Verformung zur innigen Berührung gebracht und störende Oberflächenschichten zerrissen oder zersetzt. Teile der zerrissenen unmetallischen Fremdschichten sammeln sich (koagulieren) in kleinen Haufen.

---

[1] Nach van Duzee und Thomas (*117*) soll eine „vollkommene" Preßschweißung von mikroskopisch reinem Silber auch bei 70°C oder bei Zimmertemperatur, z. B. in 30 sec. möglich sein, wenn *vor* der Pressung die Teile auf Rotglut gebracht wurden. Die geeignete Pressung wird zu 4,95 kg/cm² angegeben; s. auch (*2*).

[2] Ein weiterer Hinweis auf das sog. Kaltschweißen von Aluminium ist in diesem Zusammenhang ebenfalls von Interesse (*59,69*). Reinigt man Aluminiumbleche auf mechanischem Wege, z. B. mit rotierenden Bürsten, sehr gut von ihrem Oxydfilm, so ist eine Verschweißung unter sehr hohen Drücken, die so hoch sein müssen, daß der Stoff zum Fließen kommt, möglich. Es ist also ein genügend hoher Verformungsgrad des Stoffes Voraussetzung. Geeignete Werkzeuge müssen einer unerwünschten Verformung des Werkstückes vorbeugen. Das vorherige Anprägen von buckelartigen Erhebungen soll günstig sein. Auch sind Versuche Cu mit Cu und Cu mit Al kalt zu verschweißen positiv ausgefallen.

Die Versuche von Rejtö bezüglich des Kaltschweißens von Blei seien ebenfalls erwähnt. (*92*).

Bei der erhöhten Temperatur besteht eine hohe Wahrscheinlichkeit dafür, daß Atome ihre alten Plätze im Gitter verlassen und zur Bildung neuer oder veränderter Kristallite beitragen. Diese „Rekristallisation" (s. § 12 u. 18) bedingt das Wachstum neuer Kristallite auch über die Schweißfuge hinweg, so daß diese dann weder im Mikroschliff, noch bei einer Zerstörung der Körper kenntlich ist. In vielen Fällen wird sicherlich der Schmelzpunkt der Metalle, mindestens aber der Schmelzpunkt von Legierungsbestandteilen überschritten. Dann bilden sich bei der Erstarrung aus der Schmelze neue Kristallite, die ebenfalls über die ursprüngliche Fuge hinwachsen. In den meisten Fällen können Zugfestigkeiten der Verbindungsstellen erreicht werden, die der Festigkeit des Ursprungsstoffes sehr nahe kommen oder diese übertreffen.

B. Ursprung der Schweißwärme.

§ 23. Nach der Skizze in Abb. 42 soll eine Widerstandsschweißung zwischen den Metallkörpern A_1 und A_2 an deren Berührungsfläche F erreicht werden. Der Strom i zur elektrischen Widerstandserwärmung wird durch die Elektroden E_1 und E_2 geleitet, die ebenfalls die notwendige Preß- oder Stauchkraft P übertragen. Nach dem JOULEschen Gesetz ist die zwischen den Elektroden erzeugte Wärmemenge Q der zwischen den Elektroden umgesetzten elektrischen Arbeit A gleichwertig. Die in der Zeit T geleistete Arbeit ist:

$$A = u \cdot i \cdot T$$

oder

$$u = i \cdot R$$

gesetzt:

$$A = i^2 \cdot R \cdot T \quad [\text{Watt} \cdot \text{sek.}].$$

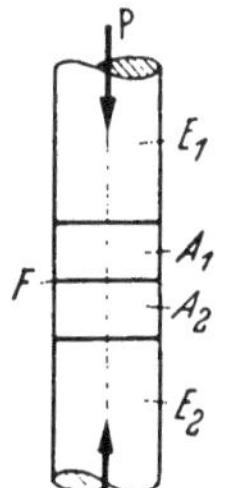

Dies gilt zunächst nur, wenn ein Gleichstrom fließt. Haben wir einen Wechselstrom

$$i = J_{max} \sin \omega t$$

so ist:

$$dA = i^2 \cdot R \cdot dt$$

oder die in der Zeiteinheit geleistete Arbeit beträgt:

$$\frac{A}{T} = R \cdot \frac{1}{T} \int_0^T i^2 \cdot dt = R \cdot \frac{1}{T} \cdot J_{max}^2 \int_0^T \sin^2 \omega t \cdot dt.$$

Abb. 42. Elektrische Widerstandsschweißung zwischen zwei Metallkörpern A_1 u. A_2.

Wertet man dieses Integral aus, so ergibt sich:

$$\frac{A}{T} = \frac{1}{2} \cdot J_{max}^2 \cdot R = \left(\frac{J_{max}}{\sqrt{2}}\right)^2 \cdot R \quad \text{Watt}.$$

Damit ergibt sich für die in einer bestimmten Zeit T geleisteten Arbeit:

$$A = J^2 \cdot R \cdot T \quad [\text{Watt} \cdot \text{sek.}], \tag{1}$$

wo J der Effektivwert des Wechselstromes ist, d. i. die Gleichstromstärke, die dieselbe Wärme erzeugt, wie — im Mittel über ganze Perioden — der in seiner Stärke zu kennzeichnende Wechselstrom.

Für sinus-förmigen Wechselstrom gilt $J = J_{max}/\sqrt{2}$.

Nach dem mechanischen Wärmeäquivalent sind

$$1 \text{ kcal} = 426{,}78 \text{ mkg}^1 = 4{,}184 \cdot 1000 \text{ Joule } [\text{Watt} \cdot \text{sek.}].$$

Damit wird
$$Q = 0{,}239 \cdot J^2 \cdot R \cdot T \quad [\text{cal}]. \tag{2}$$

---

[1] Zur Unterscheidung von Massen- und Krafteinheit wurde für letztere an Stelle des „Gramm(gewichts)" das „Pond" (pondus = Gewicht) vorgeschlagen. Diese klare Trennung hat sich inzwischen schon vielfach eingebürgert.

Diese Gleichung besagt, daß die bei der Widerstandsschweißung *elektrisch erzeugte* Wärmemenge von folgenden Größen bestimmt wird:

1. Vom Effektivwert J des Schweißstromes,
2. vom Widerstand R der Erzeugungsstellen der Wärme zwischen den Elektroden,
3. von der Zeit T, während der der Schweißstrom fließt.

Der Widerstand zwischen den Elektroden ist im allgemeinen für eine bestimmte Schweißaufgabe der Größenordnung nach gegeben. Wenn zunächst von Wärmeverlusten und Wärmezuströmung abgesehen wird, kann für diese Schweißaufgabe eine bestimmte notwendige Wärmemenge angenommen werden, die grundsätzlich durch sehr verschiedene Werte von Schweißstrom oder Stromdauer erzeugt werden kann. Forderungen der Arbeitsschnelligkeit, wärmetechnische Gesichtspunkte und Rücksicht auf den zu schweißenden Werkstoff verbieten im allgemeinen sehr lange Schweißzeit, fordern also Ströme bestimmter Mindestgröße. Andererseits wird man bestrebt sein, nicht unnötig hohe Ströme anzuwenden. Damit ergibt sich ein gewisser Bereich der die Wärmeerzeugung bestimmenden Einflußgrößen, der für mittlere Verhältnisse einer Stahlschweißung in Abb. 43 berücksichtigt ist. Es ist diejenige Fläche gezeichnet, die für den betreffenden Bereich alle Lösungen der Gleichung (2) für den speziellen Fall $Q = 500$ cal enthält. Jeder Punkt der Fläche gilt für drei zusammenpassende Werte von J, T und R. Die in die Fläche dünn gezeichneten Kurven sind Linien konstanter Zeit bzw. Stromstärke. Es wird später darzulegen sein, daß bei Berücksichtigung der Wärmeverluste der tatsächliche Wärmebedarf nicht in so einfacher Weise einen Ausgleich zwischen den drei Parametern zuläßt und daß gegenseitige Abhängigkeiten, auch in Zusammenhang mit weiteren Einflußgrößen, namentlich der Elektrodenkraft und der Form der Elektroden, bestehen.

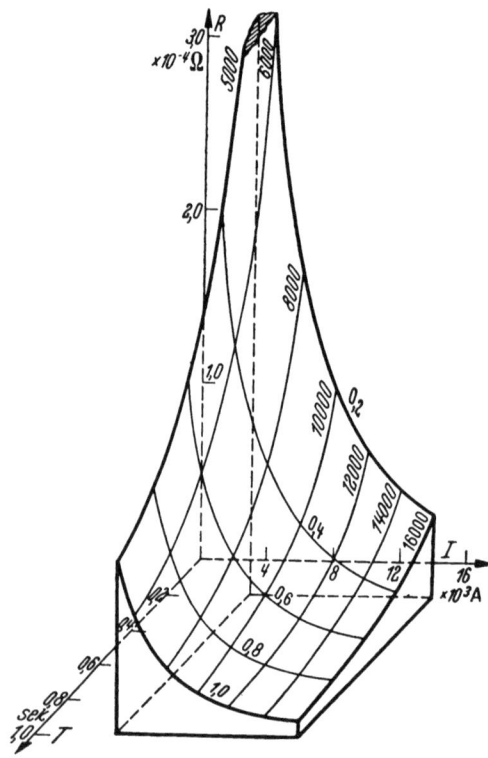

Abb. 43. Fläche für $Q = 0{,}239 \cdot J^2 \cdot R \cdot T = 500$ cal.

Im folgenden werden die Größen *Widerstand*, *Schweißstrom* und das resultierende *Temperaturfeld* als wichtige Faktoren des Schweißprozesses behandelt. Für die grundsätzliche Untersuchung wird das Punktschweißen bevorzugt.

C. Widerstand des Schweißgutes.

§ 24. Die schematische Anordnung einer Punktschweißung zeigt Abb. 44. Zwischen den beiden Elektroden befinden sich die zu verschweißenden Bleche A. Elektrode und Schweißgut bestehen immer aus *verschiedenen* Metallen, die sich im Wärme- und elektrischen Leitwert in der Regel weitgehend unterscheiden. Die Elektroden sind meist aus einer gutleitenden Kupferlegierung bzw. aus Kupfer.

Die Anordnung: Elektrode — Schweißgut — Elektrode setzt dem elektrischen Strom zwischen den Elektroden Widerstände entgegen. Hierbei sind zu unterscheiden:

1. *Stoffwiderstände* [R_{st}]
2. *Kontaktwiderstände* [R_k].

Stoffwiderstände bestehen im Schweißgut selbst, Kontaktwiderstände an den Berührungsflächen. Die Summe aller Widerstände zwischen den Elektroden wird Totalwiderstand R_T genannt.

1. Stoffwiderstand.

(§ 24). Dieser ist durch die Eigenschaften des Werkstoffes, aus dem die zu schweißenden Teile hergestellt sind, durch Größe und Gestalt der Strombahn im Schweißgut und durch die Temperatur in der Strombahn gegeben. Für die

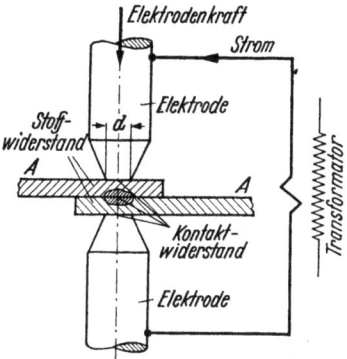

Abb. 44. Schema einer Punktschweißung.

zylindrische Strombahn errechnet sich der Stoffwiderstand aus dem spezifischen Widerstand und den geometrischen Größen folgendermaßen:

$$R_{st} = \frac{2 s \cdot \varrho}{\pi \cdot d^2 \cdot 250} [\Omega] \qquad (3)$$

R_{st} = Stoffwiderstand der Strombahn [Ω], $2s$ = Länge der Strombahn (mm)
s = Blechdicke, d = Durchmesser der Strombahn [mm], ϱ = spez. Widerstand $\left[\frac{mm^2}{m} \cdot \Omega\right]$.

Die Werte für ϱ und für die reziproke Größe $\frac{1}{\varrho} = \varkappa$ = elektr. Leitfähigkeit $\left[\frac{m}{\Omega \cdot mm^2}\right]$ sind für die wichtigsten metallischen Werkstoffe für 20° C in der Zahlentafel 10 angegeben. Zu beachten ist, daß sich der spez. Widerstand der Metalle und damit der Stoffwiderstand der metallischen Strombahn mit steigender Temperatur stark vergrößert. Diese Vergrößerung läßt sich mit dem Temperatur-Koeffizienten α in folgender Gleichung für ϱ beschreiben:

$$\varrho_\vartheta = \varrho_{20} [1 + \alpha (\vartheta - 20)]$$
ϱ_{20} = spez. Widerstand bei 20° C
ϱ_ϑ = spez. Widerstand bei ϑ° C

Die Werte von α sind ebenfalls in Zahlentafel 10 angegeben.

Für viele reine Metalle ist α etwa 4⁰/₀₀ pro Grad, das ist rd. $1/273$ des Widerstandes bei Raumtemperatur. Es kann also überschläglich mit einer Widerstandsänderung proportional der absoluten Temperatur gerechnet werden. Eine Temperaturerhöhung um etwa 250° C ergibt bereits eine Verdoppelung des Widerstandes.

Legierungszusätze erhöhen den spez. Widerstand reiner Metalle beträchtlich. Dieser Einfluß verringert sich verhältnismäßig bei erhöhter Temperatur, so daß bei sehr hohen Temperaturen der Unterschied der Widerstände von reinem Metall und Legierung sich verringert oder praktisch verschwindet.

Durch Kaltverfestigen oder durch Abschrecken technischer Metalle wird der elektrische Widerstand oft erhöht. Durch Glühen bzw. Anlassen kann er meist auf seinen ursprünglichen Wert gebracht werden.

Abb. 45 zeigt den Verlauf des spez. Widerstandes von reinem Eisen in weitem Temperaturbereich. Demnach steigt ϱ beispielsweise bei 800° C etwa auf das Zehnfache des Wertes von 20° C. Von besonderem Interesse ist auch die Ein-

Zahlentafel 10. *Spez. Widerstand, elektrische Leitfähigkeit bei 20° C und Temperatur-Koeffizient α für metallische Werkstoffe.*

Werkstoff	ϱ $\left[\dfrac{\Omega \cdot mm^2}{m}\right]$	$1/\varrho = \varkappa$ $\left[\dfrac{m}{\Omega \cdot mm^2}\right]$	α
Aluminium, weich 99,5% Al	0,0278	36	$4 \cdot 10^{-3}$
Al-Mg 5	0,059	17	$2,1 \cdot 10^{-3}$
Blei	0,208	4,8	$4 \cdot 10^{-3}$
Chrom-Nickel 78 Ni; 19 Cr; 3 Fe	1,1	0,91	$0,15 \cdot 10^{-3}$
Eisen, rein	0,10	10	$5,6 \cdot 10^{-3}$
Eisen, Guß	0,60—1,60	1,67—0,625	$1,9 \cdot 10^{-3}$
Kupfer, Leitungs-	0,0178	56,2	$3,92 \cdot 10^{-3}$
Messing, 69,5% Cu, 28,5% Zn	0,07	14,3	$1,3—1,9 \cdot 10^{-3}$
Neusilber 58 Cu; 22 Ni; 20 Zn	0,36	2,78	$0,31 \cdot 10^{-3}$
Nickel, rein	0,069	14,5	$6,9 \cdot 10^{-3}$
Silber, rein	0,0149	67,1	$4,1 \cdot 10^{-3}$
Stahl 0,1% C, 0,5% Mn	0,13—0,15	7,7—6,7	$4—5 \cdot 10^{-3}$
Stahl 0,25% C, 0,3% Si	0,18	5,5	$4—5 \cdot 10^{-3}$
Stahl, Feder-, 0,8% C	0,20	5	$4—5 \cdot 10^{-3}$
Tombak, 83% Cu, 17% Zn	0,05	20	—
Wolfram	0,0491	20,4	$4,82 \cdot 10^{-3}$
Zink, rein	0,048	20,8	$4,1 \cdot 10^{-3}$

wirkung des Kohlenstoffes auf den elektrischen Widerstand des Stahles. Die Widerstandszunahme in Abhängigkeit des Kohlenstoffgehaltes ist in Abb. 46 dargestellt. Außerordentlich hoch ist die Widerstandssteigerung des Eisens durch Si-Gehalt. Die Gefügebestandteile Austenit und Martensit haben nahezu die gleichen Werte für ϱ. Über den elektrischen Widerstand von Aluminium und Al-Legierungen s. §. 21.

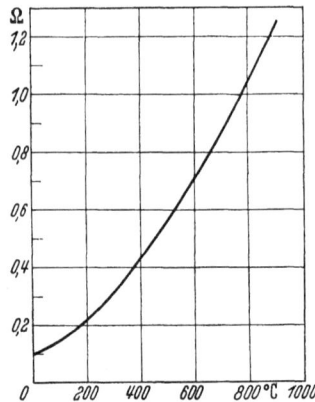
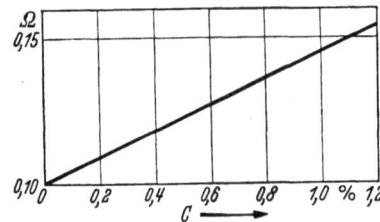

Abb. 45. Widerstand des reinen Eisens in Abhängigkeit der Temperatur.

Abb. 46. Spezifischer Widerstand eines C-Stahles bei 20° C in Abhängigkeit des Kohlenstoffgehaltes.

Der Querschnitt der Strombahn wird in erster Linie von dem Durchmesser der Berührungsfläche der Elektrode bestimmt (s. Abb. 44); mit *wachsendem Durchmesser* wird der Widerstand kleiner und umgekehrt.

In Abb. 47 sind die Stoffwiderstände zylindrischer Körper von 2 mm Höhe in Abhängigkeit des Durchmessers dargestellt. Jeder Körper entspricht dem Werkstoff, der sich beim Punktschweißen von 2 · 1 mm dicken Blechen zwischen den Elektroden befindet, wobei sich der Durchmesser der Strombahn zwischen 3 und 10 mm bewegt. Eingezeichnet sind die Kurven für Stahl (0,1% C, 0,5% Mn),

§ 25   Widerstand des Schweißgutes.   49

Nickel, Messing (69,5% Cu, 28,5% Zn), Zink, Aluminium (99,5% Al) und Kupfer. Der Stoffwiderstand R_{st} bewegt sich bei 2 · 1 mm dicken Blechen der genannten Metalle ungefähr zwischen $5 \cdot 10^{-6}$ und $4{,}0 \cdot 10^{-4} \, \Omega$ (20° C). R_{st} ändert sich linear mit der Blechdicke, d. h. er steigt z. B. bei 2 · 5 mm dicken Blechen auf das Fünffache. Der Widerstand bei höherer Temperatur ist nach dem oben Gesagten beträchtlich höher anzusetzen. Bei einer Elektrode, deren Spitze sich beispielsweise um 20% im Durchmesser verbreitert, geht der Stoffwiderstand auf weniger als 65% zurück. Entsprechend ginge auf Grund der Gleichung (2) die umgesetzte Leistung zurück, falls nicht auch der Schweißstrom durch den Stoffwiderstand geändert wird. Ob und in welchem Grade sich der Strom und insgesamt die Leistung in solchen Fällen ändert, wird später mit Hilfe der Maschinenkennlinie untersucht. Hier sei nur darauf hingewiesen, daß zur Konstanthaltung von Schweißstrom und Stoffwiderstand die Spitze der Elektroden nur wenig ihren Durchmesser ändern soll. Es muß gegebenenfalls durch Nacharbeit der Durchmesser auf seinem Ausgangswert erhalten bleiben.

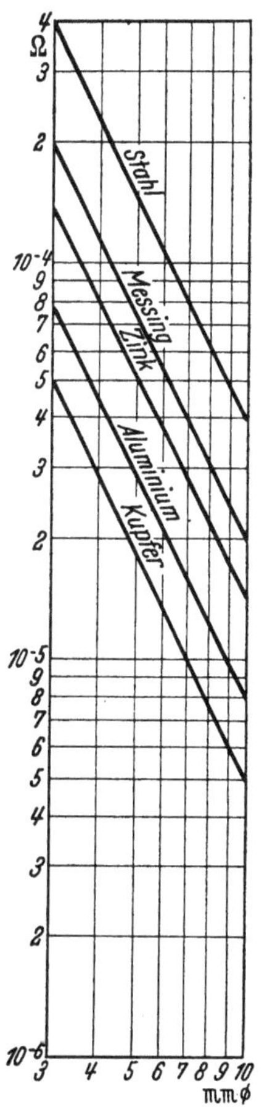

Setzt man beim Punktschweißen für bestimmte Fälle vereinfachend den Elektrodendurchmesser gleich dem Durchmesser d der Strombahn und beide proportional der Wurzel der Blechdicke, beispielsweise $d = 5 \cdot \sqrt{s}$ [mm], so wird nach Gl. (3) der Stoffwiderstand unabhängig von Elektrodendurchmesser und Blechdicke

$$R_{st} = \frac{\varrho}{\pi \cdot 3125} \, [\Omega]. \tag{3a}$$

Zahlentafel 11 gibt nach Gl. (3a) den Stoffwiderstand für einige metallische Werkstoffe.

Zahlentafel 11. *Richtwerte für Stoffwiderstände beim Punktschweißen, falls $d = 5 \cdot \sqrt{s}$ ist.*

Werkstoff	Stoffwiderstand $\Omega \cdot 10^{-4}$
Stahl 0,1% C	13,2
Messing 69,5% Cu	7,1
Al-Mg 5	6,0
Al 99,5%	2,8

Abb. 47. Stoffwiderstand bei 20° C in Abhängigkeit vom Durchmesser der Strombahn. Blechdicke 2 × 1 mm.

2. Kontaktwiderstand.

§ 25. Die Stellen, an denen bei einer Punktschweißung der Kontaktwiderstand auftritt, sind in Abb. 44 gekennzeichnet. Es sind folgende Berührungsflächen: obere Elektrode gegen Schweißgut, untere Elektrode gegen Schweißgut und die Verbindungsstelle. Zur Definition des Kontaktwiderstandes wollen wir jetzt den an einer Übergangsstelle F in Abb. 48 zwischen zwei Metallstiften A_1 und A_2 auftretenden Widerstand betrachten[1]. Er möge mit R_k bezeichnet werden. Die Punkte e_1 und e_2 sind Meßpunkte für die Spannung. $R_{e_1 e_2}$ möge der Widerstand sein, der mit einem Meßstrom J auf Grund der Beziehung

$$R_{e_1 e_2} = \frac{U_{e_1 e_2}}{J} \tag{3b}$$

---

[1] Begriffe und einige Bezeichnungen werden hier in Anlehnung an R. HOLM (61) gebraucht.

ermittelt wird. Betrachten wir nun vergleichsweise $A_1 - A_2$ als ein Gebilde mit idealer, rein metallischer Berührungsfläche, z. B. auf dem ganzen Querschnitt verschweißt, so mögen wir den geringeren Widerstand $R^0_{e_1 e_2}$ erhalten. Die Differenz definieren wir als Kontaktwiderstand:

$$R_k = R_{e_1 e_2} - R^0_{e_1 e_2}.$$

Der Kontaktwiderstand ist nicht allein der Widerstand, der auf den sich berührenden Metallkörpern befindlichen Fremdschichten beruht, ist also nicht allein der sog. *Hautwiderstand* R_h, sondern auch der *Engewiderstand* R_e. Hautwiderstand und Engewiderstände können sich gegenseitig beeinflussen und auch mit dem Stoffwiderstand in Wechselwirkung sein. Engewiderstände bestehen also auch, wenn sich metallisch reine Flächen (ohne Fremdschichten) berühren, wenn nämlich durch die natürliche Rauhigkeit oder durch Welligkeit der Oberflächen der Stromübergang nur an gewissen Teilstellen der Berührungsfläche möglich ist, die Strombahnen sich also mit Annäherung an die Übergangsstellen verengen.

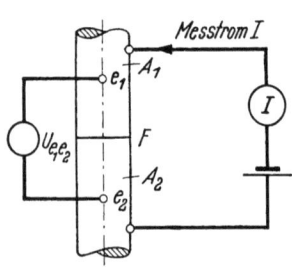

Abb. 48. Skizze zur Definition des Kontaktwiderstandes.

Die bei roher Betrachtung in Erscheinung tretende Berührungsfläche nennen wir *scheinbare Berührungsfläche* F. Nur ein Teil dieser Fläche ist als *wirklich tragende Berührungsfläche* F_0 tatsächlich mit dem anderen Partner in Berührung und zwar auf meist kleinen Teilflächen verschiedener Gestalt, Größe und Anordnung. Für alle elektrischen Vorgänge ist von besonderem Interesse, ob die wirklich tragenden Teilflächen, die in ihrer Gesamtheit die Fläche F_0 ausmachen, einen ungehinderten Stromübergang ermöglichen bzw. welche Teile von F_0 ihn ermöglichen. Diese leitenden Teile nennen wir in ihrer Gesamtheit *leitende Kontaktfläche* F_a, oder im einzelnen ,,a-Flächen" (Abb. 49). Dabei bedeutet a bei quantitativer Behandlung den Radius einer (kreisförmigen) leitenden Kontaktfläche. Den Teilflächen rein metallischen Kontaktes werden oft die Flächen quasimetallischer Berührung, z. B. Metallflächen mit angelagerten einmolekularen Schichten, die sich sehr ähnlich verhalten wie reine Metallflächen, zugeordnet[1].

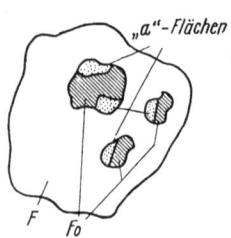

Abb. 49. Skizze zur Erläuterung der Berührungsflächen. Scheinbare Berührungsfläche $= F$, wirklich tragende Berührungsfläche $= F_0$, leitende Kontaktfläche $= F_a$ (a-Fläche).

Wir wollen nun den Verlauf der Stromlinien und Äquipotentialflächen einer näheren Betrachtung unterziehen. Wir nehmen an, daß wir zwei sich berührende zylindrische Metallstäbe haben. In ihrer Mitte möge sich eine leitende ,,a"-Fläche befinden, deren Größe im Verhältnis zur scheinbaren Berührungsfläche F klein ist. Die Stromlinien verlaufen dann ungefähr so, wie es Abb. 50 zeigt. Zur Berechnung des Enge-Widerstandes setzen wir voraus, daß die Größe $R^0_{e_1 e_2}$ vernachlässigbar klein ist. Außerdem nehmen wir zunächst an, daß die Stromenge von nur geringem Strom

---

[1] Die elektrische Leitung durch dünnste Oberflächenschichten beruht nicht auf der makroskopischen Leitfähigkeit des Schichtstoffes. Dies geht daraus hervor, daß der Hautwiderstand wesentlich unabhängig von der Temperatur ist, im Gegensatz zu der starken Temperaturabhängigkeit des elektrischen Widerstandes der Schichtstoffe. Zur Erklärung dieses Verhaltens können der Tunneleffekt durch eine dünne Fremdhaut oder die Herabsetzung der freien Weglänge der Elektronen in einer gestörten Oberflächenzone des Metalls herangezogen werden. Der Tunneleffekt beruht darauf, daß die De Broglie-Wellen eines Elektrons dünne Sperrschichten (Potentialberge) merklich durchdringen können, wenn die Dicke von der Größenordnung der Wellenlänge ist, ähnlich wie optische Wellen sehr dünne Metallschichten durchdringen können. (HOLM [*61*] S. 101 ff.).

§ 25 Widerstand des Schweißgutes.

durchflossen wird, daß das Metall nicht wesentlich erwärmt wird und daß also der spezifische elektrische Widerstand konstant bleibt. Wir denken uns nun ein Leiterglied, wie es im ebenen Schnitt Abb. 51 zeigt. Es sei angenommen, daß F_1 und F_a Äquipotentialflächen sind, ferner G_r Grenzflächen in Richtung der Stromlinien. Wir ermitteln nach den Grundsätzen der Potentialtheorie den Widerstand zwischen zwei Potentialflächen F_1, F_a mit den Potentialen φ_1 und φ_a aus der Kapazität C zwischen diesen Flächen:

$$R_{F_1 F_a} = \frac{|\varphi_1 - \varphi_a|}{J} = \frac{\varrho}{4\pi C} \; [CGS]. \qquad (4)$$

Die Kapazität ist für viele Konfigurationen bekannt, für kugelflächige Potentialflächen vielfach in sehr einfacher Form zu bestimmen. Wir fragen nach dem (einseitigen Enge-)Widerstand zwischen der leitenden Kontaktfläche F_a und einer fern liegenden Potentialfläche F_1.

Von besonderem Interesse ist der Fall, bei welchem die Fläche F_a in eine ebene Kreisfläche übergeht. Hierfür weist HOLM (S. 15) auf dem Wege über das Kapazitätsproblem koaxialer Ellipsoide nach, daß der Widerstand zwischen F_a und F_1, wenn F_1 im Endlichen liegt,

$$R_{F_1 F_a} = \frac{\varrho}{2\pi a} \operatorname{arc\,tg} \frac{\sqrt{\mu}}{a} \; [\Omega] \qquad (5)$$

ist.

Hierin ist μ der Parameter der allgemeinen Gleichung der Ellipsoide:

$$\frac{x^2}{\alpha^2 + \mu} + \frac{y^2}{\beta^2 + \mu} + \frac{z^2}{\mu} = 1$$

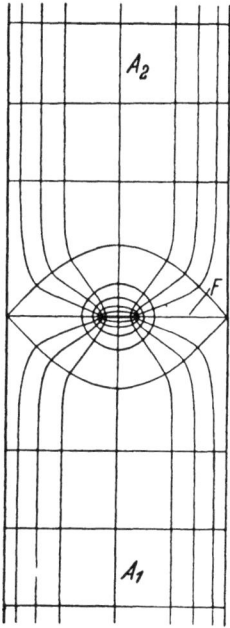

Abb. 50. Zur Erläuterung des Stromlinienverlaufes. (HOLM.)

α und β sind die Ellipsenachsen. In unserem Fall wird $\alpha = \beta = a$, wo a der Halbmesser von F_a ist. Liegt F_1 im Unendlichen, so wird

$$R_{F_1 F_a} = \frac{\varrho}{4a}.$$

Dies ist der Wert für den einseitigen Engewiderstand. Bei Messungen ist fast immer der doppelseitige Wert maßgebend, den wir schlechthin Engewiderstand nennen wollen.

$$R_E = \frac{\varrho}{2a} \; (\Omega). \qquad (6)$$

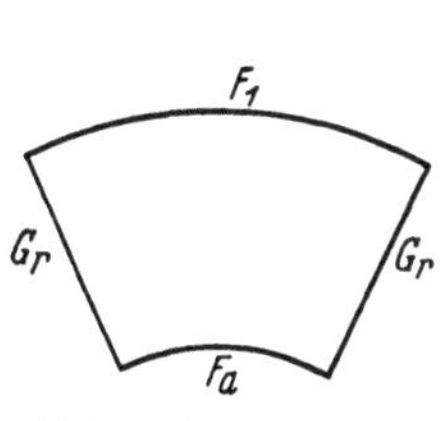

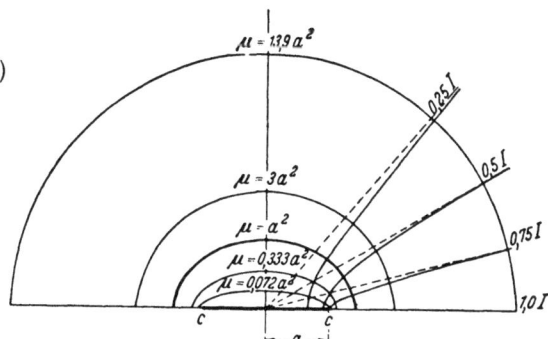

Abb. 51. Skizze zur Berechnung der Äquipotentialflächen.

Abb. 52. Verlauf der Stromlinien und Äquipotentialflächen bei kreisförmiger a-Fläche. cc Brennpunkte der Ellipsen. Zwischen je zwei von den benachbarten, gezeichneten Äquipotentialflächen liegt $1/6$ des Engewiderstandes.

Diese Formel ist innerhalb der Meßfehler von 1,5% für bestimmte Verhältnisse experimentell bestätigt (62).

Abb. 52 zeigt einen Mittelschnitt durch die Schar der Äquipotentialflächen für die kreisförmige a-Fläche. Die Äquipotentiallinien des Bildes sind Ellipsen, deren Brennpunkte c, c auf dem Rande der a-Fläche liegen. Zwischen zwei Potentialflächen liegt jeweils $1/6$ des (einseitigen) Engewiderstandes. Durch die dick ausgezogene Ellipse wird der Engewiderstand halbiert. Für diese Ellipse wird der Parameter $\mu = a^2$.

Die Stromdichte ist in einem beliebigen Punkt der Berührungsfläche F_0 im Abstand r vom Mittelpunkt

$$j(r) = \frac{J}{2\pi a} \cdot \frac{1}{\sqrt{a^2 - r^2}} \; [\text{Amp/mm}^2].$$

Die Auswertung ergibt eine zum Rand der a-Fläche stark ansteigende Stromdichte. Die Hälfte des Stromes fließt in einem größeren Abstand von der Mitte der a-Fläche als $0,9a$. Die Zahlen an den Stromlinien in Abb. 52 bedeuten den Teil des Stromes, der von der Achse bis zu dieser Linie fließt. Siehe hierzu auch den im § 33 (Abb. 100 und 101) beschriebenen Versuch der den elliptischen Verlauf der Äquipotentiallinien experimentell sehr gut bestätigt.

Ist ein im Vergleich zu R_E großer Hautwiderstand R_H vorhanden, so ist bei Berechnung des Engewiderstandes nach Gl. (6) ein Korrekturfaktor $2/\pi$ vorzusehen.

$$R_E' = \frac{\varrho}{\pi a} \; [\Omega].$$

Der zusätzliche Hautwiderstand bedingt eine gleichmäßigere Verteilung der Stromfäden. Im Extremfall $R_H \gg R_E$ ist die Stromdichte nahezu konstant[1].

Die von der Kreisform abweichende ellipsoide Länglichkeit der a-Fläche kann durch einen Formfaktor $f(\gamma)$ berücksichtigt werden, der für Achsenverhältnisse von $1:1$ bis $1:10$ vom Wert 1 bis etwa 0,4 fällt.

Auch der theoretische Engewiderstand für metallischen Kontakt in *mehreren* kleinen kreisförmigen a-Flächen kann berechnet werden.

Für den Engewiderstand parallel geschalteter, sich nicht beeinflussender a-Flächen gilt allgemein im Anschluß an Gleichung (6):

$$\frac{1}{R_E} = \frac{1}{2} \varSigma \frac{1}{\frac{\varrho}{4a}}$$

oder

$$R_E = \frac{\varrho}{2\varSigma a} \; [\Omega]. \tag{7}$$

Bei stirnseitiger Berührung zweier zylindrischer Metallkörper vom Radius r gleich der Höhe r jedes Zylinders findet HOLM (S. 20) bei n sich gegenseitig beeinflussenden a-Flächen verschiedener Form und Größe den einseitigen Engewiderstand der einzelnen a-Flächen zu:

$$R_n = \frac{0,9}{n} \frac{\varrho}{2\pi a} \operatorname{arc tg} \frac{1,23 r}{a\sqrt{n}} + \varrho \cdot \frac{1 - \frac{1,23}{\sqrt{n}}}{\pi \cdot r} \; [\Omega].$$

Dabei ist die *mittlere* Größe der a-Flächen zu πa^2 angesetzt. 0,9 ist ein Formfaktor, der eine Länglichkeit der a-Flächen von $1:3$ berücksichtigt. Bei nur einer

---

[1] Die gute Leitfähigkeit im angrenzenden Metall sorgt dafür, daß die Feldstärke in tangentialer Richtung klein gegen diejenige senkrecht durch die Schicht wird, so daß für die Stromführung durch die Fremdschicht beide Seiten derselben sich wie Äquipotentialflächen benehmen.

(zentralen) kleinen a-Fläche als leitende Kontaktstelle zwischen den Zylindern gemäß Abb. 50 gilt vereinfacht für den Engewiderstand

$$R_E = \frac{\varrho}{2 \cdot \pi a} \operatorname{arc tg} \frac{r}{a} - \frac{\varrho}{\pi \cdot r} \; [\Omega]. \tag{8}$$

D. MÜLLER-HILLEBRAND (*86*) gibt eine ähnliche Beziehung an:

$$R_E = \frac{\varrho}{2\pi a}\left(\frac{\pi}{2} - 2\frac{a}{r}\right) [\Omega] \tag{9}$$

Hier ist Bedingung, daß jeder Zylinder mindestens 5mal so lang ist wie sein Durchmesser $2r$. Für $r/a = 10$ unterscheiden sich die Werte nach Gl.(8) bzw. (9) nur um 1%.

Bei Ermittlung und Beurteilung der Kontaktwiderstände und überhaupt der Widerstandsverhältnisse beim Widerstandsschweißen ist die Abhängigkeit von der Kontaktlast — hier Elektrodenkraft — meist ganz wesentlich. Auch die Einflüsse des Oberflächenzustandes über den Hautwiderstand gerade auch in bezug zur Elektrodenkraft sowie Temperatureinflüsse sind bedeutend. Auf die maßgebenden Zusammenhänge wird jetzt eingegangen.

Der Bereich *kleinster* Kontaktlast mit den schwierigen Erscheinungen teilweiser Isolation, sprunghafter und vielfach irreversibler Widerstandsänderungen wird nicht weiter behandelt, da entsprechend kleine Elektrodenkräfte praktisch nicht vorkommen.

Mit veränderter Kontaktlast werden die tragende Berührungsfläche F_0 und die leitende Kontaktfläche F_a und damit der Kontaktwiderstand beträchtlich verändert. Bei mäßiger und großer Kontaktlast ist der Bereich elastischer Verformungen an den tragenden Berührungsflächen überschritten. Bei Erreichen einer Flächenbelastung vom Wert H der Druckhärte nach MEYER [kg/mm²] beginnt das Metall an den tragenden Berührungsflächen unter plastischer Verformung zu fließen. Wird die Kontaktlast P weiter vergrößert, so wächst nicht die Flächenbelastung, sondern die tragende Fläche F_0 und zwar proportional mit P:

$$F_0 = \frac{P}{c_1 \cdot H} \; [\text{mm}^2] \tag{10}$$

Die Konstante c_1 ist von 1 abweichend, nämlich kleiner in dem Maße, wie die *durchschnittliche* Flächenbelastung kleiner als die Druckhärte ist. Für Plattenkontakte mit normalem Oberflächenzustand ist c_1 zu etwa 0,5 anzunehmen. Durch sorgfältiges Einschleifen kann man so große Berührungsflächen schaffen, daß c_1 beträchtlich kleiner, z. B. 0,1 wird. Für gekreuzte runde Drähte kann $c_1 = 1$ sein, falls der Kontaktwiderstand im Verhältnis zur Härte des Werkstoffes groß ist und die berührenden Flächen glatt sind.

Der resultierende Kontaktwiderstand wird in seiner Abhängigkeit von der Kontaktlast gern in einer Potenzgleichung

$$R_k = c \cdot P^{-n} \tag{11}$$

dargestellt. Für bestimmte Gestalt der Kontakte kann für einzelne Kontaktwerkstoffe für begrenzte Bereiche der Kontaktlast ein Exponent angegeben werden. Für gekreuzte *metallische Stabkontakte* ist im elastischen Gebiet (P mäßig) $n = 1/3$, im Fließgebiet (P groß) $n = 1/2$. Für *metallische Plattenkontakte* (P groß) ist n beispielsweise 0,6. Sind *Fremdschichten* vorhanden, so ist die leitende Kontaktfläche F_a kleiner als die wirklich tragende Berührungsfläche F_0. Das Verhältnis beider $\frac{F_a}{F_0}$ kann mit der Kontaktlast veränderlich sein, mit steigender Kontaktlast größer werden. Die Kontaktwiderstände sind durch den Hautwiderstand der

Fremdschicht erhöht, die Druckabhängigkeit etwa nach Gl. (11) ist steiler. Der Exponent n ist dann beispielsweise etwa 1. R_k bzw. R_h ($R_h \gg R_e$) sind der Kontaktlast umgekehrt proportional.

Eine Zusammenstellung von Kontaktwiderständen in Abhängigkeit von der Kontaktlast in weitem Bereich gibt Abb. 53 wieder. Die ausgezogenen Kurven gelten für rein metallischen Kontakt, ohne Beeinträchtigung durch reagierende Gase. Die gestrichelten Kurven sind niedrigste Werte bei Anwesenheit dünnster Fremdschichten. Siehe hierzu auch Meßergebnisse der Zahlentafel 12. Für alle Kurven in Abb. 53 sind vollständige Engewiderstände vorausgesetzt; d. h. die scheinbare Berührungsfläche muß genügend groß sein, damit die einzelnen Stromengen sich nicht gegenseitig beeinflussen, und die Platten müssen ausreichend dick sein. An 15 mm breiten und 3 mm dicken Kupferstreifen kann die rechts unten ersichtliche punktierte Kurve gelten. — Die Stäbe sind glatt, zylinderförmig (z. B. 4 mm ⌀), in gekreuzter Anordnung.

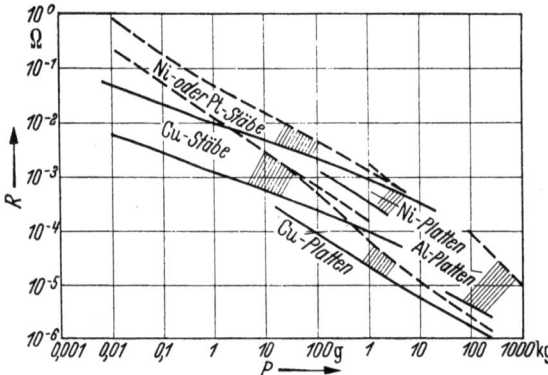

Abb. 53. Kontaktwiderstände in Abhängigkeit von der Kontaktlast. Ausgezogene Kurven gehören zu reinmetallischen Kontakten. Durch eine erste einmolekulare Fremdschicht werden die Widerstände bis auf die zugeordneten (durch Schattierung verbundenen) gestrichelten Kurven gehoben. (HOLM.)

Der Kontaktwiderstand, bei rein metallischen Kontakten allein der Engewiderstand, ist auch abhängig von der Temperatur und zwar nicht allein wegen der Temperaturabhängigkeit des spezifischen Widerstandes ϱ, der in alle Gleichungen des Engewiderstandes eingeht. Die Temperatur an der Kontaktfläche selbst beeinflußt bei Erreichen gewisser höherer Temperaturen den Mechanismus der tatsächlichen Berührung bzw. den der elektrischen Kontaktgabe. Bezüglich Ausbildung der Temperaturverteilung wird auf § 34 verwiesen. Die bei rein metallischem Kontakt auftretenden Vorgänge sind nach HOLM (S. 40) Entfestigung und Erweichung bzw. Schmelzung. Als Maß für die Temperatur Θ der heißesten Stelle des Kontaktes, das ist bei Symmetrie der Kontaktglieder hinsichtlich

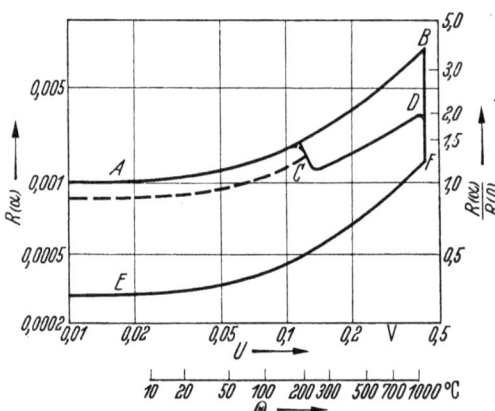

Abb. 54. RU-Linien eines symmetrischen, reinmetallischen Kontaktes (Kupferkontakt) Kurve AB ist berechnet für $P=2$ g. Kurve $ACDF$ ist gemessen mit Entfestigungsabfall bei DF. FE zeigt den Verlauf einer reversiblen RU-Linie, die parallel zu BA verläuft. Die gestrichelte Kurve bedeutet eine Reversible, die am Entfestigungsabfall beginnt. (HOLM.)

Gestalt und Leiteigenschaften die Isotherme der Kontaktfläche, kann im Sinn der Gl. (3b) die Kontaktspannung U dienen, die den die Temperatursteigerung herbeiführenden Strom erzeugt.

Den über den Koeffizienten α des spezifischen Widerstandes von der Temperatur abhängigen Widerstand zwischen den Meßpunkten der Spannung U nennen wir $R(\alpha)$. Die Funktion $R(\alpha) = f(U)$ (RU-Linie) muß für den Fall keiner Beeinträchtigung der leitenden Kontaktfläche F_a gleichmäßig etwa nach einem auf Grund der $\varphi\vartheta$-Beziehung (Gl. (19)) gerechneten Ast AB der Abb. 54 verlaufen. Ist das Metall kaltverfestigt, so geht bei der Entfestigungstemperatur, also einer bestimmten Kontaktspannung, auffällig ein Teil der Festigkeit verloren. Dabei tritt — im Bereich C der Abb. 54 — ebenso deutlich eine Vergrößerung der tragenden Berührungsfläche und der leitenden Kontaktfläche und damit eine Verringerung des Kontaktwiderstandes ein. Mit weiter steigender Temperatur ist bei den meisten Metallen mit Beeinträchtigung der Härte zu rechnen, so daß weiterhin mit Vergrößerung der tragenden Fläche und Verringerung des Kontaktwiderstandes zu rechnen ist (Ast CD). Die Absenkung des Kontaktwiderstandes geschieht schließlich beträchtlich und plötzlich (DF), wenn eine Kontaktspannung erreicht ist, bei der die an der Kontaktfläche einander berührenden Teilflächen zerschmelzen. Siehe hierzu auch Meßergebnisse Abb. 64 (Kurvencharakteristik). Der bei allen Spannungsänderungen reversible Ast FE kann durch weitere Spannungserhöhung nicht zu noch geringeren Werten der Widerstände verlagert werden. Es muß auch erwähnt werden, daß bei großen Kontaktlasten, bei temperaturempfindlichen Metallen und namentlich bei Anwesenheit von Fremdschichten die Verringerung der Kontaktwiderstände bei höherer Temperatur unübersichtlicher und theoretisch schwer erfaßbar ist.

Auf den Vorgang der Frittung von Kontaktflächen mit Fremdschichten soll noch kurz ebenfalls in Anlehnung an die Darstellung bei HOLM (S. 115ff.) eingegangen werden. Bei verhältnismäßig dicker Fremdschicht, z. B. bei einer oxydischen Schicht von einigen 10^{-5} mm Dicke können mit wachsendem U fallende RU-Linien gemessen werden, die einen unmetallischen (nicht Ohmschen) Widerstand kennzeichnen. Bei Erreichen einer von der Dicke der Fremdschicht abhängigen Spannung, der Frittspannung, von beispielsweise 2 Volt tritt eine plötzliche Verringerung des Widerstandes um mehr als eine Zehnerpotenz, die sog. Frittung, ein. Die Spannung bricht auf die Frittschlußspannung von rd. 0,5 Volt oder weniger zusammen. Gefrittete Kontakte haben positive steigende RU-Linie. Die Frittung ist nicht als Verletzung der Fremdschicht sichtbar. Bei großer Stromdichte ist allerdings eine Schmelz- bzw. Brandwirkung zu sehen. Man spricht dann von einem Durchschlag. Nach der Brückentheorie besteht die Frittung im Aufbau von kleinen metallischen Brücken durch die Fremdschicht *durch Stromwärme*. Der spontane Abbau der metallischen Brücken mit der Zeit kann durch äußeres Eingreifen als plötzliche Entfrittung, z.B. durch eine Erschütterung, welche die Brücken zerbricht, erreicht werden.

3. Weitere Angaben und Messungen von Widerständen.

§ 26. Bei praktischen Berechnungen und Messungen der elektrischen Widerstände zwischen den Preßschweißelektroden ist oft eine Trennung der Ursachen der elektrischen Widerstände nicht möglich. Sehr oft müssen durch die Form und Größe oder sonstigen Eigenschaften der zu erwärmenden Teile andere Gesichtspunkte zugelassen werden, als sie bei einer systematischen Behandlung der Gesetzmäßigkeiten zweckmäßig waren. Bisweilen sind nicht die Kontaktlasten, bzw. Elektrodenkräfte, sondern die auf die Flächeneinheit bezogenen Drucke von Interesse. In vielen Fällen sind die auftretenden Widerstände maßgeblich durch den Zustand der Teile in der Werkstatt bestimmt.

Es werden nun einige Arbeiten besprochen, die überwiegend auf die Verhältnisse der Widerstandsschweißung, insbesondere der Punktschweißung, ausgerichtet sind. Zunächst folgen Angaben über Messungen mit der schematischen Anordnung der Abb. 55.

Zwischen den beiden Elektroden E_1 und E_2 liegen die Plättchen A_1 und A^2 aus Stahl St VII. 23. Eine Batterie B liefert den notwendigen Meßstrom, der so gering gehalten wird, daß keine maßgebliche Temperatursteigerung zwischen den Elektroden gemessen werden kann. Die Spannung zur Widerstandsbestimmung wird 0,5 mm außerhalb der Kontaktflächen F_1 und F_2 abgegriffen. Die Elektrodenkraft P übt eine geeichte Spiralfeder aus. Es wurde der Totalwiderstand R_T zwischen den beiden Elektroden erfaßt, d. h., zu dem Kontaktwiderstand R_k an der Stelle F zwischen den beiden Plättchen und dem Stoffwiderstand R_{st} der Plättchen treten noch die Widerstände an den Kontaktstellen F_1 und F_2 zwischen den Plättchen und den Elektroden.

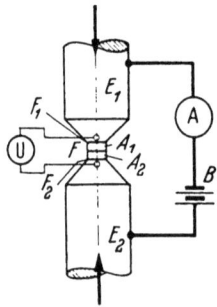

Abb. 55. Schematisches Schaltbild zu den Versuchsreihen der Abb. 56.

Die Meßergebnisse aus zehn Versuchsreihen sind in Abb. 56 als Neukurven dargestellt. Zahlentafel 12 nennt zusätzlich einige Versuchsdaten. Interessant ist der verhältnismäßig hohe Wert von n für das Blech im Anlieferungszustand. — Die Versuche 2 und 3 ergeben auffällig hohe Widerstandswerte, offenbar durch Fremdschichten vom Anlassen der Plättchen. — Die niederen Widerstandswerte des Versuches 7 können bei dem großen Durchmesser der Plättchen durch die größere Plättchendicke begründet sein. Sicherlich ist ein verhältnismäßig niederohmiger Kontakt auf großer Fläche zwischen den Plättchen vorhanden. Kraft und Widerstand sind auf die Elektrodenfläche bezogen.

Meßergebnisse bezüglich der Größe der *einzelnen* Kontaktwiderstände werden in einer Arbeit von SIDORENKO[1] veröffentlicht. Die Messungen beziehen sich auf 0,1% Kohlenstoffstahl *verschiedener Oberfläche*. In der Zahlentafel 13 sind Werte für 200 kg Elektrodenkraft herausgezogen. Die Überlappung betrug 3 cm², Elektrodendurchmesser 8 mm, Blechdicke 3 mm.

Oszillographische Messungen der Widerstände im Verlauf einer Punktschweißung an weichen Stahlblechen $2 \times 1,2$ mm und an den Blechen aus nicht rostendem Stahl $2 \times 1,73$ mm ergaben während eines kleinen Bruchteiles der ersten Halbwelle einen starken Abfall der Widerstände mit der Zeit, dann einen leichten Anstieg, bzw. gewisse Schwankungen (55).

In einer weiteren amerikanischen Arbeit (*112*) sind die Kontaktwiderstände hauptsächlich zwischen gekreuzten und überlappten Blechstreifen aus kohlenstoffarmem Stahl, aus nicht rostendem Stahl (18 — 8) und aus der Al–Cu-Legierung (B 12/H 7) gemessen und zwar in Abhängigkeit der Kontaktkraft

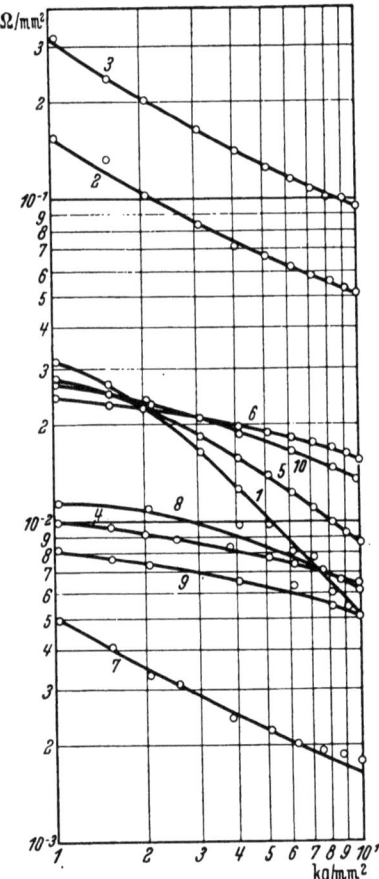

Abb. 56. Meßergebnisse der Versuchsreihe für die die näheren Angaben in Zahlentafel 12 gemacht sind.

[1] Veröffentlicht von der Ukrainischen Akademie der Wissenschaften SSR Kiew 1938.

§ 26 Widerstand des Schweißgutes. 57

Zahlentafel 12. *Angaben über Versuchsreihen zur Ermittlung des Totalwiderstandes, s. Abb. 56.*

Versuch Nr.	Blechdicke mm	Plättchen Ø mm	Elektroden Ø mm	Oberfläche	Meßstrom Amp/mm²	n in Gl. 11 bei 5 kg/mm²
1	2 × 0,92	5,0	5,0	Anlieferungszustand	0,143	0,941
2	2 × 1,0	5,0	5,0	gelb angelassen	0,024	0,431
3	2 × 0,93	5,0	5,0	blau angelassen	0,010	0,485
4	2 × 1,96	7,07	7,07	geläppt	0,52	0,243
5	2 × 0,98	20,0	5,0	,,	0,165	0,626
6	2 × 1,0	30,0	5,0	,,	0,238	0,221
7	2 × 1,88	30,0	7,07	,,	0,930	0,453
8	2 × 1,0	5,0	5,0	,,	0,408	0,380
9	2 × 1,0	5,0	5,0	,,	0,668	0,239
10	2 × 1,0	5,0	5,0	,,	0,174	0,344

Zahlentafel 13.

Oberfläche	Kontaktwiderstand: von Blech zu Blech	Kontaktwiderstand: von Elektrode zu Blech
in Säure gebeizt	$300 \cdot 10^{-6}\ \Omega$	$300 \cdot 10^{-6}\ \Omega$
mit Schmirgelscheibe gereinigt	$160 \cdot 10^{-6}$,,	$220 \cdot 10^{-6}$,,
nach dem Reinigen gerostet	0,08 ,,	0,076 ,,
geölt nach dem Reinigen	$300 \cdot 10^{-6}$,,	$370 \cdot 10^{-6}$,,
verzundert	0,08 ,,	0,10 ,,
verrostet und verzundert	0,5 ,,	0,36 ,,
mit spanabhebenden Werkzeugen bearbeitet	$1200 \cdot 10^{-6}$,,	$1300 \cdot 10^{-6}$,,
gefeilte Oberfläche	$280 \cdot 10^{-6}$,,	$430 \cdot 10^{-6}$,,
geschmirgelt	$110 \cdot 10^{-6}$,,	$140 \cdot 10^{-6}$,,

oder der Temperatur bis 400 bzw. 700° C. Der zeitliche Widerstandsverlauf während einer Punktschweißung wird etwa nach Abb. 57 für wahrscheinlich gehalten.

Auch über die Untersuchung der Kontaktwiderstände, bzw. Temperatur an zylindrischen Prüfstäben von 12,7 mm Ø und 63,5 mm Länge und zwar aus kaltgewalztem Stahl von 0,25% C-Gehalt und aus handelsüblichem Aluminium liegt eine Veröffentlichung vor (76). Die Messungen erfolgten bei verschieden hohen Strombelastungen bis zu 600 Amp. (4,74 Amp./mm²). Die Kontaktfläche wurde poliert (20 Min. mit in Fett getauchtes Schmirgelleinen Nr. 2/0). Abb. 58 zeigt die Anordnung der Drähte (1 und 2) zum Abgriff der Meßspannung. Es wurden Stahldrähte gewählt, die isoliert durch eine feine Bohrung geführt und auf die jeweils gegenüberliegende Kontaktfläche verschweißt wurden. Außerdem wurden noch Nadeln (3) angebracht, die einen Abgriff der Spannungen an der Zylinderoberfläche gestatten. An derartig angeordneten Proben wurden Kontaktwiderstände gemessen, wie sie Abb. 59 zeigt. Die Größenordnung dieser Kontaktwiderstände liegt zwischen $1 \cdot 10^{-2}$ und $8 \cdot 10^{-3}\ \Omega/\text{mm}^2$. Der Kontaktwiderstand ändert sich außer mit der Elektrodenkraft auch mit der Temperatur, in diesem Fall mit

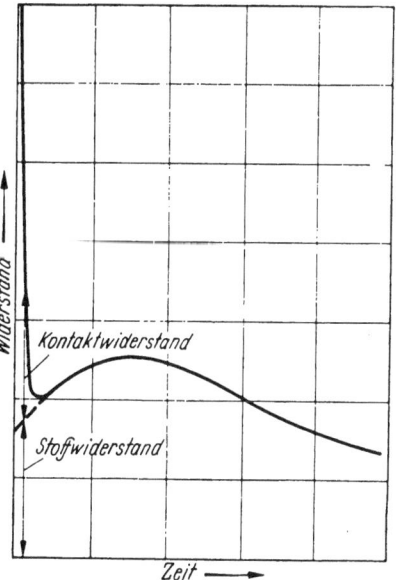

Abb. 57. Theoretischer Verlauf des Widerstandes bei einer Punktschweißung nach J. STUDER.

steigendem Strom. Die Widerstände in Abhängigkeit der Strombelastung zeigen die Kurven der Abb. 60. Wir erkennen, daß mit steigender Strombelastung die Temperatur stark ansteigt. Bei schwächeren Drücken ist die Temperatur höher als bei stärkeren Drücken. Beide Ursachen, Temperatur- und Druck-

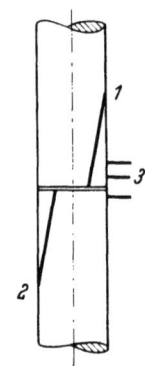

Abb. 58. Skizze zu den Versuchen von W. B. KOUWENHOVEN und J. TAMPICO.

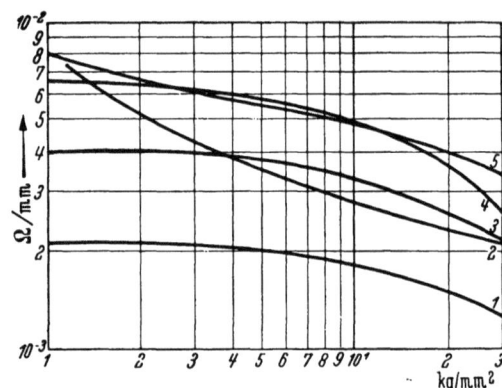

Abb. 59. Meßergebnisse über Kontaktwiderstände mit der Versuchsanordnung der Abb. 58.

Versuch Nr.	Metall	Meßstrom Amp/mm²	n für 5 kg/mm²
1	Al	2,77	0,097
2	St	3,95	0,237
3	Al	0,79	0,130
4	St	0,79	0,164
5	St	2,38	0,181

steigerung, bedingen ein Wachstum der a-Flächen und eine entsprechend starke Abnahme des Kontaktwiderstandes. Abb. 60 links zeigt die Verhältnisse für Stahl (0,25 % C) und Abb. 60 rechts für handelsübliches Aluminium.

Für das zeitliche Anwachsen der Oxydschichten gibt eine Versuchsreihe von D. MÜLLER-HILLEBRAND (86) Aufschluß, die an Stäben von $15 \cdot 3$ mm² Querschnitt durchgeführt wurde. Die Stäbe wurden in einem Ofen bei 125° C gelagert, um den Einfluß der Luftfeuchtigkeit möglichst auszuschalten. Bei einer Kon-

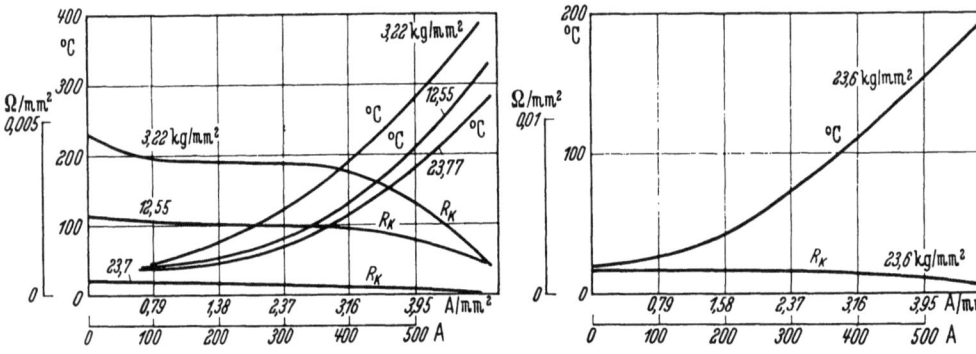

Abb. 60. Widerstands- und Temperaturänderung in Abhängigkeit der Strombelastung. Links für Stahl 0,25 % C. Rechts für handelsübliches Aluminium. (KOUWENHOVEN-TAMPICO.)

taktkraft von 250 kg wurde der Kontaktwiderstand an den gekreuzten Stäben jeweils nach bestimmten Lagerzeiten gemessen und zwar bei jeder Messung an einer anderen Stelle. Hierbei ergaben sich die in Abb. 61 wiedergegebenen Werte.

Man erkennt, daß es Metalle gibt, bei denen der Kontaktwiderstand sich in zeitlicher Hinsicht wenig ändert (z. B. Zink, Zinn [Kupfer mit verzinnter Ober-

§ 26   Widerstand des Schweißgutes.   59

fläche] und Silber) und solche, bei denen starke Widerstandserhöhung auftritt (z. B. Kupfer, Aluminium und Magnesium). Um bei Aluminiumblechen gleichwertige Oberflächenbedingungen für die Widerstandsschweißung zu erhalten, werden die Bleche vor dem Schweißen einer chemischen Behandlung unterzogen, siehe § 75. Die auf diese Weise erhaltenen Totalwiderstände liegen größenordnungsmäßig bei etwa $0{,}3 \times 10^{-4}$ Ohm. (86).

CIGANEK hat den Totalwiderstand R_T in kaltem Zustand an Stahlblechen von $2 \times 0{,}5;\ 2 \times 1;\ 2 \times 1{,}8$ und $2 \times 3{,}8$ mm Dicke gemessen (27).

Auf Grund dieser Messungen kann man mit einem Ansatz

$$R_T = R_{st} + c \cdot p^{-n} \quad (12)$$

einen Wert für n von nahezu $^2/_3$ und die Konstante c für die verschiedenen Blechdicken nach Zahlentafel 14 ermitteln.

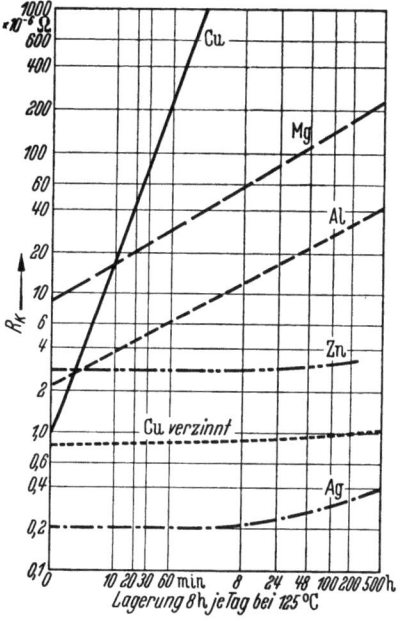

Abb. 61. Versuchsreihe zum Nachweis des Anwachsens der Oxydschichten. (MÜLLER-HILLEBRAND.)

Zahlentafel 14. *Die Konstante c in Gl. (12) in Abhängigkeit von der Blechdicke.*

Blechdicke $2\,s$ mm	c $\Omega\,(\text{kg/mm})^n$
1	$95 \cdot 10^{-4}$
2	$145 \cdot 10^{-4}$
3,6	$175 \cdot 10^{-4}$

Der Widerstand der Schweißstelle bei Schweißtemperatur wurde ebenfalls für obige Blechdicken in Abhängigkeit des Elektrodendurchmessers gemessen (s. Abb. 62a und b). Für die Werte der Durchmesser wurden hier Kehrwertkoordinaten verwendet. CIGANEK hat durch Messungen an einem fugenlosen

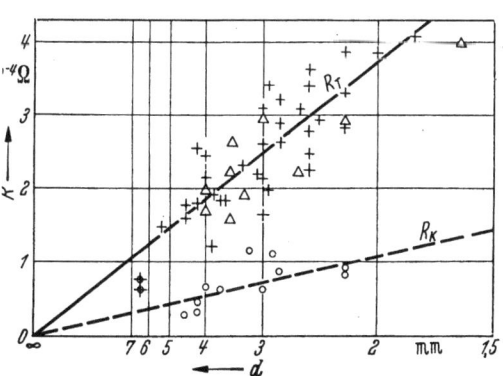

Abb. 62a. Widerstände einer Schweißung an reinen Stahlblechen von 2×1 mm Dicke bei Schweißtemperatur.

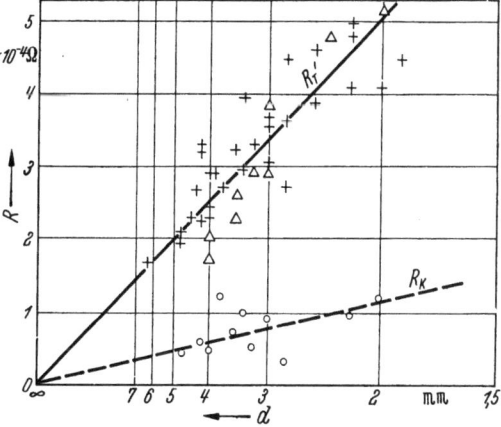

Abb. 62b. Widerstände einer Schweißung an reinen Stahlblechen von 2—2 mm Dicke bei Schweißtemperatur. $R_k =$ Kontaktwiderstand Elektrode-Blech. (CIGANEK.)

Blech von der Dicke $2 \cdot s$ überprüft, welchen Beitrag der Kontaktwiderstand der Verbindungsstelle zum totalen Widerstand bei der Schweißtemperatur ergibt.

Die Meßergebnisse sind in Abb. 62 mit △ bezeichnet. Im Rahmen der beträchtlichen Streuung aller Werte kann kein zusätzlicher Kontaktwiderstand bei der Schweißtemperatur nachgewiesen werden.

Es sei noch erwähnt, daß CIGANEK auch errechnete und gemessene Werte von Nahtschweißungen an Stahlblechen angibt. Bei einer Nahtleistung von 0,6 m/Min einer 30 kVA-Maschine sind dies folgende:

Zahlentafel 15.

Blechdicke mm	Strom J_2	Nahtbreite cm	Widerstand R_T $10^{-4} \cdot \Omega$ gemessen	errechnet
2·0,5	4040	0,25	1,24	1,28
2·0,5	7300	0,36	0,74	0,89
2·1	3900	0,3	1,62	1,64
2·1	5500	0,4	1,27	1,23
2·1	7160	0,45	0,92	1,09
2·2	8100	0,45	1,14	1,5

Um den Verlauf des Totalwiderstandes während der Zeit des die Schweißung bewirkenden Stromflusses näher zu untersuchen, wurden vom Verfasser Punktschweißungen mit Gleichstrom durchgeführt. Als Stromquelle diente eine entsprechend starke Batterie. Verschweißt wurden 0,5 mm dicke Stahlbleche (C = 0,12%; Mn < 0,5%; P < 0,03%; S < 0,03%) mit einem Elektrodendurchmesser von 3,5 mm und einer Elektrodenkraft von 107 kg (11,2 kg/mm²). Strom und Spannung an den Elektroden wurden oszillographiert. Das schematische Schaltbild zeigt Abb. 63. Der Schweißstrom wurde mittels Schütz und Schweißbegrenzer geschaltet. Durch Verwendung von Gleichstrom war der Widerstandsverlauf genau zu beobachten. Die Schweißstelle wurde über einen Parallelwiderstand R mit etwa 40 Amp/mm² vorbelastet, um einen Anhaltspunkt über die Höhe des Widerstandes vor dem Schweißen zu haben. Es wurden 3 Versuchsreihen mit unterschiedlichen Oberflächenbedingungen durchgeführt.

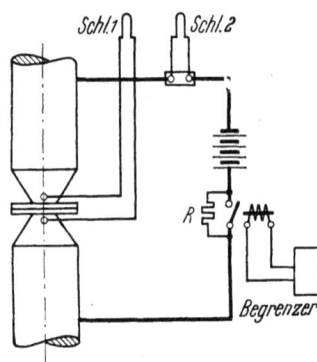

Abb. 63. Schematisches Schaltbild zu den beschriebenen Gleichstromschweißungen. (S. Abb. 64.)

Abb. 64a und b zeigt Beispiele der Messungen. Schliffbilder quer zur Schweißstelle zeigten ohne ersichtlichen Einfluß der Oberfläche gleichen Charakter. Wenn starkes Spritzen beim Schweißen bzw. Gasblasen im Schliffbild in Erscheinung traten, kam dies deutlich im Oszillogramm durch eine kurzzeitige Widerstandserhöhung oder andere Ungleichförmigkeit zum Ausdruck (Abb. 64b).

Bezüglich des ermittelten Widerstandsverlaufes vor, während und nach der Punktschweißung kann folgendes gesagt werden: Der nach der Schweißung also nach dem Abfall der hauptsächlichen Temperatur gemessene Totalwiderstand ist — bei der für diese kleinen Werte sehr geringen Meßgenauigkeit — in allen Fällen etwa gleich, nämlich wenige 10^{-5} Ω. Der Widerstand vor dem Schweißen ist fast zwei Zehnerpotenzen größer, bei blau angelassenem Blech höher als bei blankem Blech. Beim Einschalten des Schweißstromes fällt der Kontaktwiderstand sprungartig und ist etwa 1 msek nach dem Einschalten auf größenordnungsmäßig $1/3$ seines ursprünglichen Wertes verringert. Er fällt sicherlich während des wesentlichen Teiles der Schweißzeit weiter erheblich, nämlich auf rd. $1/5$ bis $1/10$ dieses schon tiefen Wertes. Im oszillographisch ermittelten Widerstandsdiagramm $R_T = f(t)$ kommt diese lange andauernde Abnahme des Kontaktwiderstandes allerdings kaum zum Ausdruck, da sich während der gleichen Zeit der Stoffwiderstand durch erhebliche Temperaturerhöhung vervielfacht.

Wird der Schweißvorgang vorzeitig — im krassen Fall beispielsweise bei 25 oder 50% der normalen Schweißzeit — unterbrochen, so lassen sich die Blechplättchen, ohne irgendwie verschweißt zu sein, leicht voneinander abheben. Das Zusammenbrechen des Gipfels des Kontaktwiderstandes in weniger als 1% der Schweißzeit ist wohl das Kennzeichen einer plastischen Verformung der äußerst

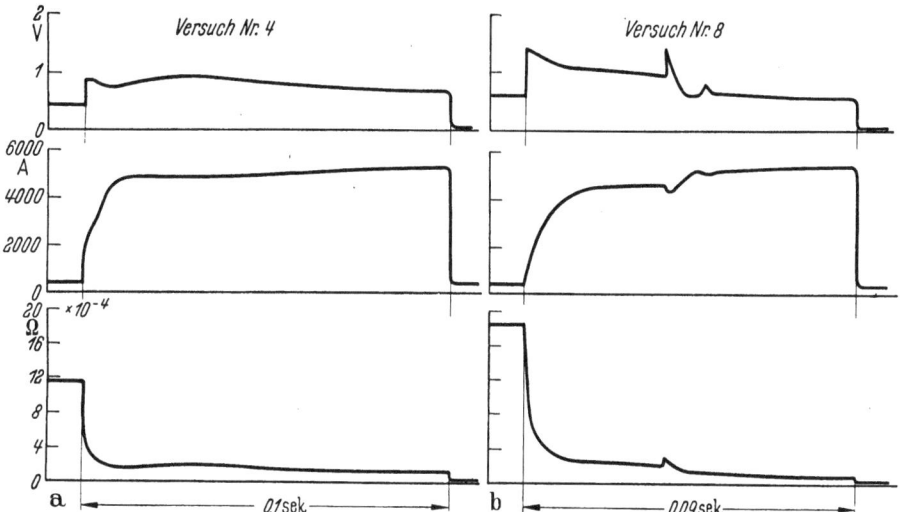

Abb. 64. Ermittlung des Totalwiderstandes durch Gleichstromschweißung. Obere Reihe Spannungsoszillogramme der Schleife 1 in Abb. 63. Mittlere Reihe Stromoszillogramme der Schleife 2 in Abb. 63. Untere Reihe der aus den Oszillogrammen ermittelte Widerstandsverlauf. a (Versuch 4): Oberfläche der Blechproben Anlieferungszustand. b (Versuch 8): Oberfläche der Blechproben blau angelassen.

feinen Oberflächenstruktur. Eine feste Stoffverbindung durch Sintern oder Verschweißen tritt erst gegen Ende des verhältnismäßig lange andauernden Abbauens des Kontaktwiderstandes ein.

D. Schweißstrom und Transformator.

1. Allgemeines.

§ 27. Bei jeder Entnahme elektrischer Energie aus dem allgemeinen Versorgungsnetz muß der Verbraucher dem Erzeuger, d. h. also in diesem Fall dem jeweiligen Netz angepaßt sein. Bei den normalen Kraftübertragungsnetzen stehen im allgemeinen 220, 380 oder 500 V Netzspannung zur Verfügung. Diese Werte liegen aber für die Widerstandswerte, wie sie bei der Widerstandsschweißung gegeben sind, viel zu hoch. Nimmt man z. B. bei $2 \times 1,5$ mm Stahlblechen einen Totalwiderstand von rund $4 \times 10^{-4} \, \Omega$ an, so würde, wenn die Schweißstelle unmittelbar an ein 220 V-Netz gelegt wird, eine Leistung von ungefähr $N = \dfrac{U^2}{R_T} = 220^2 \cdot \dfrac{10^4}{4} = 1{,}21 \cdot 10^8$ W umgesetzt. Diese hätte selbstredend eine sofortige Zerstörung der Schweißstelle bzw. einen Kurzschluß für das Netz zur Folge. Wir haben aber mit Hilfe eines Transformators die Möglichkeit, einen Widerstand R in einen solchen der Größe $ü^2 \cdot R$ umzuwandeln, wo $ü$ die Übersetzung des Transformators bedeutet. Dies gestattet uns, den Totalwiderstand R_T der jeweiligen Netzspannung anzupassen. Da der Transformator ein einfaches Schalt- bzw. Bauelement der Elektrotechnik ist, und er die Anpassung mit verhältnismäßig sehr geringen Verlusten gestattet, wird er in der gesamten Widerstandsschweißtechnik zur Anpassung verwendet. Weil aber das Transformatorprinzip nur den Gesetzen des Wechselstromes gehorcht, ist bei dieser Art der Anpassung die Energieversorgung aus einem Wechselstromnetz Voraussetzung, was bei der gesamten Widerstandsschweißung auch aus diesem Grund der Fall ist. Daß hierbei die Spannungen an der Schweißstelle geringe Werte in der Größenordnung von z. B. 0,5—20 V erreichen, die für den menschlichen Körper vollkommen ungefährlich sind, ist ein weiterer äußerst willkommener Umstand.

Der Schweißstromkreis, in dem die Elektroden liegen, ist, von wenigen Ausnahmefällen abgesehen, grundsätzlich einphasig, was zwangsläufig einen Einphasen-Transformator zur Folge hat, und damit auch zunächst eine einphasige Netzbelastung. Die Möglichkeit der Aufteilung der einphasigen Last auf ein Dreiphasen-(Drehstrom-)Netz, möge hier einstweilen unberücksichtigt bleiben und soll später im § 59 besprochen werden. Desgleichen möge auch erst im § 57 und 58 das Prinzip der Speichermaschinen erörtert werden, bei denen der Gleichstrom als Energieträger verwendet wird.

2. Vektordiagramm der Transformatoren.

a) Transformator im Leerlauf.

§ 28. Der Transformator hat folgenden grundsätzlichen Aufbau: Ein Eisenkörper aus einzelnen Blechen zusammengesetzt, wird von einer Primärwicklung I, sowie einer Sekundärwicklung II (Abb. 65) umschlossen. Wird an die Primär-

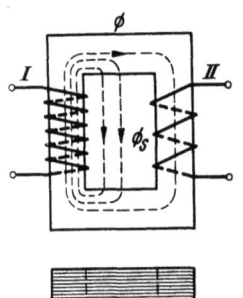

Abb. 65. Prinzip des Einphasentransformators.

wicklung eine Wechselspannung gelegt, so fließt in ihr ein Magnetisierungsstrom, der in dem Eisenkörper einen gleichfalls wechselnden magnetischen Fluß Φ erzeugt. Dieser Fluß Φ erzeugt in den ihn erzeugenden Primärwindungen eine elektromotorische Kraft (EMK) der Selbstinduktion. Der Ohmsche Widerstand der Wicklung und diese EMK halten der angelegten Spannung das Gleichgewicht. Nun verläuft aber nicht der gesamte Fluß im Eisenkörper, sondern ein geringer Teil streut, wie es Abb. 65 andeutet, durch die Luft. Entsprechend diesen beiden Flüssen zerlegt man die EMK der Selbstinduktion in eine EMK E_1 des Hauptflusses und eine EMK des Streuflusses. Nur der Hauptfluß bewirkt die Leistungsübertragung. Auf Grund der seitherigen Betrachtung sind wir in der Lage, das Leerlaufdiagramm des Transformators aufzuzeichnen. Es ist Tatsache, daß die induzierte EMK E_1 gegenüber dem Hauptfluß Φ eine nacheilende Phasenverschiebung von 90° hat. Der den Fluß erzeugende Strom J_μ, der Magnetisierungsstrom, ist mit ihm in Phase (Abb. 66). Ebenso zeichnen wir die zur Überwindung der EMK E_1 nötige Komponente der aufgedrückten Spannung $- E_1$ um 90° gegenüber dem Fluß voreilend ein. Bezeichnet S_1 den Koeffizienten der Streuinduktivität der Primärwicklung, so ist der Effektivwert der zugehörigen EMK:

$$J_\mu \cdot \omega \cdot S_1 .$$

Da sie die zur Aufhebung der EMK der Streuinduktivität nötige Komponente der Klemmenspannung ist, reiht sie sich in gleicher Richtung an. Es fehlt nun noch die Komponente, die zur Überwindung des Ohmschen Spannungsabfalles dient. Ihr Effektivwert beträgt:

$$J_\mu \cdot R_1 .$$

Sie ist in Phase mit dem Magnetisierungsstrom J_μ einzutragen. Zählt man nun alle drei Komponenten vektoriell zusammen, so erhält man die primäre Klemmenspannung U_1.

Der Hauptfluß $\varPhi$ ist auch mit der Sekundärwicklung verkettet und erzeugt in ihr eine ebenfalls um 90° nacheilende EMK E_2. Da der Hauptfluß $\varPhi$ und auch seine Frequenz f für die primäre und sekundäre Wicklung die gleichen sind, müssen sich die in den beiden Wicklungen vom Hauptfluß $\varPhi$ induzierten EMK verhalten wie ihre Windungszahl w_1 und w_2, d. h. es ist:

$$\frac{E_1}{E_2} = \frac{w_1}{w_2}.$$

Aus dem allgemeinen Induktionsgesetz $E = -\frac{d\varPhi}{dt}$ (CGS) läßt sich für (sinusförmigen) Wechselstrom der Frequenz f und für w_1 bzw. w_2 Windungen, ableiten:

$$\left.\begin{array}{l} E_1 = 4{,}44 \cdot f \cdot w_1 \cdot \varPhi \cdot 10^{-8} \text{ Volt} \\ \text{und } E_2 = 4{,}44 \cdot f \cdot w_2 \cdot \varPhi \cdot 10^{-8} \text{ Volt} \end{array}\right\} \quad (13)$$

Das Windungsverhältnis $\frac{w_1}{w_2}$ bezeichnet man als die Übersetzung des Transformators. Da der Strom J_μ klein ist, so sind der Ohmsche Spannungsabfall ebenso wie die Streuspannung im Leerlauf klein und E_1 ist beinahe gleich der Klemmenspannung U_1. Die Übersetzung des Transformators ist dennoch mit guter Genauigkeit gleich dem Verhältnis der Spannungen im Leerlauf, also

$$\frac{w_1}{w_2} = \frac{E_1}{E_2} \cong \frac{U_1}{U_{20}}. \quad (14)$$

b) Transformator bei Last.

§ 29. Schließen wir an die Sekundärwicklung einen Ohmschen Widerstand an, oder mit anderen Worten, wir belasten sie, so wird auf Grund der in ihr induzierten Spannung E_2 in dem Stromkreis Sekundärspule — Ohmscher Widerstand ein Sekundärstrom J_2 fließen. Damit wird in dem Ohmschen Widerstand Leistung umgesetzt.

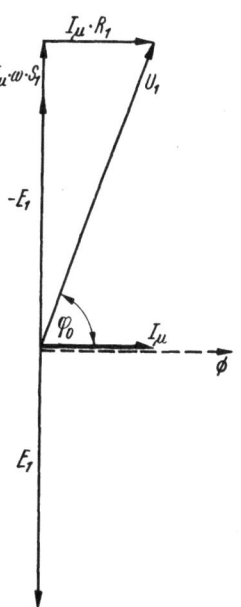

Abb. 66. Leerlaufdiagramm.

Dies bedingt aber zwangsläufig, daß die Primärwicklung auch aus dem Netz eine entsprechende Leistung aufnimmt. Als Leistungsübertrager zwischen Primär- und Sekundärwicklung dient der Hauptfluß $\varPhi$. Da nun in der Primärwicklung nicht nur der Magnetisierungsstrom J_μ fließt, sondern auch ein wesentlich höherer Strom J_1, werden die Komponenten des Ohmschen Spannungsabfalles und der Streuinduktivität etwas größer und bei konstanter Primärspannung U_1 diejenige der EMK E_1 entsprechend kleiner. Die ersten beiden Komponenten sind aber im Verhältnis zur EMK E_1 sehr klein, so daß man sagen kann, daß bei der EMK E_1 zwischen unbelastetem und belastetem Transformator wenig Unterschied besteht. Dies besagt aber wieder, daß sich auch der Fluß $\varPhi$ beim unbelasteten und belasteten Transformator wenig unterscheidet. Zur Erzeugung des Hauptflusses bei Belastung ist also fast dieselbe Durchflutung ($\Sigma J \cdot w$) erforderlich wie bei Leerlauf. Zeichnet man das Durchflutungsdiagramm auf, so kann man hieraus das Anwachsen des Primärstromes bei sekundärer Belastung ersehen (Abb. 67). Wir haben im Lastfall zwei Durchflutungen, und zwar die der Primär- und die der Sekundärwicklung. Für den belasteten

Transformator muß der Fluß Φ aufrechterhalten werden, folglich muß die vektorielle Summe beider Durchflutungen $J_\mu \cdot w_1$ ergeben. Dem Fluß Φ eilen die EMK E_1 und E_2 um 90° nach. Beim Strom J_2 ist angenommen, daß er E_2 nacheilt. Soll $J_\mu \cdot w_1$ aufrechterhalten bleiben, so muß die vektorielle Summe aus $J_\mu \cdot w_1$ und $-J_2 \cdot w_2$ gleich $J_1 \cdot w_1$ sein. Der Magnetisierungsstrom beträgt im allgemeinen nur wenige % des primären Nennstromes. Man kann also angenähert für die Absolutbeträge

$$J_1 \cdot w_1 \cong J_2 \cdot w_2$$

setzen, oder

$$J_2 : J_1 \cong w_1 : w_2 \cong E_1 : E_2 . \qquad (15)$$

Die in der Sekundärwicklung im Leerlauf erzeugte EMK E_2 ist nicht gleich der Klemmenspannung U_2. Dies ist deswegen nicht der Fall, weil wir ja auch in der Sekundärwicklung einen Ohmschen Spannungsabfall und eine Streukomponente haben. Der Verlauf der sekundären Streulinien sei hier noch kurz erläutert. In unserem Fall, d. i. also ein Transformatoraufbau, wie ihn Abb. 65 zeigt, sind die sekundären Streulinien nur mit der Sekundärwicklung verkettet, genau so wie die primären Streulinien nur mit der Primärwicklung. Der sekundäre Streufluß ist im wesentlichen dem Sekundärstrom proportional und mit ihm in Phase. Das Entsprechende gilt für den Primärstreufluß bzw. Primärstrom. Es müßte daher der zunächst naheliegende Verlauf der Streulinien derjenige der Abb. 68 sein. Da nun aber zwischen der primären und sekundären Durchflutung eine Phasenverschiebung besteht und der Hauptfluß von der resultierenden momentanen Durchflutung erzeugt wird, zeigen die Streuflüsse ein veränderliches Bild. Die Sekundärlinien können also in der eingezeichneten Weise nur dann so verlaufen, wenn der primäre Strom gleich null ist. Anders sieht der Verlauf aus, wenn die primäre Durchflutung größer ist als die sekundäre, d.h. der Hauptfluß von der primären Durchflutung erzeugt wird, was während eines großen Teils der Periode

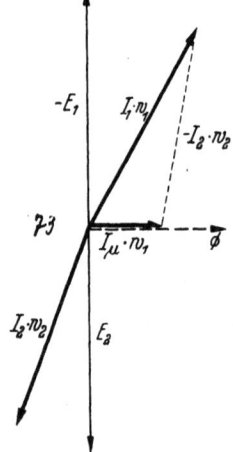

Abb. 67. Durchflutungsdiagramm.

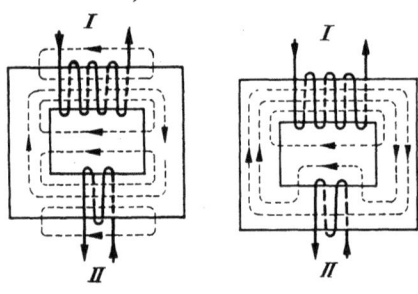

Abb. 68. Zur Erläuterung der Streuung.   Abb. 69. Zur Erläuterung der Streuung.

der Fall ist. Dann kann der Verlauf der Abb. 68 nicht mehr zutreffen, da in dem Schenkel der Sekundärwicklung Kraftlinien verschiedener Richtung verlaufen würden. Dies ist aber nicht möglich, da die aus der primären und sekundären resultierende Durchflutung nur einen Fluß in *einer* Richtung hervorrufen, es ergibt sich damit die Abb. 69. Die sekundäre Durchflutung hat zur Folge, daß ein Teil der Kraftlinien des Hauptflusses herausgedrängt wird. Die Wirkung auf die sekundäre Spannung ist dabei die gleiche wie bei der Annahme eines selbständigen sekundären Streuflusses, sie bedeutet einen sekundären Spannungsverlust.

Man wird daher im praktischen Transformatorbau, abgesehen von Sonderausführungen, bestrebt sein, die Streuung möglichst klein zu halten. Dies erreicht man in erster Linie dadurch, daß man die Primär- und Sekundärwicklung auf einen gemeinsamen Schenkel anordnet.

Im folgenden sei das Diagramm des *belasteten* Transformators aufgestellt. Damit die Diagramme einfacher und übersichtlicher werden, nehmen wir immer das Übersetzungsverhältnis 1 : 1 an. Wir rechnen also nicht mit den wirklichen Werten für E, U und J, sondern mit den auf das Windungsverhältnis 1:1 umgerechneten Werten:

$$E_2' = E_2 \cdot \frac{w_1}{w_2} \quad \text{und} \quad J_2' = J_2 \cdot \frac{w_2}{w_1}.$$

Der Reduktionsfaktor für den Ohmschen Widerstand und den Blindwiderstand ist:

$$\left(\frac{w_1}{w_2}\right)^2.$$

Zunächst wollen wir das Diagramm mit induktions- und kapazitätsfreier, d. h. also rein Ohmscher Belastung aufstellen (Abb. 70). Das bedeutet, daß U_2 und J_2 in Phase sind. Damit wird auch der sekundäre Spannungsabfall $J_2 \cdot R_2$ phasengleich zu U_2 addiert, 90° voreilend wird noch $J_2 \cdot \omega \cdot S_2$ dazu addiert, womit sich die EMK E_2 ergibt. Der Fluß Φ eilt E_2 um 90° voraus, mit ihm ist J_μ in Phase. Seither haben wir bei J_μ die Wirkkomponente nicht berücksichtigt. Sie ist bedingt durch die Hysteresis und Wirbelstromverluste im Eisen. Addiert man J_μ und diese Wirkkomponente J_h vektoriell, so erhält man den Leerlaufstrom J_0. Aus der vektoriellen Summe $J_0 + (-J_2)$ ergibt sich der Primärstrom J_1. Hierfür werden wir später ein Kreisdiagramm ableiten. Weiterhin tragen wir wieder $-E_1$ auf und die Spannungsverluste $J_1 \cdot R_1$ und $J_1 \cdot \omega \cdot S_1$, wodurch wir die Klemmspannung U_1 und den Phasenwinkel φ_1 erhalten.

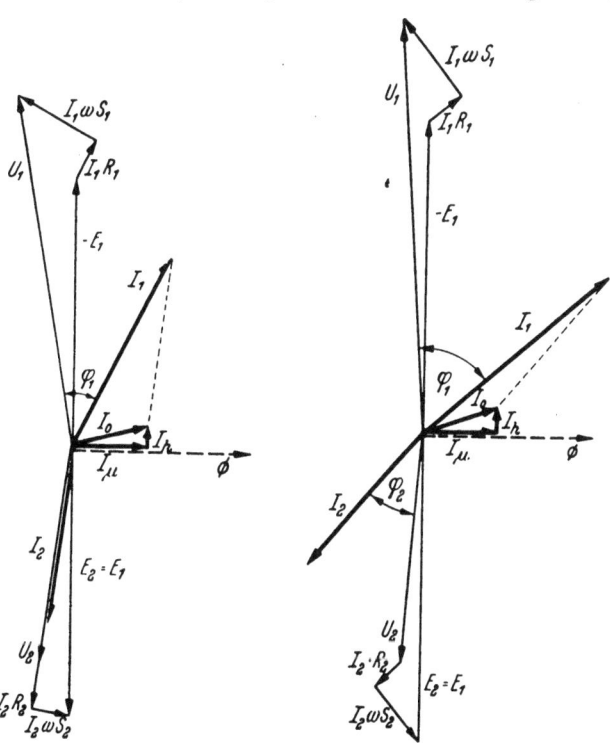

Abb. 70. Diagramm für rein Ohmsche Belastung.

Abb. 71. Diagramm bei induktiver Belastung.

In Abb. 71 ist das gleiche Diagramm für induktive Last gezeichnet. Wir erkennen hier, daß je größer die induktive Last ist, d. h. also φ_2, desto größer auch φ_1 wird. Dies ist für die Transformatoren der Widerstandsschweißung wesentlich, da gerade sie eine im Verhältnis zur Belastung hohe sekundäre Streuung haben, damit also auch einen großen Phasenwinkel φ_1.

Ein vereinfachtes Transformatordiagramm läßt sich aufzeichnen, wenn man den Leerlaufstrom vernachlässigt und den unteren Teil des Spannungsdiagramms nach oben umklappt. Es ist dann, weiterhin $w_1 = w_2$ vorausgesetzt, J_1 und J_2

sowohl dem Betrage als auch der Phase nach *gleich*. Unter diesen Bedingungen sind die primären und sekundären Ohmschen und Streuspannungsverluste phasengleich. Wir nehmen rein Ohmsche Belastung an, was bezüglich des Schweißgutes zwischen den Elektroden der Schweißmaschine zutrifft. Wir nehmen also in diesem Fall den induktiven und Ohmschen Anteil des Sekundärkreises ausschließlich des Schweißgutes als konstant an (gleichbleibende Stellung der Elektrodenarme) und rechnen ihn zum Transformator. Dann läßt sich das vereinfachte Diagramm derartig aufzeichnen, wie es Abb. 72 zeigt.

Wird $U_2 = 0$, so ist $U_1 = U_{k_1} = \Sigma J \cdot Z$ (s. u.). Dies trifft im Falle des Kurzschlusses zu, d. h. also, wenn die Elektroden im Sekundärkreis kurz geschlossen sind. Es gilt dann:

$$\Sigma Z = \Sigma R + \Sigma x = Z_{k_1} = \frac{U_{k_1}}{J_{k_1}}$$

Ferner ist:
$$N_{k_1} = U_{k_1} \cdot J_{k_1} \cdot \cos \varphi_{k_1}$$

und damit

$$R_{a_1} = \frac{U_{k_1}}{J_{k_1}} \cdot \cos \varphi_{k_1} \quad \text{und} \quad X_{a_1} = \frac{U_{k_1}}{J_{k_1}} \cdot \sin \varphi_{k_1},$$

wobei bedeuten, jeweilig auf die Primärseite umgerechnet:

Z_{k_1} = Kurzschlußimpedanz,
R_{a_1} = äquivalenter Ohmscher Kurzschlußwiderstand,
X_{a_1} = äquivalente Kurzschlußreaktanz.

R_{a_1} und X_{a_1} lassen sich also aus dem Kurzschlußversuch ermitteln.

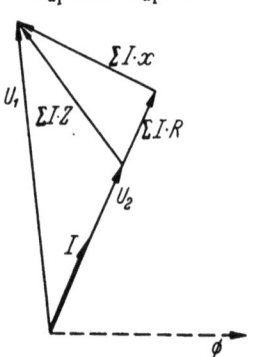

Abb. 72. Spannungsdiagramm.

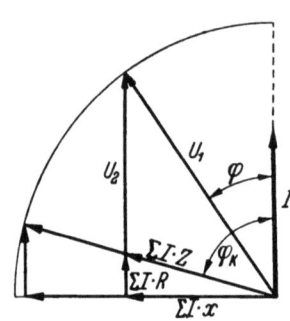

Abb. 73. Kappsches Kreisdiagramm.

Durch den Kurzschlußversuch läßt sich die sekundäre Klemmenspannung U_2 für beliebig Ohmsche Belastung wie folgt ermitteln. Nimmt man U_1 als konstant an, so läßt sich das Diagramm der Abb. 72 als KAPPsches Kreisdiagramm aufzeichnen. Man erhält die Abb. 73 im Sinne der Gleichung:

$$U_1^2 = (U_2 + J_2 \cdot R)^2 + J_2^2 \cdot X^2.$$

Diese Gleichung ist diejenige für die Beziehung zwischen sekundärem Strom und sekundärer Spannung an den Elektroden. Wie gesagt, gilt obige Beziehung nur bei Vernachlässigung des Leerlaufstromes. Bei der genauen Ermittlung ist dieser zu berücksichtigen. Die ausführliche Behandlung geschieht nachfolgend im § 30. Es soll noch ein kurzer Hinweis geschehen auf die praktischen Erschwernisse, die sich bei der unmittelbaren Messung der Sekundärspannung in Abhängigkeit des Sekundärstromes bei Widerstandsschweißtransformatoren ergeben.

Die Messung der hohen Sekundärströme ist mit Wandlern grundsätzlich möglich. Dagegen ist die einwandfreie Ermittlung der Sekundärspannung sehr schwierig. Dies hat folgenden Grund: Stellen wir uns vor, daß zwischen die obere und untere Elektrode I und II (Abb. 74) einer Schweißmaschine eine Belastungseinheit R eingespannt ist und wollte man in der angedeuteten Weise den Spannungsabfall messen, so wird die Spannung zu hoch gemessen. Der gestrichelte Linienzug stellt eine Windung dar, und der durch sie hindurchtretende magnetische Fluß induziert in ihr eine zusätzliche Spannung, die als Fehler mitgemessen wird. Die Ausführung der Abb. 75 würde die Störspannung vermeiden, wenn die Stromverteilung in der Belastungseinheit symmetrisch wäre. Dies ist praktisch nicht der Fall. Der Schwerpunkt des Feldes wird sich je nach dem Belastungsfall verschieben, damit ist es bei den auftretenden starken Strömen, die Tausende von Ampere betragen können, sehr erschwert, die tatsächlich an den Elektroden herrschende Spannung zu messen.

Würde man die genaue Größe des Belastungswiderstandes kennen, so wäre bei bekanntem Strom die Spannungsermittlung

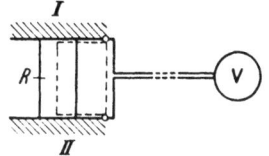

Abb. 74. Zur Erläuterung der sekundären Spannungsermittlung.

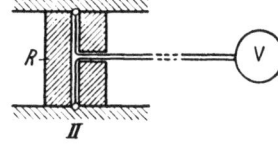

Abb. 75. Zur Erläuterung der sekundären Spannungsermittlung.

möglich. Dies stößt allerdings ebenfalls auf Schwierigkeiten infolge der hohen Ströme und der niedrigen Ohmwerte und deren Unbeständigkeit, z. B. durch Temperaturabhängigkeit.

c) Kreisdiagramm des Transformators.

§ 30. Im § 29 haben wir gesehen, daß für die Ströme folgende vektorielle Summe gilt:

$$J_0 + (-J_2) = J_1.$$

Drehen wir nun in Gedanken die Richtung des Sekundärstromes um, und betrachten ihn als einen Teil des Primärstromes, der dem Sekundärstrom das Gleichgewicht hält, so läßt sich das Ersatzschema der Abb. 76 aufstellen. Hierin bedeuten: $\mathfrak{Z}_1$ die Impedanz der Primärseite, $\mathfrak{Z}_2$ diejenige der Sekundärseite und $\mathfrak{Z}$ die des Leerlaufs, die also die Magnetisierungs- und Eisenverluste enthält. Ferner ist $\mathfrak{Z}_b$ die Belastungsimpedanz, ihr Betrag möge sich ändern, jedoch der Phasenwinkel φ_b konstant bleiben. Hierbei werden noch folgende Voraussetzungen gemacht: Der Magnetisierungsstrom wird für die einzelnen Lastfälle als konstant angenommen, dies gilt mit sehr großer Annäherung an die Wirklichkeit. Ferner wird eine konstante Durchlässigkeit des magnetsichen Kreises angenommen.

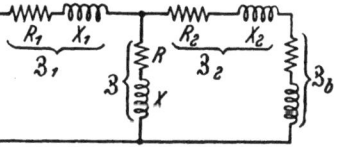

Abb. 76. Ersatzschema des Transformators.

Wir betrachten speziell einen in die Schweißmaschine eingebauten Transformator, $\mathfrak{Z}_b$ soll die Belastung zwischen den Elektrodenträgern bedeuten; die übrigen Größen des Sekundärkreises sind in $\mathfrak{Z}_2$ einbegriffen. Damit lassen sich folgende Beziehungen in komplexer Form aufstellen:

$$\mathfrak{Z}_1 = R_1 + jX_1; \quad \mathfrak{Z}_2 = R_2 + jX_2; \quad \mathfrak{Z} = R + jX.$$

Für den Leerlaufversuch ergibt sich:

$$\mathfrak{Z}_0 = \mathfrak{Z}_1 + \mathfrak{Z}.$$

Und für den sekundärseitigen Kurzschluß:

$$\mathfrak{Z}_k = \mathfrak{Z}_1 + \frac{1}{\left(\dfrac{1}{\mathfrak{Z}_2} + \dfrac{1}{\mathfrak{Z}}\right)} = \mathfrak{Z}_1 + \frac{\mathfrak{Z}_2 \cdot \mathfrak{Z}}{\mathfrak{Z}_2 + \mathfrak{Z}} = \frac{\mathfrak{Z}_1 \cdot \mathfrak{Z}_2 + \mathfrak{Z}_1 \cdot \mathfrak{Z} + \mathfrak{Z}_2 \cdot \mathfrak{Z}}{\mathfrak{Z}_2 + \mathfrak{Z}}$$

Ähnlich erhält man für die Sekundärseite im Leerlauf:

$$\mathfrak{Z}_{0_2} = \mathfrak{Z}_2 + \mathfrak{Z}$$

und für den primärseitig kurzgeschlossenen Transformator:

$$\mathfrak{Z}_{k_2} = \mathfrak{Z}_2 + \frac{1}{\left(\frac{1}{\mathfrak{Z}_2} + \frac{1}{\mathfrak{Z}}\right)} = \mathfrak{Z}_2 \frac{\mathfrak{Z}_1 \cdot \mathfrak{Z}}{\mathfrak{Z}_1 + \mathfrak{Z}} = \frac{\mathfrak{Z}_2 \cdot \mathfrak{Z}_1 + \mathfrak{Z}_2 \cdot \mathfrak{Z} + \mathfrak{Z}_1 \cdot \mathfrak{Z}}{\mathfrak{Z}_1 + \mathfrak{Z}}$$

Für den Strom J_1 gilt dann bei Belastung durch $\mathfrak{Z}_b$:

$$J_1 = \frac{\mathfrak{u}_1}{\mathfrak{Z}_1 + \frac{(\mathfrak{Z}_2 + \mathfrak{Z}_b) \cdot \mathfrak{Z}}{\mathfrak{Z}_2 + \mathfrak{Z}_b + \mathfrak{Z}}} = \mathfrak{u}_1 \frac{\mathfrak{Z}_{0_2} + \mathfrak{Z}_b}{\mathfrak{Z}_{k_2}(\mathfrak{Z}_1 + \mathfrak{Z}) + \mathfrak{Z}_b(\mathfrak{Z}_1 + \mathfrak{Z})}$$

und da

$$J_0 = \frac{\mathfrak{u}_1}{\mathfrak{Z}_1 + \mathfrak{Z}}$$

wird $\quad J_1 = J_0 \dfrac{\mathfrak{Z}_{0_2} + \mathfrak{Z}_b}{\mathfrak{Z}_{k_2} + \mathfrak{Z}_b}$. \hfill (16)

Dies ist aber die Gleichung eines Kreises von der Form:

$$\mathfrak{v} = \frac{\mathfrak{A} + \mathfrak{B} \cdot \lambda}{\mathfrak{C} + \mathfrak{D} \cdot \lambda} \tag{17}$$

wo $\mathfrak{A}$, $\mathfrak{B}$, $\mathfrak{C}$ und $\mathfrak{D}$ durch Strahlen gegebene Festwerte sind und λ ein reeller Parameter ist. In diesem Fall ist der Parameter der Betrag von $\mathfrak{Z}_b$, wie oben angenommen. Den Wert für den Leerlaufstrom J_0 erhalten wir, wenn $\mathfrak{Z}_b = \infty$ wird, also:

$$J_0 = J_0 \frac{\mathfrak{Z}_{0_2} + \infty}{\mathfrak{Z}_{k_2} + \infty} = J_0.$$

Für den Kurzschlußstrom J_k erhält man für $\mathfrak{Z}_b = 0$

$$J_k = J_0 \cdot \frac{\mathfrak{Z}_{0_2}}{\mathfrak{Z}_{k_2}}.$$

Wir wollen jetzt die Konstruktion des Kreises näher untersuchen. Hierzu betrachten wir zunächst die Gl. (17). $\mathfrak{v}$ ist nach dieser eine Funktion von λ, d. h. jedem Wert von λ ist ein Wert $\mathfrak{v}$ zugeordnet. Folgende bemerkenswerte Punkte erlassen sich einfach ermitteln, und zwar für:

$\lambda = 0: \quad \mathfrak{v}_0 = \dfrac{\mathfrak{A}}{\mathfrak{C}}$

$\lambda = 1: \quad \mathfrak{v}_1 = \dfrac{\mathfrak{A} + \mathfrak{B}}{\mathfrak{C} + \mathfrak{D}}$

$\lambda = \infty: \quad \mathfrak{v}_\infty = \dfrac{\mathfrak{A} + \mathfrak{B} \cdot \infty}{\mathfrak{C} + \mathfrak{D} \cdot \infty} = \dfrac{\mathfrak{B}}{\mathfrak{D}}.$

Lösen wir die Gl. (17) nach λ auf, so erhalten wir:

$$\lambda = \frac{\mathfrak{v} \cdot \mathfrak{C} - \mathfrak{A}}{\mathfrak{B} - \mathfrak{v} \cdot \mathfrak{D}}.$$

Unter Verwertung der Werte für $\mathfrak{v}_0$ und $\mathfrak{v}_\infty$ ergibt sich:

$$\lambda = \frac{\mathfrak{C}\left(\mathfrak{v} - \dfrac{\mathfrak{A}}{\mathfrak{C}}\right)}{\mathfrak{D}\left(\dfrac{\mathfrak{B}}{\mathfrak{D}} - \mathfrak{v}\right)} = \frac{\mathfrak{C}}{\mathfrak{D}} \cdot \frac{\mathfrak{v} - \mathfrak{v}_0}{\mathfrak{v}_\infty - \mathfrak{v}}.$$

§ 30   Schweißstrom und Transformator.   69

Geben wir $\mathfrak{C}$ und $\mathfrak{D}$ die Exponentialform, so erhalten wir:
$$\mathfrak{C} = C \cdot e^{j \cdot \gamma} \quad \text{und} \quad \mathfrak{D} = D e^{j \cdot \partial}$$

Dies besagt, daß $(\mathfrak{v} - \mathfrak{v}_0)$ gegenüber $(\mathfrak{v}_\infty - \mathfrak{v})$ um den Winkel $\partial - \gamma$ vorauseilt. Es ist aber der in Abb. 77 mit α bezeichnete Winkel. Damit ist der Peripheriewinkel bei P, wenn P den Kreis der Gl. (14) beschreibt, $\pi - \alpha$. Vergleichen wir nun dieses Ergebnis mit unserer für J_1 gefundenen Gleichung (16), so finden wir:
$$\gamma = \varphi_{k_2} \quad \text{und} \quad \partial = \varphi_b.$$

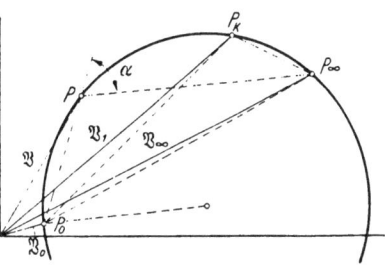

Abb. 77. Zur Erläuterung der Kreisgleichung
$$V = \frac{A + B \cdot \lambda}{C + D \cdot \lambda}.$$

Es ist zu berücksichtigen, daß $\mathfrak{Z}_b$ für den Wert 0 den Punkt P_k und für den Wert ∞ den Punkt P_0 ergibt. Damit haben wir folgendes Ergebnis, s. Abb. 78: Der Strahl $OP - OP_k$ eilt dem Strahl $OP_0 - OP$ um den Winkel $\varphi_b - \varphi_{k_2}$ voraus bzw. um $\varphi_{k_2} - \varphi_b$ nach. In P_k wird ersterer zur Tangente. Nun können wir den Kreis konstruieren, denn es sind J_0, J_k und φ_{k_2} bekannt (φ_b = konstant), und zwar aus Leerlauf- und Kurzschlußversuch.

Da wir eingangs festgelegt haben, daß wir die gesamte Schweißmaschine mit dem Transformator betrachten wollen, so werden die gesamte sekundäre Streuung und die sekundären Wirkverluste zu $\mathfrak{Z}_2$ gerechnet. Wir haben damit nur rein Ohmsche Last und φ_b wird null, d. h. der Winkel α wird $-\varphi_{k_2}$ und damit brauchen wir nur $+\varphi_{k_2}$ an $P_0 P_k$ antragen. Ferner wird der konstante Peripheriewinkel $P_0 P P_k$ gleich $\pi - \varphi_{k_2}$.

Hieraus ergibt sich, daß der in Abb. 78 gezeichnete Kreis der geometrische Ort für den Strom J_1 ist in Abhängigkeit des Parameters $\mathfrak{Z}_b$, d. h. da $\varphi_b = 0$, ist die Größe R_b gleichbedeutend mit dem Totalwiderstand R_T zwischen den

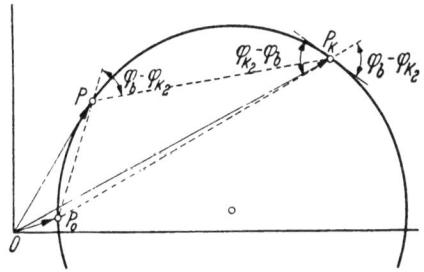
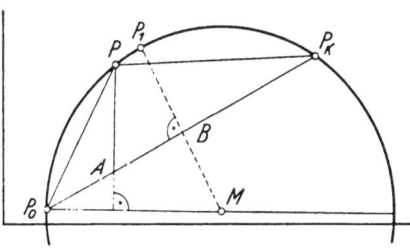

Abb. 78. Das Kreisdiagramm des Transformatorstromes.   Abb. 79. Zur Ermittlung von U_2, J_2 und N_T.

Elektroden der Schweißmaschine. Wir können noch weitere Größen dem Diagramm entnehmen. Auf die genaue Ableitung sei hier jedoch verzichtet, da dies schon an anderer Stelle, allerdings für verwandte Verhältnisse des Drehstrommotors geschehen ist (37, 115).

Zunächst möge der Strom J_2 ermittelt werden: Aus dem Ersatzschema erhalten wir:
$$\mathfrak{U}_1 = J_1 \cdot \mathfrak{Z}_1 + (J_1 - J_2) \cdot \mathfrak{Z} \quad \text{und} \quad \mathfrak{U}_1 = J_0 \cdot \mathfrak{Z}_0.$$
Eliminiert man $\mathfrak{U}_1$ hieraus, so ist:
$$J_2 = (J_1 - J_0) \frac{\mathfrak{Z}_0}{\mathfrak{Z}} \quad \text{oder} \quad J_2 = P_0 P \cdot \frac{\mathfrak{Z}_0}{\mathfrak{Z}}$$
(Abb. 79).

Ferner findet man aus der Gl. (16):

$$\mathfrak{U}_2 = J_2 \cdot \mathfrak{Z}_b = (J_k - J_1) \cdot \mathfrak{Z}_{k_1} \cdot \frac{\mathfrak{Z}_0}{\mathfrak{Z}} = P \cdot P_k \cdot \mathfrak{Z}_{k_1} \cdot \frac{\mathfrak{Z}_0}{\mathfrak{Z}}.$$

Man kann nachweisen, daß die Strecke AP des auf $P_0 M$ gefällten Lotes die abgegebene Leistung ist. Es ist:

$$U_2 \cdot J_2 = U_1 \cdot AP = N_T.$$

Diese Strecke stellt also in unserem Fall die Totalleistung zwischen den Schweißelektroden dar, allerdings nur bei Beschränkung auf die Beträge.

Aus dem Kreisdiagramm können folgende Kurven entnommen werden:

$$U_2 = f(J_2); \quad N_T = f(J_2); \quad R_T = f(J_2)$$

und hieraus

$$N_T^{\cdot} = f(R_T).$$

Die Abhängigkeiten von J_2 sind in Abb. 80 schematisch gezeigt. Desgleichen ist in Abb. 81 der Charakter der Kurve $N_T = f(R_T)$ wiedergegeben.

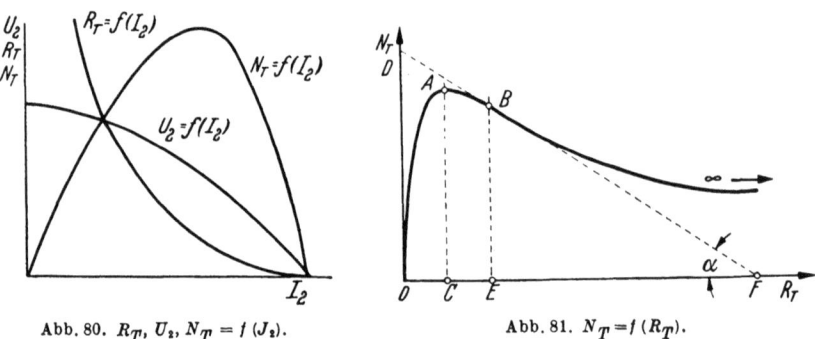

Abb. 80. R_T, U_2, $N_T = f(J_2)$.   Abb. 81. $N_T = f(R_T)$.

Zur Lage des Kreismittelpunktes ist noch folgendes zu bemerken: Dieselbe wurde bei der Ableitung des Diagrammes oberhalb der Abszissenachse angenommen. Bei den späteren Meßergebnissen wird sich in vielen Fällen eine Lage unterhalb der Abszissenachse ergeben. Dies ist der Fall, wenn der sekundäre Teil des Transformators induktiv belastet ist, was durch die teilweise erheblichen Armausladungen bei den Schweißmaschinen bedingt ist. Der Nachweis hierfür ist schon an anderer Stelle erfolgt (37).

d) Beispiele gemessener Kennlinien.

§ 31. Die folgenden Kreisdiagramme wurden an einigen Widerstandsschweißmaschinen durch den Leerlaufversuch, den Kurzschlußversuch und jeweils zwei Belastungsversuche ermittelt. Die Durchführung des Leerlaufversuches bietet keine Schwierigkeiten. Aus ihm wird ermittelt: Der Leerlaufstrom J_0, $\cos \varphi_0$, die sekundäre Leerlaufspannung U_{2_0} und damit die Übersetzung $\ddot{u}$. Bei mit Ignitron-Schützen ausgerüsteten Maschinen ist zu beachten, daß der Leerlaufversuch den Steuerkreis gefährden kann, s. § 52. Der Kurzschlußversuch wurde mit einem Schweißtakter (§ 53) und oszillographisch durchgeführt. Es wurde bei einer Schweißzeit von 3—5 Perioden der Primärstrom und die Primärspannung aufgenommen. Außerdem läßt sich aus dem Oszillogramm der $\cos \varphi$ ermitteln. Ähnlich werden die beiden Belastungsversuche durchgeführt, sie sollten jedoch nicht bei den günstigsten cos φ-Werten aufgenommen werden, da die Ermittlung aus dem Oszillogramm in diesem Fall ungenauer wird. Selbstverständlich lassen sich auch die Belastungs- bzw. Kurzschlußversuche mittels Meßinstrumenten durchführen, soweit die Maschinen so ausgelegt sind, daß sie den längeren Strombelastungen gewachsen sind. Man darf erst nach Abklingen der evtl. auftretenden Einschaltvorgänge ablesen. Zu beachten ist, daß für Kurzschluß- und Belastungsversuche die *gleichen* Armstellungen notwendig sind, weil ja jede Änderung der Stellung der Arme, bzw. der Elektrodenhalter eine Änderung der Stromcharakteristik zur Folge hat. Bei den kurzen Schaltzeiten, insbesondere bei Anwendung des Schweißtakters, lassen sich einfache Widerstandselemente zwischen den Elektroden verwenden, was ein wesentlicher Vorteil ist. Wird jedoch mit längeren Schaltzeiten gearbeitet, so ist eine evtl. auftretende Erwärmung und damit Änderung des Widerstandes sowohl des Widerstandselementes als auch des Sekundärkreises zu berücksichtigen. Auf die Möglichkeit der meßtechnischen Ermittlung der Ströme mit Hilfe einer zweiten ähnlichen Maschine sei in diesem Zusammenhang verwiesen, siehe § 62, Abb. 218.

Im folgenden werden die ermittelten Leistungskennlinien von 2 Maschinen verschiedener Größe gezeigt. Die Oszillographenschleifen wurden über Spannungsteiler bzw. über einen Wandler angeschlossen, gleichen Aufbaus wie der sog. ROGOWSKI-Gürtel, der neuerdings vom Deutschen Normen-Ausschuß hierfür empfohlen wird.

Die Abmaße und die Stellungen von oberer und unterer Elektrode für die nachfolgenden Messungen sind für die jeweiligen Diagramme angegeben. Als erstes wurde der Leerlaufversuch und anschließend der Kurzschluß- und Belastungsversuch durchgeführt. Aus diesen Versuchen wurden die in den Abbildungen gezeigten Kreisdiagramme für die Ströme und die einzelnen Stufen ermittelt.

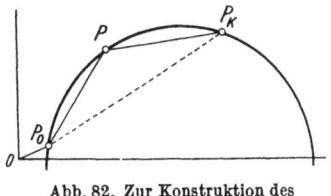

Abb. 82. Zur Konstruktion des Kreisdiagrammes.

Die Diagramme lassen sich folgendermaßen aufzeichnen: In Abb. 82 wurden der Leerlaufpunkt (P_0), der Belastungspunkt (P) und Kurzschlußpunkt (P_k) als Endpunkte der jeweiligen Stromvektoren gefunden, wobei der Spannungsvektor in die Ordinate gelegt ist. Verbindet man jetzt P_0 mit P und P mit P_k, und errichtet auf diesen Strecken die Mittelsenkrechte, so ist der Schnittpunkt dieser der Mittelpunkt des Kreises, der der geometrische Ort aller Endpunkte der Stromvektoren ist.

Entsprechend den Angaben in § 30 können weiterhin die für die Maschinen wichtigsten Kurven gewonnen werden: Die umgesetzte Totalleistung in Abhängigkeit des sekundären Schweißstromes und die umgesetzte Totalleistung in Abhängigkeit des Totalwiderstandes.

Um diese Werte aus dem Kreisdiagramm zu ermitteln, geht man folgendermaßen vor: Der Strommaßstab für den Sekundärstrom ergibt sich aus dem des Primärstromes und der Übersetzung des Transformators. Mit diesem und der Strecke $P_0 P$ läßt sich die Höhe des Sekundärstromes J_2 finden. Weiterhin benötigen wir die Sekundärspannung U_2. Laut § 30 wird sie dem Betrage nach durch die Strecke PP_k dargestellt. Damit ist $P_0 P_k$ die Spannung im Leerlauf und kann gleich U_{20} gesetzt werden. Hiermit hat man den Maßstab gefunden und kann mit PP_k die sekundäre Spannung für jeden einzelnen Lastfall ermitteln. Die von der Maschine abgegebene Leistung erhält man durch einfache Multiplikation von U_2 mit J_2, da wir ja zwischen den Elektroden nur rein Ohmsche Last umsetzen.

Von 4 Maschinen wurden die Kreisdiagramme, von denen zwei in den Abb. 83 und 84 wiedergegeben sind, aufgenommen. Verschiedentlich wurden

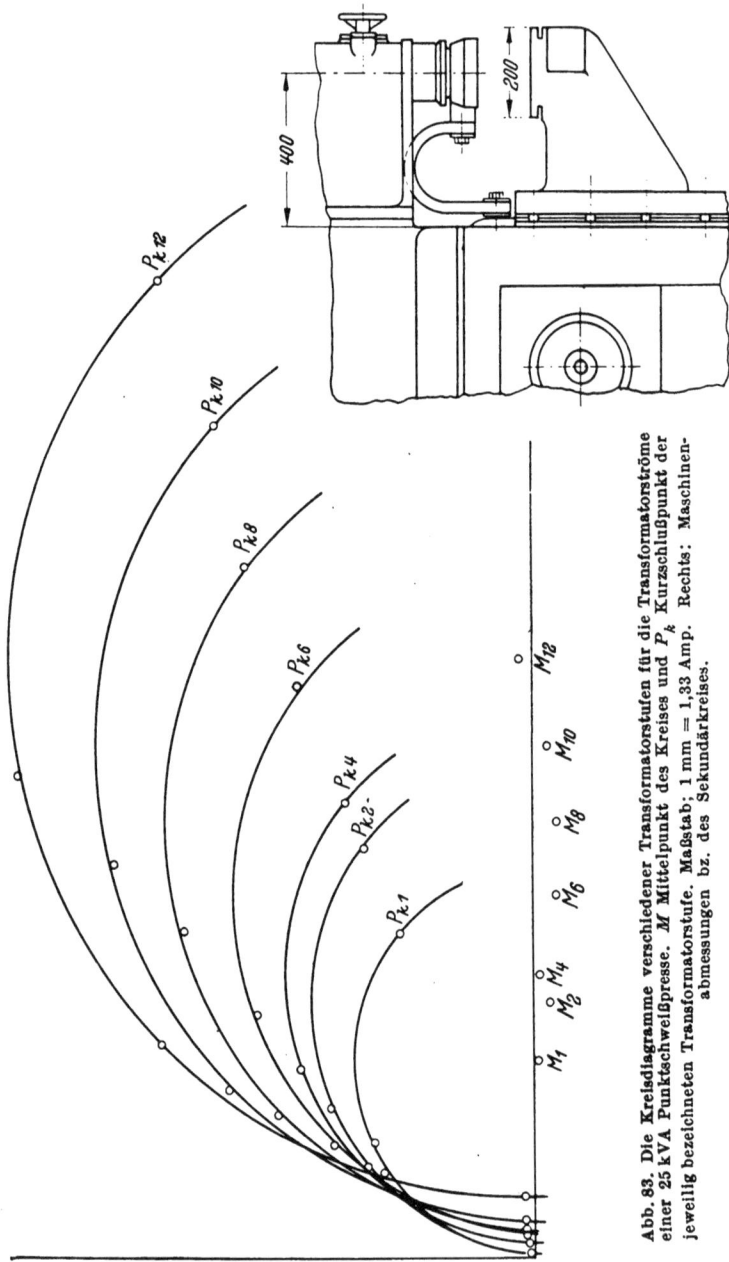

Abb. 83. Die Kreisdiagramme verschiedener Transformatorstufen für die Transformatorströme einer 25 kVA Punktschweißpresse. M Mittelpunkt des Kreises und P_k Kurzschlußpunkt der jeweilig bezeichneten Transformatorstufe. Maßstab; 1 mm = 1,33 Amp. Rechts: Maschinenabmessungen bz. des Sekundärkreises.

mehrere Belastungspunkte für eine Stufe ermittelt. Die eingetragenen Werte zeigen die gute Übereinstimmung der Meßergebnisse mit dem abgeleiteten geometrischen Ort. Die aus den Diagrammen gewonnenen Charakteristiken geben die Abb. 85 bis 88 wieder. Aus ihnen wurden dann die in Zahlentafel 16

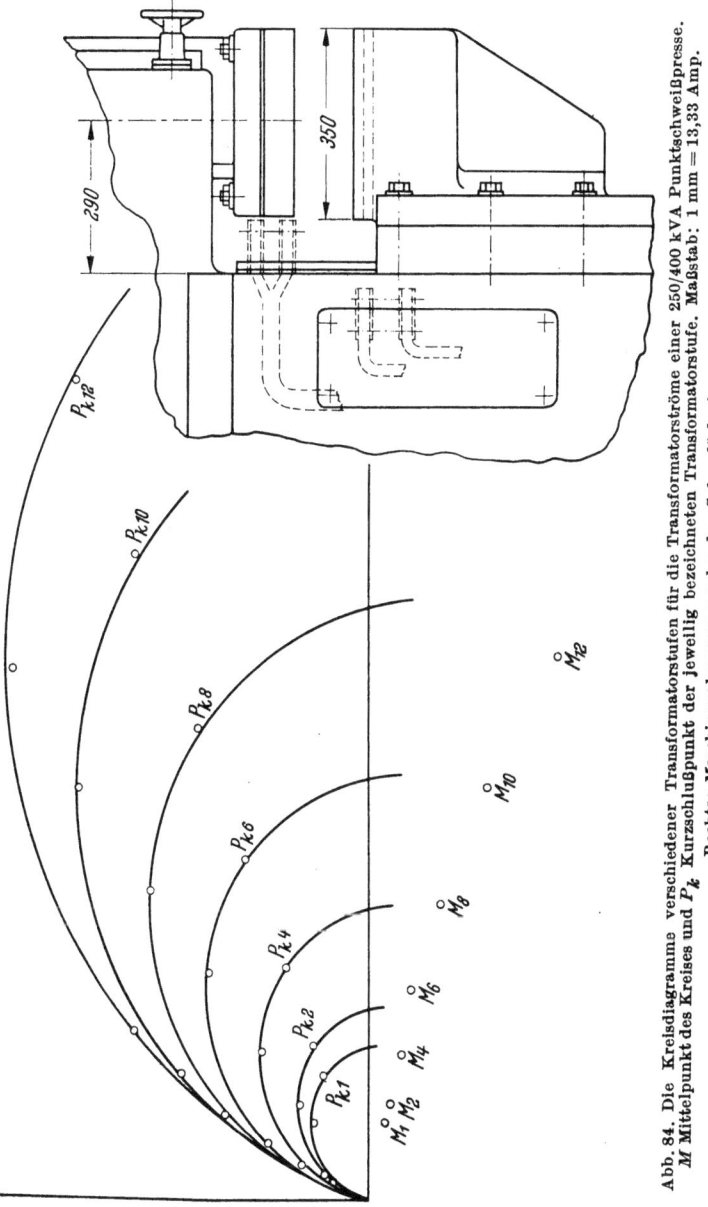

Abb. 84. Die Kreisdiagramme verschiedener Transformatorstufen für die Transformatorströme einer 250/400 kVA Punktschweißpresse. M Mittelpunkt des Kreises und P_k Kurzschlußpunkt der jeweilig bezeichneten Transformatorstufe. Maßstab: 1 mm = 13,33 Amp. Rechts: Maschinenabmessungen bz. des Sekundärkreises.

aufgeführten Werte für die maximalen Leistungen und der dazu gehörigen Totalwiderstände entnommen.

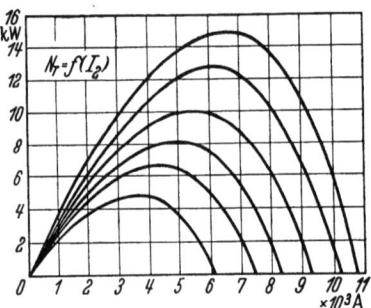

Abb. 85. $N_T = f(J_2)$ für die Maschine der Abb. 83.

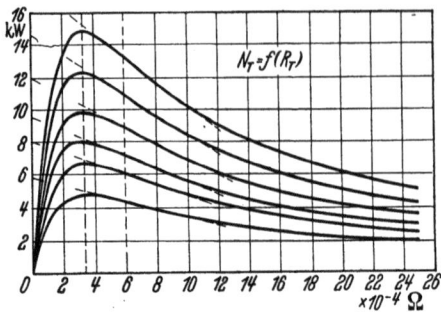

Abb. 86. $N_T = f(R_T)$ für die Maschine der Abb. 83.

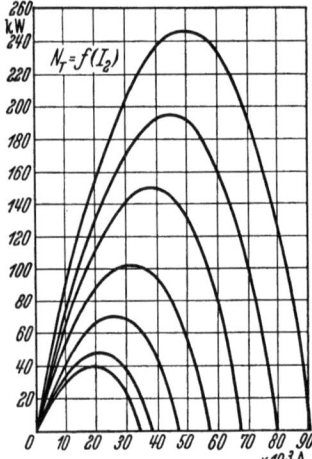

Abb. 87. $N_T = f(J_2)$ für die Maschine der Abb. 84.

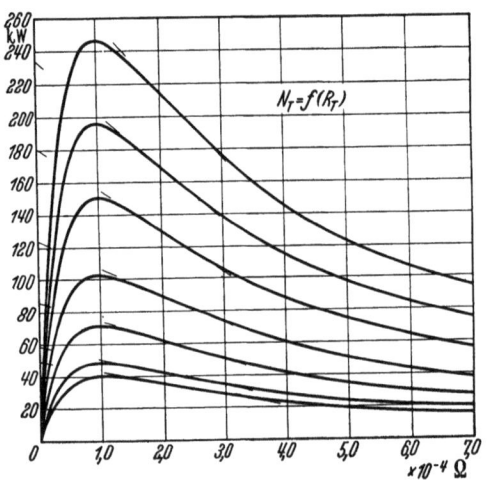

Abb. 88. $N_T = f(R_T)$ für die Maschine der Abb. 84.

Zahlentafel 16. *Auswertung der Kreisdiagramme vier verschiedener Maschinen (Maximalwerte).*

Maschinenart	Stufe	U_{20} Volt	$N_{T\,max}$ kW	$N_{T\,max}$ kVA	J_2 Amp	$\cos \varphi$	$\cos \varphi_k$	$R_{T\,max}$ $\times 10^{-4}\,\Omega$
3 kVA-Tischpunkt- schweißmaschine	1	1,42	1,70	3,34	2 300	0,915	0,80	3,2
	2	1,56	2,05	3,95	2 500	0,930		
	3	1,72	2,52	4,95	2 850	0,930		
	4	1,89	2,85	5,63	2 900	0,942		
	5	2,00	3,25	6,39	3 100	0,945		
8 kVA-Punktschweiß- einrichtung	1	1,59	3,2	6,25	3 800	0,872	0,60	2,1
	2	1,82	4,5	8,75	4 600	0,852		
	3	2,00	5,5	10,5	5 300	0,852		
	4	2,16	6,6	12,9	5 800	0,845		
	5	2,45	8,3	16,2	6 300	0,835		
	6	2,73	9,9	19,5	6 800	0,832		
	7	2,98	11,8	23,5	7 300	0,815		
25 kVA-Buckel- schweißmaschine Abb. 83	1	2,25	4,8	8,35	3 700	0,82	0,40	3,4
	4	2,59	6,6	11,9	4 400	0,80		
	6	2,86	8,05	14,6	4 900	0,79		
	8	3,14	9,85	18,0	5 400	0,795		
	10	3,44	12,35	21,8	6 100	0,79		
	12	3,80	1,48	26,2	6 500	0,80		

Fortsetzung von Zahlentafel 16.

Maschinenart	Stufe	U_{20} Volt	$N_{T_{max}}$ kW	$N_{T_{max}}$ kVA	J^2 Amp	$\cos \varphi$	$\cos \varphi_k$	$R_{T_{max}} \times 10^{-4} \Omega$
250/400 kVA-Buckel-	1	3,88	40	70	20 000	0,76	0,36	1,0
schweißmaschine	2	4,22	49	87,5	22 000	0,745		
Abb. 84	4	5,13	72	130	27 000	0,745		
Maschinenansicht	6	6,23	103	195	32 000	0,720		
Abb. 313	8	7,32	151	265	39 000	0,760		
	10	8,48	196	360	45 000	0,720		
	12	9,58	247	455	50 000	0,710		

3. Mechanischer Aufbau der Transformatoren.

§ 32. Der Transformator für die Widerstandsschweißung hat den Aufbau der Hochstrom-Transformatoren. Der Sekundärteil, der die hohen Ströme führt, muß also den entsprechenden Kupferquerschnitt aufweisen, um einen nicht zu großen und tragbaren Spannungsabfall zu haben und um die auftretenden Kupferverluste ($J^2 \cdot R$) in für die Maschine tragbaren Grenzen zu halten.

Die Sekundäre für die Unterspannung hat meist nur eine Windung, die je nach Konstruktion aus einer oder mehrerer parallel liegenden Teilen besteht. Die Anzahl der Windungen der Primärseite ist damit für eine gewünschte Sekundärspannung festgelegt. In folgender Zahlentafel 17 sind die primären Windungszahlen bei angenommenen maximalen sekundären Leerlaufspannungen angegeben.

Zahlentafel 17. *Angaben über primäre Windungszahlen.*

Max. Maschinenleistung in kVA	3	3	25	25	150	150	400	400
Primärspannung U_1	380	500	380	500	380	500	380	500
Max. Sekundärspannung U_{20} Volt	1,8	1,8	3,5	3,5	7	7	8,5	8,5
w_1	211	278	108	143	55	72	45	59

Die sekundären Spannungen mögen als Richtwerte dienen. Bei gleicher Maschinenart wird die max. Sekundärspannung im allgemeinen um so höher gewählt, je höher der max. Schweißstrom und je größer die Armausladung vorgesehen sind.

Jede Maschine muß eine Regelmöglichkeit bezüglich ihrer Leistung haben. Diese erzielt man durch Erniedrigen oder Erhöhen der Sekundärspannung und dieses wieder durch Zu- oder Abschalten entsprechender Windungszahlen *primärseitig*. In obiger Zahlentafel ist z. B. eine Maschine mit einer maximalen Leistung von 400 kVA angegeben. Sie liefert eine Schweißleistung von 250 kW zwischen den Elektroden. Diese will man regeln, und zwar beispielsweise bis zu 40 kW herunter. Die unterste Stufe erhält eine Leerlaufspannung von 3,5 V, was bei einer Oberspannung von 500 V eine primäre Windungszahl von etwa 140 Windungen erfordert. Die maximale primäre Windungszahl beträgt also für diese Maschine 140 und die kleinste 59. Man könnte in diesem Fall durch wahlweises Zu- oder Abschalten von etwa 80 Windungen auch ungefähr 80 Leistungsstufen erzielen. Die Anzahl der Stufen, die für eine Maschine vorgesehen werden, richtet sich ganz nach dem Verwendungszweck. Für Buckelschweißmaschinen wird man im allgemeinen etwa 15 Stufen vorsehen, wohingegen man die Stufenzahl bei Maschinen für die Leichtmetallschweißung wesentlich höher wählt, z. B. 60—70 bei großen Leistungen. Bei Maschinen kleiner Leistung wird man auch mit weniger Stufen auskommen, jedoch unter 5 wird man in den seltensten Fällen gehen. Das Umschalten der einzelnen Windungen erfolgt bei kleineren Leistungen durch

Stufenstecker, bei mittleren und großen Leistungen durch kräftige Umschalter, bzw. Walzenschalter.

Dem mechanischen Aufbau nach werden heute im wesentlichen dreierlei Typen der Transformatoren verwendet: Kern-, Mantel- und Ringtransformatoren.

Abb. 89 zeigt den prinzipiellen Aufbau eines Kernumspanners. Das Blechpaket besteht aus den beiden Jochen A und den Schenkeln B_1 und B_2. Davon ist B_1 der Hauptschenkel mit dem wesentlichen Teil der Primärwicklung I und der kräftigen Sekundärwindung II. B_2 ist der Nebenschenkel, auf dem die primären Windungen zur Anzapfung derselben liegen. Abb. 90 zeigt einen solchen Umspanner. Die Sekundäre ist durch zwei Schraubenbolzen zusammengehalten, um ihre ungefähre Anordnung zu zeigen. Schenkel und Joche sind aus Blechstreifen zusammengeschichtet. Die Blechdicken sind etwa 0,5 mm. Die einzelnen Bleche werden durch aufgeklebtes Papier oder andere Isolierschichten gegeneinander isoliert. Durch diese Maßnahmen werden die Eisenverluste gering gehalten. Für die Verbindungen zwischen Joch und Schenkel werden

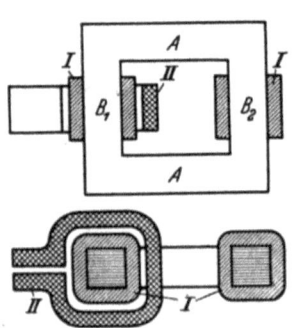

Abb. 89.
Schema eines Kerntransformators.

Abb. 90.
Ansicht eines Kerntransformators mit Sekundäre.

entweder glatte, sauber gearbeitete Stoßflächen verwendet, oder ineinandergreifende Überlappungen der einzelnen Bleche. Das Eisenpaket als Ganzes wird mittels kräftiger Schienen und durchgehender Schraubenbolzen zusammengespannt und bildet einen geschlossenen Körper. Über die Bemessung des Eisenkernes kann kurz folgendes an Hand eines Beispieles gesagt werden. Nehmen wir an, die maximale sekundäre Leerlaufspannung eines Transformators betrage 5 V, dann erhalten wir auf Grund der Gleichung (14) für die primäre Windungszahl bei $U_1 = 220$ Volt

$$w_1 = \frac{1 \cdot 220}{5} = 44$$

und damit für den Fluß Φ lt. Gleichung (13):

$$\Phi \cong \frac{U_1}{4{,}44 \cdot f \cdot w_1} = \frac{220}{4{,}44 \cdot 50 \cdot 44} = 2{,}25 \cdot 10^{-2}\,\text{V} \cdot \text{sec}.$$

Wählen wir eine maximale Induktion von 10 000 Gauß, so ist ein Eisenquerschnitt notwendig von:

$$q = \frac{\Phi \cdot 10^8}{\mathfrak{B}_{max}}\,\text{cm}^2 = \frac{2{,}25 \cdot 10^{-2} \cdot 10^8}{10\,000} = 225\,\text{cm}^2.$$

Diese kurze Rechnung ist ohne Beachtung von Verlusten und unter der Annahme gleichen Querschnittes für Joche und Schenkel durchgeführt. Die max. Induktion des Transformatorkernes darf nicht zu hoch gewählt werden, da mit ihr die Eisenverluste wesentlich ansteigen und bei Schaltvorgängen unerwünschte Erscheinungen begünstigt würden. Man sollte im allgemeinen nicht über 10000 bis 12000 Gauß gehen. Bei größeren Transformatoren ist zu beachten, daß das Eisenvolumen schneller wächst als die kühlende Oberfläche.

Die primäre Wicklung ist im vorliegenden Fall in Form von zwei zylindrischen Spulen aufgebracht, aus denen die jeweilige Anzapfung für die einzelnen Stufen herausgeführt ist. Die Sekundäre ist als flexibles Kupferlamellenband ausgeführt, dessen eines Ende an den unteren und das andere an den oberen Elektrodenträger herangeführt wird (s. hierzu auch Abb. 219).

Bei dem in Abb. 90 gezeigten Transformator ist die Sekundäre ähnlich der primären Wicklung als Zylinder ausgebildet, d. h. sie legt sich zylinderförmig um die primäre Wicklung herum. Hierbei kann die Kopplung zwischen den beiden Wicklungen eng gestaltet werden. Feste Kopplung bedingt kleine Streuung. Wesentlich ist, daß die Sekundäre gegenüber den höchsten Stromstößen mechanisch fest verlegt

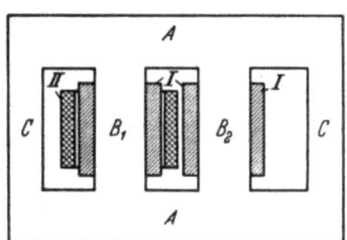

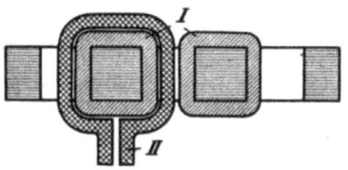

Abb. 91. Schema eines Manteltransformators.

ist, so daß sie während des Arbeitens der Maschine ihre Lage nicht verändern kann und dadurch evtl. die Konstanz der Maschinencharakteristik beeinträchtigt. Kleine Streuung erzielt man, wenn man die sekundäre und primäre Wicklung als Scheibenwicklung ausbildet, wie es bei dem folgenden Beispiel eines Manteltransformators der Fall ist.

Den schematischen Aufbau eines Manteltransformators zeigt Abb. 91. Er besteht aus den beiden Jochen A, sowie den beiden Schenkeln B_1 und B_2 und den beiden Nebenschenkeln C. Die Primärwicklung befindet sich in diesem Fall auf den beiden Schenkeln B_1 und B_2. Auf B_1 ist außerdem die Sekundäre aufgebracht. B_1 und B_2 können aber auch als ein Schenkel ausgebildet sein, wie es beim Transformator der Abb. 92 der Fall ist. Außerdem ist hier im Gegensatz zum ersten Beispiel eine Scheibenwicklung verwendet. a sind die 4 primären Wicklungselemente, zwischen denen sich die 3 sekundären Scheiben b befinden. Letztere sind an den beiden vorderen Anschraubflächen c parallel geschaltet. Die Sekundäre ist

Abb. 92. Ansicht eines Manteltransformators kleiner Leistung.

hier als ein ganzes Gußstück ausgebildet. Zu beachten ist bei den Scheibenwicklungen, daß sie gegenüber Stromstößen empfindlicher sind wie Zylinderwicklungen. Die Scheibenwicklungen müssen besonders fest verkeilt und verschraubt werden, da sonst bei der großen Schalthäufigkeit der Widerstandsschweißmaschine die Gefahr der mechanischen Zerstörung besteht.

Ein Manteltransformator mit 2 Hauptschenkeln großer Leistung zeigt Abb. 93. Auch hier sind Primär- und Sekundärwicklung in Form von Scheibenspulen ausgebildet. Seitlich kann man die Schrauben erkennen, die zum Festspannen der Wicklung dienen. Sämtliche Teile der Sekundären sind auch hier wieder durch Schienen mit entsprechend kräftigem Querschnitt parallel ge-

Abb. 93. Ansicht eines Manteltransformators großer Leistung.

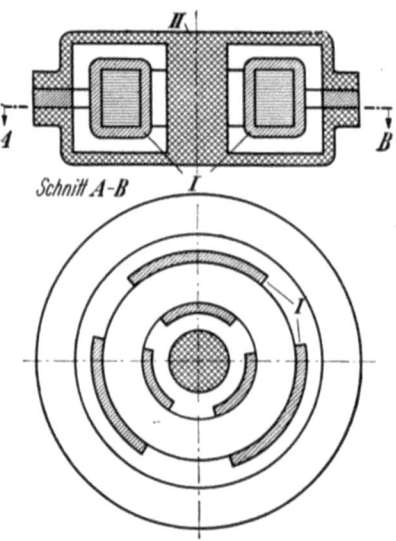

Abb. 94. Schema eines Ringtransformators.

schaltet. Anschlüsse für Wasserkühlung sind vorgesehen. Auch die bearbeiteten Anschlußflächen sind zu erkennen. Letztere und alle sonstigen stromführenden Verbindungsstellen des Sekundärkreises müssen gut bearbeitet sein.

Als dritte Ausführung wird noch der sog. Ringtransformator für die Widerstandsschweißung verwertet. Seinen prinzipiellen Aufbau zeigt Abb. 94. Der Eisenkern hat die Form eines Ringes, auf ihn muß die Primärwicklung I direkt aufgewickelt werden. Die Sekundäre II umschließt diesen Spulenkörper vollkommen und dient damit zugleich als Gehäuse. Diese Transformatorart wird in erster Linie bei kleinen Punktschweißmaschinen verwendet. Die eine Gehäusehälfte wird dann drehbar ausgeführt und dient zu gleicher Zeit als beweglicher oberer Elektrodenarm. Eine Sonderanwendung dieser Transformatoren ist das Gebiet des Rohrschweißens. Einen derartigen Rohrschweißtransformator zeigt Abb. 95. Auf die mittleren, gegeneinander isoliert verschraubten Ringe werden die eigentlichen Elektrodenringe aufgebracht. Der Ringtransformator bringt in diesem Fall den wesentlichen Vorteil mit sich, daß man

Abb. 95. Ansicht eines Rohrschweißtransformators.

mit einem Minimum an Transformatorleistung auskommt, da die Verluste des Sekundärkreises äußerst gering sind (s. hierzu auch S. 218).

Wir haben gesehen, daß jede Maschine eine maximale Schweißleistung abgibt. Bei dieser führt der Sekundärkreis eine bestimmte Stromstärke, die durchaus nicht die größtmögliche ist. Im Kurzschluß, wo überhaupt keine Schweiß-

§ 32 Schweißstrom und Transformator. 79

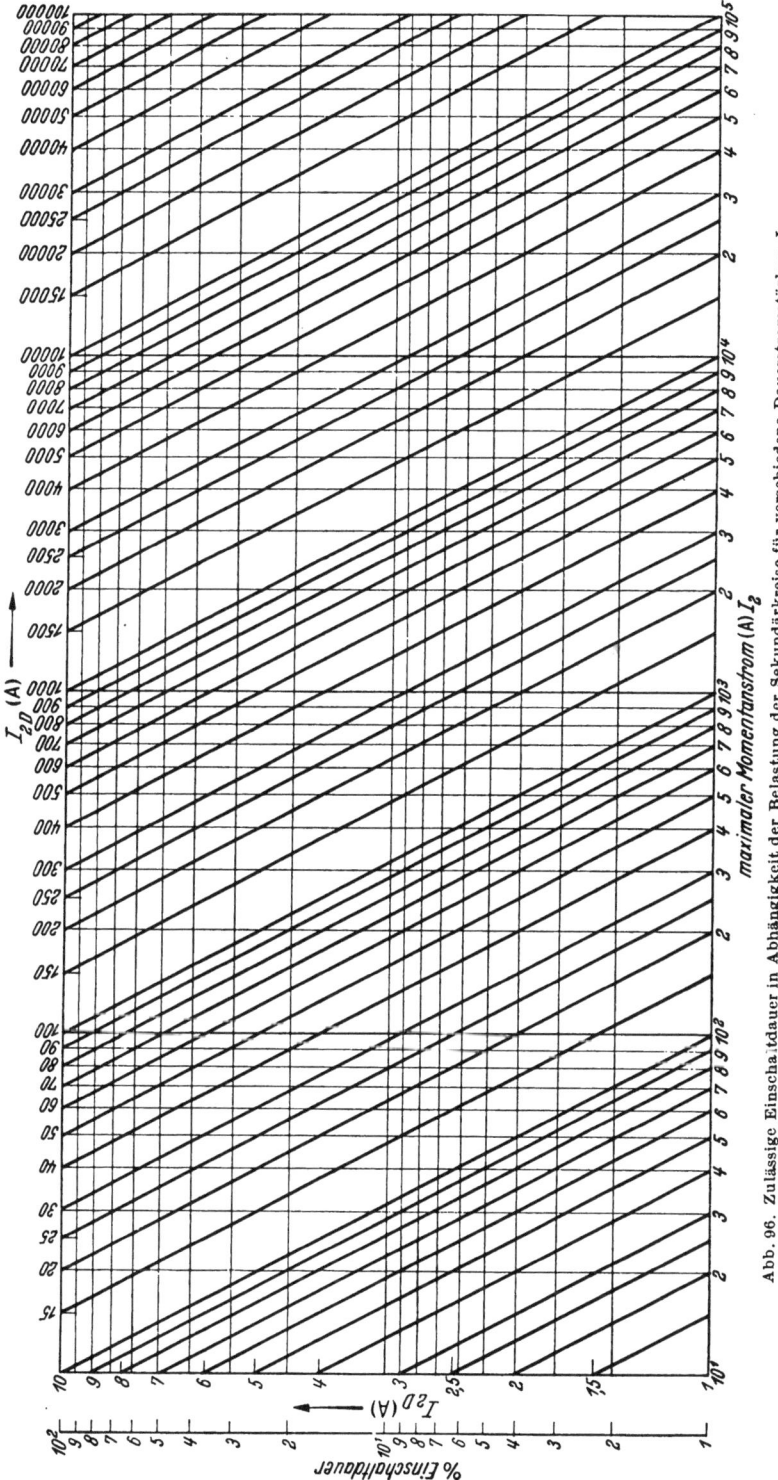

Abb. 96. Zulässige Einschaltdauer in Abhängigkeit der Belastung der Sekundärkreise für verschiedene Dauerstromstärken J_{2D}.

leistung abgegeben wird, ist die Stromstärke am größten; für diese braucht aber die Sekundäre insbesondere für Dauerbetrieb nicht ausgelegt zu werden. Sie wird im allgemeinen für einen kleineren Dauerstrom als der Kürzschlußstrom bemessen. Bei mittlerer und großer Leistung wird der Sekundärteil zur Beschränkung der Querschnitte meist mit Wasserkühlung ausgestattet.

Ist von einer Maschine der zugelassene Dauerstrom J_{2D} für die Sekundärseite bekannt, so kann man die für geringere Einschaltdauern zulässigen höheren Momentanströme ermitteln. Die Wärmemenge, die infolge der sekundären Kupferverluste anfällt, ist jeweils:

$$Q = 0{,}239 \cdot J^2 \cdot R \cdot T \text{ cal}.$$

Für einen bestimmten Sekundärkreis ist R konstant und man kann schreiben:

$$Q = C \cdot J^2 \cdot T, \quad \text{wo } C = \text{konstant}.$$

Die *zulässige* Stromwärme Q_{zul} ist

$$Q_{zul} = C J_{2D}^2 \cdot T = C J_2'^2 \, T',$$

wo J_2' ein stärkerer Strom als J_{2D} ist, der aber gemäß einer Einschaltdauer von $E_D\%$ nicht die Zeit T, sondern nur

$$T' = \frac{T \cdot E_D\%}{100} \quad \text{fließt}.$$

Daraus ergibt sich

$$J_2' = J_{2D} \sqrt{\frac{T \cdot 100}{T \cdot E_D\%}} = J_{2D} \sqrt{\frac{100}{E_D\%}} \tag{18}$$

Abb. 96 gibt lt. Gl. (18) nomographisch den Zusammenhang zwischen Dauerstrom J_{2D} und max. Momentanstrom J_2' und der Einschaltdauer E_D wieder. Grundsätzlich ist ein entsprechender Zusammenhang zwischen Dauerstrom und max. Momentanstrom auch für den Primärkreis des Transformators gültig. Doch ist bei Beschränkung des Sekundärstromes auf den oben angegebenen max. Momentanwert J_2' eine Gefährdung des Primärkreises ausgeschlossen.

Bei Wasserkühlung ist J_2' von den Absolutzeiten von Stromgut und Pause abhängig derart, daß bei bestimmter E_D kleine Stromzeiten z. B. von wenigen Perioden eine höhere Strombelastung zulassen, als sich nach obiger Formel ergibt.

Beispiel zu Abb. 96: Von einer Nahtschweißmaschine sei bekannt, daß die Sekundäre für einen Dauerstrom von 1000 Amp ausgelegt ist. Wird nun mit einer 5proz. Einschaltdauer gearbeitet, so läßt sich die Sekundäre mit max. 4500 Amp belasten.

E. Temperaturfeld und zeitliche Änderung.
1. Temperatur und elektrisches Potential.

§ 33. Die nach Gl. (2) erzeugte Wärmemenge dient der Herstellung einer günstigen Temperatur an der Verbindungsstelle, so daß im Zusammenwirken mit der Preß- oder Stauchkraft die gewünschte Schweißverbindung erlangt werden kann. Welche Temperatur günstig ist, hängt in erster Linie von dem zu verschweißenden Werkstoff ab, von seinen Rekristallisationstemperaturen oder von Schmelztemperaturen von Legierungsbestandteilen, evtl. auch von Eigenschaften z. B. von Schmelztemperaturen von Fremdschichten. Die Elektrodenkraft, die Art der Kraftwirkung, die Form der Verbindungsstelle und der Schweißteile selber können die anzustrebende Schweißtemperatur mitbestimmen. Wird zunächst weiterhin von Wärmeverlusten abgesehen, so ist die zur Erzeugung des Temperaturniveaus Θ_s benötigte Wärmemenge außer durch dies Temperaturniveau durch die Wärmekapazität des zu erwärmenden Metallbezirkes gegeben.

§ 33　Temperaturfeld und zeitliche Änderung.

Hier sei gleich die praktische Erkenntnis eingefügt, daß die auf Schweißtemperatur zu erhitzende Zone eine merkliche Dicke (z_B) besitzt, die ein beträchtliches Vielfaches ist der Dicke, die theoretisch notwendig erscheinen könnte, um eine Rekristallisationsschweißung an der Trennfuge zu erlangen, s. Abb. 97. Es wird Aufgabe der folgenden Ausführung sein, die örtliche Verteilung der Temperatur um die Schweißstelle bzw. zwischen den Elektroden zu untersuchen. Dabei ist erwünscht, auch Aussagen über die zeitliche Änderung der Temperaturverteilung bei ihrer Entstehung und schließlich bei ihrem Abklingen nach der Schweißung zu erhalten.

Selbst für geometrisch einfache Fälle der Punktschweißung ist eine analytische Rechnung der Temperatur als Funktion des Ortes und der Zeit exakt wohl nicht möglich, da der die Wärmeerzeugung bestimmende spez. Widerstand $\varrho_{(\vartheta)}$ und die die Wärmeableitung bestimmende Leitfähigkeit $\lambda_{(\vartheta)}$ und schließlich die spez. Wärme $c_{(\vartheta)}$ sämtlich zunächst unbekannte Funktionen des Ortes und der Zeit sind.

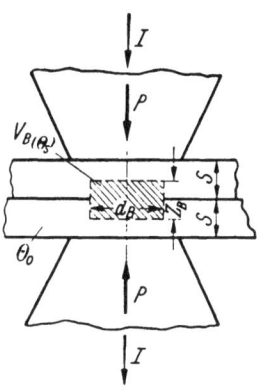

Abb. 97. Schema einer Punktschweißung mit den Bezeichnungen für Abschnitt E.

Wir haben bei der Behandlung des Stromflusses durch Kontaktflächen in Anlehnung an die Potentialtheorie dargelegt, daß der elektrische Widerstand zwischen zwei Potentialflächen aus dem spez. Widerstand des Leiters und der Kapazität zwischen den Potentialflächen berechnet werden kann (Gl. (4)). ϱ darf in Richtung der Stromlinien infolge verschiedener Temperatur veränderlich sein. Der Gedanke ist verlockend, vermittels einer Analogie zwischen elektrischem Strom und Wärmeströmung aus einem bekannten oder angenommenen elektrischen Feld schließlich Angaben über das Temperaturfeld zu erhalten. Die im System einer solchen Analogie einander entsprechenden Größen bzw. Begriffe sind in Übersicht 18 nebeneinandergestellt. Die Analogie ist von F. KOHL-

Übersicht 18. $\varphi\vartheta$-Analogie.

Es entsprechen einander:

elektrisch	thermisch
elektr. Strom J	Wärmestrom Q/sek
Potential φ	Übertemperatur ϑ
elektr. Spannung U	Temperaturdifferenz $\varDelta\vartheta$
elektr. Widerstand R	Wärmewiderstand W
spez. Widerstand ϱ	$\dfrac{1}{\text{Wärmeleitfähigkeit }\lambda}$
Äquipotentialflächen	Isothermen
Stromlinien	Stromlinien

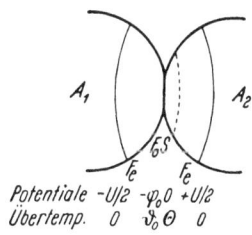

Abb. 98. Zwei Kontaktglieder A_1 und A_2 zur Erläuterung der $\varphi\vartheta$-Analogie. $U/2 + U/2 = U$ Kontaktspannung. (HOLM.)

RAUSCH (75) um die Jahrhundertwende entdeckt und von H. DIESSELHORST (32) mathematisch auf allgemeiner Grundlage behandelt. R. HOLM (61) hat eine Auswertung für die Kontaktlehre mit *einer* ausgezeichneten Fläche S höchster Temperatur durchgeführt, die bei symmetrischen Kontakten die metallische Kontaktfläche F_0 ist (s. Abb. 98). Aus dem Ansatz: Die in einem infinitesimalen Element entwickelte JOULEsche Wärme $\dfrac{(d\varphi)^2}{dR}$ ist gleich abfließender Wärmemenge $-\dfrac{d(\vartheta + d\vartheta)}{d(w + dw)}$ vermindert um die zufließende $-\dfrac{d\vartheta}{dw}$, wird schließlich die $\varphi\,\vartheta$-Beziehung:

$$\int_{\Theta_0}^{\Theta} \varrho\,\lambda\,d\vartheta = \frac{1}{2}(\varphi)^2 = \frac{U_E^2}{8} \qquad (19)$$

gefunden. $U_E =$ Kontaktspannung des (doppelseitigen) Engewiderstandes (Volt).
Für den Fall der Gültigkeit des WIEDEMANN-LORENZschen Gesetzes
$\varrho \cdot \lambda =$ const für eine bestimmte Temperatur,
bzw. $\varrho\,\lambda$ ist proportional der absoluten Temperatur,
ist:
$$U_E^2 \sim (\Theta + 273)^2 - (\Theta_0 + 273)^2. \qquad (20)$$

Voraussetzung zur Gültigkeit der Gl. (19) u. (20) ist, daß die seitlichen Grenzen der Wärmeströmung denen des elektrischen Stromes gleich sind. Diese

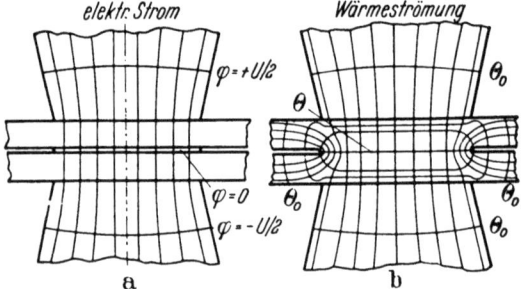 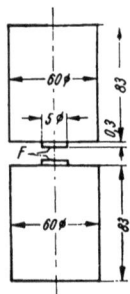

Abb. 99. Zum Nachweis des Fehlens der Bedingungen für die $\varphi\vartheta$-Analogie beim Punktschweißen.
a Verlauf des elektrischen Stromes.
b Verlauf der Wärmeströmung, unter Annahme der Isothermen des Schliffes einer Punktschweißung (z. B. Abb. 108.).

Abb. 100. Versuchskörper zum Schweißversuch der Abb. 101 vor dem Verschweißen.

Bedingung ist beispielsweise für das Erwärmungsproblem der Punktschweißung nach Abb. 99 mit voller metallischer Berührung an allen Kontaktflächen nicht voll erfüllt, wenn ein merklicher Teil des von der Isotherme höchster Temperatur Θ ausgehender Wärmestrom in Längsrichtung der Bleche abströmt. Die

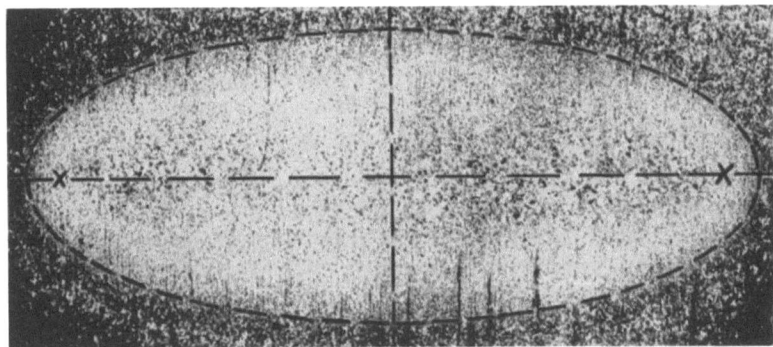

Abb. 101. Schliff durch eine Versuchsschweißung zur Veranschaulichung der ellipsoiden Gestalt der Äquipotentialflächen bzw. Isothermen bei der angenäherten Voraussetzung für einen Engewiderstand. (V = 7×.)

Berechnung des Temperaturfeldes unter vereinfachenden Annahmen wird hier nicht durchgeführt.

Zur Veranschaulichung des $\varphi\vartheta$-Problems wurde vom Verfasser ein Erwärmungsversuch gemacht, dessen Erwärmungsbedingungen denen einer Punktschweißung sehr ähnlich sind. Zwei Stahlkörper mit den Abmessungen, wie sie Abb. 100 zeigt, wurden an der Stelle F auf einer Buckelschweißmaschine nach dem Verfahren des Buckelschweißens verschweißt. Bei den gewählten Abmessungen sind die für die Ermittlung der Stromlinien und Äquipotentialflächen bei kreisförmiger, kleiner a-Fläche nach § 25 gültigen Voraussetzungen annähernd erfüllt. Die Äquipotentialflächen sind Ellipsoide, deren Brennpunkte auf dem Rand der a-Fläche liegen. Bei Gültigkeit der $\varphi\vartheta$-Analogie sind die Potentialflächen nach Abb. 99 auch Isothermen des sich während des Stromflusses bildenden Temperaturfeldes. Im Schliffbild Abb. 101 wird der hoch erhitzte innere Metallbezirk von dem ihn umgebenden äußeren deutlich abgegrenzt, bei dem die zur Gefügeumwandlung notwendige Temperatur noch nicht erreicht wurde. Die Isotherme der betreffenden Grenztemperatur ist ein Ellipsoid, dessen Brennpunkte auf der Grenze des verschweißten Querschnittes liegen. Infolge Verpressung der 0,3 mm vorstehenden Kontaktzylinder ist die verschweißte Fläche ein wenig größer als die ursprüngliche Kontaktfläche. Nach dem Verpressen ist die verschweißte Fläche leitende a-Fläche. Im Schliffbild ist die Ellipse zu den durch Kreuze markierten Brennpunkten gestrichelt eingezeichnet. Die Übereinstimmung mit der Gefügegrenze ist sehr gut.

2. Allgemeines nicht stationäres Temperaturfeld.

§ 34. Für die nachfolgende Rechnung wollen wir annehmen, daß nach Abb. 97 zwischen den kreisförmigen, ebenen Elektrodenflächen vom Durchmesser d während einer Schweißzeit T ein Schweißstrom durchschnittlicher Stärke J fließt und die Schweißstelle erhitzt. Der Gesamtwiderstand zwischen den Elektrodenflächen sei der Totalwiderstand, der im Durchschnitt während der Zeit T den Wert R haben soll. Die ursprüngliche Wärmewirkung des Schweißstromes sei die Erhitzung eines (vereinfachend) als zylinderförmig angenommenen Metallvolumens V_B nach Abb. 97 vom Durchmesser $d_B = d$ und der Höhe z_B (z. B. $z_B = 0{,}6 \cdot 2\,s$). Soll das Metallvolumen V_B, das wir künftig den *Schweißbutzen* nennen wollen, in der Schweißzeit T auf die Schweißtemperatur Θ_s erhitzt werden, so ist dazu folgender Wärmebedarf erforderlich:

$$Q_B = V_B \cdot \gamma \cdot c_B \cdot (\Theta_s - \Theta_0) = \frac{\pi}{4} \cdot d_B^2 \cdot z_B \cdot \gamma \cdot c_B \cdot (\Theta_s - \Theta_0) \text{ cal.} \quad (21a)$$

Diese Wärmemenge würde für das Erhitzen des Butzens aber nur ausreichen, wenn während der Schweißzeit keinerlei Wärme von dem Butzen an seine Umgebung abgeleitet würde. In Wirklichkeit geht aber ein großer Teil der im Butzen erzeugten Wärme in das umgebende Blech und an die gekühlten Elektrodenflächen verloren, so daß eine wesentlich größere Wärmemenge zugeführt werden muß, als der Butzen selbst für seine Erhitzung benötigt. Das Verhältnis der theoretisch benötigten Wärmemenge Q_B zur gesamten aufgewendeten Wärmemenge Q nach Gl. (2) ergibt einen Wirkungsgrad η_1 der Butzenerwärmung bezogen auf den Wärmeumsatz zwischen den Elektrodenflächen:

$$\eta_1 = \frac{\frac{\pi}{2} d_B^2 \cdot z_B \cdot \gamma \cdot c_B (\Theta_s - \Theta_0)}{0{,}239 \cdot J_{eff}^2 \cdot R_T \cdot T} \, .$$

Den höchsten Wirkungsgrad würde dieser Wärmeumsatz erreichen, wenn nur der Schweißbutzen (einschl. den bis zu den Elektrodenflächen reichenden Ergänzungszylindern) auf die Schweißtemperatur erhitzt werden könnte. Dies würde aber nur in einer unendlich kurzen Schweißzeit, d. h. bei einem unendlich hohen Stromfluß gelingen und ist daher praktisch nicht möglich. Der Wärmebedarf eines Schweißpunktes setzt sich aus der im Schweißbutzen gebundenen

Wärme Q_B und der Verlustwärme Q_V zusammen:
$$Q = Q_B + Q_V \quad [\text{cal}].$$

Die Butzenwärme Q_B ist für einen Butzen von bestimmtem Werkstoff und Maß konstant und unabhängig von der Schweißzeit T. Die Verlustwärme Q_V ist bei dem gleichen Butzen abhängig von der Erwärmungszeit. Betrachtet man den Butzen als besonderen gegen das umgebende Blech abgegrenzten Körper, dessen Oberfläche O die Wärmeübergangsziffer α hat, so gilt während eines beliebigen Zeitelementes dt: elektr. erzeugte Wärme = Wärme für Butzenerwärmung + aus dem Butzen ausgeströmte Wärme:

$$\left.\begin{array}{l} dQ = dQ_B + dQ_V \quad [\text{cal}] \\ 0{,}239 \cdot J_{eff}^2 \cdot R_T \cdot dt = G_B \cdot c_B \cdot d\vartheta_B + O_B \cdot \alpha \cdot \vartheta_B \, dt \quad [\text{cal}]. \end{array}\right\} \quad (21\text{b})$$

Die Lösung dieser Gleichung ist durch Trennung der Variablen möglich:

$$\frac{1}{0{,}239 \, J_{eff}^2 \cdot R_T - O_B \cdot \alpha \cdot \vartheta_B} \cdot d\vartheta_B = \frac{1}{G_B \cdot c_B} \cdot dt$$

integriert:
$$\frac{1}{O_B \cdot \alpha} \cdot \ln(0{,}239 \, J_{eff}^2 \cdot R_T - O_B \cdot \alpha \cdot \vartheta_B) + C = \frac{1}{G_B \cdot c_B} \cdot t + C'$$

für die willkürlichen Konstanten C und C' wird die willkürliche Konstante $\ln C''$ auf der rechten Seite eingeführt:

$$\ln(0{,}239 \, J_{eff}^2 \cdot R_T - O_B \cdot \alpha \cdot \vartheta_B) = -\frac{O_B \cdot \alpha}{G_B \cdot c_B} \cdot t + \ln C'' \quad (22)$$

durch Einsetzen der Randbedingung für:
$$t = 0 \qquad \vartheta_B = 0$$

wird
$$\ln 0{,}239 \, J_{eff}^2 \, R_T = \ln C''$$

oder
$$C'' = 0{,}239 \, J_{eff}^2 \cdot R_T$$

eingesetzt in Gl. (22) gibt
$$\ln(0{,}239 \, J_{eff}^2 \cdot R_T - O_B \cdot \alpha \cdot \vartheta_B) = \ln 0{,}239 \, J_{eff}^2 \cdot R_T - \frac{O_B \cdot \alpha}{G_B \cdot c_B} \cdot t.$$

Delog.
$$0{,}239 \, J_{eff}^2 \cdot R_T - O_B \cdot \alpha \cdot \vartheta_B = 0{,}239 \, J_{eff}^2 \cdot R_T \cdot e^{-\frac{O_B \cdot \alpha}{G_B \cdot c_B} t}.$$

Lösung:
$$\vartheta_B = 0{,}239 \, \frac{J_{eff}^2 \, R_T}{O_B \cdot \alpha} \left(1 - e^{-\frac{O_B \cdot \alpha}{G_B \cdot c_B} \cdot t}\right) \quad [^\circ \text{C}]. \quad (23)$$

Diese Lösung gibt die Temperatur ϑ_B des Butzens als Funktion der Zeit bei konstantem $J_{eff}^2 \cdot R_T$ an. Die Temperatur steigt also mit einer Steilheit an, die durch das Überwiegen der zugeführten elektrischen Leistung $J_{eff}^2 \cdot R_T$ über den für den Verlustwärmefluß maßgebenden Wert $O_B \cdot \alpha$ bestimmt ist und strebt mit einer e-Funktion der Zeit einem Endwert zu, der um so schneller erreicht wird, je geringer die Wärmekapazität des Butzens ($G_B \cdot c_B$) gegenüber seiner Fähigkeit, Wärme zu verlieren ($O_B \cdot \alpha$) ist.

Die Verlustwärme Q_V erhöht die Temperatur des den Schweißbutzen umschließenden Bleches und der Elektrodenflächen. Von diesen erhitzten Teilen fließt die Wärme weiter an die umgebende Luft oder das Kühlwasser der Elektroden ab. Mit zunehmender Temperatur des Schweißbutzens wird dieser Wärmefluß immer stärker, so daß bei einer gleichbleibenden Wärmezufuhr immer weniger Wärme für die Temperatursteigerung des Butzens verbleibt. Wird eine zu geringe Leistung im Schweißbutzen umgesetzt, so tritt nach einer bestimmten Temperatursteigerung das Gleichgewicht zwischen zugeführter und abfließender Wärme ein und die Temperatur des Butzens kann nicht weiter steigen. Auch wenn die umgesetzte Leistung gerade dem Verlustwärmefluß bei der Schweißtemperatur des Bleches entsprechen würde, könnte der Butzen niemals bzw. erst nach unendlich langer Zeit die Schweißtemperatur erreichen. Die Widerstandsschweißung arbeitet daher stets mit einem Leistungsumsatz in der Schweißstelle, der den Verlustwärmefluß bis zum Erreichen der Schweißtemperatur bei weitem übertrifft. Der Schweißbutzen erhitzt sich nun sehr schnell und der Schweißstrom muß rechtzeitig unterbrochen werden, damit ein Schmelzen oder Verbrennen des Bleches nicht eintritt. Die aus dem Butzen abfließende Verlustwärme wird zum Teil im umgebenden Blech gebunden und erhöht dessen Temperatur schon während der Schweißzeit. Am Ende der Schweißzeit ist daher eine bestimmte Wärmemenge nicht nur im Butzen, sondern auch im umgebenden Blech vorhanden. Der Umfang der Temperaturerhöhung im Blech ist von der Dauer der Schweißzeit und von der Wärmeleitfähigkeit des Bleches abhängig. Die analytische Untersuchung dieser Aufheizung der Butzenumgebung während der Schweißzeit, sowie besonders des Absinkens der Butzentemperatur und des Temperaturverlaufes im Blech ist schwierig, weil die Temperatur als Funktion des Ortes und der Zeit auftritt und die Randbedingungen selbst schon Funktionen sind. Die folgenden Kurvendarstellungen wurden daher nur durch Näherungsrechnungen gewonnen und sollen das Grundsätzliche des Problems zeigen. Verläuft der Temperaturanstieg im Butzen für eine Schweißzeit von 0,6 sek, z. B. nach Abb. 102, so ist nach gleichen Zeitabschnitten die Temperatur um den Butzen nach Abb. 103 verteilt und verläuft nach Ablauf der Schweißzeit T entsprechend der Linie ϑ_T. Dieser Temperaturberg wird um so steiler, je höher die im Schweißbutzen umgesetzte Leistung, je kürzer also die Schweißzeit und je schlechter die Wärmeleitfähigkeit des Bleches ist. Außerhalb des Abstandes r_T vom Butzen bleibt das Blech während der Schweißzeit T kalt. Nach dem Ausschalten des Schweißstromes fließt infolge des starken Temperaturgefälles die im Butzen und seiner Umgebung befindliche Wärmemenge schnell ab und erhöht zunächst die Temperatur des außerhalb des Kreises mit r_T anschließenden Bleches, um schließlich mit dem Abkühlen des ganzen Bleches in die Umgebung abzufließen. Wir müssen also beim Schweißvorgang wärmetechnisch 2 Vorgänge unterscheiden:

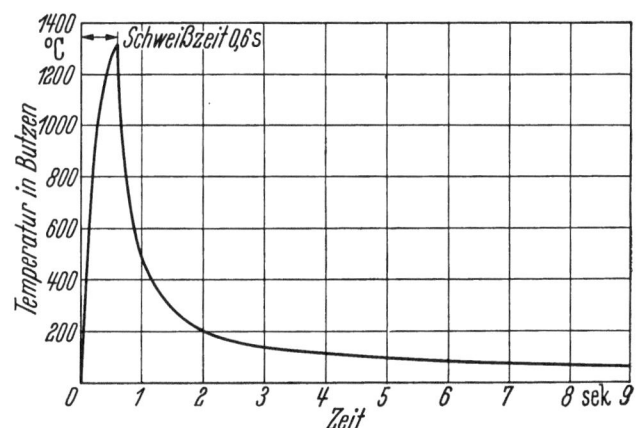

Abb. 102. Schematische Darstellung des zeitlichen Temperaturverlaufes im Schweißbutzen für eine Schweißzeit von 0,6 sek. (FAHRENBACH.)

1. Während der Schweißzeit wird *mit* Energiezufuhr die Schweißtemperatur im Butzen erzeugt und ein Temperaturfeld um den Schweißbutzen aufgebaut.

2. Nach der Schweißzeit wird *ohne* Energiezufuhr, also unabhängig von der Funktion der Schweißmaschine, die in diesem Temperaturfeld gebundene Wärme bis zum völligen Temperaturausgleich in das umgebende Blech oder in die Elektroden abgeleitet.

Nach dem Abschalten des Schweißstromes sinkt daher der durch ϑ_T begrenzte Temperaturberg unter gleichzeitiger Verbreiterung seiner Basis zusammen, Abb. 103. Die dünnen Linien zeigen die Temperaturverteilung nach Ablauf

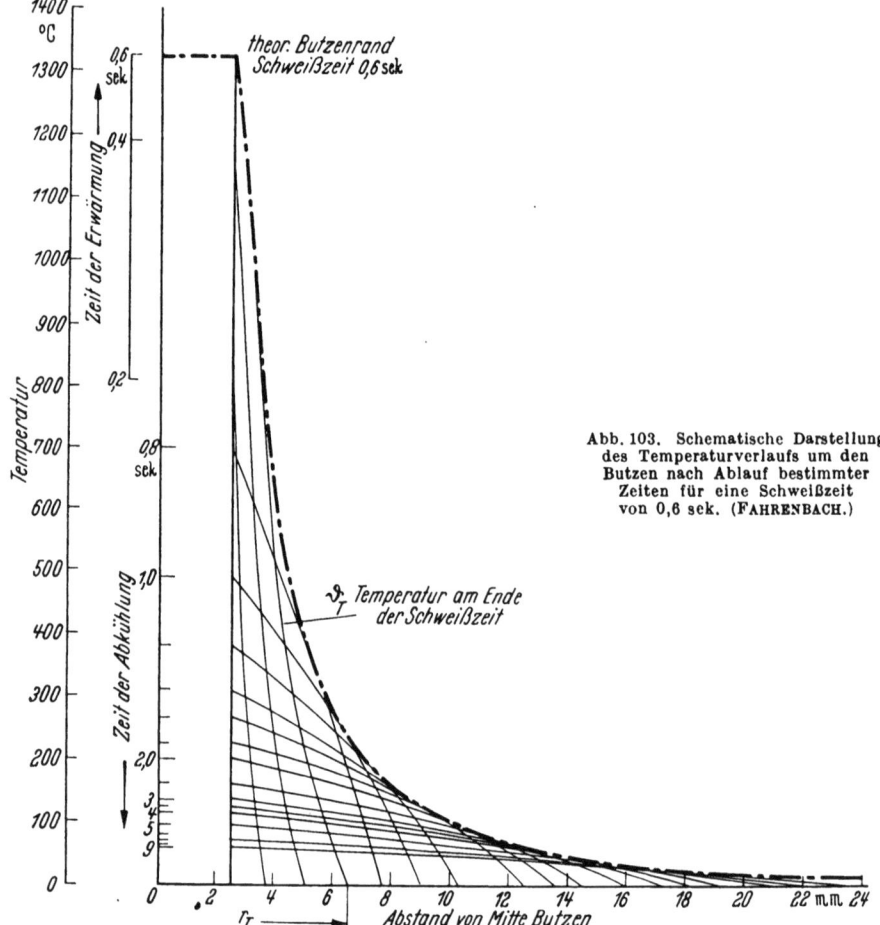

Abb. 103. Schematische Darstellung des Temperaturverlaufs um den Butzen nach Ablauf bestimmter Zeiten für eine Schweißzeit von 0,6 sek. (FAHRENBACH.)

gleicher Zeitabschnitte. Außerhalb des Abstandes r_T gelegene Blechteile, die am Ende der Schweißzeit noch kalt waren, werden also selbst nach Abschalten der Energiezufuhr noch erwärmt und schließen sich erst später der allgemeinen Abkühlung an. Die strichpunktierte Hüllkurve über den Temperaturlinien gibt an, welche Höchsttemperaturen dieser Punkt bzw. Kreis des Bleches im Laufe dieses Vorganges erreicht. Wenn das Blech keine Wärme an die Umgebung abgeben würde, müßte noch nach unendlich langer Zeit eine bestimmte Übertemperatur des gesamten Blechstückes zurückbleiben. Da aber das erwärmte Blech seine Wärme an die umgebende kühlere Luft überträgt, verschwindet schon nach gewisser Zeit die Übertemperatur des Bleches ganz.

Betrachtet man nun in verschiedener Entfernung r vom Schweißpunkt den zeitlichen Verlauf der Temperatur, so ergeben sich für die angenommene Schweißzeit die Kurven der Abb. 104. Den steilsten Temperaturanstieg und Abfall durchläuft natürlich der Schweißbutzen selbst. Je weiter man sich vom Schweißpunkt entfernt, desto sanfter wird der Temperaturan- und -abstieg. Die Höchsttemperaturen werden mit wachsendem Abstand vom Butzen immer später erreicht.

Der örtliche und namentlich der zeitliche Verlauf der Temperaturen während und nach einer Schweißung erklärt Umwandlungs- und Härteerscheinungen beim Schweißen bestimmter Stähle am Rande oder in einiger Entfernung vom Schweißbutzen. Diese Härtung kann in manchen Fällen durch Verkürzung der Schweißzeit und Erhöhung der Schweißleistung, in den meisten Fällen jedoch durch Verlängern der Schweißzeit und Schwächen des Schweißstromes vermieden werden. Die Erklärung kann folgendermaßen gegeben werden:

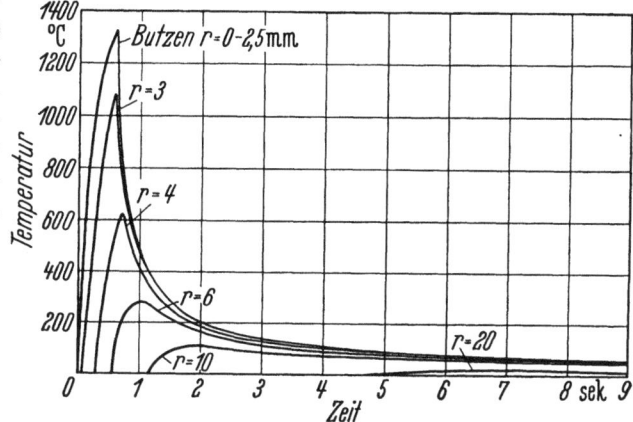

Abb. 104. Zeitlicher Temperaturverlauf in bestimmten Abständen von der Butzenmitte bei einer Schweißzeit von 0,6 sek. Schematische Darstellung. (FAHRENBACH.)

a) Nicht im Schweißbutzen selbst, sondern erst in einigem Abstand von ihm hat der Temperaturanstieg und Abfall einen solchen zeitlichen Verlauf, daß die Bildung des harten Gefüges ermöglicht wird.

b) Bei kurzer Schweißzeit sind die Kurven des Bildes zeitlich zusammengedrängt. In diesem Fall steht an keiner Stelle des Bleches genügend Zeit für die Umkristallisation und Aushärtung zur Verfügung.

c) Bei längerer Schweißzeit werden die Kurven der Abb. 104 zeitlich auseinander gezogen und ähneln mehr dem Temperaturverlauf in größerem Abstand vom Schweißbutzen. In diesem Fall verläuft die Erwärmung und Abkühlung so langsam, daß das zur Härtung führende Abschrecken nicht mehr eintritt.

Für die Beurteilung von Gefügeumwandlungen, die sich nur in bestimmten Mindestzeiten vollziehen können, ist es wichtig zu wissen, wie lange sich Werkstoffteile in verschiedenem Abstand vom Butzen oberhalb einer gewissen Temperatur befinden. Auch diese Werte sind den Kurven der Abb. 104 zu entnehmen und zeigen z. B. in denen der Abb. 105, wie lange das Blech nahe der Oberfläche, z. B. bei den Schweißzeiten 0,6 und 1,8 sek mehr als 600° C annimmt.

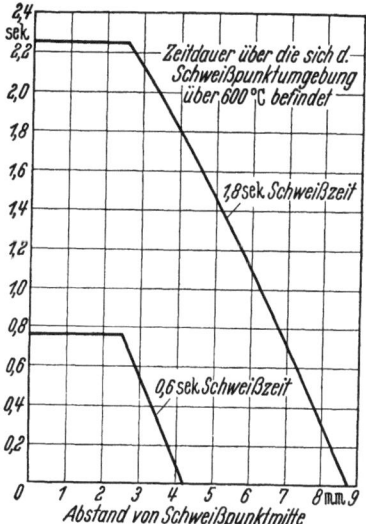

Abb. 105. Zur Erläuterung der Zusammenhänge zwischen Gefügeumwandlung und Temperaturfeld. (FAHRENBACH.)

Ob und in welcher Entfernung vom Schweißbutzen überhaupt eine Umwandlung oder Härtung des Bleches auftritt, ist also abhängig vom zeitlichen Temperaturverlauf im Butzen und seiner Umgebung und kann bei Kenntnis dieser Zusammenhänge, der richtigen Wahl des Schweißstromes und der Schweißzeit willkürlich beeinflußt werden. Liegt für einen Werkstoff das metallurgische Verhalten bei verschiedenen Temperaturprogrammen fest, so läßt sich auch das Verhalten des Werkstoffes bei einer Schweißung voraussagen, sofern die in den Kurven der Abb. 104 dargestellten Temperaturkurven für verschiedene Schweißzeiten bekannt sind.

Bei der Betrachtung des Temperaturverlaufes seien auch zwei wärmetechnische Maßnahmen erwähnt, die gelegentlich in der Widerstandsschweißung verwendet werden: Die Vollkühlung, die Vorwärmung und die Nachwärmung. Die Vollkühlung, d. h. das Herstellen der Schweißung unter Wasser oder in anderen Kühlmitteln hat dieselbe Wirkung wie das Verkürzen der Schweißzeit. Der Temperaturanstieg wird etwas verzögert, so daß meist bedeutend höhere Ströme angewendet werden müssen. Der Temperaturabfall wird sehr viel steiler, und durch die gute Wärmeübertragung vom Blech an das Kühlmittel kann die Verlustwärme nur einen ganz kleinen Bereich um den Schweißbutzen erwärmen. Die Vollkühlung wird daher im wesentlichen für nichthärtende und gutleitende Bleche angewendet, bei denen jedes Verziehen des Werkstoffes durch unnötige Erwärmung vermieden werden muß. Auch das Vollkühlen mit Kohlensäureschnee ist in solchen Fällen angewendet worden.

Die entgegengesetzte Wirkung hat die Vor- und Nachwärmung. Bei der Punktschweißung wird sie im Stromprogramm und bei der Schwell-(Pulsations-) Schweißung angewendet, bei der das Temperaturfeld durch mehrmaliges Einschalten des Stromes verbreitert wird. Bei der Nahtschweißung ergibt sich die Vorwärmung beim Schweißen dicker Bleche schon allein durch das Verlaufen des Temperaturberges vor dem Kopf der Schweißnaht. Nahtschweißungen neigen daher nie so stark zur Aushärtung wie Punktschweißungen. Fast immer wird die Vorwärmung beim Stumpfschweißen angewandt. Auch hier besteht die Gefahr, daß beim Schweißen mancher Stähle mit starkem Schweißstrom sich zu beiden Seiten der Schweißstelle überhärtete Zonen ergeben. Sie werden vermieden, indem vor dem Schweißen entweder durch einen schwachen Vorwärmstrom oder durch langsames Anheizen der Teile in einem Glühofen die Stücke gut durchgewärmt und dann erst mit starkem Strom zusammengeschweißt werden.

Bei den bisherigen wärmetechnischen Betrachtungen der Punktschweißung wurde immer angenommen, daß der Schweißpunkt sich in der Mitte eines größeren Bleches befindet, die Verlustwärme also gleichmäßig abgeleitet wird. Meist müssen jedoch die Punkt- und Nahtschweißungen am Rande von Blechteilen vorgenommen werden. In diesem Fall ist der Butzen in verschiedener Richtung von verschiedenen Massen umgeben und es ergeben sich keine gleichmäßigen Verhältnisse für die Wärmeabteilung. In der Richtung zum Blechrand staut sich die Wärme und die Temperatur steigt schneller an. Bei zu wenig Abstand zwischen Schweißbutzen und Blechrand kommt es daher, am Blechrand leicht zu Überhitzungen des Werkstoffes. Man sollte aus diesem Grunde die Schweißpunkte oder die Naht möglichst 5mal Blechdicke vom Blechrand entfernt vorsehen und evtl. später das nicht geschweißte überlappende Blech abschneiden.

Besonders schwierig sind Punkt- und Nahtschweißungen in der Nähe eines Blechrandes, wenn der Abstand zur Punktreihe oder Naht sich während der Schweißung ändert. Beim Schweißen in größerem Abstand vom Blechrand verbleibt durch die verbesserte Wärmeableitung zu wenig Wärme in der Schweißstelle, während beim Vermindern der Wärmeableitung durch Heranlaufen der Naht an den Rand die Schweißstelle überhitzt und verbrannt werden kann.

Das Temperaturfeld erleidet auch dann Störungen, wenn Stoffe verschiedener Wärmeleitfähigkeit oder verschiedenen Querschnittes miteinander verschweißt werden müssen. Der Stoff mit der kleineren Leitfähigkeit oder dem kleineren Querschnitt wird bei gleicher Wärmeerzeugung in beiden Stoffen bedeutend schneller erwärmt und daher eher die Schweißtemperatur erreichen als der andere. Für das einwandfreie Verschweißen zweier Teile ist es aber unerläßlich, daß die zu verbindenden Stoßflächen gleiche Temperaturen erreichen. Der Ausgleich wird dadurch geschaffen, daß man die Wärmeableitung auf der durch Überhitzung gefährdeten Seite durch besser leitende oder besser gekühlte Elektroden, sowie durch größere Elektrodenflächen erhöht. Einen Stift kann man z. B. auf eine Blechplatte mit großer Wärmeableitfähigkeit nur dann aufschweißen, wenn man die Überhitzung des Stiftes durch vollständiges Fassen desselben in gut gekühlten Elektroden verhindert. Beim Stumpfschweißen verschiedener Stoffe wird der gleiche Weg durch die Wahl verschiedener Einspannlängen beschritten: Der schlechtleitende oder niederer schmelzende Teil wird kürzer eingespannt, damit der zu schnelle Temperaturanstieg in diesem Teil durch eine bessere Wärmeableitung an die Spannbacken verhindert wird.

Man kann auch den Temperaturanstieg in dem Teil eines Werkstückes, welcher sich durch bessere Leitverhältnisse langsamer erhitzt, durch schlechter leitenden Elektrodenwerkstoff (z. B. Wolfram statt Kupfer) fördern. Bei richtiger Anwendung dieser wärmetechnischen Mittel läßt sich also auch bei unsymmetrischen Verhältnissen die Erwärmung der Schweißstelle so beeinflussen, daß die Teile praktisch gleichmäßig die Schweißtemperatur erreichen.

3. Messungen des Temperaturverlaufes.

§ 35. Der hier abgeleitete zeitliche Verlauf der Temperaturen wurde durch eine größere Versuchsreihe des Verfassers bestätigt. Als Versuchswerkstoff wurde blankgewalzter Tiefziehstahl DIN St VII · 23 (C = 0,1—0,15; M < 0,5; P < 0,03; S < 0,03) verwendet mit einer Blechdicke $s = 1{,}0$ mm in Form von runden Plättchen mit einem Durchmesser von 25 mm. Die runde Form wurde gewählt, um gleichen Wärmeabfluß nach allen Seiten voraussetzen zu können und damit die zu verwendenden Thermoelemente auf ein Minimum zu beschränken. Gemessen wurde in erster Linie mit 4 Thermoelementen, deren Spannung mittels Oszillographenschleifen aufgezeichnet wurde. Die

Abb. 106. Schema der Thermoelementanordnung für die Versuche der Abb. 107—109 Zahlentafel 19.

Elemente wurden aus Pallaplat (Heraeus) angefertigt, und zwar aus einem Draht mit 0,05 mm Dicke. Die Drähte wurden so dünn gewählt, um ein möglichst trägheitsloses Ansprechen der Elemente zu erzielen. Pallaplat wurde wegen seiner hohen Thermokraft (bei 1000° etwa 45 mV) verwendet, wodurch es möglich war, mit der empfindlichen 5 T-Schleife des Siemens-Oszillographen brauchbare Ausschläge zu erzielen. Die Elemente wurden mit kurzen, verdrillten und abgeschirmten Leitungen direkt an die Schleifen gelegt. Sie wurden möglichst kurz gehalten mit Rücksicht auf den Ohmschen Widerstand und eingestemmt, wie es Abb. 106 und die Schliffe der Abb. 108 u. 110 zeigen. Der eine Pol wurde durch eine Glaskapillare weitergeführt, um die der andere Pol verdrillt wurde. Auf diese Weise wurde der Einfluß des sehr starken Feldes des Schweißstromes sehr gering gehalten. Es war auch möglich, ohne Siebkreise auszukommen, die eine bei den kurzen Zeiten nicht zu vernachlässigende Zeitkonstante mit sich gebracht hätten. Der sekundäre Schweiß-

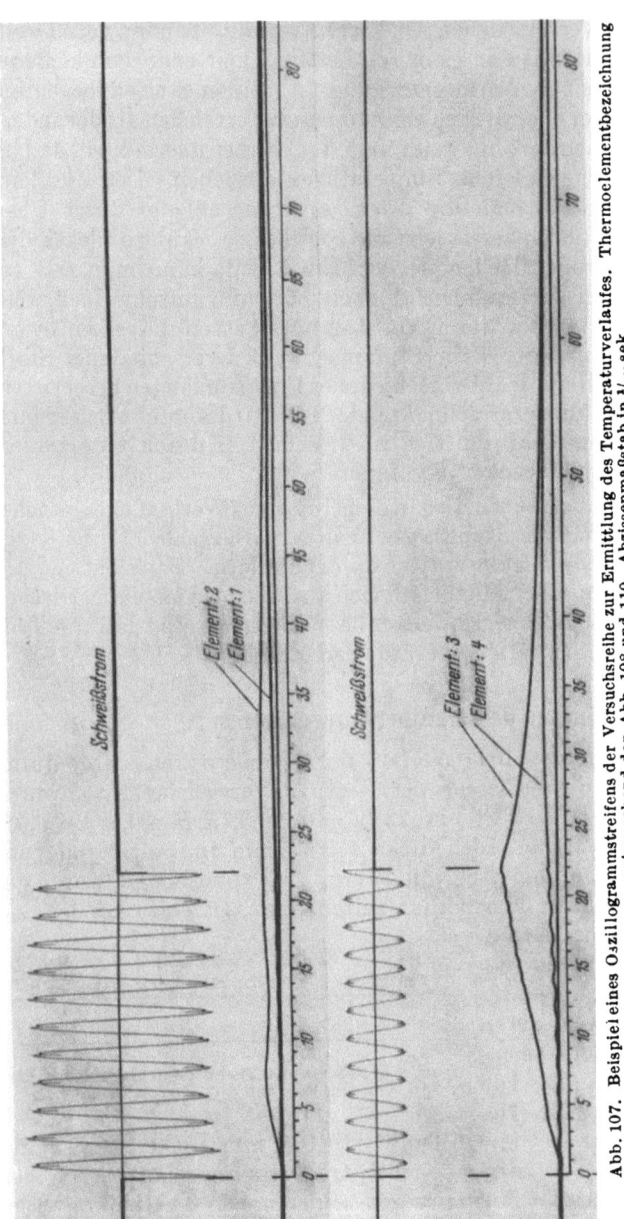

Abb. 107. Beispiel eines Oszillogrammstreifens der Versuchsreihe zur Ermittlung des Temperaturverlaufes. Thermoelementbezeichnung entsprechend den Abb. 108 und 110. Abzissenmaßstab in $1/100$ sek.

strom wurde über einen in den Sekundärkreis geschalteten, eisenlosen Wandler oszillographiert. Abb. 107 gibt 2 typische Oszillogrammstreifen einer Versuchsreihe wieder. Es wurden 3 Versuchsreihen gemäß Zahlentafel 19 durchgeführt.

Den zeitlichen Temperaturverlauf an den verschiedenen Meßstellen, die örtliche Lage der Höchsttemperaturen um die Schweißstelle und jeweils einen Schliff durch die Schweißstelle zeigen für 2 Versuchsreihen die Abb. 108 und 110. Eine Zusammenstellung des Verlaufes der Höchsttemperaturen bringt Abb. 109. Die Unterschiede bei verschieden langen Schweißzeiten sind deutlich zu erkennen. Die Messungen bestätigen grundsätzlich den Kurvenverlauf der Abb. 104. In diesem Zusammenhang sei auf eine Arbeit von F. J. KISLJUK (72) über die rechnerische Ermittlung des Temperaturverlaufes bei der Stumpfschweißung verwiesen.

Zahlentafel 19. *Schweißbedingungen der Versuchsreihen der Abb. 108—110.*

Nr. der Versuchsreihe	Abb. Nr.	Schweißzeit sek	Elektrodenkraft kg	Schweißstrom Amp	Elektrode mm ⌀
1	108	0,18	150	6950	5 plan
2	—	0,62	150	5740	5 plan
3	110	1,5	150	5180	5 plan

§ 35 Temperaturfeld und zeitliche Änderung.

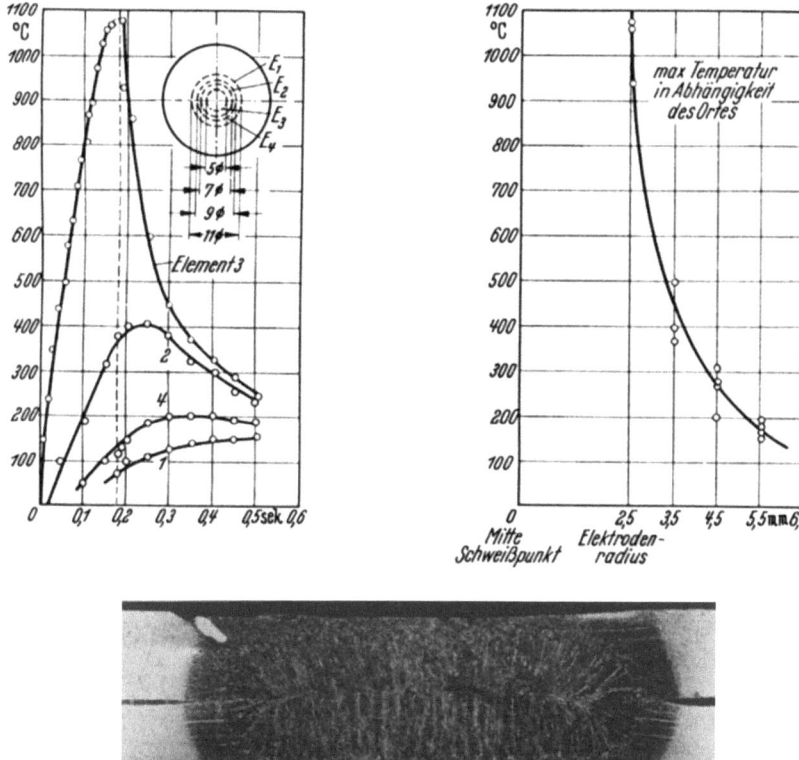

Abb. 108. Temperaturverlauf an der Blechoberfläche und Höhe der Maximaltemperaturen. Außerdem ein Schliff durch die Schweißstelle der links oben die Lage des Thermoelements Nr. 3 erkennen läßt. Schweißzeit 0,18 sek. (V. = 12×.)

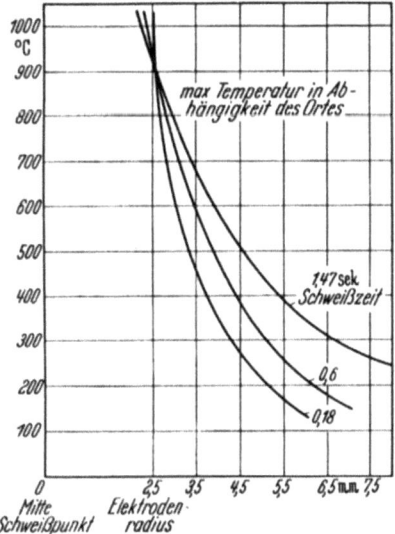

Abb. 109. Zusammenfassung der Maximaltemperaturen in Abhängigkeit des Ortes der Versuche der Zahlentafel 19.

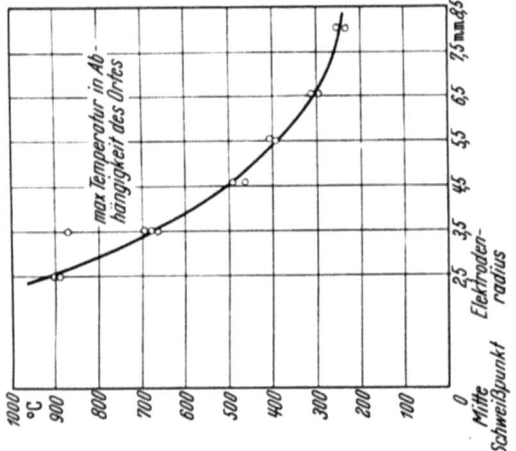

Abb. 110. Temperaturverlauf an der Blechoberfläche und Höhe der Maximaltemperaturen. Außerdem ein Schliff durch die Schweißstelle der links oben die Lage des Thermoelements Nr. 3 erkennen läßt. Schweißzeit 1,5 sek. (V = 12×.)

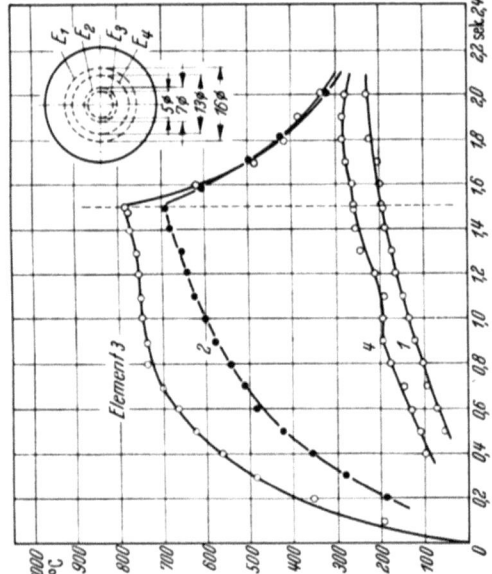

4. Wirkungsgrad und Wärmebilanz.

§ 36. Bei einer Widerstandsschweißung unterscheidet man 2 Wirkungsgrade. Der Maschinenwirkungsgrad sagt aus, in welchem Verhältnis die Totalleistung zwischen den Elektroden N_T zu der aus dem Netz aufgenommenen Leistung N steht. Andererseits gibt uns der thermische Wirkungsgrad über die Wärmeverhältnisse zwischen den Elektroden Aufschluß.

a) *Der Maschinenwirkungsgrad.* Die bei der Maschine in Erscheinung tretende Nutzleistung ist N_T. Ist N die aus dem Netz aufgenommene Leistung, so wird der Maschinenwirkungsgrad:

$$\eta_m = \frac{N_T}{N}.$$

N setzt sich folgendermaßen zusammen: $N = N_T + N_1 + N_2 + N_3$, wo N_1 die Kupferverluste des Primärkreises sind, N_2 die Verluste des Sekundärkreises einschließlich der Elektroden und evtl. Spannvorrichtungen und N_3 die Eisenverluste des Transformators. Rechnerisch lassen sich die Werte wie folgt ermitteln:

$$\begin{aligned}
N &= U \cdot J \cdot \cos\varphi & &\text{Watt} \\
N_1 &= J_1^2 \cdot R_1 & &\text{,,} \\
N_2 &= J_2^2 \cdot R_2 & &\text{,,} \\
N_3 &= U_1 \cdot J_0 \cdot \cos\varphi - J_0^2 \cdot R_1 & &\text{,,} .
\end{aligned}$$

Am besten lassen sich die Verhältnisse übersehen, wenn man das Kreisdiagramm für die Transformatorströme zu Hilfe nimmt. Es sei hier ein Diagramm aufgezeichnet, das aus dem Leerlauf- und Kurzschlußversuch, sowie einem Belastungsversuch ermittelt sein möge. Es ist in Abb. 111 mit den charakteristischen Punkten, Leerlauf P_0, Kurzschluß P_k und maximaler Totalleistung P_m aufgezeichnet. Der Punkt P möge der Arbeitspunkt für eine Punktschweißung sein. Es wurde schon früher gezeigt, daß dann die Strecke PA, das Lot auf P_0M, ein Maß für die umgesetzte Totalleistung ist. Die Ordinate des Punktes P ist die primär aufgenommene Wirkleistung. $P_0 P_k$ ist also

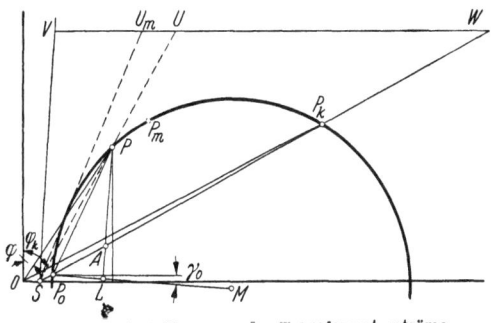

Abb. 111. Kreisdiagramm der Transformatorströme. Konstruktion der Wirkungsgradlinie.

die Gerade der abgegebenen und die Abszissenachse diejenige der aufgenommenen Leistung. Erstere wird in den Punkten P_0 und P_k zu Null.

FRAENCKEL (37) weist nun den Satz nach, daß zwei Leistungen in gleichem Maßstab erscheinen, wenn sie durch solche Abstände von den beiden Leistungslinien gemessen werden, die in Richtung der dritten fallen. So teilt in Abb. 112 ein Strahl PS eine Parallele VW zur Linie NN der Gesamtleistung zwischen $N_V N_V$ und $N_T N_T$ in die Abschnitte VU und UW, die sich wie der Verlust zur Nutzleistung verhalten. Daher ist auch das Verhältnis UW zu VW der Wirkungsgrad. In unserem Fall (Abb. 111) sind nun die Richtungen, in denen die Leistungen N und N_T im gleichen Maßstab erscheinen, wenn nicht M auf einer Parallelen durch P_0 zur Abszissenachse liegt, um den kleinen Winkel γ_0 verschoben. Ist L der Schnittpunkt von PA mit der Abszissenachse, so ist $PL = N : \cos\gamma_0$. Man verlängert jetzt $P_0 P_k$ bis zum Schnittpunkt S mit der Abszissenachse und zieht dann hierdurch eine Parallele zu PL. Zur Darstellung des Wirkungsgrades zieht man an beliebiger Stelle die Parallele VW zur Abszisse. Ein Strahl von S nach dem Kreispunkt P schneidet VW in U, und es verhalten sich die Abstände UV

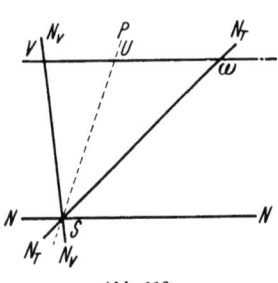

Abb. 112.

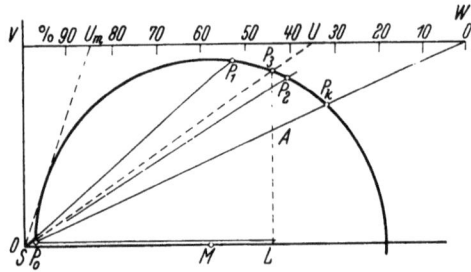

Abb. 113. Kreisdiagramm zum Punktschweißversuch für die Aufstellung einer Wärmebilanz.

und UW wie der Verlust zur Nutzleistung oder UW zu VW wie $N_T : N/\cos\gamma_0 = \eta_m/\cos\gamma_0$. Den Punkt des maximalen Wirkungsgrades U_m erhält man, indem man von S aus die Tangente an den Kreis zieht.

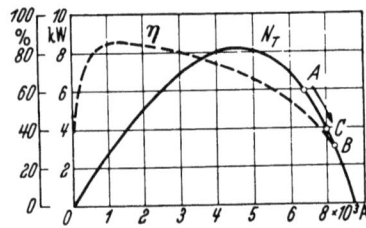

Abb. 114. Totalleistung und Maschinenwirkungsgrad in Abhängigkeit des Sekundärstromes.

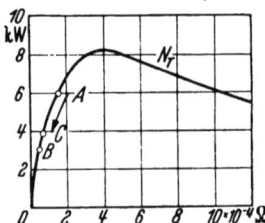

Abb. 115. Totalleistung in Abhängigkeit des Totalwiderstandes.

Als Beispiel wurde eine Punktschweißung mit der Maschineneinstellung des Diagrammes der Abb. 113 an 2×1 mm Stahlblechen durchgeführt, und zwar mit einer Schweißzeit von 0,6 sek. Von der Schweißung wurden die Primärspannung, der Primärstrom und die Schweißtemperatur oszillographiert. Als Anfangsstrom wurden primärseitig 91 Amp und als Endstrom 103 Amp gemessen. Dies entspricht den Punkten P_1 und P_2 im Kreisdiagramm. Für unsere weitere Betrachtung ermitteln wir die Kurve $N_T = f(J_2)$, wie im § 30 angegeben, und zeichnen ebenfalls die Wirkungsgradkurve η ein, Abb. 114. Zu beachten ist, daß in diesem Fall vereinfachend M zufällig auf die Abszissenachse und S in den Nullpunkt fällt. In gleicher Weise zeichnen wir die Kurve $N_T = f(R_T)$ auf, Abb. 115.

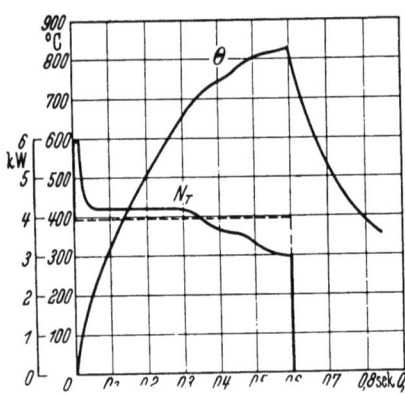

Abb. 116. Schweißtemperatur und Totalleistung in Abhängigkeit der Zeit.

Ermittelt man den Verlauf von N_T während der Schweißung entsprechend dem Stromverlauf in Abhängigkeit der Zeit aus dem Kreisdiagramm, so erhält man eine Kurve, wie sie Abb. 116 wiedergibt. Durch Ausplanimetrieren wurde der mittlere Leistungsumsatz zwischen den Elektroden zu 3930 W bestimmt. Dies entspricht dem Punkt P_3 im Diagramm und einem Sekundärstrom von $J_2 = 6970$ Amp bei $R_T = 0{,}81 \cdot 10^{-4}\ \Omega$

($R_{T_{max}} = 1,5 \cdot 10^{-4}$ und $R_{T_{min}} = 0,5 \cdot 10^{-4}\,\Omega$). Es lassen sich jetzt für eine Wärmebilanz folgende Werte errechnen:

$$N_T = 6970^2 \cdot 0,81 \cdot 10^{-4} = 3930 \text{ W}$$
$$Q_T = 0,239 \cdot 3930 \cdot 0,6 = 563 \text{ cal}.$$

Für die Größe R_2 wurde durch Messung der Wert $1,48 \cdot 10^{-4}\,\Omega$ ermittelt. Dies ergibt für:

$$Q_2 = 0,239 \cdot 6970^2 \cdot 1,48 \cdot 10^{-4} \cdot 0,6 = 1030 \text{ cal}.$$

Die primären Kupfer- und Eisenverluste ergaben sich zu:

$$N_{Cu} = 360 \text{ W}; \quad N_{Fe} = 316 \text{ W}$$

oder

$$Q_1 + Q_3 = 0,239 \cdot (360 + 316) \cdot 0,6 = 96,8 \text{ cal}.$$

Die gesamte zugeführte Wirkleistung ist:

$$N = U_1 \cdot J_1 \cos \varphi_1 = 220 \cdot 99 \cdot 0,54 = 11\,800 \text{ W}$$

oder

$$Q = 0,239 \cdot 11\,800 \cdot 0,6 = 1690 \text{ cal}$$

als Wert aus dem Oszillogramm. Andererseits erhalten wir als Summenwert:

$$Q = Q_T + Q_2 + Q_1 + Q_3 = 563 + 1030 + 96,8 = 1689,8 \text{ cal}.$$

Hiermit ergibt sich eine Wärmebilanz, wie sie Abb. 117 zeigt und ein Maschinenwirkungsgrad von 33,5%.

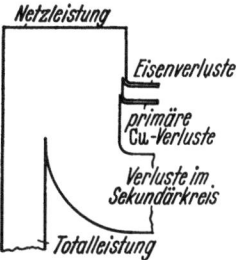

Abb. 117. Wärmebilanz einer Punktschweißung.

Wir sehen, daß wir uns mit der Versuchsschweißung bei weitem nicht im Bereich des günstigsten Wirkungsgrades befinden. Der verhältnismäßig ungünstige Wirkungsgrad ist letzten Endes durch eine Unstimmigkeit zwischen dem Widerstand R_T des Schweißgutes und dem Scheinwiderstand des Sekundärkreises verursacht. Der Scheinwiderstand ist für den betrachteten Fall vergleichsweise zu groß. Hoher Scheinwiderstand kann durch die durch die Form des Schweißgutes verlangte (große) Ausladung verursacht werden.
Zu dem Bereich unterhalb des Leistungsmaximums, d. h. also oberhalb von $J_2 = 4500$ Amp ist noch zu bemerken, daß er den Vorteil hat, daß infolge des Absinkens der Leistung mit längerer Schweißzeit Überhitzungen vermieden werden.

b) *Der thermische Wirkungsgrad*. Die zwischen den Elektroden umgesetzte Wärmemenge gliedert sich in zwei Größen, und zwar in die als reine Nutzwärme verwendete Butzenwärme Q_B und die durch die Elektroden und das Werkstück abgeführte Wärme Q_V. Wir können also den thermischen Wirkungsgrad einer Schweißstelle wie folgt definieren, wenn die der Schweißstelle zugeführte Wärmemenge Q_T ist:

$$\eta_{th} = \frac{Q_B}{Q_T} = 1 - \frac{Q_V}{Q_T}.$$

Für die Größe Q_V wurde schon im §34 nachgewiesen, daß folgende Beziehung gilt:

$$dQ_V = O_B \cdot \alpha \cdot \vartheta_B \cdot dt.$$

Setzen wir für ϑ_B den Wert der Gl. (23) ein, so erhält man:

$$dQ_V = O_B \cdot \alpha \cdot 0{,}239 \frac{J^2 \cdot R_T}{O_B \cdot \alpha} \left(1 - e^{-\frac{O_B \cdot \alpha}{G_B \cdot c_B} \cdot t}\right) dt$$

und integriert man über die Zeit 0 bis t, so ist:

$$Q_V = 0{,}239 \cdot J^2 \cdot R_T \int_0^t \left(1 - e^{-\frac{O_B \cdot \alpha}{G_B \cdot c_B} \cdot t}\right) dt$$

$$= 0{,}239 \, N_T \int_0^t \left(1 - e^{-\frac{O_B \cdot \alpha}{G_B \cdot c_B} \cdot t}\right) dt.$$

Setzt man für

so wird

$$\frac{O_B \cdot \alpha}{G_B \cdot c_B} = C$$

$$Q_V = 0{,}239 \, N_T \int_0^t (1 - e^{-Ct}) \, dt$$

$$= \left| 0{,}239 \cdot N_T \left(t + \frac{1}{C} e^{-Ct}\right) \right|_0^t = 0{,}239 \, N_T \left[t - \frac{1}{C}\left(1 - e^{-Ct}\right)\right].$$

Ferner ist: $\quad Q_T = 0{,}239 \cdot N_T \cdot t.$

Damit ergibt sich für:

$$\eta_{th} = 1 - \frac{Q_V}{Q_T} = 1 - \frac{0{,}239 \, N_T \left[t - \frac{1}{C}\left(1 - e^{-Ct}\right)\right]}{0{,}239 \cdot N_T \cdot t} = \frac{1 - e^{-Ct}}{Ct}.$$

Trägt man diese Gleichung in ein Koordinaten-System ein, so erhält man eine Kurve von der Art, wie sie Abb. 118 wiedergibt. Sie besagt, daß wenn wir den thermischen Wirkungsgrad 1,0 erreichen, also ohne Verluste arbeiten wollen, eine unendlich kleine Schweißzeit t notwendig ist. Je größer die Schweißzeit wird, desto kleiner wird auch der Wirkungsgrad. Andererseits sagt aber auch die Kurve über das Verhalten der verschiedenen Stoffe und das Verhältnis des Schweißquerschnittes bzw. des Schweißbutzens zur Schweißzeit etwas aus. Die Einheit der Abszisse ist:

$$C \cdot t = \frac{O_B \cdot \alpha}{G_B \cdot c_B} \cdot t.$$

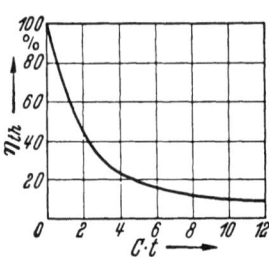

Abb. 118. Thermischer Wirkungsgrad η_{th} in Abhängigkeit von $\frac{O_B \cdot \alpha}{G_B \cdot c_B} \cdot t$.

Die Größe $O_B \cdot \alpha$ ist maßgebend für die Wärmeableitung durch die Oberfläche des Schweißbutzens, wohingegen $G_B \cdot c_B$ für die Wärmeaufnahme des Schweißbutzens bestimmend ist. Wir vergleichen nun die Punktschweißung an Blechen verschiedener Werkstoffe. Die Blechdicken mögen gleich groß sein, desgleichen möge der zu erzielende Schweißquerschnitt bei beiden Schweißungen der gleiche sein, mit anderen Worten O_B und $\frac{\pi}{2} \cdot d^2 \cdot z_B$ (da $G_B = \frac{\pi}{2} d^2 \cdot z_B \cdot \gamma$) sind konstant. Es wird also für gleiche Schweißquerschnitte

$$C \cdot t = \frac{O_B \cdot \alpha}{G_B \cdot c_B} \cdot t = C_1 \cdot \frac{\alpha}{\gamma \cdot c_B} \cdot t$$

§ 36 Temperaturfeld und zeitliche Änderung. 97

$\dfrac{\alpha}{\gamma \cdot c_B}$ nimmt für die verschiedenen Metalle folgende Werte an:

St = 48,9   Me = 107   Al = 310   Cu = 386.

Setzen wir diese Zahlen zueinander ins Verhältnis, wobei der Werkstoff Stahl der Verhältniswert mit der Größenordnung 1 sein möge, so erhalten wir für $C \cdot t$:

Zahlentafel 20.

	St	Me	Al	Cu
$C \cdot t$	$C_1 \cdot t$	$2{,}19 \cdot C_1 \cdot t$	$6{,}35 \cdot C_1 \cdot t$	$7{,}9 \cdot C_1 \cdot t$
η_{th}	0,65	0,42	0,15	0,12
$t_{\eta_{th} = 0,65}$	1	0,456	0,158	0,127

Diese Verhältniszahlen besagen uns unter Anwendung der Wirkungsgradkurve, daß, wenn wir die Metalle alle mit gleicher Schweißzeit verschweißen wollen, der thermische Wirkungsgrad sich mit zunehmender Leitfähigkeit wesentlich verschlechtert. Nehmen wir z. B. für Stahl $C \cdot t = 1$ an, so ändert sich η_{th} wie in der Tafel angegeben. Wollen wir den gleichen thermischen Wirkungsgrad wie bei Stahl erzielen, so müssen die Schweißzeiten entsprechend verkleinert werden und wir erhalten die in der Tafel unter $t_{\eta_{th} = 0,65}$ aufgeführten Werte.

Diese Folgerung steht auch durchaus mit den Grundsätzen der Praxis im Einklang, die mit steigender Leitfähigkeit der Werkstoffe kürzere Schweißzeiten verwendet.

c) *Wirkungsgrad und Maschineneinstellung.* Für die gesamte zwischen den Elektroden umgesetzte Leistung gilt:

$$Q_T = Q_B + Q_V = Q_B + 0{,}239 \cdot N \cdot \left[t - \frac{1}{C}\left(1 - e^{-Ct}\right)\right].$$

Ist es nun das Ziel, z. B. einen Schweißpunkt mit einer bestimmten geforderten Festigkeit zu erhalten, so ist die zur Bildung des Schweißbutzens aufzuwendende Wärmemenge Q_B unabhängig von der Zeit, d. h. mit anderen Worten trage ich Q_T in Abhängigkeit von der Zeit t in ein Koordinatensystem ein, so wird hier Q_B als eine Parallele zur Zeitachse erscheinen, Abb. 119. Q_V erhalten wir als eine ansteigende e-Funktion. Aus dem Verlauf von Q_T läßt sich N_T in Abhängigkeit der Schweißzeit ermitteln. Diese Kurve hat einen hyperbelähnlichen Verlauf. Die in Abb. 119 wiedergegebenen Kurven entsprechen dem Punktschweißversuch des Kreisdiagrammes der Abb. 113, und zwar ist der Punkt P_3 (wie in Abb. 113) derjenige der Schweißzeit mit 0,6 sec. Für einen bestimmten Total-

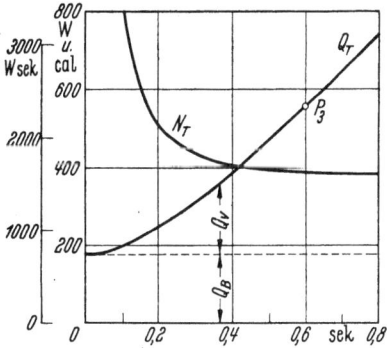

Abb. 119. Totalleistung und Totalwärme in Abhängigkeit der Schweißzeit.

widerstand R_T ergibt sich andererseits die Parabel $N_W = J_2^2 \cdot R_T$. Diese ist für zwei Widerstände, $R_T = 0{,}81 \cdot 10^{-4}$ und $1{,}2 \cdot 10^{-4} \Omega$, in die Charakteristiken dreier Maschinen eingetragen, Abb. 120. Desgleichen sind die Maschinenwirkungsgradkurven η_{m_I} und $\eta_{m_{III}}$ der Maschine I und III angegeben. In den Punkten A, B, C bzw. A', B', C' sind bei diesen Widerständen Schweißungen möglich. Vergleichen wir diese Leistung mit denjenigen der Kurve N_T in

Abb. 119, so haben wir die zugehörigen Schweißzeiten, die in Zahlentafel 21 zusammengestellt sind.

Zahlentafel 21.

	N_T max.	N_T kW	$B\%$	η_m	T sec.	N kW	N_V kW	A Ws	A_V Ws	A_T Ws
Maschine I										
$R_T = 0{,}81 \cdot 10^{-4}$	8,1	4	49	0,35	0,6	11,4	7,4	6850	4450	2400
$R_T = 1{,}2 \cdot 10^{-4}$	8,1	5,3	64,8	0,44	0,13	12	6,7	1560	870	690
Maschine II										
$R_T = 0{,}81 \cdot 10^{-4}$	9,9	5,6	56,5	—	0,12	—	—	—	—	—
$R_T = 1{,}2 \cdot 10^{-4}$	9,9	7,1	75	—	0,07	—	—	—	—	—
Maschine III										
$R_T = 0{,}81 \cdot 10^{-4}$	11,8	8,9	75,5	0,37	0,04	24,1	15,2	965	608	357
$R_T = 1{,}2 \cdot 10^{-4}$	11,8	10,5	89	0,47	0,03	22,4	11,9	672	358	314

Außerdem ist in der Zahlentafel die prozentuale Ausnützung $B\%$ der jeweiligen Maschine angegeben, d.h. es ist die Totalleistung N_T zur möglichen Maximalleistung der Maschine ins Verhältnis gesetzt. Wir erkennen, daß wir die beste Ausnützung bei der Maschine III mit 75% und die schlechteste bei Maschine I mit nur 49% haben. Im Punkt C benötigen wir eine Schweißzeit von 0,04 sec. (2 Perioden), im Punkt A eine solche von 0,6 sec. (30 Perioden) und bei B 0,12 sec. (6 Perioden). Wir haben also im Fall C wohl eine bessere Ausnützung der Maschine, benötigen aber bei der kurzen Schweißzeit ein hochwertiges Schaltgerät, wohingegen wir im Fall A mit einer einfachen Schalteinrichtung auskommen. Praktisch kann man nun dadurch eine bessere Anpassung erzielen, indem man den Totalwiderstand R_T erhöht, d.h. also, den Elektrodendruck senkt. Erhöhen wir z.B. R_T auf $1{,}2 \cdot 10^{-4}\,\Omega$, so erhalten wir

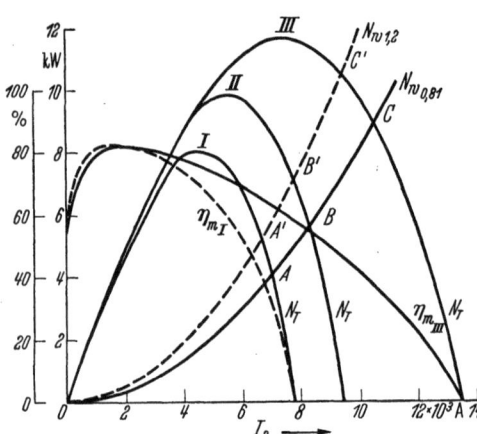

Abb. 120. Vergleich verschiedener Maschinencharakteristiken bezüglich einer Punktschweißung.

die Punkte A', B' und C'. Dies hat eine Erhöhung der Totalleistung und damit eine Kürzung der Zeiten zur Folge, und wir erhalten eine Ausnützung bei der Maschine III von 89% bei einer Schweißzeit von 0,03 sec.

Von der Maschine I und III ist in der Zahlentafel auch der jeweilige Maschinenwirkungsgrad η_m angegeben. Er gestattet uns, die bei den verschiedenen Maschinen bzw. Einstellungen notwendige Energie zu ermitteln. Diese ist unter A als gesamte aus dem Netz aufgenommene Energie, A_V als gesamte Verlustenergie und A_T als zwischen den Elektroden umgesetzte Totalenergie in Watt·sec. aufgeführt. Wir erkennen, daß durch Verwendung einer geeigneten Maschine bzw. eines Arbeitspunktes auf der Maschinenkennlinie und entsprechenden Zeiten, die Energiekosten um ein Vielfaches gesenkt werden können. So können z.B. durch die Verwendung einer Maschine oder Maschinenstufe die maximal 12 kW an Stelle einer solchen, die 8 kW abgibt, bei gleichen Elektrodenkräften die Energiekosten auf ein Siebentel gesenkt werden. Es ist daher schon mit Rücksicht auf diese laufend anfallenden Kosten wichtig, daß man mit Hilfe der Maschinencharakteristik für die durchzuführende Schweißung die geeignete Maschine und Steuerung ermittelt.

F. Zusammenfassende Betrachtung zu Abschnitt III.

§ 37. In den vorangegangenen Betrachtungen wurden die drei Größen Widerstand, Strom und Dauer des Stromflusses, die allein den Wärmeumsatz an der Schweißstelle bestimmen, näher und in ihrem gegenseitigen Verhalten behandelt. Hieraus ergeben sich für die Fertigung folgende Gesichtspunkte:

Das Ziel einer richtigen Maschineneinstellung ist die Erlangung der richtigen Temperatur in der Schweißstelle. Diese Temperatur läßt sich aber für steuertechnische Zwecke heute nicht erfassen. Die Erfahrung hat gezeigt, daß man in der Fertigung das günstigste Ergebnis erzielt, wenn man eine möglichst weitgehende Konstanthaltung der drei Größen Widerstand, Strom und Stromdauer anstrebt.

Auf Grund der seitherigen Betrachtungen wissen wir, daß sowohl die auftretenden Kontaktwiderstände wie auch die Stoffwiderstände die Schweißung stark beeinflussen. Erstere mehr zu Beginn der Schweißung, letztere im Verlauf des größten Teiles derselben. Die Kontaktwiderstände können bei Stahl zu Beginn der Schweißung ein Vielfaches des Stoffwiderstandes betragen, sinken aber auf einen geringen Endwert in kurzer Zeit ab. Aus diesem Grund ist auf die immer gleiche Form der Elektrodenspitze größter Wert zu legen und eine immer gleichwertige Oberfläche der Werkstücke anzustreben. Andererseits muß die Maschine die Elektrodenkraft gleichmäßig erzeugen, da auch durch sie die Widerstände maßgebend beeinflußt werden. Eine einmal als richtig erkannte Maschineneinstellung muß tatsächlich gleichmäßig wiederholbar sein.

Die übliche Leistungsangabe einer Schweißmaschine ist die Dauerleistung und die größte momentane Leistungsaufnahme z. B. 100/300 kVA. Die Anschlußleistung ist hinsichtlich Erwärmung gleich der Dauerleistung, hinsichtlich des Spannungsabfalles ist sie für die größte Momentanleistung zu ermitteln.

Die Angabe über Dauer- und Momentanleistung läßt aber nicht ohne weiteres einen Vergleich verschiedener Maschinentypen zu. Hierzu ist unbedingt die Maschinenkennlinie $N_T = f(J_2)$ notwendig. Aus ihr läßt sich ermitteln, welche Schweißleistung bei einem bestimmten Sekundärstrom umgesetzt wird bzw. welche maximale Schweißleistung die Maschine überhaupt bei einer bestimmten Unterarmstellung abgeben kann.

Die Temperaturmessungen am Rande des Schweißpunktes haben an der Oberfläche einen steilen Anstieg der Temperatur gezeigt und lassen auf einen mindestens gleich starken im Innern der Bleche schließen. Dies besagt aber, daß die Einschaltzeit des Schweißstromes möglichst genau eingehalten werden muß, um ein nachteiliges Überschreiten oder Unterschreiten der richtigen Schweißtemperatur zu verhüten. Dies gilt insbesondere für die Nichteisenmetalle, die fast alle gute Wärmeleiter sind, denn bei ihnen muß ja mit sehr kurzen Zeiten gearbeitet werden, um überhaupt die Wärmeverhältnisse so zu gestalten, daß die Schweißungen durchführbar sind. Die Forderungen von gleichmäßiger Dosierung der Energie in gleichen Zeiten haben zur Entwicklung von hochwertigen Zeitsteuerungen (gitter- bzw. zündstiftgesteuerte Dampfentladungsgefäße) geführt. Ja, es waren nur durch sie möglich, schwierige Probleme zu lösen, denn es liegt z. B. bei den Leichtmetallen der Schweißbereich innerhalb enger Temperaturgrenzen und es sind bei schnellen Temperaturanstiegen diese Grenzen nur mit genauesten Zeiten einzuhalten.

Weiterhin haben die Gedankengänge gezeigt, daß zur Bestimmung eines Schweißvorganges folgende Angaben vom Schweißgerät zu erfüllen sind:

1. Die Form der Elektrodenspitze,
2. Die Elektrodenkraft im kg, evtl. der Schweißdruck im kg/mm^2,
3. Die sekundäre Stromstärke in Amp,
4. Die Schweißzeit in sec.

Als Beispiel sei eine Punktschweißung an 1 mm dicken Stahlblechen (C = 0,15%) angegeben:

1. Elektrodenspitze: 5 mm ⌀, plan,
2. Elektrodenkraft: 190 kg,
3. Schweißstrom: 6970 Amp,
4. Schweißzeit: 0,6 sec.

Hiermit ist die Schweißung eindeutig bestimmt und kann jederzeit nach diesen Angaben wiederholt werden; Voraussetzung ist, daß ein Schweißgut gleicher Eigenschaft vorliegt.

Die schnellen Erwärmungs- und Abkühlverhältnisse führen nicht bei allen Stoffen zu dem festigkeitsmäßig günstigsten Gefügeaufbau. Es wurde schon auf Aufhärtungserscheinungen in den Randzonen der Schweißpunkte bei empfindlichen Stählen hingewiesen. Dies macht in manchen Fällen eine nachträgliche Warmbehandlung notwendig und es war der Wunsch nur zu natürlich, insbesondere bei großen Bauteilen, sie gleich auf der Schweißmaschine durchzuführen. Dies förderte die Weiterentwicklung der hochwertigen Zeitsteuerungen zu den sog. Programmsteuerungen. Sie ermöglichen eine sofortige Warmbehandlung nach dem Schweißvorgang unter der Elektrode. Dies bringt wesentliche Vorteile, z. B. beim Verschweißen der vergüteten Aluminiumlegierungen. Bei den Programmsteuerungen findet man auch noch teilweise folgende Tatsache ausgenützt: Preßt man unter starker Elektrodenkraft die Werkstücke zusammen und läßt anschließend die Kraft wieder zurückgehen, so geht der Kontaktwiderstand auf einen bedeutend kleineren Wert zurück. Wir können also durch starkes Vordrücken hohe Kontaktwiderstände senken. Für den eigentlichen Schweißvorgang verringert man die Elektrodenkraft wieder. Den zeitlich veränderten Druckverlauf nennt man Druckprogramm.

Es kann verschiedene Gründe geben, die als richtig erkannten kurzen Schweißzeiten zu verlängern. Zunächst kann einmal die Leistung der vorhandenen Maschine so beschränkt sein, daß sie eben bei kurzen Zeiten nicht ausreicht.

Folgende schweißtechnischen Umstände können ebenfalls dazu führen:
1. Bleche mit unmetallischer Oberfläche infolge ihres hohen Kontaktwiderstandes.
2. Die Vermeidung starker Temperaturunterschiede in der Randzone des Schweißpunktes zur Verhütung von Härteerscheinungen.
3. Nicht gut aufeinanderliegende formsteife Werkstücke.
4. Dicke Bleche, die eine starke Wärmeaufnahme haben.

Die in derartigen Fällen teilweise wesentlich längere notwendige Schweißzeit führt zu einer starken Erwärmung der Elektrode, was aber eine deutliche Verkürzung der Standzeit mit sich bringt. In diesen und anderen Fällen, wo die Elektrodenstandzeit Schwierigkeiten macht, kann oft das Schwellschweißen Vorteile zeitigen. Siehe hierzu § 47.

IV. Punktschweißen.
A. Verfahren.

§ 38. Das Punktschweißen ist unter den Verfahren des Widerstandsschweißens dadurch gekennzeichnet, daß die Zuleitung des Schweißstromes für die Widerstandserwärmung und auch die Zuführung der Preßkraft durch *stabförmige* Elektroden mit verhältnismäßig kleiner, meist runder Berührungsfläche geschehen (vgl. Abb. 44). (Der Schweißstrom wird erst nach Wirken der Elektrodenkraft eingeschaltet; die Elektrodenkraft wird erst nach völliger Abschaltung des Schweißstromes aufgehoben.) Die einzelne Schweißverbindung

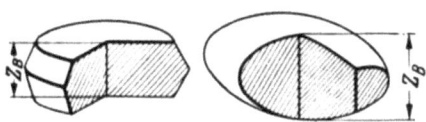

Abb. 121. Schematische Darstellung der Wärmeeinflußzone von Schweißpunkten.

wird regelmäßig zwischen übereinander liegenden Teilen, vorzugsweise zwischen überlappten Blechen „punktförmig", also kreisflächig erreicht. Die Wärmeeinflußzone hat im allgemeinen die Gestalt einer flachen Linse oder einer flachen Tonne (s. Abb. 121), deren Höhe z_b merklich geringer sein sollte, als die zwischen den Elektroden liegende Werkstückdicke $2s$. Es wird praktisch angestrebt, daß z_b etwa 50—75% von $2s$ wird. Das Schliffbild eines quer durch die Schweißlinse gelegten Schnittes in 35 facher Vergrößerung gibt Abb. 122 wieder. Das neu ge-

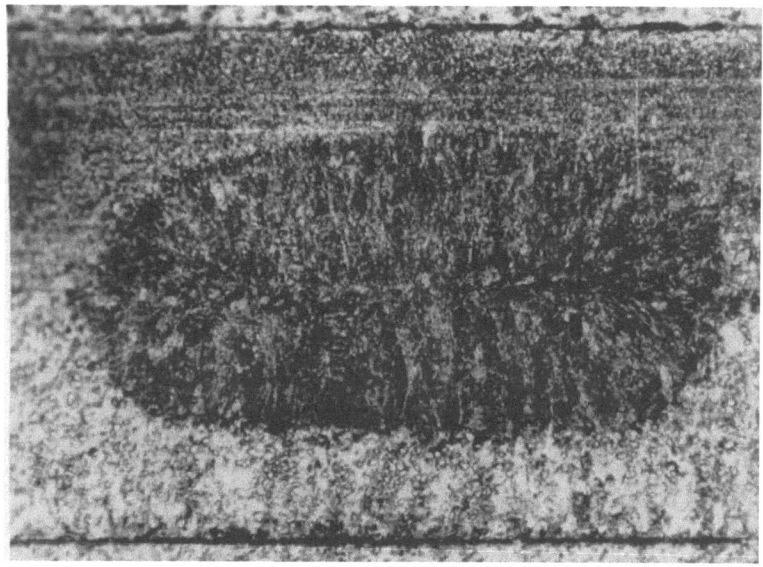

Abb. 122. Schliffbild einer Punktschweißung an dünnen Stahlblechen. (V = 35×.)

bildete Rekristallisations- bzw. Erstarrungsgefüge wächst über die ursprüngliche Fuge an der Verbindungsstelle hinweg. In gewisser Dicke ist der Werkstoff an den Außenflächen der Teile unbeeinflußt.

Widerstandsschweißungen wurden erstmalig von E. THOMSON im Jahre 1887 angewendet. Es wurde das Patent DRP. Nr. 58737 am 18. November 1890 für ein entsprechendes Schweißgerät erteilt. Auch N. v. BENARDOS führte 1887/88 Punktschweißversuche, allerdings mit Kohleelektroden durch. Der Gedanke, sie als „Preß"-Schweißungen auszuführen, stammt von ihm. Er erhielt die Patente DRP. Nr. 46776—46779. (*122*).

Der physikalischen Grundlage nach sind die Temperatur an der Verbindungsstelle und die dort wirkende Preßkraft maßgebend für das Gelingen einer bestimmten Punktschweißaufgabe. Die Werkstatt vermag die Temperatur der Verbindungsstelle allerdings nicht zu ermitteln. Sie interessiert sich für die diese Temperatur verursachenden Größen: Schweißstrom, Schweißdauer und Form und Größe der Elektroden. Die Angabe des Schweißstromes ohne Benennung der Elektrodenmaße ist nicht eindeutig, da im letzten Grade nicht die Stromstärke (Amp), sondern die Stromdichte (Amp/mm²) den Erwärmungsvorgang bestimmt. Insgesamt sind also von der Punktschweißmaschine her folgende Einflußgrößen, wie schon auf S. 100 angegeben, festzulegen:

1. Form und Größe der Elektrode,
2. Elektrodenkraft,
3. Schweißstrom,
4. Schweißzeit.

Soweit die Einflußgrößen nicht im vorigen Kapitel (III) über die Grundlagen besprochen wurden, soll das in diesem Kapitel geschehen.

Für die Elektroden ist ein besonderer Abschnitt vorgesehen (§ 60 u. 61). Die Schweißzeit wird in Zusammenhang mit dem Ein- und Ausschalten des Schweißstromes und den anzuwendenden Steuerungsgrundsätzen behandelt (§ 45 u.f.). Der folgende Abschnitt beschreibt mit wichtigen Einzelheiten die Erzeugung der Elektrodenkraft. Die praktischen Zusammenhänge, namentlich mit den Forderungen von der Schweißaufgabe her, vom Werkstoff, von der Verwendung der geschweißten Teile usw., kommen schließlich im § 67 u.f. zur Sprache.

Der an der Verbindungsstelle zur Verfügung stehende Schweißstrom ist durch die vom Maschinentransformator gelieferte (treibende) Leerlaufspannung des Sekundärteiles vorbestimmt, ferner durch die Gesamtwiderstände im Sekundärkreis und durch Nebenschlußverluste, namentlich im Schweißgut.

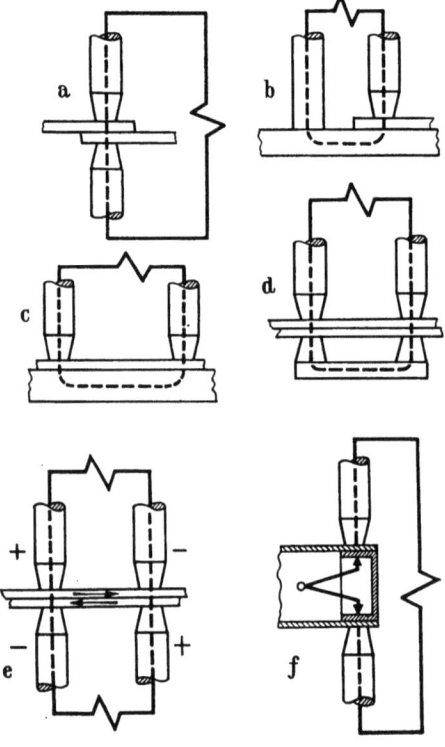

Abb. 123. Grundsätzliche Elektrodenanordnungen beim Punktschweißen.

a Einzelpunktschweißen, b, c, d, f Doppelpunktschweißen mit einem Transformator, e Doppelpunktschweißen mit zwei Transformatoren.

Wie Abb. 123 veranschaulicht, kann die Zusammenschaltung der Elektroden mit der Sekundäre des Maschinentransformators in grundsätzlich sehr verschiedener Weise geschehen.

Abb. 123a, Einzelpunktschweißen (häufigste Anordnung): bei ortsfester Maschine mit Armen gewisser Länge. Armlänge und Armabstand bestimmen bei mittleren und großen Maschinen maßgebend den Scheinwiderstand des Sekundärkreises. Bei Schweißzangen gilt meist die gleiche Anordnung. Der Scheinwiderstand des Sekundärkreises ist um den Widerstand der beweglichen Sekundärleiter vergrößert.

Abb. 123b, Einzelpunktschweißen von einer Seite. Hat man ein Werkstück, das von einer Seite besonders schwer zugänglich ist, und sind schwächere Bleche aufzupunkten, so kann man die Elektroden in der gezeigten Weise von einer Seite ansetzen. Die linke Elektrode hat lediglich die Aufgabe, den Strom dem stärkeren Unterblech zuzuführen. Sie ist deswegen als reine Kontaktelektrode ausgebildet. Der Schweißpunkt wird nur mit der rechten Elektrode erzielt. In bestimmten Fällen kann man auf diese Weise mit einem Minimum an Verlusten im Sekundärkreis auskommen.

Die (rechte) Punktschweißelektrode kann als ein Schweißzeug, als sog. Stoßelektrode ausgebildet sein. In diesem Fall ist die Kontaktelektrode eine Anschlußzwinge, die beispielsweise an ein kräftiges Gerüst angeschlossen wird, auf das eine dünne Blechverkleidung mit der Stoßelektrode aufzuschweißen ist.

Abb. 123c, Doppelpunkten von einer Seite. Dies ist ein ähnlicher Fall wie unter b. Nur wird hier auch die linke Elektrode zum Punkten verwendet. Auf diese Weise erhält man zwei Punkte zu gleicher Zeit. Die Punkte werden laufend einwandfrei nur, wenn das Unterblech dicker als das Oberblech und der gewünschte Punktabstand nicht zu gering ist. Andernfalls ist der durch das Oberblech entstehende Nebenschluß zu groß und es treten Fehlschweißungen auf.

Bei Stahlblechen von 0,8 mm als Oberblech auf dicke Unterlage ist das praktisch zulässige Minimum des Punktabstandes etwa 25 mm.

Abb. 123d, Doppelpunkten von einer Seite mit Gegenelektrode. Will man gleichdicke Bleche von einer Seite her punkten, so kann man den auftretenden schädlichen Nebenschluß des Oberbleches durch Ansetzen einer Gegenelektrode verringern. Der Strom verläuft dann in der angedeuteten Weise. Allzu geringer Elektrodenabstand wirkt auch hier auf die Güte der Schweißung ungünstig.

Abb. 123e, Doppelpunkten mittels zweier Transformatoren. Beim Punktschweißen ausgedehnter Bauteile, beispielsweise im Flugzeugbau, Schiffbau, Waggonbau usw. würden sich beim Umfassen dieser Bauteile mit stromführenden Elektrodenarmen gemäß der Anordnung a eine entsprechend große Armlänge bzw. Armabstand ergeben. Daraus folgert eine beträchtliche Sekundärspannung zur Herbeiführung des Schweißstromes, also ein hoher Aufwand elektrischer Scheinleistung. Bei Anwendung der Anordnung e sind die Maße der Sekundärkreise praktisch unabhängig von der Ausdehnung der Bauteile. Die Größe der sekundären Schleifen ist durch konstruktive Rücksichten und durch die Querschnitte der Sekundärleiter bestimmt. Die beiden Transformatoren müssen in Reihe geschaltet sein, was durch die Eintragung einer bestimmten Polung für irgend eine Halbwelle des Wechselstromes in der Skizze ausgedrückt wird. Bei dieser Reihenschaltung kann im Falle völliger Symmetrie zwischen den vier Elektroden Aufhebung der durch Pfeile gekennzeichneten Querströme erwartet werden. Bei gestörter Symmetrie ist die Höhe des verbleibenden Querstromes um so kleiner, je geringer die elektrische Leitfähigkeit des Schweißgutes, je geringer die Blechdicke und je größer der seitliche Abstand der beiden Elektrodenpaare ist.

Abb. 123f, Doppelpunkten mit Spreizelektrode. Beim Einschweißen von Böden oder Profilen in Hohlkörper kann man nach der in der Abb. gezeigten Weise verfahren. In den Zwischenraum wird eine sich spreizende Elektrode gespannt und die Elektroden einer normalen Punktschweißmaschine werden auf den Außenseiten angesetzt. Die beiden Schweißstellen werden auf diese Weise hintereinander geschaltet und der Weg für den Schweißstrom ist recht gut festgelegt.

Die beschriebenen Elektrodenanordnungen für Einzelpunkt- oder Doppelpunktschweißen können in gewissen Fällen jeweils doppelt oder mehrfach angeordnet werden, wenn eine besonders hohe Arbeitsgeschwindigkeit erreicht werden soll. Der elektrische Anschluß jeder Elektrode, bzw. jedes Elektrodenarmes kann dann beispielsweise auch an verschiedene Phasen eines Drehstromtransformators geschehen.

Für einen bestimmten Zustand des Sekundärkreises einer Schweißmaschine geschieht die Regelung des Schweißstromes für eine Schweißaufgabe durch Wahl geeigneter Anzapfung, d.h. Leerlaufsekundärspannung des Schweißtransformators. Damit ist eine Leistungscharakteristik $N_T = f(R_T)$ gemäß § 30 festgelegt und bei bestimmtem Widerstand R_T des Schweißgutes also auch der Leistungsumsatz N_T zwischen den Elektroden.

Eine Einwirkung einer Änderung des Schweißwiderstandes R_T auf den Leistungsumsatz, also die Wärmeerzeugung zwischen den Elektroden ist keinesfalls allgemein und einfach vorauszusagen. Maßgebend ist der Größenvergleich des Schweißwiderstandes R_T mit dem übrigen Gesamtwiderstand des Sekundärkreises. Letzterer hängt von der grundsätzlichen Schaltart des Sekundärkreises und jeweils bei einer Schaltart von dessen Form und Dimensionierung ab. Ein Schweißgut von bestimmtem Widerstand, der sich vorausgesehen oder überraschend verändert, kann daher bei verschiedenen Schweißmaschinen hinsichtlich der Wärmeerzeugung ein nicht nur quantitativ, sondern auch im Richtungssinn der Wirkung verschiedenes Verhalten zeigen. Dies erläutert Abb. 124. Es wird eine absolut gleiche Widerstandsveränderung vom Wert R_{T1} in den geringeren Wert R_{T2} angenommen.

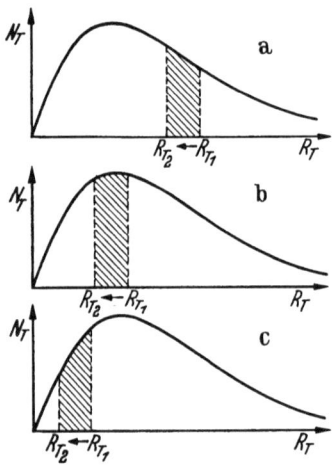

Abb. 124. Verschiedene Lage des Arbeitspunktes bei einer Punktschweißmaschine bezüglich ihrer Leistungskennlinie $N_T = f(R_T)$.

Im Falle b (Mitte) ist der Bereich $R_{T1} \rightarrow R_{T2}$ in der Gegend des höchsten Leistungsumsatzes. Der Schweißwiderstand ist etwa gleich dem übrigen Scheinwiderstand. Die Leistungsänderung durch die angenommene Widerstandsänderung ist gering; sie ändert innerhalb des angenommenen Bereiches den Richtungssinn.

Der Fall c (unten) gilt für verhältnismäßig kleinen Schweißwiderstand R_T, z.B. beim Schweißen von Leichtmetall mit einer Punktschweißmaschine großer Ausladung. Widerstandsabnahme verringert also die Wärmeerzeugung. Wie auf S. 196 dargelegt wird, kann beim Schweißen von Punkt*reihen* an Leichtmetall durch Änderung der Stromverteilung zwischen Nachbarpunkten eine Umkehr dieser Gesetzmäßigkeit eintreten.

Fall a gilt schließlich beispielsweise beim Schweißen von Eisenblechen mit einer kleinen Maschine mit kleiner Ausladung. Die Wärmeerzeugung *steigt* mit fallendem Schweißwiderstand.

B. Einrichtungen zur Erzeugung der Elektrodenkraft.
1. Vorbemerkungen über die Elektrodenkraft.

§ 39. Die Erzeugung der Elektrodenkraft ist eine sehr wichtige Funktion der Punktschweißmaschine. Wir wissen aus Abschnitt III, daß die Elektrodenkraft durch Beeinflussung der Kontaktwiderstände die Wärmeerzeugung im Schweißgut mit bestimmt. Das ist beim Schweißen der gutleitenden Metalle oft in hohem Maße der Fall. Die entscheidende gewünschte Wirkung der Elektrodenkraft ist aber eine mechanisch-stoffliche Förderung der innigen Metallverbindung durch

§ 40   Einrichtungen zur Erzeugung der Elektrodenkraft.   105

einen Preß- oder Schmiedevorgang. Dabei müssen oft dünne Fremdschichten an den Oberflächen verteilt oder zerstört werden und gasgefüllte Hohlräume im Metall verpreßt werden. Namentlich beim Schweißen steifer Bauteile kann ein Teil der Elektrodenkraft zur Formänderung, nämlich zur Herbeiführung der anschmiegenden Passung zwischen den Teilen schon vor der elektrischen Erwärmung benötigt werden. Überhaupt muß für die ganze Dauer des Stromflusses von der Elektrodenkraft her eine ausreichende Kontaktkraft an allen Kontaktflächen gewährleistet sein. Nur so sind ungünstige Wärmewirkungen namentlich an den Kontaktflächen der Elektroden und gar Branderscheinungen sicher zu unterbinden. Die Kontaktkraft muß um so größer sein, je größer die zu übertragende Stromstärke und je ungünstiger der Oberflächenzustand für den Stromübergang ist. Im ganzen muß die zeitliche Zuordnung des Stromflusses zur Wirkung der Elektrodenkraft dem Schema der Abb. 125 entsprechen.

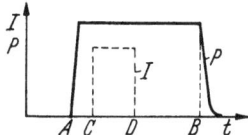

Zur Zeit A werden die Elektroden auf die Schweißstelle aufgesetzt und die Elektrodenkraft P steigt auf den eingestellten Wert an. Ist zwischen den beiden zu verschweißenden Teilen und den Elektroden ein einwandfreier Kontakt hergestellt, so wird der Schweißstrom I im Augenblick C für die Dauer C—D eingeschaltet.

Abb. 125. Das zeitliche Zusammenwirken von Schweißstrom J und Elektrodenkraft P. Der Schweißstrom ist hier und in einigen ähnlichen späteren Bildern der Anschaulichkeit wegen konstant, etwa einem Effektivwert entsprechend, dargestellt.

Anschließend ruht noch nach dem Abschalten die Elektrodenkraft über die Zeit D—B auf dem Schweißgut, damit es unter Druck erkalten kann. Und schließlich wird zur Zeit B entlastet und die Elektroden werden wieder abgehoben. Die Schweißung ist beendet. Wird der Schweißstelle nicht die Möglichkeit gegeben, unter der Elektrodenkraft genügend zu erkalten, so können fehlerhafte Schweißpunkte mit Bindungsfehlern, Gasblasen oder Rissen entstehen. Die Fehler werden zum Teil durch das Fehlen der Preßkraft bei der Vollendung des Schweißgefüges und bei der Abkühlung, zum Teil auch durch vorzeitigen Ausfall der Kühlung des Schweißgutes durch die Elektroden verursacht. Der Kraftverlauf nach Abb. 125 gilt beispielsweise bei einfacher pneumatischer oder hydraulischer Krafterzeugung bei „konstantem Druck". Auch bei einer Krafterzeugung mit Gewicht kann ein ähnlicher, aber rechtwinkliger Verlauf vorliegen.

2. Krafterzeugung mit Federgestänge.

§ 40. Viele Punktschweißmaschinen haben eine Krafterzeugung mittels Hebelgestänge und Feder, etwa nach Abb. 126. Die Betätigung geschieht dann in vielen einfachen Fällen mit einem Fußhebel (H) mit Trittplatte (T). Bei Abwärtsbewegung der Trittplatte aus der in Abb. 126 links gezeichneten Grundstellung senkt sich die obere Elektrode (E), bis sie bei Berühren des zu schweißenden Werkstückes ihre untere Endlage erreicht hat. 1 und 3 sind feststehende Drehlager, 2 ein bewegliches

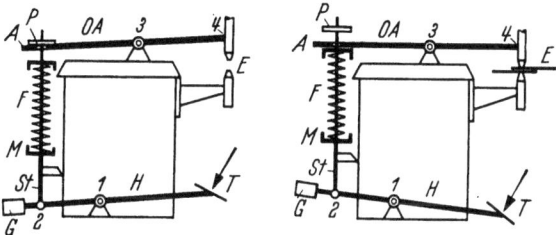

Abb. 126. Krafterzeugung mit Gestänge und Feder bei einfacher, fußbetätigter Punktschweißmaschine.
Links: Grundstellung, Elektroden geöffnet. Rechts: Schweißstellung.

Gelenk. Auch das für das Verständnis des Ganges wichtige Auge (A) am hinteren Ende des Oberarmes (OA) ist als Gelenk ausgebildet. Mit dem mit kräftigem Gewinde auf der Federstange (St) entlang einstellbaren Handrad (M) kann die Druckfeder (F) beliebig vorgespannt werden. In der gezeichneten Grundstellung und auch bei der Abwärtsbewegung der oberen Elektrode und beim Berühren des Werkstückes tritt die Federvorspannung nicht sonderlich in Erscheinung; keinesfalls wirkt sie als Kraft am Werkstück. Sie drückt lediglich das Auge gegen die Gestängeendplatte P, die übrigens auch als Stellring oder dergl. ausgebildet sein kann. Wird nach Anliegen der oberen Elektrode auf dem Werkstück der Fußtritt weiter abwärts bewegt, so führt die darauf erzielte Aufwärtsbewegung der Federstange zum Abheben der Endplatte vom Auge und zwar schon bei einem Gestängeweg von nur Bruchteilen eines Millimeters. Bei diesem geringen Gestängeweg springt die Elektrodenkraft auf den durch die Federvorspannung bestimmten Wert P_1 (A in Abb. 127). Es ist günstig, die weitere Aufwärtsbewegung der Federstange durch Anschlag — beispielsweise am Fußhebel — erst zu sperren, wenn die Endplatte etwa 10 mm vom Auge abgehoben ist. Eine solche Endstellung ist in Abb. 126 rechts gezeichnet. Bei dem zusätzlichen Gestängeweg wird die Druckfeder gegenüber der ursprünglichen Einstellung mit Handrad weiter zusammengedrückt. Die Elektrodenkraft steigt bis zum Wert P_2 (B in Abb. 127). Die Bewegung der Federstange nach Abheben der Endplatte wird in der Regel zur Betätigung eines Signalschalters zum Einschalten des Schweißstromes, evtl. zum mittelbaren Einschalten des Leistungsschalters ausgenutzt. Darauf wird später (§ 44) näher eingegangen. Bei der Zurückbewegung des Fußtrittes gilt das Umgekehrte der Hinbewegung (C—D Abb. 127). Die Kraft der Federvorspannung verschwindet als Elektrodenkraft sprungartig im Zeitpunkt D, wenn nämlich die Endplatte wieder am Auge zum Anliegen kommt.

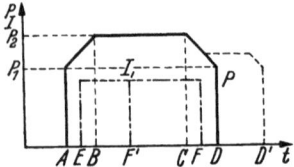

Abb. 127. Zeitlicher Verlauf von Elektrodenkraft P und Schweißstrom J bei Krafterzeugung mit Gestänge und Feder.

Die Rückbewegung der oberen Elektrode und des Gestänges in die Grundstellung muß selbsttätig geschehen, sobald der Fußtritt entlastet wird. Deswegen ist am Fußhebel ein Gegengewicht G angebracht oder eine Rückzugsfeder mit verhältnismäßig kleiner Federkonstante. Sofern Gegengewicht oder Rückzugsfeder am Federgestänge und nicht am Oberarm selber angreifen, haben sie keinen Einfluß auf die resultierende Elektrodenkraft; sie bedingen lediglich den Kraftbedarf am Fußtritt. — Durch eine geeignete Mechanik kann die Kraft am Fußtritt auf Kosten eines längeren Weges verringert, bzw. während des gesamten Bewegungsspieles auf besonders günstige Werte angepaßt werden.

Die die Elektrodenkraft in erster Linie bestimmende Federkraft wird durch das Produkt Federkonstante c (kg/mm)[1] der Druckfeder und Federverkürzung ΔZ (mm) festgelegt. Die Federverkürzung setzt sich aus der durch Handradeinstellung zur Vorspannung der Feder eingestellten Verkürzung und der durch den Weg der Federstange nach Abheben der Endplatte zusätzlich eintretenden Verkürzung zusammen. Die Federkonstanten der Druckfedern von Punktschweißmaschinen sind meist 1—3 kg/mm. Wird im Kraftdiagramm der Abb. 127 die Federkonstante beispielsweise zu 3 kg/mm angenommen, so könnte P_1 bei einer Vorspannung der Druckfeder von 40 mm 120 kg betragen. P_2 erhöht sich demgegenüber bei dem oben genannten Gestängeweg von 10 mm um 30 kg. Die Elektrodenkraft P_2 beträgt also 150 kg. Dabei sind ein etwaiges Übergewicht des Oberarmkopfes gegenüber seinem hinteren Teil, sowie Reibungskräfte nicht berücksichtigt. Es sind die Hebelarme von Drehlager 3 bis zur Elektrodenachse und bis zum Mittelpunkt des Auges vereinfachend als gleich angenommen.

---

[1] Siehe hierzu: DUBBEL, Taschenbuch für den Maschinenbau. 8. Aufl. Berlin: Springer, 1941 Bd. 1, S. 408. (*34*).

Aus einer Reihe von Möglichkeiten der Anordnung einer Druckfeder F_1 für die Krafterzeugung und einer Feder F_2 für die Rückführung des Oberarms in die Grundstellung sei die der Abb. 128 noch kurz beschrieben. Durch Betätigung des Fußtrittes T wird mit der Zugstange St die Feder F_2 zusammengedrückt. Der Oberarm OA folgt der ausweichenden Bewegung auf Grund der Federspannung F_1, bis die obere Elektrode E auf dem Werkstück aufliegt. 1 ist ein Drehlager für den Oberarm. Die resultierende Elektrodenkraft ist — nach Berücksichtigung der Hebelarme — lediglich durch die Federkonstante c_1 (kg/mm) der Feder F_1 und deren mit dem Handrad M vorbestimmten Verkürzung ΔZ (mm) in der Schweißlage festgelegt. Die Elektrodenkraft erreicht beim Aufsitzen der oberen Elektrode auf dem Werkstück ihren endgültigen Wert, gleichgültig, wie weit die Feder F_2 mit dem Fußtritt noch zusammengedrückt wird. Die Signalgabe zum Einschalten des Schweißstromes kann vom Weg der Zugstange aus betätigt werden, nachdem die Elektrodenkraft ungehindert auf dem Werkstück lastet. Die beschriebene Anordnung wird bei kleinen Punktschweißmaschinen mit feinfühliger Krafterzeugung für besonders feine Schweißarbeiten verwendet.

Alle bisher besprochenen Gesetzmäßigkeiten der Krafterzeugung bleiben in Geltung, auch wenn der Träger der oberen Elektrode eine Geradeführung erhält, also beispielsweise zwischen Hebel OA und Elektrodenträger bei 4 ein weiteres Gelenk vorgesehen wird. Verkanten und Hemmungen durch Reibung müssen durch die konstruktive Ausführung unterbunden sein.

Bei der Krafterzeugung mittels Hebelgestänge und Feder sind für bestimmte Einstellungen des Handrades zur Federvorspannung nur dann gleiche Werte der Elektrodenkraft zu erwarten, wenn in der Schweißlage das Gestänge und darauf auch der Oberarm immer gleiche Stellung haben. Die betreffende Armstellung — z. B. horizontal — kann durch Zeiger kenntlich sein. Sie muß auch nach

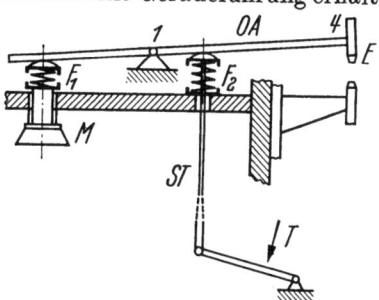

Abb. 128. Krafterzeugung mit Gestänge und Feder unabhängig von der Endstellung des Fußtrittes (Grundstellung, Elektroden geöffnet).

Austausch von Elektroden mit solchen anderer Länge oder für veränderte Werkstückdicke gewährleistet bleiben. Die Überprüfung geschieht durch Armbewegung in die Schweißlage und Krafterzeugung ohne Schweißstrom. Berichtigungen der Armstellung sind durch Verschieben der (oberen) Elektrode mit ihrem Träger in ihrer Achsenrichtung zu erreichen. Bei falscher Armstellung tritt neben falscher Krafterzeugung oft auch falsche Signalgabe zum Schalten des Schweißstromes auf. Das Einrichten der richtigen Armstellung in der Schweißlage ist daher bei Punktschweißmaschinen mit Krafterzeugung mit Hebelgestänge und Feder von ganz erheblicher Bedeutung.

3. Kraftantriebe bei Krafterzeugung mit Gestänge und Feder.

§ 41. Der Anwendung von Fußhebel und Fußtritt zur Krafterzeugung ist eine Grenze gesetzt durch die Höhe der vom Schweißer zu leistenden Fußkraft oder durch die Forderung einer besonders schnellen Punktfolge. Gegebenenfalls ist die Fußbetätigung durch einen *Kraftantrieb* zu ersetzen, der wahlweise wie folgt arbeiten kann:

a) Kraftantrieb elektromotorisch mit Kurvenscheibe,
b)   ,,   mit durch Druckluft bewegtem Kolben (pneumatisch),
c)   ,,   mit durch Drucköl bewegtem Kolben (hydraulisch).

Die Anordnung von Federstange St mit Druckfeder F, Handrad M und Endplatte P nach Abb. 126 soll also durchaus beibehalten werden und also auch die für die dortige Anordnung beschriebenen Gestängewege und das Kraftdiagramm. Auch das Gegengewicht G bzw. die Rückzugsfeder bleiben bestehen; sie sind statt am Fußhebel an der Federstange angreifend zu denken. Abb. 129a zeigt den Kraftantrieb mit elektromotorisch gedachter Kurvenscheibe schematisch. Das untere Ende der Federstange wird als Stößel oder Rolle ausgebildet. Die Federstange erhält im unteren Teil eine seitliche Führung (Fü). Zwischen Motor und Kurvenscheibe ist ein Schneckengetriebe und eine (nicht gezeichnete) Drehkeil- oder Schlagbolzenkuppel eingebaut, mit der der motorische Antrieb immer bei tiefster Stellung der Federstange ausgekuppelt werden kann. Das ist die Grundstellung der Punktschweißmaschine bei geöffneter Elektrode. Wird für eine Umdrehung der Kurvenscheibe eingekuppelt, so läuft ein ganzes Arbeitsspiel ab: Abwärtsbewegen der oberen Elektrode bis zum Aufliegen auf dem Werkstück, Anstieg der Elektrodenkraft auf den Wert P_1 und weiter auf P_2 gemäß Abb. 127, schließlich Entlasten und Rückkehr der oberen Elektrode in die Grundstellung. Unterbleibt das Auskuppeln nach Ablauf eines Arbeitsspieles, so läuft die Kurvenscheibe ständig weiter um. Die obere Elektrode bewegt sich selbsttätig wiederholt abwärts und zurück, bis einmal in tiefster Stellung die Federstange ausgekuppelt wird. Die beschriebene Arbeitsweise heißt *Serienpunktschweißen*, oder bei sehr raschem Ablauf jedes Bewegungsspieles ($> \sim 0.5 s$): *Schnellpunktschweißen*.

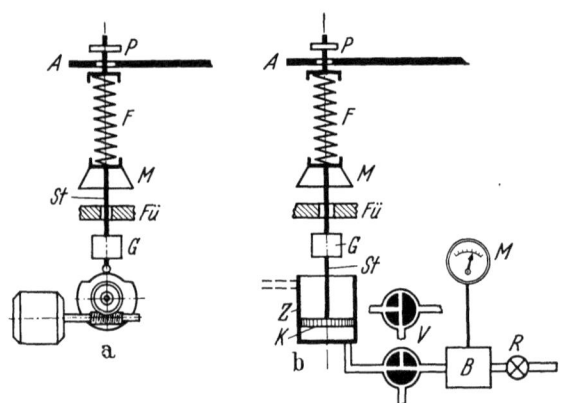

Abb. 129. Kraftantriebe bei Krafterzeugung mit Gestänge und Feder. a Gestängebetätigung durch umlaufenden Nocken. b Gestängebetätigung pneumatisch bzw. hydraulisch.

Die Punktzahl je Minute kann durch Regeln der Motordrehzahl, häufiger durch Auswechselung von Stirnrädern eines noch vorgesehenen Zwischengetriebes geändert werden. Das Einkuppeln und das Sicherstellen des Auskuppelns zum Ende eines Arbeitsspieles wird im allgemeinen durch einen kleinen Fußtritt mit Bowdenzug zur Kupplung hin erreicht. Es besteht die Möglichkeit, auch eine um 180° versetzte Stellung der Kurvenscheibe zum Auskuppeln vorzusehen. Die Gestängebewegung kann dann auch in der Stellung „Schweißen" durch Auskuppeln unterbrochen werden.

Der grundsätzliche Aufbau des Kraftantriebes mit durch Druckluft oder Drucköl bewegten Kolben wird im Schema Abb. 129b veranschaulicht. Wie bei der Betätigung durch Fußtritt, muß auch bei der Gestängebewegung durch die Kolbenkraft ein Anschlag vorgesehen werden, beispielsweise (wie oben), wenn die Endplatte P sich um etwa 10 mm vom Auge A des Oberarmes abgehoben hat. Nach Abb. 127 wirkt dann an den Elektroden die Kraft P_2. Das in Abb. 129b gezeichnete Gegengewicht kann gleichzeitig als Anschlag an der Gestängeführung dienen. Das Arbeitsspiel der Elektrodenbewegung bzw. der Krafterzeugung wird eingeleitet durch Betätigung des Einlaßventils V, das nun die Arbeitskammer des Zylinders Z mit der Druckluftleitung oder einem Vorbehälter B verbindet. Die Rückbewegung des Gestänges tritt mit Unterstützung durch das Gegengewicht ein, sobald das Ventil zur Entlüftung der Arbeitskammer ins Freie umgeschaltet wird. Das Ventil wird oft durch Fußschalter elektrisch fernbetätigt. Apparate zur Reinigung der Druckluft oder zur Wasserabscheidung, ferner eine Drossel zur Dämpfung des Einströmens oder ein Auspuffventil zum beschleunigten Ablassen der Luft können nach Bedarf vorgesehen sein. Sie sind im Schema nicht gezeichnet.

Die Kolbenkraft als Produkt aus Kolbenfläche in cm² und Überdruck der Druckluft in atü hat keinen Einfluß auf die erzeugte Elektrodenkraft, die vielmehr durch die Vorspannung der Druckfeder und den Gestängeweg bestimmt ist. Die im Kolben wirkende Druckluft darf aber einen bestimmten Mindestwert nicht unterschreiten, der nämlich ausreichend sein muß, um die Federstange entgegen der Kraft der Druckfeder mit der notwendigen Geschwindigkeit bis zur gewünschten Endlage, also bis zum Anschlag, zu bewegen. Die obere Grenze des Luftdruckes ist wohl nur dadurch gegeben, daß der Anschlag die überschüssige Kolbenkraft betriebsmäßig, ohne Schaden zu nehmen, abfangen muß. Häufig gewählte Arbeitsdrucke für einen solchen Kraftantrieb sind 2,5—3 atü. Der Druck wird mittels Druckminderventil R aus dem Leitungsdruck von 4—6 atü hergestellt. Beim Antrieb mit Drucköl wird mit kleineren Kolbenflächen bei einem Druck bis 50 oder auch 100 atü gearbeitet.

Vielfach werden *doppelt* wirkende Zylinder mit Gegendruckkammern gemäß der Strichelung in Abb. 129b beim Kraftantrieb verwendet. Dann wird ein Gegengewicht oder eine Rückzugsfeder nicht benötigt. In die Gegendruckkammer wird ein konstanter, mittels Druckminderventil herabgesetzter kleiner Druck geleitet, der die Rückbewegung des Federgestänges nach Entlüften der Arbeitskammer herbeiführt. Bei Differentialzylindern kann in der Gegendruckkammer ständig der für die Arbeitskammer vorgesehene Druck wirksam sein. Durch eine besonders kleine Kolbenfläche in der Gegendruckkammer wird die Kolbenlast für die Rückbewegung auf einem angemessen kleinen Wert gehalten.

4. Krafterzeugung mit Druckluft und Drucköl.

§ 42. Sofern ein pneumatischer oder hydraulischer Kraftantrieb mit einfach oder doppelt wirkendem Zylinder vorliegt und die Möglichkeit gegeben ist, den Druck in die Arbeits- bzw. Gegendruckkammer betriebsmäßig auf konstante Werte einzurichten, so kann die Druckfeder der Abb. 129 fortfallen. Es entsteht ein System für die Elektrodenbewegung und Krafterzeugung nach Abb. 130. In der Gegenkammer GK des Zylinders herrscht ständig ein bestimmter, mit dem Druckminderventil R_1 eingestellter, im Behälter B gepufferter Gegendruck und gewährleistet die Grundstellung des Oberarmes OA mit seiner Elektrode E, solange die Arbeitskammer AK des Zylinders nicht mit Druckluft gefüllt ist. 3 ist ein Drehlager, 2 ein Gelenk, auch 4 kann als Gelenk ausgebildet sein, wenn der obere Elektrodenträger in Geradführung läuft. Das Arbeitsspiel der Elektrodenbewegung mit Krafterzeugung wird eingeleitet durch Betätigen des Einlaßventiles V, das dann die Druckluft bis zu dem mit dem Druckminderventil R_2 einstellbaren Arbeitsdruck in die Arbeitskammer einläßt.

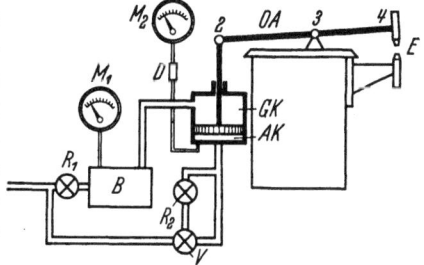

Abb. 130. Pneumatisch oder hydraulisch betätigte Punktschweißmaschine mit Arbeits- und Gegendruckkammer.

Die auf das Gelenk 2 vom Kolben ausgeübte Kraft[1] ist gegeben durch die Differenz Kolbenfläche (cm²) mal Arbeitsdruck (atü) minus wirksamer Kolbenfläche im Gegendruckraum (cm²) und Gegendruck (atü). Die Kolbenfläche im Gegendruckraum ist um die Fläche des Querschnittes der Kolbenstange kleiner als die Kolbenfläche im Arbeitsraum. Das Gewicht von Kolben mit Kolbenstange, sowie die Reibungskräfte müssen noch in Abzug gebracht werden. Eine anschmiegende Krafterzeugung ist ohne Druckfeder nur zu erwarten, wenn die Reibung zwischen Kolbenmanschette und Zylinderrand und an der Stopfbüchse der Kolbenstange gering ist und keine Bewegungshemmungen verursacht.

Entlasten und Rückkehr der oberen Elektrode in die Grundstellung geschehen durch Entlüften der Arbeitskammer mit dem Einlaßventil V. Elektrische Fernbetätigung des Ventils mit Fußschalter ist oft vorgesehen.

Abschließend sei noch eine pneumatische Anordnung besprochen, die sich besonders bei großen Punktschweißmaschinen bewährt hat (Abb. 131). Im Grunde soll sich die Anordnung in zwei Punkten von der der Abb. 130 unterscheiden:

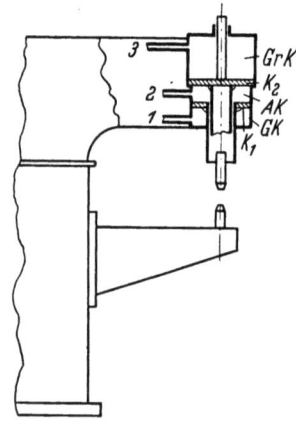

Abb. 131. Zylinder mit Großhub-, Arbeits- und Gegendruckkammer für pneumatisch betätigte Punktschweißmaschine.

1. Der obere Elektrodenträger sitzt unmittelbar an der Kolbenstange. Eine Hebelübertragung ist vermieden. 2. Durch einen zweiten Kolben, des Großhubkolben K_2 und also eine dritte Kammer, die Großhubkammer $Gr.K$ des Zylinders, ist die Möglichkeit geschaffen, daß die obere Elektrode neben der bekannten abwärts gerichteten Arbeitsbewegung gelegentlich eine erhebliche Aufwärtsbewegung — z. B. zum Einführen sperriger Werkstücke — macht. Der Kolben K_2 spielt die Rolle eines oberen Anschlages für den Arbeitskolben K_1, der sich unter der Wirkung des Gegendruckes in der Gegendruckkammer GK und des Arbeitsdruckes in der Arbeitskammer AK bewegt und Kraftwirkungen erfährt, wie das ausführlich auf Grund der Abb. 130 beschrieben wurde. 1 und 2 sind Rohre zur Zuführung des Gegendruckes bzw. des Arbeitsdruckes in die Zylinderkammern. Der Kolben K_2 ruht in seiner unteren Einstellung und wirkt als oberer Anschlag für den Arbeitskolben K_1, sofern in der Großhubkammer GrK der Leitungsdruck der Druckluftanlage herrscht. Der Rohrstutzen 1 ist über ein Entlüftungsventil an die Druckluftleitung angeschlossen. Der Vorhub wird sinnvoll nur betätigt, wenn kein Arbeitsdruck in AK ist. Der Arbeitskolben K_1 ruht dann unter der Wirkung des Gegendruckes am Kolben K_2. Die obere Elektrode ist in ihrer Grundstellung. Da der Gegendruck erheblich geringer als der Leitungsdruck ist und überdies die wirksame Kolbenfläche des Gegendruckes kleiner ist als die Kolbenfläche der Großhubkammer GrK, kann der Gegendruck nicht den Anschlagkolben K_2 heben, solange der Leitungsdruck in der Großhubkammer ist. Wird nun durch das Entlüftungsventil der Überdruck der Großhubkammer ins Freie abgelassen, so hebt der Arbeitskolben unter der Wirkung des Gegendruckes den Anschlagkolben bis an den oberen Zylinderdeckel (Vorhub). Nach Umschalten des Ventils wird durch den entströmenden Leitungsdruck der Anschlagkolben wieder abwärts in seine untere Grenzlage bewegt, der Arbeitskolben wird

---

[1] Die an der Elektrode wirkende Kraft ist noch proportional dem Hebelverhältnis 3 bis 4 : 3 bis 2 anzunehmen. Auch ein etwaiges Übergewicht eines Hebelteiles vom Oberarm ist noch zu berücksichtigen.

vor ihm her in seine Grundstellung geschoben. Die Schweißhübe werden in bekannter Weise ausgeführt, wenn in die Arbeitskammer AK der Arbeitsdruck durch Betätigung des Einlaßventils eingelassen wird. Übrigens ist nicht zu befürchten, daß der Arbeitsdruck den Kolben K_2 aus seiner Anschlagstellung heben könnte. Der Arbeitsdruck ist doch geringer als der Leitungsdruck. Außerdem wird auf der Unterseite des Kolbens K_2 eine — nicht gezeichnete — sehr kräftige Kolbenstange vorgesehen, die durch den Arbeitskolben in dessen ebenfalls kräftige Kolbenstange eingreift und die Führung beider Kolben verbessert. Somit ist die untere wirksame Kolbenfläche von K_2 kleiner als die obere.

Apparate zur Wasserabscheidung oder Reinigung der Druckluft, ein allgemeiner Vorbehälter, sowie Drosseln zur Dämpfung der Kolbenbewegung und ein Auspuffventil mit Rückschlagventil zum beschleunigten Ablassen der Druckluft aus der Arbeitskammer sind im Schema Abb. 131 nicht eingezeichnet. Auch das Kontaktmanometer zur Signalgabe für das Schalten des Schweißstromes ist in diesem Teilabschnitt — ebenso bei den übrigen Beschreibungen — nicht erwähnt. Seine Eigenschaften und die Zusammenhänge mit der Krafterzeugung werden an anderer Stelle (§ 44) behandelt.

Die Mittel zur hydraulischen Krafterzeugung haben viel Ähnlichkeit mit denen der pneumatischen. Es wird mit kleineren Kolbendurchmessern und beträchtlich höheren Drucken gearbeitet. Die Ventile werden ebenfalls häufig elektrisch fernbetätigt. Die mit hydraulischer Krafterzeugung ausgeführten Maschinen sind wohl meist für während einer Schweißung veränderte Kraft vorgesehen. Eine Beschreibung folgt bei der Besprechung solcher Krafterzeugung auf S. 112.

5. Erzeugung veränderter Kraft, Kraftprogramme.

§ 43. Es ist bisweilen erwünscht, daß nach dem unter bestimmter Pressung stehenden Erwärmungsprozeß der Schweißung eine noch stärkere abschließende wiederholte Pressung zur Wirkung kommt. Beim Buckelschweißen kann die Forderung der Kraftsteigerung allgemein und durch die Form der zu verbindenden Teile begründet sein. Abb. 132 gibt ein entsprechendes Kraftdiagramm in Abhängigkeit der Zeit wieder, das mit zwei Druckfedern erlangt wird, die verschiedene Federkonstante haben und auf verschiedene Vorspannung eingestellt sein können. Eine Einrichtung zur Erzeugung des Kraftverlaufes zeigt Abb. 133 schematisch. Die beiden Druckfedern F_1 und F_2 werden schließlich von der gleichen Federstange St mit den Tellern T_1 bzw. T_2 auf ihre vorgesehene Länge zusammengedrückt. D ist ein mit dem Oberarm OA fest verbundener Deckel, der die Feder F_2 zunächst in vorgespannter Lage hält, ohne daß sie einen Beitrag zur Elektrodenkraft gibt. Nach Anliegen der Elektrode auf dem Werkstück hebt sich durch Aufwärtsbewegen der Federstange St die Endplatte P vom Auge A des Oberarmes OA ab, wie das aus der Besprechung der Abb. 126 bekannt ist. Die Elektrodenkraft springt auf den Wert der Vorspannung P_1 und bei weiterer Aufwärtsbewegung der Federstange St steigt die Elektrodenkraft auf den Wert P_2. Insoweit ist der Kraftverlauf mit dem der Abb. 127 gleich. Die Neigung der Kraftkurve von P_1 nach P_2 ist (bei gleichförmiger Gestängebewegung)

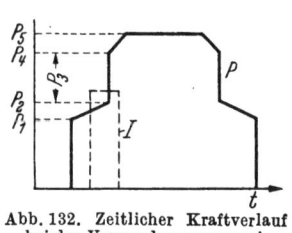

Abb. 132. Zeitlicher Kraftverlauf bei der Verwendung von zwei Federn.

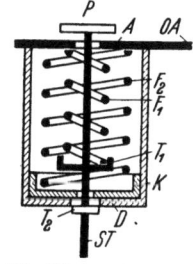

Abb. 133. Anordnung von Gestänge und zwei Druckfedern zur Erzeugung zeitlich veränderter Elektrodenkraft.

ein Maß für die Federkonstante der Feder F_1. Sobald die Kraft P_2 erreicht ist berührt der Teller T_2 die Kappe K der Feder F_2 und hebt sie vom Deckel D ab. In diesem Augenblick kommt sprungartig zusätzlich die Kraft P_3 der Vorspannung der Feder F_2 als Elektrodenkraft zur Wirkung. Die jetzt wirkende Elektrodenkraft $P_2 + P_3$ wird P_4 genannt. Bei weiterem Gestängeweg werden gleichzeitig die Feder F_1 und die Feder F_2 weiter gespannt. Die Steilheit des Anstieges der Elektrodenkraft auf den Wert P_5 ist daher durch die Summe der Federkonstanten beider

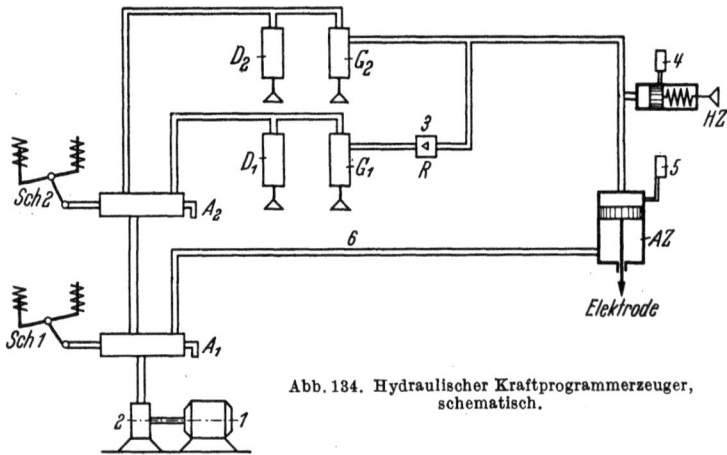

Abb. 134. Hydraulischer Kraftprogrammerzeuger, schematisch.

Federn bestimmt. Die Grenze P_5 ist durch einen Anschlag gegeben, der eine weitere Bewegung der Federstange St sperrt. Die Entlastung kann als Umkehr des Belastungsvorganges zu beliebiger Zeit geschehen.

Es kann günstig sein, die die Kraft herbeiführende Gestängebewegung nicht gleichförmig, sondern nach bestimmtem zeitlichen Plan, beispielsweise mittels Kurvenscheibe der Anordnung der Abb. 129a, auszuführen. Einen solchen in bestimmter Weise einzurichtenden zeitlichen Kraftverlauf nennt man ein Kraftprogramm. Kraftprogramme werden meist mit pneumatischen oder hydraulischen Einrichtungen erzeugt. Ein Kraftprogramm kann in Verbindung mit der Wahl des Zeitpunktes und der Höhe der Erwärmung oder in Verbindung mit bestimmten Erwärmungsprogrammen (s. § 47) sehr verschiedenen, meist durch die Eigenschaft des zu schweißenden Werkstoffes begründeten Zwecken dienen.

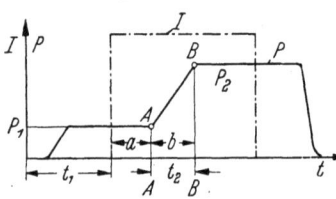

Abb. 135. Zeitlicher Verlauf der Elektrodenkraft P und des Schweißstromes J bei Verwendung eines Kraftprogrammes.

Auf Grund der Abb. 134 wird ein hydraulischer Kraftprogrammerzeuger beschrieben. Mit diesem werden beispielsweise Kraftprogramme nach Abb. 135 erlangt, wobei eine Regelung der Zeiten a und b möglich ist. Von der Pumpe 2 aus, die durch den Motor 1 angetrieben wird, wird das Öl in das Schieberventil $Sch\,1$ gedrückt. Dieses gibt in der Ruhelage den Weg 6 in die Gegendruckkammer des Zylinders AZ frei, so daß der obere Elektrodenträger in der Grundstellung gehalten wird. Zum Ablauf eines Arbeitsspieles wird das elektromagnetisch betätigte Ventil $Sch\,1$ umgeschaltet, so daß das Öl seinen Weg über das Schieberventil $Sch\,2$ in die Ventile D_1 und G_1 nimmt. D_1 ist ein Druck- und G_1 ein Drosselgeschwindigkeitsventil. Das Öl fließt also mit den hier eingestellten Größen von Druck und Geschwindigkeit über das Rückschlagventil 3 in die Arbeitskammer des Druckzylinders AZ und ebenso in den Hilfszylinder HZ.

§ 43   Einrichtungen zur Erzeugung der Elektrodenkraft.   113

Damit wird die Abwärtsbewegung der Elektrode und eine Krafterzeugung bis zum Wert P_1 in Abb. 135 erreicht. In dem Hilfszylinder HZ ist ein gegen eine einstellbare Feder arbeitender Steuerkolben eingebaut, derart, daß bei einem wenig unter P_1 liegenden Druck ein Kontakt betätigt und das Signal zum Einschalten des Schweißstromes und zum Umschalten des Schieberventiles $Sch\,2$ gegeben wird. Zwischen den Kontakt und das Ventil $Sch\,2$ ist ein Verzögerungsrelais geschaltet, mit dem die Zeit t_1 einzustellen ist. Durch Umschalten des Ventiles $Sch\,2$ zum Zeitpunkt A wird der Ölfluß auf die Druck- und Geschwindigkeitsapparate D_2 und G_2 umgeleitet und damit zur Zeit B die Druckhöhe P_2 erreicht. Die Zeit t_2 wird mit der (Geschwindigkeits-) Drossel G_2 eingestellt.

Beim Abschalten gehen die Ventile $Sch\,1$ und $Sch\,2$ wieder in ihre Ausgangsstellung. A_2 gestattet den Ölabfluß aus der Arbeitskammer des Zylinders. Entsprechend war vorher bei

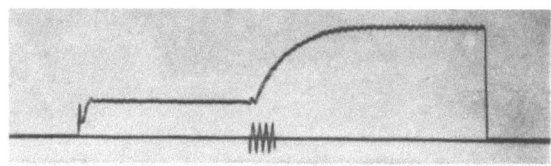

Abb. 136. Oszillogramm von Elektrodenkraft und Schweißstrom des hydraulischen Kraftprogrammerzeugers nach Abb. 134.
Obere Schleife: Kraftverlauf. Untere Schleife (Nullinie): Schweißstrom.

dem ersten Umschalten des Schieberventiles $Sch\,1$ die Ölfüllung der Gegendruckkammer durch den Auslauf A_1 abgelaufen. Die Anordnung erlaubt eine weitgehende Änderung des Kraftprogrammes. Ein oszillographisch aufgenommenes Kraft- bzw. Stromdiagramm zeigt Abb. 136. Der Kraftverlauf wurde magnetoelastisch gemessen.

Ganz ähnliche Wirkungen lassen sich auch pneumatisch erzielen. Als Beispiel sei hier eine Anordnung erläutert, die es auch gestattet, mit Vorpressung zu arbeiten. Es kann mit ihr ein Programm gesteuert werden, wie es Abb. 137 zeigt. Die Arbeitsweise ist folgende (Abb. 138):

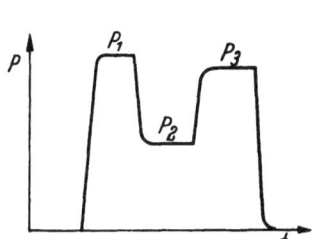

Abb. 137. Zeitliches Programm der Elektrodenkraft mit Vorpressung.

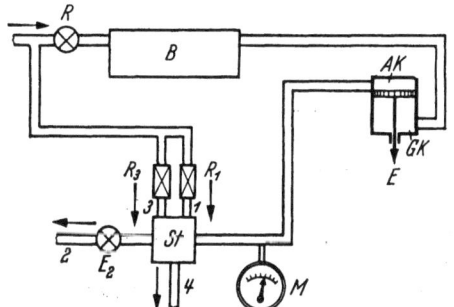

Abb. 138. Pneumatischer Kraftprogrammerzeuger (schematisch).

Die Gegendruckkammer GK des Zylinders steht dauernd unter dem mit dem Druckminderventil R eingestellten und im Behälter B gepufferten Gegendruck, wodurch der obere Elektrodenträger E zunächst in seiner oberen Grundstellung gehalten wird. Das elektromagnetische Umsteuerventil St gestattet, die Arbeitskammer AK des Zylinders auf den Wegen 1 bis 4 zu be- oder zu entlüften. R_1 und R_3 sind unabhängig einstellbare Druckminderventile für Belüftung, E_2 ein Entlüftungsventil für ebenfalls einstellbares Druckniveau. 4 ist ein Auspuff ins Freie. Zu Beginn eines Arbeitsspieles wird die Arbeitskammer über den Weg 1 belüftet. Die obere Elektrode bewegt sich abwärts und liegt am Werkstück an. Nach Erreichen des ersten Druckniveaus P_1 (Abb. 137) spricht das Kontaktmanometer M an. Dieses gibt (evtl. verzögert) das Kommando zum Entlüften der Kammer AK über den Weg 2 auf die Druckhöhe P_2 und zum Einschalten des Schweißstromes. Dann folgen Signale für erneute Belüftung über R_3 auf das Druckniveau P_3 und schließlich für die Entlüftung auf dem Wege 4. Ein oszillographisch mit Piezoquarz aufgenommenes Kraftdiagramm des beschriebenen Kraftprogrammerzeugers zeigt Abb. 139 in Verbindung mit dem Strom- und Spannungsoszillogramm.

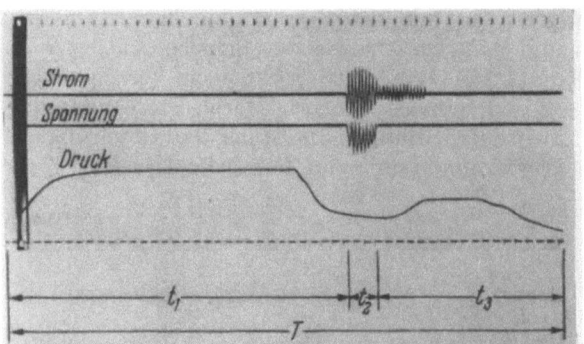

Abb. 139. Oszillogramm von Schweißstrom, Spannung und Elektrodenkraft einer pneumatischen Kraftprogrammsteuerung nach Abb. 138.

Siehe auch Steuerungsgrundsätze § 45—47 und Schweißtakter § 50 u. f.

C. Schalt- und Steuereinrichtungen.
1. Allgemeines, Leistungsschalter, Steuereinrichtungen.

§ 44. Im Rahmen des Arbeitsspieles der Elektrodenbewegung und Krafterzeugung muß zur Erzeugung einer günstigen Schweißtemperatur an der Verbindungsstelle der die Erwärmung verursachende Schweißstrom ein- und ausgeschaltet werden. Es ist wohl ausnahmslos üblich, den Schaltvorgang nicht im Sekundärkreis der Punktschweißmaschine, sondern primärseitig auszuführen. Die Ansprüche an den diese Schaltung durchführenden Schalter hängen nämlich außer von der elektrischen Leistung auch von der zu schaltenden Stromstärke ab und steigen mit dieser beträchtlich. Man ist daher bestrebt, bei vorgegebener Leistung möglichst kleinen Strom bei entsprechend höherer Spannung zu haben, solange nicht die Spannungserhöhung ihrerseits vermehrte Anforderungen bedingt. Eine Netzspannung von 500 V kann gegenwärtig als die für Maschinen sehr hoher Leistung anzustrebende Spannung des Schaltkreises angesehen werden.

Der Zeitpunkt des *Ein*schaltens ist an die notwendig vorangehende Krafterzeugung gebunden. Von dem elektrotechnisch begründeten Bedürfnis nach einer sehr genauen, synchronisierten Zuordnung des Einschaltzeitpunktes mit Bezug auf die elektrische Wechselspannung kann später gesprochen werden. Das ergibt dann lediglich eine Verfeinerung, die zunächst außer Betracht bleibt. — Die *Ab*schaltung des Schweißstromes ist insofern an den Kraftverlauf gebunden, als sie geschehen muß, ehe die Elektrodenkraft am Ende des Arbeitsspieles verschwindet. In erster Linie soll die Abschaltung auf den Zeitpunkt des Einschaltens bezogen sein und geschehen, wenn die vorgesehene Schweißzeit abgelaufen ist. Eine praktisch übliche Lage von Einschaltzeitpunkt und Schweißzeit zum zeitlichen Kraftverlauf ist in den Abb. 125, 127, 132 und 135 ersichtlich. Der Strom ist schematisiert, seinem Effektivwert nach dargestellt. Durch erheblich verfrühtes Einschalten oder verspätetes Abschalten tritt im allgemeinen eine Überhitzung der Schweißstelle ein, oft mit heftiger Sprüh- oder Brandwirkung.

Wir besprechen jetzt das Schalten für den einfachsten Fall der Krafterzeugung mit Gestänge und Feder bei Fußbetätigung. Der Weg der Federstange St aus der in Abb. 126 links gezeichneten Grundstellung bis zur Endstellung beim Schweißen in Abb. 126 rechts kann zum Einschalten, der gleiche Weg bei der Rückbewegung zum Ausschalten des Schweißstromes ausgenutzt werden. Der zeitliche Verlauf der Elektrodenkraft ist in Abb. 127 wiedergegeben. Da das Einschalten erst nach Erreichen der Elektrodenkraft P_1, also nach dem Zeitpunkt A geschehen darf und da zwischen den Zeitpunkten B und C keine Gestängebewegung vorliegt, muß das Einschalten zwischen A und B ausgeführt werden. Entsprechend muß das Ausschalten, wenn es ebenfalls durch die Gestängebewegung herbeigeführt werden soll, zwischen C und D geschehen. Um im laufenden Betrieb gegen verfrühtes Einschalten und verspätetes Ausschalten und auch gegen das Ausbleiben des Einschaltens gesichert zu sein, wird man als Zeitpunkt des Schaltens etwa die Mitte zwischen A und B, bzw. zwischen C und D wählen (d. h. E und F).

Grundsätzlich ist bei der hier beschriebenen Art der Schalterbetätigung die Schweißzeit an die Dauer der Kraftwirkung gebunden. Es sei denn, daß der Gestängeweg zwischen C und D groß ist und der Schweißer imstande ist, nach dem Abschalten zum Zeitpunkt F durch eine Pause oder Verzögerung in der Gestängebewegung die Kraft oberhalb P_1 noch eine gewisse Zeit (bis D') zu halten. Dem Schweißer fällt dann die schwierige Aufgabe zu, die Schweißzeit *und* die Dauer der Kraftwirkung durch seine Fußbewegung für jeden Schweißpunkt richtig zu bemessen.

Abb. 140a—f zeigt schematisch das Schaltbild einer Punktschweißmaschine und im besonderen verschiedene Möglichkeiten der Betätigung des Leistungsschalters unmittelbar durch Gestängebewegung oder mittelbar durch Signalschalter, auch in Verbindung mit Steuereinrichtungen.

Der *Leistungsschalter LS* erfüllt die Aufgabe eines einpoligen Ausschalters. Die an ihn gestellten Anforderungen hinsichtlich Stromstärke, Schalthäufigkeit und Zeitgenauigkeit sind außergewöhnlich hoch. In der Ausführungsform eines Schützes oder als Leistungsstufe eines Schweißtakters ist der Leistungsschalter meist außerhalb der Schweißmaschine und außerhalb ihrer Anschlußklemmen Kl angeordnet.

Der Leistungsschalter ist oft eine ausgereifte Konstruktion eines Schnellschalters. Die Schaltbewegungen werden durch Längsbewegung einer Stange oder durch Drehen einer Welle herbeigeführt. Das kräftige, rasche Zusammenlaufen der Kontakte und das rasche Auseinanderspringen entsprechen nicht der einfachen Betätigungsbewegung. Die austauschbaren Kontakte sind aus gut leitender Speziallegierung. Für Löschung des Schaltfeuers, oft durch magnetische Blaswirkung, ist gesorgt. Funkenschutzkamine oder feuerfeste Trennwände umschließen den Raum des Schaltfeuers nach den Seiten.

Die Betätigung eines derartigen in das Gestell einer Punktschweißmaschine eingebauten Leistungsschalters kann z. B. durch Drehen einer Kurbel *1* mit Rolle *2* durch eine schiefe Gleitbahn *3* (Abb. 141) geschehen. Der Einschaltweg des Schalters beträgt etwa 30°. Das Ausschalten erfolgt durch eine Zugfeder unabhängig von der Bewegung der Verbindungsstange. Die Zugänglichkeit zu diesem Schalter ist durch Abnahme der seitlichen Blechabdeckungen gewahrt. Die Gleitbahn ist mit der Federstange der Maschine verbunden und kann in deren Längsrichtung eingerichtet werden. Das elektrische Schaltschema gibt Abb. 140a wieder.

Der Zeitpunkt des Schaltens muß in richtiger Weise der Gestängebewegung zugeordnet sein. Die Zuordnung wird erreicht durch Einstellen der Schalterbetätigung — z. B. obiger Gleitbahn — an der Federstange bei normaler Armstellung in der Schweißlage. Die richtige Einstellung der Schalterbetätigung bleibt ständig erhalten, auch wenn sich die Dicke des Schweißgutes, die Länge der Elektroden oder deren Träger ändert. In solchem Fall muß vor der nächsten Schweißung geprüft werden, ob die Stellung des Oberarmes in der Schweißlage tatsächlich normal ist. Eine etwaige Unstimmigkeit der Oberarmstellung, die den

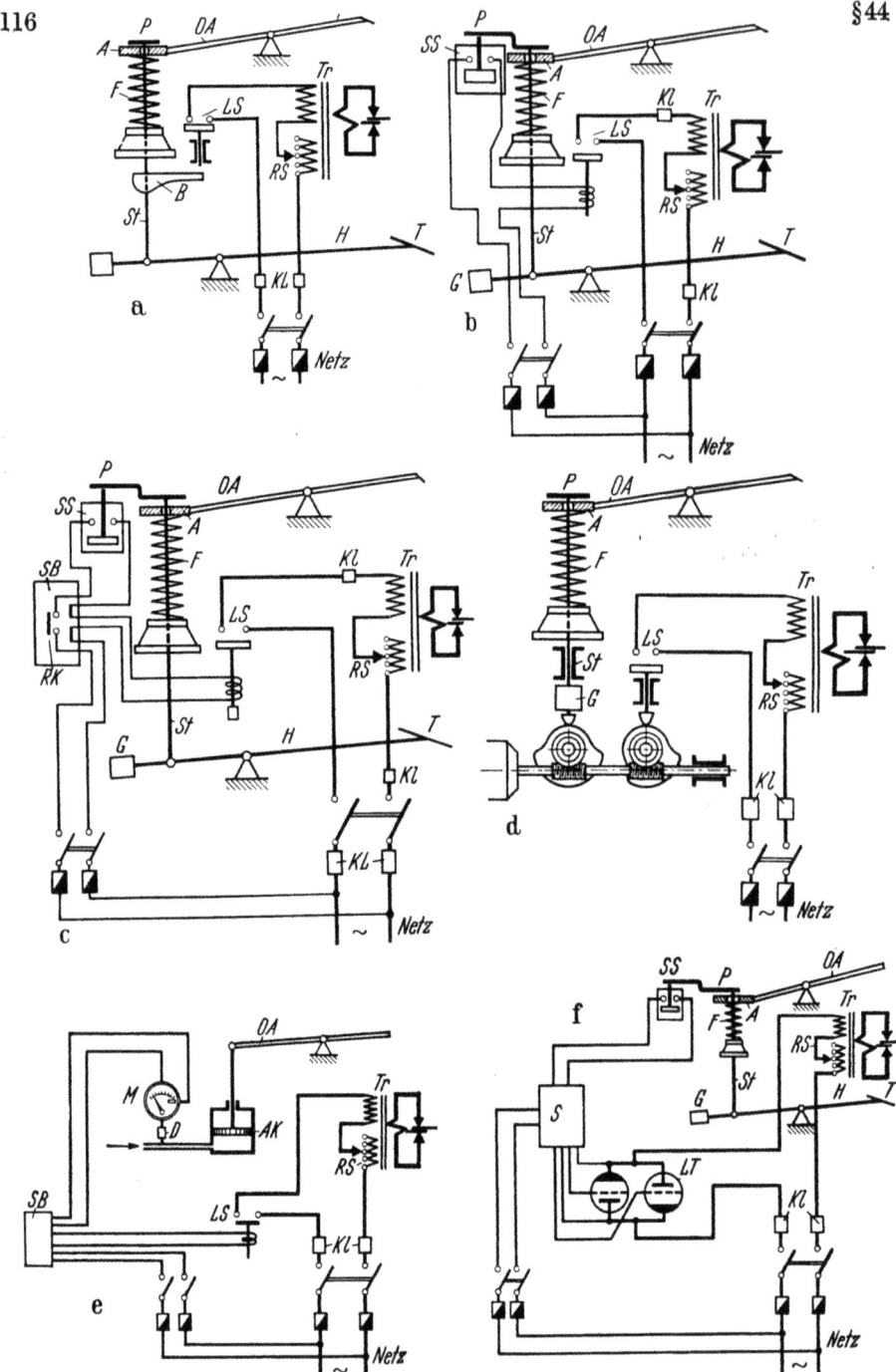

Abb. 140. Schaltbilder von Punktschweißmaschinen mit Krafterzeugung durch Gestänge und Feder.

A = Auge, AK = Arbeitskammer, B = Schalterbetätigung, D = Drosselventil, F = Druckfeder, G = Gegengewicht, H = Fußhebel, Kl = Anschlußklemmen der Maschinen, LS = Leistungsschalter, LT = Leistungsstufe, M = Kontaktmanometer, OA = Oberarm der Maschinen, P = Endplatte, RS = Regelschalter, S = Steuerstufe, SB = Schweißbegrenzer mit Ruhekontakt RK, SS = Steuerschalter, St = Federstange, T = Fußtritt, Tr = Schweißtransformator.

a Betätigung des Leistungsschalters LS unmittelbar durch die Gestängebewegung. b Betätigung des Leistungsschalters LS durch Steuerschalter SS, der wiederum durch die Gestängebewegung geschaltet wird. c Betätigung des Leistungsschalters LS durch den Steuerschalter SS mittels dem Schweißbegrenzer SB. d Betätigung von LS unmittelbar durch einen umlaufenden Nocken. e Betätigung von LS über einen Schweißbegrenzer SB durch ein Kontaktmeter M. f Schaltung des Schweißstromes durch einen Schweißtakter, Signalgabe durch Steuerschalter SS.

Zeitpunkt des Schaltens unzulässig stört, ist durch Längsverschieben eines Elektrodenträgers oder durch Höhenverstellung des Unterarmes, nicht aber durch Verschieben der richtig sitzenden Schalterbetätigung längs der Federstange herbeizuführen.

Der Leistungsschalter einer Punktschweißmaschine kann durch einen kleinen durch die Gestängebewegung betätigten Hilfsschalter elektrisch fernbetätigt werden. Das ergibt an der Schweißmaschine konstruktive Vereinfachungen. Das Einrichten des Schaltzeitpunktes kann erleichtert werden. Ein Grundschaltbild zeigt Abb. 140b. Der Signalschalter SS schaltet den Erregerstrom eines Schützes LS, das den Beanspruchungen der hohen Schalthäufigkeit gewachsen sein muß. Das Schütz kann außerhalb der Schweißmaschine angeordnet sein. Zur Betätigung des Signalschalters sind nur geringe Kraft und geringer Weg erforderlich. Es braucht daher nicht der gesamte, insbesondere nicht der bei der Elektrodenbewegung entstehende Gestängeweg in Anspruch genommen zu werden. Die Relativbewegung der zur Schalterbetätigung P vervollständigten Endplatte gegenüber dem Auge A des Oberarmes ist ausreichend. Der Zusammenhang zwischen Kraftverlauf und Schaltzeitpunkten ist wie in Abb. 127 dargestellt, also wie bei direkter Leistungsschalterbetätigung ohne Signalschalter. Die Schweißdauer ist EF.

Abb. 141. Rückansicht einer Punktschweißmaschine zur Erläuterung der Betätigung des Oberspannungsschalters. (Siemens.)

Die eben beschriebene Schaltung läßt sich mit einer *Steuereinrichtung* mit Ruhekontakt ergänzen, wie dies in der Anordnung c der Abb. 140 wiedergegeben ist. Die Steuereinrichtung hat die Aufgabe, den Ruhekontakt *selbsttätig* — meist nach bestimmter Schweißzeit — zu öffnen und damit den Erregerstrom des Schützes zu unterbrechen. Der Schweißstrom wird also vor der Kraftentlastung beispielsweise zur Zeit F' in Abb. 127 abgeschaltet. Die Steuereinrichtung mit Ruhekontakt kann ein Schweiß(zeit)begrenzer SB sein.

Ist bei Krafterzeugung mit Gestänge und Feder ein Kraftantrieb vorhanden, so geschieht im Falle eines pneumatischen oder hydraulischen Antriebes die Schaltbetätigung am besten auch in Abhängigkeit vom Gestängeweg, wie an Hand der Abb. 140a oder b schon beschrieben wurde. — Bei motorischem Antrieb kann namentlich zum Erreichen des *Ausschaltens* schon lange vor dem Kraftende eine zweite Kurvenscheibe vorgesehen werden, die den Leistungsschalter unmittelbar oder durch Vermittlung eines Signalschalters in einer gewünschten zeitlichen Zuordnung zum Kraftverlauf betätigt (Anordnung d in Abb. 140). Die zeitliche Lage des Ein- und Ausschaltens zum Kraftverlauf ist durch die Form der zweiten Kurvenscheibe und durch deren Winkelstellung zu der der Krafterzeugung dienenden Kurvenscheibe gegeben. Die zweite Kurvenscheibe wirkt als *mechanische Steuereinrichtung* zum Ausschalten des Schweißstromes nach bestimmter Zeit.

Bei hydraulischer oder pneumatischer Krafterzeugung (Abb. 130) wird der Leistungsschalter meist in Abhängigkeit vom Druck in der Arbeitskammer des

Zylinders mittels Kontaktmanometer eingeschaltet. Die Möglichkeit verfrühter Stromeinschaltung, zwar nach Wirken des betreffenden Druckes im Zylinder, aber vor voller Wirkung der Elektrodenkraft auf dem Schweißgut wird durch ein Verzögerungsglied, z. B. durch ein Drosselventil D zwischen Zylinderkammer und dem Kontaktmanometer M_2 verhindert. Das Abschalten des Schweißstromes wird bei solchen Anlagen meist selbsttätig nach kurzer Schweißzeit durch eine *elektrische Steuereinrichtung*, z. B. einen Schweißbegrenzer, erreicht. Der zeitliche Verlauf des Schweißstromes in Zuordnung zur Elektrodenkraft war in Abb. 125 gezeigt. Die Schaltung ist in Abb. 140e vereinfacht dargestellt. Der Arbeitskontakt des Kontaktmanometers wirkt als Signalschalter SS für die Steuereinrichtung SB. Eine zuverlässige, prellungsfreie Kontaktgabe des Kontaktmanometers wird bei Ausführung mit sogenanntem Magnetspringschaltwerk erreicht.

In Abb. 140 ist schließlich die Anordnung f aufgenommen, bei der als Leistungsschalter LS (gittergesteuerte) Gasentladungsgefäße verwendet werden. Die Einheit der als Leistungsschalter wirkenden Leistungsstufe LT mit der Steuerstufe S wird oft als Gittersteuerung oder *Schweißtakter* bezeichnet. Die Krafterzeugung und Signalschalterbetätigung kann ähnlich Abb. 140b sein. — Bei hydraulischer oder pneumatischer Krafterzeugung gilt beispielsweise Abb. 130. Der Arbeitskontakt des dort gezeichneten Kontaktmanometers M_2 entspricht dem Signalschalter SS in Abb. 140f. Die pneumatische Drossel vor dem Kontaktmanometer vermeidet vorzeitige Kontaktgabe.

Auf die im Abschnitt Nahtschweißen behandelten motorisch angetriebenen magnetelektrischen Geräte zur periodischen Stromänderung oder Schaltung (§ 86 u. 87) und auf Geräte mit elektromagnetischer oder kapazitiver Energiespeicherung sei hier nur verwiesen (§ 57 u. 58).

2. Steuergrundsätze.

a) Schweißtechnisches.

§ 45. Aus dem Vorstehenden ist zu entnehmen, daß die Steuereinrichtung beim Punktschweißen beispielsweise sein kann:

1. Eine umlaufende Kurvenscheibe als Kommandogeber an einem Leistungsschalter (z. B. Schütz).
2. Ein Schweißbegrenzer als Kommandogeber an einen elektromechanischen oder mechanischen Leistungsschalter,
3. Die Steuerstufe eines Schweißtakters, bei dem das Schalten der Leistung durch Gasentladungsgefäße geschieht,
4. Regelgetriebe oder ähnliches für den Antrieb magnetelektrischer Aggregate und Sondergeräte.

Die mindeste Aufgabe der Steuereinrichtung beim Punktschweißen ist die Herbeiführung des *selbsttätigen*, also unabhängig von der Bedienung geschehenden Abschaltens des Schweißstromes. Zusätzlich können der Steuereinrichtung wahlweise folgende Aufgaben übertragen sein:

1. Herbeiführen des Einschaltens oder Abschaltens des Schweißstromes in bestimmter Zuordnung zur Phase der elektrischen Wechselspannung oder in bestimmter Zuordnung zum Kraftverlauf,
2. Herbeiführen von Kraftänderungen, bzw. von Kraftprogrammen,
3. Herbeiführen von bestimmten Änderungen des Schweißstromes oder von Stromprogrammen,
4. Herbeiführen einer gewünschten Zuordnung von Strom- und Kraftprogrammen.

Die Steuereinrichtung umfaßt in der Regel die Signal- oder Kommandogeber, sowie die Apparate zur Vorbereitung und Bemessung der Signalgaben.

Die Praxis gebraucht vielfach den Ausdruck „Steuerung" für die Einheit der eigentlichen Steuereinrichtung zusammen mit dem Leistungsschalter oder Leistungsänderer, evtl. auch zusammen mit Apparaten der Krafterzeugung. Für die Abgrenzung der Begriffe ist dann nicht so sehr die Wirkung maßgebend, als vielmehr die geschlossene Unterbringung in einem Apparateschrank oder dergleichen, meist außerhalb der eigentlichen Punktschweißmaschine. Die „Steuerung" zur Maschine ist beispielsweise ein Schweißtakter, eine Kaskade usw.

Wir beschränken uns im folgenden auf die eigentlichen Steuereinrichtungen und zwar zunächst für den Fall konstanten (effektiven) Schweißstromes und konstanter Elektrodenkraft.

Bei Anwendung kurzer Schweißzeiten, beispielsweise von der Größenordnung weniger Zehntel-Sekunden oder weniger ist ohne Steuereinrichtung praktisch nicht mehr auszukommen, wenn auch nur einigermaßen gleichmäßige Schweißungen verlangt werden. Kurze Schweißzeiten sind notwendig:

1. Zum Schweißen gut leitender oder niedrig schmelzender Metalle,
2. Zum Schweißen mit Wärmeeinflußzonen geringer Ausdehnung,
3. Zum Schweißen mit verhältnismäßig geringer Wärmeübertragung ins Schweißgut (z. B. bei großen Blechteilen mit vielen Punkten),
4. Zum Schweißen besonders kleiner oder feiner Teile (Haardrähte, Folien oder dergleichen).

Beim Schweißen von Metallen mit Schweißtemperaturen ohne sichtbare Glut entfällt eine Beobachtung der Schweißstelle auf Grund der Glutfarbe, wie das bei einfachen Eisenblechschweißungen mit ausgedehnter Glühzone üblich war. Auch diese Tatsache begründet die Anwendung einer Steuereinrichtung, unabhängig von dem Bedürfnis nach kurzer Schweißzeit.

Zur Beurteilung der Streuung der Schweißzeiten bei Fußbetätigung einer Punktschweißmaschine *ohne* Steuereinrichtung, wurden die Schweißzeiten oszillographisch gemessen, die ein guter, gewissenhafter Schweißer erreichte. Zahlentafel 22. Die 8 Aufnahmen geschahen an einer kleineren Maschine, nachdem der

Zahlentafel 22.

Messung Nr.	1	2	3	4	5	6	7	8
Sekunden	0,30	0,30	0,268	0,314	0,286	0,325	0,270	0,339
Unterschied	0	0	− 0,032	+ 0,014	− 0,014	+ 0,025	− 0,03	0,039

Schweißer das gleiche (einfache) Stahlteil einige Stunden im Stücklohn geschweißt hatte. Es ist anzunehmen, daß größtmögliche Gleichmäßigkeit durch Gewöhnung an die richtige Maschinenbetätigung erlangt wurde. Die Werte der Schweißzeit streuen zwischen etwa −10% und +16% des Mittelwertes von rund 0,3 Sekunden.

Das Meßergebnis kann sicherlich keine Allgemeingültigkeit beanspruchen. Die Streuung dürfte dem praktisch erreichbaren Bestwert nahe kommen. Im laufenden Betrieb wird sie meist erheblich größer, unter Umständen ein Mehrfaches sein. — Vergleichsweise sei schon hier erwähnt, daß mit dem Schweißtakter für Schweißzeiten von 0,3 sek Zeitfehler von der Größenordnung ±0,2% erlangt werden.

Nimmt man an, daß gleiche Wärmezufuhr gleiches Temperaturfeld, also gleiche Temperatur an der Verbindungsstelle erzeugt, so müßte die Steuereinrichtung dafür sorgen, daß die Schweißmaschine jeweils nach Zuführung einer gewünschten elektrischen Arbeit in Wattsekunden (oder cal) vom Netz abgeschaltet wird (Energiesteuerung, s. §55). Bei gleicher Energiezufuhr ins Schweißgut während *verschiedener* Dauer der Zuführung resultieren aber durchaus sehr verschiedene Temperaturen wegen geänderter Wärmeableitung bei geänderter Ableitungsdauer. Temperaturunterschiede durch Änderung der Schweißzeit um absolut kleine Beträge können für praktisch interessante Fälle selbst bei Metallen mit verhältnismäßig geringer Wärmeleitung erheblich sein. — Auch in einiger Entfernung von der Verbindungsstelle ergibt sich bei Zuführung einer bestimmten elektrischen Energie in verschiedener Zuführungsdauer eine unterschiedliche Temperaturverteilung und schließlich insgesamt ein unterschiedlicher zeitlicher Verlauf der Temperaturen. Die Steuereinrichtung muß also zur Sicherstellung gleicher Temperaturen und gleichen Temperaturverlaufes nicht nur für gleiche Energiezufuhr, sondern auch dafür sorgen, daß die betreffende Energie in etwa gleichen Zeiten zugeführt wird. Diese Notwendigkeit der Zeitregelung macht aber für die meisten Anwendungsfälle eine weitere Kontrolle der Wattsekunden entbehrlich, mindestens aber zur Vermeidung weiterer Komplizierung wünschenswert. Etwa gleiche Bedingungen im Schweißgut und im Netz ergeben bei Einschaltung des Schweißstromes für bestimmte Schweißzeit zwangsläufig gleiche elektrische Arbeit in gleicher Zuführungsdauer, also gleiches Temperaturfeld. Hierin liegt die Rechtfertigung der *Zeitsteuerung*, die sich — auch in Verbindung mit Gasentladungsgefäßen als Leistungsschalter — in weitem Umfange durchgesetzt hat.

Es ist im Bestreben, konstante Schweißtemperaturen zu erreichen, zweckdienlicher, die Netzspannung konstant zu halten oder ihre Veränderungen unmittelbar auszugleichen (s. § 56), als den Bedarf elektrischer Arbeit einer beispielsweise durch Netzspannungsänderungen verursachten verschiedenen Zuleitungsdauer anzupassen. Der Zusammenhang zwischen der Änderung des Schweißstromes und der aus ihr gefolgerten Änderung der Schweißzeit ist nicht von sich aus eindeutig, sondern beispielsweise auch durch Wärmeleiteigenschaften des Schweißgutes bestimmt. Man muß auch bedenken, daß sich selbst im besten Falle des Abgleichens der Zuleitungsdauer auf Erreichen der gewünschten Temperatur an der Verbindungsstelle grundsätzlich ein abweichendes räumliches Temperaturfeld und ein abweichender zeitlicher Temperaturverlauf ergeben müssen. Auf Steuerungsgrundsätze wird auch bei der Besprechung der Schweißbegrenzer (§ 48 u. 49) eingegangen.

b) Elektrotechnische Forderungen.

§ 46. Bei den wohl besonders häufig angewendeten Schweißzeiten von etwa 0,1—0,4 sek kann vom erwärmungstechnischen Standpunkt aus eine absolute Zeitgenauigkeit der Größenordnung 0,01 sek sehr oft als ausreichend angesehen werden. Es soll anschließend besprochen werden, daß zur Vermeidung ungünstiger oder schädlicher Schaltvorgänge, namentlich bei großer Maschinenleistung und großer Schalthäufigkeit von der Steuereinrichtung einer Punktschweißmaschine eine absolute Zeitgenauigkeit der Größenordnung 0,001 sek und eine mindestens ebenso genaue Synchronisierung der Einschaltung und Stromlöschung mit der Netzspannung nach Phasenlage und Richtungssinn der Halbwellen zu fordern ist. Die für solche Zeitgenauigkeit entwickelten Steuerungen gewährleisten dann auch ohne weiteres für höchste schweißtechnische Ansprüche oder auch für Schweißzeiten unter 0,1 sek eine sehr genaue und gleichmäßige Dosierung der Schweißenergie.

Lediglich in *rein Ohmschen Wechselstromkreisen* (50 Hz) ist nach dem Einschalten in *jedem* Phasenpunkt ein Stromverlauf gleich dem stationären Strom zu erwarten. Der Strom ist vom Augenblick der Einschaltung ab spannungsproportional. Er springt also wie die Spannung steil auf den im stationären Verlauf gegebenen Wert und ist dann sinusförmig. Praktisch ähnlich sind die Umstände im hochohmigen Kreis mit verhältnismäßig kleiner induktiver Komponente ($R \gg \omega L$).

Beim Einschalten eines *rein induktiven* (eisenlosen) Verbrauchers ($\varphi = 90°$) wird nur für den Einschaltzeitpunkt des Spannungsmaximums ($\psi = 90°$) derjenige Stromverlauf erreicht, der dem stationären Fall entspricht (*37, 115*). Wird zu einem anderen Phasenpunkt ψ der Spannung eingeschaltet, so fließt ein Strom, der durch *senkrechtes* Verschieben der Kurve des stationären Stromes bis zum Schnitt mit der Abszissenachse im Einschaltpunkt zu ermitteln ist. Der physikalische Sinn dieser Ermittlung ist folgender: Das in dem elektrischen Kreis gültige Induktionsgesetz:

$$u \sim -\frac{di}{dt}$$

gibt für jeden Zeitpunkt, d.h. für jeden Wert der Spannung nicht den Strom sondern die Tangentenrichtung di/dt der Stromkurve vor. Die Anfangsbedingung „$i = 0$ beim Einschalten" und die Bedingung der gleichen Differentialfunktion wie beim stationären Fall sind bei der vorgenannten senkrechten Kurvenverschiebung und nur bei dieser erfüllt. Der tatsächlich fließende Strom i kann als Summe des stationären Stromes und eines Gleichstromes dargestellt werden.

$$i = I_{max}[\sin \omega t - \sin(\psi - \varphi)] \quad (24)$$

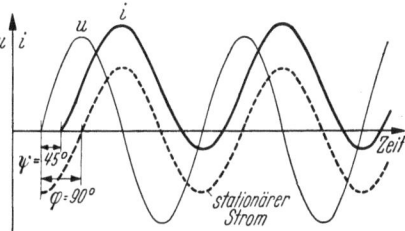

Abb. 142. Stromverlauf i beim Einschalten eines rein induktiven (eisenlosen) Verbrauchers beim Phasenpunkt $\psi = 45°$.

$I_{max} \cdot \sin(\psi - \varphi)$ ist mit der Zeit unveränderlich. Es ist der erwähnte Gleichstromanteil, dessen zwischen I_{max} und 0 liegende Größe bei dem konstant vorausgesetzten φ nur durch den Phasenpunkt ψ des Einschaltens bestimmt wird. Die höchstmögliche Stärke des Gleichstromes ist gleich dem Scheitelwert des stationären (Wechsel-) Stromes. Er wird erreicht beim Einschalten im Phasenpunkt $\psi = \varphi + 90° \pm \pi$, also bei allen Phasenpunkten, für die $u = 0$ ist. — Den Stromverlauf für beispielsweise $\psi = 45°$ zeigt Abb. 142.

Beim Einschalten eines Verbrauchers mit (eisenfreier) *induktiver Komponente* ωL und *Wirkwiderstand* R gelten ganz ähnliche Bedingungen, wie soeben besprochen. Der Strom eilt der Spannung um $\varphi°$ $\left(\text{tg } \varphi = \dfrac{\omega L}{R}\right)$ nach. Nur beim Einschalten des Kreises bei einem Phasenwinkel der Spannung φ fließt ein Strom gleich dem stationären Strom. Bei Einschaltung bei beliebigem Phasenpunkt ψ ergibt sich ein Strom i im Sinne der Gl. (24), jedoch mit der Abwandlung, daß der Gleichstromanteil $I_{max} \cdot \sin(\psi - \varphi)$ infolge des Wirkwiderstandes R proportional einem Dämpfungsfaktor $e^{-\frac{R}{L}t}$ zeitlich abklingt. Gl. (24) muß allgemein lauten:

$$i = I_{max}\left[\sin \omega t - \sin(\psi - \varphi) \cdot e^{-\frac{R}{L}t}\right] \quad (25)$$

Die Zeitkonstante $\dfrac{L}{R} = T$ ist die Zeit, in der ein Abklingen des Gleichanteiles auf $\dfrac{1}{e} = 36{,}8\%$ des anfänglichen Wertes eintritt. Nach der Zeit $2T$ ist der Gleichanteil auf $13{,}5\%$, nach der Zeit $3T$ auf 5% abgesunken.

Ist der Verbraucher eine *Drossel mit Eisenschluß*, so geschieht auch im stationären Falle infolge Nichtproportionalität zwischen Strom und magnetischer Induktion im Eisen (d. h. dem Fluß) eine Beeinträchtigung der Form des (Magnetisierungs-)Stromes. Dieser ist nicht mehr sinusförmig, sondern für jede Halbwelle gleichsam aus Teilen von Sinuskurven gesetzmäßig geänderter Amplitude zusammengesetzt. Gl. (25) ist nicht mehr gültig. Beim Einschalten zu einem früheren Phasenpunkt ψ, der von φ stärker abweicht, führt die vom Fall des eisenfreien Verbrauchers her bekannte Gleichstromkomponente meist rasch zu einer einseitigen Sättigung des Drosseleisens und damit zu einem gewaltigen einseitigen Anstieg der Stromaufnahme und zwar um so mehr, je näher die Induktion für den Scheitelwert des stationären Stromes der Sättigung der verwendeten Eisensorte kommt und je geringer die Wirkwiderstände sind (Abb. 143). Über das zeitliche Abklingen gilt grundsätzlich das oben Gesagte. — Die Entstehung eines einseitigen Überstromes wird begünstigt, wenn die Remanenz von einer vorangegangenen Einschaltung eine magnetische Induktion hinterläßt, vom gleichen Richtungssinn wie die Induktion der gefährlichen Sättigung. Bei hoher (ungünstig gerichteter)

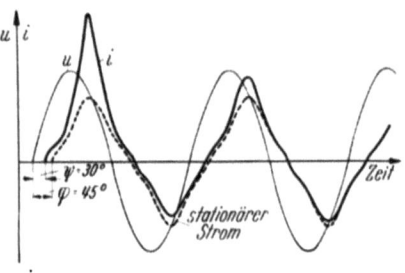

Abb. 143. Stromverlauf i beim Einschalten einer Eisendrossel ($\varphi = 45°$) beim Phasenpunkt $\psi = 30°$.

Remanenz und ungünstigem Einschaltzeitpunkt kann der Scheitelwert des Magnetisierungsstromes nach dem Einschalten das Fünfzigfache oder mehr der Scheitelwerte des gewöhnlichen Magnetisierungsstromes betragen. Umgekehrt wird die Ausbildung einer gefährlichen Sättigung mindestens verzögert, wenn die Einschaltung bei gegensinniger Halbwelle geschieht, im Vergleich zur letzten Halbwelle beim Abschalten.

Die Widerstandsschweißmaschine ist ein ohmisch-induktiver Verbraucher, für den ein Ersatzschaltbild nach Abb. 76 angenommen werden kann, falls wie üblich mit einem Übersetzungsverhältnis 1:1 gerechnet wird. Bei offenem Sekundärkreis hat der Transformator die Eigenschaften der eben besprochenen, eisengeschlossenen Drossel. Der geschlossene Sekundärkreis ist der Magnetisierungsimpedanz $\mathfrak{Z}$ parallel geschaltet. Er verhält sich auch als ohmisch-induktiver Lastkreis praktisch wenig abhängig vom

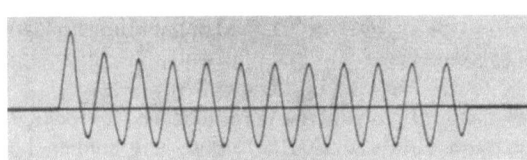

Abb. 144. Einschaltvorgang des Netzstromes einer Punktschweißmaschine. Stationärer Strom = 380 Amp eff. Einschaltspitze = 1060 Amp.

Primärkreis, falls $\mathfrak{Z}_1$ klein gegen $\mathfrak{Z}_2 + \mathfrak{Z}_5$ ist. Das ist oft und gerade bei Hochleistungspunktschweißmaschinen der Fall. Namentlich bei periodischen Schaltvorgängen fließen im geschlossenen Sekundärkreis Ausgleichströme des Magnetisierungszweiges, auch wenn der Transformator bereits vom Netz abgeschaltet ist (§ 55 u. 57).

Die Überströme beim Einschalten des Transformators von Widerstandsschweißmaschinen können ein Mehrfaches der stationären Ströme betragen und also bei hohen Leistungen von ungünstiger Wirkung sein. Sie sind geringer, wenn der Zeitpunkt der Einschaltung dem Phasenpunkt φ näher kommt. Ein Beispiel erhöhter unsymmetrischer Stromaufnahme nach dem Einschalten einer Punktschweißmaschine zeigt Abb. 144 und 157 im Oszillogramm. Für den Schaltzeitpunkt $\psi = \varphi$ bildet sich keine Gleichstromkomponente. Es fließt vom Augenblick des Einschaltens ab der stationäre Strom. Der Schaltzeitpunkt φ ist hauptsächlich bei der Verwendung von gittergesteuerten Gasentladungsgefäßen als Leistungsschalter sicher gewährleistet (Abb. 145).

Für verschiedene Transformatorwindungszahlen, also bei verschiedener Stellung der Stufenschalter, und auch für verschiedene Armlängen und Armabstände einer Punktschweißmaschine gelten etwas unterschiedliche Werte von $\frac{wL}{R}$, d. h. von φ. Die Steuerungen sind in erster Linie für solche Werte von φ abzugleichen, die höchsten Werten der Leistung entsprechen, da bei dem geringen Phasenunterschied für Primärströme unter dem größten Betriebsstrom Gleichstromanteile keine gefährlichen Überströme herbeiführen.

Die Oszillogramme der Abb. 145 lassen erkennen, daß die *Ab*schaltung jeweils genau nach vollen Perioden und damit ebenfalls in fester zeitlicher Beziehung zur Phase der Wechselspannung geschieht. Das ist auch für die Erzeugung der für die Wiedereinschaltung maßgebenden günstigen Remanenz wichtig. Der Phasenpunkt der Abschaltung ist in allen oszillographierten Fällen mit dem Nulldurchgang der Stromkurve identisch. Bei einer willkürlichen Abschaltung ohne Anpassung an die Phase der Spannung treten — wachsend mit dem Grade der Abweichung vom Phasenpunkt $i = 0$ — Ausschaltspannungen auf, die als hohe Feldstärke oder sonst als Energiestoß den Leistungsschalter und die Isolation

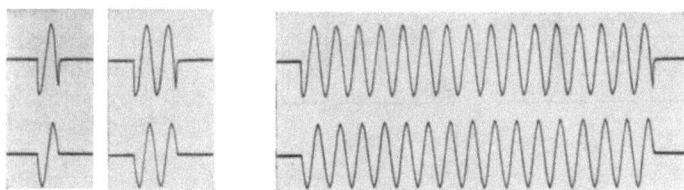

Abb. 145. Oszillogramme einer gittergesteuerten Punktschweißmaschine.
Obere Schleife: Netzspannung. Untere Schleife: Netzstrom. Links; 1 Periode,
Mitte: 2 Perioden, rechts: 16 Perioden.

der Transformatorwicklung erheblich beanspruchen können. Die Sicherstellung der phasenrechten Ausschaltung von Punktschweißmaschinen hat gleichermaßen Bedeutung wie das richtige Einschalten. Bezüglich der Ausschalt-(Über-)spannungen siehe weiterhin § 53.

c) Programmsteuerungen.

§ 47. Zum Schweißen hochwertiger Legierungen oder zur Lösung bestimmter Schweißaufgaben sind sogenannte Programmsteuerungen entwickelt worden. Ihre grundsätzliche Wirkungsweise wurde für den Teil der Erzeugung von *Kraft*änderungen oder von *Kraft*programmen schon früher besprochen (§ 43). Der Aufbau von *Strom*programmsteuerungen und die Steuerung des Zusammenwirkens von Strom- und Kraftprogrammen werden bei der Besprechung der Schweißtakter behandelt (§ 54).

Die der Anwendung von Programmsteuerungen zugrunde liegenden schweißtechnischen Gesichtspunkte können sehr verschiedenartig sein.

Unabhängig von Kraftprogrammen oder von Kraftänderungen oder in Verbindung mit diesen kann die Zuführung der elektrischen Energie nach bestimmten zeitlichen ,,Programmen" geschehen. Das Ziel ist dann allgemein die Beeinflussung des zeitlichen Temperaturverlaufes an der Schweißstelle und in deren Umgebung.

Der häufigste Fall ist sicherlich der einer *Nach*wärmung der Schweißstelle zum Ausgleich von Spannungen, zum Normalisieren oder sonst zur Gefügeverbesserung etwa nach Abb. 146 a oder b. Die Stärke des Schweißstromes ist hier und auch in den folgenden Abbildungen schematisiert nach der Maßzahl des Effektivwertes dargestellt. — Ein Stromimpuls zur Vorwärmung nach Abb. 146c kann ähnlich wie ein langsames Ansteigen des Stromes (Abb. 146d) außer der thermischen Vorbehandlung des metallischen Werkstoffes einer Zersetzung oder Umwandlung von Oberflächenschichten dienen oder aber durch eine Vergrößerung der Kontaktfläche beim Erwärmen bestimmt sein. — Vor- und Nachwärmen können in einer Schweißoperation kombiniert, beispielsweise nach Abb. 146e oder f angewendet werden. In Abb. 146 d und e sind auch Beispiele von Kraftprogrammen in Verbindung jeweils mit einem Stromprogramm dargestellt. Eine weitere Möglichkeit der Stromvariation im Stromprogramm zeigt Abb. 146g.

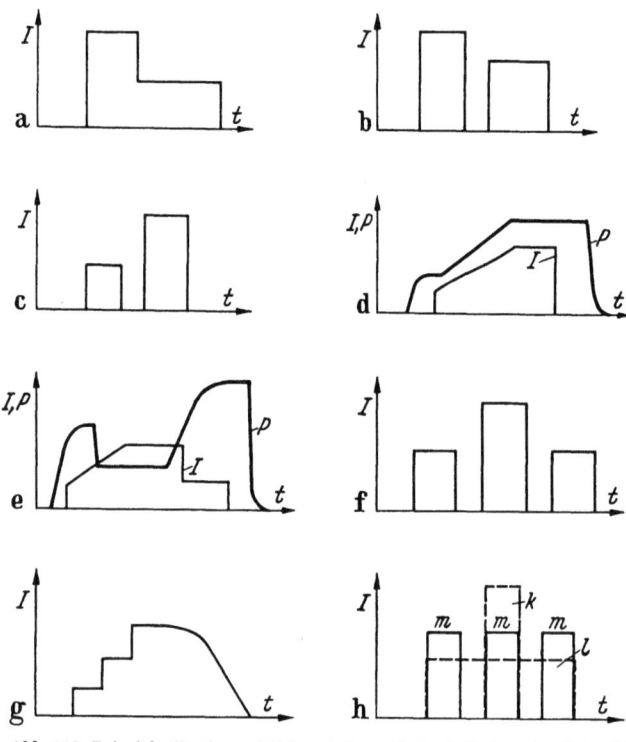

Abb. 146. Beispiele für den zeitlichen (schematischen) Verlauf des Schweißstromes I und evtl. der Elektrodenkraft P bei Anwendung einer Stromprogrammsteuerung (a—g) bzw. bei Mehrimpulsschweißung (h).

Die Mehrimpulsschweißung (Schwellschweißung) ist eine spezielle Form der Stromprogrammsteuerung mit einer bestimmten Anzahl von Stromimpulsen gleicher Dauer und gleicher Stärke, beispielsweise (m) nach Abb. 146h. Hinsichtlich Verlustwärme und Breite der Wärmeinflußzone und hinsichtlich der benötigten Schweißstromstärke nimmt die Mehrimpulsschweißung eine Stellung zwischen der Schweißung mit einem Stromimpuls kurzer (k), bzw. langer (l) Dauer ein, für die unter der Voraussetzung gleicher Wärmeerzeugung die Beispiele punktiert in Abb. 146h mit eingetragen wurden. Die Mehrimpulsschweißung kann gegenüber der Schweißung mit einem Stromimpuls kurzer Dauer nützlich sein:

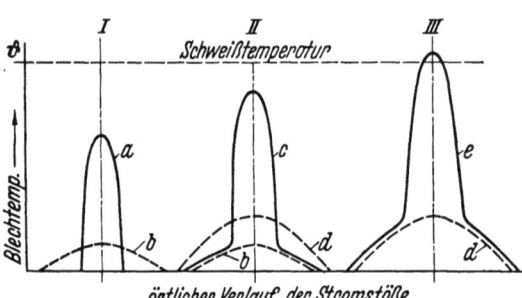

Abb. 147. Zur Erläuterung des Temperaturverlaufes beim Mehrimpuls bzw. Schwellschweißen.

1. bei beschränkter, nicht recht ausreichender Schweißstromstärke,
2. bei Schweißteilen aus Stahl mit etwas ungleichmäßiger Oberfläche,
3. bei gewünschter breiter Wärmeinflußzone,
4. bei zu großer Blechdicke.

Gegenüber der Schweißung mit einem Stromimpuls *langer* Dauer hat die Mehrimpulsschweißung im allgemeinen den Vorzug einer geringen thermischen Beanspruchung der Elektroden und einer insgesamt geringeren Wärmezufuhr ins Schweißgut, die sonst Merkmal der Anwendung eines langen Stromstoßes sind. (*100*).

Abb. 147 kennzeichnet den Temperaturverlauf an der Schweißstelle bei drei Stromstößen (*36*). *a* gibt schematisch den Temperaturverlauf bei Beendigung des ersten Stromstoßes wieder. Die Wärmemenge verteilt sich und ergibt am Ende der ersten Pause eine Temperaturverteilung nach Kurve *b*. Die Temperaturkurve *c* des zweiten Stromstoßes baut sich auf der Temperaturverteilung von *b* auf. Am Ende der zweiten Pause ergibt sich ein Temperaturverlauf entsprechend *d*. Auf *d* baut sich nun die Temperaturkurve *e* des dritten und letzten Stromstoßes auf. Mit ihm wird bei einer verhältnismäßig breiten Temperaturverteilung die Schweißtemperatur erreicht.

3. Beschreibung von Schweißbegrenzern.

a) Allgemeines, verschiedene Schweißbegrenzer.

§ 48. Schweißbegrenzer sind Signalgeber an elektromechanische (oder mechanische) Leistungsschalter von Punkt- oder Buckelschweißmaschinen zur selbsttätigen *Ab*schaltung des Schweißstromes unabhängig von der Bedienungsperson. Als Leistungsschalter werden überwiegend Luft- oder Ignitronschütze verwendet. Das Einschalten und das Ausschalten wird nicht in bestimmter Phasenlage zur Netzspannung ausgeführt. Das grundsätzliche Zusammenspiel von Schweißmaschine, Leistungsschalter und Schweißbegrenzer ist in Abb. 148 dargestellt. Das Einschalten des Leistungsschützes geschieht mit Erreichen der gewünschten Elektrodenkraft durch den Steuerschalter *SS*. Durch selbsttätiges Öffnen des Ruhekontaktes des Schweißbegrenzers wird der Schweißstrom abgeschaltet.

Das Signal zur Abschaltung kann außer für bestimmte Schweißzeiten in Abhängigkeit folgender elektrischer Größen gegeben werden:

1. Primärstrom,
2. Sekundärstrom,
3. Sekundärspannung,
4. Elektrische Arbeit.

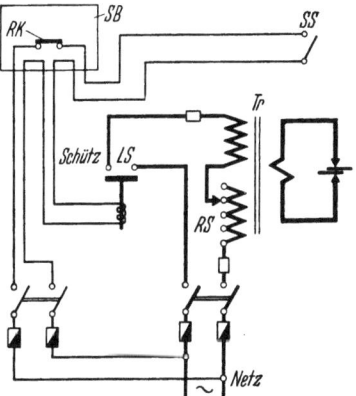

Abb. 148. Schaltbild einer Punktschweißmaschine mit beliebiger Krafterzeugung. Schaltung des Schweißstromes mit Schweißbegrenzer. Bezeichnung wie in Abb. 140.

Auch die als Strom- oder Spannungsrelais arbeitenden Schweißbegrenzer stellen infolge Trägheitswirkungen gewollt oder ungewollt praktisch noch eine Zeitsteuerung dar, insofern als zum Erreichen einer der genannten Betriebsgrößen zum Beginn oder Ende des Schaltvorganges eine gewisse Zeit verstreicht, die der Vollendung der Schweißung dient und dafür auch meist notwendig ist. Diese Zeiten unterliegen meist schwer kontrollierbaren Veränderungen, wenn sie nicht absichtlich auf verläßliche Konstanz gebracht sind. — Ein Beispiel einer praktisch nur auf Trägheitswirkungen beruhenden, einfachen Schweißbegrenzung zeigt Abb. 149 im schematischen Schaltbild. Die Abschaltung des als Leistungsschalter arbeitenden Schützes *LS* geschieht durch das Anziehen eines Hilfsrelais

HR, das durch einen Hilfskontakt des Schützes eingeschaltet wird („Selbstmordschaltung"). Es lassen sich bei gewöhnlicher Stellung der Kontakte Schweißzeiten von wenigen Zehntel Sekunde erreichen.

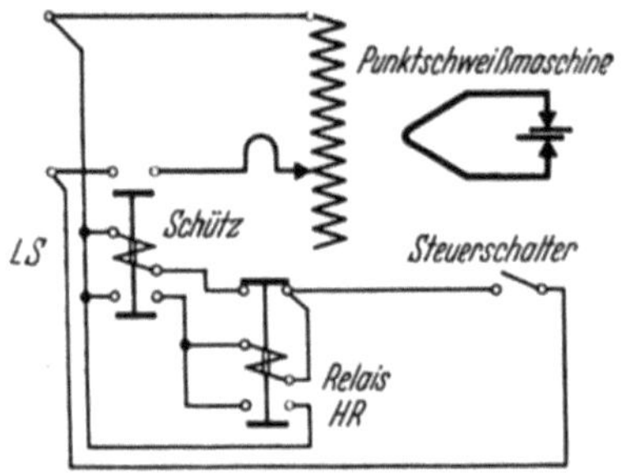

Zu 1: Beim Punktschweißen weicher Stahlbleche mit einer kleinen Punktschweißmaschine tritt im Verlauf der eigentlichen Schweißung ein Wachsen des Schweißstromes ein.

Abb. 149. Schaltbild für Schweißbegrenzung beim Punktschweißen durch Trägheitswirkungen von Schütz und Hilfsrelais.

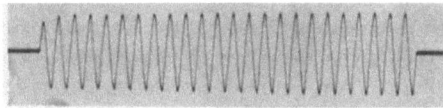

Abb. 150. Stromoszillogramm einer Eisenpunktschweißung.

Das bestätigt das Stromoszillogramm der Abb. 150, das mit einer Gittersteuerung bei rd. 0,5 sek Schweißzeit aufgenommen wurde. Für solche Eisenschweißungen werden bisweilen sog. Strombegrenzer angewendet, die das Signal zum Abschalten bei Erreichen einer bestimmten Stromstärke geben. Das Erfassen der Stromstärke kann beispielsweise mittels Stromwandler StW im Netzkreis gemäß Abb. 151 geschehen. Das selbsttätige Abschalten erfolgt durch das Öffnen des Ruhekontaktes eines Hilfsrelais HR beim Ansprechen des Strombegrenzers, d. h. beim Schließen seines Arbeitskontaktes. Das Hilfsrelais springt dabei durch seinen zweiten Kontakt in Selbsthaltung. Das Stromloswerden des Stromwandlers durch das Abschalten hat dann keine neue Wirkung. Erst durch das Öffnen des Steuerschalters SS nach Beendigung der Schweißung fällt das Hilfsrelais zurück und damit wird die Einrichtung wieder arbeitsbereit.

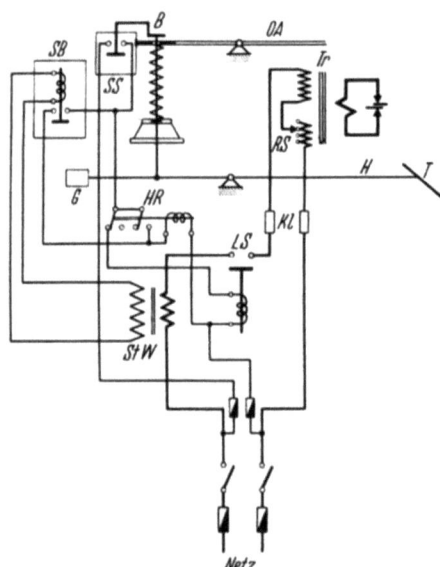

Abb. 151. Schaltbild einer Punktschweißmaschine mit Stromwandler StW, Strombegrenzer SB und Schütz LS. HR Hilfsrelais. Übrige Bezeichnungen siehe Abb. 140.

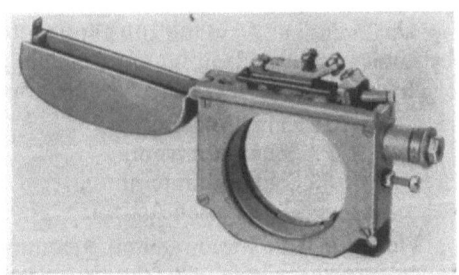

Abb. 152. Ansicht eines Sekundär-Strombegrenzers.

Zu 2: Soll die Auslösung des Abschaltens durch den *Sekundär*strom geschehen, so kann als Stromfühler ein lamellierter Ringmagnet nach Abb. 152 auf den Oberarm der Schweißmaschine gesteckt werden. Die Kraft, die auf einen in den magnetischen Kreis gefügten Anker wirkt und die die kürzeste Länge der magnetischen Linien zu erreichen sucht, steigt zunächst mit dem Sekundärstrom stark an. Sie wird zur Betätigung eines Kontaktes bei Erreichen einer bestimmten Stromstärke ausgenutzt. Falls die den Anker in seine Grundstellung zurückbewegende Federkraft verstellbar ist, kann die Ansprechstromstärke in gewissem Bereich verändert werden.

Zu 3: In der praktischen Auswirkung sehr ähnlich ist die Verwendung eines Differential-Spannungsrelais als Schweißbegrenzer derart, daß das Absinken der Spannung zwischen den Elektroden im Vergleich zur sekundären Klemmenspannung des Transformators oder zur Netzspannung die Schaltbewegung des Relaisankers auslöst und den Schweißstrom abschaltet.

Zu 4: Schweißbegrenzer, die die der Punktschweißmaschine zugeführte elektrische Arbeit messen, wurden mit dem bei Wechselstromzählern üblichen Ferraristriebwerk ausgerüstet. Wenn Feld- und Ankerspule vom Schweißstrom oder einem bestimmten Teil davon durchflossen werden, ist der vom Anker zurückgelegte Winkelweg proportional $J^2 \cdot T$, wo J den von der Schweißmaschine aufgenommenen Strom und T die Dauer des Stromflusses, die Schweißzeit, bedeuten. Eine Kontaktgabe, die die Abschaltung des Schweißstromes herbeiführt, muß für verschiedene Winkelwege einstellbar sein, also für verschiedene Beträge von Watt-Sekunden oder bei bestimmtem Strom für verschiedene Schweißzeiten. Die Rücklaufzeiten eines solchen Begrenzers sind bei Strömen, die klein gegen den Nennstrom, günstig s. hierzu weiterhin § 55.

b) Schweißzeitbegrenzer.

§ 49. Es ist bei der Besprechung der Steuerungsgrundsätze auf die praktische Bedeutung der *Zeit*steuerung zur Erzielung hochwertiger gleichmäßiger Schweißungen hingewiesen worden (§ 45). Die Schaltung der Teile einer Punktschweißeinrichtung mit Schweißzeitbegrenzer entspricht der Abb. 148. Mit dem Schließen des Steuerschalters SS geschieht das Einschalten des Schweißstromes und der Start der Zeitzählung im Begrenzer. Nach Ablauf der gewünschten Zeit wird durch Öffnen des Ruhekontaktes RK im Begrenzer das Schütz wieder ausgeschaltet. — Die gewünschten Schweißzeiten liegen im allgemeinen zwischen 0,1 und 3 Sekunden. In der Regel schaltet der Kontakt des Begrenzers unmittelbar die Schützerregung, die meist weniger als 6 Amp bei den üblichen Netzspannungen beträgt.

Schweißzeitbegrenzer sind auf verschiedener Grundlage entwickelt worden und zwar als

1. Mechanische Uhrwerke,
2. Druckluftgeräte,
3. Öldruckgeräte,
4. Elektromagnetische Laufwerke,
5. Elektrische Relais mit RC-Kreis,
6. Elektrische Relais mit RC-Kreis und kleiner, gittergesteuerter Gasentladungsröhre.

Mechanische Uhrwerke und wohl auch elektromagnetische Laufwerke sind heute verhältnismäßig wenig in Gebrauch. Bei diesen Apparaten ist die Erzielung kurzer Rücklaufzeiten, vor allem bei längerer Schweißzeit, im allgemeinen nicht mit einfachen Mitteln zu erreichen.

Einen pneumatisch arbeitenden, amerikanischen Zeitbegrenzer zeigt Abb. 153 im Schnitt des Zeitgliedes. Der Anker einer Zugspule wirkt auf die Zugstange E, die mit der Gummimembrane A in Verbindung steht. Diese Membrane deckt eine Kammer ab, die durch das Drosselventil D von der zweiten (unteren) Kammer getrennt ist. Die untere Kammer ist durch die Filterplatte C nach unten abgedeckt. Wird nun eine Zugkraft auf E ausgeübt, so saugt die Membrane A Luft über das Drosselventil D aus der unteren Kammer an. Je nach dem geöffneten Querschnitt bei D geschieht dies schneller oder langsamer. Der mit E in Verbindung stehende Unterbrecherkontakt des Begrenzers wird demgemäß früher oder später betätigt. Das Rückschlagventil B ermöglicht ein rasches Abfallen von E nach dem Schweißvorgang.

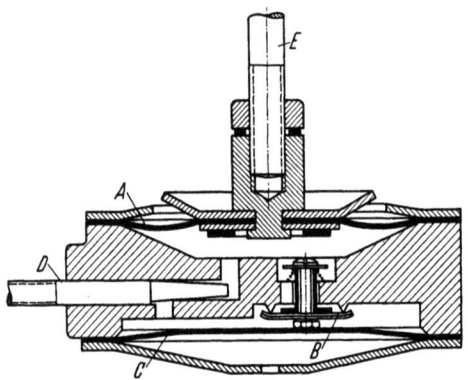

Abb. 153. Pneumatisches Zeitglied eines Schweißbegrenzers. (Square-D-Company.)

Öldruckgeräte können grundsätzlich ähnlich arbeiten wie Druckluftapparate. Die Zeit bis zum Ansprechen des Signalkontaktes wird dann durch Drosselung einer Ölbewegung erreicht. Wegen der Temperaturabhängigkeit der Viskosität des Öles ist zur Erzielung genügend konstanter Schweißzeiten bei Temperaturänderung eine wirksame Kompensation notwendig.

Ein nützliches Element zur Vorgabe bestimmter Schweißzeiten sind elektrische Zeitkreise, bestehend aus einem Zeitkondensator (C) und geeignet geschalteten Auflade- oder Entladewiderständen (R). Solche RC-Kreise spielen in hochwertigen Gittersteuerungen eine maßgebende Rolle und werden noch näher besprochen. Auch im unten erläuterten Schweißzeitbegrenzer mit kleiner, gittergesteuerter Gasentladungsröhre wird die Zeit durch einen RC-Kreis bestimmt.

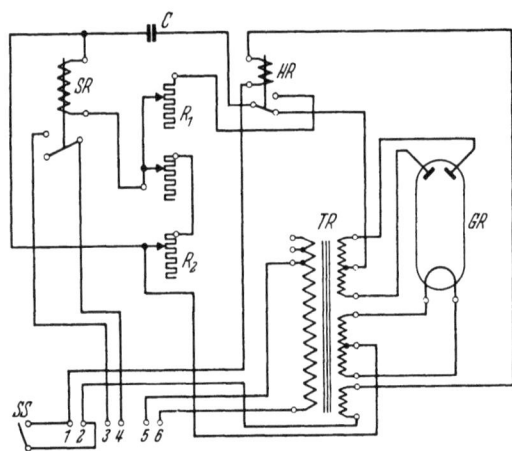

Abb. 154. Schaltbild eines Schweißzeitbegrenzers mit RC-Kreis. C Zeitkondensator, R_1, R_2 Widerstände, HR Hilfsrelais, SR Spannungsrelais, TR Transformator, GR Gleichrichterröhre, Anschlußklemmen: 3—4 Zugspule des Leistungsschützes, 5—6 Netzspannung.

Die Schaltung eines einfachen Begrenzers mit RC-Kreis zeigt Abb. 154. Ein Zeitkondensator wird mittels Gleichrichterröhre GR in der Ruhestellung auf eine bestimmte Spannung aufgeladen. Zum Punktschweißen wird durch Schließen des Steuerschalters SS das Hilfsrelais HR umgelegt und dadurch die Kondensatorentladung über die Spule des Spannungsrelais SR und zwei veränderliche Widerstände R_1 und R_2 herbeigeführt. Das Relais SR zieht sofort an und schaltet den Schweißstrom ein, bis es nach bestimmter Entladung, nämlich bei Unterschreiten einer Grenzspannung U_x an der Relaisspule wieder abfällt und den Schweißstrom ausschaltet. R_1 ist ein Vorwiderstand zwischen Kondensator und Relaisspule, R_2 liegt parallel zu der Spule. Durch Veränderung von R_1 und R_2 kann der zeitliche Verlauf der Kondensatorentladung und speziell das zeitliche Absinken der Spannung am Relais verändert werden. Abb. 155 zeigt zwei exponentielle Kurven a und b der Relaisspannung in Abhängigkeit der Zeit. Die Zeit zählt vom Augenblick der Einschaltung der vollen Spannung U_0. Jede Kurve gilt für bestimmte Widerstandswerte von R_1 und R_2. Die Grenz-

§ 49　　　　　　　Schalt- und Steuereinrichtungen.　　　　　　　129

spannung U_x kann zu sehr verschiedenen Zeiten erreicht werden, z. B. nach 0,2 (A) oder 0,35 (B) Sekunden. Entsprechend ändert sich auch die Schweißzeit. Bedingung für das Erlangen gleicher Schweißzeiten bei bestimmter Widerstandseinstellung ist das gleichmäßige Ansprechen des Spannungsrelais SR, insbesondere sein Abfallen bei Unterschreiten der Grenzspannung. Der Betätigungskreis wird in Abb. 154 mit Kleinspannung, z. B. 24 V, beschrieben, so daß der Signalschalter und seine Leitung auch in Stahlkesseln oder sonst unter erschwerten Bedingungen gefahrlos gebraucht werden können.

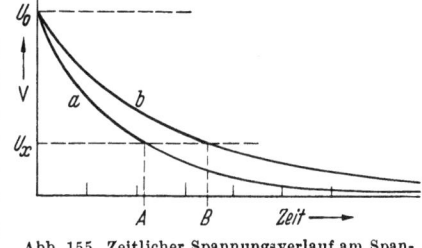

Abb. 155. Zeitlicher Spannungsverlauf am Spannungsrelais eines Schweißbegrenzers bei Kondensatorentladung.

Und nun eine Erläuterung zum Schweißbegrenzer mit kleiner gittergesteuerter Gasentladungsröhre. Ein Übersichtsschaltbild zeigt Abb. 156. Die Einschaltung des Leistungsschützes LS geschieht wieder durch den Steuerschalter SS über den Ruhekontakt RK des Hilfsrelais HR. Der Ruhekontakt kann als Vakuumkontakt arbeiten mit besonders kleinem Schaltweg und sehr kleiner Schaltzeit. Die Abschaltung tritt ein, wenn das Hilfsrelais eingeschaltet wird, nämlich beim „Zünden" der kleinen, gittergesteuerten Gasentladungsröhre G. Der Zeitpunkt des Zündens läßt sich durch Spannungsänderung am Gitter der Röhre besonders scharf und mit sehr geringem Energieaufwand festlegen. Das ist durch die grundsätzlichen Eigenschaften der gittergesteuerten Gasentladungsröhre gegeben (§ 51). Bei hinreichend negativer Spannung zwischen Gitter und Kathode der Röhre ist sie gesperrt. Der Anodenstrom durch die Wicklung des Hilfsrelais HRW ist 0. Diese Sperrung tritt regelmäßig beim Anlegen der Netzspannung an das Gerät dadurch ein, daß die sekundäre Spannung des kleinen Transformators Tr mittels sog. Gittergleich-

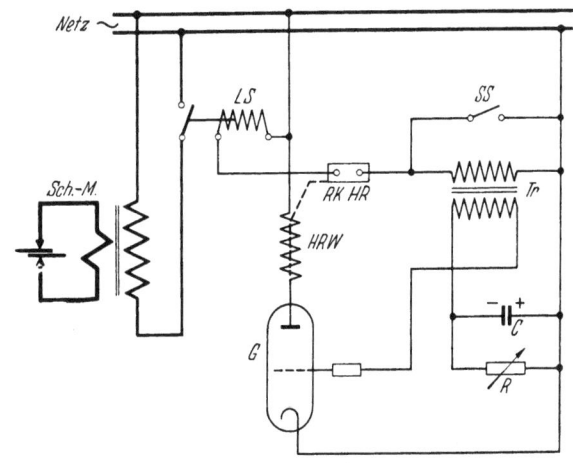

Abb. 156. Schaltbild eines Schweißzeitbegrenzers mit RC-Kreis und kleiner Gasentladungsröhre. (Siemens.)

richtung den Zeitkondensator C auf eine bestimmte Spannung auflädt. Der Ladungsverlust des Kondensators über den Widerstand R wird erst wirksam, wenn der Transformator Tr beim Schließen des Steuerschalters SS kurz geschlossen wird. Der Zeitkondensator entlädt sich je nach der Größe des eingestellten Widerstandes R, so daß die sperrende Spannung am Gitter der Röhre nach bestimmter Zeit für einen bestimmten Wert von R aufgehoben ist. In diesem Zeitpunkt zündet die Röhre, das Hilfsrelais spricht an, der Schweißstrom wird abgeschaltet.

Der Abschnitt über die Schweißbegrenzer soll mit einem Hinweis auf ein Oszillogramm des Schweißstromes beim Betrieb mit Schweißbegrenzer und Luftschütz abgeschlossen werden (Abb. 157). Dies Oszillogramm zeigt mittelmäßig

Brunst, Widerstandsschweißen.　　　　　　　　　　　　　　　　9

130 Punktschweißen. §50

ungünstige Verhältnisse und zwar eine einseitige Stromerhöhung beim Einschalten, sowie das Fortbestehen des Stromes in schwankender geringerer Höhe durch einen längeren Lichtbogen an den Schützkontakten beim Abschalten. Es lassen sich im praktischen Betrieb ohne Schwierigkeit bessere, aber auch noch viel ungünstigere Stromoszillogramme aufnehmen. Bei den Luftschützen muß weiterhin darauf geachtet werden, daß sich die Kontaktsegmente nicht zu stark abnützen. Es kann dies Anlaß zu ungenügender Kontaktgabe sein. Insbesondere dürfen sich Schraubbefestigungen nicht lösen. Die Folgen eines nicht einwandfrei arbeitenden Schützes zeigt Abb. 158. Hier sind Prellungen an den Kon-

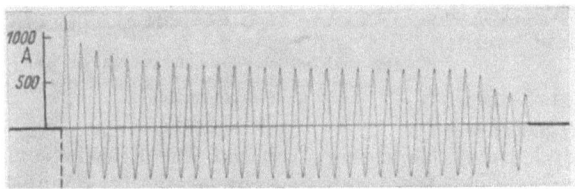 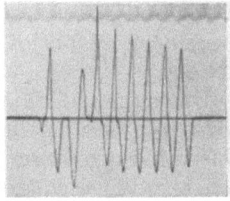

Abb. 157. Oszillogramm des Primärstromes einer Punktschweißung. Schaltelemente; Schütz und Begrenzer.

Abb. 158. Stromoszillogramm eines fehlerhaften Schaltschützes. Prellungen der Kontaktfinger beim Einschalten.

takten und dadurch mehrfache Stromunterbrechungen aufgetreten, die unbedingt die Ursache von Fehlschweißungen sind. Es ist also gerechtfertigt, hochwertigere Schalteinrichtungen zu haben, die im folgenden in Grundlagen und Ausführung behandelt werden.

4. Schweißtakter, Gittersteuerungen.

a) Allgemeines.

§ 50. α) **Vorbemerkungen, die Wirkungsweise der Stromrichtergefäße.** Unter Schweißtaktern, die auch vielfach Gittersteuerungen genannt werden, versteht man elektrisch betätigte Kurzzeitschalter. Bei ihnen bedient man sich elektronisch gesteuerter Entladungsgefäße. Der prinzipielle, elektrische Aufbau der Schweißanlage ist derartig, wie ihn Abb. 159 wiedergibt. An Stelle des in den seitherigen Besprechungen aufgeführten Leistungsschalter treten jetzt zwei gegensinnig parallel geschaltete Stromrichtergefäße Sg, die so bemessen sind, daß sie in der Lage sind, den Primärstrom des Schweißmaschinen-Transformators zu schalten. Sie werden mit ihren notwendigen Hilfseinrichtungen, wozu z. B. die Erregersätze gehören, als die Leistungsstufe des Takters bezeichnet. Die zugehörige Steuerstufe des Takters gestattet die Schaltgefäße Sg in dem gewünschten Augenblick zu zünden, bzw. im Stromnulldurchgang der Wechselstromkurve zu löschen. Das Signal für den Beginn des Schweißstromflusses erhält die Steuerstufe wiederum von dem Steuerschalter SS. Sind es wie in dem in Abb. 159 skizzierten Fall zwei Stromrichtergefäße, so wird die

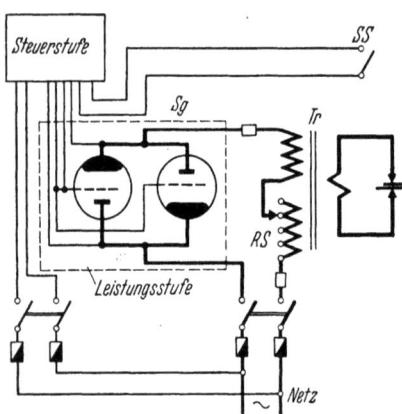

Abb. 159. Schaltbild einer Punktschweißmaschine mit Schweißtakter (Gittersteuerung) deren Leistungsstufe gitter(oder zündstift-) gesteuerte Schaltgefäße Sg sind, die durch eine Steuerstufe geschaltet werden.

Steuerung als Zweiweg-Schweißtakter bezeichnet. Unter gewissen Bedingungen genügt auch *ein* Stromrichtergefäß, dann wird die Steuerung sinnfällig als Einweg-Schweißtakter gekennzeichnet.

Schweißtakter können im Verhältnis zur eigentlichen Schweißmaschine einen nicht unerheblichen Aufwand darstellen. Hierbei ist aber zu berücksichtigen, daß es nur mit Hilfe dieser hochwertigen Zeitschalter möglich war, die schwierigsten Aufgaben der Widerstandsschweißung zu lösen. Sie haben den großen Vorteil, daß mit ihnen höchste Ströme, kürzeste Zeiten bei Fehlerprozenten, die weit unter 0,5 % liegen, geschaltet werden können. Änderungen des Schweißstrom-Effektivwertes über verschiedene, beliebige Zeitbereiche innerhalb eines Arbeitsspieles mit Hilfe entsprechender Steuerstufen zur Erzielung sog. Stromprogramme, sind eine mit anderen Hilfsmitteln nicht erreichbare Eigenschaft dieser Steuergeräte. Außerdem läßt sich der Schaltaugenblick zwangsläufig in den günstigsten Zeitpunkt der Wechselstromkurve legen (s. §46). Diese Möglichkeiten gewährleisten, daß mit ihnen höchsten schweißtechnischen Ansprüchen genügt werden kann. Außerdem gestatten sie bei einem entsprechenden steuertechnischen Aufwand Spannungsschwankungen des Versorgungsnetzes auszugleichen (§ 56). Auf die Möglichkeit, die einphasige Last des Sekundärkreises der Schweißmaschine gleichmäßig auf alle drei Phasen eines Drehstromnetzes zu verteilen, sei verwiesen (§ 59).

Die Wirkungsweise der Stromrichtergefäße möge im folgenden kurz gekennzeichnet sein.

Nach der Elektronen-Theorie sind die Elektronen die kleinsten Teilchen der Elektrizität. Die Elektronen selbst sind wieder Teile der Atome. Ein Atom setzt sich folgendermaßen zusammen: Es hat einen Kern, der positiv geladen ist, um den die Elektronen, die negativ geladen sind, kreisen. Die Elektronen werden von dem Kern angezogen. Die Anziehungskraft ist je nach Zahl der Elektronen und des Stoffes verschieden. Um nun freie Elektronen zu erhalten, muß man äußere Kräfte auf das Atom wirken lassen, um die Anziehungskraft zu überwinden. Es kann dies entweder durch hohe Temperaturen oder starke elektrische Felder erreicht werden. Sind von einem Atom ein oder mehrere Elektronen abgespalten, so daß die

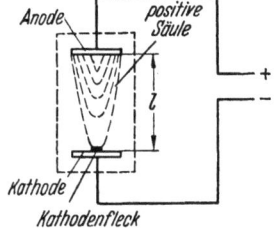

Abb. 160. Zur Erläuterung der Stromrichtergefäße.

positive Ladung des Kernes überwiegt, so bezeichnet man es als positives Ion. Hat ein Atom zuviel Elektronen, so ist es ein negatives Ion. Den Vorgang der Trennung der Elektronen vom Atom heißt Jonisation.

Hat man zwei Elektroden, eine Anode und Kathode, zwischen denen eine Spannungsdifferenz herrscht, so befindet sich zwischen ihnen ein elektrisches Feld (s. Abb. 160). Befinden sich nun in diesem Feld freie Elektronen, so werden sie sich längs den Kraftlinien dieses Feldes bewegen, und zwar gegen die Elektrode des höheren Potential. Es ist dies die positive. Die Geschwindigkeit, mit der die Elektronen die Bahn durcheilen, ist um so größer, je größer das Spannungsgefälle ist, und um so kleiner, je größer der Gasdruck ist. Ferner wird noch die Geschwindigkeit durch das Vorhandensein weiterer positiv oder negativ geladener Teilchen beeinflußt.

Ein Elektron, das sich mit großer Geschwindigkeit bewegt, stößt auch mit neutralen Atomen zusammen. Ist die Geschwindigkeit groß genug, so wird von dem Atom ein Elektron losgerissen. Das Atom ist durch den Zusammenstoß zu einem positiven Ion geworden und bewegt sich in Richtung negative Elektrode und das abgespaltene Elektron mit den anderen Elektronen in Richtung positive

Elektrode. Dieses Abspalten von Elektronen und positiven Jonen stellt einen Stromfluß zwischen den Elektroden dar. Da die Masse der Elektronen bedeutend kleiner ist als die der positiven Jonen, bewegen sich die Elektronen mit bedeutend größerer Geschwindigkeit als die Jonen.

Wird die negative Elektrode zur Aussendung von Elektronen veranlaßt, sei es durch bestimmte Temperaturerhöhung oder durch Herstellung eines ausreichenden Spannungsabfalles, so bewegen sich diese Elektronen gegen die positive Elektrode. Ist die Spannung zwischen den Elektroden hoch genug, so fließt ein Strom. Wird die Spannung zwischen den Elektroden null, so hört die Elektronenbewegung auf und der Strom wird null. Das Gleiche tritt ein, wenn die Spannung ihre Richtung umkehrt. Man erkennt aus dieser Betrachtung, daß es nur möglich ist, zwischen den Elektroden einen Stromfluß in *einer* Richtung zu erzielen. Wir haben also ein elektrisches Ventil.

Für den Stromfluß ist nach obigem eine bestimmte Spannung zwischen den Elektroden notwendig. Die Höhe dieser Spannung ist von dem Dampfdruck zwischen den Elektroden abhängig. Bringt man nun die beiden Elektroden in einem geschlossenen Glasrohr unter und evakuiert dieses, so daß der Dampfdruck null herrscht, dann tritt wohl eine Elektronen-Emission auf bei genügend großer Spannung und Kathodentemperatur, aber es kann keine Stoßjonisation eintreten, da keine Gasmoleküle vorhanden sind. Es tritt also auch keine Ausgleichung der negativen Raumladung, die durch die Elektronen auftritt, durch die positiven Jonen ein. Damit sind aber höhere Spannungen notwendig, um einen Stromfluß zustande zu bringen. Man findet nun, wenn man in einem Glasrohr einen niedrigen Dampfdruck hat, daß dann die aufzuwendende Spannung am geringsten ist. Der Druck muß eben so hoch sein, daß genügend Jonen durch Stoßjonisation vorhanden sind, um die negative Raumladung zu kompensieren. Der elektrische Strom schafft sich auf diese Art mehr oder weniger selbst seine „Leitfähigkeit". Dies bringt eine gewisse Labilität und Unregelmäßigkeit mit, was sich in den Kennlinien der Gasentladungen zeigt.

Für die Kathode wird bei den mittleren und großen Stromrichtern Quecksilber verwendet, so daß also der Dampf in dem Stromrichter ein Quecksilberdampf ist. Letzteres gilt ebenfalls für die Dampffüllung bei kleineren Leistungen, jedoch wird hier fast ausschließlich die Glühkathode benützt. Diese ist aus Wolfram oder einem Metall mit hohem Schmelzpunkt, das für die Elektronen-Emission auf Rotglut erhitzt wird. Die Emissionsfähigkeit wird noch durch Oxydüberzüge aus Barium, Kalzium u. a. erhöht. Die Verwendung des Quecksilbers als Kathode hat folgende Vorteile: 1. Bei dem Quecksilber ist die Anziehungskraft zwischen den Elektronen und dem Atomkern sehr gering. 2. Der nichtjonisierte Quecksilberdampf schlägt sich an den Glaswänden nieder und das kondensierte Quecksilber fließt zur Kathode zurück. 3. Eine zusätzliche Erhitzung der Kathode erfolgt dadurch, daß die jonisierten Atome zur Kathode als negative Elektrode zurückprallen. 4. Durch die hohe Temperatur der Kathode verdampft das Quecksilber, wodurch der Raum zwischen den Elektroden mit Quecksilberdampf erfüllt ist. Dieser liefert durch Stoßjonisation Elektronen und Jonen.

Die höchste Temperatur hat die Kathode im Kathodenfleck. In ihm verdampft das Quecksilber und infolge des hier auftretenden verschiedenen Druckes ist der Kathodenfleck in dauernder unregelmäßiger Bewegung. Die Temperatur des Fleckes liegt bei etwa 2000° C, während das übrige Quecksilber eine solche von etwa 150°C hat. Zur dauernden Betriebsbereitschaft des Stromrichtergefäßes muß natürlich der Kathodenfleck aufrecht erhalten werden. Dies geschieht durch den Erregerlichtbogen, der von der Kathode zu den Erregeranoden

§ 51   Schalt- und Steuereinrichtungen.   133

hinbrennt. Zu seiner Aufrechterhaltung wird ein Strom von ungefähr 6—10 Amp benötigt.

§ 51. β) Gittergesteuerte Stromrichtergefäße. Thyratrons. Ein gittergesteuertes Stromrichtergefäß setzt sich aus folgenden Teilen zusammen: 1. dem hochevakuierten Glasgefäß, 2. der Quecksilberkathode, 3. den beiden Erregeranoden, 4. den eigentlichen Anoden und 5. dem Gitter. Zwei Schaltgefäße verschiedener Größe und Leistung zeigt Abb. 161. Das Gitter dient zur Steuerung des Gefäßes und von ihm hat das ganze Steuerungssystem u. a. den Namen Gittersteuerung. So spricht man z. B. von einer gittergesteuerten Schweißmaschine.

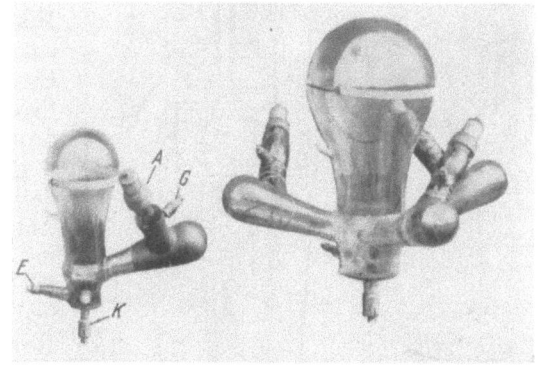

Abb. 161. Stromrichtergefäße verschiedener Größe mit Gitter und Erregeranoden. Links einarmiges, rechts dreiarmiges Gefäß. A Anode, G Gitter, K Kathode, E Erregeranode. (Siemens.)

Das Gitter hat folgende Wirkung: Es ist mit ihm möglich, den Beginn des Stromdurchganges bei einem Gefäß, d. h. dessen Zündung zu steuern, jedoch ist es nicht möglich, mit ihm eine einmal eingeleitete Zündung zu beeinflussen oder zu löschen. Ist die Zündung noch nicht eingeleitet, so verhindert das Gitter bei Anlegen einer negativen Spannung und bei positiver Anodenspannung den Beginn des Stromflusses. Wird dem Gitter dagegen *während* dem Stromdurchgang eine negative Spannung aufgedrückt, so sammeln sich um das Gitter soviel positive Ionen, daß die negative Ladung kompensiert wird, im Gegensatz zum Hochvakuumrohr, wie es uns aus der Rundfunktechnik bekannt ist, das mit dem Gitter vollkommen steuerbar ist. Diejenige Gitterspannung, die gerade noch das Einsetzen des Anodenstromes verhindert, heißt „kritische Gitterspannung". Sie ist in Abhängigkeit der Anodenspannung in Abb. 162 aufgetragen. Ebenso ist ihr Verlauf bei sinusförmiger Anodenspannung gezeigt. Das Gitter ermöglicht es uns also, das Gefäß zu jedem beliebigen Zeitpunkt zu zünden. Wodurch wir auch in der Lage sind, den Transformator der Maschine im gewünschten Augenblick im Zuge der Wechselstromkurven (s. § 46) einzuschalten.

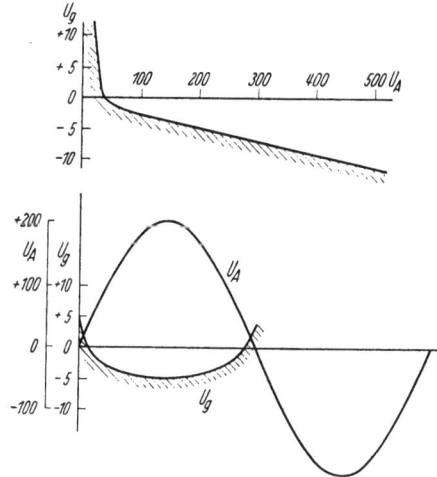

Abb. 162. Kritische Gitterspannung U_g in Abhängigkeit der Anodenspannung U_A.

Gittergesteuerte Gasentladungsrohre kleinerer Leistung werden als Stromtore oder Thyratronröhren bezeichnet. Sie haben ebenfalls eine Quecksilberdampffüllung. Ihnen ist auch die gleiche Eigenschaft wie den großen Schaltgefäßen eigen, d. h. ein einmalig eingeleiteter Stromdurchgang kann nicht mehr beeinflußt werden. Der Anodenstrom fließt vielmehr solange, bis die Spannung zwischen Anode und Kathode unter die Bogenspannung gesunken ist. Nach dem Löschen darf die Anodenspannung ihren vollen Wert erst nach einer bestimmten, allerdings kurzen Zeitspanne erreichen, wenn die Röhre gelöscht bleiben soll. Dies ist die Entionisierungszeit, also die Zeit, die das Gitter zur Zurückgewinnung der Kontrolle über die Röhre erfordert. Sie liegt in der Größenordnung von einigen Mikrosekunden. Die Thyratrons sind ein wesentliches Schaltelement der Steuerstufen der Schweißtakter. Ein Stromtor für einen Dauerstrom von 2 Amp. zeigt Abb. 163. Sie haben durchweg Glühkathoden. Zu beachten ist, daß sie bei der Inbetriebnahme einer Anheizzeit (ca. 4 Min.) bedürfen, damit die Kathode die notwendige Betriebstemperatur erreicht. Dies ist insbesondere zu beachten, wenn das Rohr ausgebaut war und sich Quecksilber auf dem Elektrodensystem abgelagert hat. Dann muß die Anheizzeit solange ausgedehnt werden, bis dieses vollkommen verdampft ist.

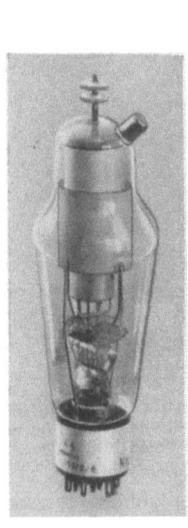
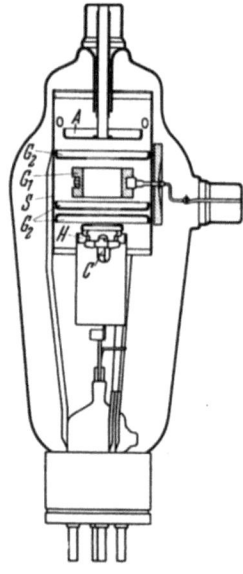

Abb. 163. Ansicht eines Stromtores (Triode). Anodenstrom 2/6 Amp bei einer maximalen Sperrspannung von 1000 Volt. (Siemens.)

Abb. 164. Aufbau einer Tetrode, A Anode, C Kathode, H Kathodenabschirmung, G_1 Steuergitter, G_2 Schirmgitter, verbunden mit der zylindrischen Abschirmung S des Entladungsraumes. (Philips.)

Außer den Röhren mit einem Gitter (Trioden) gibt es auch solche mit zwei Gittern (Tetroden). Sie haben den Vorteil eines niedrigen Steuergitterstromes, einer kleinen Kapazität zwischen Anode und Steuergitter und der Verschiebungsmöglichkeit der Steuerkennlinie durch Veränderung der Schirmgitterspannung. Ersterer Vorteil kann bei Schaltungen mit hohen Widerständen im Gitterkreis von Bedeutung sein. Bei größeren Gitterströmen können hier beträchtliche Spannungsabfälle zustande kommen, die evtl. eine Verschiebung des Zündeinsatzpunktes zur Folge haben. Die kleinere Steuergitter-Anodenkapazität macht die Abhängigkeit des Eingangskreises vom Ausgangskreis geringer und damit die Gefahr ungewollter Zündung in bestimmten Schaltanordnungen. Von dem dritten Vorteil wird z. B. in kritischen Schaltungen Gebrauch gemacht, wenn zwei Röhren mit geringen Unterschieden in der Charakteristik aufeinander abzugleichen sind. Den Aufbau einer Tetrode zeigt im Schnitt Abb. 164.

§ 52. γ) **Zündstiftgesteuerte Stromrichtergefäße. Ignitrons.** Die zündstiftgesteuerten Schaltgefäße haben in den letzten Jahren bei der Widerstandsschweißung immer mehr Eingang gefunden. Sie werden sicher im Lauf der Zeit das Luftschütz, das ja mit Mängel behaftet ist, ablösen. Der wesentliche Vorteil dieser Gefäße liegt darin: sie werden nicht durch Gitter gesteuert, wodurch ein höherer Dampfdruck im Gefäß die Gitterwirkung nicht mehr gefährden kann, was eine höhere Belastung des Ge-

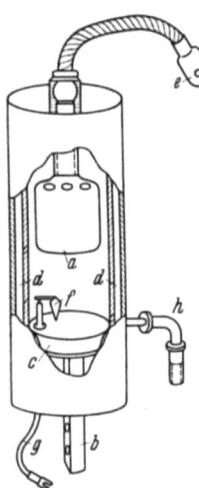
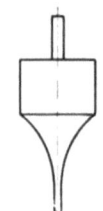

Abb. 165. Innerer Aufbau eines Ignitrons. a Anode, b Kathodenzuführung, c Quecksilberbad, d Wassermantel, e Anodenverbindung, f Zündstift, g Zündstiftzuführung, h Wasserzuführung.

Abb. 166. Form eines Zündstiftes.

§ 52 Schalt- und Steuereinrichtungen. 135

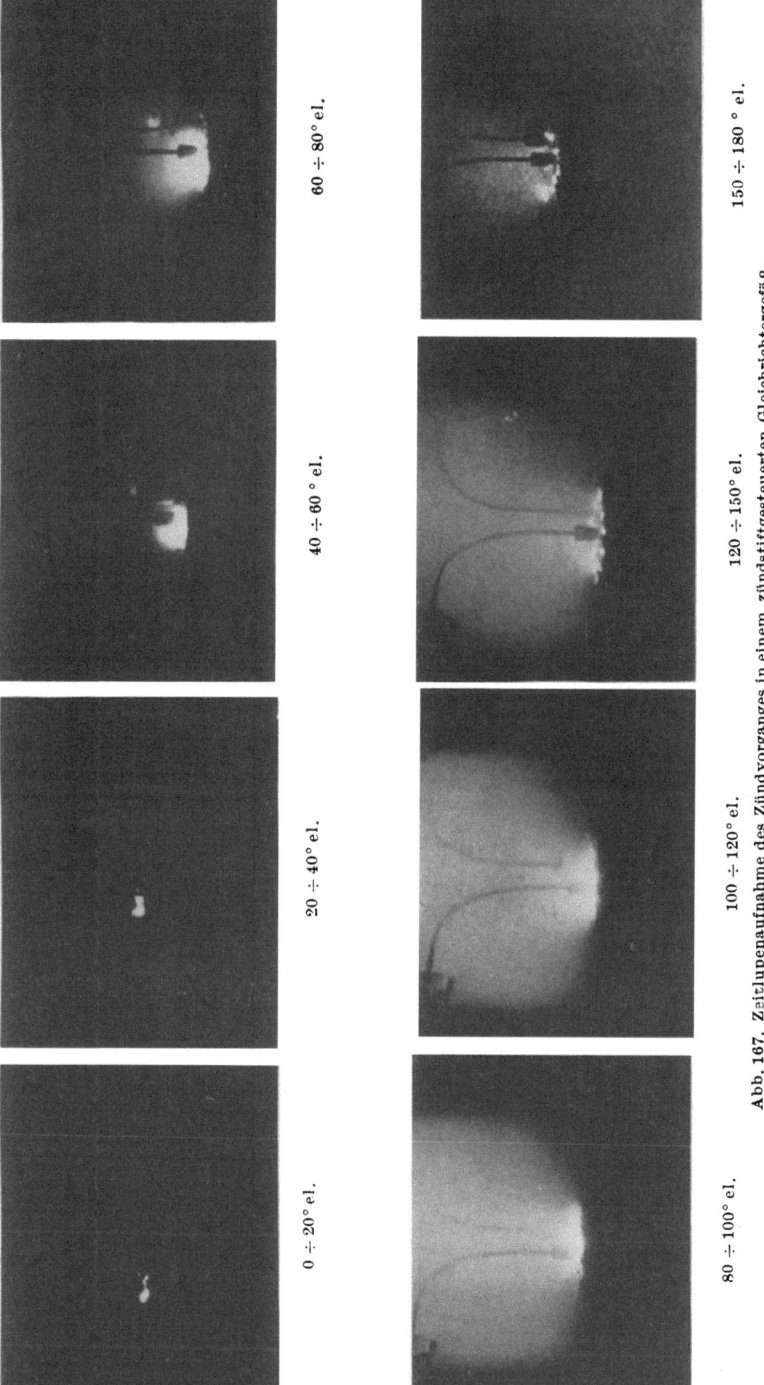

Abb. 167. Zeitlupenaufnahme des Zündvorganges in einem zündstiftgesteuerten Gleichrichtergefäß.

fäßes zuläßt. Den Aufbau eines solchen Gefäßes zeigt Abb. 165. Es besteht aus einem zylindrischen Glas- oder Stahlgefäß. Letztere sind in der Regel mit einem Kühlmantel für Wasser versehen, in das oben und unten je eine Stromzuführung eingeschmolzen ist, die untere für die Kathode und die obere für die Anode. Die Kathode besteht aus Quecksilber, in das der Zündstift hineinragt.

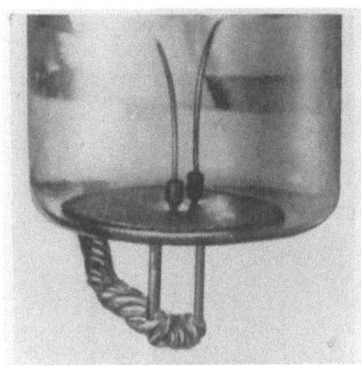

Er wird von einem Halter getragen, der einen isolierten Durchgang durch die Gefäßwand hat. Der Zündstift selbst hat die Form der Abb. 166. Er ist aus einem sog. Halbleiterwerkstoff hergestellt, ähnlich den bekannten Silitstäben. Die Form des Hohlkonus, mit dem der Zündstift in das Quecksilber hineinragt, wird aus zwei Gründen gewählt: erstens soll ein möglichst kleiner Querschnitt an der Eintauchstelle und damit hier der größte Spannungsabfall erzielt werden. Ferner hat der Stift auf diese Weise eine gute Festigkeit gegen Quecksilberschläge. Ein wesentlicher Punkt für den Zünder ist, daß sein Werkstoff nicht amalgamiert. Amalgamieren gefährdet die Zündung sehr stark. Ebenso

Abb. 168. Ansicht der Anordnung der Zündstifte der Abb. 167.

sind Stoffe ungeeignet, die auf Grund von Porosität dem Quecksilber gestatten, in feinster Verteilung einzudringen. Zum Zündvorgang kann gesagt werden, daß die physikalischen Vorgänge noch nicht ganz geklärt sind. Es dürfte sich wohl um eine Art selbständigen Lichtbogenziehens handeln. MIERDEL (84) erklärt den Vorgang derartig, daß zwischen Stift und Quecksilberoberfläche sog. Zerreißbrücken entstehen, auf Grund von aufsteigenden Dampfblasen. Es wäre das also eine Erklärung auf Grund thermischer Vorgänge.

Die Erfinder des Ignitrons, SLEPIAN und LUDWIG (111) sind der Ansicht, daß es sich um einen Felddurchbruch

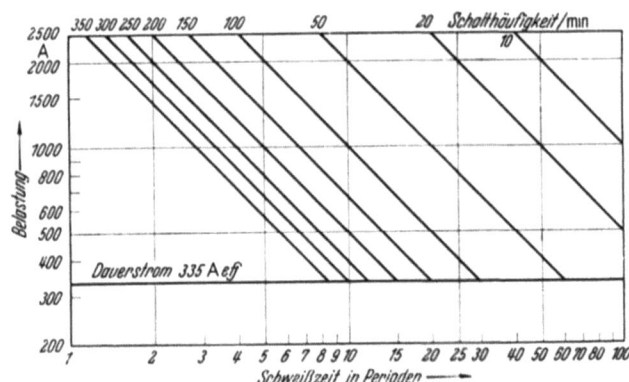

Abb. 169. Stahl-Ignitron mit zugehöriger Kennlinie bei Verwendung als Schweißschütz. Höchster Dauerstrom: 335 Amp. eff., höchster Kurzzeitstrom: 2500 Amp. eff. Höchste Spannung 550 Volt eff. (AEG.)

handelt. Hiergegen kann man jedoch die notwendigen hohen Stromstärken anführen, die zur Einleitung des Zündvorganges notwendig sind. In Abb. 167 ist eine Zeitlupenaufnahme des Vorganges gezeigt. Man kann deutlich erkennen, wie er von dem Halbleiter ausgeht und dann selbständige Kathodenflecke bildet, die kreisförmig um den Halbleiter angeordnet sind. Abb. 168 zeigt die Anordnung der

Zündstifte, wie sie bei der Zeitlupenaufnahme der Abb. 167 war. Die Ansicht eines Stahlgefäßes und das dazugehörige Belastungsdiagramm für ein Ignitronschütz, das mit zwei solchen Gefäßen ausgerüstet ist, gibt Abb. 169 wieder. Die Genauigkeit des Zündeinsatzes eines Ignitrongefäßes wird nicht so gut sein wie bei einem gittergesteuerten. Zur Bildung des Kathodenfleckes werden immerhin 10^{-4} bis 10^{-5} sek. benötigt. Mehrere Untersuchungen haben gezeigt, daß der Zündvorgang von gewissen Wahrscheinlichkeitsgesetzen abhängt. Die Genauigkeit ist aber für die Bedürfnisse der Widerstandsschweißung ausreichend.

10^{-4} sek. sind bei einem 50 Hz. Wechselstromnetz gleichbedeutend mit 1,8° el. Schlechte Gefäße bei denen der Zündvorgang bis 10^{-3} sek. verzögert sein kann, haben also eine Zündverzögerung von 18° el., mit anderen Worten den zehnten Teil einer Halbwelle. Diese Beträge können insbesondere bei großen Leistungen unangenehm werden und zu unsymmetrischen Vorgängen führen. Man wird daher gut daran tun, wenn man die Güte des Zündstiftes laufend überwacht, was durch Messung des ohmschen Widerstandes Zündstift-Kathode geschehen kann. Der Wert dieses Widerstandes soll sich im Laufe der Betriebszeit nicht wesentlich ändern. Die guten Werte liegen größenordnungsmäßig bei 100 bis 200 Ohm.

b) Ausführung der Leistungsstufen.

§ 53. Die Wirkungsweise der Stromrichtergefäße ist die eines elektrischen Ventils. Dieses besagt, wenn nur ein Gefäß verwendet wird, wie es im Schaltprinzip Abb. 170 zeigt, daß dann die längste Schweißzeit eine halbe Periode, bzw. $1/100$ sek., beträgt. Das Hinzufügen weiterer Halbwellen ist deswegen nicht möglich, da dies eine Gleichstromaufnahme für den Transformator bedeuten würde; letzteres verstößt aber gegen das Transformatorprinzip. Es sei hier schon darauf hingewiesen, daß ohne weiteres auch eine hohe Punktfolge bei den Einwegtaktern eventuell einer Gleichstromaufnahme gleichkommen kann. Die damit verbundenen Nachteile kann man dadurch beseitigen, indem man parallel zum Schaltgefäß eine entgegengesetzt wirkende Gleichrichterstrecke einschaltet, die für eine entgegengesetzt wirkende Magnetisierung sorgt. Stromstärken von einigen hundert mA sind schon ausreichend.

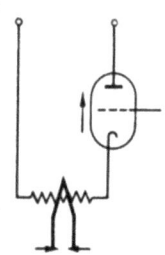

Abb. 170. Prinzipschaltbild einer Einwegsteuerung.

Verbleibende Restmagnetisierungen können durch auftretende Überspannungen beim Öffnen des Sekundärkreises durch das Abheben der Elektroden die Isolation des Transformators stark gefährden. Insbesondere bei Transformatoren, die mit hoher Sättigung ausgelegt sind. Das Auftreten dieser Überspannungen ist eventuell auch unter begünstigenden Bedingungen bei den anschließend besprochenen Zweiwegtaktern gegeben. Man kann dieser Gefahr dadurch vorbeugen, indem man die im magnetischen Feld verbliebene Energie in einem parallel zur Primärwicklung gelegten Ohmschen Widerstand mit möglichst geringer Induktivität beim Öffnen der Elektroden vernichtet. Auf diese Vorgänge wird bezüglich ihrer Nutzanwendung bei den Speichermaschinen noch näher eingegangen (§ 57). Eine

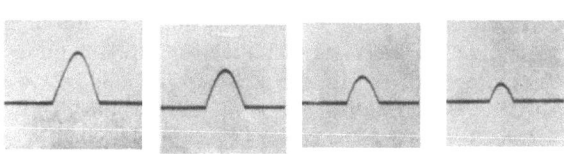

Abb. 171. Stromoszillogramme verschiedener Schweißzeiten einer Einwegsteuerung.

Auslegung des Widerstandes für etwa 1% der Nennlast des Transformators dürfte in den meisten Fällen ausreichend sein.

Eine Steuerung mit nur einem Schaltgefäß, das unmittelbar den Hauptstrom des Transformators schaltet, heißt Einwegsteuerung, deshalb so genannt, weil der Strom nur in *einer* Richtung fließen kann. Eine Veränderung der Schweißzeit wird bei diesen Steuerungen durch Verschiebung des Zündwinkels erreicht. Die Stromkurve für verschiedene Zeiten zeigen die Oszillogramme in Abb. 171. Es wird auf diese Weise nicht nur die Zeit, sondern auch der Effektivwert des Schweißstromes verändert, soweit man nicht in der Lage ist, durch Stufen am Schweißtransformator dies wieder auszugleichen. Der zeitliche Regelbereich liegt bei diesen Steuerungen praktisch zwischen $1/100$ und $1/1000$ sek. Es sind dies also sehr kurze Zeiten. Daher werden diese Steuerungen in erster Linie bei wärmeempfindlichen Schweißungen verwendet. Die Ansicht einer solchen Steuerung zeigt Abb. 172.

Will man nun längere Schweißzeiten schalten, was bei der Mehrzahl der Anlagen der Fall ist, so muß noch ein Schaltweg für die zweite Halbwelle eingefügt werden. Dies wird dadurch erreicht, indem man zwei Stromrichtergefäße gegenseitig parallel schaltet wie es Abb. 173 zeigt. In diesem Fall führt das eine Gefäß die positive und das andere die negative Halbwelle. Es fließt also ein Wechselstrom, solange die Gefäße durch die Gitter nicht gesperrt werden. Diese Steuerung heißt man Zweiwegsteuerung. Hierdurch ist man also in der Lage, den Schweißstrom eine

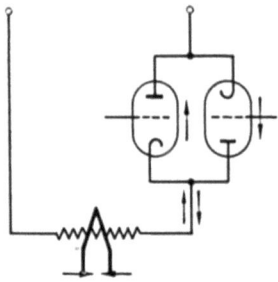

Abb. 172. Ansicht einer Einwegsteuerung (Siemens).

Abb. 173. Prinzipschaltbild einer Zweiwegsteuerung.

beliebige Anzahl von Perioden fließen zu lassen. Bei diesen Anlagen beträgt die kürzeste Schweißzeit eine Periode, das ist also $1/50$ sek. Es ist allgemein üblich, bei den Steueranlagen die Schweißzeit in Perioden anzugeben, da es sich einfacher gestaltet, als die Angaben in Sekunden. In Deutschland wird durchweg eine Frequenz von 50 Perioden je Sekunde für die Kraftnetze verwendet. Damit ergeben sich für die einzelnen Schweißzeiten in Perioden und Sekunden die Werte der Zahlentafel 23. Da 50 Perioden je Sekunde für die Kraftübertragung durchaus nicht in allen Ländern einheitlich sind, so muß bei Schweißzeitangaben immer der Periodenwert zuerst in einen Sekundenwert um-

Zahlentafel 23.

Perioden $50 \cdot \text{sek}^{-1}$	1	2	3	4	5	6	7	8	9	10	15	20	25	30
Sekunden	$1/50$ 0,02	$1/25$ 0,04	$3/50$ 0,06	$2/25$ 0,08	$1/10$ 0,10	$3/25$ 0,12	$7/50$ 0,14	$4/25$ 0,16	$9/50$ 0,18	$1/5$ 0,20	$3/10$ 0,30	$2/5$ 0,40	$5/10$ 0,50	$3/5$ 0,60
Perioden $50 \cdot \text{sek}^{-1}$	35	40	45	50	55	60	65	70	75	80	85	90	95	100
Sekunden	$7/10$ 0,7	$4/5$ 0,8	$9/10$ 0,9	1,0 1,0	$1\,1/10$ 1,1	$1\,1/5$ 1,2	$1\,3/10$ 1,3	$1\,2/5$ 1,4	$1\,5/10$ 1,5	$1\,3/5$ 1,6	$1\,7/10$ 1,7	$1\,4/5$ 1,8	$1\,9/10$ 1,9	2,0 2,0

§ 53   Schalt- und Steuereinrichtungen.   139

gerechnet werden, wenn man diesbezügliche Vergleiche anstellen will. Die längste Schweißzeit, für die Zweiwegsteuerungen im allgemeinen ausgelegt werden, beträgt 25—100 Perioden.

Werden Ignitrons als Schaltgefäße für die Leistungsstufe verwendet, so ist zur Zündschaltung folgendes zu bemerken: Sie wird von der Forderung bestimmt, daß der Strom nur in Richtung Zündstift-Quecksilber fließen darf und nicht in umgekehrter Richtung. Letzteres würde in kurzer Zeit zur Zerstörung des Zündstiftes führen. Aus diesem Grunde wird der Zündstrom einem Gleichrichter entnommen. Die am meisten verwendete Schaltung ist in Abb. 174 gezeigt. Die Zündenergie wird dem Hauptstromkreis entnommen. Hierfür ist allerdings die Bedingung, daß eine induktive Phasenverschiebung zwischen Belastungsstrom und Spannung vorhanden ist. Das Schaltbild zeigt, daß im Falle positiver Anodenspannung der Zünd-

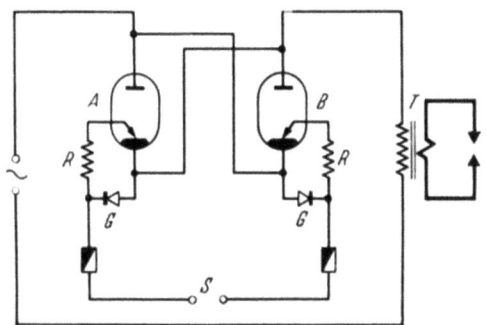

Abb. 174. Schaltbild eines Ignitron-Schützes.

kreis lediglich die Aufgabe hat, über einen entsprechenden Vorwiderstand R die Verbindung zwischen Zündstift und Anode herzustellen. Hierdurch wird ein möglichst kurzer Zündvorgang des Belastungskreises erzielt. Der Hilfskreis wird so gewählt, daß sein Spannungsabfall höher liegt als der des Hauptgefäßes, womit erzielt wird, daß beim Einsetzen des Hauptlichtbogens, der Steuerkreis stromlos wird. Ignitron-Gefäße sollten auch nicht mit einer zu geringen Stromstärke (in der Regel mindestens etwa 20 Amp) belastet werden, da sonst die Übernahme der Stromleitung durch die Anode nicht gewährleistet ist, und der Steuerkreis zu hoch belastet wird. Man darf aus diesem Grunde bei Leerlaufversuchen das Ignitron-Gerät nicht benützen. Der Spannungsabfall eines Ignitrons liegt bei etwa 14 V. Er ist um etwa 6 V niedriger als beim gittergesteuerten Gleichrichtergefäß. Dies kann bei größeren Anlagen bezüglich des Wirkungsgrades ins Gewicht fallen.

Das Oszillogramm des Zündvorganges bei der geschilderten Schaltung zeigt Abb. 175. Das

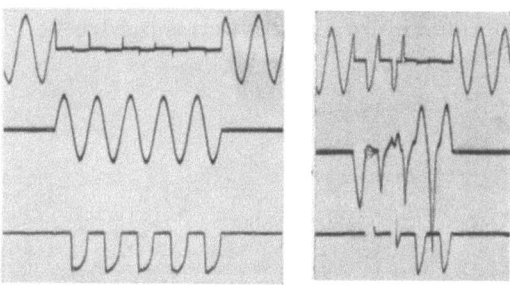

Abb. 175. Strom- und Spannungs-Oszillogramm eines Ignitron-Gefäßes. Obere Schleife: Spannung Anode — Kathode. Mittlere Schleife: Maschinenstrom, untere Schleife: Spannung Zündstift—Kathode.
Links einwandfreier, rechts fehlerhafter Schaltvorgang.

linke Oszillogramm gibt den normalen Ablauf wieder, wohingegen das rechte Oszillogramm einen fehlerhaften Zündvorgang zeigt. Hier hat das eine Gefäß mit großer Verzögerung gezündet. Der Erfolg ist eine vollkommene Stromverzerrung. Fehlschweißungen sind in solch einem Fall unausbleiblich.

Werden die Ignitrons als Ersatz für Luftschaltschütze verwendet, so wird bei S (Abb. 174) ein Schweißbegrenzer angeschlossen, der den Steuerkreis bei S über die gewünschte Schweißzeit schließt und damit die Hauptgefäße A und B zum Zünden bringt. Bei der Verwendung eines Zeitbegrenzers ähnlich der elektrischen Funktion, wie sie in § 49 geschildert wurde, ist natürlich nicht die

Gewähr gegeben, daß der Einschaltaugenblick immer mit dem Stromnulldurchgang entsprechend der Forderung im § 46 zusammenfällt. Hierzu sind Steuerstufen notwendig wie sie später im § 54 beschrieben werden. Es soll jedoch hier gleich ein Beispiel für solch einen „synchron"-schaltenden Schweißtakter in Abb. 176 gezeigt werden. Es ist eine amerikanische Ausführung (Westinghouse) mittlerer Leistung, die mit wassergekühlten Ignitrongefäßen ausgerüstet ist. Sie sind in der unteren Hälfte des Schrankes untergebracht. Hauptstromanschlüsse (Anoden und Kathoden) sowie die Kühlwasseranschlüsse sind deutlich zu erkennen. Im oberen Teil sind die Hilfsstromtore und die notwendigen Schalt- und Regelelemente sichtbar. Eine weitere Ignitronsteuerung gibt Abb. 287 S. 223 wieder.

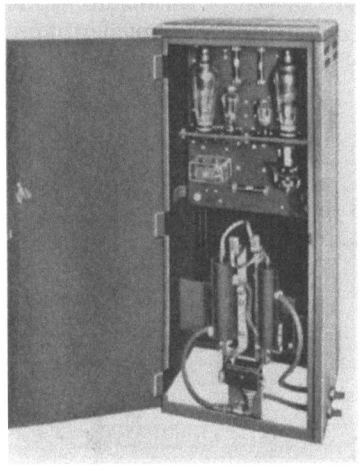

Abb. 176. Amerikanische Ignitronsteuerung. (Westinghouse.)

Für zwei Stahlrohrtypen obiger Steuerung sei die von Westinghouse zugelassene Belastung in Abhängigkeit der Einschaltdauer angegeben. Die Kurven zeigt Abb. 177. Im allgemeinen ist der für die Schaltgefäße zugelassene Dauerstrom bekannt. Will man nun die annähernde zulässige Belastung bei intermittierenden Betrieb ermitteln, so kann man folgendermaßen vorgehen: Maßgebend für die Belastung ist der zulässige Mittelwert des Stromes J_{mi}. Dieser ist bei sinusförmigen Wechselstrom

$$J_{mi} = \frac{1}{\pi} \int_0^\pi i_{max} \cdot \sin\alpha \, d\alpha = \frac{2}{\pi} \cdot i_{max}$$

Da ein Gefäß aber nur eine halbe Periode den Strom führt, ist $J_{mi} = J_{max}/\pi$ oder durch den Effektivwert ausgedrückt

$$J_{eff} = 2{,}24 \cdot J_{mi}.$$

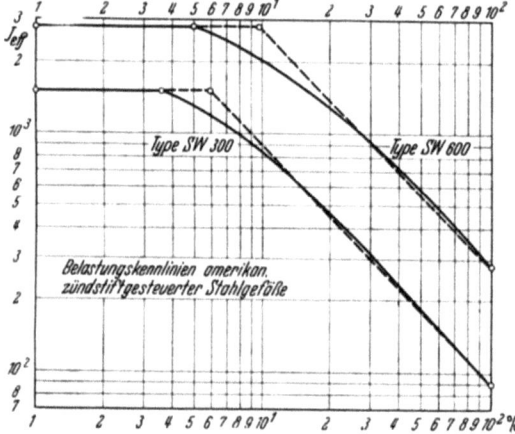

Abb. 177. Belastungskennlinien zweier Ignitrons. (Westinghouse.)

Wurde nun versuchsmäßig ermittelt, daß das hier angeführte kleinere Gefäß einen Gleichstrom von 39 Amp dauernd führen kann, so findet man einen Effektivwert von 87,5 Amp für eine 100%ige Einschaltdauer. Hieraus lassen sich dann die Werte für die anderen Einschaltdauern mit folgender Formel errechnen:

$$J_{eff} = J_{eff\,d} \frac{T + T_p}{T}$$
$$= J_{eff\,d} \cdot \frac{100}{ED\%}$$

In unserem Fall finden wir dann die in Abb. 177 gestrichelt eingetragenen Kurven. Man sieht, daß sie sich mit den wirklichen Werten im unteren Teil gut decken, nur im oberen Teil sinkt die wirkliche Kurve stark ab bis der zulässige Maximalwert erreicht ist. Dies ist bedingt durch die maximal zulässigen Belastungen der Einschmelzungen Durchführungen usw.

§ 54   Schalt- und Steuereinrichtungen.   141

Die seither beschriebenen Schaltarten zählen zu den unmittelbaren Steuerungen, da sie den gesamten Hauptstrom des Schweißtransformators schalten. Es gibt auch noch mittelbare Steuerungen, sie arbeiten nach dem Prinzip wie es Abb. 178 zeigt. Der Hauptstrom durchfließt hier einen Drosselumspanner 2. Dieser wird durch das Gleichrichtergefäß 1 während der Schweißung kurzgeschlossen. Dadurch bricht die Spannung an ihm auf einen Restwert zusammen und der volle Schweißstrom kann fließen. Ruht der Schweißbetrieb, so bleibt ein Reststrom und damit eine Restspannung an den Elektroden. Dies zeigt sich z. B. daran, daß ein Funken auftritt, wenn die in Ruhelage befindlichen Elektroden durch ein Formteil zufällig kurzgeschlossen werden.

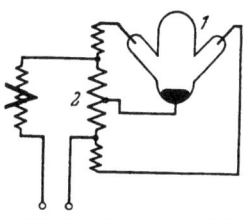

Abb. 178. Prinzipschaltbild einer mittelbaren Steuerung.

c) Ausführung einiger Steuerstufen.

§ 54. Bei den Anlagen, die den Schweißstrom mittels Gleichrichtergefäßen schalten, unterscheidet man die Leistungs- und Steuerstufe. Der bisher beschriebene Teil bezog sich zunächst auf die Leistungsstufe, d. h. die Gefäße, die den Schweißstrom schalten. Bei großen Leistungen werden nun zur Steuerung dieser Gefäße nicht unerhebliche Leistungen für den Gitterkreis benötigt. Der Zweck der Steuerstufen ist, die Gefäße der Leistungsstufe in einem bestimmten Augenblick zu zünden und nach einer bestimmten regelbaren Zeit wieder zu löschen. Der Vorgang muß genauestens beliebig oft wiederholt werden können.

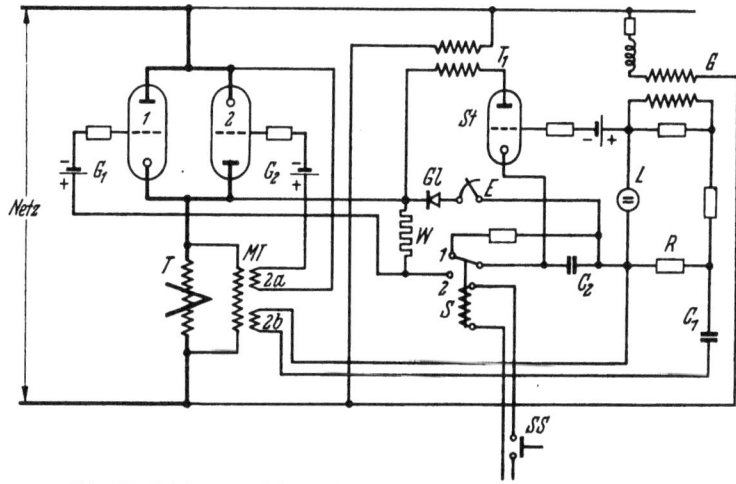

Abb. 179. Leistungs- und Steuerstufe einer Zweiwegsteuerung. (Siemens.)

Zum Beginn der Entwicklung der Schweißtakter verwendete man zur Aussteuerung der Hauptgefäße mechanische Zeitgeber, wie z. B. Kontaktwalzen. Diese Art der Steuerung hat man jedoch im wesentlichen wieder verlassen, und zwar zugunsten der rein elektrischen Hilfsmittel. Ein anderer Weg ist der optische. Diesen werden wir bei der sog. Programmsteuerung kennenlernen. Es seien hier zwei Ausführungsarten der Steuerstufen geschildert. Es ist selbstverständlich, daß es noch andere gibt, die aber alle hier zu schildern über den Rahmen des Buches hinausgehen würde.

Das Grundprinzip einer Schaltung ist in Abb. 179 dargestellt; mit 1 und 2 sind die beiden Hauptschaltgefäße bezeichnet, die gegensinnig parallel geschaltet sind. An ihren Gittern liegt über entsprechende Widerstände die negative

Gitterspannung G_1 und G_2. Zur eigentlichen Schaltung gehören noch die beiden Erregersätze für die Gefäße, die aber der Übersichtlichkeit halber fortgelassen wurden.

Wird der Steuerschalter der Schweißmaschine eingeschaltet, so spielt sich in der Schaltung folgender Vorgang ab: Der Steuerschalter SS schaltet zunächst das Schaltschütz S von dem Ruhekontakt 1 auf den Kontakt 2. Hierdurch wird ein Zünden des Stromtores St eingeleitet, und zwar in dem Moment, in dem die vom Transformator G abgegebene Spannung die Zündkennlinie durchstößt. Abb. 180 zeigt die Spannung des Gitterkreises und die Phasenlage zur Netzspannung. Hat das Stromtor gezündet, so erscheint an dem Widerstand W ebenfalls eine Spanunng, und zwar eine abgesetzte Gleichspannung seitens des Transformators T_1. Diese ist nun so gerichtet, daß das Gitter G_1 eine positive Spannungsspitze erhält. Damit kommt das Hauptrohr 1 zum zünden, und zwar wird es praktisch in dem Augenblick zünden, in dem das Stromtor St zündet. Durch das Zünden des Hauptrohrs 1 wird also die Netzspannung auf den Schweißtransformator T gegeben und damit auch auf den Mitreißtransformator MT, der

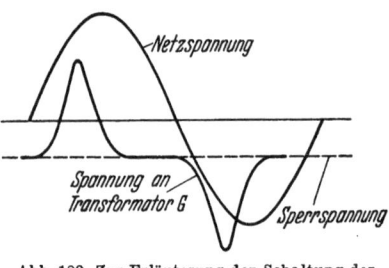

Abb. 180. Zur Erläuterung der Schaltung der Abb. 179.

die beiden Wicklungen $2a$ und $2b$ hat. Die Wicklung $2a$ gibt einen Steuerimpuls auf das Hauptgefäß 2, und zwar ist der so gelagert, daß das Gefäß beim Verlöschen des Hauptgefäßes 1 positive Gitterspannung hat. Außerdem gibt noch die Wicklung $2b$ Steuerimpulse in den Gitterkreis des Stromtores St. Diese Impulse werden durch den Widerstand R und den Kondensator C_1 so in der Phase verschoben, daß sie vor und während des Verlöschens des Hauptgefäßes 2 positiv an dem Gitter des Stromtores St liegen. Damit wird erzielt, daß das Stromtor St und damit das Hauptgefäß 1 immer dann sofort zündet, wenn das Hauptgefäß 2 erloschen ist.

In der Schaltung erkennen wir im Gitterkreis noch ein Glimmrohr L, dies hat folgenden Zweck: Die Impulse der Wicklung $2b$ und des Transformators G liegen in Reihe. Das Glimmrohr bewirkt, daß die Spannungsspitze des Transformators G nach dem ersten Zünden fortfällt und dem Impuls der Wicklung $2b$ die Kuppe genommen wird. Den Spannungsverlauf an der Glimmlampe L zeigt Abb. 181. Hier ist auch die oben schon erwähnte vorauseilende Lage zur Netzspannung zu erkennen.

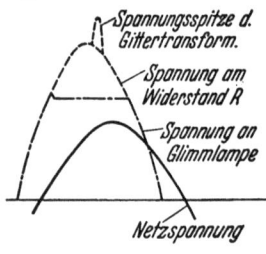

Abb. 181. Zur Erläuterung der Schaltung der Abb. 179.

Würde man die Schaltung in diesem Aufbau benützen, so würden die Hauptgefäße immer solange gezündet werden, bis das Relais S abschaltet. Wir erzielen also hiermit keine genaue Schweißzeit. Zu diesem Zweck muß erreicht werden, daß zu dem gewünschten Augenblick Stromtor St gesperrt bleibt und damit das Hauptrohr 1 nicht mehr zum Zünden kommt. Dies wird durch den Kondensator C_2 erreicht. Er wird auch hier, wie schon früher gezeigt, als Zeitelement verwendet. Mit dem Einschalten des Relais S wird dieser Kondensator von dem Gleichrichter GL über den veränderlichen Widerstand E aufgeladen. Mit jedem Zündimpuls an dem Widerstand W wird so dem Kondensator eine kleine Elektrizitätsmenge zugeteilt. Dies erfolgt solange, bis die an der Glimmlampe herrschende positive Zündspannung zum Zünden des Stromtores St nicht mehr ausreicht und damit auch die Hauptgefäße *1* und *2* wieder gesperrt werden. Wird nun das Relais S auf den Ruhekontakt *1* zurückgeschaltet, so wird der Kondensator C_2 wieder entladen und der ganze Vorgang kann von neuem beginnen. Die Einstellung der Schweißzeit erfolgt also durch den veränderlichen Widerstand E.

Für Steuerungen die verhältnismäßig geringe Ströme zu schalten haben, kann folgende Steuerstufe verwendet werden (s. G. M. CHUTE: Electronics in Industrie. CR 7503—A 138 Steuerung der General Electric). Als Hauptschaltgefäße sind Thyratrons vorgesehen, Rohr *1* und *2* in Abb. 182. Zur Steuerung des Gitters von Rohr *1* dient das Schirmgitterrohr *3*. Rohr *2* wird mit Hilfe einer Nachlaufsteuerung gezündet. Hierzu dient der Transformator T_3, der das Gitter im gegebenen Augenblick mit einer Zündspitze beaufschlagt. Die Steuer-

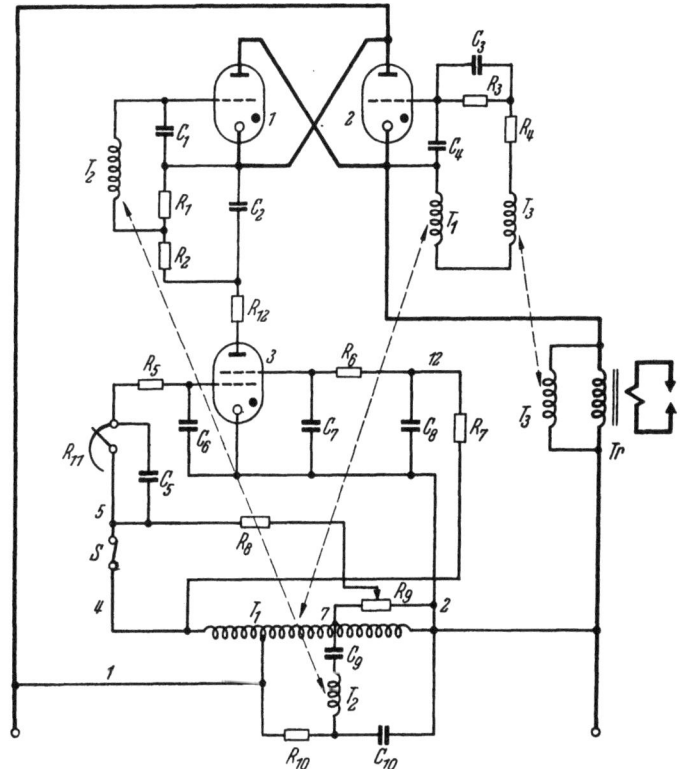

Abb. 182. Schematisches Schaltbild der General-Electric-Steuerung CR 7503 — A 138.

schaltung ist so ausgelegt, daß, wenn kein Schweißstrom fließen soll, der Schalter S zunächst geschlossen ist, also von Punkt *2* über Kathode–Steuergitter (Rohr *3*); R_5, R_{11} nach Punkt *5* bei jeder positiven Halbwelle ein Strom fließt. Damit wird auch C_5 aufgeladen, kann sich aber während der negativen Halbwelle wieder entladen, da dann kein Gitterstrom fließen kann. Kurvenverlauf B in Abb. 183. Durch die Spannung am Schirmgitter des Rohres *3* kann ein Stromfluß, auch der vorerwähnte Gitterstrom, gesperrt werden. An diesem liegt eine um 70° verschobene (durch C_8 und R_7) Wechselspannung, die eine Aufladung von C_5 im Punkt A unterbindet; C_5 wird sich von diesem Zeitpunkt an über R_{11} entladen. Dieses Spiel wird sich beim Nulldurchgang der Schirmgitterspannung wiederholen. Mit dem Positivwerden der Schirmgitterspannung wird auch ein Stromfluß über Anode und Kathode möglich und zwar über die Widerstände R_{12}, R_2 und R_1. Damit erfolgt eine Aufladung von C_2. Wie der Kurvenverlauf D in Abb. 183 zeigt, hält R_1 das Gitter des Rohres 1 dauernd auf negativem Potential. Mit R_2 und dem Gitter in Reihe liegt der Transformator T_2, der die Kurve D mit Spannungsspitzen überlagert, die zum genauen Zünden des Rohres 1 notwendig sind. Fließt kein Anodenstrom im Rohr 3, so entlädt sich C_2 wieder über R_1 und R_2, so daß das Gitter von Rohr 1 nie positiv wird und nicht zum Zünden kommt (Kurvenverlauf D).

Soll nun Schweißstrom während einer bestimmten Periodenzahl fließen, so wird der Schalter S unterbrochen. Von diesem Augenblick an kann das Gitter des Rohres 3 nicht mehr positiv werden und zwar infolge der Auflading des Kondensators C_5. Durch die Sperrung von Rohr 3 wird auch Kondensator C_2 nicht mehr aufgeladen und entladet sich über die Widerstände R_1 und R_2.

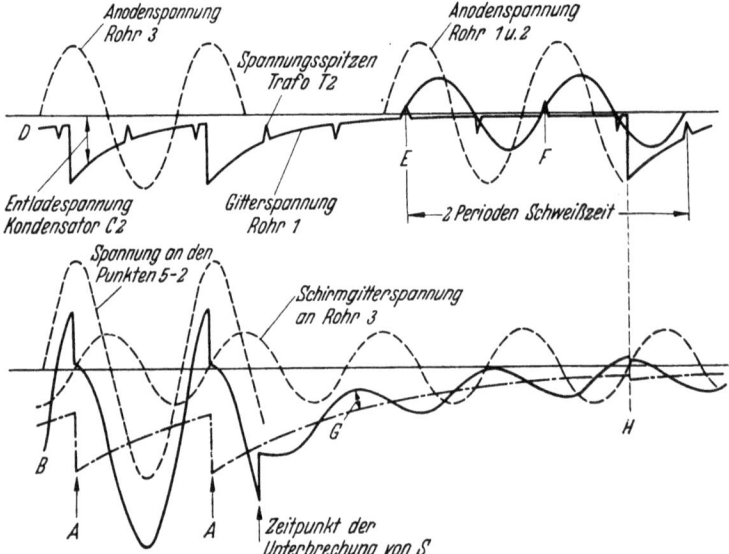

Abb. 183. Strom- und Spannungskurven zur Erläuterung der Steuerung der Abb. 182.

Damit sinkt die Spannung an R_1 und im Augenblick E wird die Spitze von T_2 zum Zünden des Rohres 1 ausreichen. Zwangsläufig wird dann ebenfalls für die zweite Halbwelle das Rohr 2 durch die Spitze des Mitreißtransformators T_3 gezündet. Auch der Kondensator C_5 wird sich über R_{11} entladen und zwar innerhalb einer Zeit, die durch die Einstellung von R_{11} bestimmt ist. Diese Entladekurve ist mit der Wechselspannung des Widerstandes R_9 überlagert (Abb. 183). Erlangt diese Spannung im Punkt H einen genügend hohen positiven Wert, so wird dies zum Zünden des Rohres 3 führen. Der Anodenstrom ladet Kondensator C_2 wieder rasch auf, was wiederum eine Senkung der Gitterspannung von Rohr 1 zur Folge hat und damit die Sperrung dieses Rohres. Durch entsprechende Einstellung des Widerstandes R_{11} können also gewünschte Schweißzeiten erzielt werden.

Im §47 wurde schon die Anwendung der Stromprogramme angedeutet, wie z. B. eines in Abb. 139 wiedergegeben ist. In Kombination mit den besprochenen Kraftprogrammen werden sie für Punktschweißungen höchster Ansprüche, z. B. für ausgehärtete Aluminiumknetlegierungen verwendet. Die Zusammensetzung der Programme kann z. B. derart erfolgen wie es schon in Abb. 146 gezeigt wurde.

Der prinzipielle Steuervorgang für solch ein Programm kann u. a. entsprechend Abb. 184 bewerkstelligt werden. Die beiden Grundelemente sind wieder zwei gittergesteuerte Gleichrichtergefäße, die gegensinnig parallel geschaltet sind wie bei einer normalen Steuerung. Nur erfolgt in diesem Fall die Steuerung der Gitter durch Lichtsender und Photozelle. Zwischen beiden liegt eine lichtundurchlässige Scheibe, die sich mit vollkommen konstanter Drehzahl dreht. Eine Umdrehung derselben entspricht 24 Perioden. Jeder Periode ist ein fester Winkelbereich zugeordnet. Durch Ausschnitte am Scheibenrand kann erreicht werden, daß in bestimmten Zeitmomenten jeder Periode ein Wechsel des Lichtdurchganges und entsprechend eine Änderung der Belichtung der Photozelle eintritt. Die Änderungen der Belichtung werden von der Photozelle in Stromänderungen umgewandelt, die über einen Verstärker schließlich als Zündimpulse auf die Steuergitter der Hauptgefäße gelangen. Durch die Anordnung der Aus-

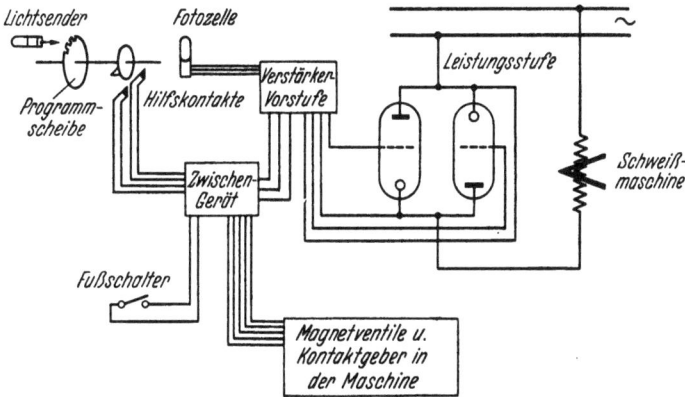

Abb. 184. Beispiel einer Steuer- und Leistungsstufe für eine Druck- und Stromprogramm-Steuerung. (Schematische Darstellung). (Siemens.)

schnitte am Scheibenrand können die Zündimpulse für jede der 24 Perioden zeitlich beliebig eingerichtet werden. Auch hier wird wieder zur Steuerung des Effektivwertes des Stromes die Zündwickelverlagerung verwendet (57).

5. Weitere Schalt- und Steuergeräte.

a) Allgemeines.

§ 55. Zur Steuerung des Schweißstromes beim Punktschweißen kann man auch umlaufende Maschinensätze verwenden. Es handelt sich hier um die Anwendung des bekannten *Drehtransformators*. Das wichtigste Anwendungsgebiet dieser Steuerarten liegt jedoch beim Nahtschweißen. Sie werden daher im Abschnitt V auch bezüglich des Punktschweißens eingehend behandelt.

Bei allen elektrischen Schalt- und Steuereinrichtungen wird zunächst vorausgesetzt, daß die Spannung des Versorgungsgesetzes konstant ist. Ist dies nicht der Fall, so kann dies gerade bei der Widerstandsschweißung zu schlechten Ergebnissen führen, da dann die in der vorgesehenen Schweißzeit übertragene Leistung nicht mehr den notwendigen Voraussetzungen, die auf Grund der Versuchsschweißung festgelegt wurden, entspricht. Es können mit einer Senkung der Netzspannung ungenügende Festigkeiten auftreten bzw. bei Überspannungen Verbrennungserscheinungen. Es ist daher schon lang das Bestreben, eine Möglichkeit zu finden, sich von diesen *Spannungs*schwankungen, die in den Versorgungsnetzen nicht ganz zu vermeiden sind, unabhängig zu machen. Handelt es sich um Schwankungen, die nicht kurzzeitig sind, so wird dies in den meisten Fällen durch einen entsprechenden Netzregelungstransformator ausgeglichen werden. Bei kurzzeitigen Schwankungen ist dies aber keine brauchbare Lösung. In Amerika sind aus diesem Grund Röhrensteuerungen entwickelt worden, die auch in der Lage sind, kurzzeitige Spannungsschwankungen auszukompensieren.

Weiterhin sind auch Steuerungen zu finden, die die Aufgabe haben, einen konstanten Schweiß*strom* aufrechtzuerhalten, z.B. in dem Falle, wenn sich unterschiedliche Werkstoffvolumen in der Armausladung der Schweißmaschine befinden. Eine Steuerung für den Spannungsausgleich wird im folgenden kurz besprochen.

Die Forderung, daß für jede Schweißung eine gleiche Energiemenge zur Verfügung stehen soll, hat im letzten Jahrzehnt die Entwicklung der sog. Speichermaschinen stark gefördert. Sie eignen sich vorwiegend für die Leichtmetallschweißung, da sie kurzzeitige hohe Ströme abgeben und haben den Vorzug, daß sie eine gleichmäßige Belastung aller drei Phasen des Drehstromnetzes ermöglichen. Bei der Speichermaschine wird die Tatsache ausgenützt, daß jeder Zustand des magnetischen Feldes der Ströme und des elektrischen Feldes der Spannungen mit einer Aufspeicherung von Energie verbunden ist. Sie wird gebunden, bzw. frei beim Übergang von dem einen Zustand zum anderen. Der elektrische Zustand eines Stromkreises kann sich ändern, entweder wenn irgendwelche Schaltungen ausgeführt werden, z.B. Öffnen oder Schließen von Kontakten, oder wenn die elektromotorischen Kräfte irgendwelche Zeitfunktionen sind. Die Speichermaschinen benützen den ersteren Fall. Im folgenden werden die Vorgänge bei den induktiven und kapazitiven Speichern näher besprochen.

In diesem Zusammenhang sei darauf verwiesen, daß auch Steuerungen gebaut werden (*103*), die von sich aus mit einer konstanten Energiezufuhr als Basis arbeiten. Bei diesen sogenannten Energiereglern wird die Schweißzeit solange ausgedehnt, bis die für die jeweilige Schweißung eingestellte Energiemenge der Schweißmaschine zugeflossen ist. Der Regler besteht im wesentlichen aus folgenden drei Elementen: 1. Einem Leistungsmesser, der auf die zugeführte Momentanleistung reagiert. 2. Einem als Zähler arbeitenden Teil, der die gemessene Leistung summiert. 3. Einem Schaltglied, das den summierten Betrag fortwährend mit dem gewünschten Sollwert vergleicht und bei Gleichgewicht von Meßwert und Sollwert den Schweißstrom abschaltet.

Von der Seite der Energieversorgung war es immer ein großer Nachteil, daß die Widerstandsschweißmaschinen das Drehstromnetz nur einphasig belasten. Die Verwendung der gittergesteuerten Gasentladungsgefäße als Schaltelemente eröffnete u.a. auch die Möglichkeit die einphasige Last der Schweißmaschine unmittelbar gleichmäßig auf die drei Phasen des Drehstromnetzes zu verteilen. Eine gleichzeitig hiermit verbundene Senkung der Schweißstromfrequenz bringt weitere Vorteile mit sich, die ebenfalls bei der Besprechung dieser Steuerart erwähnt werden[1].

b) Spannungskompensator.

§ 56. Der Ausgleich für Netzspannungs-Schwankungen wird bei diesen Geräten durch Zündwinkelverschiebung, d.h. durch entsprechende Änderung des Effektivwertes des Schweißstromes erreicht. Sinkt die Spannung, so wird der

---

[1] Es möge hier auch noch darauf verwiesen werden, daß schon verschiedentlich versucht wurde, die Vorteile, die durch eine wesentliche Steigerung der Frequenz erzielt werden können, auszunützen. Dies betrifft nicht nur die Mittelfrequenzen, z.B. 1000 Hz. (*78*), sondern ebenso die Hochfrequenzen (*19*). Eine fertigungstechnische Verwendung auf breiter Basis dürfte aber heute wohl noch nicht Tatsache sein.

§ 56 Schalt- und Steuereinrichtungen. 147

Effektivwert durch Vorverlegen des Zündzeitpunktes erhöht. Steigt die Spannung gegenüber dem Normalwert, so wird er zurückverlegt und der Effektivwert gesenkt. Im Abb. 185 ist das Grundprinzip einer solchen Steuerung dargestellt (26). P ist die Primärwicklung des Transformators, der die Gitter der Hauptschaltgefäße der Leistungsstufe des Schweißtaktes mit der Signalzündspitze beaufschlagt. Es ist ein übersättigter Transformator, der die zum genauen Zünden notwendige Spitze abgibt, wie es schon im § 54 erwähnt wird.

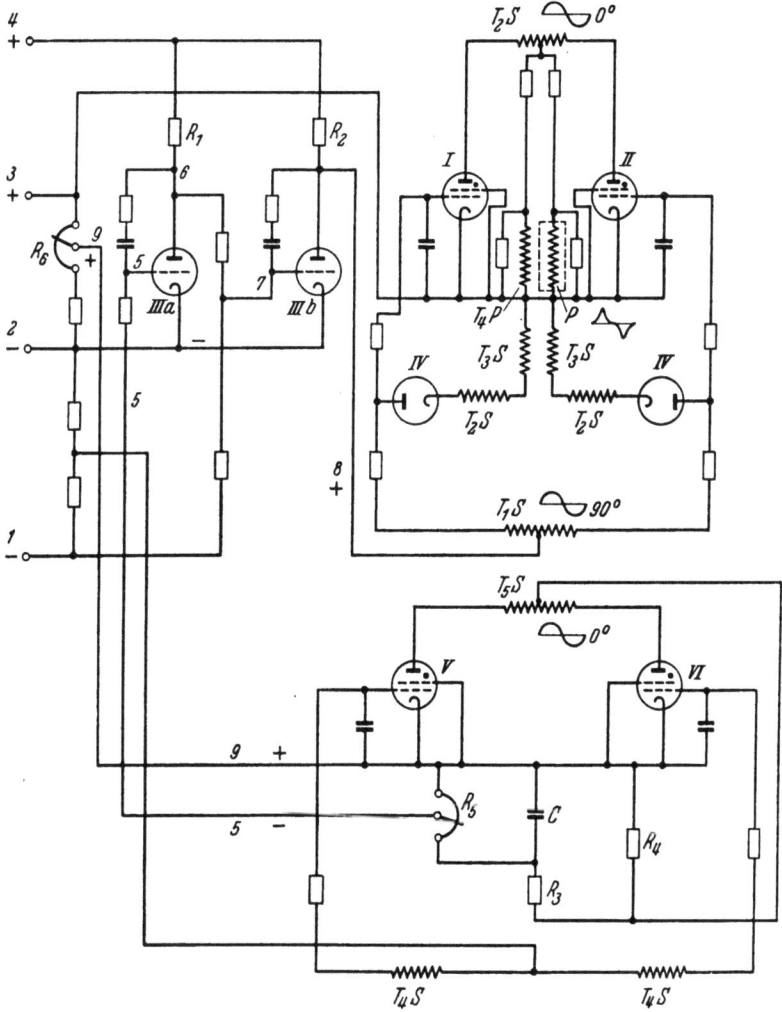

Abb. 185. Schematisches Schaltbild eines Spannungskompensators. (Nach CHUTE.)

Handelt es sich um Ignitrons in der Leistungsstufe, so erscheint die Spannungsspitze an den Gittern der zwischen Ignitron-Anode und Zündstift liegenden Thyratrons. Der Vorgang spielt sich dann so ab, daß, wenn das Rohr I bzw. II (Thyratrons) zündet, auch das jeweils zugehörige Ignitron zündet. Geeignete Gleichspannungen für den Steuerkreis liegen an den Klemmen 1, 2, 3 und 4; und zwar an 1—2 und 2—3 etwa 75 Volt und an 3—4 etwa 105 Volt. An den Klemmen 2—4 liegen das Rohr $IIIa$ mit dem Widerstand R_1 und $IIIb$ mit R_2. Sobald das Potential im Punkt 5 ansteigt, sinkt es im Punkt 6, infolge des An-

10*

steigens des Stromes im Rohr *IIIa*. Dies wiederum senkt das Potential des Gitters *7* derartig, daß der Strom des Rohres *IIIb* geschwächt und das Potential des Punktes *8* gehoben wird. Andererseits hat ein Ansteigen des Potentials *5* ein Absinken desjenigen von *8* zur Folge. Die Röhren *I* und *II* werden durch die Wechselspannung der Sekundärwicklung $T_1 S$ des Transformators T_1 gezündet, die um 90° gegenüber der Anodenwechselspannung $T_2 S$ verschoben ist. Wird nun die Wechselspannung $T_1 S$ durch das Potential *8* behoben, so wird *I* und *II* früher zünden, bzw. bei einem Absinken des Potentials wird ein verspätetes Zünden eintreten. Dies hat wiederum ein früheres oder späteres Auftreten der Zündspitze *P* zur Folge. Der Kreis des Rohres *IV* möge hier nicht näher erläutert werden. Er hat die Aufgabe, jeweils eine einwandfreie nachlaufende Zündung des Hauptschaltgefäßes *B* zu gewährleisten. Es wird durch eine Addition der Spannung $T_2 S$ und $T_3 S$, die 180° Phasenverschiebung gegeneinander haben, erreicht. Der Stromkreis gewinnt aber erst bei einer sehr großen Spannungssenkung des Netzes Bedeutung, d.h. bei einer großen Vorverlegung des Zündwinkels. Bei normaler Höhe der Netzspannung wird der Zündwinkel so eingestellt, daß bei einem Absinken der Spannung der Zündzeitpunkt genügend vorverlegt werden kann. Ist Punkt *8* auf demselben Potential wie die Kathode *I*, so zündet Rohr *I* ungefähr in der Mitte der Halbwelle.

Die Regelung der Gleichspannung *3—8* in Abhängigkeit der Netzspannungshöhe wird mit Hilfe der Röhren *V* und *VI* erreicht. Zunächst sei angenommen, daß diese Röhren (Thyratrons) keine Gitter haben. Wir haben eine normale Zweiweg-Gleichrichterschaltung, die ihre Spannung vom Netz her über den Transformator T_5 (Sekundärwicklung $T_5 S$) erhält. Die Grundlast dieses Kreises ist durch die Widerstände R_3 und R_4, sowie durch den Glättungskondensator *C* gegeben. Somit ist an das Potentiometer eine geglättete Gleichspannung gelegt, die direkt von der Netzspannung abhängig ist. Es ist nun leicht aus dem Schaltbild ersichtlich, daß hiermit auch das Potential *5—9*, bzw. dasjenige des Gitters von Rohr *IIIa* sich zwangsläufig mit der Netzspannung ändert. Die Potentiometer R_5 und R_6 ermöglichen den gewünschten Effektivwert des Schweißstromes einzustellen. Sie werden so bemessen, daß noch mindestens etwa $1/10$ der Wechselstromkurve für den Ausgleich beim Absinken der Spannung als Reserve vorhanden ist. Da die Steuerung tatsächlich nur arbeiten muß, wenn der Schweißstrom fließt, sind die Rohre *V* und *VI* mit Gittern versehen, die von dem Transformator T_4 (Sekundärwicklung $T_4 S$) gesteuert werden; und zwar erhalten sie jedesmal eine Zündspitze, wenn $T_4 P$ von Rohr *I* und *II* Spannung erhält.

c) Speichermaschinen.

§ 57. α) Induktive Speicher. Nimmt man einen Transformator und magnetisiert ihn mittels Gleichstrom, z.B. durch Anlegen einer Gleichspannung an die Primärwicklung, so speichert sich in dem aufgebauten elektromagnetischen Feld Energie auf. Wird der Gleichstrom unterbrochen, so bricht das Feld zusammen und gibt seine Energie ab, indem es in der Sekundärwicklung eine Spannung induziert, die wiederum, falls der Stromkreis geschlossen ist, einen entsprechenden Strom zur Folge hat (37). Damit kein allzu großer Teil der Energie beim Abschalten im Schaltfeuer des Schalters vernichtet wird, ist auf beste Funkenlöschung Wert zu legen. Das schematische Schaltbild des Hauptstromkreises einer derartigen Maschine ist in Abb.186 wiedergegeben. *G* ist der Gleichrichterteil, der aus dem Drehstromnetz den notwendigen Gleichstrom liefert. Die Zu- bzw. Abschaltung der Gleichspannung auf den Schweißmaschinen-Transformator *T* wird mit 6—8 Schaltkontakten *S* bewerkstelligt, die mit einer geeigneten Funkenlösch-Einrichtung versehen sind. Manche Maschinentypen sind im Sekundärkreis mit einem veränderlichen Widerstand R versehen, um bezüglich der Regelmöglichkeiten beweglicher zu sein.

Der Ablauf des elektrischen Vorganges möge im folgenden noch etwas näher geschildert werden. Wir haben es mit einem Ein- und Ausschaltvorgang zu tun, d.h. mit dem Übergang von einem Beharrungszustand in den andern. Jedem Beharrungszustand entspricht ein bestimmter Energiezustand des magnetischen oder auch elektrischen Feldes des Kreises. Der Übergang in einen neuen Beharrungszustand ist daher stets mit einer neuen Ladung bzw. Entladung der Felder verbunden. In unserem Fall können wir die Induktivität (Transformator) des Stromkreises als konstant ansehen, und es ist möglich, den Ausgleichsvorgang durch Überlagerung des erzwungenen stationären Stromes

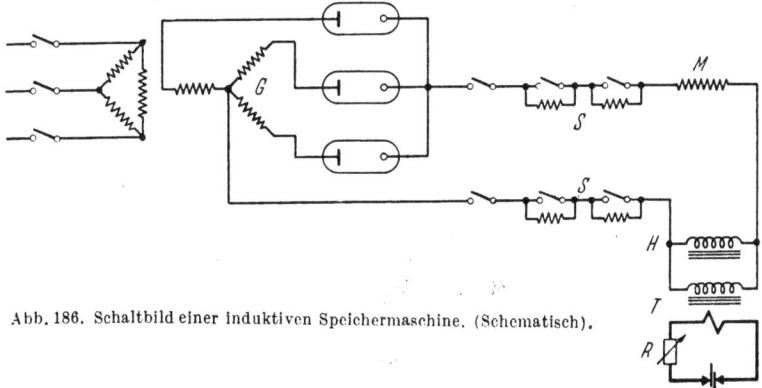

Abb. 186. Schaltbild einer induktiven Speichermaschine. (Schematisch).

und eines Ausgleichstromes zu beschreiben, der den stetigen Übergang vom ersten in den zweiten Betriebszustand vermittelt. Wir können also setzen:

$$i = i_e + i_a$$

wo i_e = erzwungener und i_a = Ausgleichsstrom. Für einen Stromkreis mit Induktivität und OHMschen Widerstand gilt:

$$u = Ri + L \frac{di}{dt}. \qquad (26)$$

Setzt man $i = i_e + i_a$ und berücksichtigt, daß der erzwungene bzw. stationäre Strom i_e die Gleichung für sich erfüllt, so gilt für den Ausgleichsstrom:

$$R \cdot i_a + L \frac{di_a}{dt} = 0.$$

Durch Trennung der Variablen wird

$$\frac{di_a}{i_a} = -\frac{R}{L} t$$

und integriert von $t = 0$, $i_a = i_{a_0}$ bis t und i_a

$$\ln \frac{i_a}{i_{a_0}} = -\frac{R}{L} t$$

$$i_a = i_{a_0} \cdot e^{-Rt/L} = i_{a_0} \cdot e^{-t/T}. \qquad (27)$$

Der Ausgleichsstrom klingt also nach einer Exponentialfunktion aus. Für die Geschwindigkeit des Ausklingens ist die Größe $L/R = T$ maßgebend (s. auch §46). Legen wir jetzt an den OHMschen Widerstand und die Induktivität, die in Reihe liegen, eine Gleichspannung, dann ist der erzwungene Strom u/R. Fügen wir ihn zu dem nach Gl.(27) berechneten Ausgleichsstrom, so erhalten wir den wirklichen Strom

$$i = \frac{u}{R} + i_{a_0} \cdot e^{-t/T}$$

Für $t=0$ ist $i=0$. Setzen wir beide Werte ein, so wird $i_{a_0} = -\frac{u}{R}$. Der Strom ist also

$$i = \frac{u}{R} - \frac{u}{R} \cdot e^{-t/T} \ . \tag{28}$$

Das Oszillogramm für einen solchen Einschaltvorgang einer induktiven Speichermaschine zeigt Abb.187 (56). Es ist der Verlauf der Elektrodenkraft sowie der Primär- und Sekundärstrom aufgezeichnet und zwar für dreierlei Arten von Kraftprogrammen. Der Strom wird (bei A) eingeschaltet, wenn der gewünschte Elektrodendruck vorhanden ist. Der Stromanstieg di/dt, der im Augenblick des Einschaltens am größten ist, hat entsprechend dem Induktionsgesetz einen Stromfluß im Sekundärkreis zur Folge, und zwar in entgegengesetzter Richtung. Dieser Stromverlauf ist ebenfalls im Oszillogramm zu erkennen. Ist eine gewünschte Stromhöhe im Augenblick B erreicht, so spricht das Maximalrelais M (Abb.186) an und schaltet mittels S den Transformator ab. In diesem Augenblick stellt die Sekundärwicklung einschließlich dem Sekundärkreis (Elektrodenarme, Elektroden, Werkstück) den einzigen Stromkreis dar, über den sich die aufgespeicherte

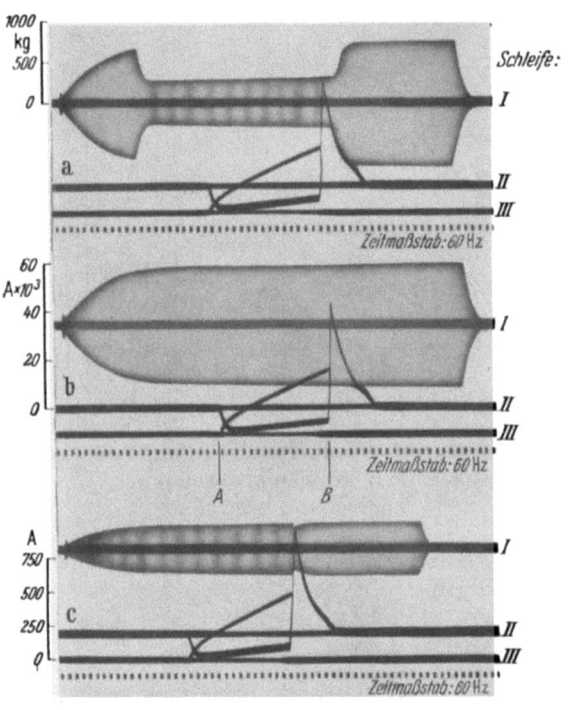

Abb. 187. Strom- und Kraftoszillogramme einer induktiven Speichermaschine.
a Veränderliche Elektrodenkraft. b Konstante, hohe Elektrodenkraft. c Konstante niedrige Elektrodenkraft. Schleife I: Kraftverlauf. Schleife II: Sekundärstrom. Schleife III: Primärstrom. A Einschaltzeitpunkt. B Ausschaltzeitpunkt. A und B sind nur für Abb. b eingezeichnet. (Nach HESS-WYANT-AVERBACH.)

Energie entladen kann. Der erzwungene Strom i_e wird Null und der Strom wird nach Gl. (27)

$$i = i_a = i_{a_0} \cdot e^{-\frac{R}{L}t} \ . \tag{29}$$

Er klingt also ebenfalls nach einer Exponentialfunktion ab. Die Kurvenform ist auch wieder im Oszillogramm zu erkennen. Zur Ermittlung der aufgespeicherten Arbeit multiplizieren wir die Gl.(26) auf beiden Seiten mit $i\,dt$ und erhalten

$$u \cdot i \cdot dt = i^2 \cdot R \cdot dt + L \cdot i \cdot di$$

Links steht die in irgendeinem Zeitpunkt während des Zeitabschnittes dt von der Stromquelle gelieferte Arbeit. Das erste Glied rechts gibt die während dieses

Zeitabschnittes entwickelte Wärmemenge ab. Der Rest der gelieferten Arbeit wird in der Spule aufgespeichert, und zwar kann man, ähnlich wie beim elektrischen Feld das ganze magnetische Feld selbst als Sitz der aufgespeicherten Energie ansehen. Die während des Zeitabschnittes aufgenommene Energie ist also

$$dW = L \cdot i \cdot di \,.$$

Für die zu irgendeinem Zeitpunkt vom Feld aufgenommene Energie ergibt sich durch Integration

$$W = \frac{1}{2} \cdot L \cdot i^2 \,. \tag{30}$$

Beziehung (28) bis (30) läßt erkennen, welche Regelmöglichkeiten die induktiven Speichermaschinen gestatten. Die Auf- bzw. Entladezeiten lassen sich durch den Widerstand R und die Induktivität L beeinflussen. Zur Änderung der Entladezeit werden daher teilweise veränderliche Widerstände in den Sekundärkreis eingebaut. Hierbei ist natürlich zu berücksichtigen, daß ein höherer Widerstand des Sekundärkreises auch höhere Verluste mit sich bringt und der nutzbare Anteil der Energie geringer wird. Um die Aufladezeit zu kürzen, wird häufig dem eigentlichen Schweißtransformator eine Hilfsinduktivität H (Abb. 186) parallel geschaltet, um auf diese Weise den Gesamtwert von L zu verkleinern und damit ebenfalls T. Die Höhe der aufgespeicherten Energie läßt sich am einfachsten durch die Höhe des Ladestromes (Gl. (30)) regeln. Zu diesem Zwecke ist das Maximalrelais M eingebaut.

Induktive Speichermaschinen werden auf Grund ihrer Eigenschaft vorwiegend für die Leichtmetallschweißung eingesetzt. Wesentlich für den Erfolg ist ein einwandfreies Arbeiten der Schaltkontakte S. Die Maschinen sind häufig mit den geeigneten Steuerungen für Druckprogramme ausgerüstet.

§ 58. β) Kapazitive Speicher. Im § 49 wurde schon bei der Besprechung der Schweißbegrenzer die Verwendung der in einem Kondensator aufgespeicherten Energie für Steuerzwecke erwähnt. Der Kondensator als Energiespeicher für den Schweißstrom hat sich vielfach bei der Leichtmetallschweißung eingeführt. Das Prinzip ermöglicht bei vorausbestimmten Energiemengen die Erzeugung kurzer Schweißstromstöße. Das schematische Schaltbild einer derartigen Anlage zeigt Abb. 188. Wir haben wieder einen Gleichrichterteil G, der an alle drei Phasen eines Drehstromnetzes angeschlossen ist und den für die Aufladung des Kondensators C notwendigen Gleichstrom liefert. Ist der Kondensator auf die gewünschte Spannungshöhe geladen, so wird er vom Netz getrennt und durch Einschalten von S über die Primärwicklung des Transformators T wieder entladen. Der hierbei entstehende Stromstoß hat auf Grund des Induktionsgesetzes auch einen Stromfluß im Sekundärkreis, d.h. durch die Schweißstelle zur Folge. Die Energie, die ein Kondensator während der Ladezeit aufnimmt, läßt sich folgendermaßen gewinnen. In irgendeinem Zeitpunkt beträgt die Ladung des Kondensators

$$q = C \cdot u \,,$$

wo u die Spannung zu diesem Zeitpunkt ist. Ändert sich die Spannung, so fließt ein Strom, der die Ladung vermehrt oder vermindert, und zwar um den Betrag $dq = i \cdot dt$. Die Spannung ändert sich um den Betrag du und es gilt:

$$dq = C \cdot du$$

Daraus folgt
$$i \cdot dt = C \cdot du \,. \tag{31}$$

Die Energie, die der Kondensator während des Zeitelementes dt aufnimmt, ist

$$dW = u \cdot i \cdot dt = C \cdot u \cdot du \,.$$

War der Kondensator ungeladen, und ist die Spannung auf den Wert u angestiegen, so ist die aufgenommene Energie

$$W = \int_0^u C \cdot u \cdot du = \frac{1}{2} \cdot C \cdot u^2 .$$

Wir sehen also, daß die Regelmöglichkeit für eine Kondensator-Speichermaschine in der Änderung der Ladespannung und der Kapazität der Kondensator-Batterie besteht. Man kann die Maschine für eine bestimmte Leistung entweder mit einer hohen Kapazität und niedrigen Spannung oder mit niedriger

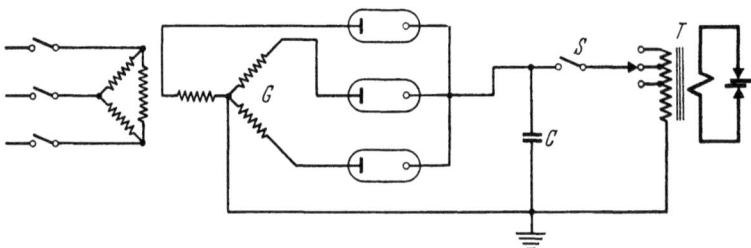

Abb. 188. Schaltbild einer kapazitiven Speichermaschine. (Schematisch.)

Kapazität und hoher Spannung auslegen. Bestimmend für die Wahl ist die Qualität der Kondensatoren, die zur Verfügung stehen, und ob man einen Gleichrichter mit Glühkathodengefäßen oder einen solchen mit Quecksilberkathode verwenden will. Maschinen mit hoher Ladespannung werden die erstere Möglichkeit eröffnen, da hier die Ladeströme geringer sind.

Von besonderem Interesse ist noch der Verlauf des Entladestromes, d.h. also des Schweißstromes. Für die Stromstärke bei einer Spannungsänderung am Kondensator gilt gemäß Gl. (31)

$$i = C \cdot \frac{du}{dt} . \tag{32}$$

Entladen wir den Kondensator über einen Ohmschen Widerstand entsprechend Abb. 189, so muß der Spannungsabfall $J \cdot R$ am Widerstand R sich in jedem Augenblick mit der Spannung u am Kondensator zu null ergänzen, d.h. es gilt gemäß Gl. (32)

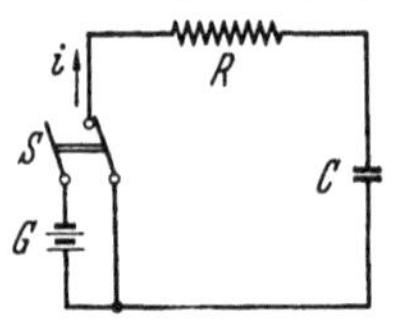

$$\frac{u}{R} + C \cdot \frac{du}{dt} = 0$$

oder

$$u + R \cdot C \cdot \frac{du}{dt} = 0 .$$

Abb. 189. Reihenschaltung von Widerstand und Kapazität.

Man bezeichnet das Produkt $R \cdot C$ mit der Zeitkonstante T, ähnlich wie im Fall der induktiven Ladevorgänge im § 57. Durch Integration erhalten wir nun:

$$u = U \cdot e^{-t/T} ,$$

wobei der Anfangswert für $t = 0$ mit U bezeichnet wird. Der Strom wird nach Gleichung (32)

$$i = -\frac{U}{R} e^{-t/T} .$$

Wir haben wider einen exponentiellen Verlauf. Er ist in Abb. 190 als eine Funktion von t/T aufgezeichnet.

§ 58 Schalt- und Steuereinrichtungen. 153

In unserem Fall vollzieht sich aber der Entladevorgang über die Primärwicklung des Maschinentransformators und wir haben das Ersatzschaltbild wie es Abb. 191 zeigt. In diesem Fall gilt:

$$u = R \cdot i + L \cdot \frac{di}{dt} + \frac{q}{C}$$

und $i = \frac{dq}{dt}$.

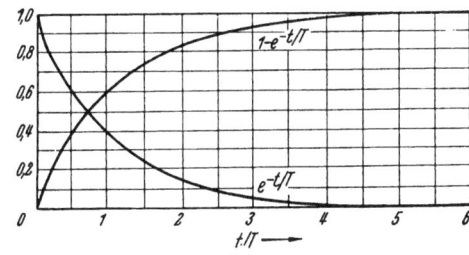

Abb. 190. $e^{-t/T}$ und $1-e^{-t/T}$ in Abhängigkeit von t/T.

Da L und C als Konstante angesehen werden können, ist es wieder möglich, die Ausgleichsgrößen für sich zu betrachten. Für diese ist:

$$R \cdot i_a + L \cdot \frac{di_a}{dt} + \frac{q_a}{C} = 0 \quad \text{und} \quad i_a = \frac{dq_a}{dt}$$

bzw. nach Einsetzen des Wertes von i_a:

$$\frac{d^2 q_a}{dt^2} + \frac{R}{L} \frac{dq_a}{dt} + \frac{q_a}{LC} = 0. \tag{33}$$

Diese Gleichung wird durch den Ansatz befriedigt:

$$q_a = k \cdot e^{\gamma t} \quad \text{und} \quad i_a = \frac{dq_a}{dt} = \gamma \cdot k \cdot e^{\gamma t}.$$

Mit diesen Werten erhält man aus Gl. (33) für γ:

$$\gamma^2 + \frac{R}{L}\gamma + \frac{1}{LC} = 0$$

bzw. die beiden Werte:

$$\gamma_{1,2} = -\frac{R}{2L} \pm \sqrt{\left(\frac{R}{2L}\right)^2 - \frac{1}{LC}}$$

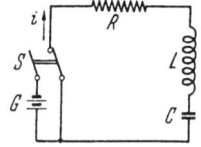

Abb. 191. Reihenschaltung von Widerstand, Induktivität und Kapazität.

Die Form des Ausdruckes zeigt, daß der Verlauf der Ausgleichsvorgänge verschieden ist, je nachdem die Wurzel reell, Null oder imaginär ist, d. h. je nachdem der Widerstand R größer, gleich oder kleiner als der doppelte Wert von $\sqrt{L/C}$ ist.

1. $R > 2\sqrt{L/C}$. γ_1 und γ_2 sind reell und der Ausgleichsvorgang verläuft aperiodisch. Es wird

$$q_a = k_1 \cdot e^{\gamma_1 t} + k_2 \cdot e^{\gamma_2 t}$$
$$i_a = \gamma_1 k_1 \cdot e^{\gamma_1 t} + \gamma_2 \cdot k_2 \cdot e^{\gamma_2 t}$$

für $t = 0$:
$$q_{a_0} = k_2 + k_1 = U \cdot C$$

und
$$i_{a_0} = \gamma_1 k_1 + \gamma_2 k_2 = 0$$

daher ist:

$$\gamma_1 k_1 = -\gamma_2 \cdot k_2 = U \cdot C \frac{\gamma_1 \cdot \gamma_2}{\gamma_1 - \gamma_2} = -\frac{U}{\sqrt{R^2 + 4L/C}}$$

und für den Entladestrom erhalten wir

$$i_a = -\frac{U}{\sqrt{R^2 - 4L/C}}(e^{\gamma_1 t} - e^{\gamma_2 t}).$$

Abb. 192. Aperiodisch abklingender Ausgleichsvorgang.

Abb. 192 zeigt den schematischen Verlauf des Stromes, der sich als die Differenz einer langsam und schnell abklingenden Exponentialfunktion ergibt.

2. $R = 2 \cdot \sqrt{L/C}$. $\gamma_1 = \gamma_2 = -R/2L = -1/\sqrt{LC}$
für gleiche Wurzeln ist die Lösung:

$$q_a = (k_1 + t k_2) e^{-t/\sqrt{LC}}; \quad i_a = \frac{dq_a}{dt} = \left[k_2 - \frac{1}{\sqrt{LC}}(k_1 + t k_2)\right] e^{-t/\sqrt{LC}}.$$

Der Vorgang verläuft ebenfalls aperiodisch und wird als Grenzfall bezeichnet. Für $t=0$ ist:
$$q_{a_0} = U \cdot C\,; \quad i_{a_0} = 0\,;$$
$$k_1 = U \cdot C\,; \quad k_2 = \frac{k_1}{\sqrt{L \cdot C}} = U\sqrt{C/L}$$
und
$$i_a = -\frac{U}{L} t \cdot e^{-t/\sqrt{LC}} = -\frac{U}{R}\frac{2t}{\sqrt{LC}} e^{-t/\sqrt{LC}}.$$

Der Verlauf des Entladevorganges ist sehr ähnlich dem der Abb. 192.

3. $R < 2\sqrt{L/C}$. γ_1 und γ_2 sind komplex. Wir setzen

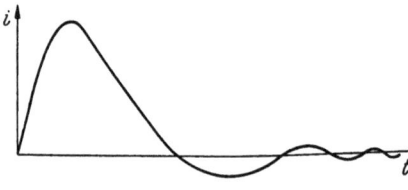

Abb. 193. Oszillierende Entladung.

$$\sqrt{\frac{1}{LC} - \left(\frac{R}{2L}\right)^2} = \beta \quad \text{und} \quad \frac{R}{2L} = \alpha,$$

dann läßt sich für den Entladestrom finden (37):

$$i_a = -\frac{U}{\beta L} e^{-\alpha t} \sin \beta t\,.$$

Demzufolge verläuft der Entladestrom nach einer Sinusschwingung mit abklingenden Amplituden. Sie klingen exponentiell nach Maßgabe des Dämpfungsfaktors bzw. der Zeitkonstanten $1/\alpha = 2L/R$ ab.

Den schematischen Verlauf dieses Stromes gibt Abb. 193 wieder. Im praktischen Schweißmaschinenbau ist die Bedingung für den aperiodischen Entladevorgang nur sehr schwer herzustellen, so daß die wahre Kurvenform meistens der der Abb. 193 ähnlich ist. Das Übersetzungsverhältnis des Schweißtransformators ist mitbestimmend für die Induktivität und den äquivalenten Widerstand und wirkt sich daher mit auf die Zeit aus, über welche die Entladung ausklingt. Abb. 194 zeigt eine Maschine, die nach dem kapazitiven Speicherprinzip arbeitet. Sie eignet sich zum Schweißen von Blechen bis zu 2 mm und besteht aus dem Gleichrichter einschließlich Transformator, der Kondensatorbatterie, der Schalteinrichtung und der eigentlichen Schweißmaschine. Die Gleichspannung kann von 200—500 V bei einer Netzspannung von 440 V geregelt werden. Die Kapazität der Kondensatorbatterie ist 10000, 20000 und 30000 μF. Die Elektrodenbetätigung erfolgt mittels Preßluft. Es können Druckprogramme ausgesteuert werden. Die maximale Elektrodenkraft ist 1000 kg.

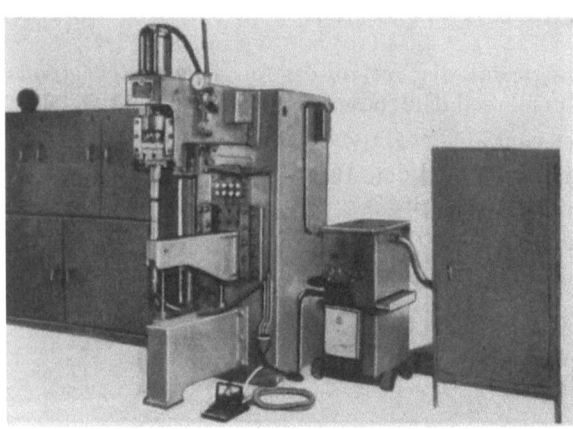

Abb. 194. Kapazitive Speichermaschine. (PHILIPS.)

d) Elektronisch gesteuerte Drehstrommaschinen (Frequenzwandler).

§ 59. Die elektrische Energieversorgung, insbesondere der Industrie, geschieht durch ein Dreiphasennetz. Bei der großen Mehrzahl der Widerstandsschweißmaschinen haben wir jedoch eine einphasige sekundäre Belastung, die zunächst zwangsläufig auch primärseitig eine einphasige Last mit sich bringt. Diese einphasige Belastung ist vom Standpunkt der Energieversorgung sehr unwillkommen, da sie Störungen in den Spannungsverhältnissen mit sich bringt. Sind die Belastungen der drei Stränge des Drehstromes ungleich, so werden auch die Spannungsverluste ungleich und damit die Verbraucherspannungen unsymmetrisch. Hinzu kommt, daß die Maschinen einen verhältnismäßig niedrigen Leistungsfaktor haben, was entsprechend den kurzen Schaltzeiten kurzzeitige hohe kVA-Werte erfordert. Aus diesem Grund ist es beim Anschluß einer Widerstandsschweißmaschine immer notwendig, daß ein genügend stabiles Netz zur Verfügung steht, das bei diesen Belastungen nicht allzu hohe Spannungsschwankungen aufweist. Man hat deswegen schon immer versucht, einen möglichst günstigen Ausgleich für alle drei Phasen zu erhalten.

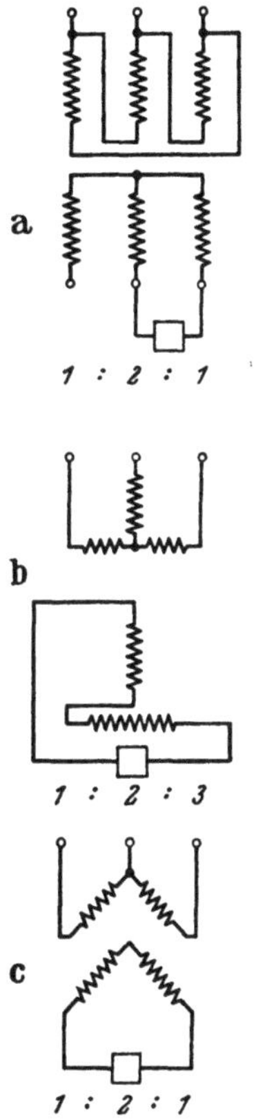

Eine Lösung wurde u. a. mit Hilfe von besonders gewickelten Vorschalttransformatoren gesucht. Abb. 195a zeigt den Anschluß an einen normalen Dreieck Stern-Transformator. Die Stromverteilung ist in diesem Fall auf der Netzseite wie 1:2:1. Bei der sog. Skott-Schaltung, Abb. 195b, scheint zunächst ein Vorteil darin zu liegen daß der Vorschalttransformator nur mit dem 1,15 fachen Wert der einphasigen Leistung zu berechnen ist. Die Stromverteilung ist aber noch ungünstiger als beim einphasigen Anschluß. Der höchste Strom, der in einer Phase fließt, ist um 50% größer als beim einphasigen Anschluß. Bei der V-Schaltung, Abb. 195c, ergibt sich das gleiche Bild wie für den einphasig belasteten Drehstromtransformator in Dreieck-Sternschaltung. In der Praxis wird man daher den einphasigen Schweißtransformator an einen normalen Drehstrom-Netztransformator anschließen. In diesem Zusammenhang sei auf einen Frequenzwandler, der für die Lichtbogenschweißung entwickelt wurde und mit Gleichstrom vormagnetisierten Drosseln bei einer Frequenzumformung von 50 auf 100 Hz und einphasiger Belastung das primäre Drehstromnetz symmetrisch belastet, verwiesen (58).

Abb. 195. Beispiele einiger Vorschalt-Transformatoren für einphasige Maschinen. Verhältniszahlen = Stromverteilung. a Dreieck-Stern-Transformator, b Skott-Schaltung, c V-Schaltung.

Ein anderer seither beschrittener Weg ist die Verwendung von Motorgeneratoren, deren Antrieb aus einem Drehstrommotor besteht und die einen Einphasen-Generator haben. Sie werden häufig mit großen Schwungrädern versehen, die einen geeigneten Energiespeicher für die Stoßbelastungen darstellen. Die Wahl einer niedrigeren Generator-Frequenz, z. B. $16^2/_3$ Hz kann noch weitere Vorteile mit sich bringen, auf die später verwiesen wird. Generatoren bedingen aber sehr hohe Anschaffungskosten, die insofern für eine Röhrenausgleichsteuerung keinen gleichwertigen Ersatz darstellen, als mit ihnen keine in ihrer Genauigkeit den Anforderungen der Widerstandsschweißung genügende Zeitschaltungen ausgeführt werden können.

An die Möglichkeit der Leistungsfaktor-Verbesserung mittels Kondensatoren sei hier erinnert.

Bei der Besprechung der Speichermaschine haben wir gesehen, daß auch mit ihnen ein Lastausgleich unter den drei Phasen gegeben ist. Sie eignen sich aber in erster Linie nur für Aluminium und andere Stoffe, die hohe Spitzenströme von kurzer Schweißdauer erfordern und nicht für Stahl.

Mit der Verwendung der gittergesteuerten Stromrichtergefäße als Steuerelement für den Schweißstrom war auch die Möglichkeit gegeben, ohne den Weg über die Gleichrichtung die einphasige Last auf die drei Phasen des Drehstromes zu verteilen[1]. Das schematische Schaltbild einer derartigen Anlage gibt Abb. 196 wieder. Der Schweißtransformator ist mit drei voneinander getrennten Primärwicklungen P_1, P_2 und P_3 und einer Sekundärwicklung S versehen. Alle Wicklungen sind auf dem gleichen Eisenkern untergebracht. Jede Primärwicklung liegt über zwei gegensinnig parallel geschaltete Gleichrichtergefäße an jeweils zwei Phasen des Drehstromnetzes. Es sind also zwei Gruppen mit je drei Röhren vorhanden. Die erste Gruppe ist mit A_1, A_2, A_3 und die zweite mit B_1, B_2, B_3 bezeichnet. Ist die eine Röhrengruppe gesperrt,

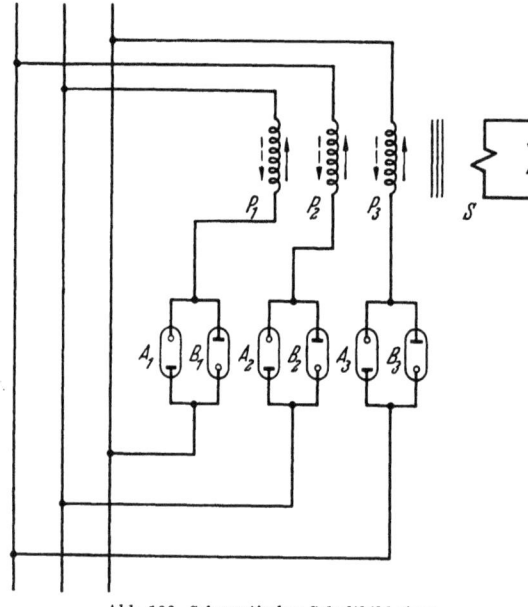

Abb. 196. Schematisches Schaltbild einer Frequenzwandlermaschine.

so wird die andere Gruppe jeweils dann Strom führen, wenn eine in Beziehung auf ihre Anoden positive Halbwelle erscheint. Dieser Zustand wird über mehrere Perioden aufrecht er-

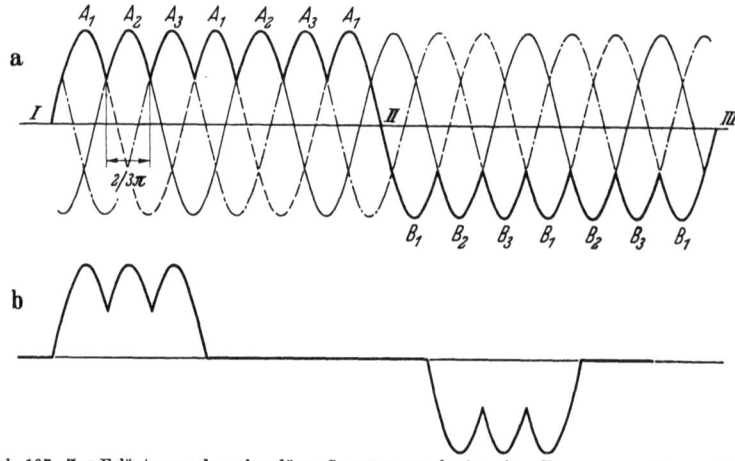

Abb. 197. Zur Erläuterung des sekundären Spannungsverlaufes, einer Frequenzwandlermaschine.
a Maschinenfrequenz 10 Hz, b Beispiel eines Stromprogrammes.

halten, so daß sich ein sekundärer Spannungsverlauf ähnlich Abb. 197a von Punkt I bis II zeigt. Der Stromfluß durch die A-Gruppe möge nun im Zeit-

---

[1] Ein Weg unter Ausnützung der Gleichrichterwirkung wird von COOPER (28) angegeben. Die Netzspannung wird in diesem Fall zuerst für alle 3 Phasen mittels 3 Transformatoren auf die notwendige Sekundärspannung herabtransformiert und dann über Trockengleichrichter-Einheiten im Sekundärkreis gleichgerichtet. Geschaltet wird im Primärkreis, und zwar in 2 Phasen mit 4 Quecksilberdampf-Gefäßen (jeweils zwei entgegengesetzt parallel angeordnet).

§ 59　　　　　　　　Schalt- und Steuereinrichtungen.　　　　　　　　　157

punkt *II*, nach 2½ Perioden, gesperrt und derjenige der *B*-Gruppe bis zum Zeitpunkt *III* freigegeben werden. Dies Spiel kann sich beliebig oft wiederholen, wir erhalten also im Sekundärkreis eine einphasige Wechselspannung wie sie die stark ausgezogene Kurve der Abb. 197a zeigt, die eine Frequenz von 10 Hz hat. Durch entsprechende Steuerungen der Gitter lassen sich auch Kurvenformen erzielen wie sie z.B. Abb. 197b wiedergibt. Es können also längere Strompausen eingelegt werden, was die verschiedensten Strompogramme ermöglicht.

Den Mittelwert der sekundären Leerlaufspannung U_{2m_0} kann man finden, wenn man die Spannungskurven über den Winkel $\frac{2}{3} \cdot \pi$ integriert.

$$U_{2m_0} = \frac{3}{2 \cdot \pi \cdot \ddot{u}} \int_{-\pi/3}^{+\pi/3} U \sqrt{2} \cos x \, dx = \frac{U \sqrt{2} \sin \pi/3}{\pi/3 \cdot \ddot{u}} = \frac{1{,}17}{\ddot{u}} U, \tag{34}$$

wo $\ddot{u}$ das Übersetzungsverhältnis des Transformators und U der Effektivwert der primären Phasenspannung ist. Fließt jedoch Schweißstrom, d.h. im Belastungsfall, dann ist der in Abb. 197a aufgezeichnete Spannungsverlauf ein anderer. Die Phasen des Transformators besitzen eine Induktivität. Diese bewirkt, daß die Anodenströme sich nur verzögert ablösen und sich die Ströme zweier Anoden überlappen. Die sich hieraus ergebenden Spannungsverhältnisse sind in Abb. 198 schematisch aufgezeichnet. Die Anode A_1 führt bis zum Schnittpunkt *1* der Spannungswelle A_1 mit A_2 Strom. In diesem Zeitpunkt setzt der Lichtbogen die Anode A_2 ein. Da aber der Lichtbogen der Anode A_1 infolge der Induktivität des Stromkreises nicht sofort verlöschen kann, überlappen sich die beiden

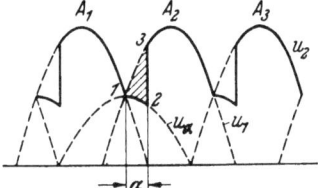

Abb. 198. Zur Erläuterung des sekundären Spannungsverlaufes bei einem Überlappungswinkel α.

Ströme über den Zeitbereich 1—2 und wir erhalten einen Spannungsverlauf u_a, während dem Überlappungswinkel α. Die Spannungskurve, die sich unter dem Einfluß der Überlappung ergibt, weicht von der mit der Gl. (34) gefundenen Leerlaufspannung um den Betrag der schraffierten Fläche *1—2—3* ab. Die mittlere Ordinate y dieser Fläche kann durch Integration des induktiven Spannungsabfalles u_i über den Winkel α bestimmt werden. Es ist derjenige, den der Strom i_{A_2} in der Induktivität L_1 der Primärwicklung hervorruft und hat den Wert

$$u_i = L_1 \frac{di_{A_2}}{dt}. \tag{35}$$

Für die geschlossenen Stromkreise der Phase 1 und 2 kann man auf Grund des 2. Kirchhoffschen Gesetzes schreiben

$$u_{A_1} - L_1 \frac{di_{A_1}}{dt} + L_1 \frac{di_{A_2}}{dt} - u_{A_2} = 0. \tag{36}$$

Die Spannungsabfälle der beiden Lichtbögen mögen gleich groß sein, so daß sie sich gegenseitig aufheben. Außerdem gilt:

$$\left. \begin{array}{l} i_{A_1} + i_{A_2} = \dfrac{i_2}{\ddot{u}}, \\[4pt] u_{A_1} = U \sqrt{2} \cos(\omega t + \pi/3), \\[4pt] u_{A_2} = U \sqrt{2} \cos(\omega t - \pi/3). \end{array} \right\} \tag{37}$$

Mit Hilfe der Gl. (36) und (37) läßt sich finden:

$$i_{A_1} = \frac{i_2}{\ddot{u}} - \frac{U \sqrt{2} \sin \pi/3}{\omega L_1}(1 - \cos \omega t) \tag{38}$$

Punktschweißen. § 59

$$i_{A_2} = \frac{U\sqrt{2}\sin\pi/3}{\omega L_1}(1-\cos\omega t) \tag{39}$$

setzen wir diesen Wert in Gl.(35) und differenzieren, so ist:

$$u_i = U\sqrt{2}\sin\pi/3 \sin\omega t.$$

Integrieren wir jetzt den Spannungsabfall u_i über den Winkel α, so erhalten wir für die mittlere Ordinate y:

$$y = \frac{3}{2\pi}\int_0^\alpha u_i\,dx = \frac{3}{2\pi}\int_0^\alpha U\sqrt{2}\sin\frac{\pi}{3}\sin x\,dx = \frac{3\cdot U\cdot\sqrt{2}\cdot\sin\pi/3}{2\pi}(1-\cos\alpha).$$

Für den Mittelwert der Sekundärspannung erhalten wir unter Berücksichtigung des induktiven Spannungsabfalles während der Überlappungsperiode:

$$U_{2m} = \frac{1{,}17\cdot U}{\ddot u} - \frac{1{,}17\cdot U}{2\cdot\ddot u}(1-\cos\alpha) = \frac{1{,}17\cdot U}{\ddot u}\left(1-\frac{1-\cos\alpha}{2}\right) = \frac{1{,}17\cdot U}{\ddot u}\cos^2\frac{\alpha}{2}.$$

Wird $\alpha = 0$, so ergibt sich wieder der Wert der Gl.(34). Die Überlappungsperiode ist beendet, wenn der Strom i_{A_1} Null wird, da die Ventilwirkung der Schaltgefäße negative Anodenströme unmöglich macht. Der Überlappungswinkel α kann daher aus Gl.(38) bestimmt werden, indem $i_{A_1}=0$ gesetzt wird, wobei $\omega\cdot t$ durch α ersetzt wird. Es ergibt sich:

$$\frac{i_2}{\ddot u} = \frac{U\cdot\sqrt{2}\cdot\sin\pi/3}{\omega L_1}(1-\cos\alpha)$$

und für

$$\cos\alpha = 1 - \frac{\omega\cdot L_1\cdot i_2}{U\cdot\ddot u\cdot\sqrt{2}\cdot\sin\pi/3}.$$

Setzt man diesen Wert in die Gleichung für y ein, und berücksichtigt, daß während der Überlappung jede Phase nur den halben Belastungsstrom führt, so erhält man:

$$y = 0{,}239 - \frac{i_2\cdot\omega\cdot L_1}{\ddot u^2}.$$

und damit für

$$U_{2m} = U_{2m_0} - 0{,}239\frac{i_2\cdot\omega\cdot L_1}{\ddot u^2},$$

worin ω die Kreisfrequenz des Versorgungsnetzes ist.

Abb. 199. Beispiel für den Verlauf des Sekundärstromes (BOICE.)

Ein Beispiel für den Verlauf des Sekundärstromes gibt Abb. 199. Für den Maximalwert des Sekundärstromes kann man anschreiben (*11*):

$$J_{2max} = \frac{U_{2m_0}}{R + 0{,}239\dfrac{\omega\cdot L_1}{\ddot u^2}},$$

worin R der Ohmsche Widerstand einer Primärwicklung plus des Sekundärkreises einschließlich dem Widerstand des Schweißgutes bezogen auf die Sekundärseite bei der Sekundärfrequenz ist. Für den Effektivwert kann man folgende Gleichung verwenden:

$$J_2 = \frac{K\cdot U_{2m_0}}{\sqrt{\left(R+0{,}239\dfrac{\omega L_1}{\ddot u^2}\right)^2 + X^2}}$$

wo X die Reaktanz bezogen auf die Sekundärfrequenz ist. K ist ein Formfaktor, der für die meisten Fälle ($X/R = 0{,}5 \div 1{,}5$) gleich 0,91 ist.

Für den Effektivwert des Primärstromes bei nicht allzu hoher Sättigung gilt:

$$J_1 = \frac{J_2}{\ddot{u} \cdot \sqrt{3}}.$$

Von Bedeutung ist der Vergleich einer Frequenzwandler-Maschine mit einer normalen Einphasen-Maschine, um einen Überblick über die wirtschaftlichen Vorteile der beiden Maschinenarten zu erhalten. Als Vergleich wird man eine 50-periodige Einphasen-Maschine nehmen, die die gleiche Schweißleistung bei gleichem Schweißgut und gleicher Schweißzeit und Armausladung abgibt. Ferner möge vorausgesetzt sein, daß der Ohmsche Widerstand R' einschließlich dem Schweißgut, bei der niedrigeren Frequenz der Wandlermaschine einschließlich dem Faktor $0{,}239 \frac{\omega \cdot L_1}{\ddot{u}^2}$ gleich groß ist, wie bei der 50-Hz-Maschine. Praktisch wird hier allerdings ein Unterschied infolge des Skin-Effektes vorhanden sein. Auf Grund dieser Voraussetzung und der Annahme gleicher Maschineninduktivitäten kann man einfache Verhältnisgleichungen aufstellen. Ist der effektive sekundäre Schweißstrom bei beiden Maschinen gleich groß, so ist auf Grund obiger Gleichungen für das Verhältnis maximalen Niederfrequenzstroms zum effektiven Wert der 50-Hz-Maschine:

$$\frac{J_{2\,max}}{J_{2\,50}} = \frac{\sqrt{R'^2 + X^2}}{R' \cdot K} = \frac{\sqrt{R'^2 + \left(\frac{f_2}{50} \cdot X'\right)^2}}{R' \cdot K},$$

wobei $R' = R + 0{,}239 \cdot \frac{\omega \cdot L_1}{\ddot{u}^2}$. Für die Spannungen gilt:

$$\frac{U_{2\,m_0}}{U_{2\,50}} = \frac{J_{2\,max} \cdot R'}{J_{2\,50} \sqrt{R'^2 + X'^2}} = \frac{J_{2\,max}}{J_{2\,50}} \cos \varphi_{50},$$

wobei X' die auf die 50-Hz-Maschine bezogene Reaktanz ist. Der kVA-Bedarf wird bei der Niederfrequenz-Maschine geringer sein wie bei der 50-Hz-Maschine. Für das Verhältnis kann man ansetzen:

$$\frac{N\,[KVA]}{N_{50}\,[KVA]} = \frac{U_{2\,m_0} \cdot J_{2\,max}}{U_{2\,50} \cdot J_{2\,50}} = \left(\frac{J_{2\,max}}{J_{2\,50}}\right)^2 \cos \varphi_{50}.$$

Für diese Gleichungen gibt W. K. BOICE (*11*) folgendes Zahlenbeispiel an: Es wird eine 12 Hz-Frequenz-Wandler-Maschine mit einer 60 Hz-Einphasenmaschine verglichen. Letztere benötigt für eine Stahlschweißung 300 kVA bei $\cos \varphi = 0{,}5$. Außerdem werden folgende Werte angegeben: $R' = 0{,}33\,\Omega$ und $X' = 0{,}56\,\Omega$. Damit erhält man aus obigen Gleichungen folgende Werte

$$J_{2\,max}/J_{2\,60} = 1{,}16 \qquad U_{2_{0m}}/U_{2_{50}} = 0{,}58;$$

und

$$N = 0{,}67 \cdot 300 = 201\,\text{kVA}.$$

K. RUPPIN (*104*) gibt für eine Frequenzwandlermaschine folgende Vergleichswerte an, wobei allerdings der Netztransformator und Schweißmaschinentransformator getrennt sind: Maschine einphasig: $f = 50$; $N_{kW} = 246$; $N_{kVA} = 630$; $\cos \varphi = 0{,}52$. Gleiche Maschine mit Frequenzwandlergerät: $f = 13{,}6$; $N_{kW} = 246$ $N_{kVA} = 300$; $\cos \varphi = 0{,}91$.

Im Vergleich zu einer Einphasen-Maschine läßt sich bei einer gleichen Schweißaufgabe bezüglich der niederfrequenten Wandler-Maschine sagen: Bei letzterer ist der notwendige kVA-Bedarf infolge des günstigeren Leistungsfaktors geringer. Außerdem erfolgt eine gleichmäßige Verteilung der sekundären einphasigen Last auf die drei Netzphasen. Desgleichen wird sich das Einbringen größerer Eisenmassen in die Armausladung der niederfrequenten Maschine nicht so stark auswirken als bei einer Maschine höherer Frequenz. Ein unterschiedlicher Ohmscher Wert des Schweißwiderstandes wird sich auf die Leistungsabgabe bei der niederfrequenten Wandler-Maschine stärker auswirken als bei der einphasigen Maschine, die mit höherer Netzfrequenz arbeitet. Es wird auch noch zu berücksichtigen sein, daß der Ohmsche Widerstand des Sekundärkreises bei der niedrigen Frequenz infolge der geringeren Auswirkung des Skin-Effektes kleiner sein wird. Bei diesen Betrachtungen ist natürlich zu bedenken, daß sich die Vorteile um so günstiger bemerkbar machen, je höher die Frequenz des Versorgungsnetzes ist. Sie werden also bei einem 60 Hz-Netz eher zur Auswirkung kommen als wie bei einem solchen mit 50 Hz. Weiterhin wird die Notwendigkeit des Lastausgleiches zwischen den drei Netzphasen um so wichtiger sein, je näher man mit der notwendigen Maschinenleistung an die Leistungsgrenze des Netzes gelangt, d.h. je mehr die Stabilität des Netzes durch eine einphasige Maschinenlast gefährdet ist. Der Fertigungsingenieur wird natürlich die wirtschaftlichen Gesichtspunkte nicht außer Acht lassen, da eine Frequenz-Wandler-Maschine infolge ihres steuertechnischen Mehraufwandes wesentlich höherer Anlagekosten bedarf. Die Wirtschaftlichkeit wird am ehesten dort gegeben sein, wo neue Anlagen mit hohen Maschinenleistungen zu erstellen sind.

D. Elektroden und deren Werkstoffe.

1. Elektrodenhalter und Elektrodenform.

§ 60. Beim Punktschweißen wird der erzielte Schweißquerschnitt im wesentlichen mit von der Elektrode bestimmt. Es sind hier grundsätzlich drei verschiedene Formen möglich, wie sie Abb. 200 zeigt: 1. die plane Spitze, 2. die ballige bzw. kugelige Spitze und 3. die kegelige Spitze. Die letzte Form kommt praktisch weniger in Frage, da sie sich im Betrieb sehr schwer bzw. nicht aufrecht erhalten läßt. Der anfängliche Schweißwiderstand wird unter sonst gleichen Umständen durch die Auflagefläche a bestimmt und ist in der Regel bei der kegeligen Ausführung am größten. Bei den Ausführungen 2 und 3 geht während des Ablaufes der Schweißung infolge der Erweichung des Werkstückes und dessen Anpassung an die Elektrode der Schweißwiderstand zurück.

Eine Auswahl von Möglichkeiten, die Elektrodenspitzen auszubilden, zeigt Abb. 201a—i. Die Form a ist die am meisten gebrauchte und auch diejenige, die am leichtesten instand gehalten werden kann. Die in einer Zeichnung anzugebenden notwendigen Maße sind d, r und β. Für Leichtmetalle wird in erster Linie die Form b verwendet unter Angabe der Maße d und R. Die Form c wird vorwiegend bei oxydierten Stahlblechen angewendet. Hier ist der Radius R bedeutend kleiner gehalten wie bei Form b und läuft in gradlinige Flächen aus.

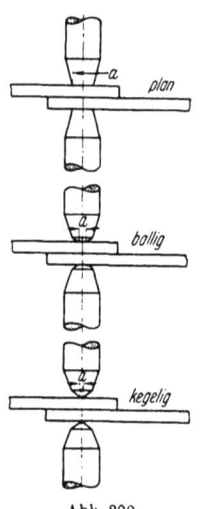

Abb. 200. Elektrodenformen.

Form d wird vorwiegend als Gegenelektrode beim Punktschweißen zu Form a benötigt, wenn möglichst geringe Eindrücke erzielt werden sollen. Sie kann natürlich auch als ballige Elektrode verwendet werden. Dies kann soweit gehen, bis die Form i erreicht ist. Form e dient für Drahtschweißungen. Form f wird bei schwer zugänglichen Schweißstellen verwendet, desgleichen Form h. Die Ausführung g dient zum Stumpfschweißen von Bolzen auf Bleche. Der Bolzen

§ 60   Elektroden und deren Werkstoffe.   161

wird in die Bohrung d eingeführt, Bolzen und Bohrung müssen in ihren Maßen möglichst gut miteinander übereinstimmen. Was aber in der Mengenfertigung oft zu Schwierigkeiten führt. In diesem Fall bildet man die Elektrode zweiteilig aus und versieht sie mit einer geeigneten Spannvorrichtung. Die letzte Form i ist in der Anwendung je nach Radius gleichbedeutend mit b und c.

Die hier gezeigten verschiedenen Elektrodenspitzen haben alle am entgegengesetzten Ende eine entsprechende Befestigungsmöglichkeit, sei es ein Kegel oder Gewinde, mittels der sie in den Elektrodenhaltern befestigt werden. Gebräuchliche Konstruktionen von Elektrodenhaltern für Punktschweißmaschinen zeigt Abb. 202—206.

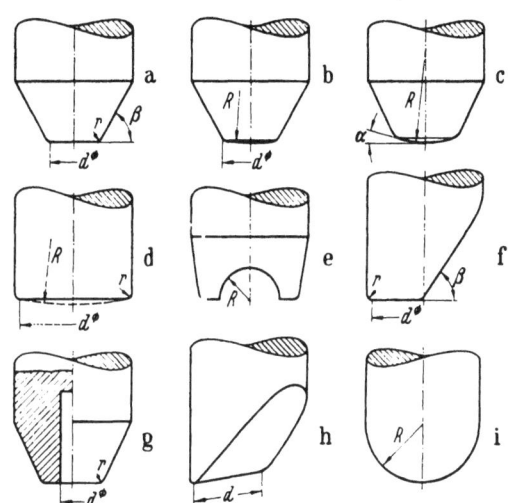

Abb. 201. Verschiedene Formen der Elektrodenspitzen.

Abb. 202 zeigt einen Halter mit Kegelbefestigung, d.h. die Elektrode 5 ist mittels Kegel in den Halter 4 eingesteckt. Um ein leichtes Lösen der Elektrode aus dem Halter zu ermöglichen, ist es ratsam sie mit Schlüsselflächen zu versehen. Der Halter 4 ist durchbohrt für die Kühlwasser-Zu- und Rückführung. Die

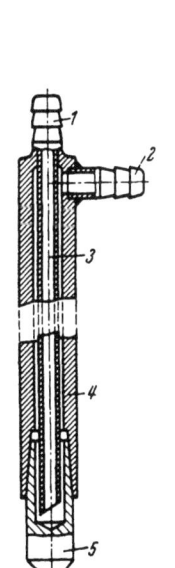
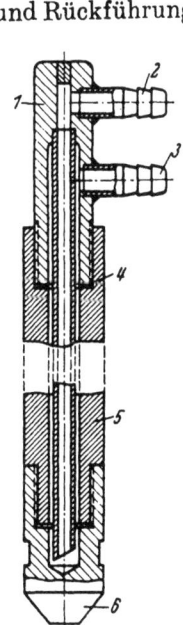
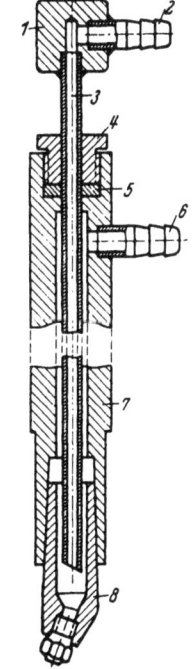

Abb. 202. Elektrodenhalter für Elektrodenbefestigung mittels Konus.

Abb. 203. Elektrodenhalter für Schraubelektroden.

Abb. 204. Beispiel eines Elektrodenhalters für verstellbare Kühlwasserzuführung und Elektrodenreduzierstück.

Wasserzuführung erfolgt durch Rohr 3. Dies wird möglichst weit in die Elektrode vorgeführt um eine gute unmittelbare Kühlung zu bekommen. Jedoch

Brunst, Widerstandsschweißen.   11

muß man noch genügend Stoff, 10—15 mm stehen lassen, daß die Elektroden auch eine entsprechende Nacharbeit ermöglichen. Das Kühlwasser wird mittels Schläuchen bei *1* und *2* zu- bzw. abgeführt. Der Elektrodenhalter *4* ist natürlich aus einem Stoff mit möglichst hohem elektrischen Leitwert bei großer

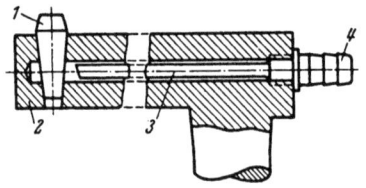

mechanischer Festigkeit anzufertigen, da er die Zuführung des Schweißstromes zur Schweißstelle und die Übertragung der Elektrodenkräfte auf dieselbe übernehmen muß. In den meisten Fällen wählt man Messing.

Eine andere Halterausführung, bei der die Elektrode *6* mittelst Gewinde befestigt wird, zeigt Abb. 203. Hier ist der Halter, der ja

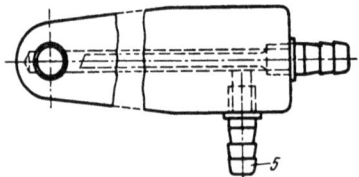

Abb. 205. Elektrodenhalter für Hohlkörper.

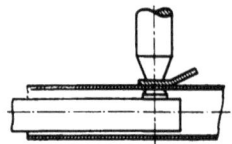

Abb. 206. Elektrodenhalter für zylindrische Formteile.

jeweils zur Zuführung des Schweißstromes dient, aus den beiden Teilen *1* und *5* hergestellt. Sie sind miteinander verschraubt und gegen Wasser bei *4* mit einer Scheibe abgedichtet. *2* und *3* sind die Anschlüsse für die Kühlwasserschläuche.

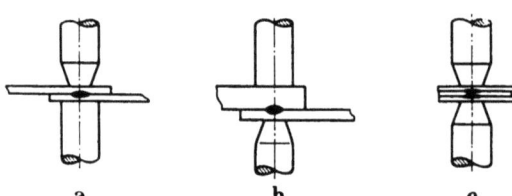

Abb. 207. Elektrodenspitzen für verschiedene Blechdicken.

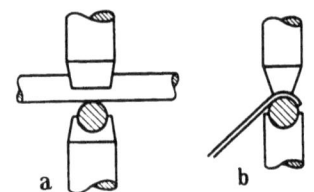

Abb. 208. Elektrodenspitzen für Drahtschweißungen.

Je nach Verwendung einer Elektrodenausführung kann es erwünscht sein, daß das Rohr für die Kühlwasserzuführung verschieden lang ist. Diesem Wunsche wird die Konstruktion der Abb. 204 gerecht. Hier wird das Kühlwasserrohr durch die Dichtung *5* in den Halter *7* eingeführt. Am Ende des Rohres ist eine Anschlußmöglichkeit *1* und *2* für den Kühlwasserschlauch vorgesehen. Der Wasserabfluß erfolgt bei *6*.

Ein Elektrodenhalter für schwer zugängliche Schweißstellen an Hohlkörpern zeigt Abb. 205. Die Elektrode *1* ist auch hier wieder mittels eines Kegels in dem Halter *2* befestigt und wird von dem Kühlwasser, das bei *3* und *4* zu- und bei *5* abgeführt

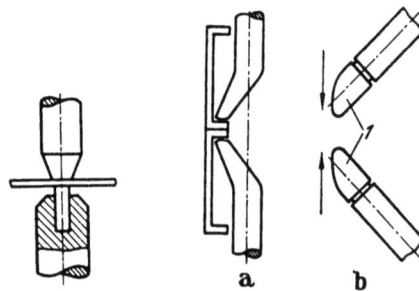

Abb. 209. Elektroden für Bolzenstumpfschweißungen.

Abb. 210. Elektrodenbeispiel für schwer zugängliche Schweißstellen.

wird, umspült. Die Länge der Ausladung des Halters richtet sich ganz nach dem zu schweißenden Formteil. Die Verwendung eines ähnlichen Halters bei einem Rohr zeigt Abb. 206.

§ 60 Elektroden und deren Werkstoffe.

Folgende Abbildungen mögen noch die Anwendung der hier erläuterten Elektrodenausführungen geben:

Abb. 207a: Verwendung von Form Abb. 201a—d. Dient zur Vermeidung des Elektrodeneindruckes am Unterblech.

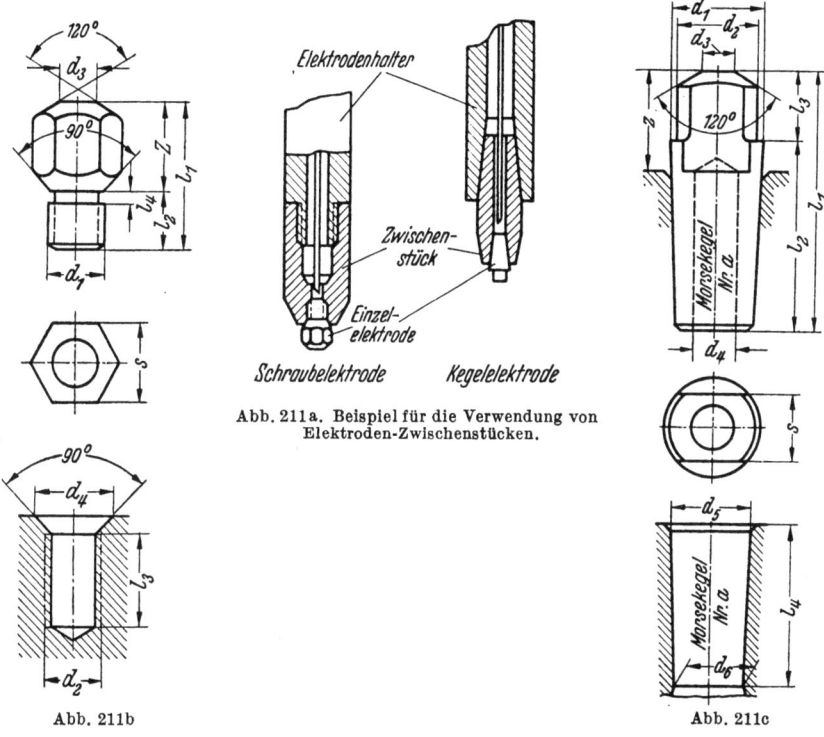

Abb. 211a. Beispiel für die Verwendung von Elektroden-Zwischenstücken.

Abb. 211b

Abb. 211c

Nr.	Abmessungen								
	S	d_1	d_2	d_3	d_4	Z	l_1	l_2	l_3	l_4
0	8	M 6	M 6	5	8	11,5	20	8	14	1,6
2	14	M 10	M 10	8	14	13,5	25	10	16	2
4	27	M 20	M 20	13	27	21,6	40	15	23	4

Zu Abb. 211 b. Schraubelektroden. ES 0—ES 4 nach DIN-Bl. Nr. 44 750.

Nr.	Abmessungen											
	d_1	d_2	d_3	d_4	d_5	d_6	Z	l_1	l_2	l_3	l_4	s	a
0	9,3	8,5	5	—	9	8	12	30	22	8	20	7	0
1	12,3	12	6	7	12,1	10,5	15	39	29	10	31	10	1
2	18,1	17	8	8	17,8	16	19	50	37	13	36	14	2
3	24,2	23	10	10	23,8	21	23	63	47	16	57	19	3
4	31,7	29	13	12	31,3	28	28	79	59	20	63	24	4

Zu Abb. 211 c. Kegelelektroden EK 0—EK 4 nach DIN-Bl. Nr. 44 750.

Abb. 207b: Mit den gleichen Formen lassen sich auch ungleich dicke Bleche verschweißen.

Abb. 207c: Zum Verschweißen mehrerer gleich dicker Bleche verwendet man die Form Abb. 201a.

Abb. 208a und b: Verwendung der Form Abb. 201e bei Drahtschweißungen.

Abb. 209: Zeigt die Verwendung der Form Abb. 201g beim Bolzenstumpfschweißen.

11*

Abb. 210a und b: Zeigt Elektroden für schwer zugängliche Stellen. Sie mögen als Beispiel für die Verwendung der Formen Abb. 201f und h dienen.

Die hier angegebenen Ausführungen der Elektrodenspitzen dürften im wesentlichen die heute verwendeten sein. Dagegen sind die Formen der Elektroden selber hier bei weitem nicht erschöpft, sondern diese werden sich nach dem jeweiligen Formteil richten. Das Ziel muß immer sein, eine möglichst kräftig gehaltene nicht zu lange und bestens gekühlte Elektrode zu verwenden. Trotz bester konstruktiver Gestaltung der Elektroden sind sie immer einem hohen Verschleiß unterworfen und sie müssen nach einer gewissen Punktzahl (im Mittel ~ 10000) erneuert werden. Um nun diese Erneuerung möglichst leicht und einfach zu gestalten und insbesondere den Lohn- und Stoffaufwand auf ein Minimum zu beschränken, wurden Einsatzelektroden entwickelt und genormt (DIN-Bl. Nr. 44750). Die Verwendung erfolgt in der Weise wie es schon in Abb. 204 gezeigt wurde und Abb. 211a nochmals schematisch darstellt. Es gibt 5 Kegel-(EKO-EK 4) und 3 Schraub-(ESO-ES 4)elektroden. Ausführungen und Abmessungen der Elektrodeneinsätze gibt Abb. 211b und c wieder. Die Beziehung zwischen Arbeitsfläche (Durchmesser der Elektrodenspitze) und Blechdicke ist wieder durch die Formel $d = 5 \cdot \sqrt{s}$ bestimmt. Natürlich wird man immer der Spitze die günstigste Form, wie in Abb. 201 angedeutet, geben. Man wird sie also z. B. entweder flach oder ballig gestalten. Durch einen Stempel auf die Schlüsselfläche wird der Werkstoff jeder Einsatzelektrode gekennzeichnet. Daß die Elektrodenhalter alter Ausführung unter Verwendung eines Zwischenstückes mit genormten Aufnahmen versehen werden können, deutet bereits Abb. 211a an. Auf diese Weise können die vorhandenen Elektrodenhalter mit genormten Einsatzelektroden weiter benützt werden. Bei der Ausbildung des Zwischenstückes, insbesondere bei Abkröpfungen ist darauf zu achten, daß der Kühlwasserstrom in die Bohrung der Einsatzelektrode bzw. möglichst an die Einsatzelektrode ohne Bohrung herangeführt wird. Bei kleineren geraden Zwischenstücken wird das Wasser durch ein festes, bei gekrümmten Zwischenstücken durch ein flexibles Röhrchen zur Elektrode geführt. Größere Zwischenstücke werden besser gegossen, wobei die Kühlwasserleitungen in vielen Fällen durch Einlegen von Kernen anzubringen sind.

2. Elektroden-Werkstoffe.

§ 61. Neben der konstruktiven Durchbildung der Elektroden ist es selbstverständlich, daß der benützte Werkstoff auf Standzeit und Schweißung einen maßgeblichen Einfluß hat. Wie schon in § 24 ausgeführt wurde, sollen der Elektrodenwerkstoff und der Stoff des Werkstückes möglichst in bezug auf elektrische und Wärmeleitfähigkeit Unterschiede aufweisen. Der gebräuchlichste Elektrodenwerkstoff ist aus diesem Grunde ohne Frage Elektrolytkupfer. Es besitzt von den in Frage kommenden Baustoffen die besten Leitfähigkeiten. (Wärmeleitzahl 320 gegenüber Eisen mit 45.) Allerdings hat es einen Nachteil, die Warmfestigkeit verbunden mit Unempfindlichkeit gegen mechanische Abnützung ist nicht sehr hoch. Im Gegensatz hierzu hat z. B. Wolfram eine hohe Warmfestigkeit, ebenso hat es gute mechanische Eigenschaften. Seine Leitfähigkeiten liegen verhältnismäßig tief (Wärmeleitzahl 107). Entsprechend diesen Eigenschaften ist auch die Verwendung für Elektroden. Kupfer wird bei den Werkstoffen mit schlechten und Wolfram bei denjenigen mit guten Leitfähigkeiten benützt; d. h. also, ersteres z. B. bei Eisen und letzteres z. B. bei Kupfer. Wolfram ist bekanntlich ein teurer und schwer zu bearbeitender Werkstoff. Das Bestreben der Industrie ist es nun gewesen, Elektrodenwerkstoffe, auch

Elektrodenmetalle genannt, zu schaffen, die nach Möglichkeit all die gewünschten Eigenschaften haben. Dies wurde nicht nur allein durch die Stoffverluste unterstützt, die infolge der verhältnismäßig geringen Standzeit des Kupfers auftreten, sondern auch durch den Zeitverlust für das Nacharbeiten und Auswechseln der Elektroden und insbesondere durch die Fehlschweißungen, die infolge ungenügender Nacharbeit derselben verursacht werden.

Die Hauptursachen der Elektrodenabnützung sind die Elektrodenkraft und die vom Werkstück herrührende Wärme. Letztere spielt die größere Rolle. Es ist daher nicht ganz richtig, wenn man einen Werkstoff sucht, der möglichst hart ist, und eine genügende elektrische Leitfähigkeit hat. Für einen verhältnismäßig kalten Kontakt, kann dies richtig sein. Haben wir jedoch einen heißen Kontakt, so spielen sich unter dem Einfluß der hohen Temperaturen chemische und metallurgische Vorgänge ab, denen der Elektrodenwerkstoff gewachsen sein muß. Werden dickere Bleche aus weichem Stahl punktgeschweißt und zwar mit

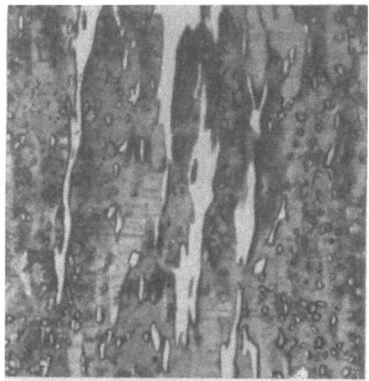
Abb. 212. Gefügeaufbau eines Elektrodenmetalles auf der Ag-Ka-Basis. (V = 100 ×.)

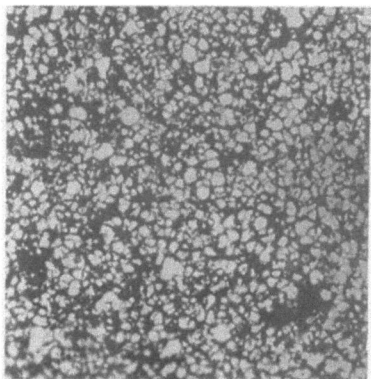
Abb. 213. Gefügeaufbau eines Elektrodenmetalles auf der W-Basis. (V = 200 ×.)

Elektroden aus Elektrolytkupfer, so kann man schon nach einer geringen Punktzahl auf der Elektrodenoberfläche Eisen und Eisenoxydreste feststellen. Dies hat zur Folge, daß das Kupfer spröde und schlechter leitend wird. Der Elektrodenwerkstoff muß also eine möglichst geringe Legierungsneigung zu dem Stoff des Schweißgutes haben.

Bei Kupfer läßt sich bekanntlich durch Kaltverformung die Härte wesentlich erhöhen, steigert man dies soweit, bis das Kupfer klingend hart ist, so kann man Standzeiten erzielen, die von denjenigen einiger Elektrodenmetalle nicht allzu weit entfernt liegen.

Der größte Anteil der Elektrodenmetalle beruht auf der Kupfer–Silber-, Kupfer–Kadmium-, Kupfer–Chrom- oder Wolframbasis. Einige der wichtigsten Werkstoffe sind in Zahlentafel 24 zusammengestellt. Die in der letzten Spalte angegebenen Anwendungsmöglichkeiten können nur als allgemeine Richtlinien dienen, denn für einzelne Fälle sollte immer wieder der geeignete Stoff durch Probieren gefunden werden. Den Gefügeaufbau eines Metalles auf der Silber–Kadmium-Basis zeigt Abb. 212 und denjenigen eines solchen auf der Wolfram-Basis Abb. 213. Zu den Werkstoffen auf der Beryllium-Basis ist zu bemerken: Verhältnismäßig geringe Berylliumzusätze steigern die Festigkeit erheblich. HESSENBRUCH[1] berichtet über eingehende Versuche, die ergeben haben, daß es einen weiten Bereich gibt, hohe Härte und gute Leitfähigkeit miteinander zu verbinden.

---
[1] Z. Metallkde 28 (1936) H. 10 S. 320.

Zahlentafel 24. Angaben über einige Elektroden-Werkstoffe.

Nr.	Werkstoff	Chem. Zusammensetzung	Elektr. Leitfähigkeit m/mm²Ω	Festigkeit kg/mm²	Spez. Gew. gr/cm³	Brinell-Härte kg/mm²	Bem. über Verwendung
1	Elektrolytkupfer .	99,9% Cu	56	35—45	8,89	85—105	Alle Gebiete einschließlich Leichtmetalle.
2	Elmet-U .	5—7% Ag 1—2% Cd	38		9	145—170	Punkt- u. Buckelschw. Stahl.
3	Elmedur . .	0,8—1,2% Cv	47	52,5+62,2	8,9	150—170	Punktschw. insbes. auch Nichteisenmetalle
4	Elmet-H 3	80% W	20		17	180—122	Buckel- u. Stumpfschw. Warmnieten
5	Blombit . .	2% Ag	50	35—40	9	65	Wie Nr. 2.
6	Durana . .		41		8,9		,, ,, 2.
7	Kusit . . .	8% Ag	42		9		,, ,, 2.
8	Elkonite . .		29		14	225	,, ,, 4.
9	Wolfram .	100% W	19		19,1		Kupferschw.

Um nun einen Vergleich zu haben, wie sich die Werkstoffe gegenüber Kupfer verhalten, kann man z.B. die Härte heranziehen. In Abb. 214 ist ein Elektrodenmetall Elektrolytkupfer gegenübergestellt und zwar ist die Härte in Abhängigkeit der Schweißpunkte aufgetragen. Die Härte wurde an der Stirnseite der Elektrode gemessen. Nimmt man an, daß eine Härte von 65 Brinell noch zu-

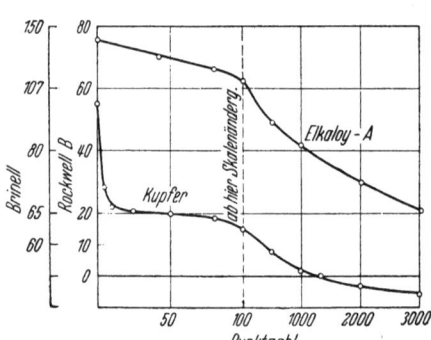

Abb. 214. Vergleich eines Elektrodenmetalles mit Elektrolytkupfer. (MALLORY.)

Abb. 215. Elektroden mit Metallauflage.

lässig ist und nimmt man in diesem Fall Elektrodenwechsel vor, so sieht man, daß man mit Elektrolytkupfer 100 Punkte und mit dem Elektrodenmetall 3000 Punkte machen kann. Man erzielt also eine erhebliche Leistungssteigerung und trotz des weitaus höheren Preises der Elektrodenmetalle gegenüber Kupfer dürfte die Wirtschaftlichkeit in vielen Fällen vorhanden sein.

Man wird nun aber trotzdem immer bestrebt sein, die wertvolleren und teueren Stoffe einzusparen. Dies kann in erster Linie dadurch erzielt werden, indem man z.B. bei Punktelektroden nur die Spitzen mit dem Elektrodenmetall versieht. Wenn dies nicht durch eine Schraub- oder Klemmverbindung geschehen kann, so läßt man es am besten durch den Lieferer der Metalle auf das Kupfer der Elektrode aufbringen. Drei derartige Elektroden zeigt Abb. 215. Die beiden großen dienen zum Einschweißen von Flanschen in Ringe nach dem Buckelverfahren. Die andere ist der Rohkörper für eine Punktelektrode. Ein Aufbringen durch Hartlöten (Weichlöten ist unzureichend) ist nicht empfehlenswert, weil bei den Löttemperaturen die meisten Metalle ihre Härte verlieren. Über das Verhalten bei höheren Temperaturen geben die Abb. 216 u. 217 Aufschluß. Aufgetragen ist die Brinellhärte in Abhängigkeit der Temperatur in °C. Es wurden drei verschiedene Stoffe gewählt. Einmal ein Metall auf der Wolframbasis (Nr. 1), ferner eines mit den Legierungszusätzen Silber–Kadmium (Nr. 2) und ein solches das nur mit Silberzusatz versehen ist (Nr. 3). Gemessen wurde die Warmhärte und die Anlaßhärte auf folgende Weise: Die Proben der jeweiligen Stoffe wurden in einem Flüssigkeitsbad auf bestimmte, von Stufe zu Stufe steigende Temperaturen gebracht, darin eine Stunde lang erwärmt und dann mit der Widiakugel die Brinellhärte bestimmt. Nach völliger Abkühlung an ruhiger Luft wurde

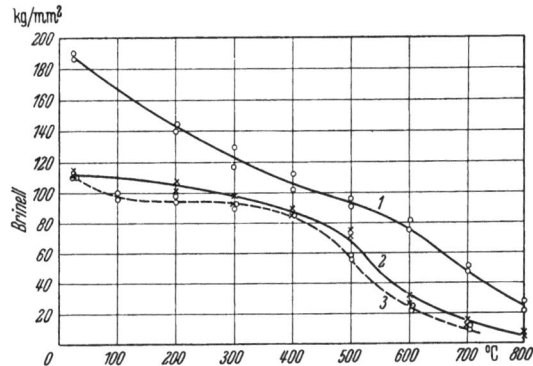

Abb. 216. Warmhärte verschiedener Elektrodenmetalle.
1 Wolfram-Basis, *2* Silber–Kadmium-Basis, *3* Silber-Basis.

sie abermals gemessen. Auf diese Weise wurden die Kurven für die Warm- und Anlaßhärte gewonnen. Die in Abb. 216 aufgetragene Warmhärte zeigt ein stetiges Abnehmen mit steigender Temperatur, wohingegen die Anlaßhärte (Abb. 217) einen anderen Charakter zeigt. Ein merkliches Abnehmen der Härte tritt hier erst bei 500—600° ein. Hieraus sind für die Elektrodenmetalle folgende wichtigen Erkenntnisse zu ziehen: Ein Hartlöten dieser Werkstoffe ist auf jeden Fall zu vermeiden. Ferner ist während dem Schweißvorgang dafür Sorge zu tragen, daß sich die Elektroden zwischen jeder Schweißung möglichst auf Raumtemperatur wieder abkühlen können, d. h. also eine beste direkte Kühlung anstreben. Dies ist besonders bei Nahtschweißarbeiten zu beachten. Außerdem wird von diesem Gesichtspunkt aus eine *kurze* Schweiß-

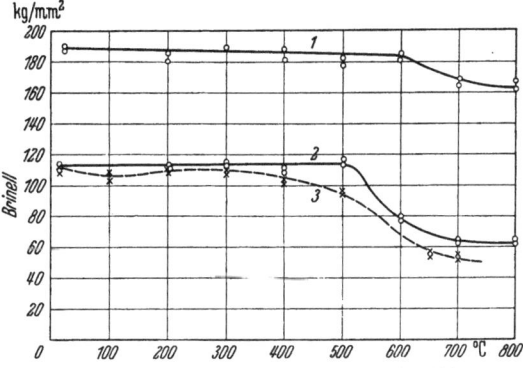

Abb. 217. Anlaßhärte der Elektrodenmetalle der Abb. 216.

zeit eine höhere Elektrodenstandzeit bringen. Auf die Möglichkeit einer Standzeiterhöhung von Elektroden durch Tiefkühlung möge hier verwiesen werden. Allerdings sind Untersuchungsergebnisse in dieser Richtung dem Verfasser nicht bekannt geworden.

E. Punktschweißmaschinen und Punktschweißzeuge.
1. Allgemeines.

§ 62. Da die unmittelbare Stromquelle für das Punktschweißen, der Schweißtransformator, bereits im vorigen Kapitel über die Grundlagen behandelt wurde und da die weiteren wichtigen Organe einer Punktschweißmaschine die

Einrichtungen zur Erzeugung der Elektrodenkraft, die Schalt- und Steuereinrichtungen und die Elektroden ebenfalls gesondert besprochen wurden, kann die Erörterung der Punktschweißmaschinen als Ganzes verhältnismäßig kurz gehalten werden. Sie kann sich auf die Erwähnung von Merkmalen der Kombination oder auf eine übersichtliche Beschreibung beschränken.

Die üblichen einfachen Kennzeichen einer Punktschweißmaschine sind:

Die elektrische Leistung z.B. . . . . 6/15 kVA oder 100/300 kVA
Die Ausladung der Arme z.B. . . . . 250 mm oder 800 mm
Besondere Angaben wie: . . . . Tischpunktschweißmaschine oder fußbetätigte oder druckluftbetätigte Maschine.

Ferner Hinweise auf Wasserkühlung, Zugehörigkeit einer Steuerung, elektr. Anschlußspannung usw.

Die sog. maximale schweißbare Blechdicke ist wenig eindeutig; sie führt leicht zu Irrtümern. Um praktische Bauteile betriebsmäßig zu schweißen, ist eine in elektr. und mechanischer Hinsicht wesentlich stärkere Maschine zu wählen, als sie für Versuche an kleinen, gut passenden Probestreifen ausreicht.

Auch bezüglich erreichbarer Punktzahlen sind Mißverständnisse möglich, insofern als wenig auffällige Änderungen im Werkstoff oder in der Güte der Vorbereitung der Teile die möglichen Punktzahlen je Stunde wesentlich beeinflussen können.

Zu den Kennzeichen einer Maschine sei noch folgendes bemerkt. Bei den Leistungsangaben 6/15 kVA bedeutet.

15 kVA = größte (Schein-) Leistung beim Schweißen N_{max},
6 kVA = größte durchschnittliche Dauerleistung $N_{D\,max}$.

Diese ist — auf den Sekundärkreis bezogen — das Produkt aus größtem durchschnittlichen sekundären Dauerstrom und höchster sekundärer (Leerlauf-) Spannung. Eine Überschreitung des größten durchschnittlichen sekundären Dauerstromes gefährdet natürlich den Sekundärkreis, auch wenn infolge eingestellter geringer sekundärer Leerlaufspannung das Produkt beider noch geringer sein sollte als die größte durchschnittliche Dauerleistung. Die maximal zulässige Dauerleistung $N_{D\,zul}$ ist also auf niedrigen Stufen kleiner als die kennzeichnende größte durchschnittliche Dauerleistung $N_{D\,max}$

$$N_{D\,zul} = N_{D\,max} \cdot \frac{U_{2_0}}{U_{2_{0\,max}}}.$$

Siehe hierzu auch § 32.

Punkt- und Nahtschweißmaschinen werden im wesentlichen mit den in Zahlentafel 25 aufgeführten Normal-Dauerleistungen hergestellt, und zwar trifft diese Leistung für die jeweils angegebene Armausladung zu.

Zahlentafel 25.

Normal-Dauerleistung kVA	Normal-Armausladung mm
1,6	125
3,2	180
6,5	250
12,5	350
25,0	500
50,0	700
100,0	1000
200,0	$\geq$1000

Unter (primärseitiger) Dauerleistung in kVA wird verstanden. Das Produkt aus der Netzspannung, für die die Maschine vorgesehen ist und den unter Einhaltung der Erwärmungsbedingungen nach VDE 0532 zulässigen Dauerstrom.

Den zulässigen Dauerstrom kann man auf folgende Arten ermitteln:

1. Die Maschine wird mit kurzgeschlossenen Elektroden bei einer der oben angegebenen Armausladungen auf einer beliebigen, im allgemeinen auf

§ 62 Punktschweißmaschinen und Punktschweißzeuge. 169

einer der oberen Regelstufen an eine derart verminderte Prüfspannung gelegt, daß sich der zulässige Dauerstrom einstellt.

2. Die Maschine wird auf der Sekundärseite mit einer zweiten ähnlichen Maschine oder mit einem Prüftransformator so zusammengeschaltet, daß sich ein gemeinsamer Sekundärstromkreis ergibt. Auf der Primärseite werden die Versuchs- und die Prüfmaschine in Gegenschaltung an die volle Netzspannung gelegt und so eingeregelt, daß sich der zulässige Dauerstrom einstellt. Die zugehörige Schaltung zeigt Abb. 218.

Unter Armausladung wird der Abstand der Elektrodenmitte von der Fläche der Spannplatte, bei Punktschweißzangen u.ä. wohl die freie Tiefe von der Elektrodenmitte aus verstanden. — Die Forderung stark veränderlicher Ausladung für eine Maschine führt zu technisch nicht befriedigenden Bedingungen, wenn die erreichbaren Elektrodenkräfte bei allen Ausladungen etwa gleich sein sollen oder mit wachsender Ausladung gar zunehmen sollen. Auch in elektr. Beziehung sind die Bedingungen dann im allgemeinen nicht günstig, weil bei großer Ausladung mit wesentlicher Erhöhung der Sekundärspannung eine Vervielfachung der elektr. Leistung verlangt wird. Vielfach können die für bestimmte Armausladungen entwickelten Punktschweißmaschinen wahlweise mit kürzerem Arm ausgestattet werden und haben dann bei kleinerer Ausladung einen relativen Überschuß an Elektrodenkraft oder Schweißstrom.

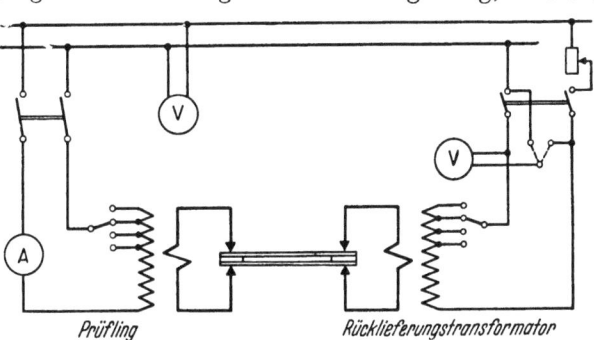

Abb. 218. Schematisches Schaltbild zur Ermittlung des zulässigen Dauerstromes für den Sekundärkreis einer Widerstandschweißmaschine.

Bei kürzerem Arm ist auch eine Forderung größeren Armabstandes meist ohne elektrische Leistungssteigerung zu erfüllen, nämlich wenn die von den Armen umschlossene Fläche etwa gleich ist.

Die großen Punktschweißmaschinen haben Wasserkühlung für alle wesentlichen Bestandteile des Sekundärkreises. Mit abnehmender Maschinengröße, etwa gemessen durch den Dauerstrom des Sekundärkreises, kommt die Wasserkühlung in Fortfall und zwar bei mittlerer Größe beim Transformator, bei kleinen Maschinen bei den Armen und bei den kleinsten, für ganz leichte Arbeiten bestimmten Maschinen sogar auch bei den Elektrodenträgern und bei den Elektroden. Diese kleinsten Maschinen sind also luftgekühlt.

Es sei noch die Nebenschlußwirkung des Kühlwassers erwähnt. Im allgemeinen werden Kühlwasserschläuche von 10—13 mm lichtem Durchmesser verwendet. Hat nun der Verbindungsschlauch von der oberen zur unteren Elektrode eine Länge von rd. 1 m, so wird der Widerstand dieser Wassersäule etwa $10^5 \, \Omega$ betragen $\left(\varrho \sim 10^7 \, \Omega \cdot \dfrac{mm^2}{m}\right)$. Dann fließt bei einer Spannung der Größenordnung von 10 V an den Elektroden im Wasser ein Strom von 0,1 mA. Dieser Nebenschluß ist aber bei Stromstärken, die gegebenenfalls nach Tausenden von Amp. zählen, vernachlässigbar klein.

Die Gehäuse von Punktschweißmaschinen sind vielfach aus Stahlblech in Schweißkonstruktion hergestellt. — Als Leitwerkstoffe für die hohen Stromstärken des Sekundärkreises kommen außer Leitungskupfer und Leitungsaluminium namentlich bei den mechanisch beanspruchten Teilen, beispielsweise bei den Armen mit Flanschen und Spannteilen und bei der Spannplatte, Messing, Rotguß oder Silumin, dieses evtl. verkupfert, zur Anwendung. — Als flexible Leitungsverbindungen haben sich verzinnte Kupferlamellenbänder für sehr hohen Strom gut bewährt.

Die größten sekundären Leerlaufspannungen liegen bei kleinen Punktschweißmaschinen etwa im Bereich von 1—3 V, bei mittleren etwa zwischen 4 und 7 V, bei großen etwa zwischen 8 und 15 V, bei Schweißzeugen etwa zwischen 10 und 20 V. Die genannten Spannungen sind Effektivwerte. Der Regelbereich der sekundären Leerlaufspannung liegt im allgemeinen für eine Maschine zwischen einem vorstehend gekennzeichneten Maximalwert und 30—50% davon als Kleinstwert.

Alle Spannungen im Sekundärkreis von Punktschweißmaschinen sind auch bei Berührung großer Metallflächen für den Menschen unter allen Umständen ungefährlich. Damit auch in Störungsfällen keine der menschlichen Berührung zugänglichen Metallteile einer Punktschweißmaschine gegen Erde irgendwie — etwa aus dem Kreis der Oberspannung — schädliche elektrische Spannungen annehmen können, sind diese Metallteile unter sich und mit einer Anschlußschraube für die Schutzerdung gut leitend verbunden.

2. Fußbetätigte Maschinen.

§ 63. Die einfachste und allgemein bekannte Punktschweißmaschine ist die fußbetätigte Punktschweißmaschine mittlerer Größe. Sie kann alle für den Punktschweißbetrieb mindest notwendigen Teile und Geräte in der Maschineneinheit umfassen und kann ohne weiteres über Sicherungen und Hauptschalter oder über einen Selbstschalter an das Niederspannungsnetz der Stromversorgung angeschlossen werden. Kühlwasserzu- und -ableitung sowie ein Erdungsanschluß sind ebenfalls notwendig. An Hand der Abb. 219, die eine Maschine im Schnitt in schematisierender Darstellung wiedergibt, können folgende Bestandteile der Punktschweißmaschine genannt werden:

Der obere und untere Elektrodenarm *14* und *10* mit den Elektroden *16* und *11*. Die obere Elektrode ist in den Halter *15* geschraubt, der wieder am oberen Elektrodenarm befestigt ist. Letzterer kann mit der Spannhaube *26* in die gewünschte Lage gebracht werden. Der untere Arm ist wieder auf einer Spannplatte *8* befestigt, der obere Arm ist in dem Lager *13* auf dem Maschinengehäuse gelagert und reicht mit seinem hinteren Teil bis zum oberen Teil der Druckstange *20* des Fußgestelles. Im unteren Teil des Gehäuses ist der Fußhebel *18* mit der Rückzugfeder *19* gelagert. Auf der Druckstange sitzt die Feder *21* zur Druckregelung mit der Mutter *22* zur Einstellung der Federvorspannung. Die elektrische Ausrüstung zeigt folgende Teile: den Transformator *5* mit der Primärwicklung *3* und *4*, der über dem Stufenschalter *2* und dem Schweißstrom-Leistungsschalter *23* an den Netzklemmen *1* liegt. Der Schalter *23* besteht im wesentlichen aus den Schaltkontakten und der Schaltbrücke. Man erkennt hier auch, daß das Fußgestänge erst einen bestimmten Leerweg machen muß, bis der Schweißstrom eingeschaltet wird. Dies ist erstens der Weg bis die Elektroden aufsitzen und zweitens derjenige, bis die Druckfeder um einen bestimmten Betrag zusammengedrückt, also die notwendige Eʼektrodenkraft erreicht ist. Die Sekundärwicklung des Transformators besteht aus *einer* Windung *6—7*. Sie ist einerseits am oberen Elektrodenarm *13* angeschlossen und andererseits an der Spannplatte der Maschine. Da die Elektroden der engste Querschnitt des Sekundärkreises sind und jeweils mit der erhitzten Schweißstelle in Berührung kommen, müssen sie und deren Halter gut mit Wasser gekühlt

§ 63 Punktschweißmaschinen und Punktschweißzeuge. 171

werden. Der Verlauf des Kühlwassers ist in Abb. 219 strichpunktiert und mit Pfeilen *17* angedeutet. Die Elektrodenkühlung wurde schon im § 60 näher erläutert.

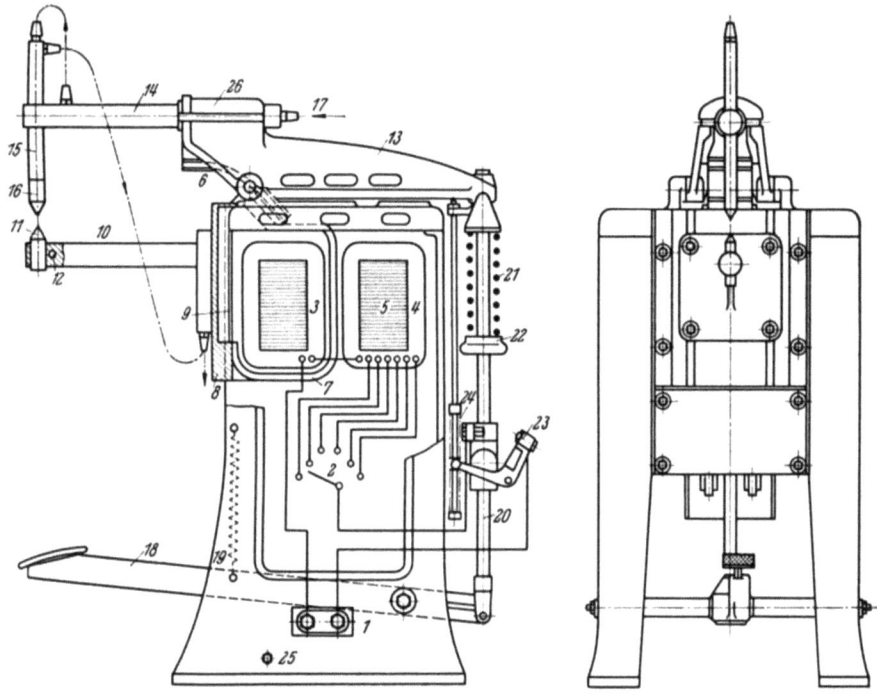

Abb. 219. Konstruktiver Aufbau einer fußbetätigten Punktschweißmaschine.
Erläuterung siehe Text. (FAHRENBACH.)

Die einzelnen Organe können, je nach elektrischen, mechanischen oder schweißtechnischen Erfordernissen, abgewandelt oder vervollkommnet sein oder einige weitere hinzukommen. Auch für die kleinen Maschinen können besondere Anforderungen der Präzision einen apparativen oder konstruktiven Mehraufwand bedingen.

Kleine Punktschweißmaschinen können vielfach auf einen Tisch oder eine Werkbank aufgebaut oder in eine Werkbank eingebaut werden. Eine derartige Ausführung zeigt Abb. 220. *1* ist das Maschinengehäuse, in dem der Transformator untergebracht ist. Über diesem Gehäuse liegt haubenartig der obere Arm-(halter) *2*, in dessen vorderem Teil der eigentliche Arm *3* befestigt ist. Die Befestigung gestattet, auf leichte Art die Ausladung des Armes und eine Winkellage nach Belieben einzustellen. Vorne ist in einer weiteren Klemmvorrichtung der Elektrodenträger *4* gespannt. Am vorderen Teil

Abb. 220. Tischpunktschweißmaschine.
(AEG.)

des Gehäuses ist eine mit Nuten versehene Spannplatte *5* aus Messing angebracht. Auf ihr kann in der gewünschten Stellung der untere Elektrodenarm *6* befestigt werden. Direkt unter der Spannplatte befindet sich von vorne leicht zugänglich der Stufenschalter *7* für den Transformator, hier als einfacher

Stecker ausgebildet. Betätigt wird die Maschine durch den Fußhebel 8, der am rückwärtigen Teil der Maschine durch eine Federstange und die einstellbare Druckfeder mit dem Auge des Oberarms verbunden ist. Außerdem ist hier noch der Schweißstromschalter angebracht. Die Maschine hat eine Spitzenleistung von 8 kVA und eine Dauerleistung von 3 kVA. Die maximale Armausladung beträgt 220 mm.

Die Schweißung feinster Teile erfordert Maschinen größter Präzision. Dies betrifft in erster Linie die Führung des oberen Elektrodenhalters. Dieser muß genauestens gerade geführt sein, damit keine Verschiebung der feinen Teile auftritt. Die Elektrodenanordnung einer derartigen Maschine zeigt Abb. 221. Bei dieser Konstruktion liegt die Führung nicht in der Nähe der Elektrode selbst, sondern der ganze Oberarm wird zum Schweißen gradlinig gesenkt. Von Vorteil ist, daß der Unterarm in Säulenanordnung benützt werden kann. Eine Befestigungsmöglichkeit für den unteren Elektrodenträger ist ebenfalls bei A vorgesehen. Die Elektrodenkraft kann feinfühlig mittels der am höchsten Punkt der Maschine sichtbaren Rändelscheibe verstellt werden. Die

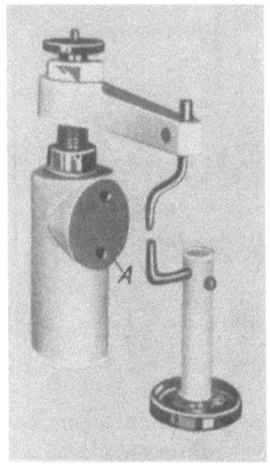

Abb. 221. Elektrodenanordnung und -führung einer Punktschweißmaschine für kleine Schweißarbeiten.
A Befestigungsmöglichkeit für die untere Elektrode bei waagerechter Anordnung. (WEWAG.)

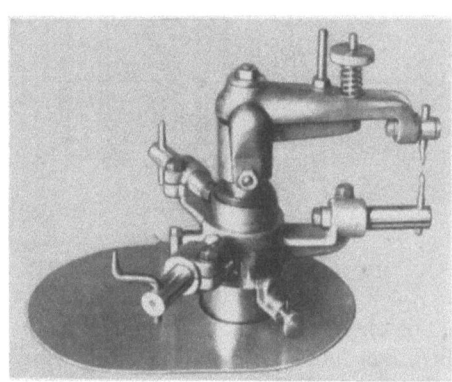

Abb. 222. Feinpunkt-Schweißmaschine mit revolverkopfartiger Anordnung des unteren Elektrodenhalters. (PECO.)

Betätigung der Maschine erfolgt durch Fußhebel. Die maximale Elektrodenkraft ist 5 kg bei einem elektrischen Anschlußwert von 1 kVA.

Eine bemerkenswerte Ausführung des unteren Elektrodenhalters einer anderen Feinpunktschweißmaschine ist in Abb. 222 wiedergegeben. Er ist als Revolverkopf ausgebildet, der es gestattet, den unteren Elektrodenhalter rasch zu wechseln.

3. Maschinell betätigte Maschinen.

§ 64. Maschinell betätigte Punktschweißmaschinen gibt es von mittleren bis zu höchsten Leistungen. Es seien hier kurz zwei Beispiele besprochen. Abb. 223 zeigt eine Schnellpunktschweißmaschine, wie sie z. B. im Automobilbau verwendet wird. Hier werden einzelne Karosserieteile durch sog. Steppnähte miteinander verbunden. Bei Steppnähten bestehen die einzelnen Nähte aus dicht aneinandergereihten Punkten. Die hier gezeigte Maschine kann im äußersten Fall 270 Punkte in der Minute machen. Sie hat eine Leistung von 25/50 kVA. Um der hohen Punktzahl gewachsen zu sein, ist die Maschine mit einem kräftigen Gußgehäuse versehen, an dem der ebenfalls gegossene, kastenförmige Oberarm befestigt ist. Die Bewegung der oberen Elektrode erfolgt senkrecht in Geradführung. Die Stromzuleitung über lamellierte Kupferbänder ist zu erkennen. Der Unterarm hat die bei den meisten Punktschweißmaschinen übliche Befestigung an einer Spannplatte. Der Antrieb der Hubbewegung erfolgt von einem Elektromotor, der auf ein Getriebe arbeitet, dessen Kupplung elektromagnetisch von einem Fußschalter aus betätigt wird. Die Elektrodenkraft wird von einer entsprechend dimensionierten Druckfeder ausgeübt. Das Kommando für den Schweißstrom wird von einem Nockenschalter aus gegeben.

Eine Einzelpunktschweißmaschine großer Leistung zeigt Abb. 224. Sie hat eine Spitzenleistung von 450 kVA und wird in erster Linie für das Punktschweißen von Reinaluminium und Aluminiumlegierungen, sowie Stählen höherer Festigkeit verwendet und ist für besonders sperrige Teile ausgelegt. Das gesamte Gehäuse einschließlich Oberarm wird in lichtbogen-geschweißter Ausführung hergestellt. Bemerkenswert ist, daß der kastenförmige Oberarm bezüglich seiner Ausladung mit Spindel und Handrad zwischen

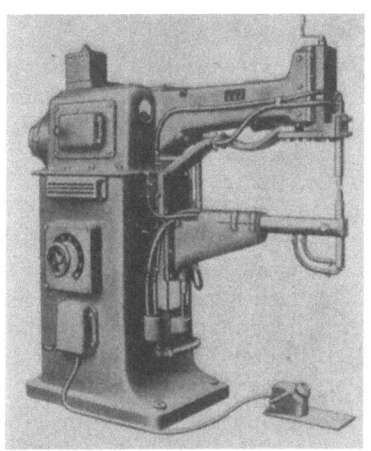

Abb. 223. Maschinell betätigte Schnellpunktschweißmaschine. (MIEBACH).

Abb. 224. Pneumatisch betätigte Punktschweißmaschine großer Leistung. (Siemens.)

500 und 1200 mm verstellt werden kann. Außerdem läßt sich der Unterarm durch Handrad (an der rechten Maschinenseite) in seiner Höhe um 500 mm verstellen und um 20° neigen. Die Bewegung der oberen Elektrode und die Krafterzeugung geschieht durch Druckluft. Die notwendigen Ventile und Drosseln zum Be- und Entlüften der Arbeits- und Gegendruckkammer befinden sich im Oberarm. Mit dieser Maschine können auch Strom- und Kraftprogramme ausgefahren werden. Die Druckbetätigung erfolgt nach Abb. 138. Das Stromprogramm wird durchgesteuert, wie es im § 54 geschildert wird. Die Maschine wird durch Fußschalter betätigt und ist auf Einzelpunkten und Reihenpunkten umschaltbar.

4. Punktschweißzeuge.

§ 65. Bei vielen Bauteilen, wie großen Apparateschränken, Karosserie- oder Waggonteilen ist es infolge ihres Umfanges und Gewichtes nicht möglich, dieselben in richtiger Lage an die Elektroden einer feststehenden Punktschweißmaschine heranzubringen. Es ist also notwendig, die Schweißeinrichtung so auszubilden, daß die Elektroden ihrerseits in einfacher Weise an alle gewünschten Punkte der schweren, an der Fertigungsstelle feststehenden Bauteile gelangen können. Für solche Verwendung wurden sog. Punktschweißzeuge entwickelt.

Der eigentliche Elektrodenträger ist ein möglichst leichtes und handliches Werkzeug, *a* in Abb. 225, das mit flexiblen, oft wassergekühlten Leitern (*b*) von genügendem Querschnitt mit dem Schweißtransformator verbunden ist. Dieser ist in einem fahrbaren Gestell (*c*) mit den notwendigen Schalt- und Steuereinrichtungen untergebracht. Bei den seither geschilderten Punktschweißmaschinen ist man bestrebt, die Wege für die Zuleitung des Sekundärstromes möglichst kurz zu halten, und man wählt große Kupferquerschnitte. Durch beide Maßnahmen erzielt man ein Minimum an Verlusten im Sekundärkreis. Bei den Punktschweißzeugen ist man aber nun gerade zum Gegenteil gezwungen. Dies ergibt verhältnismäßig hohe primärseitige Leistungsaufnahmen. Der vielfach sehr bedeutsame Vorteil der großen Beweglichkeit und günstigen Handhabe des Schweißzeuges muß regelmäßig durch einen Mehraufwand elektrischer (Schein-)Leistung erkauft werden. Man ist durch diese ganzen Umstände an gewisse Maximalleistungen gebunden, so daß die Punktschweißzeuge meist bis zu einer größten Gesamtblechdicke von 6 mm Eisenblech verwendet werden.

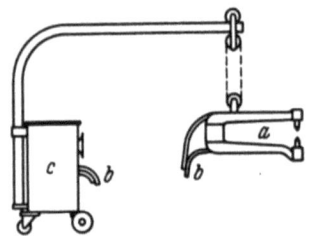

Abb. 225. Schema für Punktschweißzeuge.

Das einfachste Punktschweißzeug ist die Stoßelektrode. Sie dient in erster Linie zum Aufpunkten von schwachen Blechen auf stärkere Werkstücke. Für Bleche bis zu 1,5 mm Dicke zeigt solch ein Werkzeug Abb. 226. Es ist handbetätigt, d. h. es wird von Hand auf die Bleche aufgesetzt, und zwar mit solch einer Kraft wie die jeweilige Schweißung es erfordert. Die erzielbaren Kräfte dürften bei 25—35 kg liegen. Ein eingebauter Druckknopf sorgt dafür, daß der Schweißstrom immer nur bei dem richtigen Druck eingeschaltet wird. Der eine Pol des sekundären Stromkreises liegt am Schweißzeug und der andere am Werkstück. Letzterer kann aber auch durch eine Kupferunterlage ersetzt werden.

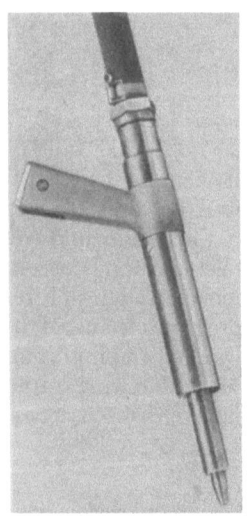

Außer den handbetätigten Schweißzangen gibt es auch noch solche, die durch Preßluft betätigt werden. Sie werden in erster Linie bei den größeren Blechdicken und bei einer großen Punkthäufigkeit angewendet. Eine Ausführung der vielen auf dem Markt befindlichen zeigt in schematischer Weise Abb. 227. Wesentlich bei diesen Werkzeugen ist, daß durch einen Steuerschalter dafür Sorge getragen wird, daß der Schweißstrom erst dann eingeschaltet wird, wenn die richtige Elektrodenkraft vorhanden ist und die Elektroden nicht abgehoben werden, solange der Schweißstrom fließt. Die Handhabung von Schweißzangen in einer amerikanischen Automobilfabrik gibt Abb. 228 wieder. Beachtenswert ist bei diesem Bild, daß die Schweißer einen guten Gesichtsschutz tragen. Leider findet man oft in den Betrieben, daß die Schweißer dieser Schutzmaßnahme wenig Aufmerksamkeit schenken. Das bei der Widerstandsschweißung nicht ganz zu vermeidende Spritzen

Abb. 226. Stoßelektrode. (Siemens.)

kann sehr leicht zu Augenverletzungen führen und es sollte jeder Schweißer während der Arbeit immer zumindest eine gute Schutzbrille tragen.

Werden die notwendigen Elektrodenkräfte größer, so nehmen die Preßluftzylinder bei den üblichen Betriebsdrücken von 3—6 atü ziemlich große Durch-

§ 66   Punktschweißmaschinen und Punktschweißzeuge.   175

messer an und die Werkzeuge sind nicht mehr leicht und handlich. Der Übergang auf die reine hydraulische Betätigung erfordert Pumpenaggregate, die eine wesentliche Vergrößerung und Preiserhöhung der Anlagen bedingen. Abb. 229 zeigt ein Werkzeug, bei dem eine andere Lösung gewählt wurde. Dieses Werkzeug wird hydraulisch betätigt, jedoch wird als Kraftquelle die normale Preßluft von 3—6 atü verwendet. Letztere wird in einem sog. Druckumformer auf einfache Weise in Öldruck von 50—100 atü umgewandelt, der wiederum das Schweißwerkzeug betätigt. Bei diesen hohen

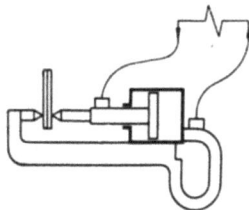

Abb. 227. Schema einer preßluft-betätigten Schweißzange.

Abb. 228. Verwendung von Schweißzeugen in einer amerikanischen Automobilfabrik für Zusammenbauarbeiten. (The Welding Journal.)

Drücken ist es möglich, sehr kleine Zylinder zu verwenden, die evtl. als Handgriffe geeignet sind. Auf diese Weise kann man mit der abgebildeten Anlage eine Elektrodenkraft bis zu 250 kg ausüben. Der Druckumformer ist mit dem Schweißtransformator zu einer Einheit zusammengebaut. Die Stromzuführung zum Werkzeug erfolgt durch wassergekühlte Kabel. Die nutzbare Ausladung des Werkzeuges beträgt etwa 450 mm. Eine besondere Art der Aufhängung ermöglicht es, innerhalb eines großen Raumes zu arbeiten.

Die konstruktive Ausführung der Schweißzangen ist derartig vielseitig, daß es hier unmöglich ist, einen Überblick zu geben, der auf Vollständigkeit Anspruch erheben kann.

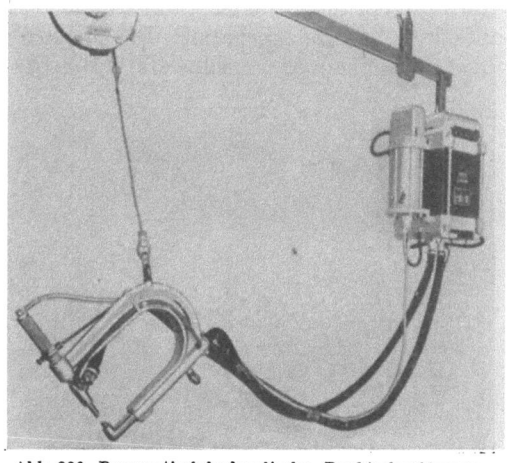

Abb. 229. Pneumatisch-hydraulische Punktschweißzange mit Druckumformer. (Roth-Electric.)

5. Folge-Punktschweißmaschinen.

§ 66. Jeder Betrieb wird eine größtmögliche Wirtschaftlichkeit anstreben, d. h. er wird versuchen, seine Erzeugnisse mit geringstem Lohn- und Stoffaufwand herzustellen, ohne jedoch die Qualität zu mindern. Um dieses Ziel bei der Punktschweißung zu erreichen, ist eine möglichst große Punktzahl pro Zeiteinheit zu fordern. Hierfür können je nach dem vorliegenden Fall verschiedene Wege beschritten werden. Ist das Bauteil dazu geeignet, so kann durch das Doppelpunktschweißen, wie in § 38 angegeben, die Zahl der Punkte pro Zeiteinheit auf einfachem Weg verdoppelt werden. Sind es mehrere Punkte und ist das Teil nicht allzu groß, so kann mit Erfolg das dem Punktschweißen verwandte Buckelschweißen angewandt werden, s. § 93 u. f. Handelt es sich um mehrere Punkte entlang einer Blechnaht, so können diese mit einer Schnellpunktschweißmaschine gepunktet werden, wie im § 64 schon angedeutet. Eine andere Möglichkeit besteht darin, Reihenpunktnähte bestimmter Teilung mit der Rollennahtschweißmaschine zu machen. Hiermit lassen sich auch beachtliche Leistungen erzielen.

In vielen Fällen aber, wo es sich um besonders große Stückzahlen und viele Punkte an einem nicht zu großen Bauteil handelt, und insbesondere solche, die sich für Rollenelektroden weniger eignen, hat man sich mit diesen Lösungen nicht zufrieden gegeben. In erster Linie war es hier die Automobilindustrie, die für die vielen Punkte längs der verschiedenartigst geformten Nähte für Karosserieteile bei großen Stückzahlen eine solche benötigte. Zu diesem Zweck wurden in Amerika die ersten Folgepunktschweißmaschinen gebaut. Der schematische Aufbau einer solchen Maschine möge an Hand der Abb. 230 kurz erläutert werden. F soll das zu verschweißende Bauteil darstellen. Bei diesem Verfahren wird für jeden einzelnen Punkt ein Elektrodenpaar vorgesehen. Sämtliche Elektroden liegen parallel an einem Transformator Tr, soweit man sie nicht in mehrere Gruppen unterteilt und für jede Gruppe einen Transformator vorsieht. Die unteren Elektroden sind alle auf einer Stromschiene aufgereiht. Auf diese wird das Formteil lagegerecht aufgelegt bzw. festgespannt. Die Punkte werden in einer bestimmten Reihenfolge nacheinander verschweißt. Die oberen Elektroden werden hydraulisch derartig gesteuert, daß immer nur ein Elektrodenpaar geschlossen ist. In diesem Moment wird jeweils der Schweißstrom auf die Sammelschienen A und B gegeben, so daß der Punkt zwischen dem geschlossenen Elektrodenpaar verschweißt wird. Die Druckzylinder C werden von dem Ventil V gesteuert, das bei P an eine Pumpe angeschlossen ist. Parallel zu dem Ventil V arbeitet der Kommandoschalter K für den Schweißstrom und zwar derartig, daß die Steuerung S immer im *richtigen* Moment des Elektrodenschlusses schaltet.

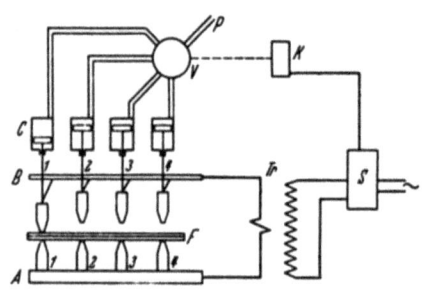

Abb. 230. Zur Erläuterung der Folgepunktschweißmaschinen (s. Text).

Abb. 231. Elektroden- und Vorrichtungsanordnung einer Folgepunktschweißmaschine. (Roth-Electric.)

Derartige Maschinen haben den Vorteil, daß sich mit ihnen hohe Punktzahlen erzielen lassen, teilweise kommt man auf über 500 Punkte pro Minute. Andererseits haben sie aber den großen Nachteil, daß sie immer nur für *ein* Formteil verwendbar, also reine Einzweckmaschinen sind und nur geringfügige Änderungen des Erzeugnisses zulassen. Liegen keine großen Stückzahlen, die in die Tausende pro Monat gehen, vor, so dürfte die Wirtschaftlichkeit einer solchen Maschine wohl immer in Frage gestellt sein.

§ 67 Punktschweißen der Stähle und Leichtmetalle. 177

Die Elektrodenanordnung einer derartigen Maschine zeigt Abb. 231. Die zu schweißenden Teile (*b*) werden in eine Vorrichtung (*a*) eingelegt, wobei Anschlagstifte und Aufnahmen für die richtige Lage der Teile sorgen. Die abgebildete Anlage hat insgesamt 80 Elektrodeneinsätze (*c*).

Dieses Verfahren weist nun die Unzulänglichkeit auf, daß, wenn die Zylinder nicht einwandfrei arbeiten, also z.B. infolge von Verschmutzung eine gewisse Trägheit aufweisen, ein Abheben bzw. Aufsetzen der Elektroden unter Strom erfolgen kann, was natürlich Fehlschweißungen zur Folge hat. Man hat daher den anderen Weg eingeschlagen, indem man alle Elektroden auf das Werkstück gleichzeitig aufsetzt und den Schweißstrom sekundärseitig von Elektrode zu Elektrode schaltet. Auch auf diese Weise lassen sich 5—600 Punkte pro Minute erzielen.

Die Zahl der Punkte kann natürlich durch Einbau mehrerer Schaltaggregate erhöht werden. Abb. 232 zeigt z.B. eine Maschine, bei der der Tisch mit dem aufgespannten Werkstück von unten gegen die abgefederten Elektroden gedrückt wird. Die Betätigung des Tisches erfolgt mittels Kniehebel. Die Gesamtschweißdauer für die 80 Schweißpunkte beträgt ungefähr 4—6 Sekunden.

Abb. 232. Folgepunktschweißmaschine. (Roth-Electric.)

F. Punktschweißen der Stähle und Leichtmetalle.

1. Allgemeines.

a) Schweißbedingungen.

§ 67. Die anzuwendenden Schweißbedingungen werden durch folgende Faktoren bestimmt:

1. Werkstoff, dessen Gattung und Anlieferungszustand, sowie nachträgliche mechanische oder thermische Behandlung vor dem Schweißen,
2. Blechdicke, Größe und Form der Bauteile, Lage und Art der Punkte bzw. Nähte,
3. Oberflächenzustand des Werkstoffes an den Schweißstellen und in deren Nähe,
4. Besondere konstruktive Forderungen und Forderungen durch die spätere Verwendung des Bauteiles.
5. Wirtschaftliche Erfordernisse.

Bei einer Beurteilung der Schweißbedingungen müssen die Kosten als Maßstab für den gesamten Aufwand an Arbeitskraft und Rohstoffen und die Forderungen durch die spätere Verwendung des Bauteiles mit im Mittelpunkt stehen. Sie können konstruktive Fragen ausschlaggebend und damit wiederum die Schweißbedingungen beeinflussen. Bauteile von untergeordneter Bedeutung, vor allem für kurze Gebrauchsdauer können mit kleinen Maschinen und einfacher Steuereinrichtung (Begrenzer und Schütz) und ohne nähere Erwägungen geschweißt werden. Folgende Maßnahmen sind auch in folgenden Fällen vorzusehen: Entfernen von Farbe oder groben Verunreinigungen an den Schweißstellen (innen und außen), Abwischen von Spänen, Körnchen, Fasern oder dgl., Einschalten des Schweißstromes erst nach sicherer Wirkung der Elektrodenkraft, befriedigende Passung der Teile, so daß eine Anschmiegung durch die Elektrodenkraft möglich ist, gleichmäßige Punktabstände, besonders bei kleinem Punktabstand. Es ist z. B. beim Punktschweißen mit einem heftigen Verspritzen glühenden Metalls zu rechnen, falls durch isolierende Teilchen, durch Spalte oder durch Behinderung der Elektrodenkraft der Schweißstrom nicht zwischen den sich metallisch fest berührenden Teilen übergeht. Statt der Schweißlinse bildet sich ein Loch, das allerdings nach Ausbohren durch Niet- oder durch ein eingeschweißtes Füllstück wieder geschlossen werden kann. Das heftige Verspritzen des Metalls kann auch auftreten, falls mit sehr geringer Elektrodenkraft, mit wesentlich zu hohem Strom oder mit wesentlich zu langer Schweißzeit geschweißt wird. Man wird also im Zweifelsfall die Elektrodenkraft groß, Schweißstrom und Schweißzeit klein wählen.

Durch Schweißpunkte in der Nachbarschaft einer Schweißstelle wird bei Leichtmetall ein größerer Teil des zugeführten Stromes im Nebenschluß abgeleitet als bei Stahl, besonders bei dicken Blechen. Ungleichmäßiger Punktabstand gibt veränderte Nebenschlußströme, also ungleichmäßige Schweißungen.

Veränderte Armlänge oder veränderter Armabstand ändern den Schweißstrom bei gleicher Transformatoranzapfung. Zur Erlangung eines gewünschten Schweißstromes ist dann die Wahl einer anderen Anzapfung notwendig. Kommen ausgedehnte oder ungünstig geformte Bauteile außer an der Schweißstelle noch anderweitig mit Metallteilen des Sekundärkreises oder mit geerdeten Metallstücken in Verbindung, so können Teilströme auf unerwünschten Wegen durch das Werkstück fließen, die den Schweißstrom schwächen und evtl. schädliche Schmelz- oder Brandwirkungen haben. Es ist ratsam, solche Erscheinungen ein für allemal zu unterbinden, indem blanke Teile des Sekundärkreises oder ausladende Teile an unhandlichen Werkstücken oder an den Vorrichtungen zum Halten oder Spannen mit Leder, üblichen Isolierstoffen oder festem Papier abgedeckt werden. Teile solcher Vorrichtungen, die den Sekundärleitern auf wenige Zentimeter oder gar Millimeter nahe kommen, sollten aus unmagnetischem Werkstoff sein, da sie sich sonst stark erwärmen können, besonders beim Schweißen dichter Nähte. Eisenmassen, die sich innerhalb der Stromschleife des Sekundärkreises befinden, schwächen den Strom je nach ihrer Lage und sollten an Vorrichtungen daher weitgehend vermieden werden.

Für hochwertige Bauteile werden die Konstruktion, die Fertigung und Werkstoffprüfung eine sorgfältige Planung vorzunehmen haben. Alle Einflüsse der Schweißbedingungen und insbesondere die Zusammenhänge mit der Festigkeit sind auszuwerten. Es ist immer zu bedenken, daß jede notwendige Änderung von Schweißbedingungen viel Arbeitszeit beanspruchen kann, nämlich nicht nur die Zeit für das Einstellen und Einrichten, sondern auch diejenige für neue Kontrollschweißungen und deren Prüfung.

Der Werkstoffzustand an der Schweißstelle kann durch mechanische oder thermische Bearbeitung vom Anlieferungszustand der Tafel abweichen. Streckziehen, Treiben, Rollen, Abkanten usw. können weichen Werkstoff verfestigen, Schweißen oder Flammenbehandlungen zum Richten oder dgl. den Werkstoff weich machen. Bei hohen Ansprüchen an die Gleichmäßigkeit und Güte von Punktschweißungen ist solchen Einflüssen Beachtung zu schenken. Vor allem ist auf gleichmäßige Behandlung der Bauteile zu achten. In Sonderfällen ist Zwischenglühen vor dem Schweißen anzuraten. Schweißversuche zur Ermittlung günstiger Schweißbedingungen oder Kontrollschweißungen sollen an Teilen gemacht werden, die mindestens im wesentlichen gleiche Bearbeitung erfahren haben, wie Teile der Fertigung. Die Schweißverbindung zwischen ebenen Blechen kann andere Bedingungen verlangen als die Schweißung zwischen Profilen oder an Bördelrändern bei gleichem Werkstoff und gleicher Blechdicke. Punkte mitten auf einem Bauteil haben andere Wärmeableitung als Punkte gleicher Anordnung am Rande des Teiles. Das kann bei dichter Punktfolge namentlich beim Schweißen dichter Nähte abweichende Schweißenergie bedingen. Reichliche Überlappung, z.B. 15fache Einzelblechdicke, aber mindestens 12mm ist angenehm.

Zur Beschränkung von Wärmespannungen oder von Verziehungen kann eine bestimmte Reihenfolge beim Schweißen von Nähten oder Punktgruppen von Vorteil sein. Im allgemeinen ist es günstig, zunächst innen, dann außen zu schweißen, und zwar abwechselnd an verschiedenen Außenseiten. Es ist nicht ohne weiteres statthaft, namentlich bei gutleitenden Metallen, von Nähten oder Nahtteilen zunächst nur jeden zweiten Punkt zu schweißen, um fehlende Punkte später dazwischen zu setzen. Diese Punkte erfordern wegen des zweifachen Nebenschlusses besonders bei kleinem Punktabstand beträchtlich mehr Schweißstrom als Punkte mit nur einfachem Nebenschluß in doppeltem Abstand. Ähnliches gilt für den letzten Punkt einer sich schließenden Naht, z.B. in Kreisform, ferner für die Punkte einer in der Nähe einer ersten gelegenen zweiten Punktreihe.

Es wurde schon darauf hingewiesen, daß dem Oberflächenzustand an den Schweißstellen selbst bei sehr einfachen Schweißarbeiten hohe Aufmerksamkeit zu schenken ist. Rohe Beeinträchtigungen der Oberflächen sind keinesfalls tragbar. Fett- oder Ölfilme stören in der Regel nicht. Im Gegenteil: frisch gereinigte Außenflächen der Bleche, die also mit den Elektroden in Berührung kommen, können z.B. bei Leichtmetallen nach Entfernen der Oxydschichten, der Walzhaut usw. zur Verhinderung erneuter Oxydation durch leichtes Fetten geschützt werden. Das Anlegieren zwischen Elektroden und Blech wird dadurch auch nach mehrtägigem Stehen der Teile an Luft sehr klein gehalten, nicht aber verstärkt. Auch gereinigte Elektrodenflächen sind gelegentlich gefettet worden. Die beim Löten der Leichtmetalle gefürchteten Oxydschichten an der zu verbindenden Fuge erschweren das Punktschweißen grundsätzlich nicht. Sie ermöglichen eine sichere Schweißung mit geringerem Strom. Ihre Entfernung ist geboten bei ungleichmäßiger Dicke der Schichten oder bei sehr starker Oxyddecke, z.B. nach dem Glühen. Ähnliches gilt für Chromatschichten auf Teilen aus Mg-Legierungen.

b) Festigkeiten.

§ 68. Für die Beurteilung einer Punktschweißverbindung ist das Gesamtbild maßgebend, das sich bei Untersuchung der statischen und der dynamischen Festigkeit, sowie insbesondere bei den Leichtmetallen ihres Verhaltens beim Korrosionsangriff ergibt. Gefügeuntersuchungen an Schliffflächen, Härtemessungen ebenfalls an Schliffflächen oder auf den Blechoberflächen werden den Untersuchungsbefund namentlich in Hinsicht der örtlichen Verteilung günstiger oder schädlicher Eigenschaften wertvoll ergänzen. Die Untersuchungen können an einzelnen Punkten durchgeführt werden oder an Punktsystemen, die mehr- oder minder die Verhältnisse eines praktischen Bauteiles ausschnittweise darstellen oder an den Bauteilen selber. Die Beanspruchungen im Versuch sollen den verschiedenen beim späteren Gebrauch der geschweißten Teile zu erwartenden

Beanspruchungen möglichst nahe kommen. Auf Grund der gemessenen Festigkeiten soll es schließlich dem Konstrukteur ermöglicht werden, für die zu erwartenden Betriebskräfte und für die Häufigkeit der Belastungen in verschiedener Höhe bzw. für die durch die Betriebskräfte erzeugten Spannungen sowie deren Verteilung über die gesamte Konstruktion Werkstoff und Form von Bauelementen und deren Verbindungsart zu beurteilen und dann festzusetzen. Es ist nicht weiter überraschend, daß Festigkeitsversuche an Punktschweißungen und ihre Auswertung sich an Vorbilder oder Analogien auf den Gebieten der Nietung und der Lichtbogenschweißung angelehnt haben. Vergleiche mit der Nietung werden vor allem nahegelegt durch die Ähnlichkeit des Kraftflusses, der sich im Niet wie auch im Schweißpunkt jeweils zu engen geknickten Bündeln zusammendrängt. Die Beziehungen zur Lichtbogenschweißung ergeben sich ebenfalls durch Ähnlichkeiten im Verlauf des Kraftflusses und besonders durch die verwandten reichhaltigen Erscheinungen beim Erhitzen und Abkühlen der Werkstoffe.

Die Berechnung von Punktschweißverbindungen kann sich an die Grundsätze anschließen, die A. THUM und A. ERKER (*116*) für die Berechnung von Lichtbogenschweißungen beschrieben haben. Für den allgemeinen Fall wechselnder Beanspruchung wird von der Dauerfestigkeit des Werkstoffes ausgegangen und werden durch Multiplikation mit 4 Beiwerten b_1, b_2, b_3 und b_4 folgende die Dauerfestigkeit beeinträchtigenden Einflüsse berücksichtigt:

1. Form der Naht (auch durch Bearbeitung) (b_1),
2. Güte der Naht (b_2),
3. Spannungsungleichmäßigkeiten durch Ungleichmäßigkeiten in der Kraftübertragung, die durch die Form der ganzen Konstruktion bedingt sind (b_3),
4. Ruhende Vorspannungen, sowie Eigenspannungen durch den Schweißvorgang (b_4).

Wird nur beschränkte Lebensdauer, also eine Zeitfestigkeit für eine bestimmte Zahl von Lastspielen gefordert, so ist ein weiterer Beiwert b_5 (>1) zu gebrauchen.

Der Ansatz gilt für Normal- (Zug, Druck) und auch für Schubspannungen. Wird statt von einer Dauerfestigkeit von einer zügigen Festigkeit ((σ_B, τ_B) ausgegangen, so kann auf Sicherheit gegen Gewaltbruch gerechnet werden, und wird von der Fließgrenze des Werkstoffes ausgegangen, so rechnet man auf Sicherheit gegen plastische Verformung.

Die die Beanspruchung kennzeichnende Nennspannung im Blech wird nach den bisher üblichen Formeln aus den Betriebskräften bzw. Momenten errechnet. Bezüglich der Dauerfestigkeit von Punktschweißungen an Stahlblechen hat G. WELTER (*120*) eine Arbeit veröffentlicht auf die in diesem Zusammenhang verwiesen sein möge.

Für Berechnungen der Festigkeit von Punktschweißverbindungen ist die Scherzugfestigkeit in kg je Schweißpunkt besonders gut als Fundamentalgröße geeignet, und zwar für zügige wie auch für wechselnde Beanspruchung. Diese „Punktfestigkeit" schließt den Beiwert b_1 als Maßstab für die Form der einzelnen Punktschweißung in sich ein. Der Beiwert b_2 als Kennzeichen der Güte der Schweißverbindung berücksichtigt alle Umstände, die im Werkstoff auch auf Grund seiner Bearbeitung oder in den Wirkungsgrößen der Schweißmaschine oder im speisenden Netz Abweichungen von der im günstigen Versuch ermittelten Punktfestigkeit hervorrufen. b_2 muß ferner eine etwa durch höhere Korrosionsbeständigkeit oder durch geringere Neigung zum Anlegieren beim Schweißen geforderten Verzicht auf Punktfestigkeit erfassen. In zahlreichen (einfachen) Fällen kann b_2 zu 0,6—0,7 angenommen werden. Die Abschätzung des Beiwertes b_3 soll auch für Punktschweißverbindungen weitgehend dem Konstrukteur überlassen bleiben. Er wird dadurch gezwungen, sich den Kraftverlauf in der Konstruktion vorzustellen und wird damit gleichzeitig zum Nachdenken über Verbesserungsmöglichkeiten angeregt.

Die Punktfestigkeit gilt für einen bestimmten Werkstoff, evtl. Werkstoffzustand und für eine bestimmte Blechdicke. Sie ist, wie oben schon ausgeführt wurde, von den angewendeten Schweißbedingungen abhängig. Ein sehr gutes Beispiel der grundlegenden Zusammenhänge zwischen der Punktfestigkeit einerseits und Elektrodenkraft, Schweißzeit und Schweißstrom, andererseits — übrigens bei unveränderter Elektrodenform — zeigt Abb. 233 für die Aluminiumlegierung Al–Mg 7 bei einer Blechdicke von 2×2 mm $(89)^1$. In gewissem Bereich sind einige Einflüsse mit anderen Einflüssen etwa gleichwertig. Beispielsweise wird Verringerung der Punktfestigkeit — jeweils bei Konstanthalten alle übrigen Größen — durch Verringerung der Schweißzeit, durch Verringerung des Schweißstromes oder auch durch Erhöhung der Elektrodenkraft, d. h. Verringerung des Kontaktwiderstandes, herbeigeführt. Man ersieht aus den Kurven, daß zur Erzielung hoher Punktfestigkeiten hohe Stromstärken und hohe Elektrodenkräfte erforderlich sind. Bei der günstigen Schweißdauer von 10 Perioden und bei der hohen Elektrodenkraft von 250 kg gibt die starke, ausgezogene Kurve in weitem Bereich den Zusammenhang zwischen Punktfestigkeit und Schweißstrom wieder.

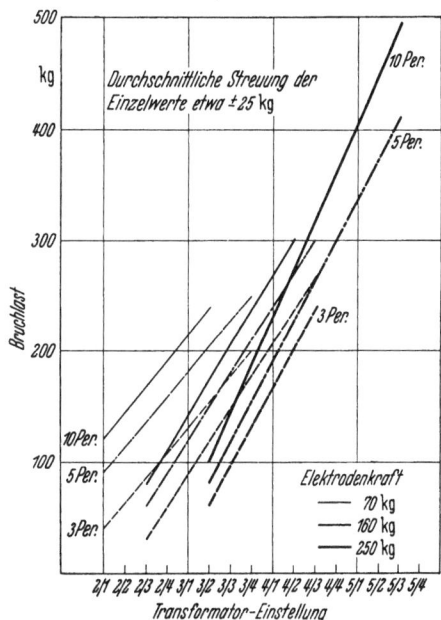

Abb. 233. Statische Bruchlast für die Aluminiumlegierung H y 7 (2 mm) in Abhängigkeit von der Schweißstromstärke für verschiedene Elektrodenkräfte. (OSWALD.)

2. Schweißbarkeit der Stähle.
a) Elektrodenform.

§ 69. Folgende Faktoren sind für das Gelingen einer Punktschweißung maßgebend:
1. Die Form der Elektroden,
2. Die aufgewendete Elektrodenkraft,
3. Die Schweißzeit,
4. Der Schweißstrom,
5. Die Art des Stoffes

Es gibt für jede Schweißaufgabe eine Vielzahl guter Schweißbedingungen, die als praktisch gleichwertig anzusehen sind. Sofern einigermaßen Erfahrungen vorliegen, kann die Fertigung im allgemeinen so arbeiten, daß alle Bedingungen mit einer Ausnahme beschlossen werden. Diese letzte Bedingung — am besten der Schweißstrom — wird für die jeweiligen Verhältnisse durch Versuch ermittelt und bei notwendigen Änderungen korrigiert.

---

[1] Statt der Schweißstromstärke in Amp sind die Stellungen von 2 Walzenschaltern (grob/fein) angegeben, mit denen durch Änderung des Übersetzungsverhältnisses des Maschinentransformators der Schweißstrom eingestellt wird. Die Stromstärke kann als ungefähr proportional mit den laufenden Stufennummern angenommen werden.

Die beim Punktschweißen angewendeten Elektroden beeinflussen in entscheidender Weise elektrische, mechanische, thermische und rein betriebliche Faktoren. Maßgebend sind einerseits die Gestalt, überhaupt die Konstruktion der Elektroden, andererseits die Eigenschaften des verwendeten Werkstoffes und schließlich die Behandlung der Elektroden während des Schweißbetriebes. Über die möglichen Formen der Elektroden wurde schon eingehend im § 60 gesprochen. Praktisch sind dreierlei Formen möglich und zwar die flache, ballige und kegelige Form wie sie Abb. 200 zeigt. Hiervon wird für blanke Eisenbleche nur die erste, d. h. die flache Form verwendet. Sie ist auch diejenige, die sich am einfachsten im Betrieb aufrecht erhalten läßt. Für oxydierte Bleche und alle Nichteisenmetalle kommt die ballige Form in Frage. Die kegelige Form wird praktisch sehr wenig verwendet, da sie im Betrieb sehr schwer aufrecht zu erhalten ist. Die im folgenden angegebenen Werte und gezeigten Versuchsreihen beziehen sich alle, da es sich im wesentlichen nur um blanke Eisenbleche handelt, auf die flache Elektrodenform. Der Durchmesser der Elektrodenspitze wurde (s. S. 49) wie folgt gewählt:

 1 mm dicke Bleche . . . . $d = 5$ mm
 2 mm   ,,   ,, ... $d = 7,1$ mm (~ 7 mm)
 3 mm   ,,   ,, ... $d = 8,7$ mm (~ 9 mm)
 4 mm   ,,   ,, ... $d = 10$ mm
 5 mm   ,,   ,, ... $d = 11,2$ mm (~ 11 mm)

Diese Werte entsprechen auch teilweise den im Ausland üblichen. Z. B. werden in Amerika für Bleche von 0,018″ bis 0,063″ (0,46—1,6 mm) Elektrodendurchmesser von 3/16″ (4,76 mm) verwendet und bei Blechen von 0,078″ bis 1/4″ Dicke (1,98—6,35 mm) solche von 1/4″ (6,35 mm) (*80*).

F. ROSENBERG (*101*) gibt einen Durchmesser für die Elektrodenspitze von

$$d = 5 \cdot s^{0,43}$$

an und erhält auf diese Weise folgende Werte:

 1 mm dicke Bleche . . . . $d = 5,0$ mm
 2 mm   ,,   ,, ... $d = 6,74$ mm
 3 mm   ,,   ,, ... $d = 8,0$ mm
 4 mm   ,,   ,, ... $d = 9,0$ mm
 5 mm   ,,   ,, ... $d = 10,0$ mm

Maßgebend für das Gelingen einer Schweißung ist, daß dem Werkstück die richtige Wärmemenge zugeführt wird. Dies ist, wie schon im § 23 gezeigt wurde, durch unendlich viele Möglichkeiten zu erzielen. Es kann sich daher bei den folgenden angegebenen Werten nur um einzelne dieser Möglichkeiten handeln.

b) Elektrodenkräfte.

§ 70. Die aufzuwendenden Elektrodenkräfte beim Punktschweißen können stark unterschiedlich sein. Die praktische Erfahrung dürfte wohl dahin gehen, daß die Elektrodenkraft die Bleche nicht durchdrücken muß, um eine Verbindung an der Berührungsstelle zu bewirken, da sonst die Kräfte mit steigender Blechdicke viel mehr wachsen müßten als es die Praxis zeigt. Die Ursache dürfte darin zu sehen sein, daß die Bleche infolge der Erhitzung den Elektroden entgegenwachsen. Die Elektrodenkraft muß also ohne Berücksichtigung der Steifheit der Bleche nur im Verhältnis zur Fläche der Punktelektrode wachsen. Muß die Elektrodenkraft infolge von Unebenheiten der Bleche erhöht werden, so wirkt sich dies ja nicht direkt auf die eigentliche Schweißung aus. In Zahlentafel 26 ist die ungefähre obere und untere Grenze der Elektrodenkräfte angegeben.

Die angewendete Elektrodenkraft richtet sich natürlich auch sehr stark nach der Maschinenart. Rosenberg (101) gibt einen mittleren spezifischen Druck von 2,0 kg/mm² an, der sicher für viele Fälle als Richtlinie gelten mag.

Dieser Wert gilt in erster Linie für glatte Bleche und Formteile. Formsteife Werkstücke bedürfen natürlich einer entsprechenden Erhöhung der Kraft. Ebenso ist bei verzundertem Stoff die Elektrodenkraft bzw. der Elektrodendruck entsprechend der Form der Elektrodenspitze zu erhöhen. Als Richtlinie kann eine Erhöhung von etwa 100÷200% dienen. Im übrigen kann man bei blanken Stahlblechen nach folgenden Richtlinien arbeiten: Bei kürzeren Schweißzeiten sind höhere Elektrodenkräfte notwendig. Steigt die Blechdicke, so erhöht sich die Elektrodenkraft. Ist die Schweißtemperatur im Kern des Punktes niedrig, so ist eben-

Zahlentafel 26.

Gesamt-blechdicke in mm	Höchste Elektrodenkraft in kg	Geringste Elektrodenkraft in kg
2	250	40
4	400	70
6	800	100
8	1200	120
10	1500	150
(20	4000	1000)
(30	4000	2000)

falls eine höhere Elektrodenkraft notwendig, als bei hohen Schweißtemperaturen. Gesunde Schweißpunkte kann man im Bereich von 950° bis 1460° erzielen. Hierbei ist für die niedrige Temperatur (950) eine um 30% höhere Elektrodenkraft notwendig wie bei der höheren Temperatur (1460). Im allgemeinen geht aber die Erfahrung dahin, daß man alle Blechdicken mit dem gleichen spezifischen Druck verschweißen kann. Die Zahlentafel 27, die die Angaben bekannter Fachleute wiedergibt, möge als Ergänzung dienen.

Zahlentafel 27.

$d = 5\sqrt{s}$			Stahlblech — blank								
			NEUMANN (87)		FAHRENBACH (35)		GÖNNER (42)		KLEIN (73)		AEG (102)	
s mm	d mm	$\frac{\pi d^2}{4}$ mm²	kg	kg/mm²	kg	kg/mm²	kg	kg/mm²	kg	kg/mm²	kg	kg/mm²
1	5	19,64	31	1,58	40	2,04	50	2,55	50	2,55	75	3,82
2	7,1	39,59	52	1,31	70	1,77	90	2,27	97,5	2,46	100	2,53
3	8,7	59,45	73	1,23	120	2,02	115	1,93	125	2,10	125	2,10
4	10	78,5	94	1,19	150	1,91	145	1,84	—	—	150	1,91
5	11,2	98,52	115	1,17	180	1,83	180	1,83	150	1,52	180	1,83

Stahlblech — verzundert									
NEUMANN		FAHRENBACH		GÖNNER		KLEIN		AEG	
kg	kg/mm²	kg	kg/mm²	kg	kg/mm²	kg	kg/mm²	kg	kg/mm²
45	2,3	100	5,1	100	5,1	150	7,65	125	6,37
75	1,9	140	3,55	150	3,80	215	5,7	175	4,4
115	1,93	180	3,03	185	3,12	300	5,05	230	3,86
162	2,06	220	2,80	230	2,92	—	—	290	3,70
230	2,34	260	2,65	285	2,90	425	4,32	350	3,55

c) Schweißzeit.

§ 71. Mit der Wahl der Elektrodenkraft steht im zwangsläufigen Zusammenhang auch diejenige für die richtige Stromstärke und Zeit. Das richtige Zusammenwirken dieser drei Größen wird den günstigsten Gefügeaufbau, die beste Festigkeit und unter anderem auch den geringsten Elektrodenverbrauch ergeben. Die praktischen Schweißzeiten bei Stahlpunktschweißungen liegen zwischen $^1/_{10}$ und 2 sek. Mit steigender Zeit wird sich natürlich zwangsläufig die notwendige Stromstärke bzw. Leistung erniedrigen. Amerikanische Angaben besagen z. B., daß bei einer Schweißzeit von 0,13 sek. und einer Blechdicke von 1 mm 25 kVA notwendig sind. Erhöht man die Schweißzeit auf 0,4 sek., so werden nur noch 10 kVA benötigt. Hierbei sollen im ersten Fall 80 kg Elektrodenkraft notwendig sein, dagegen bei der schwächeren Leistung nur noch 50 kg (Durchmesser der Elektrodenspitze 5 mm).

Auf Grund der vorausgegangenen Betrachtungen kann man die Richtwerte der Zahlentafel 28 für das Punktschweißen von weichem Stahl angeben.

Zahlentafel 28.

Blech-dicke mm	Schweiß-strom 10³ Amp	Elektroden-kraft kg	Schweißzeit sek.
Für geringe Anforderungen:			
2×0,5	3— 5	25— 40	0,5—0,3
2×1,0	4— 5	40— 60	1,0—0,5
2×1,5	4— 6	50— 80	1,5—0.8
2×2,0	5— 7	75—120	2,0—1,0
2×3,0	6— 8	100—150	3—1,5
2×5,0	6—10	120—180	5—2,5
Für hohe Anforderungen:			
2×0,5	6—10	80—180	0,2—0,06
2×1,0	7—10	100—200	0,4—0,16
2×1,5	8—12	120—250	0,6—0,3
2×2,0	10—15	150—300	0,8—0,4
2×3,0	12—18	200—400	1,2—0,6
2×5,0	15—20	250—600	2,0—1,0

Zahlentafel 29.
Punktschweißen von Stahlblechen.

Blech-dicke mm	Elektroden-Ø mm	Elektro-denkraft kg	Schweiß-strom Amp.	Schweiß-zeit Perioden
0,56	3,97	87	7100	6
0,91	4,76	125	8000	10
1,22	5,56	170	8800	13
1,63	6,35	222	9700	18
2,03	7,14	287	11000	20
2,64	7,94	347	12500	25
3,25	8,73	420	14000	32
4,87	11,11	680	15300	48
6,35	12,7	890	21500	60

In der Zahlentafel 29 mögen noch von amerikanischer Seite (*66*) empfohlene Maschinen-Einstellungen wiedergegeben sein.

d) Gefügeaufbau.

§ 72. Will man eine Punktschweißung an einem Stahlblech durchführen, so soll man sich immer zuerst davon überzeugen, welche Legierung vorliegt, d. h. es muß in erster Linie der Kohlenstoffgehalt bekannt sein. Ist er zu hoch, so können durch die raschen Erwärmungs- und Abkühlungsverhältnisse Aufhärtungen und damit Risse in der Schweißzone eintreten. Ebenso wirkt sich zu hoher Schwefel- und Phosphorgehalt auf die Güte der Schweißung nachteilig aus. Bezüglich des Einflusses der übrigen Legierungselemente siehe § 5 S. 14. Stähle bis zu einem Kohlenstoffgehalt von etwa 0,3 % C lassen sich ohne weiteres und ohne Nachbehandlung punktschweißen. Neben Aufhärtungen bei höheren Kohlenstoffgehalten treten auch noch ungünstige Gefügeausbildungen ein.

Welche Gefügeänderungen unter verschiedenen Bedingungen bei Punktschweißungen auftreten, zeigt folgende Versuchsreihe, Abb. 234—239. Ausgehend von einer konstanten Elektrodenkraft in Höhe von 100 kg wurden Schweißungen mit steigender Schweißzeit an 1 mm dicken Blechen mit verschiedenem Kohlenstoffgehalt ausgeführt. Die Analyse der Stähle ist folgende:

Stahl Nr. 1: $C = 0{,}1 - 0{,}15\%$; $Mn < 0{,}5\%$; $P \leq 0{,}03\%$; $S \leq 0{,}03\%$
„ „ 2: $C = 0{,}45\%$
„ „ 3: $C = 0{,}85\%$; $P = 0{,}03\%$; $S = 0{,}03\%$.

Bei der Reihe I (Abb. 234) wurde bei einer konstanten Schweißzeit von fünf Perioden die Schweißstromstärke von etwa 2500 Amp auf etwa 6100 Amp gesteigert. Es läßt sich sofort erkennen, daß die Schweißungen des hochgekohlten Stahles (Nr. 3) alle unbrauchbar sind. Entweder sind Härterisse aufgetreten, oder

§ 72 Punktschweißen der Stähle und Leichtmetalle. 185

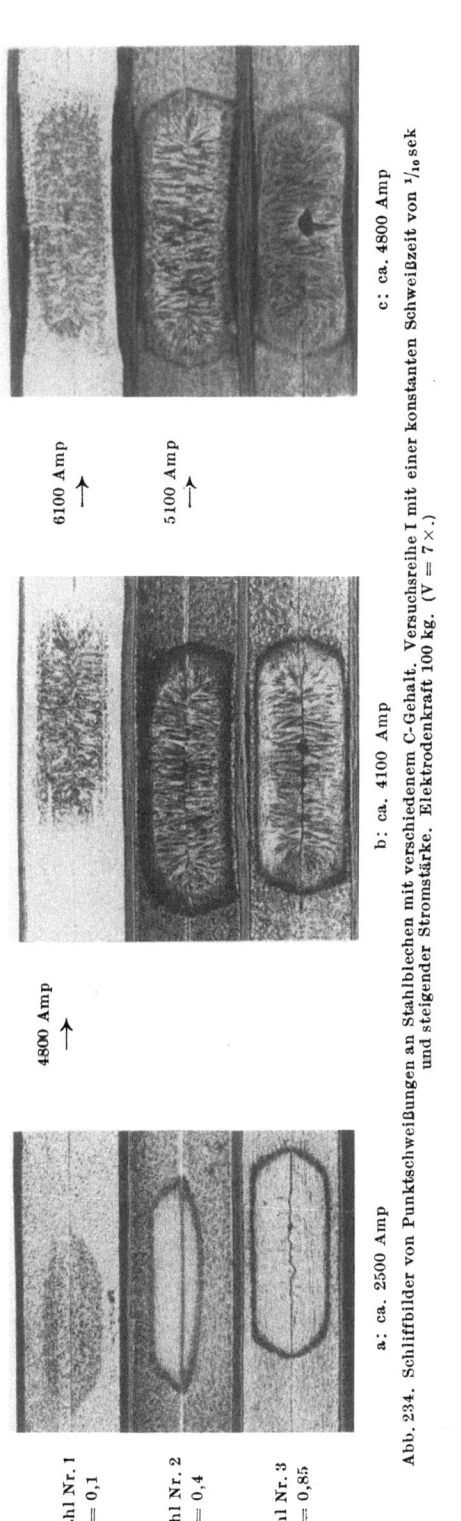

Abb. 234. Schliffbilder von Punktschweißungen an Stahlblechen mit verschiedenem C-Gehalt. Versuchsreihe I mit einer konstanten Schweißzeit von $1/10$ sek und steigender Stromstärke. Elektrodenkraft 100 kg. ($V = 7 \times$.)

Abb. 235. Schliffbilder von Punktschweißungen an Stahlblechen mit verschiedenem C-Gehalt. Versuchsreihe II mit einer konstanten Stromstärke von ca. 3600 Amp und steigender Schweißzeit. Elektrodenkraft 100 kg. ($V = 7 \times$.)

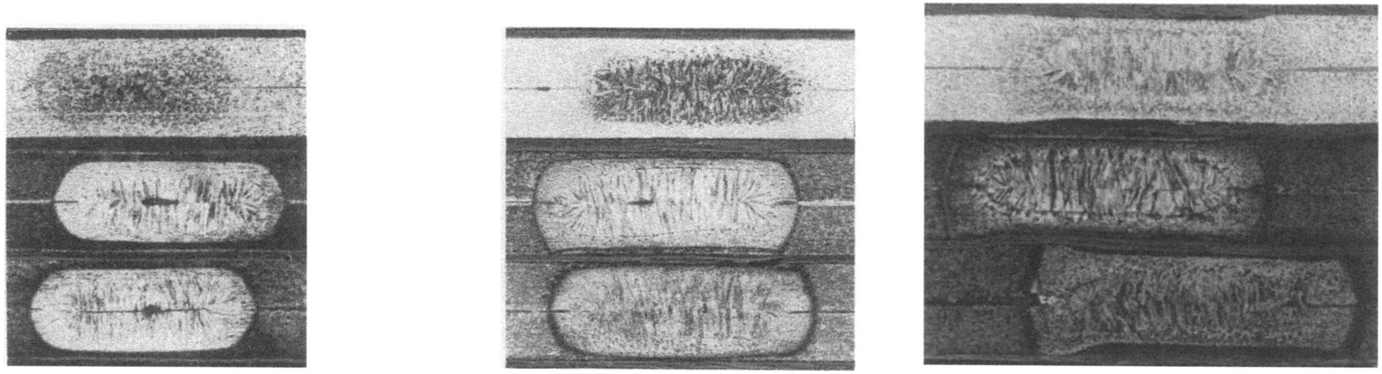

es zeigen sich Gasblasen infolge von Überhitzung. Bei Stahl Nr. 1 ist mit steigender Stromstärke eine gute Schweißung erzielt worden und zwar bei etwa 4800 Amp. Für Stahl Nr. 2 ist diese Stromstärke schon etwas zu hoch, d. h. der Punkt wurde

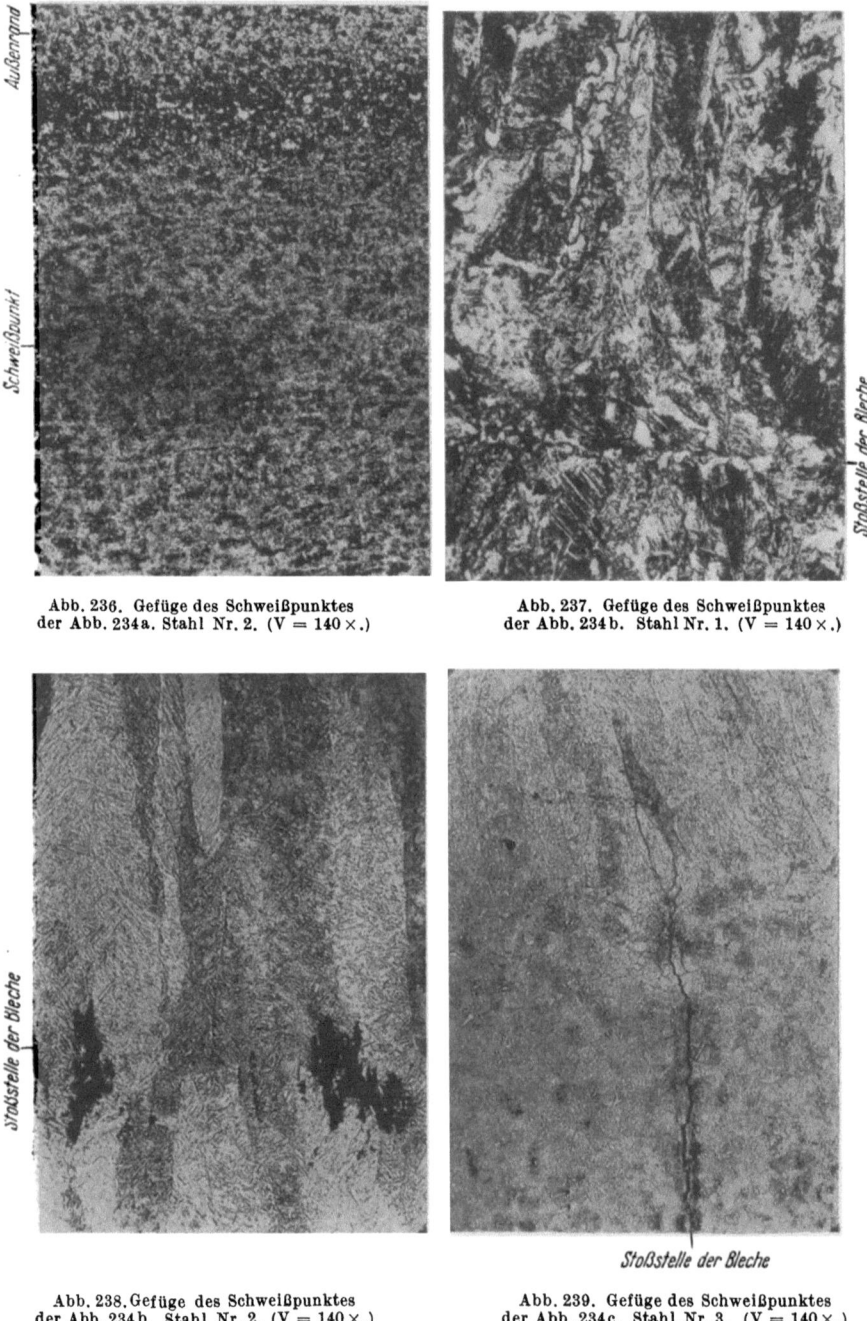

Abb. 236. Gefüge des Schweißpunktes der Abb. 234a. Stahl Nr. 2. (V = 140×.)

Abb. 237. Gefüge des Schweißpunktes der Abb. 234b. Stahl Nr. 1. (V = 140×.)

Abb. 238. Gefüge des Schweißpunktes der Abb. 234b. Stahl Nr. 2. (V = 140×.)

Abb. 239. Gefüge des Schweißpunktes der Abb. 234c. Stahl Nr. 3. (V = 140×.)

überhitzt, worauf die Gasblasen hindeuten. Die Stromstärke von 2500 Amp zeigt sich für alle drei Stahlarten als unzureichend. Über den Gefügeaufbau der einzelnen Schweißungen kann folgendes gesagt werden:

Reihe I, a) Stahl Nr. 1: Die Bleche sind nicht verschweißt, da Stromstärke unzureichend. Die Zone der größten Erwärmung ist nur schwach ausgeprägt im Vergleich zu den anderen Proben. Das Gefüge besteht in diesem Bereich aus Ferrit mit etwas Martensit.
Stahl Nr. 2: Die Bleche sind nur stellenweise verschweißt. Innerhalb der Schweißzone besteht das Gefüge aus sehr feinem Martensit, der dunkle Saum der Zone besteht aus Sorbit mit anschließendem unverändertem Ausgangsgefüge. Den Gefügebau der Randzone zeigt in 140facher Vergrößerung Abb. 236.
Stahl Nr. 3: Die Bleche sind hier ebenfalls nicht verschweißt bzw. an der Stoßstelle der beiden Bleche sind in der Schweißzone Risse aufgetreten. Die stengelartig ausgebildeten Kristalle im Schweißpunkt, die auf eine kleine Schmelzzone schließen lassen, zeigen Martensitstruktur. Der dunkle Saum, der die Schweißzone umgibt, besteht wie oben aus Sorbit.
Reihe I, b) Stahl Nr. 1: Die Bleche sind gut verschweißt. Es zeigen sich weder Gasblasen noch Risse. Im Schweißpunkt besteht der Gefügeaufbau aus Martensit und Ferrit. Abb. 237 zeigt eine 140fache Vergrößerung des Gefüges in der Nähe der Stoßstelle der Bleche. Es läßt sich die teilweise nadelige Struktur des Martensit erkennen, außerdem, wie die Körner an der Stoßstelle ineinander gewachsen sind.
Stahl Nr. 2: Die Bleche sind verschweißt, jedoch zeigen sich an der Stoßstelle Gasblasen, die auf eine Überhitzung hindeuten. Eine weitere Folge hiervon ist, daß sich in der Schweißstelle Stengelkristalle ausgebildet haben. Im Schweißpunkt ist grober Martensit und in dem dunklen Übergangsgefüge Sorbit. Das Gefüge bei 140facher Vergrößerung zeigt Abb. 238. Es sind hier deutlich die an der Stoßstelle auftretenden Gasblasen zu erkennen, ebenso die Stengelkristalle.
Stahl Nr. 3: Die Bleche waren verschweißt, jedoch geht infolge des hohen C-Gehaltes ein Spannungsriß durch den ganzen Schweißpunkt. Auch hier waren Gasblasen an der Stoßstelle der beiden Bleche. Der Aufbau des Mikrogefüges ist der gleiche, wie ihn Abb. 239 zeigt.
Reihe I, c) Stahl Nr. 1: Die Bleche sind verschweißt, jedoch zeigen Gasblasen an der Stoßstelle, daß die Stromstärke zu hoch liegt. Außerdem sind starke Elektrodeneindrücke zu erkennen. Im Schweißpunkt ist im wesentlichen Martensit vorhanden neben wenigem Ferrit.
Stahl Nr. 2: Die Bleche sind verschweißt. Gasblasen an der Berührungsfläche der beiden Bleche (Überhitzung). Außerdem starke Elektrodeneindrücke. Schweißgefüge: Martensit; dunkler Saum Sorbit.
Stahl Nr. 3: Die Bleche sind verschweißt, jedoch zeigt sich eine sehr große Gasblase an der Stoßstelle im Kern der Schweißzone. Ferner sind kleine Spannungsrisse zu erkennen; einen solchen Riß zeigt Abb. 239. Das Gefüge im Schweißpunkt ist Martensit. Im Übergang haben wir wieder Sorbit.

Bei der Versuchsreihe II (Abb. 235) wurde bei konstanter Stromstärke (etwa 3600 Amp) und konstanter Elektrodenkraft (100 kg) mit steigender Zeitdauer gearbeitet. Auch hier wurden gute Schweißungen erzielt. Der Gefügeaufbau läßt sich wie folgt erläutern:

Reihe II, a) Stahl Nr. 1: Die Bleche sind verschweißt. Die Schweißung entspricht ungefähr Reihe I, b). Die dunkle Zone im Schweißpunkt zeigt Martensit mit etwas Ferrit, umgeben von einer etwas schwächer angeätzten Zone, die aus Ferrit mit etwas Martensit besteht.
Stahl Nr. 2: Die Bleche sind verschweißt. Jedoch deutet das ganze Gefüge wieder auf Überhitzung, in der Mitte der Schweißlinie ist eine große Gasblase zu erkennen. Ferner sind stengelig ausgebildete Kristalle mit Martensitstruktur vorhanden. Das Übergangsgefüge zeigt Sorbit.
Stahl Nr. 3: Die Bleche waren verschweißt, jedoch sind sie durch einen Spannungsriß wieder getrennt worden wie Reihe I, b) Gefüge: Stengelkristalle mit Martensitstruktur. Übergang Sorbit.
Reihe II, b) Stahl Nr. 1: Die Bleche sind verschweißt. Teilweise kleine Gasblasen. Gefüge: Stengelkristalle. Im Schweißpunkt Martensit mit etwas Ferrit.
Stahl Nr. 2: Die Bleche sind verschweißt, jedoch ist an der Stoßstelle eine Gasblase. Die schmelzflüssige Zone ist teilweise scharf abgesetzt und ist von einer Zone niedrigerer Temperatur umgeben. In der Schmelzzone Stengelkristalle mit grober Martensitstruktur. Im Übergang Sorbit.
Stahl Nr. 3: Die Bleche sind verschweißt, jedoch in der Nähe der Stoßfuge viele kleine Gasblasen. Im Schweißpunkt Martensitstruktur, im Übergang Sorbit.
Reihe II, c) Stahl Nr. 1: Die Bleche sind verschweißt bei starken Elektrodeneindrücken. Stengelkristalle mit Martensitstruktur. Etwas Ferrit.

Stahl Nr. 2: Die Schweißung ist nicht über den ganzen Querschnitt vollkommen, denn knapp bis zur Hälfte verläuft ein feiner Riß zwischen den beiden Blechen, Spannungsriß. Starke Elektrodeneindrücke. In diesem Punkt sind am deutlichsten verschiedene Temperaturzonen ausgeprägt. Im Kern des Punktes ist mindestens eine Höchsttemperatur von 1500° gewesen, wohingegen in der Randzone ein rascher Temperaturabfall geherrscht haben muß. Auf Grund dieser Temperaturen haben wir im Kern Stengelkristalle mit grober Martensitstruktur. In der anschließenden Zone sind keine ausgeprägten Stengelkristalle. Der Martensit ist in diesem Bereich wesentlich feiner, in der äußeren Übergangszone wieder vorwiegend Sorbit.

Stahl Nr. 3: Die Bleche sind verschweißt. Hier ist der größte verschweißte Querschnitt vorhanden, jedoch im Durchmesser nicht größer als die Elektrodenspitze (5 mm). Starker Elektrodeneindruck. Im äußeren Rand der Schweißzone sind jedoch starke Risse zu erkennen. Im Schweißpunkt selber Stengelkristalle mit Martensitstruktur. In der Übergangszone wiederum Sorbit.

Auf Grund der beiden Versuchsreihen kann für die Punktschweißung von Stahlblechen folgendes gesagt werden: Der Gefügeaufbau des Kernes ist martensitischer Struktur, da die Abkühlung oberhalb der kritischen Geschwindigkeit erfolgt. In der Randzone liegt die Abkühlungsgeschwindigkeit in der Mehrzahl der Fälle unterhalb der kritischen, was ein Gefüge mit Sorbitstruktur ergibt. Zeichen für Überhitzung des Kernes sind Gasblasen, ebenso große Stengelkristalle mit grober Martensitstruktur. Starke Elektrodeneindrücke dürften äußere Anzeichen für Überhitzungen sein. Das gesunde, erstrebenswerte Gefüge einer Punktschweißung ist dasjenige der Abb. 237. Geringe Gasblasenbildung wird sich betriebsmäßig nicht ganz vermeiden lassen, da die Vorbereitung der Bleche nicht so gewissenhaft durchgeführt werden kann, wie es hierfür notwendig wäre. Der größte erzielbare Punktdurchmesser richtet sich nach dem Durchmesser der Elektrodenspitze. Er kann nicht größer sein wie dieser. Bei gesundem Gefügeaufbau ist er ungefähr 70—80% von diesem. Ist er so groß wie die Elektrodenspitze, so dürften in der Regel Überhitzungserscheinungen vorhanden sein. Zur Festigkeit der Punkte ist zu sagen, daß auf Grund des Gefügeaufbaues die geringste Festigkeit in der Randzone liegen muß, da hier teilweise sehr krasse Übergänge vorhanden sind. Es wird also der Punkt immer derartig ausreißen, wie es schon in Abb. 2 gezeigt wurde, soweit nicht eine reine Scherbeanspruchung vorliegt.

e) Festigkeiten.

§ 73. Im folgenden seien die erzielten Festigkeiten unter verschiedenen Schweißbedingungen angegeben. Da für die Prüfungen von Einzelpunktschweißungen noch keine endgültigen Normen vorliegen, wurde der DIN-Normentwurf E 50124 für die Prüfung von Punktschweißnähten bei Leichtmetallen mittels dem Scherzugversuch zugrundegelegt (s. § 79). Die Abmessungen der Probestäbe sind in Zahlentafel 30 entsprechend Abb. 240 aufgeführt.

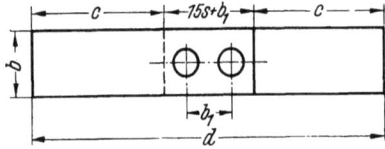

Abb. 240. Probestab für die Versuche der Abb. 241. Masse siehe Zahlentafel 30.

Zahlentafel 30.

Blechdicke s mm	Probenbreite b mm	Überlappung mm	Maß c mm	Probenlänge d mm	Punktabstand b_1 mm
1,0	25	30	35	100	15
2,0	25	55	50	155	25
3,0	30	75	50	175	30

Die Versuchsergebnisse gibt Abb. 241 wieder. Aufgetragen ist die tatsächlich erzielte Bruchlast in kg in Abhängigkeit der Stromstärke. Die Schweißungen wurden im wesentlichen mit verschieden hohen Elektrodenkräften durchgeführt, wie sie in Zahlentafel 31 angegeben sind.

§ 73   Punktschweißen der Stähle und Leichtmetalle.   189

Der Stoff war Tiefziehstahl mit folgender Zusammensetzung:
C = 0,1—0,15%; Mn = 0,5%; P = 0,03%; S = 0,03%.
Charakteristisch für die ermittelten Kurven ist ihr steiler Anstieg, um sich dann rasch asymptotenartig einem Endwert zu nähern. Wird dieser Endwert erreicht,

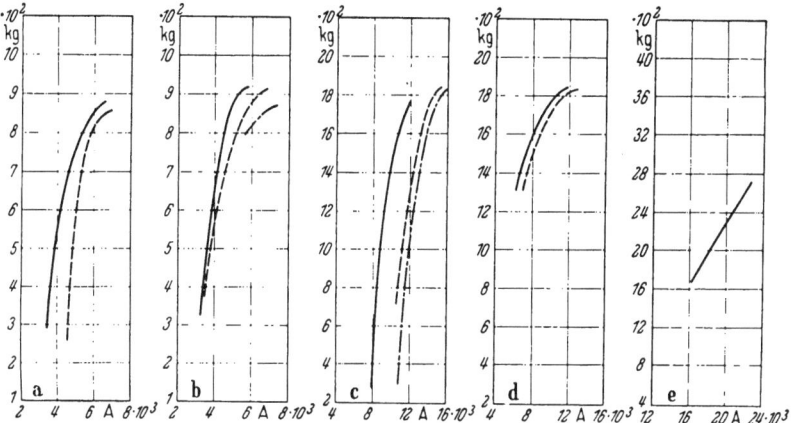

Abb. 241. Bruchlast von Punktschweißungen an Stahlblechen in Abhängigkeit von der Schweißstromstärke.

Abb.	a	b	c	d	e
Blechdicke mm	1	1	2	2	3
Schweißzeit Per.	7	15	6	14	6
Elektroden-⌀ mm	5	5	7,1	7,1	8,7
Elektrodendruck kg/mm²	3,57— 7,15···	3,57— 7,17··· 10,2·····	2,52— 5,05··· 7,58·····	2,52— 5,05···	2,52—

so erfolgt der Bruch nicht mehr in den Schweißpunkten, sondern der Probestab selber geht zu Bruch; es ist der Endwert, der nicht überschritten werden kann. Ferner zeigen die Kurven, daß bei der Unterschreitung eines gewissen Stromwertes sehr rasch Fehlschweißungen auftreten. Die Höhe des Druckes scheint hier keinen hohen prozentualen Einfluß zu haben. Bei längeren Schweißzeiten liegen die Stromwerte niedriger.

Als weiteres Beispiel über erzielte Festigkeiten mögen die Angaben von W. F. HESS und R. A. WYANT (55) dienen. Die Versuche wurden ebenfalls mit überlappten Schweißproben von 23,8 mm ($^{15}/_{16}''$) Breite bei einer Überlappung von 25,4 mm (1″) durchgeführt. Die Blechdicke betrug 1,19 mm (0,047″). Der Stoff war ein warmgewalzter, geglühter und dekapierter kohlenstoffarmer Stahl. In Abb. 242a—c sind die Ergebnisse der Versuchsreihen wiedergegeben. Die näheren Schweißdaten sind bei den einzelnen Kurven angegeben. Aufgetragen ist die Zerreißfestigkeit und der prozentuale Elektrodeneindruck in Abhängigkeit des Schweißstromes. Abb. 242a und b zeigen, daß der Druck 7 kg/mm² die geringste Festigkeit ergab, außerdem neigten die Schweißungen zu starker Gasblasenbildung. 14 kg/mm² zeigt teilweise wohl höhere Festigkeiten, aber die hinterlassenen Punkteindrücke sind groß, so daß ein Elektrodendruck mit 10,5 kg/mm² als bester Wert dieser Versuchsreihe angesprochen werden kann. Bei längerer Schweißzeit liegen die Stromwerte natürlich etwas niedriger, desgleichen scheint

Zahlentafel 31.

Blechdicke mm	Elektrodenkraft kg		
1,0	70	140	200
2,0	100	200	300
3,0		150	

die Höhe des Druckes, wie bei den vorherigen Messungen, nicht prozentual einen hohen Einfluß auszuüben. In Abb. 242c sind die Festigkeiten und prozentualen Eindrücke in Abhängigkeit der Stromstärke für verschiedene flache Elektrodenspitzen mit verschiedenem Durchmesser (4,8; 6,4; 8,0 mm ⌀) aufgetragen. Auf Grund dieser Kurven dürften für die jeweiligen Elektrodendurchmesser 10000, 13500 bzw. 21000 Amp die günstigsten Stromwerte sein. Bemerkenswert ist, daß

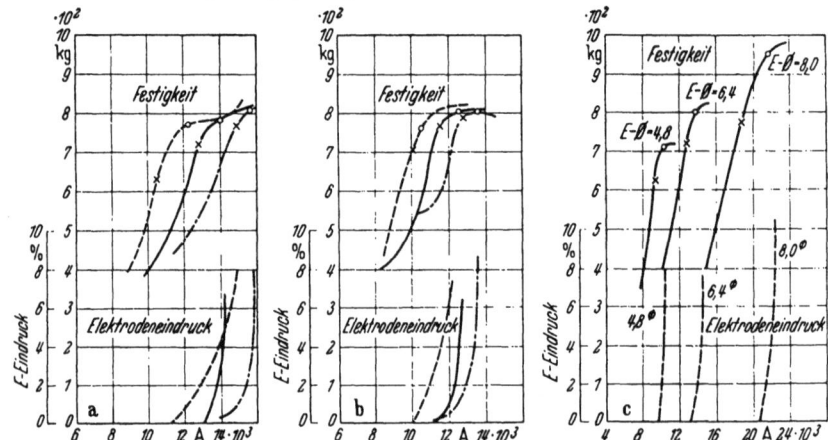

Abb. 242. Bruchlast von Punktschweißungen nach HESS-WYANT. Blechdicke 1,19 mm. ○ Beginn des Auftretens von Schweißspritzern. × Beginn von Fehlern bei den Zerreißproben.

Abb.	a	b	c
Schweißzeit Per.	5	10	5
Elektroden-⌀ mm	6,4	6,4	4,8; 6,4; 8,0
Elektrodendruck kg/mm²	7 --- 10,5 — 14 -----	7 --- 10,5 — 14 -----	10,5 ———

die Stromstärke mit dem Durchmesser linear ansteigt, z. B. bei dem Elektrodendurchmesser von 4,8 und 6,4 sind die Unterschiede 33% und 35%. Eine Tatsache, die W. F. HESS schon bei früheren Arbeiten gefunden hat.

Eine Überlegung mit Hilfe von Verhältnisgleichungen unter vereinfachenden Bedingungen führt zum gleichen Ergebnis. T sei konstant, dann gilt für die verschiedenen Elektrodendurchmesser d_1 und d_2:

$$Q = 0{,}239 \cdot J^2 \cdot R \cdot T$$

$$\frac{Q_1}{Q_2} = \frac{J_1^2 \cdot R_1 \cdot T}{J_2^2 \cdot R_2 \cdot T} \tag{40}$$

Für R gilt:
$$R = \frac{4}{\pi d^2}\, 2 \cdot s \cdot \varrho. \tag{41}$$

Setzt man (41) in (40) ein, so erhält man:

$$\frac{Q_1}{Q_2} = \frac{J_1^2 \cdot d_2^2}{J_2^2 \cdot d_1^2}$$

Für gleiche Blechdicken, Zeiten, Schweißquerschnitte und Temperaturverläufe wird:
$$Q_1 = Q_2\,,$$
abgesehen von den Verlusten infolge der Vergrößerung der Oberflächen mit d.

Damit wird:
$$\frac{J_1}{J_2} = \frac{d_1}{d_2}.$$

Werden die Durchmesser allerdings größer, so trifft dies nicht mehr zu.

Vom wirtschaftlichen Standpunkt aus gesehen haben wir beim Übergang von 4,8 auf 6,4 ⌀ 35% mehr Stromverbrauch bei einer 15%igen Festigkeitssteigerung und beim Übergang von 6,4 auf 8 ⌀ 56% mehr Stromverbrauch bei einer Festigkeitssteigerung von 17%. Andererseits lassen aber die größeren Elektrodendurchmesser größere Schwankungen der Netzspannung zu.

Wir haben bei den Gefügeuntersuchungen bei höher gekohlten Stählen im § 72 gesehen, daß, wenn wir diese Stähle ohne nachträgliche Warmbehandlung punktschweißen, Aufhärtungserscheinungen und Risse auftreten. Sie müssen unverzüglich nach der Schweißung sorgfältig geglüht werden. MALLORY (80) veröffentlicht eine Versuchsreihe über die Erfolge derartiger Warmbehandlungen bei hochgekohlten Stählen. Geschweißt wurden folgende vier Stähle mit der nachstehenden Zusammensetzung:

Zahlentafel 32.

	Stahl 1	Stahl 4	Stahl 8	Stahl KMC
C	0,08	0,42	0,83	0,25
Si	0,34	0,26	0,30	0,40
Mn	0,23	0,48	0,22	0,54
S	0,006	0,002	0,009	0,002
P	0,007	0,007	0,010	0,003
Cr	—	—	—	0,62
Mo	—	—	—	0,23
Elastizitätsgrenze kg pro mm²	31,2	40,2	—	41,5
Festigkeit kg/mm²	41,5	63,1	94,0	65,3
% Dehnung	19,2	25,7	13,0	22,2

Die Blechdicke betrug 5,08 mm (0,2''). Die Schweißzeit war 0,02 Min.; der Elektrodenquerschnitt: 78,5 mm² = 10 mm ⌀; Schweißdruck: 5,5 kg/mm². Unter diesen Bedingungen wurden ohne bzw. mit nachträglicher Warmbehandlung folgende Festigkeiten erzielt:

Zahlentafel 33.

	Stahl 1	Stahl 4	Stahl 8	Stahl KMC
Geschweißt:				
RP	43,5	26,0	5,97	51,2
RE	61,1	35,1	7,60	69,5
nachglühen 27,5 kVA				
RP	38,0	34,4	—	52,7
RE	45,6	46,3	—	71,1
nachglühen 36,7 kVA				
RP	—	46,3	15,1	62,5
RE	—	59,0	21,8	82,2
nachglühen 50 kVA				
RP	—	33,0	21,8	61,1
RE	—	41,5	23,9	73,1

In der Tabelle bedeuten:
RP = Totale Bruchfestigkeit pro Punktquerschnitt nach der Scherprobe gemessen in kg/mm².
RE = Totale Bruchfestigkeit pro Elektrodenquerschnitt in kg/mm².

Man sieht, daß ohne Nachbehandlung mit steigendem Kohlenstoffgehalt die Festigkeit der Schweißung stark absinkt, um dann bei der Warmbehandlung ein wesentlich höheres Festigkeitsmaximum zu erreichen.

Angaben über das Punktschweißen von Stahlblechen mit größeren Blechdicken (3 ÷ 12,7 mm) machen E. F. Nippes und R. F. Underhill (88). Bei den Blechdicken von 3 ÷ 6,4 mm wird ein nachträgliches Glühen der Schweißpunkte durch einen zweiten Stromstoß als notwendig angegeben, wenn man eine höhere Scherfestigkeit als 45% der Ausgangsfestigkeit haben will. Die in der Arbeit als günstigste Schweißdaten angegebenen Werte sind in der Zahlentafel 34 wiedergegeben. Die Schweißungen wurden mit einer 175 kVA-Maschine gemacht.

Zahlentafel 34.

Blechdicken	3,18	4,76	6,35	9,53	12,7	mm
Chem. Zusammensetzung:						
C	0,22	0,22	0,24	0,24	0,29	%
Mn	0,47	0,47	0,45	0,45	0,50	%
P	0,008	0,008	0,015	0,015	0,009	%
S	0,032	0,032	0,033	0,033	0,032	%
Oberfläche	gebeizt.	sand-gestrahlt	sand-gestrahlt	sand-gestrahlt	sand-gestrahlt	
Elektrodenspitze ⌀	17,8	20,3	22,2	23,8	28,6	mm
,, Radius	254	254	254	254	254	mm
Elektrodenkraft Vorwärm.	—	—	—	—	6130	kg
,, Schweiß.	2720	2720	2950	2950	2950	kg
Strom Vorwärmen	—	—	—	—	20000	Amp
,, Schweißen	28200	32000	25800	26000	31000	Amp
Zeit Vorwärmen	—	—	—	—	3,34	sek
,, Schweißen	1	1	4	6	6,65	sek
Elektrodenkraft Ende	2720	4540	5670	6130	6130	kg
Abkühlzeit	3,34	4	4	—	—	sek
Strom Nachglühen	92—95	91—95	87—92	—	—	%d.Schw. Stromes
Zeit ,,	2	2	6	—	—	sek
Schweißpunkt-⌀	16	18	20,6	22,4	26,2	mm

f) Einfluß der Oberflächenbehandlung.

§ 74. Der Oberflächenzustand der Bleche kann auf die Güte der Schweißung wie überhaupt auf die Durchführbarkeit derselben von entscheidendem Einfluß sein. Im § 13 wurden schon bei der Besprechung der DIN-Blätter 1621—1623 die Hinweise gegeben, die die Schweißbarkeit bezüglich der Oberflächengüte betreffen. Sie sind bei der Auswahl der geeigneten Blechsorte für ein Erzeugnis sehr wohl mit zu berücksichtigen, denn es gibt viele Qualitäten, die bei großen Serien eine gleichbleibend gute Schweißung nur nach vorheriger Reinigung, bzw. geeigneter Oberflächenbehandlung gewährleisten.

Sehr viele Erzeugnisse verlangen eine Oberflächenbehandlung, sei es zum Schutz gegen Korrosionsangriffe oder um ihnen ein gefälliges und ansprechendes Aussehen zu verleihen. Die Fertigung wird oft vor der Frage stehen, ob es zweckmäßiger ist, die Oberflächenbehandlung vor oder nach dem Zusammenbau der Einzelteile vorzunehmen. Beim Widerstandsschweißen als Zusammenbau-Arbeitsgang ist es grundsätzlich anzustreben, daß die Oberflächenbehandlung nach dem Schweißen vorgenommen wird. Andererseits wird es natürlich viele Fälle geben, bei denen dieser Arbeitsgang vor dem Schweißen durchaus wünschenswert ist.

Maßgebend für die Durchführbarkeit einer Widerstandsschweißung, insbesondere einer Punkt- oder Nahtschweißung, ist die Höhe des durch den Oberflächenzustand geschaffenen Kontaktwiderstandes und die Auswirkung desselben auf die Gefügeausbildung (Rekristallisation) in der Schweißzone und auf die Elektrodenstandzeit. Es kann wohl allgemein angenommen werden, daß Oberflächenschichten, die eine Erhöhung des Kontaktwiderstandes über wenige 10^{-2}-Ohmwerte bewirken, eine Widerstandsschweißung unmöglich machen, zumindestens aber sehr stark, insbesondere bei laufender Serienfertigung in Frage stellen. Aus diesem Grunde scheidet von vornherein das Aufbringen von Lack- oder sonstigen Farbüberzügen vor dem Schweißen aus, es sei denn, die Farbschicht wird an den zu verschweißenden Stellen doppelseitig wieder entfernt. Letzteren Weg wird man aber sicher nur dann beschreiten, wenn die Konstruktion oder die Funktion des Erzeugnisses dazu zwingt, da es der Weg der größeren Fertigungskosten ist. Die Auswirkung anderer bekannter Oberflächenverfahren, die z. B. als Korrosionsschutz verwendet werden, soll im folgenden bezüglich ihrer Auswirkung auf die Widerstandsschweißung kurz gekennzeichnet werden.

α) **Elektrolytisch verzinnte Bleche.** Verfahren: Elektrolytische Abscheidung des Metalles an der Kathode bei Gleichspannungen von 2—5 V aus wäßriger Lösung des Metallsalzes. Schichtdicke etwa 3—25 μ. Korrosionsbeständigkeit 5—96 Stunden Salznebel.

Schweißbarkeit: Das Verfahren bringt keine Erhöhung sondern in manchen Fällen eher eine Senkung der Kontaktwiderstände mit sich. Die Widerstandsschweißung derartig behandelter Bleche ist möglich, jedoch neigen die Elektroden z. B. beim Punktschweißen zum Kleben, was in der Fertigung hinderlicher ist. Eine Reinigung der Elektrodenspitzen ist nach etwa 100 Schweißungen notwendig. Der Korrosionswiderstand der Schweißpunkte ist wesentlich geringer als der des normalen verzinnten Bleches.

β) **Elektrolytisch verzinkte Bleche.** Verfahren: Elektrolytische Abscheidung des Metalls an der Kathode bei Gleichspannungen von 2—5 V aus wäßriger Lösung des Metallsalzes. Schichtdicke etwa 3—25 μ. Korrosionsbeständigkeit 24—400 Stunden Salznebel.

Schweißbarkeit: Kontaktwiderstände ähnlich denen bei elektrolytisch verzinnten Blechen (α). Die Widerstandsschweißbarkeit derartig behandelter Bleche ist gut. Die Elektroden neigen nicht zum Kleben. Bei dickeren Zinkschichten ist ein höherer Strombedarf nötig als bei dünneren. Auf eine Literaturstelle sei verwiesen (6), die für das Punktschweißen von galvanisch- und feuerverzinkten Blechen folgende Werte angibt: Blechdicke: 0,95 mm; Zinkauflage 468 gr/m²; Schweißstromstärke 15 000 Amp; Elektrodendruck etwa 4 kg/mm²; Schweißzeit 7—10 Perioden (60 Hz). Über den Korrosionswiderstand kann ausgesagt werden, daß der der Schweißpunkte geringer ist, insbesondere in der Randzone, als der normale Oberflächenschutz.

γ) **Feuerverzinnte Bleche.** Verfahren: Eintauchen des Werkstückes in ein schmelzflüssiges Zinnbad. Schichtdicken 8—20 μ. Korrosionsbeständigkeit 48 bis 96 Stunden Salznebel.

Schweißbarkeit: Das Verfahren kann verhältnismäßig ungleichmäßige Dicken der Schutzschicht ergeben, was sich nachteilig insbesondere auf die Elektrodenstandzeit auswirkt. Die Elektroden müssen z. B. beim Punktschweißen im allgemeinen schon nach 50 Punkten gereinigt werden. Auch hier Rückgang der Korrosionsbeständigkeit der Schweißpunkte, insbesondere in der Randzone.

δ) **Feuerverzinkte Bleche.** Verfahren: Eintauchen des Werkstückes in ein schmelzflüssiges Zinkbad. Schichtdicken 8—20 μ. Korrosionsbeständigkeit 96 bis 200 Stunden Salznebel.

Schweißbarkeit: Ähnlich wie β. Auch hier sei auf die obige Literaturstelle verwiesen.

ε) **Brünierte Bleche.** Verfahren: Halbmattes Schwarzbeizen der Stahlteile. Ausführung in wäßriger alkalischer Nitritlösung. Die Teile sehen bräunlich bis schwarz aus. Korrosionsbeständigkeit: etwa drei Stunden Salznebel.

Schweißbarkeit: Das Verfahren hat sehr hohe Kontaktwiderstände zur Folge, die bei mehreren hundert Ohm liegen können. Es ist keine Widerstandsschweißung möglich.

ζ) **Phosphatierte und attramentierte Bleche (Bondern und Parkern):** Verfahren: Es dient zur Vorbehandlung z.B. beim Lackieren von Stahlteilen, außerdem zur Verbesserung der Tiefziehfähigkeit von Stahlblechen (kein Abreißen des Ölfilms). Die Oberfläche wird stark aufgerauht und besteht aus einer harten, spröden Zinkphosphatschicht (Bondern) oder Manganphosphatschicht (Parkern). Schichtdicken: Kleinteile und Ziehbondern 8—15μ, Lackieren 1—3μ. Korrosionsbeständigkeit: etwa 24 Stunden Salznebel.

Schweißbarkeit: Die beiden Verfahren ergeben hohe Kontaktwiderstände. Sie liegen bei den gebonderten Blechen im allgemeinen höher als bei den parkerisierten Blechen. Bei letzterem Verfahren ist bei hohen Elektrodenkräften teilweise eine Schweißung mit starken Spritz- und Brandfleckenerscheinungen möglich, jedoch fertigungstechnisch bedeutungslos. Beide Oberflächenverfahren machen eine Widerstandsschweißung praktisch unmöglich.

η) **Sherardisierte Bleche (zinkdiffundiert):** Verfahren: Es wird auf der Oberfläche eine zinkhaltige Randschicht von erhöhter Korrosionsbeständigkeit erzeugt. Sie wird gewonnen durch Glühen in zinkhaltigem Pulver bei einer Temperatur unterhalb des Zinkschmelzpunktes, mit anschließendem beliebigen Abkühlen.

Schweißbarkeit: Die Kontaktwiderstände liegen wesentlich unterhalb der Grenze der Widerstandsschweißbarkeit. Die Punktschweißung derartig behandelter Bleche ist möglich und ergibt brauchbare Festigkeiten. Allerdings neigen die Elektroden stark zum Legieren und Kleben. Häufige Reinigung der Spitzen (nach etwa 30 Punkten) ist notwendig. Rückgang der Korrosionsbeständigkeit der Schweißpunkte.

3. Schweißbarkeit der Leichtmetalle (Punkt- und Nahtschweißen).

a) Grundsätzliches.

§ 75. Der Einfachheit halber wird im folgenden immer von Punktschweißen gesprochen, obwohl gleiches oder sinngemäß ähnliches auch für die Nahtschweißung mit Rollen gilt. Besonderheiten der Nahtschweißung namentlich für dichte Nähte werden jeweils besonders erwähnt.

Auch für die Buckelschweißung der Leichtmetalle sind viele Betrachtungen der Punktschweißung gültig. Allerdings wird die Buckelschweißung für Leichtmetalle bisher praktisch wenig angewendet, wohl mit Rücksicht auf die Schwierigkeiten bei der Erzeugung der Elektrodenkraft, die nämlich beim Verschwinden der Buckelwölbungen auch nicht für kürzeste Zeit in ihrer Wirkung beeinträchtigt sein darf. Die Anwendung von Stromprogrammen kann hier günstig wirken. Auf die Arbeit von JOHNSON (68) sei in diesem Zusammenhange verwiesen. Es wird hier ein ansteigendes Stromprogramm, das mit „Slope control" bezeichnet wird, verwendet.

Die besonderen Erfordernisse der Leichtmetallpunktschweißung werden durch die gute Leitfähigkeit der Leichtmetalle für den elektrischen Strom und für die Wärme bestimmt, sowie durch deren verhältnismäßig niedrigen Schmelzpunkte. Die chemische Beständigkeit und der hohe Schmelzpunkt, der sich beim Lagern an Luft leicht bildenden Metalloxyde bedingt einige weitere Eigenheiten.

Der guten elektrischen Leitfähigkeit im Leichtmetall entspricht auch eine hohe Kontaktleitfähigkeit, so daß zur Erzeugung einer bestimmten Wärmemenge durch Widerstandswirkung ($I^2 \cdot R \cdot T$) größere Schweißströme benötigt werden als bei Stahl. Allerdings vollzieht sich die Preßschweißung bei Leichtmetallen infolge der beträchtlich niederen Schmelzpunkte der Legierungsbestandteile und der niederen Rekristallisationstemperaturen bei wesentlich niedrigeren Temperaturen, bei ungefähr 500° C *(43)*, *(98)* gegenüber etwa 1200° C bei Stahl. Auch die geringere durchschnittliche spezifische Wärme der Leichtmetalle bedingt eine Verkleinerung des Wärmebedarfs für eine Schweißung und unter sonst gleichen Umständen also der Schweißstromstärke. Die gute Wärmeleitfähigkeit erhöht den Wärmeabfluß ins Schweißgut und in die gekühlten Elektroden. Im Sinne der Diagramme der Abb. 102 und 103 bedeutet das bei bestimmter Schweißzeit und bei bestimmter Butzentemperatur[1] am Ende der Schweißzeit eine beträchtliche Verbreiterung der erhitzten Zone, also erhebliche Erhöhung des zuzuführenden Wärmebetrages. Umgekehrt wird bei bestimmter Wärmezufuhr nur eine niedrigere Butzentemperatur erreicht. Das wirkt sich praktisch so aus, daß viele Leichtmetallbleche mit Stromstärken wie sie bei Stahl üblich sind, trotz Vervielfachung, z. B. Verhundertfachung der Schweißzeit überhaupt nicht auf Schweißtemperatur gebracht werden können. Die zugeführte Energie wird schließlich ohne weitere Temperatursteigerung als Verlustwärme abgeleitet. Die daher kurze Schweißzeit beim Punktschweißen von Leichtmetallen, die durch Verringerung der Wärmeverluste die benötigte elektrische Arbeit für jeden Schweißpunkt verringert, verlangt eine Erhöhung der je Zeiteinheit zugeführten Arbeit, der elektrischen Leistung und unter sonst gleichen Umständen eine Erhöhung der Schweißstromstärke. Die kurze Schweißzeit und auch elektrotechnische Umstände machen einen bestimmten selbsttätigen Ablauf der Schaltvorgänge unabhängig von der Bedienung der Maschine notwendig.

Die Aufgabestellung für die Leichtmetallschweißung, die sehr hohen Ströme und elektrische Leistung für relativ kleine Schweißzeiten zu liefern und mit beträchtlichen Schalthäufigkeiten gleichmäßig und betriebssicher zu schalten, hat vor rund 15 Jahren die Entwicklung der Widerstandsschweißmaschinen, ganz besonders aber die Entwicklung von geeigneten Schalt- und Steuergeräten angeregt und befruchtet. Die Eigenschaften der Maschinen und Geräte sind an anderer Stelle ausführlich besprochen (Teil IV C u. E). Nächst dem Temperaturfeld an der Schweißstelle ist mit die Elektrodenkraft die grundlegende physikalische Größe für den Verlauf der Preßschweißung. Die Elektrodenkraft kann ihrerseits auf das Temperaturfeld einwirken, weil die Kontaktwiderstände und in geringem Maße auch die Wärmeableitung durch sie geändert werden. Der Exponent in der Gleichung $r_k = c \cdot P^{-n}$ für den Zusammenhang zwischen Kontaktwiderstand und Kontaktkraft liegt bei Aluminium und Magnesium für die in Betracht kommenden Oberflächenzustände zwischen 1 und 2 *(86)*. Bei den meist vorliegenden Elektrodenkräften sind im Mittel nur wenige Prozent der tragenden Fläche beim Einsetzen des Schweißstromes in elektrischer leitender Berührung. Die Kontaktwiderstände haben beim Leichtmetallschweißen für mittlere Verhältnisse die gleiche Größenordnung wie die Stoffwiderstände, nämlich $10^{-5}\,\Omega$. Bei den großen Punktschweißmaschinen macht dann die Summe der Widerstände zwischen den Elektroden nur rund $1/10$ des Scheinwiderstandes des Sekundärkreises aus. Infolgedessen haben Änderungen der Widerstände zwischen den Elektroden, z. B. der Kontaktwiderstände nur auf etwa $1/10$ verringerte Änderungen des Schweißstromes zur Folge. Die Wärmeerzeugung zwischen den Elektroden ist aber den Widerständen dort proportional. Eine Widerstandserhöhung zwischen den Elektroden bewirkt daher im ganzen eine Tem-

---

[1] Bessere Wärmeleitfähigkeit beeinträchtigt die Voraussetzungen für die Annahme gleichmäßiger Temperatur eines zylindrischen Butzens wegen des stärkeren Wärmeaustausches mit den kalten Elektroden und dem umgebenden Blech.

peraturerhöhung an der Schweißstelle. Bei Widerstandsschweißmaschinen mit kleinem Scheinwiderstand des Sekundärkreises beispielsweise bei Doppelpunktschweißeinrichtungen leichter Bauart kann die Wirkung umgekehrt sein. Bei Widerstandserhöhung zwischen den Elektroden wird die Schweißstromstärke maßgeblich verringert, was sich quadratisch als Verringerung der Wärmeerzeugung auswirkt und nur zum Teil durch die den Widerständen proportionale Vergrößerung der Wärmeerzeugung ausgeglichen wird. Die Elektrodenkraft beeinflußt die Rekristallisation und womöglich Schmelz- und Erstarrungsvorgänge an der Schweißfuge und auch sonst in der Schweißlinse und ferner die Neigung zum Anlegieren zwischen den Elektroden und dem Schweißgut. Dabei kommt es nicht allein auf die Größe der Kraft, vielmehr auch auf die Kraftverteilung über die Kontaktfläche an, die durch Gestalt und Größe der Elektroden mitbestimmt wird.

Die Elektrodenkraft kann zur Erzielung vorteilhafter Wirkungen an der Schweißstelle während des Schweißvorganges mit der Zeit verändert werden; auch das Temperaturfeld kann bestimmten zeitlichen Änderungen unterworfen werden. Einen Vorschlag einer kombinierten Anwendung beider Programme machte FR. BOLLENRATH in einem Bericht über die Punktschweißung von Alliminium und seinen Legierungen (12), (105, 108, 121). Ein günstiges Rekristallisationsgefüge soll durch eine der eigentlichen Schweißung vorangehende Kaltverformung und eine nach der Schweißung in Verbindung mit einer thermischen Nachbehandlung durchgeführte Durchschmiedung erreicht werden. Das Schemabild eines Beispiels für Druck- und Stromverlauf aus der genannten Arbeit zeigt Abb. 243. Beschreibung der Programmsteuerung s. § 43, 47 u. 54, Schweißergebnisse mit derselben s. § 81.

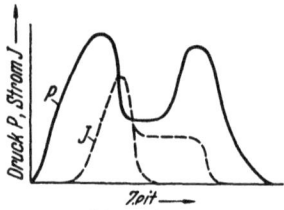

Abb. 243. Schematische Darstellung eines Druck- und Stromprogrammes nach BOLLENRATH.

Es wurde schon eingangs gesagt, daß die sonst gefürchteten Oxydschichten bei Leichtmetallen das Punktschweißen grundsätzlich nicht erschweren. Jedoch sind die Meinungen über die Vorteile oder Mängel dünner Oxydschichten, sowie über die Verfahren zur Entfernung der Schichten im einzelnen geteilt. Im Rahmen der sonst möglichen Streuung der Punktfestigkeiten ist offenbar der Unterschied durch Schmirgeln, durch Bürsten mit schnellaufender Drahtbürste, durch Bürsten mit schnellaufender Fiberbürste und durch Beizen nicht deutlich. Es bestehen auch Einflüsse vom Werkstoff her, insbesondere auch von der Art und Güte einer Plattierung. Zur Verringerung des Anlegierens zwischen Blech und Elektroden ist die Beseitigung der Oxydschichten von den Außenflächen der Teile allgemein zu empfehlen. Zum Schweißen hochwertiger Teile ist auch die Reinigung der Innenflächen anzuraten, um Verschiedenheiten der Schichten auf den Werkstücken auszuschalten. Bei Bauteilen mit langen Nähten oder vielen Punkten ist dann eine Beizung gerechtfertigt. Folgende Behandlung, sorgfältig angewendet hat sich bewährt:

1. 15—25 sek Beizen in 10%iger NaOH-Lauge von 60—70° C.
2. Spülen in Wasser,
3. Kurzes Tauchen in starke HNO_3-Säure[1],
4. Spülen in Wasser,
5. Trocknen.

---

[1] Das Tauchen in Säure dient nicht allein einer Neutralisation der Natronlauge, sondern dem Lösen von meist dunkel gefärbten Schichten, die sich im NaOH-Bad bei Schwermetall- bzw. Si-Gehalt der Bleche bilden. Erst nach der Behandlung in Säure sind die Teile metallisch weiß.

Nach der Behandlung können, ja sollten die Teile mindestens einige Stunden an Luft lagern ehe geschweißt wird.

Auf eine englische Angabe für die Behandlung von Dural und die Legierung Alclad sei in diesem Zusammenhang verwiesen (*90*). Desgleichen macht W. F. HESS, T. B. CAMERON und D. J. ASHCRAFT (*52*) umfangreiche Angaben über die Oberflächenbehandlung von Magnesiumlegierungen. Die Angaben von J. W. JOHNSON (*68*) für Al-Bleche mögen auch an dieser Stelle erwähnt sein.

b) Elektrodenform.

§ 76. Die Form der Elektroden einschließlich deren Größe ist von wichtiger Bedeutung für das Schweißergebnis. Die Spannungsverteilung im Schweißgut, beim Wirken der Elektrodenkraft, ferner die Wärmeableitung und die Stromdichte werden durch sie mit beeinflußt. Die Form soll im Betrieb mit einfachen Mitteln zuverlässig wieder hergestellt werden können. Diese Forderung wird wohl von den in der amerikanischen Literatur vorgeschlagenen Kegelspitzen mit Öffnungswinkeln von etwa 158—166° (*60*) weniger erfüllt, so daß sie in Deutschland auch kaum angewendet werden. Als Beispiel aus der Punktschweißung in Deutschland zeigt Abb. 244 eine Elektrode mit kugelförmiger Spitze. Spitzendurchmesser d und Radius r der Krümmung waren für verschiedene Blechdicken entsprechend Zahlentafel 35 vorgesehen.

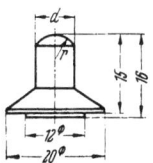

Abb. 244. Form einer Elektrodenspitze für die Leichtmetallschweißung.

Zahlentafel 35.
Angaben für Elektrodenspitzen beim Punktschweißen von Leichtmetallen.

Einzel-blechdicke	Spitzen-durchmesser d	Radius r der Krümmung
0,6 ... 0,8	8	5
1,0 ... 1,5	10	8
2,0	12	10

Mindestens eine der beiden Elektroden kann plan gewählt werden. Die Schweißung sieht dann auf der Seite der planen Elektrode nicht unschön aus. Das Anlegieren an der Elektrode ist sehr gering. Die Möglichkeiten für einen Korrosionsangriff am Schweißpunkt sind ebenfalls sehr gering.

Nach DIN-Vornorm E 50124 sind für Versuchsschweißungen zylindrische Elektrodenspitzen mit leicht balliger Schweißfläche (Krümmungshalbmesser $r = 100$ mm) vorgeschlagen. Diese sehr flache Krümmung vermeidet etwaiges Verkanten, ist aber sonst mit ebener Fläche praktisch gleichbedeutend, also im Betrieb auch einfach aufrecht zu erhalten. Die Vornorm sieht

für Einzelblechdicken bis 1,2 mm Elektrodenspitzen-⌀ von 9—10 mm

für Einzelblechdicken über 1,2 mm Elektrodenspitzen-⌀ 10—12 mm

vor. Der zylindrische Teil der Elektrodenspitze soll kurz gehalten sein, damit gute Ableitung der Wärme gewährleistet bleibt.

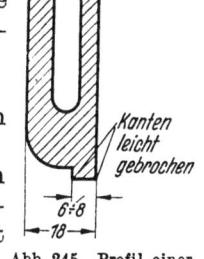

Abb. 245. Profil einer Rolle für das Nahtschweißen.

Beim Nahtschweißen mit Rollen werden Profile ohne Krümmung bevorzugt. Ein solches Profil, s. Abb. 245, ist nur einer geringen Änderung beim Schweißen unterworfen. Es ist beim Reinigen oder Nacharbeiten leicht maßhaltig wiederherzustellen. Die Breite der Kontaktfläche ist meist 6—8 mm.

Als Elektrodenwerkstoff für Leichtmetallschweißungen kommt vorzugsweise Elektrolytkupfer hart gezogen oder hart gehämmert zur Anwendung, das offenbar den geringsten Anlaß zu Korrosionsvorgängen an den geschweißten Bauteilen gibt. Auf gute Kühlung der Elektroden ist in Anbetracht der hohen Stromstärken besonders zu achten.

Es sollte nicht so sehr das Bestreben sein, möglichst viele Punkte ohne Nacharbeit der Elektroden zu schweißen, als vielmehr den Gesamtaufwand für das Nacharbeiten der Elektroden gering zu halten. Das wird außer durch richtige Wahl der Elektrodenkraft, der Schweißenergie und durch Vorbereiten der Oberflächen der Bauteile durch rechtzeitiges entschlossenes Reinigen der Elektroden erreicht. Größere Schmelzperlen oder dgl. erfordern beim Abarbeiten unverhältnismäßig viel Mühe und Zeit. Eine leichte Nacharbeit der Elektroden nach etwa 15 Punkten mit Schmirgelpapier auf fester, ebener Unterlage wird im allgemeinen günstig sein. Stark beeinträchtigte Elektrodenspitzen werden am besten vom Schweißer gegen Ersatzelektroden ausgetauscht und von der Werkzeugmacherei auf die richtige Form gebracht.

Rollen können durch Schaber, rotierende Bürsten usw. laufend gereinigt werden. Bei Beeinträchtigung des Profils wird ebenfalls vom Schweißer ein Austausch der Rollen bzw. eines etwa aufgesetzten Ringes vorgenommen.

c) Elektrodenkräfte.

§ 77. Eine grundlegende Richtlinie für die Wahl der Elektrodenkraft ist ihr Zusammenhang mit der Zugfestigkeit des zu schweißenden Werkstoffes nach Abb. 246 (17). Die Werkstoffzusammensetzung ist offenbar weniger von Einfluß. Praktische Bauteile, namentlich bei steifer Form und größeren Blechdicken benötigen höhere Elektrodenkraft.

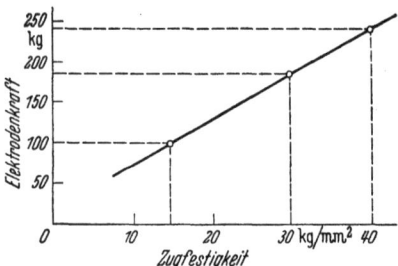

Abb. 246. Elektrodenkraft in Abhängigkeit von der Zugfestigkeit der zu schweißenden Bleche. (BORSTEL.)

Über verschiedene Auswirkungen der Elektrodenkraft beim Leichtmetallschweißen wurde schon weiter oben (§ 68) gesprochen. Oft werden Ungleichförmigkeiten im Schweißergebnis nicht richtig beurteilt, wenn sie durch Störungen der gleichmäßigen Krafterzeugung versucht werden. Die Elektrodenkraft wird nicht allein durch Federweg mal Federkonstante oder atü mal Kolbenfläche, allenfalls unter Berücksichtigung des Gewichtes von Elektrodenkopf, Kolben und Kolbenstange, Stromzuführungsbändern oder Gegengewichte usw. bestimmt, sondern in starkem Maße auch von Reibungserscheinungen. Bei Maschinen, die längere Zeit im Gebrauch sind, kann durch Verhärten oder Verschmutzen von Schmier- oder Dichtungsstoffen die Beeinträchtigung durch Reibung sehr groß werden. Das tritt besonders beim Nahtschweißen in Erscheinung oder bei größerer Formänderung am Schweißgut während der Schweißung. Durch Kälte wird die Reibung verstärkt. Eine Grundregel zur Verringerung oder Vergleichmäßigung der Reibung ist die Betätigung der Elektrodenbewegung oder der Krafterzeugung kurz vor dem Schweißen; namentlich nach kalten Nächten, oder sonst nach längerer Ruhepause für eine Maschine ist längere und wiederholte Betätigung nützlich. Es ist auch zu bedenken, daß der Gegendruck bei pneumatischer oder hydraulischer Krafterzeugung, der erst nach Beendigung einer Schweißung zur Rückbewegung einer Elektrode nützlich in Erscheinung tritt, auch während der Schweißung die erzielte Elektrodenkraft mitbestimmt. Ungleichmäßigkeiten im Elektrodendruck stören also die Erzeugung einer gleichmäßigen Elektrodenkraft. Bei der Messung von Elektrodenkräften können je nach den elastischen Eigenschaften der Kraftmeßeinrichtung Abweichungen gegenüber der tatsächlichen Kraft ohne diese Einrichtung auftreten. Richtwerte über die Höhe der Elektrodenkräfte s. §78.

d) Schweißzeit.

§ 78. Größe und Festigkeit der Punkte werden oberhalb einer (meist kleinen) und von der Blechdicke abhängigen Schweißzeit nicht mehr wesentlich geändert. Bisweilen sind kurze Schweißzeiten von 1 oder 2 Perioden oder weniger unerwünscht, wenn nicht genügend Schweißstrom zur Verfügung steht, oder zu plötzliche Abkühlungen vermieden werden sollen. Dann entsteht namentlich für dünne Bleche im Betrieb leicht die Auffassung, als hätte die Schweißzeit allgemein keinen stärkeren Einfluß auf das Schweißergebnis. Die Wärmezufuhr ins Schweißgut wird in allen Fällen proportional der Schweißzeit vermehrt, was sich an großen Teilen als Verspannung oder durch Verziehungen und auch sonst hinsichtlich der Festigkeit oder Korrosionsbeständigkeit der Punkte ungünstig auswirken kann. Für die meist verschweißten Einzelblechdicken bis 1,2 mm sind Schweißzeiten vorzugsweise zwischen 4—8 Perioden anzuwenden (17). Mit Rücksicht auf die zuverlässige und genaue Einstellbarkeit der Schweißzeiten bei den heute üblichen Steuergeräten wird sie am besten für bestimmte Blechdicken und Werkstoffe festgelegt. Die Regulierung der Schweißenergie geschieht dann unter Konstanthaltung auch aller übrigen Größen durch Änderung der Schweißstromstärke.

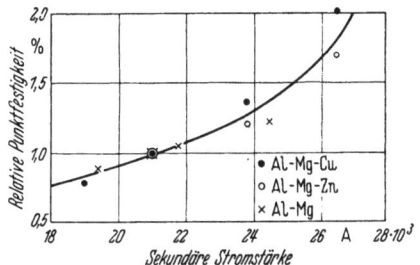

Abb. 247. Abhängigkeit der relativen mittleren Punktfestigkeit von der Schweißstromstärke für verschiedene Aluminiumlegierungen (mittlere Punktfestigkeit für 21000 Amp = 1,0). (BOLLENRATH-HAUK.)

Der Schweißstrom hat den auffälligsten Einfluß auf Größe und Festigkeit der Schweißpunkte. Die nähere Erörterung ist im Rahmen der Festigkeiten anschließend vorgesehen. Das Gesetz der Erhöhung der relativen statischen Punktfestigkeit mit wachsendem Strom ist nach Abb. 247 für 1 mm-Bleche auch für sehr verschiedene Legierungen im gleichen Maße gültig (14). Es sei auch hier gleich darauf hingewiesen, daß es meist nicht ratsam ist, Schweißungen mit höchster statischer Punktfestigkeit anzustreben. Eine Zusammenstellung von Richtwerten zum Punktschweißen Cu-freier Al-Legierungen nach Angaben der Siemens-Schuckert-Werke wird die praktische Auswahl von Schweißbedingungen erleichtern, s. Zahlentafel 36.

Zahlentafel 36. *Richtwerte zum Punktschweißen von Al-Legierungen.*

Blechdicke mm	Elektrodenkraft kg	Schweißzeit Per. (50 Hz)	Schweißzeit Sek	Schweißstrom kA
2×0,5	120—150	5—3	0,10—0,06	14—18
2×0,8	140—180	6—4	0,12—0,08	17—22
2×1,2	170—220	8—5	0,16—0,10	20—25
2×1,5	200—250	10—6	0,20—0,12	23—27
2×2	240—300	12—8	0,24—0,16	26—30
2×3	300—400	15—10	0,30—0,20	30—35

In Zahlentafel 37 sind amerikanische Richtwerte (66) für das Punktschweißen von Aluminium bei einfacher Druckperiode wiedergegeben.

Auch Folien mit wenigen 100stel mm Dicke (solche Folien können mit Schweißzeiten unter 0,01 sek gepunktet werden), sowie in Ausnahmefällen Bleche bis 2×5 mm sind gut geschweißt worden. Bei ungleichen Blechdicken richten sich die Schweißbedingungen in erster Linie nach dem dünneren Blech, es können also erheblich größere Gesamtdicken geschweißt werden. Auch mehr als 2 Bleche können gleichzeitig miteinander verschweißt werden; sowie verschiedene Legierungen miteinander (*98*).

Zahlentafel 37.

Blech-dicke mm	Elektroden-Spitzengröße Radius der Kuppe	⌀ mm	Min. Elektr.-Kraft kg	Schweiß-strom A	Schweiß-zeit Perioden
0,56	50,8	3,18	83	18 500	3
0,91	50,8	3,97	132	22 000	5
1,22	76,2	4,76	189	24 500	6
1,63	101,6	5,56	257	27 000	8
2,03	101,6	6,35	335	30 000	9
2,64	101,6	7,14	425	33 500	11
3,25	127	7,94	520	37 000	13

Für Reinaluminium, bzw. für die Cu-haltigen Legierungen mit höchster Festigkeit sind entsprechend deren Festigkeit niedere bzw. höhere Elektrodenkraft und demzufolge niederer bzw. höherer Schweißstrom anzuwenden. Bei Reinaluminium bedingt aber die gute elektrische Leitfähigkeit Stromerhöhung.

Die Magnesiumlegierungen erfordern infolge geringerer Festigkeit und geringerer Leitfähigkeit kleinere Elektrodenkraft und kleineren Schweißstrom als in der Zahlentafel 36 angegeben.

Auf die günstige Wirkung des Nachwärmens der Schweißpunkte bzw. bestimmter thermischer Behandlung mit der Programmsteuerung wird in § 81 eingegangen.

Beim *Nahtschweißen* mit Rollen gelten für Reihenpunktnähte bestimmter Teilung fast gleiche Bedingungen wie beim Punktschweißen. Für dichte Nähte sind infolge der stärkeren Nebenschlußwirkung durch den kleinen Punktabstand höhere Ströme anzuwenden. Jede Schweißstelle wird durch den heißen nachbarlichen Schweißpunkt stark vorgewärmt. Die Schweißzeiten brauchen etwa nur die Hälfte der für die Punktschweißung üblichen zu betragen. Durch die Schweißpause wird im Anschluß an die Schweißzeit der Punktabstand für bestimmten Vorschub festgelegt. Einen Punktabstand von 1,3 mal Einzelblechdicke ist im allgemeinen günstig. Der größtmögliche Vorschub ist vielfach durch die größte durchschnittliche Belastungsfähigkeit der Schweißmaschine, insbesondere des Sekundärkreises bestimmt. Die Schweißpause darf nach den sonst gewählten Daten einen gewissen Wert nicht unterschreiten. Durch Schweißstrom, Schweißzeit und Punktabstand ist für eine Belastungsfähigkeit des Sekundärkreises der Vorschub und damit die Schweißpause festgelegt, s. hierzu § 89. Eine etwa notwendige Stromerhöhung bedingt dann bei gleichen Punktabstand Verringerung des Vorschubes und entsprechende Verlängerung der Pause. Steife Bauteile erfordern bisweilen selbst bei hoher Leistungsfähigkeit der Schweißmaschine eine Beschränkung des Vorschubes.

Das Vorwärmen jedes Punktes der dichten Naht durch den vorhergehenden und das Nachwärmen durch den Nebenschlußstrom des folgenden ermöglicht die Ausbildung eines sehr günstigen und festen Schweißgefüges. Bestwerte können für bestimmten Punktabstand oder unter sonst gleichen Umständen für einen bestimmten Vorschub erlangt werden (*99, 48*).

Die dem Schweißgut je Meter Naht zugeführte Energie (Watt-sek/m) ist beim Nahtschweißen mit Rollen nur ein kleiner Bruchteil im Vergleich zur Energiezufuhr bei allen anderen Schweißverfahren. Die Naht sieht von Außen unauffällig und sauber aus. Die Nähte können auch für Drücke von 10 atü und mehr absolut gas- und flüssigkeitsfest geschweißt werden. Es ist naheliegend, daß zur Erlangung gleichmäßiger dichter Nähte die Schweißbedingungen sorgfältig konstant eingehalten werden, und daß auch die Bauteile hinsichtlich Werkstoffeigenschaften und Oberflächenzustand gleichmäßig sein müssen.

e) Festigkeit.

§ 79. Im allgemeinen hat das Blech mit höherer Zugfestigkeit des Grundwerkstoffes die höhere Punktfestigkeit. Die wichtigsten Untersuchungsergebnisse für zügige Beanspruchung sind geordnet nach Leichtmetallgattungen und Blechdicken in Zahlentafel 38 zusammengefaßt. Die zum Bruch führende Bruch-

Zahlentafel 38.
Dauerfestigkeit von (einschnittigen) Punktschweißungen von Leichtmetallen[1].

Werkstoff		Blechdicke	Punktanordnung	Art der Beanspruchung	Dauerfestigkeit	Veröffentlicht von
Gattung	weitere Angaben	mm			kg je Pkt.	
Al–Mg	Hy 7	2×1	3 Punkte einreihig	Zugursprungsbelastung	45	K. Schraivogel 1936
	Hy 7	2×2	Einzelpunkte	Zugschwellbelastung	80	E. Osswald 1937
	Al Mg 7	2×2	Einzelpunkte	Zugursprungsbelastung	105	C. Haase 1940
Al–Mg–Si	Al–Mg–Si	2×1,5	Einzelpunkte	Zug	55[2]	E. Rietsch 1937
	Al–Mg–Si	2×1,5	Einzelpunkte	Zugursprungsbelastung	64	C. Haase 1940
Al–Cu–Mg	Dural	2×0,4	3 Punkte einreihig	Zugursprungsbelastung	35	K. Schraivogel 1936
	Dural	2×2	Einzelpunkte	Zugursprungsbelastung	48	K. Schraivogel 1936
	Al–Cu–Mg	2×1,5	Einzelpunkte	Zug	80[2]	E. Rietsch 1937
		2×1	Einzelpunkte	Zugursprungsbelastung	65	C. Haase 1940
	Al–Cu–Mg	2×1,5	Einzelpunkte	Zugursprungsbelastung	68	C. Haase 1940
	Al–Cu–Mg	2×2	Einzelpunkte	Zugursprungsbelastung	129	C. Haase 1940
Al–Cu–Mg pl.	Duralplat	2×2	Einzelpunkte	Zugschwellbelastung	130	E. Osswald 1937
Mg–Al 6		2×1	Einzelpunkte	Zugursprungsbelastung	28	C. Haase 1940
		2×2,5	Einzelpunkte	Zugursprungsbelastung	92	C. Haase 1940.

[1] ohne besondere Wärmebehandlung, ohne Programmsteuerung und dgl., s. auch Zahlentafel 40.
[2] leichte Oberflächenverletzungen.

spannung, als Quotient aus Bruchlast und Bruchfläche bzw. verschweißtem Querschnitt ist wegen der Unsicherheit des Ausmessens der maßgebenden Fläche schwer zu ermitteln. Sie wird vielfach nur mit Vorbehalt angegeben. Für die praktische Festigkeitsrechnung ist die auf den tragenden Blechquerschnitt bezogene Bruchspannung interessanter (Bruchlast : Blechdicke × Punktabstand). Die Punktfestigkeit wächst mit der Blechdicke, aber nicht quadratisch wie man für den Fall einer Proportionalität zwischen Punktdurchmesser und Blechdicke erwarten möchte. Beispiele zeigt Abb. 248 (47). Der bei größeren Blechdicken vorliegende verhältnismäßig kleinere Punktdurchmesser wird durch die Gefahr der Bildung von Poren, Lunkern usw. in großen Schweißpunkten, aber auch durch Beschränkung des verfügbaren Schweißstromes begründet.

Auf die Abhängigkeit der Punktfestigkeit vom Schweißstrom wurde schon in § 68 verwiesen und an Hand der Abb. 233 ein Beispiel angeführt. Ein weiteres möge noch die Abb. 249 zeigen, und zwar für 2×1 mm Bleche der Gattung Al–Mg–Si (16).

Auf einen weiteren Einfluß der Elektrodenkraft auf die Punktfestigkeit, nämlich im Zusammenhang mit der gegenseitigen Lage von Schweißpunkten muß noch hingewiesen werden. Namentlich bei relativ hohem (Schein-)Widerstand des Sekundärkreises ist beim Schweißen eines Punktes in der Nähe eines schon vorher geschweißten Punktes die Aufteilung des Stromflusses auf die beiden Punkte vom Verhältnis ihrer Widerstände abhängig. Durch Erhöhung der Elektrodenkraft kann zufolge Erniedrigung des Kontaktwiderstandes der Stromfluß durch den neu zu schweißenden Punkt verstärkt werden. Die Wärmeerzeugung an der Blechfuge nimmt, ebenso wie beim Schweißen von Einzelpunkten, bei konstantem Strom mit steigender Elektrodenkraft ab. Beim Schweißen von Punktreihen ist daher insgesamt der Zusammenhang zwischen Punktfestigkeit und steigender Elektrodenkraft bei bestimmter Transformatoreinstellung und bei festem Punktabstand kein monoton fallender wie beim Schweißen von Einzelpunkten; vielmehr steigt die Kurve bis zu einem günstigen Werte der Elektrodenkraft an, um danach bei weiterer Krafterhöhung abzufallen (Abb. 250) (47). Auch andere Gesetzmäßigkeiten sind möglich. Diese Erscheinungen sind kein Widerspruch zu den für das Schweißen von Einzelpunkten ermittelten Zusammenhängen zwischen Punktfestigkeit und den Schweißbedingungen, die im Grunde auch beim Schweißen von Punktreihen gelten. Nur ist der beim Schweißen von Punktreihen maßgebende Schweißstrom nicht dem aus der Elektrode austretenden Strom gleichzusetzen.

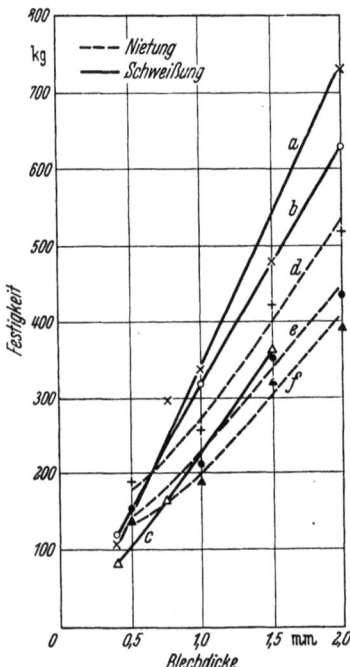

Abb. 248. Festigkeit von Einzelpunkten, Kurven a, b und c, und Einzelnieten, Kurven d, e und f, für Aluminium-Legierungen. a, d Legierung Al–Cu–Mg, angenommene Scherfestigkeit 26,5 kg/mm², b, e Legierung Al–Mg 7, angenommene Scherfestigkeit 22 kg/mm², c, f Legierung Al–Mg–Si₂ angenommene Scherfestigkeit 20 kg/mm².
Nietdurchmesser 3,0 mm f. Blechdicke 0,5 mm
Nietdurchmesser 3,5 mm f. Blechdicke 1,0 mm
Nietdurchmesser 4,5 mm f. Blechdicke 1,5 mm
Nietdurchmesser 5,0 mm f. Blechdicke 2,0 mm
(HAASE.)

Daraus folgt, daß Untersuchungen über Punktfestigkeiten in Abhängigkeit der Schweißbedingungen auch für diejenigen Punktanordnungen durchgeführt werden müssen, für die sie angewendet oder ausgewertet werden sollen. Als Probestäbe sind Streifen nach DIN-Vornorm E 50124 von der Breite des Punktabstandes zu verwenden, so daß bei einreihigen Nähten jeweils ein Schweißpunkt, bei zweireihigen (Ketten-)Nähten zwei Schweißpunkte, die in der Kraftrichtung hintereinander liegen, geprüft werden. Die Schweißpunkte sollen in der Stabachse liegen. Der erste Schweißpunkt soll zur Prüfung nicht herangezogen werden, da er wegen Fehlens der Nebenschlußwirkung andere Eigenschaften als die übrigen Punkte hat. In der Vornorm sind Angaben über kleinste Punktabstände in Beziehung zur Blechdicke gemacht (s. Zahlentafel 39). Für Punktabstände oberhalb dieser Mindestwerte ist im allgemeinen die Beeinflussung durch Nebenschlußwirkungen gering. Bei Gleichheit von 2 Punkten in einer Probe und bei entsprechender Lage müßte die Scherzugfestigkeit der Probe doppelt so groß sein wie bei einem Punkt. Bei Anordnung der beiden Punkte in Kraftrichtung hintereinander könnte wegen Vermeidung einer Biegungskomponente sogar eine Bruchlast über dem Doppelten erwartet werden. Tatsächlich ist die Scherzugfestigkeit von Proben mit zwei oder mehr Punkten im allgemeinen geringer als dem betreffenden Vielfachen der Punktfestigkeit entspricht und zwar um so mehr, je ungleichmäßiger der Aufbau der Punkte und je

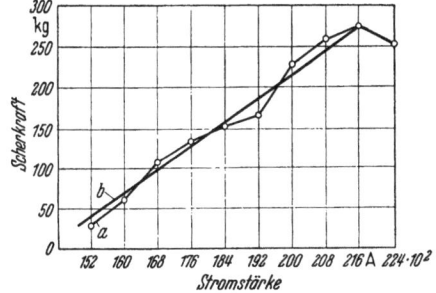

Abb. 249. Einfluß der Stromstärke auf die Scherkraft von Schweißpunkten an 1 mm dicken Pantalblechen.
a Mittelwerte aus zehn Versuchsstreifen. b Stetiger Verlauf. (BORSTEL.)

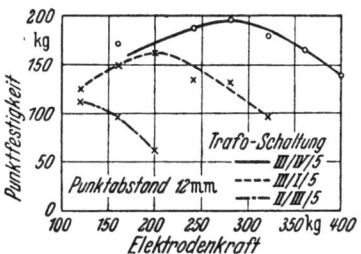

Abb. 250. Einfluß der Elektrodenkraft bei einreihiger Punktschweißung mit geringem Punktabstand. Duralplat 1,0 mm Blechdicke. (HAASE.)

ungleichmäßiger die Spannungsverteilung ist (99). Ist bei geringerem Punktabstand nicht mit angemessener Rücksicht auf die Nebenschlußwirkung geschweißt worden, so ergibt sich zwangsläufig eine starke Ungleichmäßigkeit einzelner Punkte.

Auch bei *zweischnittigen* Proben wird die gegenüber *einschnittigen* Proben zu erwartende Verdoppelung der Bruchlast nur bedingt erreicht.

In Zahlentafel 40 ist eine Übersicht gegeben, der bei vorwiegend deutschen Legierungen erreichten statischen Festigkeit. Es wurde nach Möglichkeit vermerkt, in welcher Punktanordnung die Punktfestigkeiten gemessen wurden. Bezüglich amerikanischer Legierungen sei auf folgende Arbeiten verwiesen: E. C. HARTMANN u. G. W. STICKLEY (50), W. F. HESS, T. B. CAMERON u. D. J. ASHCRAFT (52), J. W. JOHNSON (68), J. C. BARETT (5). Eine Arbeit von R. C. MCMASTER u. H. J. GRÖVER (82) veröffentlicht Ergebnisse mit einer kapazitiven Speichermaschine.

Zahlentafel 39.
Mindestpunktabstände für geringe Nebenschlußwirkung (nach Din-Vornorm E 50 124).

(Einzel-)Blechdicken	Mindestpunktabstände
bis 0.5 mm	12 mm
über 0,5 bis 1 mm	15 mm
über 1 bis 1,5 mm	20 mm
über 1,5 bis 2 mm	25 mm
über 2 mm	30 mm

Die im Scherzugversuch auftretende *Bruchform* der festen Punktschweißverbindung ist in erster Linie abhängig von der Blechdicke. Nur bei dicken Blechen tritt ein Scherbruch durch die Schweißzone ein; gelegentlich wohl auch als Ausschälen einer Linse. Bei dünnen Blechen, besonders bei weichem Werkstoff, „reißen die Punkte aus". Das eine Blech erhält gemäß der Punktgröße ein Loch, der ausgerissene Butzen verbleibt praktisch unversehrt am anderen Blech. In solchen Fällen ist die Festigkeit der gerissenen ringsförmigen Fläche offenbar geringer als die der verschweißten kreisförmigen Fläche.

Bei einwandfreier *zweischnittiger* Punktverbindung tritt neben dem Bruch durch Abscheren noch eine weitere Art der Abtrennung auf, die eine starke Ähn-

Zahlentafel 40. *Statische Festigkeit von Punktschweißungen an Leichtmetallen*[1].

Werkstoff		Blechdicke	einschnittig[3]	zweischnittig[4]	Einzelpunkte	Doppelpunkt in Kraftrichtung Punktabstand	Proben wurden entnommen		Scherzugfestigkeit (Punktfestigkeit)	Scherzugfestigkeit	Bemerkungen (veröffentlicht von)
Gattung	weitere Angaben	mm					einer längeren Punktreihe	längerer Doppelreihe von Punkten	kg je Punkt	kg/mm²	
1	2	3	4	5	6	7	8	9	10	11	12
Al	weichgeglüht	2×1	+						110—120	7—8	F. Rosenberg 1937
	weichgeglüht	2×1	+			25,4			80		G. O. Hoglund u. G. S. Bernard 1938
	weichgeglüht	2×3	+			38			330		
	kaltverfestigt	2×1	+			25,4			95		G. O. Hoglund u. G. S. Bernard 1938
	kaltverfestigt	2×3	+			38			390		
Al–Mg	Hy 5	2×1,02	+			25		+	267		F. Bollenrath u. V. Hauk 1942
	Hy 16 (6 Mg 1 Zn)	2×0,98	+			25		+	274		F. Bollanrath u. V. Hauk 1942
	Hy 7	2×2	+		+				~500	16	E. Osswald 1937
	Hy 7	3×2		+	+				~1000	20	E. Osswald 1937
	Al–Mg 7	2×0,4	+		+				120		C. Haase 1940
	Al–Mg 7	2×1	+		+				320		C. Haase 1940
	Al–Mg 7	2×2	+		+				625		C. Haase 1940
	B 55	2×1	+		+				314	8,4	F. Rosenberg E. Rietsch 1937
	B 55	2×2	+		+				626	17,6	
	Hy 9	2×1	+		+				210—250	11—13	F. Rosenberg 1937
	Hy 9w	2×0,5	+		+		+		120		K. Reichel 1938
	Hy 9w	2×1	+		+		+		200		K. Reichel 1938
	Hy 9	2×1,10	+			25		+	335		F. Bollenrath u. V. Hauk 1942
Al–Mg–Si	Pantal	2×0,4	+		+				86	7,8	F. Rosenberg E. Rietsch 1937
	Pantal	2×1	+		+				192	13,7	
	Pantal	2×1,5	+		+				364	12,0	
	Pantal	2×1,0	+		+				150—170	12—14	F. Rosenberg 1937
	Pantal	2×1	+		+				250		W. Borstel 1938
	Al–Mg–Si	2×0,4	+		+				80		C. Haase 1940
	Al–Mg–Si	2×1,5	+		+				360		C. Haase 1940
Al–Cu–Mg	Dural	2×0,45	+		+				78,6	10,9	N. F. Ward 1934
	Dural	2×0,81	+		+				102	7,9	N. F. Ward 1934
	Dural	2×1	+		+		+		300		K. Schraivogel 1936
	Dural	2×2	+		+		+		450		K. Schraivogel 1936
	Bondur	2×0,4	+		+				108	9,5	F. Rosenberg E. Rietsch 1937
	Bondur	2×1,0	+		+				306	13,2	F. Rosenberg E. Rietsch 1937

Fortsetzung von Zahlentafel 40.

Werkstoff		Blechdicke mm	einschnittig[a]	zweischnittig[a]	Einzelpunkte	Doppelpunkt in Kraftrichtung Punktabstand	Proben wurden entnommen		Scherzugfestigkeit (Punktfestigkeit) kg je Punkt	Scherzugfestigkeit kg/mm²	Bemerkungen (veröffentlicht von)
Gattung	weitere Angaben						einer längeren Punktreihe	längerer Doppelreihe von Punkten			
1	2	3	4	5	6	7	8	9	10	11	12
Al-Cu-Mg	Bondur	2×1,5	+		+				408	15,8	F. Rosenberg E. Rietsch 1937
	Dural	2×1	+		+				220—250	12—14	F. Rosenberg 1937
	Dural	2×0,6	+		+				200		Blumrich 1940
	Dural	2×1	+		+				300		Blumrich 1940
	Al-Cu-Mg	2×0,4	+		+				110		C. Haase 1940
	Al-Cu-Mg	2×1	+		+				335		C. Haase 1940
	Al-Cu-Mg	2×2	+		+				730		C. Haase 1940
	n. Din 1713	2×1	+						rd. 300		F. Bollenrath u. V. Hauk 1942 Mittel aus Probeschweißungen der Industrie.
	Dural	2×0,8	+		+		+		270		K. Eberspächer 1942
	Dural	2×1,5	+		+		+		410		K. Eberspächer 1942
	3,7—4,7 Cu 0,4—1,0 Mg	2×0,6	+			20		+	125		F. Bollenrath u. V. Hauk 1942
	0,3—0,7 Mn	2×1,05	+			30		+	317		
Al-Cu-Mg pl	Duralplat	2×0,5	+		+				115		E. Osswald 1937
	Duralplat	2×2	+		+				~400		E. Osswald 1937
	Alclad 24 S ausgehärtet	2×1	+			25,4			250		H. O. Hoglund u. G. S. Bernard 1938
		2×3	+			38			810		
	Duralplat	2×0,4	+		+				~ 60		W. Borstel 1938
	Duralplat	2×1,2	+		+				~350		W. Borstel 1938
	Al-Cu-Mg pl	2×1,03	+			20		+	250		F. Bollenrath u. V. Hauk 1942
Al-Mg-Zn	Hy 43 DVL (3,5Mg, 4,5Zn)	2×1,05	+			25		+	337		F. Bollenrath u. V. Hauk 1942
	52S (2,5 Mg 0,25Cr)	2×1	+			25,4			220		G. O. Hoglund u. G. S. Bernard 1938
	53S (0,7 Si 1,3Mg 0,25 Cr)	2×3	+			38			960		G. O. Hoglund u. G. S. Bernard 1938

Fortsetzung S. 206

Fortsetzung von Zahlentafel 40.

Werkstoff		Blechdicke	einschnittig[3]	zweischnittig[4]	Einzelpunkte	Doppelpunkt in Kraftrichtung	Proben wurden entnommen		Scherzugfestigkeit (Punktfestigkeit)	Scherzugfestigkeit	Bemerkungen (veröffentlicht von)
Gattung	weitere Angaben						einer längeren Punktreihe	längerer Doppelreihe von Punkten			
		mm				Punktabstand			kg je Punkt	kg/mm²[1]	
1	2	3	4	5	6	7	8	9	10	11	12
	3S–H(1,2Mn kaltverfest.)	2×1	+			25,4			120		G. O. Hoglund u. G. S. Bernard 1938
	,,	2×3	+			38			580		G. O. Hoglund u. G. S. Bernard 1938
	Elektron	2×0,91	+		+				120		F. Rosenberg 1937
Mg–Al 6	(AZM)	2×1	+		+				175		C. Haase 1940
	(AZM)	2×2,5	+		+				950		C. Haase 1940
Mg–Mn	(AM503)	2×1	+		+				56,5		K. Reichel 1936
	(AM503)	2×1	+		+				100		C. Haase 1940
	(AM503)	2×2,5	+		+				410		C. Haase 1940

[1] Ohne besondere Wärmebehandlung, ohne Programmsteuerung u. dgl.
[2] Bezogen auf Bruchfläche bzw. verschweißten Querschnitt.
[3] Einschnittige Probenform: ═══×═══
[4] Zweischnittige Probenform: ═══×═══

lichkeit zur Bruchform einer genieteten Verbindung hat. Der mittlere Teil trennt sich bei kleinen Blechdicken in der Randzone von dem geschweißten Werkstoff ab und beginnt durch den Lochleibungsdruck zu fließen. Das kann bei dicken Blechen nur bei kleinem Randabstand geschehen; andernfalls entsteht ein Scherbruch durch die Schweißzone. Leicht verschweißte („geklebte") Punktschweißverbindungen springen meist bei sehr kleiner Bruchlast an der Fuge auseinander.

f) Korrosion und Gefügebild.

§ 80. Die (statische) Punktfestigkeit darf nicht mit Vergrößerung des Schweißpunktes, insbesondere seiner Dicke, soweit gesteigert werden, daß der Grundwerkstoff bis zur Blechoberfläche rekristallisiert oder sonst beeinträchtigt ist, da dann die Gefahr einer Korrosion des Schweißpunktes von der Oberfläche her besteht. Die Gefahr wird erhöht bei mangelhafter Säuberung der Elektroden, so daß beim Anlegieren Kupferteile in die Leichtmetalloberfläche eindringen, die bei Zutritt von Feuchtigkeit mit dem Leichtmetall Lokalelemente bilden. Bei richtigem Verlauf der Schweißung ist mit einer besonderen Korrosionswirkung an den Außenflächen punktgeschweißter Teile aus korrosionsfestem oder seewasserbeständigem Werkstoff nicht zu rechnen. Punktgeschweißte Proben aus dem Werkstoff der Gattung Al–Mg (Hy 7 w) wurden mehrere Monate hindurch im Wechseltauchgerät dem Korrosionsangriff ausgesetzt (*89*). Ein Abfall der statischen Festigkeit war danach nicht festzustellen. Eine stärkere Korrosionswirkung in der Trennfuge kann durch dünnflüssige Oberflächenschutzmittel verhindert werden.

Punktgeschweißte Versuchsteile ebenfalls aus dem Werkstoff der Gattung Al–Mg (Hy 9w) wurden im Sprühschrank im Verlauf mehrerer Monate jede Stunde 10 Minuten lang mit 3%iger NaCl-Lösung übersprüht (*91*). An den gereinigten Seiten war Korrosion an den Schweißpunkten nicht festzustellen.

Bei den aushärtbaren Legierungen treten u. U. bei niedrigen Temperaturen Entmischungserscheinungen auf, die den Vorgang einer interkristallinen Korrosion begünstigen (*106*). Beim Punktschweißen sind Störungen durch interkristalline Korrosion bis jetzt offenbar weitgehend vermieden worden.

Eine beachtenswerte Beschränkung der Korrosionserscheinungen ist durch die Verwendung korrosionsfester bzw. seewasserbeständiger Plattierungen bei den ausgehärteten Cu-haltigen Legierungen zu verzeichnen. Die Plattierschichten dürfen bei der Vorbereitung der Teile zum Punktschweißen nicht zerstört oder gar entfernt werden. Auch sind Rißbildungen, sowie starkes Anlegieren an den Elektroden zu unterbinden.

In diesem Zusammenhang wird auf die Nützlichkeit der Untersuchung der Schweißpunkte an der Blechoberfläche mittels Lupe oder im Querschliff mit dem Metallmikroskop hingewiesen. Schrumpfrisse sind vielfach ein Zeichen ungün-

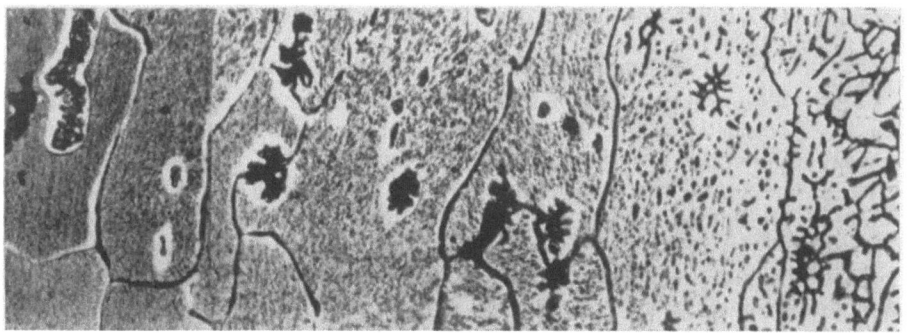

Abb. 251. Übergang vom Blechgefüge zur Linse bei einer Punktschweißung der Gattung Al–Cu–Mg. (V = 720 ×.) Linke Bildseite: Das Peritektikum geht unter Aufnahme von Kupfer aus dem umgebenden Mischkristall in Eutektikum über. Bild-Mitte: Zunehmende Verästelung des Eutektikums und Koagulation des gelösten Kupfers. Rechter Bildrand: Rand der Linse. (RÖHRIG-KÄPERNICK.)

stiger Schweißbedingungen. Man prüfe, ob die Elektrodenform der geplanten Ausführung entspricht und ob nicht etwa durch wesentlich stärkere Krümmung der Kontaktfläche die Stromdichte im Schweißgut erhöht wurde.

Eventuell muß die Elektrodenkraft verstärkt werden. Zu kurze Schweißzeiten (1 oder 2 Per. bei mittleren Blechdicken) können die Entstehung von Rissen durch zu schroffe Abkühlung, lange Schweißzeiten durch die übermäßigen Erhitzungen bis zur Blechoberfläche begünstigen.

Die Bildung von Poren oder Gasblasen wird durch geringe Elektrodenkraft oder durch übermäßige Energiezufuhr gefördert. Wenige und kleinere Gasblasen sind beim Schweißen der Leichtmetalle ebenso natürlich wie unschädlich, da sie, meist in der Mitte des Schweißpunktes gelegen, die maßgebende Spannungshöhe am Rande der verschweißten Fuge kaum beeinflussen.

Eine Arbeit über Gefügeuntersuchungen sei angeführt (*98*). Sie betrifft die Gattung Al–Cu–Mg. Das sicherlich nicht beliebig zu verallgemeinernde Ergebnis dieser mikrographischen Gefügeuntersuchung wird mit den Worten der Verfasser zusammengefaßt:

„Unter dem Elektrodendruck werden die zuerst flüssig werdenden Anteile des Gefüges seitlich aus der Schweißlinse herausgepreßt. Sie treten in die Trennungsfuge und z. T. in aufgetaute Korngrenzen ein.

Die Oxydhaut wird zusammen mit den Kristalltrümmern der noch nicht aufgeschmolzenen manganhaltigen Cu–Al$_2$-Verbindung in den äußeren Ecken der Schweißlinse abgelagert. Die Temperaturen, die in den einzelnen Zonen der Schweißverbindung erreicht worden sind, können aus dem Zustand des Gefüges abgeleitet werden. Kurz außerhalb der Linse ist eine Temperatur von 525 bis 548° erreicht worden, über 544° ist nur der Linsenkern erhitzt worden.

In den am höchsten erhitzten Gebieten bildet sich ein Gefügezustand aus, der gekennzeichnet ist durch das Auftreten myzelartiger Verästelungen der bereits aufgeschmolzenen Anteile der Legierung. In diesen Gebieten ist das neue Korn, das durch die bei einer nachträglichen Glühung eintretende Homogenisierung deutlich sichtbar gemacht werden kann, bereits vorgebildet."

Aufschlußreich ist die Verfolgung der außerhalb des eigentlichen Punktes sich abspielenden Vorgänge. Abb. 251 zeigt in 720facher Vergrößerung die geätzte Schlifffläche im Übergangsgebiet zwischen Grundwerkstoff und der stark erhitzten Linse. Aus den ursprünglich weiß erscheinenden CuAl$_2$-Kristallen bildet sich unter Reaktion mit dem angrenzenden Mischkristall (links) graues Peritektikum. Mit Annäherung an die Linse zeigen sich um die peritektischen Massen weiße Säume des an Kupfer verarmten Mischkristalls sowie zunehmende Verästelung des Eutektikums und Koagulation des gelösten Kupfers.

g) Wärmebehandlung und Programmsteuerung.

§ 81. Es konnte angenommen werden, daß ähnlich wie beim Stahl auch bei den Leichtmetallen eine Verbesserung der Güte und Festigkeit der Punktschweißverbindung durch eine bestimmte Lenkung des Erhitzungsvorganges, bzw. durch eine *Wärmebehandlung nach der Schweißung* erreicht wird. Beim Rollennahtschweißen dichter Nähte tritt infolge Nebenschlußwirkung zwangsläufig beim Schweißen des folgenden Nachbarpunktes eine Nacherwärmung jedes Punktes ein. Auf die dadurch zu erzielende Festigkeitsverbesserung wurde schon kurz hingewiesen (§ 34).

Nicht viel anders liegen die Verhältnisse beim Punktschweißen von Punktreihen mit geringem Punktabstand. Insofern kann man den scheinbaren Stromverlust durch den Nebenschluß auch gern positiv beurteilen, besonders wenn die Schweißmaschine genügend Strom abgeben kann. Zur Erlangung höchster Gleichmäßigkeit ist außer genauer Einhaltung des Punktabstandes die Einhaltung einer bestimmten zeitlichen Folge beim Schweißen von Punktreihen zu empfehlen.

Dünne Bleche erfahren beim Punktschweißen mit gewöhnlicher (einmaliger) Stromgabe eine thermische Behandlung des Schweißpunktes, die der üblichen Aushärtung des Werkstoffes ähnlich ist. Die eigentliche Schweißung entspricht der homogenisierenden Glühung z. B. bei reichlich 500° C. Nach Abschalten des Schweißstromes folgt zwischen den kalten Elektroden das Abschrecken. Tatsächlich zeigen Proben dünner Bleche kalt aushärtender Legierungen nach mehrtägigem Kaltauslagern des Schweißpunktes Steigerung der Punktfestigkeit (*108,8*).

Es wurde auch untersucht (*94*), in welchem Maße die Punktfestigkeit von Proben der Gattung Al-Cu-Mg durch nachträgliches ordentliches Aushärten im Glühofen usw. verbessert werden kann. Die Zunahme der Punktfestigkeit durch das Aushärten betrug bei Blechdicken von 0,4; 0,9 und 2 mm 9%, 3% bzw. 14%. Wurden Punkte von ungewöhnlich kleinem Durchmesser, also von besonders geringer Punktfestigkeit geschweißt, so konnte diese Punktfestigkeit durch die nachträgliche Aushärtung um mehr als 40% oder um mehr als 60% erhöht werden.

Eine besonders einfache Lösung der thermischen Nachbehandlung von Schweißpunkten ist das zweimalige Einschalten des Schweißstromes kurz hinter-

§ 81   Punktschweißen der Stähle und Leichtmetalle.   209

einander. Schweißzeit, Nachwärmzeit und die Pause zwischen beiden können innerhalb bestimmter Grenzen eingerichtet werden. Bei der Legierung Al–Mg–3w werden Nachwärmzeiten von rund 0,04 sek. als vorteilhaft gegenüber etwa doppelt so langen Nachwärmzeiten festgestellt (78).

Auch über die Wirkung der *Programmsteuerung*, mit der sehr verschiedenartige Erwärmungsprogramme vor oder nach der eigentlichen Schweißung erzeugt werden können, sind Angaben veröffentlicht. Bei An- und Abschwellen des Effektivwertes des Schweißstromes und Nachwärmung mit geringem Strom wurde bei Duralplat 2×0,5 mm die starke Erhitzung im Innern des Schweißpunktes, sowie eine sonst ausgebildete Zone grobstängeliger Rekristallisation unterbunden. Es zeigte sich ein sehr milder Übergang vom Schweißgefüge zum Gefüge des Grundwerkstoffes (89).

Umfangreiche Versuchsreihen haben eine Verbesserung der Güte der Schweißpunkte besonders für Legierungen hoher Festigkeit durch Anwendung bestimmter Strom- (d.h. Erwärmungs-) Programme bestätigt (17). Es wurden zur Ermittlung des geeignetsten Programmverlaufes für die verschiedenen Legierungen die in Abb. 252 dargestellten 8 Programme verwendet. Die Programme 1, 4 und 7 werden als Richtprogramme besonders unterschiedlicher Art angesehen.

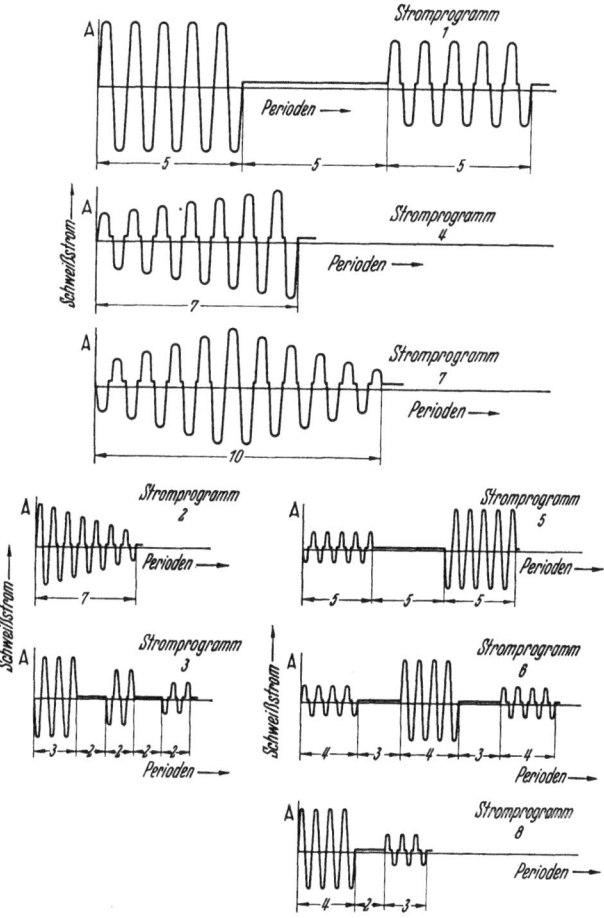

Abb. 252. Schematische Darstellung verschiedener Stromprogramme. (BORSTEL.)

Die mit den Programmen 1 und 8 ermittelten Werte der Punktfestigkeit wurden als beste Durchschnittswerte ermittelt. Die mit diesen Programmen erreichten Punktfestigkeiten weisen auch gegenüber den mit den Programmen 4 und 7 erreichten eine wesentlich geringere Streuung auf. Das Gefüge der Schweißungen ist bei Versuchen mit den Stromprogrammen 1 und 8 durchschnittlich als gleichmäßiger festgestellt. Die Punktfestigkeiten, die mit normaler Punktsteuerung oder aber bei Anwendung von Stromprogrammen 1 und 8 bei Duralplat Blechdicke 2×1 mm erreicht wurden, sind vergleichsweise in Abb. 253 zusammengestellt. Auch für Legierungen der Gattungen Al–Mg und Al–Mg–Si wurden Verbessserungen der Punktfestigkeit durch Anwendung der Stromprogramme 1 und 8 ermittelt.

Brunst, Widerstandsschweißen.   14

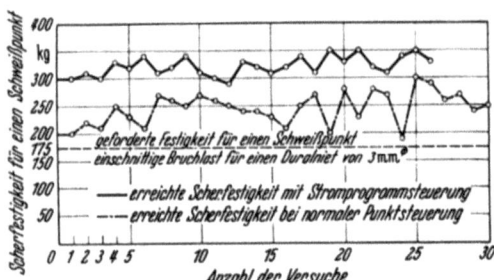

Gelegentlich wurde auch durch Vorwärmen des Schweißgutes *vor* dem Schweißen eine Erleichterung der Schweißung oder eine Verbesserung des Schweißergebnisses erzielt. Bleche der Gattung Mg–Mn (AM 503) 2×1 mm zeigten auf Grund eines Glühens für 5—10 Minuten bei 300° C vor dem Schweißen eine Erhöhung der Punktfestigkeit um 36% *(91)*.

Abb. 253. Punktfestigkeit von Duralplat (Blechdicke 2×1mm) bei Stromprogrammsteuerung im Vergleich zur normalen Punktschweißung. (BORSTEL.)

G. Anwendungsbeispiele.

§ 82

Abb. 254. Abdeckhaube für Lichtmaschine. Stutzen mit 8 Punkten angeschweißt. Blechdicke: 1 und 1,5 mm.

Abb. 255. Ansicht einer entsprechend Abb. 259 punktgeschweißten Verkleidung.

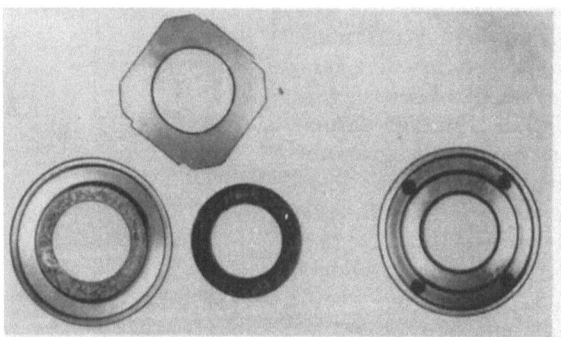

Abb. 257. Dichtungsscheibe mit eingelegtem Filzring. 4 Schweißpunkte. Links Einzelteile, rechts geschweißte Teile. Blechdicke 2×0,5 mm.

Abb. 256. Elektrodensystem einer Rundfunkröhre. Der gesamte Aufbau erfolgt durch Punktschweißen.

Abb. 258. Punktgeschweißtes Gittersystem einer Rundfunkröhre.

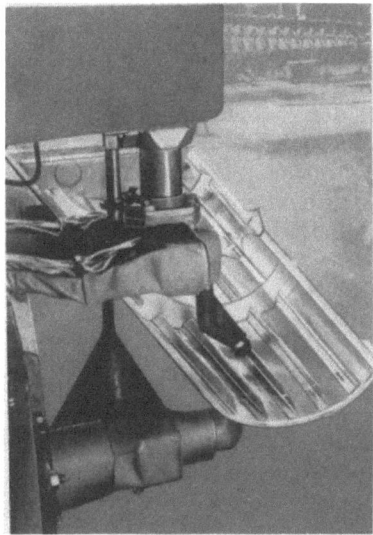
Abb. 259. Punktschweißung einer Leichtmetallverkleidung.

Abb. 260. Selbsttragende punktgeschweißte Automobilkarosserie aus Stahlblech.

V. Nahtschweißen.
A. Verfahren.

§ 83. Fügt man mehrere Schweißpunkte in Verfolgung eines bestimmten Linienzuges aneinander, so erhält man eine Naht. Je geringer die Entfernung der Punkte voneinander wird, desto dichter wird die Naht. Wird dies soweit getrieben, daß die Punkte sich gegenseitig überlappen, so erhält man Vakuum- und druckdichte Nähte. Abb. 261 zeigt eine Schweißprobe mit verschiedenen Punktabständen an Stahlblechen. Nähte mit größeren Punktabständen werden als Steppnähte bezeichnet. Das Arbeiten mit Einzelpunktelektroden kann in letzterem Fall den Nachteil haben, daß bei großer Punktleistung die Elektroden schlagartig auf das Werkstück aufsetzen und dadurch ein erhöhter Elektrodenverbrauch auftritt. Auch ist das Führen des Werkstückes unter diesen Verhältnissen nicht einfach. Der Ersatz der Punktelektrode durch eine Rollenelektrode ist daher sehr naheliegend. In vielen Fällen kann eine Punktschweißmaschine, wenn sie mit Rollenelektroden und dem notwendigen Antrieb versehen wird, als Nahtschweißmaschine verwendet werden. Das Schema der Anordnung zeigt Abb. 262; der Stromdurchfluß ist der gleiche wie beim Punktschweißen, es kommt hier lediglich hinzu, daß die Elektrodenrollen sich in einer bestimmten Richtung drehen. Für einfachere Arbeiten genügt es, wenn eine der beiden angetrieben wird. Beim Hindurchziehen der beiden Bleche a wird dann durch die auftretende Reibung die untere Elektrode mitgenommen. Bei schwierigeren Schweißungen und insbesondere bei Nichteisenmetallen werden beide Rollen angetrieben, um ein Rutschen zu vermeiden.

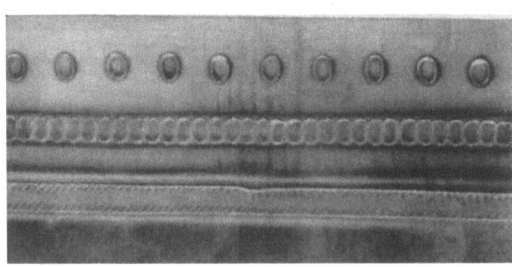

Abb. 261. Nahtschweißprobe mit verschiedenen Punktabständen an Stahlblechen.

Bei einfachen Eisenschweißungen, ebenso z. B. bei Zink bis $\sim 0{,}3$ mm kann man ohne Stromunterbrechung und mit konstanter Stromstärke über die ganze Nahtlänge arbeiten. Diese Art des Nahtschweißens ist die Älteste, hat aber wesentliche Nachteile. Sie ist nur anwendbar beim Verschweißen von Blechen mit einer Gesamtdicke von 1 mm und deren Oberfläche sauber und blank ist. Verschweißt man auf diese Weise z. B. wenig oder unebene Bleche, so besteht die Möglichkeit einer Stromunterbrechung, die Brandlöcher zur Folge hat. Auch tritt durch die schon geschweißte Naht ein erheblicher Nebenschluß auf. Dies tritt z. B. dadurch in Erscheinung, daß hinter der Rollenelektrode immer ein ganzes Stück geschweißte Naht so stark erwärmt ist, daß es Rotglut zeigt. Es ist eben in diesem Fall dem Schweißpunkt keine Gelegenheit mehr gegeben zum Abkühlen (Schweißpause) wie beim Punktschweißen. Hierbei ist allerdings zu beachten, daß, wenn man beim Arbeiten ohne Stromunterbrechung größere Vorschubgeschwindigkeiten verwendet, es doch ein Arbeiten mit Stromunterbrechung wird, denn wir arbeiten ja mit Wechselstrom und dessen Leistung pulsiert ebenfalls zwischen Null und einem Maximalwert. Diese Erscheinung macht sich ab Geschwindigkeiten von ungefähr 6 m/min. bemerkbar. Den Punktabstand, den man auf diese Weise erhält, kann man sich auf Grund folgender einfachen Formel errechnen:

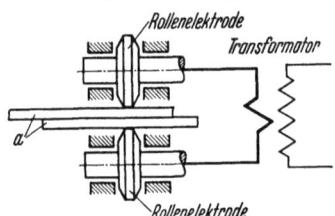

Abb. 262. Schema des Nahtschweißens.

$$e = \frac{v \cdot 1000}{2 \cdot f \cdot 60} \text{ mm}$$

wo $e =$ Punktabstand in mm, $v =$ Vorschubgeschwindigkeit in m/Min. und $f =$ Netzfrequenz.

Nach dem Vorhergesagten unterscheiden wir also im wesentlichen zwei Arten des Nahtschweißens:

1. Dasjenige mit Stromunterbrechung,
2. Dasjenige ohne Stromunterbrechung.

Das erstere Verfahren ist möglichst dem letzteren vorzuziehen. Dieses kann wieder auf zweierlei Arten angewendet werden. Der Unterschied liegt in der Antriebsart der Rollen. In der Mehrzahl der Fälle wird mit konstanter Umfangsgeschwindigkeit, d.h. also mit gleichmäßigem Vorschub gearbeitet. Es wird andererseits aber auch bei jedem Punkt die Rolle stillgesetzt und dann der jeweilige Punkt geschweißt, d.h. der Schweißstrom fließt nur bei Stillstand der Rollen und die Schweißstelle kann unter der stillstehenden Rolle abkühlen. Wir haben hier also ein schrittweises Verschweißen der Naht und man bezeichnet es als Schrittnahtschweißen. Das Verfahren läßt sich insbesondere beim Verschweißen von unsauberen Blechen und solchen mit wechselnder Oberfläche mit Erfolg anwenden.

Eine andere Art der Rollenbewegung ist noch zu erwähnen. Es ist das sog. Pilgerschrittverfahren. Der Unterschied gegenüber dem Schrittverfahren ist derjenige, daß die Rolle nach jeder Vorwärtsbewegung eine kurze Rückwärtsbewegung macht, so daß der Punkt noch ein zweites Mal überwalzt wird. Dieses Verfahren wird heute sehr wenig angewendet, da eine wesentliche Verbesserung der Naht hiermit nicht erreicht wird.

B. Maschinen.

§ 84. Der konstruktive Aufbau der Nahtschweißmaschinen ist im grundsätzlichen der gleiche wie bei den Punktschweißmaschinen. Ja, es ist in einzelnen Fällen sogar mit verhältnismäßig einfachen Mitteln möglich, eine Punktschweißmaschine mit einer Nahtarmatur zu versehen. Die Maschinen werden im wesentlichen nach ihrer Anordnung der Rollenelektroden unterschieden. Es gibt folgende Typen:
1. Längsnahtmaschinen,
2. Rundnahtmaschinen,
3. Dornschlittenmaschinen,
4. Maschinen mit Wanderrollen,
5. Hohlkörperschweißmaschinen,
6. Ringnahtmaschinen,
7. Doppelnahtmaschinen,
8. Rohrschweißmaschinen.

Bei einer Längsnahtmaschine sind die Rollen so angeordnet, daß die Nähte in Richtung der Maschinenhauptachse geschweißt werden. Häufig wird die untere Rolle nur durch Reibung mitbewegt. Die Aufgabe der Rollen ist eine dreifache: In erster Linie leiten sie den Schweißstrom der Schweißstelle zu, sie müssen zu diesem Zweck mit geeigneten Lagern versehen sein, über die noch an anderer Stelle gesprochen wird. Sie sollen so gut gekühlt sein, daß sie sich nicht zu stark erwärmen können. Ferner ist es Aufgabe der Lager, die Elektrodenkraft zu übertragen und schließlich bewegen sie das Werkstück vorwärts. Die Erzeugung der Elektrodenkraft erfolgt bei den nicht maschinell betätigten Maschinen mittels dem Fußbügel, der auch zugleich die Elektrodenbewegung ausübt, wie es von jeder fußbetätigten Punktschweißmaschine bekannt ist. Vielfach ist der obere Rollenkopf so ausgebildet, daß durch Drehung um 90° die Maschine auch als Rundnahtmaschine verwendet werden kann. Allerdings ist in solch einem Fall ein anderer Unterarm notwendig. Werden beide Rollen angetrieben, so wird vielfach ein Differentialgetriebe verwendet, um die unterschiedlichen Umfangsgeschwindigkeiten bei verschiedenen Rollendurchmessern auszugleichen. Rund- oder Quernahtmaschinen sind

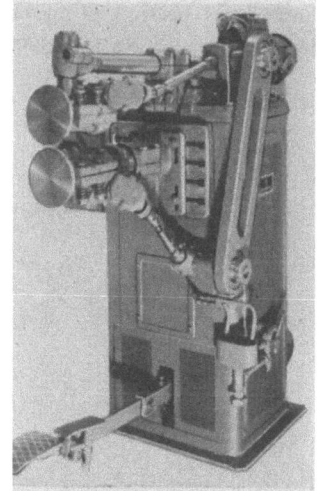

Abb. 263. Rundnahtschweißmaschine mit 40 kVA-Dauerleistung. (Siemens.)

u. a. dadurch gekennzeichnet, daß mit ihnen runde (geschlossene) Nähte geschweißt werden können. Als Beispiel möge die Maschine der Abb. 263 dienen. Sie hat eine Dauerleistung von 40 kVA. In diesem Fall erfolgt aber die Rollendrehung nicht über ein Differentialgetriebe, sondern der Antrieb der oberen Rolle geht über ein stufenloses Getriebe und derjenige der unteren Rolle ist ein Keilriemen. Zwei eingebaute Varischeiben gestatten einen entsprechenden Ausgleich der Umfangsgeschwindigkeiten bei verschiedenen Rollendurchmessern.

Abb. 264 zeigt eine Wanderrollen-Nahtschweißmaschine. Sie eignet sich vorwiegend für leichte Blechemballagen (Haushalteimer, Kannen u. a.). Die untere Elektrode ist als fester Dorn ausgebildet, auf den die zu verschweißenden Teile mit einer Spannvorrichtung, die die jeweilig gewünschte Überlappung gewährleistet, festgespannt werden können. Der obere

Abb. 264. Wanderrollen-Nahtschweißmaschine. (WEWAG.)

Schweißrollenkopf wird mit der entsprechenden Geschwindigkeit und dem notwendigen Druck über das Werkstück fortbewegt. Die Maschine hat eine elektrische Leistung von 12,5/25 kVA. Die maximale Elektrodenkraft beträgt 60 kg bei einer maximalen Schweißlänge von

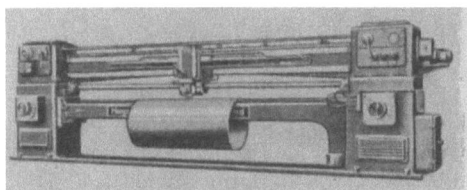

Abb. 265. Verbundnahtschweißmaschine. (MIEBACH.)

500 mm. Es kann mit einer Geschwindigkeit bis zu 7 m pro Minute geschweißt werden.

Eine nach dem gleichen Prinzip gebaute Maschine zeigt Abb. 265. Sie hat eine nutzbare Schweißlänge von 3600 mm und besteht aus zwei Maschinengehäusen mit je einem eingebauten Transformator von 100 kVA Dauer- und 200 kVA intermittierender Leistung. Die Pole der beiden Transformatoren sind durch Stromschienen verbunden. Die untere Schiene dient gleichzeitig zur Auflage für die Werkstücke und ist zum Schweißen von Behältern ausschwenkbar angeordnet. Durch ein starkes Querhaupt, welches gleichzeitig die Führungen für den Rollenkopf trägt, sind die Maschinengehäuse fest miteinander verbunden. Dem Rollenkopf wird der Strom von der oberen Kontaktschiene über einen Kontaktschuh zugeführt. Die Rolle selbst läuft in auswechselbaren Gleitlagern und ist gut wassergekühlt. Die Be-

Abb. 266. Einrichtung für Ringschweißungen. (KNOPP.)

wegung des Rollenkopfes ist preßölbetätig und stufenlos zwischen 0,4 bis 4 m pro Minute regelbar.

Abb. 266 zeigt die Ausführung eines Kopfes mit sog. Torkelelektrode für Ringschweißungen. Die obere Elektrode rollt auf einer kreisförmigen Linie ab, indem sie um eine senkrechte Achse gedreht wird. Auf diese Weise können kreisförmige Nähte, z. B. beim Einschweißen von Stutzen oder Nippeln in Bleche erzeugt werden.

Eine Rundnahtmaschine mit einer Spezialeinrichtung zum Schweißen von Brennstofftanks aus der amerikanischen Industrie zeigt Abb. 267.

Als Beispiel für die vollautomatische Nahtschweißung möge die Abb. 268 dienen. Auf der Maschine werden Konservendosenrümpfe verschweißt. Die einzelnen Blechstücke werden

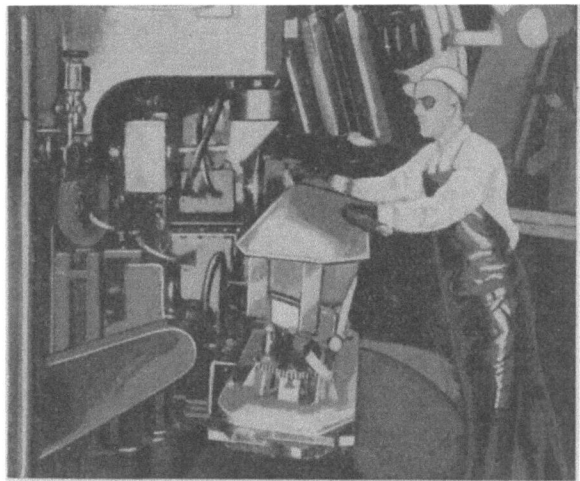

Abb. 267. Schweißen von Brennstoffbehältern. (MALLORY.)

auf Maß geschnitten aus einem Magazin zugeführt, dann werden sie gerundet und auf den Schweißdorn aufgeschoben. Es sind drei Dorne und es werden drei Rümpfe zu gleicher Zeit geschweißt. Das Auswerfen bzw. Weiterführen der Formteile erfolgt ebenfalls selbsttätig. Die Maschine hat eine Stundenleistung von 2700 Dosenrümpfen. Die Bleche werden bei einer Dicke von 0,35 mm mit einer Überlappung von 3 mm verschweißt. Um die Elektrodenabnützung auf ein Minimum zu halten, wurde folgende Maßnahme durchgeführt:

1. Der Dorn, auf dem die Dosenrümpfe sitzen, wird in jeder Schweißpause um einige Grad weitergedreht und

2. wurden die Schweißrollen in einem kleinen Winkel schräg zur Dornachse gestellt.

Abb. 268. Maschine zum Verschweißen von Konservendosenrümpfen. (WEWAG.)

Auf diese Weise wird die ganze Oberfläche von Dorn und Rolle praktisch gleichmäßig abgenützt. Die drei Schweißrollen liegen je an einer Phase eines

Drehstromnetzes in dem die Schweißdorne den Sternpunkt bilden. Die Maschine hat eine elektrische Leistung von 12,5/30 kVA.

Abb. 269. Schweißeinrichtung für Waggondächer. (Amer. Werkaufnahme.)

Ähnlich wie beim Doppelpunktschweißen (§ 38) zwei Punkte zu gleicher Zeit, d.h. also mit einem Stromdurchgang geschweißt werden können, so können auch beim Nathschweißen mit einem Stromdurchgang zwei Nähte geschweißt werden. Diese Anordnung kann insbesondere bei großflächigen Werkstücken mit Erfolg angewendet werden, bei denen es mit Schwierigkeiten verknüpft ist, das Werkstück mit Elektrodenarmen zu umgreifen, bzw. eine stromführende untere Elektrode anzubringen. Eine interessante Einrichtung, die nach diesem Prinzip arbeitet, zeigt Abb. 269. Es handelt sich um das Verschweißen von Dächern für Eisenbahnwagen. Nach dem Doppelnahtverfahren werden zwei Nähte parallel zu gleicher Zeit geschweißt. Entsprechend der Form des Werkstückes sind die Führungsschienen für das Schweißaggregat ausgebildet.

Abb. 270. Große Portalschweißeinrichtung für großflächige Bauteile. (Siemens).

Eine weitere Anlage dieser Art zeigt Abb. 270. Es ist eine große Portalschweißeinrichtung. Sie eignet sich vorwiegend für Schweißaufgaben an groß-

§ 84 Maschinen. 217

flächigen Bauteilen und besteht im wesentlichen aus zwei Doppelrollenköpfen wie sie Abb. 271 in vergrößerter Aufnahme wiedergibt. Die Rollen werden synchron angetrieben. Als Stromquelle dienen zwei 200 kVA Transformatoren. Der untere auf die Säule aufgebaute Doppelrollenkopf kann auch fortfallen und durch eine Kurzschlußschiene aus Kupfer ersetzt werden. Die Einrichtung eignet sich dann z. B. zum Aufpunkten, mit Reihenpunktnähten, von Verstärkungsprofilen auf große zylinderförmige Körper.

Abb. 271. Ansicht der Doppelrollenköpfe der Portalschweißeinrichtung der Abb. 270. (Siemens.)

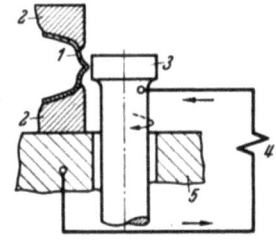

Abb. 272. Schema der Hohlkörpernahtschweißung.
1 Werksstück; *2* Spannvorrichtung; *3* rotierende Elektrode; *4* Transformatorsekundäre; *5* stromführender Tisch für Schweißvorrichtung.

Zum Verschweißen von Hohlkörpern, z. B. Messergriffen, Gehäuse für Vorhangschlösser u. a., bei denen die Naht nur von außen zugängig ist, und eine möglichst glatte und saubere Oberfläche für die nachträgliche Oberflächenbehandlung gewünscht wird, werden Hohlkörper-Schweißmaschinen verwendet. Das Schema einer derartigen Maschine deutet Abb. 272 an. Die beiden Werkstückhälften *1* werden in die stromleitende Vorrichtung *2* so eingespannt, daß die Naht, in diesem Fall der vorstehende Stanzgrad, frei liegt. Die Vorrichtung wird dann von Hand auf dem Tisch *5* mit der Schweißnaht längs der rotierenden Elektrode *3* geführt. Es kommt dann ein Stromfluß in dem in der Abb. angedeuteten Stromkreis zustande. Infolge des Zusammenwirkens der von Hand ausgeübten Elektrodenkraft und der auftretenden Schweißhitze, werden die äußersten Randpartien des Werkstückes mit einer gewissen Tiefenwirkung verschweißt. Abb. 273 zeigt eine derartige Maschine in der Ansicht.

Als Abschluß sei hier noch ein Verfahren der Rohrherstellung erwähnt. Es handelt sich um Rohre, die aus Bandstahl rundgewalzt und anschließend mittelst der Widerstandsschweißung

Abb. 273. Hohlkörpernahtschweißmaschine. (PECO).

verschweißt werden. Der im § 32 schon beschriebene Rohrschweißtransformator wird hier verwendet. Den schematischen Aufbau einer solchen Anlage zeigt Abb. 274. Das Stahlband läuft zuerst durch 4—5 Formrollen, anschließend in die Schweißeinrichtung. Nach dem Schweißen werden die Rohre kalibriert. Will man Rohre großer Länge herstellen, so schweißt man die einzelnen Stahlbänder mit einer Stumpfschweißmaschine vorher zusammen.

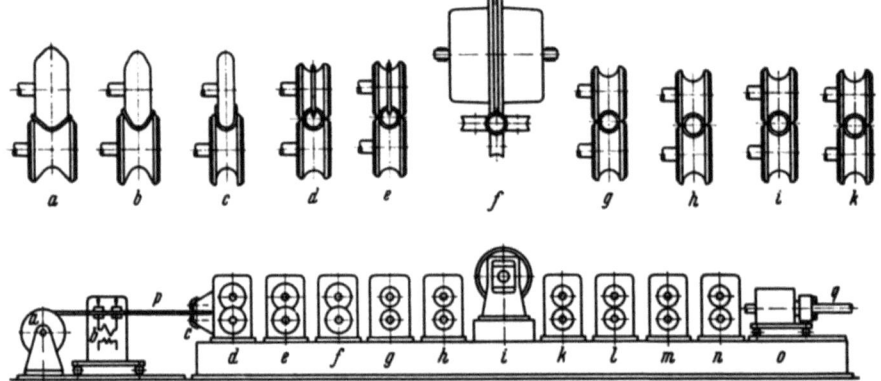

Abb. 274. Rohrschweißanlage. Oberes Bild: Schema der Rohrherstellung; a, b, c, d, e Formrollen; f Schweißeinrichtung; g, h, i, k Kalibrierrollen. Unteres Bild: Vollständige Schweißanlagen; a Vorratsrolle; b Stumpfschweißmaschine; c Seitenschneider; d, e, f, g, h Formrollen; i Schweißeinrichtung; k, l, m, n Kalibrierrollen; o Abstechvorrichtung; p eingeführter Bandstahl; q fertiggeschweißtes Rohr. (GÖNNER.)

Auf derartigen Anlagen können Rohrdurchmesser von 25—130 mm verschweißt werden bei einer Blechdicke von etwa 1—4 mm. Die Schweißgeschwindigkeit kann verhältnismäßig hoch liegen und wird in diesem Fall bei dichten Nähten durch die angewendete Frequenz des Schweißstromes begrenzt. Sie liegt ungefähr maximal bei 7—9 m/Min. Will man die Geschwindigkeit noch mehr

Abb. 275. Gesamtansicht einer Rohrschweißanlage.

steigern, so muß man die Frequenz erhöhen. Bei den hohen Nahtleistungen dieser Anlagen sind die Elektrodenringe des Transformators einem hohen Verschleiß unterworfen und es ist eine häufigere Nacharbeit notwendig. Zu diesem Zweck ist eine Abdrehvorrichtung angebracht, die allerdings nur betätigt werden kann, wenn nicht geschweißt wird. Die Gesamtansicht einer Anlage zeigt Abb. 275.

C. Schalten des Schweißstromes.

1. Allgemeines.

§ 85. Das Zusammenwirken von Strom, Elektrodenkraft und Zeit ist fast das gleiche wie beim Punktschweißen, d.h. also, der Schweißstrom wird auch hier erst eingeschaltet, wenn auf das Werkstück an der Schweißstelle die notwendige Elektrodenkraft wirkt. Beim Nahtschweißen wird in der Regel mit konstanter Elektrodenkraft gearbeitet.

Das elektrische Schaltschema für eine Nahtschweißmaschine (Abb. 276), die *ohne* Stromunterbrechung arbeitet, ist einfach und genau dasselbe wie dasjenige einer Punktschweißmaschine. Die Schalthäufigkeit wird bei einer mittleren Länge der Nähte bedeutend geringer sein wie bei einer Punktschweißmaschine, so daß für den Schalter *Sch* jedes gute Schaltschütz, das der Leistung entsprechend ausgelegt sein muß, hier verwendet werden kann. Auch jeder andere mechanische Unterbrecherschalter (Klöppelschalter) ist verwendbar. Sie lassen sich auf verhältnismäßig einfache Weise mit dem Getriebe der Maschine kuppeln.

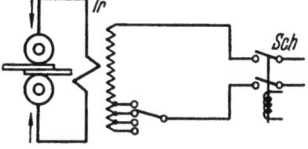

Abb. 276. Schematisches Schaltbild einer Nahtschweißmaschine.

Dies wird aber in dem Augenblick anders, wenn wir mit Stromunterbrechung arbeiten. Hier kommen wir auf sehr große Schalthäufigkeiten. Fünf Stromunterbrechungen je Sekunde bei nicht zu großer Schaltleistung lassen sich auf dem mechanischen Weg noch beherrschen. Bei häufigeren Unterbrechungen wird dann die Schweißzeit sehr kurz und hier treten die gleichen Fehler in Erscheinung wie beim Punktschweißen, d.h. wir bekommen ungleichmäßige Schweißungen und damit schlechte Nähte.

Um nun diese Fehler zu vermeiden, wendet man bei den Maschinen neuerdings vorwiegend die reinen elektrischen Steuerverfahren an. Es sind dies folgende drei Möglichkeiten: 1. der Modulator, 2. die Kaskade und 3. die Röhrensteuerung.

2. Modulator.

§ 86. Der Modulator besteht aus einem Stator mit der Oberspannungswicklung und dem Rotor mit der Unterspannungswicklung ähnlich einem Transformator. Der Modulator wird durch einen Motor angetrieben. Die Ansicht einer solchen Maschine zeigt Abb. 277. Der Antriebsmotor ist hier auf den Modulator aufgebaut. Das schematische Schaltbild eines derartigen Modulators zeigt Abb. 278. Die Oberspannungswicklung *1* liegt am Kraftnetz und die Unterspannungswicklung *2* ebenfalls, allerdings in Reihe mit der Oberspannungswicklung des Schweißtransformators der Nahtschweißmaschine. Bei jeder Umdrehung der Maschine wird nun eine Spannung zwischen den Werten $+E_m$ und $-E_m$ induziert infolge der verschieden starken Flußverkettung der Unterspannungswicklung in Abhängigkeit des Winkels α mit der Oberspannungswicklung. Diese Spannung addiert sich zu der Netzspannung E_n, so daß an der Transformatorwicklung das eine Mal die maximale Spannung $E_{t_{max}} = E_n + E_m$ liegt und das andere Mal das Spannungsminimum $E_{t_{min}} = E_n - E_m$, s. hierzu auch Abb. 279. Größenordnungsmäßig hat die induzierte Spannung den Betrag

$$E_m = E_n \cdot \frac{w_2}{w_1} \cdot \cos \alpha$$

wo w_2 und w_1 die Windungszahlen sind. Die Spannung am Schweißtransformator wird dann:

$$E_t = E_n + E_n \frac{w_2}{w_1} \cos \alpha .$$

Man bezeichnet $\frac{w_2}{w_1}$ als den Modulationsgrad g; dies ergibt:

$$E_t = E_n \cdot (1 + g \cdot \cos \alpha). \qquad (42)$$

Für 380 V Netzspannung und $g = 25\%$ erhält man die Abb. 280.

In Wirklichkeit liegen allerdings die Verhältnisse nicht ganz so einfach. Bekanntlich wird ja die Spannung durch einen sich sinusförmig ändernden Fluß erzeugt und hat den Augenblickswert von

$$e_n = E_n \cdot \cos \omega_n \cdot t$$

wo ω_n = Kreisfrequenz des Netzes und t = Zeit ist. Im Modulator betrachtet man nun am besten den Kraftfluß als zwei gleich große, gleich schnelle, aber mit entgegengesetzter Drehrichtung sich drehende Kraftflüsse (Φ_1). Ist nun ω_d die Kreisfrequenz der Modulatordrehung, so wird in der Sekundärspule die Spannung durch folgende Felder induziert:

Abb. 277. Modulator. (Siemens.)

$$F_1 = \Phi_1 \sin (\omega_n - \omega_d) \cdot t \qquad F_2 = \Phi_1 \sin (\omega_n - \omega_d) \cdot t$$

E. RIETSCH (95) findet auf Grund dieser Betrachtung für die Spannung am Transformator der Schweißmaschine:

$$U_t = U_n + u_m = U_n [\cos \omega_n \cdot t (1 + g \cos \omega_d t) - g h \cdot \sin \omega_n t \cdot \sin \omega_d t] \qquad (43)$$

Hierin bedeutet $h = \frac{\omega_d}{\omega_n}$ das Drehverhältnis; es ist die Zahl, die angibt, wie schnell der Modulator im Verhältnis zur netzsynchronen Drehzahl läuft. Dieser Faktor h wird also mit steigender Modulatordrehzahl größer (gleiche Netzfrequenz vorausgesetzt) und umge-

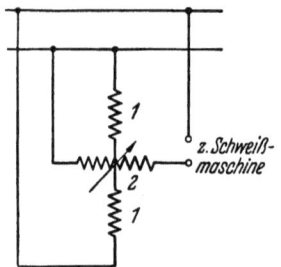

Abb. 278. Schematisches Schaltbild eines Modulators.

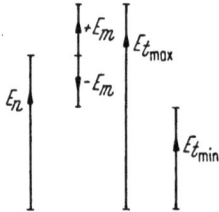

Abb. 279. Zur Erläuterung der Modulatorspannungen.

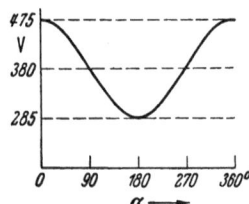

Abb. 280. Zur Erläuterung der Modulatorspannungen

kehrt. Der zweite Teil der Gl. (43) stellt also die Korrektur dar gegenüber der Gl. (42), die durch hohe Drehzahlen bedingt ist. Er wird als die Größe der Rotationsspannungen bezeichnet. Außerdem erkennen wir, daß der zweite Teil ebenfalls durch den Modulationsgrad beeinflußt wird. Unter normalen Verhältnissen ist h und g klein (beide als Brüche). In Abb. 281 ist der Fall $h = 1/5$ und $g = 1$ durchgerechnet und man findet, daß der Einfluß verhältnismäßig gering ist.

Eine oszillographische Aufnahme der Spannung einer Maschine zeigt Abb. 282. Bei den Höchstwerten erhalten wir dann jeweils einen Schweißpunkt. Je nach

§ 87 Schalten des Schweißstromes. 221

der Größe der Pause überlappen sich die Punkte mehr oder weniger. Die Punktabstände erhält man auf einfache Weise dadurch, indem man die Schweiß-

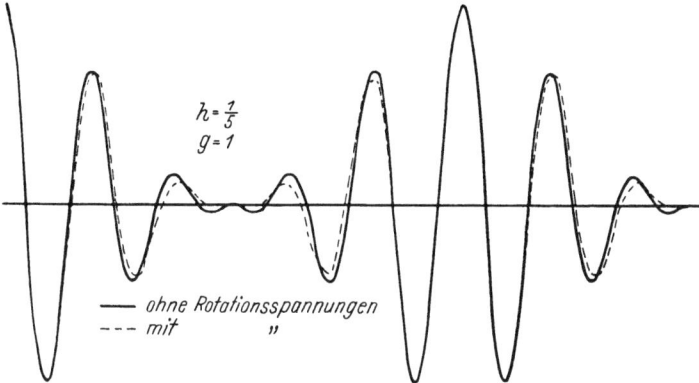

Abb. 281. Zur Erläuterung der Rotationsspannungen. (RIETSCH.)

geschwindigkeit (m/min) durch die jeweils eingestellte Umlaufzahl des Modulators teilt. Die Modulatoren werden für Nahtschweißmaschinen jeder Größe gebaut. Sie sind einfach und zuverlässig und es lassen sich mit ihnen Eisen- und Messingbleche verschweißen. Die zugehörigen Antriebsmotoren sind sehr klein und leisten im Mittel etwa 0,5 kW.

Abb. 282. Oszillogramm eines Modulators. (AEG.)

3. Kaskade.

§ 87. Die Kaskade ist eine erweiterte Anwendung des Modulators. Es werden hier zwei derartige Drehtransformatoren verwendet, die beide von einer gemeinsamen Welle angetrieben werden. In diesem Fall stehen zwei Spannungswellen der Art der Abb. 282 zur Verfügung. Das Zusammenarbeiten der Aggregate gestattet es nun, die Strompause entsprechend zu ändern, was bei Verwendung von einem Aggregat nicht ohne weiteres möglich ist. Erzielt wird es auf einfache Weise dadurch, indem jeweils eine oder mehrere Spannungswellen ausgeschaltet werden. Abb. 283 zeigt z. B. ein Oszillogramm einer solchen Kaskade, bei

Abb. 283. Oszillogramm einer Kaskade. (AEG.)

dem eine Spannungswelle ausgeschaltet ist. Das Zu- und Abschalten der Spannungswellen erfolgt auf einfache Weise durch mechanische Schalter, die mit der Aggregatwelle starr verbunden sind, so daß ihr Ein- bzw. Ausschaltzeitpunkt stets genau in die Mitte der Spannungsnullzeit fällt. Sie arbeiten also vollkommen leistungslos. Ein ungenaues Schalten infolge von Kontaktabbrand und Lichtbogen ist dadurch nicht vorhanden. Wie wir schon beim Drehtakter gesehen haben, so wird auch hier die Länge der Schweißzeit durch die Umdrehungszahl des Aggregates geregelt, ferner ist die Länge der Schweißpause von der eingestellten Schweißzeit abhängig, was bei den Röhrensteuerungen nicht der Fall ist. Andererseits dürften aber alle Einstellmöglichkeiten der Kaskade der Praxis genügen. Die Maschinen werden für Schweißzeiten von 1—15 Perioden gebaut, wobei das Verhältnis Schweißzeit zu Schweißpause zwischen 1:1 und 1:23 geregelt werden kann.

Es sei noch erwähnt, daß die Kaskade auch für Punktschweißmaschinen verwendet werden kann. Hierfür ist eine besondere Stellung der Schaltwalze vorgesehen. In dieser erfolgt die Einschaltung in der nächsten, auf das Kommando der Schweißmaschine folgenden Nullzeit und ist über einen Hilfsschalter gesperrt, der an der Elektrodenkraftvorrichtung der Punktschweißmaschine liegt. Auf diese Weise wird im richtigen Augenblick der Stromweg freigegeben. Ist die Stromwelle geflossen, so wird dafür gesorgt, daß keine weiteren Stromwellen durchgelassen werden. Genau wie bei jeder Röhrensteuerung können auch hier mehrere Punktschweißmaschinen mit einer Steuerung betätigt werden. Dies kann unter Umständen zu einer besseren Ausnützung der Anlagen führen. Bedingung hierfür allerdings ist, daß alle Schweißmaschinen mit der gleichen Schweißzeit arbeiten.

4. Schweißtakter.

§ 88. Für die schwierigen Aufgaben des Nahtschweißens werden heute in erster Linie Röhrensteuerungen (Schweißtakter) verwendet. Diese haben nahezu den gleichen Aufbau wie diejenigen für die Punktschweißmaschinen. Es sind Zweiwegsteuerungen. Von denjenigen für die Punktschweißmaschine unterscheiden sie sich nur durch die Steuerstufe. Diese Stufe muß in diesem Fall so aufgebaut sein, daß eine bestimmte Schweißzeit in gleichen Zeitabständen wiederkehrt. Das heißt mit anderen Worten, wir müssen eine selbsttätig schaltende Steuerstufe verwenden. In unserem Fall ist es die Aufgabe der Steuerstufe, an den Gittern der Hauptschaltgefäße eine Spannung von der Form der Abb. 284 zu erzeugen mit den entsprechenden Stromdauern und Strompausen. Beide müssen aber in ihrer Länge definierbar einzustellen sein. Die Zeitkreise sind auch hier wieder Widerstands-Kondensatorkreise ähnlich der Steuerstufen im § 54. Das schematische Schaltbild zeigt Abb. 285. Die Wirkungsweise ist folgende: Beim Zünden der Röhre Z erscheint sofort die Gleichspannung an dem Widerstand R_1 und damit bei eingelegtem Hilfsschalter an dem Gitter der Stromrichtergefäße der Leistungsstufe (A u. B). Gleichzeitig wird nun der Kondensator C_1 über den Widerstand R_3 aufgeladen, entsprechend der eingestellten Zeitkonstanten. Die Spannung am Kondensator C_1 liegt im Gitterkreis der Löschröhre L und zündet diese bei Erreichung einer bestimmten Höhe. Das Zünden der Röhre L hat nun über den

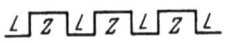

Abb. 284. Zur Erläuterung der Steuerstufe einer Nahtsteuerung.

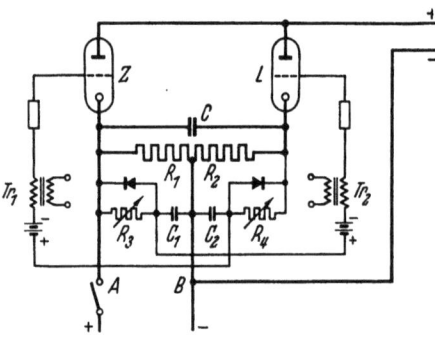

Abb. 285. Leistungs- bzw. Steuerstufe einer Nahtsteuerung. (Siemens.)

Löschkondensator C in bekannter Weise ein sofortiges Verlöschen der Röhre Z und damit ein Verschwinden der Spannung zwischen den Punkten A u. B zur Folge. Die Gleichspannung erscheint nunmehr am Widerstand R_2 und lädt über R_4 den Kondensator C_2, der seinerseits im Gitterkreis der Röhre Z liegt und bei Erreichung einer bestimmten Spannung wiederum diese zündet. Über den

§ 88   Schalten des Schweißstromes.   223

Löschkondensator C verlischt die Röhre L und der Vorgang läuft von neuem ab. Zur Verkürzung der Entladezeit der Zeitglieder, die naturgemäß möglichst klein

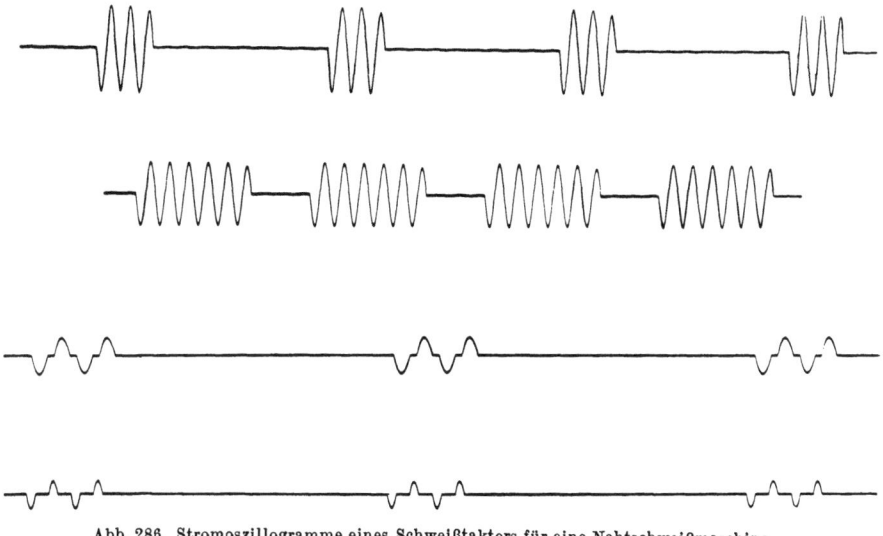

Abb. 286. Stromoszillogramme eines Schweißtakters für eine Nahtschweißmaschine. Die unteren beiden Oszillogramme zeigen zwei Beispiele für die Zündwinkelverschiebung zur Veränderung des Effektivwertes.

sein soll, dienen die, den Widerständen R_2 bzw. R_4 parallel geschalteten, Hilfsgleichrichter. Auf diese Weise erhalten wir den in Abb. 284 dargestellten Spannungsverlauf an den Klemmen A und B. Die Röhre Z brennt daher während des Spannungsimpulses und die Röhre L während der Pause. Durch Verändern der Widerstände R_3 und R_4 können die Brenndauern vollkommen unabhängig voneinander geregelt werden. Stromoszillogramme einer derartigen Steuerung zeigt Abb. 286. Auch hier wird gerne die Zündwinkelverschiebung zur Regelung der Schweißleistung verwendet, wie es Abb. 286 ebenfalls zeigt.

Auch bei den Nahtsteuerungen werden sich für die Schaltgefäße der Leistungsstufe immer mehr die Ignitrons an Stelle der gittergesteuerten Gefäße einführen. Es wirkt sich hier desgleichen der Vorteil einer bedeutend kleineren Bauart bei größeren Leistungen nicht nur räumlich gesehen, sondern auch bei den

Abb. 287. Ansicht der Leistungsstufe einer Nahtsteuerung mit Ignitrons als Hauptschaltgefäße. (Siemens.)

Anschaffungskosten sehr erheblich aus. Eine Leistungsstufe mit Ignitrons zeigt Abb. 287. Sie ist ähnlich aufgebaut wie es schon in § 53 besprochen wurde. Die zugehörige Steuerstufe gibt Abb. 288 wieder. Die beiden an der Frontplatte sichtbaren Drehknöpfe gestatten die Wahl der gewünschten Schweißzeit und

Pause. Mit derartigen Schweißtaktern können bis zu 800 kVA bei einer Netzspannung von 500 V und einer Einschaltdauer von 10% geschaltet werden. Vorteilhafterweise werden die Steuerstufen so ausgelegt, daß sie sich in gleicher Weise für Punktschweißmaschinen eignen (57).

D. Nahtleistung der Maschine.

§ 89. Unter der Nahtleistung einer Maschine versteht man diejenige Nahtlänge (m), die mit ihr in der Zeiteinheit (min.) geschweißt werden kann; dieser Begriff ist gleichbedeutend mit dem Vorschub bzw. der Vorschubgeschwindigkeit. Wie wir schon gesehen haben, wird die Vorschubgeschwindigkeit von dem Durchmesser der Rollenelektroden und deren Umdrehungszahl bestimmt, d.h. also, die Nahtleistung beträgt:

$$N_n = \pi \cdot d \cdot n \cdot 10^{-3} \text{ m/min} \quad (44)$$

wo $d =$ Rollendurchmesser in mm und $n =$ Umdrehungszahl pro Minute.

Abb. 288. Steuerstufe zur Leistungsstufe der Abb. 287, in gleicher Weise für Naht- und Punktbetrieb eingerichtet. (Siemens.)

Die Schweißzeit für die einzelnen Punkte beim Verschweißen von Blechen mit Stromunterbrechung folgt im wesentlichen den Gesetzen des Punktschweißens, d.h. es folgt der Schweißzeit, die zum Schweißen des Punktes notwendig ist, eine Schweißpause. Bei einer solchen Naht hat man einen Punktabstand e in mm und die Taktzeit T_t in sek. Letztere setzt sich aus Schweißzeit und Schweißpause zusammen (s. Abb. 289). Diese beiden Größen gestatten es, die prozentuale Einschaltdauer (% ED) der Maschine zu ermitteln und festzustellen, ob die zulässige Belastung nicht überschritten wird. Für die Nahtleistung erhalten wir:

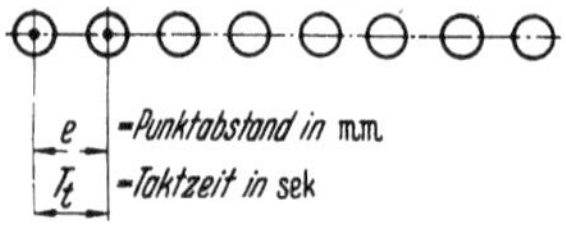

$e =$ Punktabstand in mm.
$T_t =$ Taktzeit in sek.

Abb. 289. Zur Erläuterung der Nahtleistung.

$$N_n = \frac{e \cdot 60}{T_t \cdot 1000} \text{ m/min} . \quad (45)$$

Hierbei wird e durch die konstruktive Forderung für das Formteil bestimmt, d.h. es kommt darauf an, ob eine dichte, feste oder Heftnaht verlangt wird. Die Taktzeit wird in erster Linie durch die Maschinenleistung und den Werkstoff festgelegt. Bei bekannter Taktzeit T_t und gefordertem Punktabstand e gestattet die Tafel der Abb. 290, die zugehörige Nahtleistung zu ermitteln. Ist diese bekannt, so läßt sich mit Gl. (44) die erforderliche Drehzahl der Rollenelektroden bestimmen. Damit sind dann alle Größen für eine Naht eindeutig festgelegt.

Die Zusammenhänge mögen noch an folgendem Beispiel erläutert werden: Es sollen 1,0 mm dicke Messingbleche (63% Cu) mit einer druckdichten Naht verschweißt werden. Eine Maschine mit einer Spitzenleistung von 300 kVA steht zur Verfügung; der Sekundärkreis läßt mit Rücksicht auf die Lagerung, Transformator und Sekundäre eine Dauerbelastung von 10 000 Amp zu. Vorversuche haben ergeben, daß mit Rücksicht auf die Formsteifigkeit der Teile mit einer Elektrodenkraft von 150 kg bei einer Schweißzeit von zwei Perioden und 16 000 Amp gearbeitet werden muß. Dies ergibt auf Grund der Tafel der Abb. 96 eine zulässige Einschaltdauer von 40%. Wird $T_t = 100\%$ gesetzt, so haben wir bei 2 Perioden Schweißzeit 3 Perioden Pause und eine Taktzeit von 5 Perioden = 0,1 sek. Damit die Nähte druckdicht werden, kann höchstens ein Punktabstand von 2 mm zugelassen werden. Die größtmögliche Nahtleistung der Maschine gibt uns die Tafel der Abb. 290 an mit 1,2 m pro Minute. Aus (Gl. 44) kann außerdem die notwendige Umdrehungszahl der Rollenelektroden ermittelt werden. Eine höhere Nahtleistung ist in diesem Fall mit der Maschine nicht zu erreichen, da dies entweder ein Senken der Stromstärke mit gleichzeitiger Drucksenkung oder eine Erhöhung der Stromstärke, um die Schweißzeit zu kürzen, erfor-

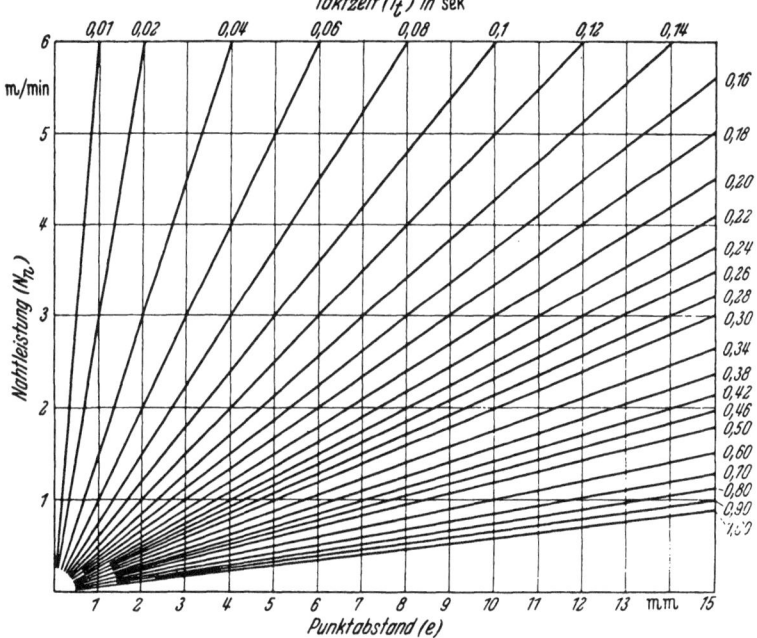

Abb. 290. Luftlinientafel zur Ermittlung der Nahtleistung.

dert. Ersteres ist mit Rücksicht auf die Formsteifigkeit der Bleche nicht möglich. Eine Kürzung der Schweißzeit auf eine Periode ist mit Rücksicht auf die Leistung der Maschine und Dichtheit der Naht nicht durchführbar.

E. Rollenelektroden.

§ 90. Die empfindlichsten Stellen einer Nahtschweißmaschine sind neben den Rollenelektroden die Lagerung derselben und deren Stromzuführung. Im wesentlichen werden einseitig und doppelseitig gelagerte Rollen unterschieden. Bezüglich der Stromzuführung unterscheidet man solche Konstruktionen, die den Schweißstrom durch besondere Kontaktvorrichtungen zuführen und solche, die die Rollen mit Gleitlager versehen und die Lager zugleich als Stromzuführung verwenden. Wie wir oben gesehen haben, bedient man sich zweierlei Antriebsarten: Es werden entweder beide oder nur eine Rolle angetrieben. Im letzteren Fall wird die zweite Rolle durch das Werkstück mitgedreht. Diese sogenannten Schlepprollen sollen zweiseitig gelagert werden, da einseitig gelagerte Rollen gerne stocken. Das Verhältnis von Rollen- zu Wellendurchmesser soll möglichst groß sein und den Wert 2,5 nicht unterschreiten.

Zunächst noch ein Wort zur Konstruktion der Rollenelektroden selber. Sie stellen infolge ihrer Größe ein bedeutend wertvolleres Werkstück dar, wie eine

Einzelpunktelektrode. Zudem sind beim Nahtschweißen die prozentualen Einschaltdauern wesentlich höher und damit auch die Möglichkeit einer kleinen Standzeit viel eher gegeben. Aus diesen Gründen kommt für die Rollenelektroden nur die unmittelbare Kühlung in Frage. Eine einfache und viel angewendete Konstruktion zeigt die Abb. 292 (Pos. 1). Es sind dies aus dem vollen Werkstoff herausgedrehte Kupferrollen. Man nimmt hier gerne Elektrolytkupfer, das durch Schmieden in die rohe Form gebracht wird, um auf diese Weise eine Kaltverfestigung des Kupfers zu erzielen. Die Rollen werden dann mit den entsprechenden Hohlräumen für das Kühlwasser versehen. Diese im wesentlichen einteiligen Rollen haben den Nachteil, daß sie nur bis zu einem gewissen Grad nachgearbeitet werden können und im Falle der Unbrauchbarkeit ein großer Werkstoffverlust in Kauf genommen werden muß. Die Tatsache fällt insbesondere dann ins Gewicht, wenn man aus Gründen der Standzeit zu Elektrodenmetallen greifen muß. Sie sind bekanntlich teuer und man muß den Stoffaufwand auf ein Minimum beschränken, was man durch die Verwendung von Elektrodenringen erreichen kann. Hierfür lassen sich u. a. folgende Konstruktionen angeben: Für beidseitig gelagerte Rollen kann diejenige der Abb. 291a verwendet werden, wenn die Beanspruchung bezüglich Strom und Druck nicht allzu groß ist. Der Elektrodenring *1* wird aus dem gewünschten Metall möglichst fertig vom Lieferer bezogen. Gespannt wird der Ring durch die beiden Flanschen *2* und *3*, die auf der Welle *4* sitzen. Zwischen ihnen ist eine Trennwand eingesetzt, die dafür

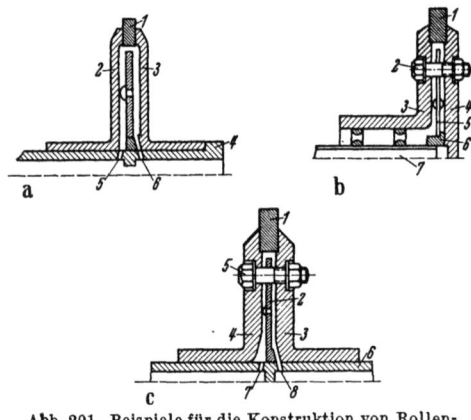

Abb. 291. Beispiele für die Konstruktion von Rollenelektroden. (DEW.)

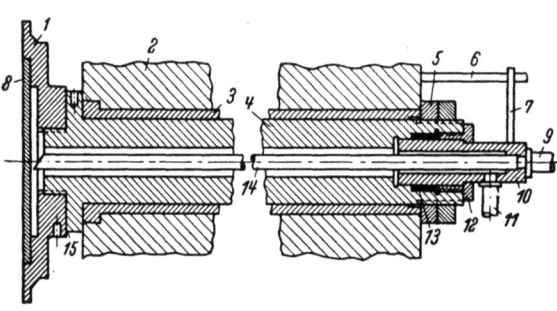

Abb. 292. Lagerung einer Kopfrolle.

sorgt, daß das Kühlwasser seinen richtigen Weg an dem Elektrodenring vorbei nimmt Zu- und abgeleitet wird das Kühlwasser durch die Bohrungen *5* und *6*. Eine gute und kräftige Ausführung für einseitig gelagerte Rollen, sog. Kopfrollen, zeigt Abb. 291b. Das Rollenende ist hier als Flansch ausgebildet. Mit ihm und der Deckplatte *4* wird der Elektrodenring *1* festgespannt. Zu dem Zweck sind mehrere Schrauben *2* am Umfang angeordnet. Das Kühlwasser wird durch das Rohr *7* zugeleitet und wird mittelst Bohrungen bei *6* und Trennwand *5* an dem Elektrodenring vorbeigeleitet.

Für besonders große Durchmesser und hohe Druck- und Strombelastungen zeigt Abb. 291c eine Ausführung und zwar für eine doppelseitig gelagerte Anordnung. Die kräftigen Spannflanschen *3* und *4* sind auf die Welle *6* aufgebracht. Gespannt wird der Elektrodenring *1* mit den Schrauben *5*. Der Zu- und Abfluß des Kühlwassers erfolgt durch die Bohrungen *7* und *8* und wird durch die Trennwand *2* in die richtigen Wege geleitet.

§ 90   Rollenelektroden.   227

Ob die Rollen ein- oder zweiseitig gelagert sind, hat auf die konstruktive Durchbildung der Lager weniger einen Einfluß wie die Tatsache, daß sie in der Lage sein müssen, die genügende Stromstärke zuzuführen. Eine der üblichen Konstruktionen zeigt Abb. 292 und zwar in diesem Fall für einseitige Lagerung. Das Lager 2 ist mit einer zweiteiligen Lagerschale 3 ausgerüstet, die leicht auswechselbar sein soll, da diese Schalen einem verhältnismäßig hohen Verschleiß unterworfen sind. In den Lagerschalen dreht sich die Welle 4 aus Messing, die zur Durchführung des Kühlwassers als Hohlwelle ausgebildet ist. Auf diese Weise wird auch gleichzeitig eine gute Kühlung des Lagers erzielt. Die Zuführung des Kühlwassers erfolgt über die Stopfbüchsendichtung 11—12—13 durch den Anschlußnippel 9 und fließt wieder über den Anschluß 11 ab. Damit sich der Wasseranschluß nicht mitdreht, sind die beiden Anschlagstifte 6 u. 7 vorgesehen. Die ganze Welle wird durch die Gegenmutter 5 in ihrer richtigen Lage gehalten. Am vorderen Ende ist die Welle mit einem nicht zu feinen Gewinde versehen, um die Rollenelektrode aufzuschrauben. Zu beachten ist hierbei, daß die Flächen 15 gut zusammenpassen, damit eine genügende Dichtung erzielt wird. Rollenelek-

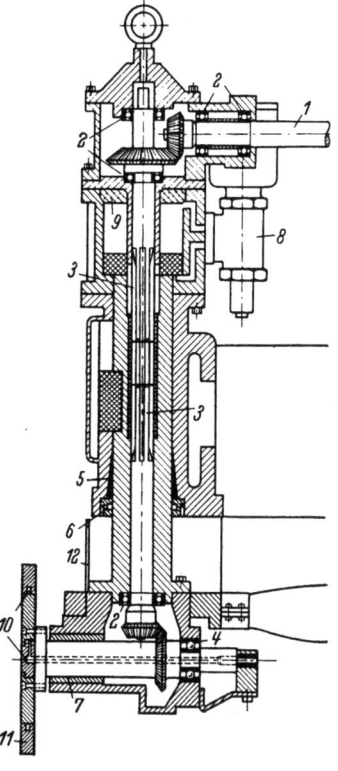

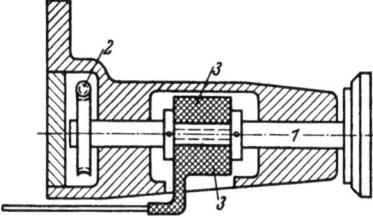

Abb. 293. Schema einer Stromübertragung auf die Elektrodenwelle durch federnd aufgesetzte Kontaktstücke (siehe Text.) (Siemens.)

trode und Welle werden mit entsprechenden Bohrungen versehen, damit sie mit einem Hakenschlüssel wieder gelöst werden können. Bei hohen Strombelastungen wird in vielen Fällen auch noch zusätzlich das Lager 2 mit Wasser gekühlt.

Eine weitere Kopfrollen-Konstruktion ist in Abb. 293 schematisch wiedergegeben. Die La-

Abb. 294. Konstruktion eines oberen Elektrodenkopfes mit pneumatischer Kraftbetätigung für eine Nahtschweißmaschine

1 Antriebswelle; 2 Kugellager für die Antriebswelle; 3 Keilnutenwelle; 4 Kugellager für Elektrodenwelle; 5 konisches Bronzelager zum Ausgleich des Lagerspiels; 6 Stellring für Lagerpos. 5; 7 Lagerschalen für die Stromübertragung aus Spezialmetall (MALLORY); 8 elektromagnetisches Preßluftventil; 9 Gummipolster für die obere Hubbegrenzung; 10 Wasserkühlung für die Elektrodenrolle; 11 aufgesetzter Ring aus Elektrodenmetall; 12 Schutzbleche.
(Sciaky Bros. Inc. Chicago-USA.)

gerung der Welle 1, die zu gleicher Zeit zum Antrieb über ein Schneckenvorgelege 2 und zur Stromzuführung dient, erfolgt mit normalen Laufspiel ohne Rücksicht auf die Stromübertragung. Die letztere wird durch federnd auf die Welle aufgesetzte Kontaktstücke (zwei Hälften) 3 vorgenommen, welche unter einem bestimmten Kontaktdruck stehen, der je nach Bedarf nachstellbar ist. Trotz des auftretenden Lagerspieles in der Wellenlagerung im Augenblick, wo die Elektrodenkraft wirkt, wird die Stromübertragung immer eindeutig erfolgen. Die Reibungsverhältnisse setzen bei diesem System einen synchronen Antrieb der unteren und oberen Elektrodenrolle voraus.

15*

Die Konstruktion eines oberen Elektrodenkopfes, bei dem die Elektrodenkraft pneumatisch erzeugt wird, gibt Abb. 294 wieder. Die Steuerung der Hubbewegung wird durch das elektromagnetische Ventil 8 bewerkstelligt. Als Kupplung zwischen dem feststehenden und dem die Hubbewegung mitausführenden Antriebsteil wird die Keilnutenwelle 3 verwendet. Die Stromübertragung auf die Elektrodenwelle erfolgt bei 7 mit Lagerschalen aus einem Metall, das speziell für diesen Zweck geeignet ist. Die Bauart wird bei Maschinen bis zu etwa 180 kVA angewendet. Die maximalzulässige Elektrodenkraft ist bei einer Armausladung von 1120 mm 550 kg. Für die angeführte Maschinentype wird bei 0,8 mm dicken, sauberen Stahlblechen eine Nahtleistung von 1,9 m pro Minute angegeben.

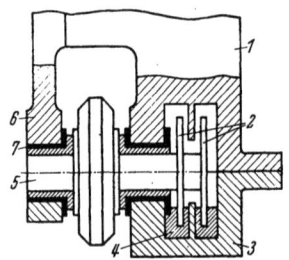

Abb. 295. Schema einer Stromübertragung durch Quecksilber.

Abb. 295 zeigt eine Anordnung, bei der die Lager nicht zur Stromzuführung verwendet werden. Es handelt sich um eine doppelseitig gelagerte Welle. Die Welle 5 und die Lagerschalen sind durch die Zwischenlager 7 von dem Maschinenkörper 1—6 isoliert. An dem einen Ende der Welle sind Kontaktscheiben 2 angebracht, die in ein Quecksilberbad 4 eintauchen und auf diese Weise den Strom der Rollenelektrode zuleiten. Um ein Verdampfen und zu hohes Erwärmen des Quecksilbers zu vermeiden, wird es mit Kühlwasser überspült. Hierbei muß man jedoch beachten, daß man in die Kühlwasserableitung einen Wassersack einbaut, um eventuell mitgehendes Quecksilber wieder aufzufangen. Bei starker elektrischer, insbesondere stoßweiser Belastung können Quecksilberschläge auftreten, die es in die Kühlwasserleitung gelangen lassen. Bei dieser doppelseitigen Lageranordnung ist noch zu beachten, daß das vordere Lager 6 leicht abnehmbar ist, um die Rollenelektrode austauschen zu können. Eine weitere gute Möglichkeit der Stromzuführung besteht in der Anwendung von Schleifringen. Meistens werden mehrere parallel geschaltet. Diese Art der Stromübertragung wird bei sehr großen Leistungen verwendet.

F. Schweißbarkeit der Stähle[1].

§ 91. Der Vorgang des Nahtschweißens hat mit dem Punktschweißen sehr große Ähnlichkeit, soweit es sich um überlappte Nahtformen handelt. Ebenso ist bei dieser Nahtform der Gefügeaufbau grundsätzlich der gleiche wie beim Punktschweißen. Es gibt aber noch verschiedene andere Nahtformen. Die gegebenen Möglichkeiten sind im folgenden aufgezählt:

Abb. 296a. *Stumpfnaht* ohne Zusatz: Dies ist eine angestrebte Form, jedoch praktisch wenig verwendbar, da die Festigkeit sehr gering ist. Die Zugfestigkeit beträgt etwa 60% des Ausgangswerkstoffes. Bei der Nahtvorbereitung ist zu beachten, daß die Stoßkanten gut zusammengepaßt werden müssen. Die Formteile müssen während dem Schweißen so verspannt werden, daß ein Ausweichen nicht möglich ist. Den Schliff durch solch eine Naht zeigt Abb. 297. Zu beachten ist, daß Nahtmitte und Elektrodenmitte immer gut übereinstimmen.

Abb. 296b. *Untergelegte Stumpfnaht*: Hier wird die obige Stumpfnaht mit einem Blechstreifen unterlegt. Dies ergibt eine Festigkeitsverbesserung. Diese kann bis annähernd 100% des Ausgangswerkstoffes bringen. Einen Schliff zeigt Abb. 298. Je nach Rollenbreite werden links und rechts vom Stumpfstoß Ober- und Unterblech mehr oder weniger breit verschweißt. Bei hohen Elektrodenkräften wird das beigelegte Band weitgehend verquetscht.

---

[1] Bezüglich der Schweißarbeit der Leichtmetalle s. §75÷81.

§ 91 Schweißbarkeit der Stähle. 229

Abb. 296c. *Stumpfnaht mit Drahteinlage*: Vor dem Schweißen haben die Bleche einen geringen Abstand. In den Zwischenraum wird der Draht eingelegt. Er wird während des Schweißens vollends in die Trennfuge eingepreßt und mit den beiden Blechen mehr oder weniger verschweißt. Wie das Schliffbild Abb. 299 zeigt, wird die Naht ganz mit Schweißgut ausgefüllt. Eine tatsächliche Verschweißung erfolgt aber nur zur Hälfte der Blechdicke, sodaß mit etwa 50% der Zugfestigkeit gerechnet werden kann.

Abb. 296d. *Abgeschrägte Stumpfnaht*: Bei der Stumpfnaht der Abb. a ist die auf den Schweißquerschnitt wirkende (senkrechte) Kraftkomponente praktisch gleich null. Je mehr man die Kanten abschrägt, desto größer wird diese. Man schrägt im allgemeinen zwischen 30 und 45° ab. Wie die Skizze andeutet, bleibt noch ein kleines senkrechtes Stück bei der Vorbereitung des Stumpfstoßes stehen. Dies ist notwendig, um der Werkstoffverquetschung während dem Schweißen gerecht zu werden und um eine brauchbare Oberfläche zu erzielen. Einen Schliff durch eine derartige Naht zeigt Abb. 300.

Abb. 296e. *Kurz überlappte Naht*: Im allgemeinen wird die Überlappung gleich der Blechdicke gewählt. Es ergeben sich dann wenig sichtbare und dichte Nähte. Diese Naht läßt sich aber im allgemeinen nur bis 1,2 mm Gesamtblechdicke durchführen mit Rücksicht auf Rollenabnützung

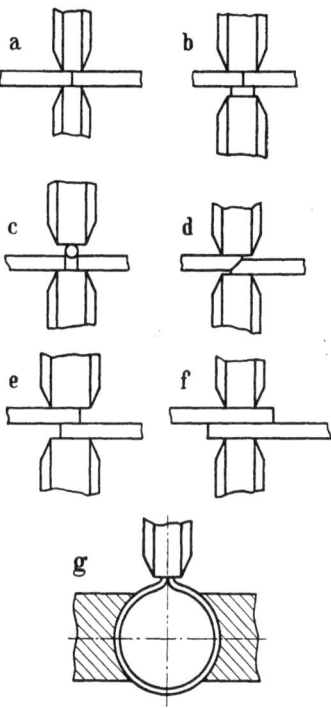

Abb. 296. Schematische Darstellung der verschiedenen Nahtformen. Erläuterung siehe Text.

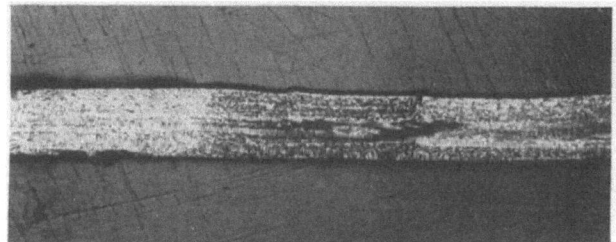

Abb. 297. Schliff durch die Stumpfnaht. (V = 10 ×.)

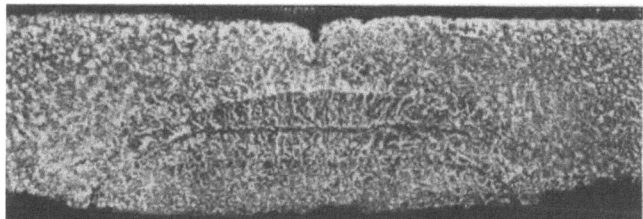

Abb. 298. Schliff durch eine Stumpfnaht mit untergelegtem Band. (V = 10 ×.)

und Wärmeverzug der Werkstücke. Die Überlappung muß sehr gleichmäßig sein, weswegen gute und kräftige Spannvorrichtungen zu verwenden sind. Nachträgliches Überwalzen gibt der Naht ein gutes Aussehen. Die Naht ist brauchbar für Oberflächenbehandlung wie Emaillieren, Verzinken u.a. Die Festigkeit derselben beträgt 90—100% des Ausgangswerkstoffes. Einen Schliff gibt Abb. 301 wieder.

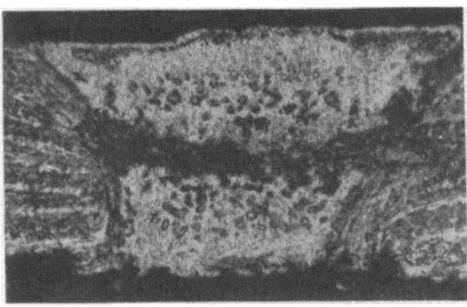

Abb. 299. Schliff durch die Stumpfnaht mit Drahteinlage. (V = 18×.)

Abb. 296 f. *Überlappte Naht*: Diese Naht läßt sich am sichersten verschweißen und ist daher die gebräuchlichste. Die Überlappung wird im allgemeinen 5mal so breit wie die Blechdicke gewählt. Die Naht bleibt in diesem Fall in doppelter Blechdicke bestehen. Bei dieser Naht kann man eine Festigkeit von 100% des Ausgangswerkstoffes erzielen. Die verschweißbare Gesamtdicke liegt bei etwa 5 mm. Einen Schliff in der Längsrichtung zeigt Abb. 302.

Abb. 296 g. *Gebördelte Naht*: Sie wird beim Zusammenschweißen von Hohlkörpern, die in der Regel aus zwei Hälften hergestellt werden, angewendet. Ein Schliffbild durch eine derartige Naht zeigt Abb. 303. Die Festigkeit der Naht erreicht nicht die des Ausgangswerkstoffes. Sie liegt bei etwa 60%. Bei Blechdicken über 1,0 mm kann man evtl. auf den Bördelrand verzichten und die Bleche in einfacher Weise stumpfstoßen.

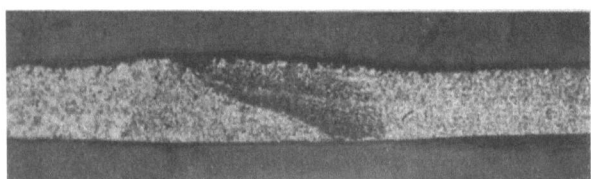

Abb. 300. Schliff durch die abgeschrägte Stumpfnaht. (V = 10×.)

Abb. 301. Schliff durch die kurz überlappte Naht. (V = 10×.)

Die notwendige Leistung für das Nahtschweißen hängt von den verschiedensten Begleitumständen ab, so daß auch hier nur Richtwerte gegeben werden können. In erster Linie spielt die Art des Werkstückes eine Rolle, insbesondere sind Arbeitsgänge der Stoffverformung maßgebend, wie Ziehen, Prägen, Bör-

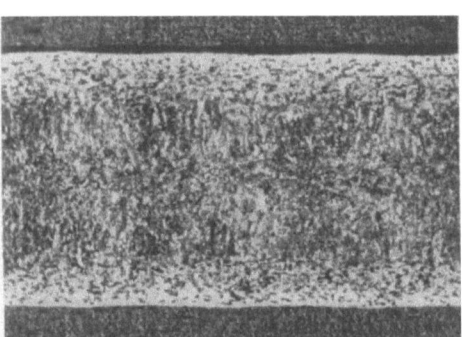

Abb. 302. Schliff durch eine überlappte Naht in Längsrichtung. (V = 12×.)

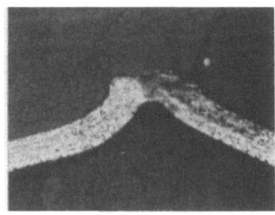

Abb. 303. Schliff durch eine Bördelnaht. (V = 5×.)

§ 91   Schweißbarkeit der Stähle.   231

deln u.a. Ferner werden die Verhältnisse um so ungünstiger, je länger die Naht z.B. bei Längsnahtmaschinen wird, da große Armausladungen notwendig sind. Hier ist dann in vielen Fällen die Anwendung von portalähnlichen Maschinenanordnungen angebracht. Die in Zahlentafel 41 angegebenen Leistungen gelten in erster Linie für überlappte Nähte und normale Armausladung.

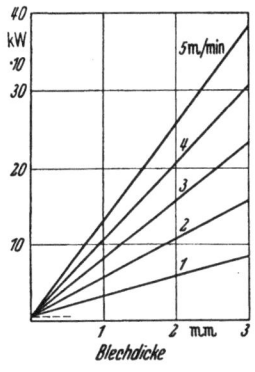

Abb. 304. Leistung in Abhängigkeit der Blechdicke (Stahl) für verschiedene Nahtleistungen.

Zahlentafel 41.

Leistung kVA	Blechdicke mm	Nahtleistung m/min
6	2 × 0,2	2,0
8	2 × 0,4	1,2
10	2 × 0,5	1,0
12	2 × 0,75	0,8
14	2 × 1,0	0,7
16	2 × 1,25	0,6
20	2 × 1,5	0,5
25	2 × 2,0	0,4
30	2 × 2,5	0,3

Zur Berechnung der notwendigen kW kann man folgende Faustformel bei einer Rollenbreite von etwa 5 mm angeben:

$$N = 25 \cdot s \cdot v + 0{,}2 \cdot s,$$

wo $s =$ Blechdicke in mm und $v =$ Nahtleistung in m/min. Ermittelt man die Werte für verschiedene Nahtleistung und Blechdicken, so erhält man die Fluchtlinien der Abb. 304.

Es wurde schon betont, daß gerade beim Nahtschweißen oft große Armausladungen notwendig sind. Wie sich mit der Armausladung die Nahtleistung ändert, zeigt Zahlentafel 42, die Werte amerikanischer Nahtschweißmaschinen wiedergibt.

Zahlentafel 42. *Angaben über Nahtleistungen bei verschiedenen Armausladungen und Leistungen nach* MALLORY *(80).*

Armausladung mm	500	600			910			1220		1520	Einzelblechdicke mm	KWh pro m
Transformatorleistung kVA	25	50	100	150	50	100	150	100	150	150		
Nahtleistung m/min	2,75										0,32	0,007
	2,44	3,96			3,66						0,38	0,013
	2,13	3,35	3,96		3,05	3,66					0,46	0,020
	1,83	3,05	3,66	3,96	2,75	3,35	3,66	3,05			0,56	0,026
	1,70	2,75	3,35	3,66	2,44	3,05	3,35	2,75	3,05	2,75	0,71	0,049
	1,52	2,44	3,05	3,35	2,13	2,75	3,05	2,44	2,75	2,44	0,91	0,082
	1,40	2,13	2,75	3,05	1,83	2,44	2,75	2,13	2,44	2,13	1,02	0,131
	1,22	1,83	2,44	2,75	1,52	2,13	2,44	1,83	2,13	1,83	1,22	0,197
	0,92	1,52	2,13	2,44	1,22	1,83		1,52	1,83	1,52	1,63	0,328
		1,22	1,83	2,13	0,92	1,52		1,22	1,52	1,22	1,83	0,492
		0,92	1,52	1,83		1,22		0,92	1,22	0,92	2,03	0,82
			1,22	1,52		0,92			0,92		2,64	1,64
			0,92	1,22							2,95	2,29
				0,92							3,25	3,28

Die hier angegebene Leistung liegt 50% höher als die maximale Dauerbelastung, für die die Maschinen gebaut sind. Es darf daher kein ununterbrochener Betrieb angenommen werden.

Eine weitere amerikanische Literaturstelle (66) gibt die in Zahlentafel 43 aufgeführten Richtwerte an.

Zahlentafel 43. *Nahtschweißen von Stahlblechen.*

Blech-dicke mm	Rollen-spur-breite mm	Elek-troden-kraft kg	Schweißzeit (Periode) Ein	Schweißzeit (Periode) Aus	Naht-leistung m/min	Schweiß-strom Amp
0,56	3,97	250	1	½	3,65	8 000
0,91	4,78	300	1	1	3,05	10 500
1,22	5,56	350	2	2	1,83	11 500
1,63	6,35	395	3	2	1,53	13 000
2,03	7,14	450	4	3	1,15	14 000
2,64	7,94	500	5	4	0,91	16 000
3,25	8,73	550	5	5	0,91	18 000

Nahtspurbreite = Quadratwurzel aus der Blechdicke in Zoll, Elektrodenkraft $P = 50$ kg je 0,8 mm Nahtspurbreite bei 230 mm Rollendurchmesser.

G. Anwendungsbeispiele.
§ 92.

Abb. 305. Nahtgeschweißter Heizungsradiator aus Stahlblech.

Abb. 306. Kühlschrankverdampfer. Bei A gegen 10 atü dichte Nahtschweißung. Bei B Punktschweißung zur Versteifung der Rippen. Stoff: Messingblech $2 \times 1{,}2$ mm. (BOSCH.)

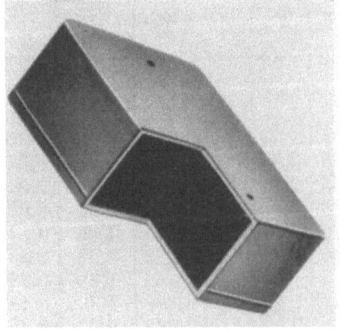

Abb. 307. Gehäuse, nach dem Hohlkörpernahtverfahren geschweißte Naht nicht nachgearbeitet.

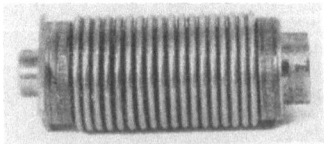

Abb. 308. Nahtgeschweißter Federkörper aus Stahlblech.

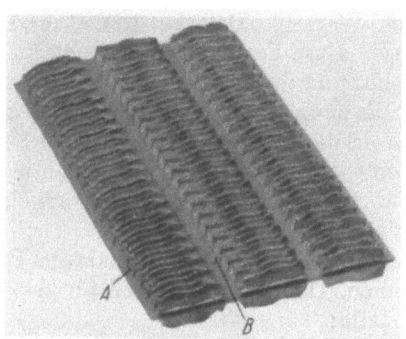

Abb. 309. Rippenteil eines Motorkühlers.
Bei *A* Nahtschweißung. Bei *B* Punktschweißung
zur Versteifung. Stoff: Zinkblech 2×0,6 mm.

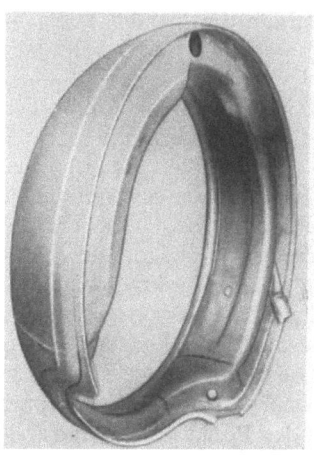

Abb. 310. Großer Ringölbehälter aus
Leichtmetall an den äußeren Rund-
nähten nahtgeschweißt.

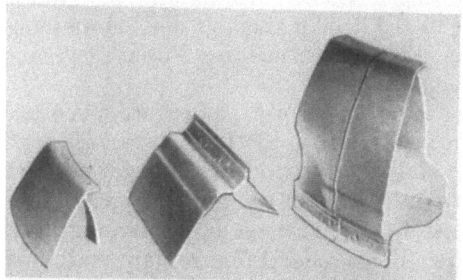

Abb. 311. Ausschnitte aus Leichtmetallbehältern mit
druckdichten Nahtschweißungen.

VI. Buckelschweißen.
A. Verfahren.

§ 93. Das Buckelschweißen zählt zu den Verfahren des Widerstandsschweißens, bei denen der Schweißquerschnitt nicht durch die außerhalb des Formteils angesetzten Elektroden bestimmt wird, sondern durch das Formteil selber innerhalb der beiden zu verschweißenden Teile. Das Ergebnis der Buckelschweißung ist ein ähnliches wie bei der Punktschweißung: Es wird eine punktförmige Verbindung zwischen den beiden Formteilen erzielt.

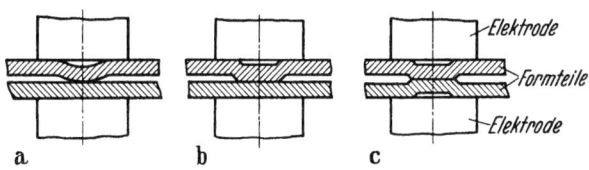

Abb. 312. Schematische Darstellung der verschiedenen Buckelausführungen.

Bei der Buckelschweißung wird dies dadurch erreicht, indem an eines der beiden zu verschweißenden Formteile oder auch an beide eine kleine Erhebung angeprägt wird, mittels der die Verschweißung derselben erfolgt. Die Bleche liegen dann in der Art aufeinander, wie es Abb. 312 zeigt. Abb. 312a stellt die kugelige und Abb. 312b die flache Buckelform dar. Abb. 312c zeigt das doppelseitige Anprägen. Letzteres wird eigentlich nur dann angewendet, wenn beide

Formteile die gleiche Form haben, so daß sie mit dem gleichen Stanz- oder Prägewerkzeug hergestellt werden können und dadurch Werkzeugkosten gespart werden.

Der Name Buckelschweißen rührt von der kleinen angeprägten Erhebung her. Das Verfahren wird auch vielfach Warzen-, Dellen-, Relief- und Projektionsschweißen (engl.) genannt. Durch diese Formgebung der Bleche wird erreicht, daß der Schweißquerschnitt nicht mehr durch die Elektroden bestimmt wird, sondern durch das Formteil selbst. Es kann also auch jetzt der Elektrodenquerschnitt kräftiger und größer gehalten werden ohne Beeinflussung der Schweißung. Beim Punktschweißen tritt bekanntlich der Nachteil auf, daß die Elektroden einem stärkeren Verschleiß unterworfen sind, was auch eine zwangsläufige Änderung des Schweißquerschnittes mit sich bringt.

Die Buckelschweißung hat noch den großen Vorteil, daß mehrere Punkte zu gleicher Zeit verschweißt werden können. Damit ergeben sich für sie gegenüber der Punktschweißung folgende Vorteile:

1. Durch die breitere Elektrodenauflagefläche hat die Elektrode eine größere mechanische Festigkeit. Ferner leitet sie die Wärme bedeutend besser ab. Dies ergibt einen sehr geringen Elektrodenverbrauch.

2. Durch den geringen Elektrodenabbrand und die gleichwertige Buckelauflage wird eine größere Gleichmäßigkeit der Schweißungen erreicht.

3. Es besteht die Möglichkeit, mehrere Punkte mit einem Elektrodenniedergang zu verschweißen.

4. Endlich lassen sich durch die aufgeführten Vorteile die Schweißungen rascher durchführen und damit große Lohnersparnisse erzielen.

Diesen Vorteilen stehen folgende Nachteile gegenüber:

1. Vor dem Schweißen müssen die notwendigen Buckel angeprägt werden, jedoch kann meistens dieser Arbeitsgang gespart werden, indem man ihn mit einem vorhergehenden Biege- oder Prägevorgang verbindet.

2. Zum Buckelschweißen werden Maschinen mit hohen Elektrodenkräften und elektrischen Leistungen benötigt.

B. Maschinen und deren Steuerung.

§ 94. Die Verschweißung mehrerer Buckel mit einem Elektrodenniedergang läßt sich nur dann einwandfrei durchführen, wenn alle Buckel den gleichen Elektrodendruck erhalten und dies ist nur möglich, wenn die Schweißmaschine kräftige, vollkommen starre Spannflächen für die Elektroden besitzt. Man hat daher den Maschinen an Stelle der bei den Punktschweißmaschinen üblichen Elektrodenarme Spanntische gegeben und der oberen beweglichen Elektrode eine entsprechend große Spannfläche.

Die maximale elektrische Leistung, für die heute die großen Buckelschweißmaschinen ausgelegt werden, liegt bei etwa 500—700 kVA. Eine solche Maschine zeigt Abb. 313. Sie hat eine Spitzenleistung von 500 kVA und ist mit besonders kräftigen Spannflächen für die Werkzeuge ausgerüstet. Es kann mit Kräften bis zu etwa 4000 kg gearbeitet werden. Die Stößelbetätigung der Maschine erfolgt hydraulisch und gestattet das Einschalten des Schweißstromes bei niedrigem Druck und ein hohes Nachpressen. Das Einstellen der Hydraulik erfolgt durch die Handräder am Kopf der Maschine. Die Wirkungsweise der Hydraulik wurde schon in § 43 Abb. 134 besprochen. Auch hier ist wieder ein Betrieb mit Fußschalter und Handsicherungen möglich.

Zu bemerken ist noch, daß alle Punktschweißpressen mit Zweihandsicherungen ausgerüstet sind. In Abb. 313 sind die Handsicherungen links und rechts am Spanntisch zu erkennen. Dies ist aus folgenden Gründen notwendig: Mit den

Maschinen haben auch die Vorrichtungen zum Aufnehmen der zu schweißenden Formteile eine derartige Entwicklung erfahren, daß man es mit gut durchgebildeten Schweißwerkzeugen zu tun hat. Der Arbeiter muß nur noch das Formteil in das Werkzeug einlegen, worauf mit einem Niedergang der Schweißvorgang erfolgt. Es ist also nicht notwendig, daß er das Formteil mit den Händen zwischen den Elektroden hält, oder um mehrere Punkte zu machen, zwischen den Elektroden fortbewegt. Würde an dieser Maschine mit Fußschalter gearbeitet, so bestände die Gefahr, daß der Arbeiter beim Niedergehen des Stößels die Finger zwischen den Elektroden hätte. Um dieser Gefahr vorzubeugen, muß der Arbeiter bei Hüben, die über 8 mm liegen, mit Zweihandsicherungen arbeiten. Der Stößelniedergang erfolgt in diesem Fall nur, wenn beide Drückknöpfe zu glei-

 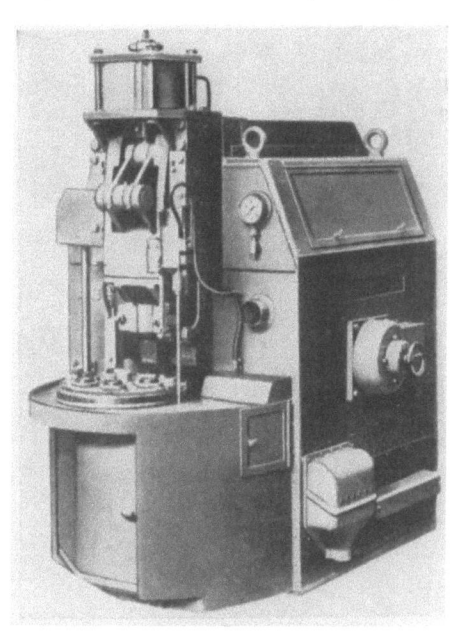

Abb. 313. Hydraulisch-betätigte Buckelschweißmaschine für 400 kVA. (MIEBACH.)   Abb. 314. Buckelschweißmaschine mit Drehteller zum Verschweißen von Rundfunkröhren. (AEG.)

cher Zeit betätigt werden. Es besteht damit praktisch nicht mehr die Möglichkeit, daß die Finger durch die Elektroden verletzt werden.

Eine Buckelschweißmaschine in Sonderausführung gibt Abb. 314 wieder. Die Stößelbetätigung erfolgt über einen Kniehebel. Die untere Elektrode ist als Revolverteller ausgebildet, der selbsttätig weitergeschaltet wird. Sie dient zum Verschweißen von Metall-Rundfunkröhren.

Eine weitere Einzweckmaschine aus dem amerikanischen Schweißmaschinenbau zeigt Abb. 315. Hier werden an ein Motorengehäuse Befestigungsbleche angeschweißt. Die Maschine wird mechanisch betätigt und hat eine preßluftbetätigte Spannvorrichtung. Die kräftigen Kupferbänder für die zweiseitige Stromzuführung an das Formteil sind im Bild deutlich zu erkennen, desgleichen die Schläuche für die Kühlwasserzuführung der Spannbacken.

Im Gegensatz zu der vorletzten Maschine mit Revolverteller zeigt Abb. 316 eine Maschine mit Förderband zum Verschweißen von runden Blechteilen mittels dem Verfahren des Buckelschweißens. Es ist eine handelsübliche Maschine, auf der durch Anbringung der geeigneten Hilfsmittel große Stückzahlen erzielt werden.

Zum Gebiet des Buckelschweißens ist auch das kreuzweise Verschweißen von Drähten zu rechnen. Auf diese Weise können z. B. Drahtnetze angefertigt wer-

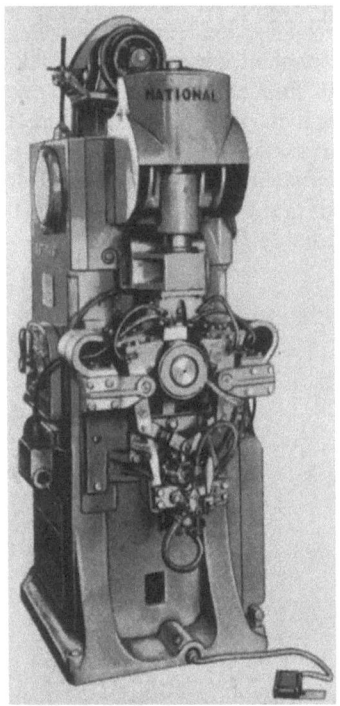

Abb. 315. Schweißmaschine für Motorengehäuse. (National.)

Abb. 316. Mit Förderband ausgerüstete Schweißmaschine. (National.)

Abb. 317. Schweißmaschine für die Herstellung von Drahtnetzen bzw. Gittern. (Sciaky Bros.)

den. Eine speziell zu diesem Zwecke gebaute Maschine zeigt Abb. 317 der Firma Sciaky Bros., Chicago. Sie hat zwölf hydraulisch betätigte Schweißköpfe, an die die jeweilig notwendigen Elektroden befestigt werden können. Die Steuerung bzw. Schaltung des Schweißstromes erfolgt nach dem Prinzip der elektronisch gesteuerten Drehstrommaschinen (Sciaky-Patent) wie es in §59 besprochen wurde. Die Transformatorleistung der Maschine ist im Maximum 850 kVA. Maximale Elektrodenkraft pro Schweißkopf 2130 kg. Es kann ein kleinster Drahtdurchmesser von 1,6 mm bei einer kleinsten Maschenweite von 6,4 mm und ein größter Drahtdurchmesser von 8 mm bei einer kleinsten Maschenweite von 19 mm verschweißt werden; desgleichen kann man auch Flachprofile verarbeiten. Die Längsdrähte werden der Maschine von Rollen aus zugeführt, wohingegen die Querdrähte vor den Schweißköpfen magazinartig gestapelt sind.

Auf den ersten Blick läßt sich ohne weiteres erkennen, daß bei den großen Maschinen und Kräften nur maschinelle Betätigungen in Frage kommen. Beim Buckelschweißen sind auf Grund der Schweißart höhere Drücke notwendig, so daß auch bei schwächeren Maschinen die fußbetätigte Stößelbewegung fast nicht anzutreffen ist. Die notwendigen Drücke werden später noch erläutert. Für die Steuerung gilt hier das gleiche wie es schon im §45 für die Punktschweißung gesagt wurde. Da wir es hier fast durchweg mit Leistungen von 100 und mehr kVA zu tun haben, ist in erster Linie die Schaltung des Schweißstromes durch Quecksilberdampfgefäße vorzuziehen. Maßgebend ist hier natürlich auch noch die Art bzw. Empfindlichkeit der Schweißungen. Ebenso gilt für den Aufbau der Transformatoren das gleiche wie es im §32 ausgeführt wurde. Auf das Transformator-Diagramm, der in Abb. 313 gezeigten Maschine, welches Abb. 84 wiedergibt, sei verwiesen.

C. Elektroden.

§ 95. Die einfachste Form der Elektrode für die Buckelschweißung ist derjenigen für das Punktschweißen ähnlich. Sie zeigt Abb. 318. Es ist eine einfache Kupferelektrode, die an Stelle der kegeligen Andrehung für das Punktschweißen eine plane Fläche hat. Es wird allein schon hierdurch eine größere mechanische Festigkeit erzielt und es kann eine gewöhnliche Punktelektrode ohne weiteres verwendet werden. Die Befestigung durch einen Kegel wird hier beibehalten. Dasselbe ist auch ohne weiteres möglich, wenn es sich um mehrere Buckel handelt, die ringförmig angeordnet sind, wie es in Abb. 319 gezeigt ist. Die obere Elektrode hat eine Ringform, der runde Teil geht in einen Kegel über, der in einem Gewinde endet. Das Gewinde dient hier zum Festziehen des Kegels, wohingegen letzterer neben der Stromübertragung zur Dichtung für das Kühlwasser dient. Verschweißt werden vier kreisförmig angeordnete Buckel. Charakteristisch für die Elektroden beim Buckelschweißen ist, daß sie glatt und großflächig sind und da sie nicht den Schweißquerschnitt bestimmen, eine für ihre Festigkeit und Kühlung günstige Form erhalten können. Allerdings wird man bei größeren Entfernungen der Buckel voneinander mehr die Form wählen, wie sie Abb. 320 zeigt. Die Elektroden sind hier abgesetzt. Man erzielt dabei einen konzentrierten Stromübergang an den Schweißstellen. Die Form wird dort angewendet, wo die Formteile Unebenheiten aufweisen und die Schweißleistung bei ganzflächigen Elektroden nicht ausreicht.

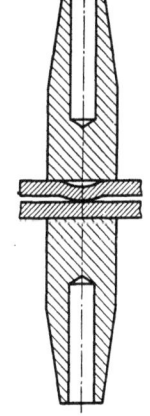

Abb. 318. Einfache Elektrode zum Verschweißen einzelner Buckel.

Für die Befestigung der Elektroden zeigten wir zunächst den Kegel. Eine viel angewandte Befestigungsart ist die Schraubverbindung, wie sie bei der unteren Elektrode in Abb. 319 gezeigt ist. Bedingung bei jeder Befestigung ist die leichte Austauschbarkeit und eine beste Gewährleistung des Stromüberganges.

Daher sollten nicht zuviel Schrauben verwendet werden und die Auflagefläche möglichst groß sein. Schrauben werden in erster Linie aus Stahl angefertigt. Bei größerer Anzahl geht demnach wertvoller Kupferquerschnitt verloren. Sehr viel benützt man zur Befestigung die Klemmverbindung. Dies ist bei den

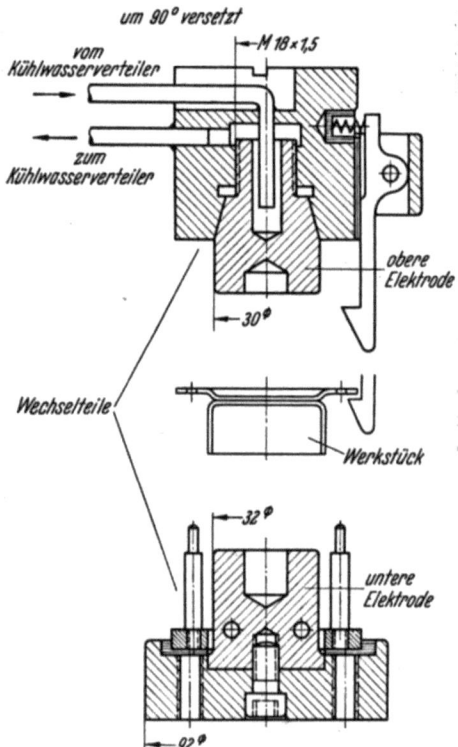

Abb. 319. Elektroden für das Verschweißen ringförmig angeordneter Buckel.

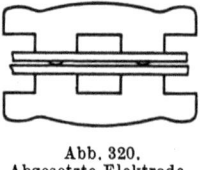

Abb. 320. Abgesetzte Elektrode.

sog. Formelektroden der Fall, weil diese Art eine dauernde genaue Einstellung derselben zuläßt. Eine solche Form ist z. B. in Abb. 321 wiedergegeben. Eine der Spannflächen ist in diesem Fall prismatisch ausgebildet, um so ein Fest-

Abb. 321. Elektroden zum Buckelschweißen vor und nach etwa 20000 Schweißungen.

klemmen gegen mindestens zwei stromführende Flächen zu erzielen. Die beiden abgebildeten Elektroden stellen den neuen Zustand und denjenigen nach etwa 20000 Schweißungen dar. Sie mögen als Beispiel dafür dienen, welche hohe Standzeit man bei Buckelschweißelektroden, insbesondere mit Elektrodenmetallen, erzielt. Die gezeigten Elektroden sind sog. Formelektroden, d. h. ihre Form weicht von der geradlinigen Fläche ab.

Eine weitere Befestigungsart sei noch kurz erwähnt. Bei

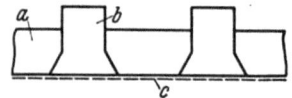

Abb. 322. Schema einer Elektrode mit Einsätzen.

Abb. 323. Großflächige Elektrode zum Buckelschweißen. (MALLORY.)

abgesetzten Elektroden kann man die Form der Abb. 322 verwenden. In eine kräftige Kupferfplatte a preßt man die Einsätze b ein und fräst dann die Fläche c

plan. Ein häufigeres Wechseln der Einsätze ist hier ohne weiteres möglich. Man wird sie gut verwenden, wenn dieselben aus sog. Elektrodenmetallen angefertigt werden. Ein anderes Beispiel aus dem amerikanischen Schweißmaschinenbau für großflächige Buckelelektroden zeigt Abb. 323. Auch hier sind für jeden Buckel einzelne Einsätze vorgesehen. Sie sind aus dem Elektrodenmetall Elkonite.

Bei der Kühlung der Elektroden wird auch hier zwischen der unmittelbaren und der mittelbaren unterschieden. Die Verwendung der ersteren zeigt Abb. 319 bei der oberen Elektrode. Es ist hier das gleiche Prinzip angewendet wie beim Punktschweißen. Durch ein Rohr wird das zuströmende Wasser möglichst weit an die Elektrode vorgeführt. Hierbei ist jedoch wieder zu beachten, daß eine gewisse Nacharbeit der Elektroden möglich ist. Auch sollte der Abflußquerschnitt nicht zu eng gewählt werden.

D. Schweißwerkzeuge.

§ 96. Bei der Aufzählung der Vorteile des Buckelschweißens im § 93 wurde unter Punkt 3 erwähnt, daß es möglich ist, mit einem Elektrodenniedergang mehrere Punkte zu verschweißen. Es ist also bei kleinen und mittleren Zieh- und

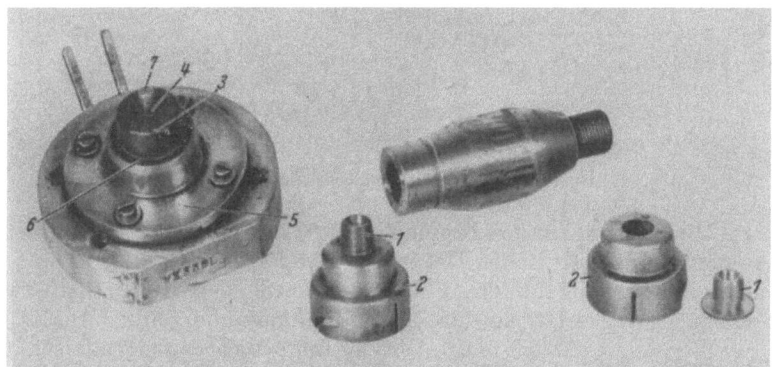

Abb. 324. Elektroden zum Buckelschweißen mit dem dazugehörigen Formteil. (Siehe Text.)

Stanzteilen nicht mehr notwendig, das Formteil zwischen den Elektroden fortzubewegen, um mehrere Punkte zu verschweißen. Hierzu kommt der Vorteil der unvergleichlich höheren Standzeit der Elektroden. Diese beiden Punkte ermöglichen es, aus Schweißvorrichtung und Elektrode ein ganzes Werkzeug zu gestalten (20. 21, 22). Das einfachste Werkzeug dieser Art ist dasjenige, bei dem die Elektrode zu gleicher Zeit als Aufnahme dient. Solch ein Beispiel zeigt Abb. 324. Die Elektrode selbst hat lediglich einen Aufnahmezapfen 7 und einen Ring 5. Der Zapfen dient zur Zentrierung der Gewindebüchse 1 und der Ring zur Zentrierung des Gehäuses 2. Beide Aufnahmen sind zu isolieren, was hier auf einfachste Weise dadurch erfolgt, indem der Zapfen 7 mit einer Isolationsbüchse 4 in die Elektrode 3 eingepreßt wird. Der Ring 5 ist ebenfalls mit einem Isolationsring 6 auf den unteren Teil der Elektrode geschraubt. Als Stoff für die Aufnahmen kann Stahl verwendet werden, der sich härten läßt. Auch die obere Elektrode gestaltet sich ganz einfach, wie es im Bild (rechts oben) wiedergegeben ist. Die Befestigung erfolgt durch Kegel und Gewinde. Sind mehrere Bohrungen in dem Formteil vorhanden, die zentriert werden müssen, so gestaltet sich die Elektrode etwa derart, wie es Abb. 325 zeigt. Das Formteil ist im Bild im ungeschweißten und geschweißten Zustand gezeigt. Es handelt sich um die Verschweißung der Teile 1 und 2, zu welchem Zweck in das Teil 1 zehn Buckel eingeprägt sind, die im Bild zu erkennen sind. Zum Verschweißen werden die beiden Teile in den beiden größten Bohrungen durch die Aufnahmezapfen 3 und 4 auf-

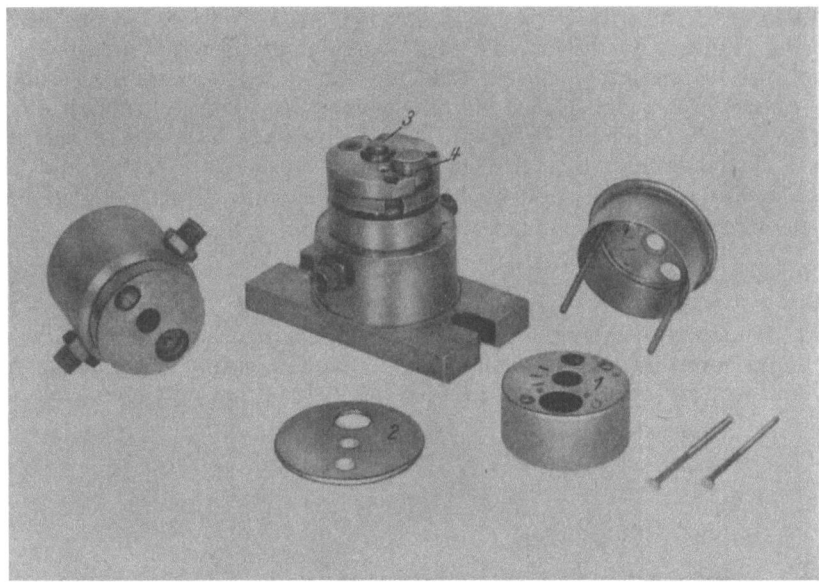

Abb. 325. Werkzeug und Formteil für Buckelschweißung. (Siehe Text.)

genommen. Die Bohrung für den Zapfen 4 ist glatt durchgehend, so daß ein glatter Bolzen genügt, der isoliert in die Elektrode eingepreßt ist. Anders ist es dagegen bei der mittleren Bohrung für den Aufnahmezapfen 3. Diese ist durch die zweierlei Lochdurchmesser abgesetzt, so daß der Aufnahmezapfen einen Ansatz haben muß. Dies bedingt, daß er federnd ist, um der Elektrodenkraft keinen Widerstand zu leisten und dadurch die Formteile einwandfrei zwischen die Elektroden zu liegen kommen. Große Kühlwasseranschlüsse am Unter- und Oberteil sorgen für eine gute Kühlung der Elektroden. Auch das Oberteil gestaltet sich hier verhältnismäßig einfach. Es besteht im wesentlichen aus einem runden Messingstück, auf das die eigentliche Kupferelektrode aufgeschraubt ist. Letztere ist mit drei Aussparungen versehen, damit die Elektrode nicht auf die unteren Aufnahmebolzen aufläuft.

Abb. 326. Schweißwerkzeug mit Formelektroden.

Alle die seither gezeigten Werkzeuge machen beim Einrichten in der Schweißmaschine keine weiteren Schwierigkeiten. Zuerst wird das Oberteil festgespannt. Vor dem Festspannen des Unterteiles wird die Maschine von Hand durchgedreht und das Unterteil ausgerichtet. Dies gilt aber nicht mehr für Werkzeuge mit Formelektroden, Auswerfern, Niederhaltern und ähnlichen Ausführungen. Hier hat sich gezeigt, daß es für das Einrichten der Maschinen von wesentlichem Vorteil ist, wenn die Lage von unterer und oberer Elektrode zueinander festgelegt ist.

Man ist daher ähnlich den Schnitt- und Stanzwerkzeugen zu Säulenführungen übergegangen. Ein solches Werkzeug zeigt Abb. 326. Hier handelt es sich um das Anschweißen von zwei Befestigungslappen an ein Schaltergehäuse. Die federnde obere Aufnahme für das Gehäuse ist mittels dem Stück a isoliert auf dem gleitenden Schlitten aufgeschraubt. Dieser sitzt wieder auf dem Messingwinkel c, der noch zusätzlich den Kühlwasserverteiler e trägt. Oberteil c und Unterteil d sind durch die Führungssäulen b verbunden, die in das Unterteil mittels Isolationsbüchsen eingepreßt sind. Die Befestigung der unteren Elektrode und die Aufnahme für den anzuschweißenden Winkel ist zu erkennen. Die Befestigung der Elektrode, ebenso die der oberen, erfolgt hier mit Schwalbenschwanz. Die Kühlung der oberen Elektrode ist eine indirekte, da letztere schwer zugänglich ist. Dagegen wird die untere Elektrode direkt gekühlt. Ihre Form zeigte Abb. 321.

Es ist nun ohne weiteres ersichtlich, daß ein Werkzeug mit Säulenführung mehr Werkzeugkosten mit sich bringt als ein solches ähnlich der Ausführung in Abb. 325. Zur Vermeidung dieser höheren Unkosten werden Einheitsführungsgestelle verwendet, für die dann jeweils nur auswechselbare Teile, sog. Wechselteile angefertigt werden müssen. Die konstruktive Ausführung solch eines Führungsgestelles zeigt Abb. 327. Es besteht im wesentlichen aus zwei Hauptteilen: Der Grundplatte und dem Kopfstück. Diese beiden Teile sind aus Messing, da sie die Zuleitung des Schweißstromes übernehmen müssen. Die Lage der beiden Hauptteile wird durch die Säulenführung bestimmt. Die Säule und die Führung sind aus gehärtetem Stahl angefertigt. Zu beachten ist, daß die Säulen mittels einer Isolierbüchse in das Kopfstück eingepreßt sind. Die Isolation ist notwendig, weil sonst Kopfstück und Unterteil kurzgeschlossen würden; der Schweißstrom darf seinen Weg nur über die Schweißstelle nehmen. Die Befestigung des Gestelles in der Schweißmaschine erfolgt für das Kopfstück mittels zweier Außensechskantschrauben. Es ist jedoch so ausgebildet, daß nicht jedesmal die Befestigungsschrauben ganz herausgeschraubt werden müssen, sondern sie werden nur gelöst und dann kann das Kopfstück herausgeschwenkt werden. Die Befestigung der Grundplatte auf dem Spanntisch der Maschine erfolgt durch Spannpratzen. Die Auflage derselben auf dem Spanntisch sollte durch irgendeinen nicht zu harten Stoff, z. B. Resitex, geschützt werden. Dies hat den Zweck, einer Beschädigung des Spanntisches, der ja aus Messing gefertigt ist, vorzubeugen. Die Befestigung der auswechselbaren Teile im Führungsgestell erfolgt unten mittels zweier Paßstifte und zweier Innensechskantschrauben. Sie sitzen in gehärteten Stahlbüchsen, um eine zu rasche Ausweitung der Bohrung zu vermeiden. Die Lage des oberen auswechselbaren Teiles ist durch drei Paßleisten festgelegt. Festgespannt wird es ebenfalls durch zwei Innensechskantschrauben. Auf der Rückseite des Kopfstückes ist jeweils ein einheitlicher Kühlwasserverteiler angebracht. In Abb. 327 ist eine neuere Ausführung des Oberteils wiedergegeben, bei dem zur Wasserverteilung das Kopfstück selber verwendet wird. Die Führungsgestelle werden je nach Maschinengröße bzw. Leistung in verschiedenen Größen verwendet. Abb. 327 ist ein internes Werknormblatt, auf dem die Maße für die verschiedenen Größen wiedergegeben sind. Hier sind auch noch verschiedene Hinweise gegeben, außerdem ist der Einbau eines Wechselteiles angedeutet.

Ein Wechselteil für ein Führungsgestell der Abb. 327 wurde in Abb. 319 gezeigt, ebenso wurde an der Stelle auch schon die Elektrodenform erläutert. Am unteren Wechselteil ist nun außer der Elektrode auch noch die Aufnahme für das Formteil angebracht. Sie erfolgt derartig, daß das Gehäuse von der Elektrode selbst aufgenommen wird, der Flansch dagegen wird durch die beiden senkrechten Bolzen fixiert. Diese müssen unbedingt isoliert gesetzt werden, um Nebenschlüsse und Brandstellen zu vermeiden. Es handelt sich hier um eine „elektrodenfremde"

Aufnahme, denn das von ihr fixierte Formteil kommt mit der oberen Elektrode in Berührung. Es würde also der Schweißstrom, falls die Aufnahme nicht isoliert wäre, nicht nur über die Schweißstelle, sondern auch über die Aufnahme seinen Weg nehmen. Ist die Aufnahme eine „elektrodeneigene", so besteht die Gefahr nicht. Um zu erreichen, daß der Schweißstrom nur über die Schweißstelle fließt,

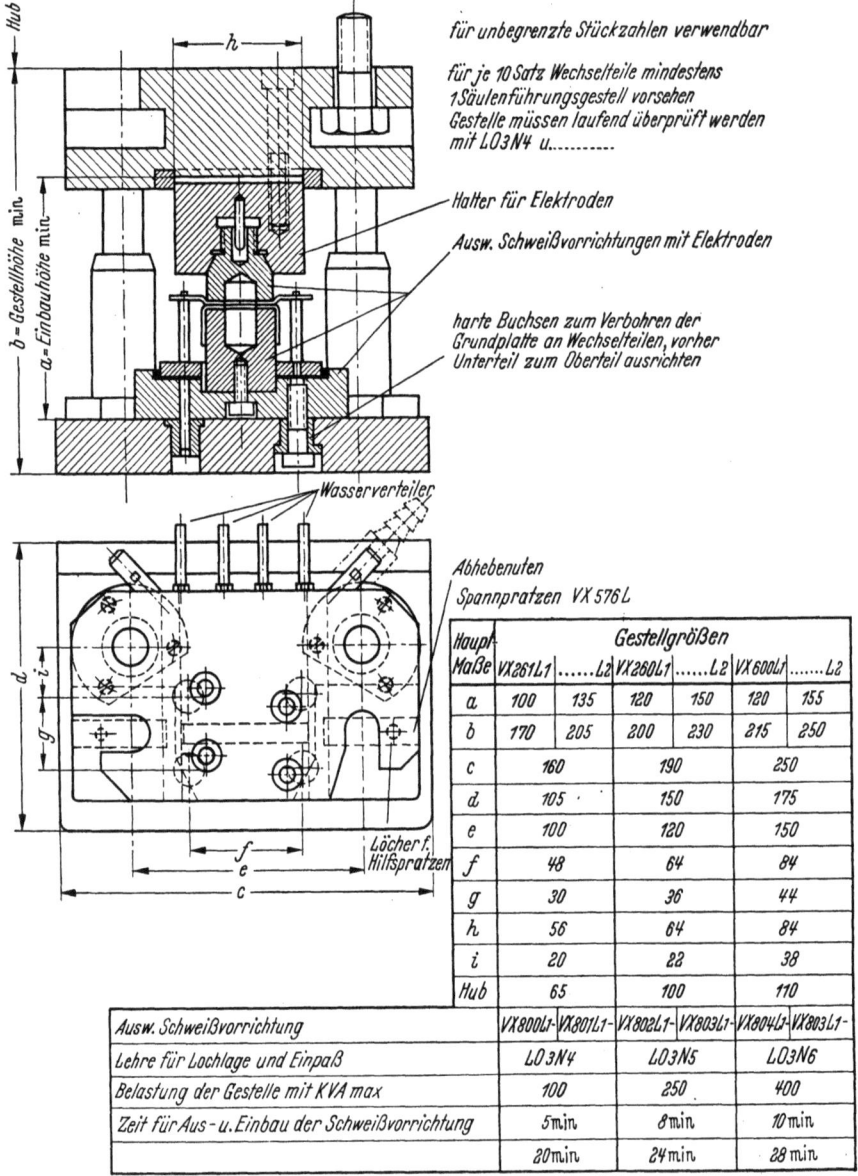

Abb. 327. Säulenführungsgestelle für allgemeine Buckelschweißung.

kann man nach folgendem Grundsatz handeln, wenn die Schweißstrom-Querschnittbelastung der Elektrode nicht zu hoch ist: „Elektrodeneigene" Aufnahmen brauchen nicht isoliert werden, dagegen sind „elektrodenfremde" Aufnahmen immer zu isolieren. Zunächst wird diese Maßnahme als kostspielig er-

§ 96   Schweißwerkzeuge.   243

scheinen. Hier kann man aber durch Einführung einheitlicher Schraubenverbindungen die Kosten wesentlich senken.

Bei dem oberen Wechselteil für diese Schweißung ist der angebrachte einfache Auswerfer zu erwähnen. Die Arbeitsweise ist folgende: Das Gehäuse wird auf die untere Elektrode gesetzt und der Flansch auf die beiden Aufnahmebolzen

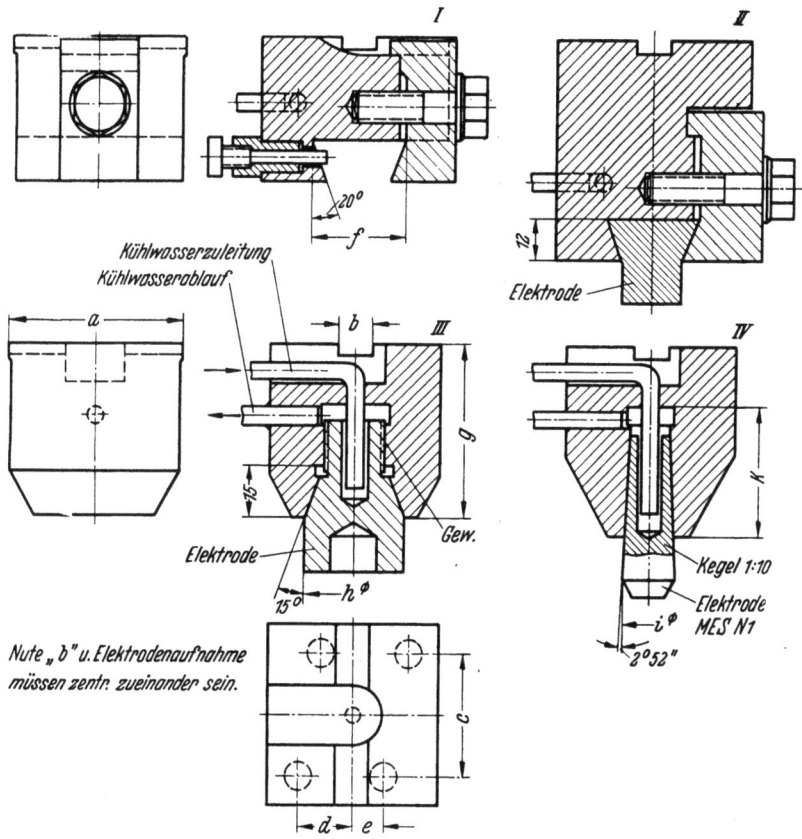

Abb. 328. Elektrodenhalter für verschiedene Befestigungsarten, passend zu den Führungsgestellen der Abb. 327.

Nr.	a	b	c	d	e	f	g	h	Gew.	i⌀	k	Ausf.	pass. auf
VX 301L 3/1	56	8	36	}18	—	28	42 / 59	—	—	—	—	I / II	VX261L 1/2
VX 300L 3/1	64	10	40		—		42 / 59	—	—	—	—	I / II	VX260L 1/2
	84	12	56	22	—	32	42 / 59	—	—	—	—	I / II	VX600L 1/2
VX 301L 2/4	56	8	36	}18	—	—	30 / 24	M18×1,5 / M16×1,5	—	—		III	,,
VX 300L 2	64	10	40		—	—	52 / 30 / 24	M18×1,5 / M16×1,5	—	—			
	84	12	56	22	—	—	30 / 24	M18×1,5 / M16×1,5	—	—			
VX 650L 1	56	8	36	}18	—	—	50	—	—	10 / 12	33	IV	,,
	64	10	40		—	—	55	—	—	12 / 15	38		
	84	12	56	22	—	—	60	—	—	15 / 18	42		

16*

gesteckt. Beim Niedergang der Schweißmaschine laufen die beiden Auswerferhaken über die beiden Flanschlappen und haken sich dahinter, so daß sie beim Rücklauf der Maschine das Formteil aus der Aufnahme herausziehen. Es muß dann nur noch beim Einlegen des nächsten Teiles nach hinten aus dem Werkzeug gestoßen werden. In diesem Fall wurde eine isolierte Befestigung der Auswerfer gewählt. Die oberen Wechselteile können vielfach vereinheitlicht werden. Verschiedene Ausführungen derartiger einheitlicher Elektrodenhalter zeigt Abb. 328. Die Maßzahlen sind unten in einer Tabelle zusammengefaßt, desgleichen ist der Verlauf des Kühlwassers angedeutet.

Abb. 329 gibt einen eingebauten Wechselsatz wieder, mittels dem die im Vordergrund des Bildes gezeigten Teile verschweißt werden. An das Ziehteil wird ein kleiner Lagerbock angeschweißt. Bemerkenswert ist hier, daß mit dem zum Anpassen des Lagers an das Ziehteil notwendigen Radius zugleich die zwei Schweißbuckel angefräst werden. Die Aufnahme im unteren Teil des Schweißwerkzeuges wird durch Herausziehen des Kugelgriffes geöffnet. Für das Oberteil wird ein einheitlicher Elektrodenkopf verwendet.

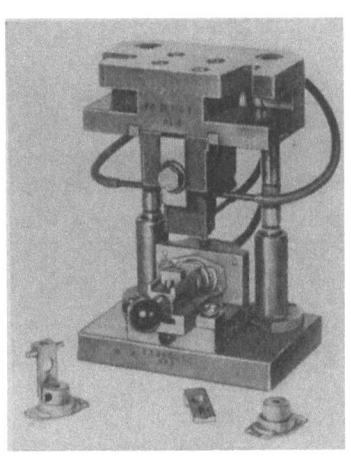
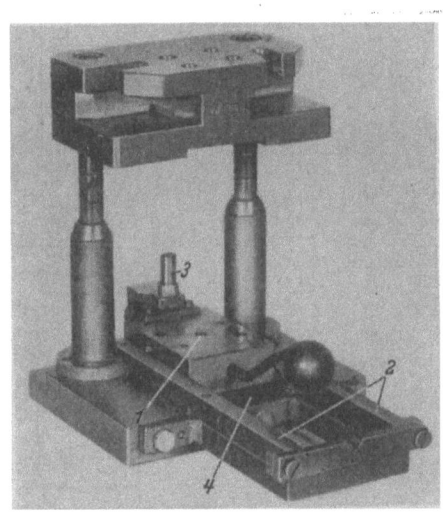

Abb. 329. Werkzeug für Buckelschweißungen.　　Abb. 330. Führungsgestell mit Schiebeeinsatz.

Es gibt viele Arten von Schweißungen, bei denen es günstig ist, wenn beim Einlegen der Formteile die untere Elektrode leicht zugänglich gemacht wird. Dies ist z. B. beim Aufschweißen von Kontakten der Fall. Es muß hier besonders darauf geachtet werden, daß die Elektrodenoberfläche, die zur Aufnahme des Kontaktes dient, immer einwandfrei sauber und blank ist, damit die Oberfläche des Kontaktes nicht beschädigt wird. Die Arbeiterin an der Schweißmaschine muß also den Zustand ihres Werkzeuges jederzeit überblicken. Dies ist aber, wenn sich das Werkzeug unter der oberen Elektrode befindet, schwer möglich, insbesondere bei dem Bestreben, mit möglichst kleinem Hub zu arbeiten. Um die beiden Möglichkeiten zu verwirklichen: Erstens leicht zugängliche untere Elektrode zum guten Einlegen und zweitens möglichst kleiner Hub, so daß mit Fußschalter gearbeitet werden kann, wurde ein Säulenführungsgestell mit Schiebeeinsatz, wie es Abb. 330 zeigt, konstruiert.

An einem normalen Führungsgestell wurde eine Auflage 4 angebracht und außerdem die beiden Führungsleisten 2, beide aus Stahl. In den Führungsleisten läuft der Schiebeeinsatz 1, der aus Messing gefertigt ist. Er hat genau die

E. Schweißbarkeit der Stähle.

§ 97. Das Anwendungsgebiet des Buckelschweißens liegt in erster Linie bei mittleren Zieh- und Stanzteilen. Nach Möglichkeit sollen die Buckel, die zu gleicher Zeit verschweißt werden, nicht über eine größere Fläche wie 350 cm² und über diese Fläche möglichst gleichmäßig verteilt sein.

Die Buckel selber haben die mannigfaltigsten Formen. Bei Blechen bewegt sich ihre Höhe zwischen 0,2 und 1,5 mm und höher. In Zahlentafel 44 sind die An-

Zahlentafel 44. Versuchsschweißungen mit verschiedenen Buckelformen.

	Buckelform	Blechdicke mm	Buckel Ø mm	Buckelhöhe h mm	Querschnitt mm²	Elektrodenkraft je Buckel kg	Schweißdruck kg/mm²	Zeit Perioden	Strom Amp.	Scherlast kg	Festigkeit kg/mm²	Versuch Nr.
Zeitschrift: „Werkstatt und Betrieb"	b	1	3,2	0,9	8,0	140	17,4	5	—	529	65,9	1
	b	2	4,3	1,2	14,5	260	18,0	5	—	1188	81,8	2
	b	3	4,5	1,4	15,9	290	18,3	5	12 000	1795	112,5	3
	b	4	4,8	1,6	18,1	320	17,7	5	12 900	1625	89,7	4
Zeitschrift: „Welding Journal"	b	1	4,0	0,9	12,6	220	17,5	5	7350	523	41,5	5
	b	2	4,4	1,2	15,2	270	17,8	5	9500	1180	77,8	6
	b	3	4,4	1,3	15,2	270	17,8	5	10900	1715	112,8	7
	b	4	4,4	1,5	15,2	270	17,8	5	13650	1920	126,0	8
Engl. Firma	a	1	2,4	0,6	4,5	80	15,4	5	6300	522	115,5	9
	a	2	4,8	1,1	18,1	320	17,7	5	10450	1072	59,3	10
	a	3	6,7	1,6	35,3	620	17,6	5	12000	1765	50,0	11
	a	4	8,3	2,0	54,1	970	17,9	5	15500	2115	39,0	12
Amerik. Firma	a	1	3,2	0,9	8	150	18,8	5	6670	475	59,5	13
	a	2	4,6	1,3	16,6	300	18,0	5	10100	1185	71,5	14
	c	3	4,3	1,4	15,2	270	17,8	5	11000	1645	108,0	15
	c	4	4,8	1,5	18,1	320	17,7	5	12300	1638	90,8	16
Amerik. Firma	b	1	3,2	0,7	8	140	17,4	5	5 870	467	60,9	17
	b	2	4,8	0,8	18,1	320	17,7	5	9 500	1168	64,6	18
	b	3	6,4	0,8	32,2	580	18,0	5	13 900	1750	55,0	19
	b	4	6,4	0,8	32,2	580	18,0	5	15 100	1910	59,2	20

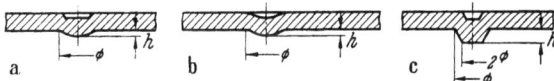

gaben bzw. Ausführungen verschiedener Firmen und Zeitschriften zusammengestellt. Die Art des Buckels ist jeweils schematisch angegeben. Verschweißt wurden die Proben alle mit möglichst dem gleichen spezif. Druck bezogen auf den Buckeldurchmesser. Die Elektrodenkraft darf man nicht zu hoch wählen, da sonst schon vor dem Verschweißen eine mechanische Verformung des Buckels erfolgt. Die Schweißzeit wurde einheitlich mit fünf Perioden gewählt und die erzielte Festigkeit ist wieder auf den Buckeldurchmesser bezogen. Die Schweißproben waren überlappt mit jeweils einem angeprägten Buckel (s. Abb. 331 b). Als Stoff wie

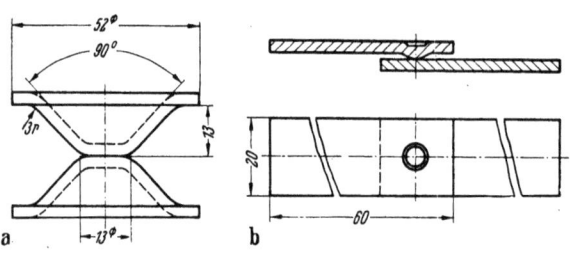

Abb. 331. Form der Schweißproben für die Festigkeitsuntersuchungen beim Buckelschweißen.

für alle folgenden Schweißproben wurde Tiefziehstahl mit einer Festigkeit von etwa 35 kg/mm² und folgender chemischen Zusammensetzung verwendet: $C = 0,1 - 0,15$; $Mn = 0,5$; P u. $S < 0,03$. Die Scherproben wurden seitlich durch ein Führungsblech zusammengehalten, so daß sie nicht ausweichen konnten.

Zu den Ergebnissen ist folgendes zu bemerken: Bei einer Buckelhöhe von 1,5 mm ist es allgemein mit Schwierigkeiten verknüpft, die beiden Bleche satt

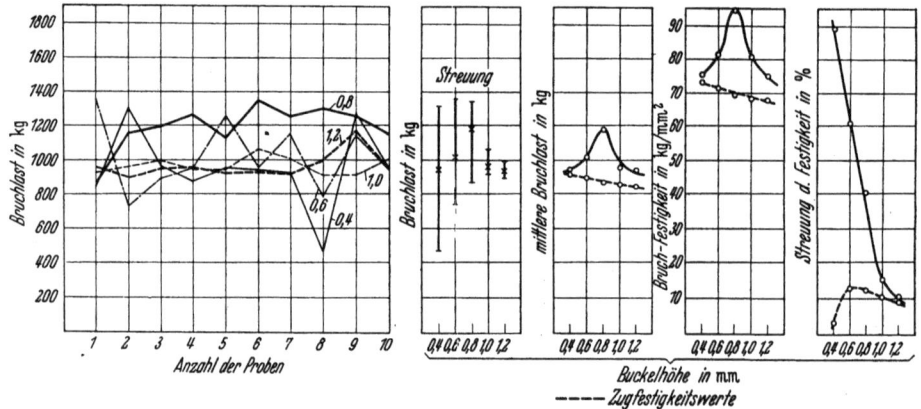

Abb. 332. Scherfestigkeit von Buckelschweißungen in Abhängigkeit der Buckelhöhe. Probenform nach Abb. 331 b. Buckeldurchmesser 4 mm. Blechdicke 3 mm. Elektrodendruck 9,6 kg/mm² Schweißstrom 7000 Amp.

zum Aufliegen zu bringen. Die Festigkeiten lassen vermuten, daß es eine optimale Buckelhöhe gibt, die die besten Festigkeitswerte hat. Diese scheint zwi-

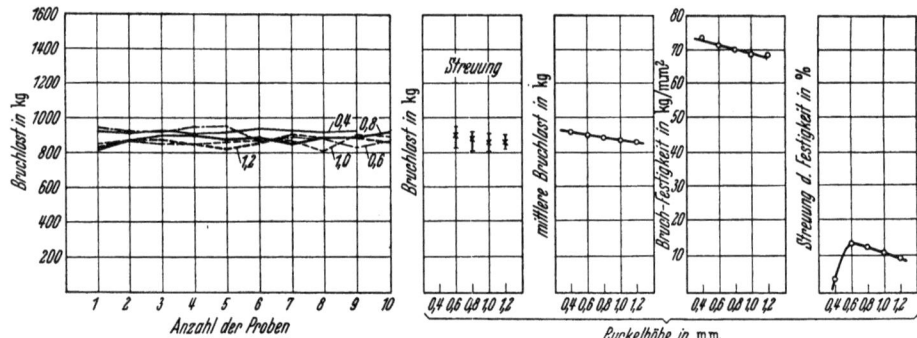

Abb. 333. Zugfestigkeit von Buckelschweißungen in Abhängigkeit der Buckelhöhe. Probenform nach Abb. 331 a. Übrige Daten wie Abb. 332.

schen 0,6 und 1,5 mm zu liegen. Zu beachten ist hierbei, daß es sich um eine Scherfestigkeit handelt.

§ 97   Schweißbarkeit der Stähle.   247

Um die einzelnen Einflüsse näher zu untersuchen, wurden mit der Buckelform a größere Versuchsreihen durchgeführt. Insbesondere wurde auch die Zugfestigkeit ermittelt. Hierzu erhielten die Proben die Form der Abb. 331a. Die Formstücke werden als Ziehteile hergestellt. Nach dem Verschweißen werden sie senkrecht nach oben und unten bis zum Bruch der Schweißstelle auseinandergerissen. Abb. 332 und 333 zeigen typische Ergebnisse dieser Versuchsreihe. Wir sehen, daß bei der Zugfestigkeit die Werte in Abhängigkeit der Buckelhöhe praktisch gleich sind, wohingegen die Scherfestigkeit einen maximalen Wert bei 0,8 mm aufweist. Diese Erscheinungen zeigten auch schon die Versuche der Zahlentafel 43. Stellt man für die einzelnen Blechdicken die erzielten Festigkeiten nach der Höhe der einzelnen Buckel zusammen, so erhält man das Bild der Zahlentafel 45.

Zahlentafel 45.

Blechdicke 1 mm		Blechdicke 2 mm		Blechdicke 3 mm		Blechdicke 4 mm	
h	kg/mm²	h	kg/mm²	h	kg/mm²	h	kg/mm²
0,6	115,5	0,8	55,0	0,8	55,0	0,8	59,2
0,7	60,9	1,1	59,3	1,3	112,8	1,5	90,8
0,9	65,9	1,2	77,8	1,4	108,0	1,5	126,0
0,9	41,5	1,2	81,8	1,4	112,5	1,6	89,7
0,9	59,5	1,27	71,5	1,6	50,0	2,0	39,0

Diese Versuchsreihen wurden mit einem Elektrodendruck von 10 kg/mm², wohingegen die der Zahlentafel 44 mit 18 kg/mm² im Mittel verschweißt wurden. Dafür liegen im ersteren Fall auch die Stromwerte höher. Eine weitere interessante Erscheinung zeigten die Versuche: Mit steigender Buckelhöhe nimmt die prozentuale Streuung der Festigkeitswerte ab. Diese Tendenz ist insbesondere bei der Scherfestigkeit zu beachten.

Diese Versuche wurden alle mit einer einheitlichen Schweißzeit von 0,1 sek. durchgeführt. Die nächste Versuchsreihe sollte klären, welchen Einfluß die Änderung der Schweißzeit hat. Sie wurde an Proben mit einer Blechdicke von 3 mm und einem Buckel mit 4 mm

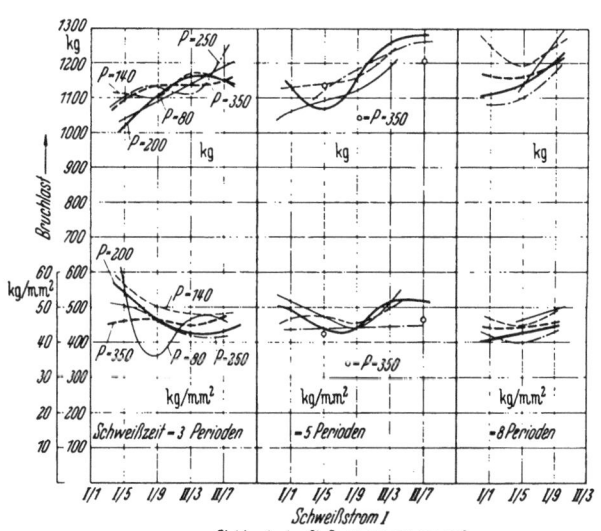

Abb. 334. Zugfestigkeit von Buckelschweißungen in Abhängigkeit des Schweißstromes bei 3 verschiedenen Zeiten und 5 verschiedenen Elektrodenkräften. Probenform nach Abb. 331a. Buckeldurchmesser 4 mm. Buckelhöhe 0,7 mm. Blechdicke 3 mm. Für die Stromstärke ist die Stellung des Stufenschalters angegeben.

Durchmesser und 0,7 mm Höhe vorgenommen. Das Ergebnis zeigt die Abb. 334 bis 335. Wir erkennen aus den Kurven, daß eine Druckerhöhung auf die Festigkeiten praktisch keinen Einfluß hat. Diese Erscheinung hängt damit zusammen, daß der mechanische Randquerschnitt des Buckels, der ja die Elektrodenkraft auf den Schweißquerschnitt übertragen muß, nur in der Lage ist, die Kraft bis zu einer gewissen Grenze zu übertragen. Oberhalb dieser Grenze erfolgen dann eben schon mechanische Verformungen. Die gleiche Erscheinung, daß die Festigkeit nicht zunimmt, zeigt sich bei der Zeit- und Stromerhöhung bei den Zugfestigkeiten. Hier spielt eben in erster Linie auch die Größe des Randquerschnittes des Buckels herein. Dagegen zeigen die Kurven der Scherfestigkeit eine Festigkeitszunahme mit der Steigerung des Schweißstromes und der Zeit. Die gesamten Versuchsreihen haben ohne weiteres gezeigt, daß die günstigste Schweißzeit im Bereich von 5—8 Perioden liegt. Interessant ist bei diesen Versuchsreihen, daß bei bestimmten Elektrodenkräften eine Schweißstromsteigerung über gewisse Werte hinaus einen wesentlichen Festigkeitsabfall mit sich bringen, so z. B. 250 kg und mehr bei 5 Perioden und 200 kg bei 8 Perioden. Auf Grund der Versuchsreihen kann man als günstigste Werte für die Buckel bei Blechdicken von 1—4 mm die der Zahlentafel 46 angeben:

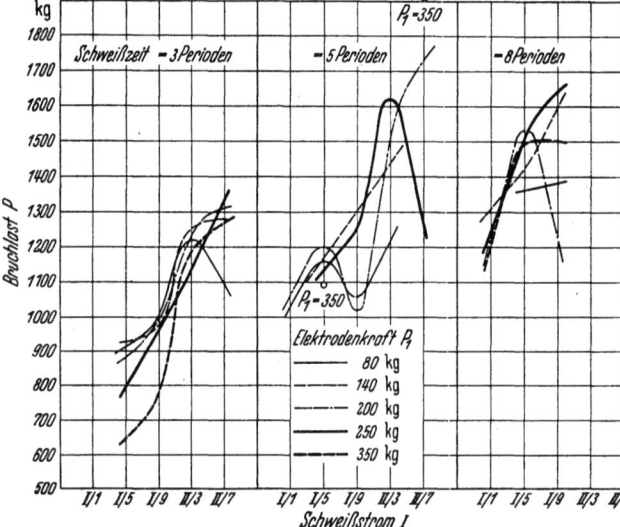

Abb. 335. Scherfestigkeit von Buckelschweißungen in Abhängigkeit des Schweißstromes unter den gleichen Bedingungen wie Abb. 334. Probenform nach Abb. 331 b.

Zahlentafel 46. *Angaben für Abmessungen von Schweißbuckeln.*

Blechdicke mm	Buckel-∅ mm	Buckelhöhe mm	Scherfestigkeit kg/mm²	Zugfestigkeit kg/mm²
1,0 ± 0,1	3 u. 4	0,5 u. 0,6	50—70	30—50
2,0 ± 0,2	3 u. 4	0,6 u. 0,7	70—90	60—80
3,0 ± 0,2	4 u. 5	0,7 u. 0,8	70—90	60—80
4,0 ± 0,2	4 u. 5	0,9 u. 1,0	70—90	60—80

Die handelsüblichen Toleranzen bei den jeweiligen Blechdicken sind angegeben. Die Werte der Zahlentafel haben sich in jahrelanger Fertigung für kleine und mittlere Zieh- und Stanzteile bewährt. Als günstigste Buckelform hat sich die der Abb. 336 herausgestellt. Der Prägestempel ist als ein stumpfer Kegel ausgebildet (90°); die Form erleichtert die Nacharbeit eines solchen Stempels wesentlich. In der Matrize wird vielfach eine Bohrung angebracht mit dem Durchmesser d. Das Einarbeiten von Formen in die Matrize hat sich als nicht günstig erwiesen, da diese Aussparungen sehr rasch verschmutzen und dann schlechte Formteile ergeben. Den bei diesen Buckelformen erzielten Schweißquerschnitt bzw. Gefügeaufbau zeigt Abb. 337. Als Richtlinie für die erforderliche Leistung kann man sagen, daß man pro Buckel 40—50 kVA bei einer Blechdicke von 1,5 mm benötigt. Sie liegt wesentlich höher wie

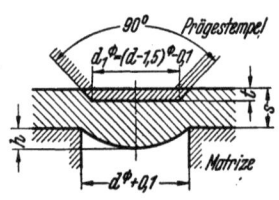

Abb. 336. Prägestempel und Matrizenform für Schweißbuckel.

§ 97 Schweißbarkeit der Stähle. 249

bei der Punktschweißung. Die Elektrodendrücke liegen ungefähr in dem Bereich derjenigen, die auch für das Stumpfschweißen benötigt werden.

In einer weiteren Arbeit (65) werden Maße für Buckel nach Zahlentafel 47 angegeben. Die Höhen werden hier größer angegeben wie in Zahlentafel 46. Allerdings liegen auch die Schweißzeiten höher, und zwar bei 0,6 sek, die z. B. als die günstigste für eine Blechdicke von 2,11 mm mit Buckelgröße 2,0 bei 12 200 Amp und 227 kg-Elektrodenkraft angegeben wird. Daß die Höchststromstärke einen maximalen Wert nicht überschreiten soll, wurde auch hier wie oben festgestellt.

W. F. Hess und W. J. Childs (53) geben als die günstigste

Abb. 337. Schliff durch einen verschweißten Buckel. Blechdicke 1 mm, V = 10.

Buckelhöhe etwa 20 bis 25% des Durchmessers für unlegierten Stahl (0,08, 0,15 und 0,2% C) bei Blechdicken von 1,6—3,2 mm an. Dies stimmt auch annähernd mit

Zahlentafel 47. *Angaben über Buckelgrößen.*

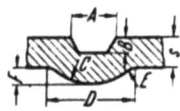

Blechdicke s mm	Buckelgröße	Maße in mm					
		A	B	C	D	E	F
0,76—1,22	1,0	3,4	1,2	1,5	3,7	0,9	0,9
1,27—1,90	1,5	4,0	1,4	1,8	4,3	1,0	1,0
2,03—2,41	2,0	4,6	1,6	2,0	4,9	1,1	1,2
2,54—3,18	2,5	5,3	1,8	2,3	5,3	1,3	1,3

den Werten der Zahlentafel 46 überein. Mit steigendem Kohlenstoffgehalt wurde eine Zunahme der Scherfestigkeit, aber Abnahme der Zugfestigkeit und des Verhältnisses Zugfestigkeit zu Scherfestigkeit festgestellt. W. F. Hess und W. J. Childs und R. F. Underhill (54), berichten in einer anderen Arbeit, daß die Elektrodenkraft einen günstigsten Wert nicht überschreiten darf, wie auch bei der oben wiedergegebenen Versuchsreihe ermittelt wurde.

Beim Aufschweißen von Bolzen auf Blechen hat sich das Buckelschweißen auch einen weiten Anwendungsbereich erworben. Diese Schweißart wird auch als Kegelstumpfschweißung bezeichnet. Der Buckel wird entweder an den Bolzen angedreht oder in das Blech an der Schweißstelle eingeprägt, siehe hierzu Abb. 338. Bei letzterer Vorbereitung wird man nicht so hohe Festigkeiten erzielen wie bei ersterer. Will man einen möglichst sauberen Rand haben, so dreht man rings um den Kegel eine Rille *d* ein. Diese überdeckt dann die Schweißspritzer und den evtl. entstehenden Stauchgrat und erübrigt so ein Nachdrehen der Schweißstelle. Selbstverständlich ist der bei ersterer Vorbereitung erzielte Schweißquerschnitt größer als derjenige bei letzterer. Der stumpfe Kegel hat den Vorteil, daß Überhitzungserscheinungen vermieden werden und die Schweißspritzer geringer sind. Insbesondere kann man auf diese Weise erreichen, daß die unteren Elektroden zur Aufnahme des Bleches nicht so stark abgenützt

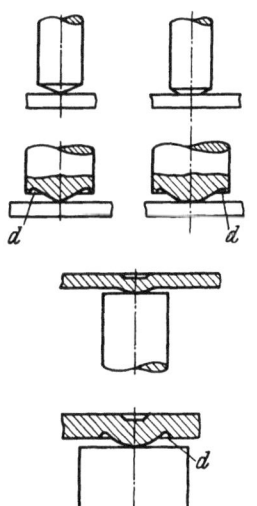

Abb. 338. Verschiedene Arten des Stumpfschweißens von Bolzen auf Bleche. Kegelstumpfschweißungen.

werden, infolge des Durchdrückens der Spitze, in erster Linie bei dünnen Blechen. Die gefundenen Zugfestigkeiten gibt die Zahlentafel 48 wieder, ebenso die

Zahlentafel 48. *Angaben über Kegel-Stumpfschweißen.*

Lfd. Nr.	Bolzen-Ø mm	Blech- dicke mm	Form nach Abb. 339	Masse in mm					Stoff Nr.	Bruch- last der Schweiß- stelle in kg	Bruch- bild Abb. Nr.
				a	b	c	d	r			
1	11	6	a	26°	1,6	—	—	—	1	4900	341a
2	11	4	a	26°	1,6	—	—	—	1	3400	—
3	11	2	a	26°	1,6	—	—	—	1	1500	—
4	11	6	a	26°	1,6	—	—	—	1	5400	—
5	11	4	a	26°	1,6	—	—	—	1	3800	—
6	11	2	a	26°	1,6	—	—	—	1	1600	—
7	11	6	b	1,0		9,8	0,4	0,6r	1	3700	342a
8	11	4	b	1,0		9,8	0,4	0,6r	1	2300	342b
9	11	2	b	0,8		9,8	0,4	0,6r	1	800	342c
10	9	6	a	26°	1,4	—	—	—	1	3600	—
11	9	4	a	26°	1,4	—	—	—	1	2300	341b
12	9	2	a	26°	1,4	—	—	—	1	1000	—
13	9	6	a	26°	1,4	—	—	—	2	3600	—
14	9	4	a	26°	1,4	—	—	—	2	2300	—
15	9	2	a	26°	1,4	—	—	—	2	1100	—
16	9	6	b	0,8		7,9	0,3	0,6r	2	1700	—
17	9	4	b	0,8		7,9	0,3	0,6r	2	1400	342d
18	9	2	b	0,6		7,9	0,3	0,6r	2	800	342e
19	7	4	a	26°	1,25	—	—	—	1	2200	341c
20	7	2	a	26°	1,25	—	—	—	1	800	—
21	7	4	a	26°	1,25	—	—	—	2	2300	—
22	7	2	a	26°	1,25	—	—	—	2	950	—
23	7	4	b	0,6		6,0	0,3	0,6r	2	1000	—
24	7	2	b	0,6		6,0	0,3	0,6r	2	400	—
25	6	4	a	26°	1,0	—	—	—	1	1300	341d
26	6	2	a	26°	1,0	—	—	—	1	850	341e
27	6	4	a	26°	1,0	—	—	—	2	400	341f
28	6	4	a	26°	1,0	—	—	—	2	1850	—
29	6	2	a	26°	1,0	—	—	—	2	550	—
30	6	1	a	26°	1,0	—	—	—	2	550	—
31	6	4	b	0,6		5,0	0,3	0,6r	2	1000	342f
32	6	2	b	0,6		5,0	0,3	0,6r	2	600	342g
33	6	1	b	0,5		5,0	0,3	0,6r	2	300	342h

Stoff Nr. 1: $C = 0,08$; $P = 0,09$; $S = 0,16$.
Stoff Nr. 2: $C = 0,25$; $P = 0,04$; $S = 0,04$; $Mn < 0,5$; $Si < 0,35$.

Maße, mit denen die Teile vorbereitet wurden. Diese sind diejenigen der Abb. 339. Einen Schliff durch eine derartige Schweißstelle zeigt Abb. 340.

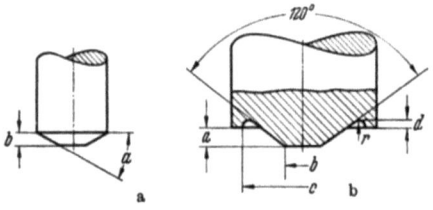

Abb. 339. Maßangaben zu den Versuchen der Zahlentafel 48.

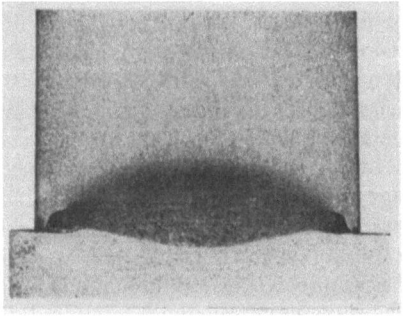

Abb. 340. Schliff durch eine Kegelstumpf- schweißung mit in den Bolzen eingestochener Rille. (V = 4×.)

§ 98 Schweißbarkeit der Stähle.

Die in der Zahlentafel angegebenen Bildnummern beziehen sich auf die Abb. 341 bis 342. In den meisten Fällen ist das Blech durchgeschert worden entsprechend

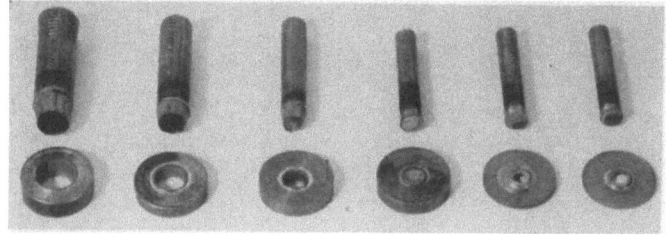

a b c d e f
Abb. 341. Festigkeitsproben der Kegelstumpfschweißung ohne eingestochene Rille der Versuche der Zahlentafel 48.

a b c d e f g h
Abb. 342. Festigkeitsproben der Kegelstumpfschweißung mit eingestochener Rille der Versuche der Zahlentafel 48.

dem Durchmesser der Schweißstelle, d. h. die Zugfestigkeit der Schweißstelle liegt höher als die Scherfestigkeit des entsprechenden Ringquerschnittes im Blech. Ist dies nicht der Fall, so erfolgt natürlich der Bruch in der Schweißstelle als dem schwächsten Querschnitt, insbesondere wo eine Rille bei der Vorbereitung in den Bolzen eingedreht wurde. Einige andere Schweißdaten gibt Zahlentafel 49 wieder (66).

Zahlentafel 49. *Kegelstumpfschweißen von Stiften auf Blechen, beide aus weichem Stahl.*

Stift-$\varnothing$ mm	Eingeschloss. Winkel an der Spitze Grad	Blechdicke mm	Elektrodendruckkraft je Stift kg	Schweißstrom je Stift A	Schweißzeit Perioden
4,76	125	0,76—1,27	137	6 000	8
6,35	130	0,76—2,03	237	9 000	10
7,94	135	1,02—2,54	364	11 000	12
9,53	140	1,02—4,07	500	14 000	14
12,7	145	1,02—4,58	910	25 000	16

F. Anwendungsbeispiele. § 98.

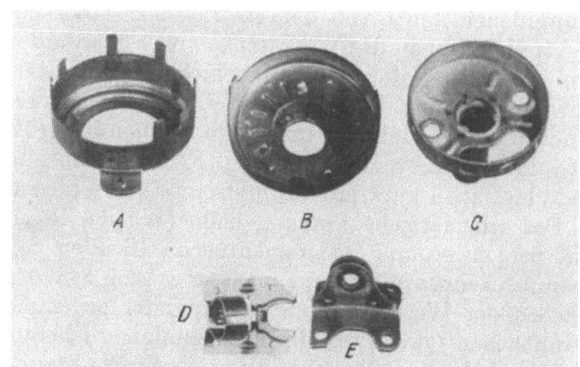

Abb. 343. Buckelgeschweißte Zieh- bzw. Prägeteile.
A Schaltergehäuse, 2 Befestigungswinkel mit je 2 Buckel angeschweißt.
B Schaltergehäuse, Rastenscheibe mit 6 Buckel eingeschweißt.
C Schaltergehäuse, tiefgezogenes Führungsteil auf flach gezogenem Boden mit 6 Buckel aufgeschweißt.
D Befestigungswinkel, Haltestück auf Winkel mit 2 Buckel aufgeschweißt. E Befestigungswinkel, Einzelteile mit 2 Buckel verschweißt.

Abb. 344. Volkswagenanlasser.
A Flansch für Lagerbüchse in Lagerdeckel mit 3 Buckel eingeschweißt. *B* Lagerdeckel auf Gehäuse mit 4 Buckel aufgeschweißt. (Bosch)

Abb. 345. Kern für Reglerspule. An den gedrehten Kern wird die linke Endscheibe durch Kegelstumpfschweißung und die rechte Endscheibe mittels 3 Buckel angeschweißt. Oben links: Teile vor dem Schweißen, unten Mitte: geschweißter Kern, rechts oben: Festigkeitsprobe.

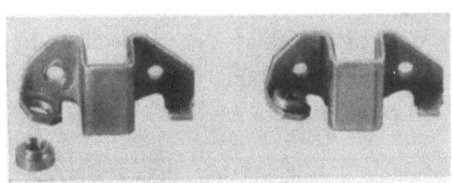

Abb. 346. Führungsteil für Kollektorbürsten. Gewindebüchse für Kabelanschluß mittels Ringschweißung eingeschweißt. Links vor, rechts nach dem Schweißen.

Abb. 347. Regleranker mit Haltefeder. Befestigung der Haltefeder mittels doppelter Schweißnietung an den Anker.

VII. Stumpfschweißen.
A. Zwei Ausführungen des Verfahrens.
1. Wulststumpfschweißen.

§ 99. Auch beim Stumpfschweißen wird wie beim Buckelschweißen der Schweißquerschnitt von dem Werkstück selber bestimmt und nicht von den Elektroden, die an die Werkstücke angesetzt werden. Es werden grundsätzlich zwei Ausführungsformen unterschieden. Die ältere ist die ruhende Stumpfschweißung, auch Druck- oder Wulststumpfschweißung (BUTT-WELDING) genannt und die andere, die insbesondere auch für größere Querschnitte verwendet wird, ist die Abbrennschweißung (FLASH-WELDING). Erstere Ausführungsform möge hier auch kurz mit Stumpfschweißen schlechthin bezeichnet werden.

Der schematische Vorgang beim (Wulst-) Stumpfschweißen ist folgender: Die beiden stumpf zusammenzuschweißenden Werkstücke werden in zwei Spannbackenpaare eingespannt, wie es Abb. 348 zeigt. Die zu verschweißenden Flächen der Werkstücke stehen einander gegenüber; sie ragen über die Einspannbacken jeweils um die Einspannlänge l heraus. Die Spannbacken haben dreierlei Aufgaben: Erstens halten sie die Werkstücke in ihrer maß- bzw. lehrengerechten Lage während des Schweißvorganges, zweitens dienen sie zur Zuführung des Schweißstromes und drittens übertragen sie die Elektrodenkraft, die hier mit Stauchkraft bezeichnet wird, auf die Schweißstelle in Richtung der eingezeichneten Pfeile. Das eine Spannbackenpaar ist fest und das andere in der Längsrichtung der Werkstücke, also senkrecht zum Schweißquerschnitt beweglich angeordnet. Die Werkstücke werden nach dem Einspannen unter Druck zusammengeführt. Ist eine möglichst innige Berührung erreicht, so wird der Schweißstrom eingeschaltet. Die zwischen den Elektroden befindlichen Werkstückteile haben einen Widerstand, der sich aus dem Stoff- und Kontaktwiderstand zusammensetzt. Durch entsprechende Wahl der Einspannlängen und der Elektrodenkraft erreicht man, daß die größte Erwärmung an der Berührungsstelle (Kontaktwiderstand) der Werkstücke erfolgt. Der Strom wird so hoch gewählt, daß innerhalb kurzer Zeit die Schweißtemperatur erzielt ist. Dann erfolgt das Verschweißen der beiden Werkstücke unter der Stauchkraft zwischen den Spannbackenpaaren (Preßschweißen). Das bewegliche Spannbackenpaar läuft um den durch das Stauchen entstehenden Längenverlust, um die Länge des Stauchweges, vor. Sind die beiden Werkstücke verschweißt, so wird der Schweißstrom abgeschaltet und sie können nach genügendem Erkalten ausgespannt werden. Die Schweißstelle dieser Stumpfschweißung ist durch eine wulstige Aufweitung um die Verbindungsstelle gekennzeichnet. Abb. 349 zeigt eine derartige Schweißung.

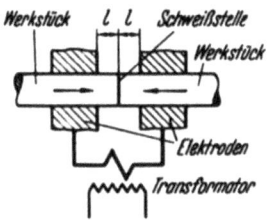

Abb. 348. Schema einer Stumpfschweißung.

Abb. 349. Aussehen einer Wulststumpfschweißung.

2. Abbrennschweißen.

§ 100. Die Anordnung der Spannelemente ist die gleiche wie bei der oben geschilderten Stumpfschweißung. Die Abbrennschweißung zerfällt in der Regel in drei Vorgänge, und zwar in das Vorwärmen, Abbrennen und Stauchen. Wird bei kleinen Querschnitten aus dem kalten Zustand heraus abgebrannt, so fällt das Vorwärmen fort. Das Vorwärmen hat den Zweck, die für den Abbrennvorgang notwendige Anfangstemperatur bei verhältnismäßig kleinerer elektr. Leistung zu erreichen oder eine bestimmte Erwärmungszone an der Schweißstelle zu erzeugen. Der Gesamtvorgang spielt sich folgendermaßen ab: Nachdem der Schweißstrom eingeschaltet ist, werden die Werkstücke unter geringem Druck zur Berührung gebracht und wieder voneinander entfernt. Genauer gesehen geschieht die Berührung zunächst nur an hervorstehenden kleinen Teilflächen oder Spitzen. An diesen sind — namentlich bei *sanfter* Berührung — der Kontaktwiderstand und die Stromdichte sehr hoch, so daß örtlich begrenzte gewichtige Temperatursteigerung auftritt, in deren Verlauf Metall zum Schmelzen, zum Verpuffen bzw. Verdampfen kommt. Es bilden sich kleine Krater. Das Metall fließt vorzugsweise in der Ebene der gewünschten Schweißverbindung glühend davon und verbrennt mit dem Sauerstoff der Luft zu Oxyden, soweit nicht schon am Ort des Zerschmelzens oder Verpuffens die Verbrennung möglich war. Jeder Berührung mit kurzzeitigem Sprühen folgt sofort die Trennung an der Fuge. Die Temperatur der Stirnflächen oder der benachbarten Zonen steigt mit jedem Bewegungsspiel an, bis schließlich der Prozeß des Versprühens von Metall oder Metalloxyd als dauernde Erscheinung, als das sog. Abbrennen aufrechterhalten werden kann. Der die Trennung der Fuge bewirkende Rücklauf des beweglichen

Spannbackenpaares unterbleibt. Nur die durch den Substanzverlust des Abbrennens zu erwartende Trennung wird durch Vorlauf geeigneter Geschwindigkeit vermieden. Das Abbrennen erfaßt schließlich die gesamte zu verschweißende Fläche. Es bewirkt eine intensive Erwärmung dieser Flächen und der angrenzenden Zonen. Es reinigt die Flächen von Fremdstoffen und verhindert durch Bildung einer Metalldampfatmosphäre zwischen beiden Flächen die Entstehung von Metallverbindungen, namentlich von Oxyden. So sind nach einer gewissen Dauer des Abbrennens die rechten Bedingungen hinsichtlich metallischer Reinheit der Stirnflächen und hinsichtlich ihrer Temperatur gegeben, um durch wuchtiges Zusammenpressen der Teile, das Stauchen, eine günstige Preßschweißverbindung zu erhalten. Beim Stauchen werden Schlacke und flüssiger Werkstoff rings um die Schweißstelle als Stauchgrat herausgepreßt. Er ist kleiner und spritziger als die Aufweitung bei der Wulst-Stumpfschweißung und hat das Aussehen wie es Abb. 350 zeigt.

Abb. 350. Aussehen einer Abbrennschweißung.

B. Maschinen.

1. Steuerung der Maschinen.

a) Wulststumpfschweißen.

§ 101. Die Wulststumpfschweißung wird in der weitaus überwiegenden Mehrzahl der Fälle in Abhängigkeit des Stauchweges gesteuert. Dies besagt also, daß der Schweißstrom nach der Erzielung einer bestimmten Stauchung abgeschaltet wird. Steuertechnisch wird es mit der in Abb. 351 gezeigten schematischen Schaltung erreicht. Der Schweißtransformator liegt über Schaltschütz S_1 und Hauptschalter H am Netz. Außerdem liegt die Zugspule des Schaltschützes S_1, der Steuerschalter SS und der Stauchwegschalter S_2 in Reihe am Netz. Der elektrische und mechanische Steuervorgang spielt sich nun folgendermaßen ab: Sind die Werkstücke a in die Spannbacken eingelegt, so werden sie festgespannt. 1 ist das feste und 2 das bewegliche auf einem Schlitten aufgebaute Spannbackenpaar. Haben die Werkstücke die lehrengerechte Lage, so wird der Schlitten freigegeben und die volle Stauchkraft kommt auf die Schweißstelle zur Wirkung. Daraufhin wird das Schweißstromschütz S_1 mittels Steuerschalter SS eingeschaltet. Der Schweißstrom kommt zum Fließen, die Schweißstelle wird auf Schweißhitze erwärmt und unter der Stauchkraft werden die beiden Teile verschweißt. Hierbei legt der Schlitten mit dem Spannbackenpaar 2 den Stauchweg zurück. Auf diese Weise wird nach Zurücklegen des Weges S durch den Stauchwegschalter S_2 der Steuerstrom für das Schaltschütz S_1 und damit auch der Schweißstrom unterbrochen. Hierbei ist zu beachten, daß die Länge der tatsächlichen Stauchung, d. h. also der Schlittenweg immer größer ist als der am Stauchwegschalter eingestellte Weg S. Ist die Schweißstelle erkaltet, so kann das Werkstück ausgespannt werden, der Schlitten wird wieder in die Ausgangsstellung gebracht und ein neuer Schweißprozeß kann beginnen.

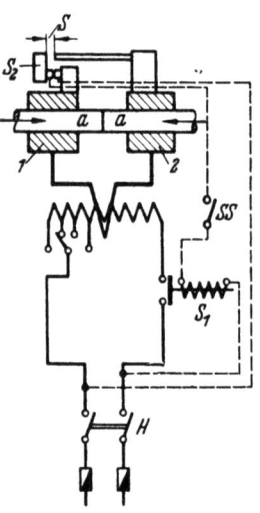

Abb. 351. Schematisch vereinfachtes Schaltbild einer Stumpfschweißmaschine.

Diese Vorgänge können einzeln nacheinander von Hand eingeleitet werden. Andererseits gibt es aber auch Maschinen, bei denen eine Zwangsfolge der einzelnen Spiele durch einen einzigen Fußhebel ausgelöst wird. Bei größeren Maschinen geht man zur motorischen Betätigung über.

Die Stauchkraft wird von Hand durch Federn oder Gewichte erzeugt, welche Art der Krafterzeugung gewählt wird, richtet sich ganz nach Konstruktion und Aufgabe der Maschine. Die Handkraft sollte man nach Möglichkeit vermeiden, denn auch beim Stumpfschweißen ist es wesentlich, daß man immer mit gleichen Kräften staucht, um gleiche Festigkeitswerte der Schweißung zu erzielen. Günstig arbeiten Gewichte. Dennoch wird der Einfachheit wegen der Handkraft beim Abbrennschweißen immer ein gewisser Anwendungsbereich vorbehalten bleiben. Nimmt die Stauchkraft größere Werte an, und arbeitet man dazu noch automatisch, so wird man zur Verwendung von motorisch, pneumatisch oder hydraulisch erzeugten Kräften übergehen. Die Übertragung der Stauchkraft auf den Schlitten wird, wenn sie nicht direkt erfolgt, mittels Winkelhebel oder Zahnstange und Ritzel erzielt. Die Höhe der Schweißdrücke bewegt sich meist zwischen 0,5—6 kg pro mm² Schweißquerschnitt (s. hierzu §105). Die Regelung der Schweißstromstärke erfolgt auch bei den Stumpfschweißmaschinen durch Stufenstecker oder Stufenschalter. Die Schweißzeit ist bei der Stumpfschweißung im allgemeinen durch die Höhe des angewendeten bzw. verfügbaren Schweißstromes bestimmt. Mit steigendem Querschnitt werden in der Regel längere Schweißzeiten angewendet. Bei den üblichen verhältnismäßig langen Schweißzeiten ist die Schweißzeit nicht von wesentlichem Einfluß auf das Schweißergebnis. Durch die Länge des Stauchweges läßt sich die Schweißzeit nicht sonderlich beeinflussen.

b) Abbrennschweißen.

§ 102. Das Abbrennschweißen hat sich als ein hervorragendes betriebssicheres Verfahren besonders zum Verschweißen mittlerer und großer Stahlquerschnitte gezeigt, auch beim Verschweißen von Stählen hoher Festigkeit. Damit sind auch die Anforderungen an die Maschinen von Jahr zu Jahr gesteigert worden. Die Entwicklung ist von der einfachen handbetätigten Maschine über diejenige mit maschineller Stauchung zur automatisch arbeitenden Maschine gegangen. Die einfache handbetätigte Abbrennschweißmaschine unterscheidet sich in ihrem prinzipiellen Aufbau von einer Stumpfschweißmaschine eigentlich nur dadurch, daß der Schlitten mit einem genügend großen Speichenrad vorwärts und rückwärts bewegt werden kann. Allerdings werden die Transformatoren mit einer etwas höheren Sekundärspannung ausgelegt. Der Schweißvorgang spielt sich dann folgendermaßen ab: Sind die Werkstücke fest eingespannt, so daß sie nicht rutschen können, wird der Schweißstrom eingeschaltet, und die Werkstücke werden zum Vorwärmen zur Berührung gebracht und wieder getrennt. Durch mehrmaliges Auseinander- und Zusammenfahren werden Unebenheiten herausgebrannt, und bis zu derjenigen Temperatur vorgewärmt, bei welcher das Abbrennen als stetiger Vorgang möglich wird. Es ist dann Aufgabe des Schweißers die für den jeweiligen Abbrand richtige Schlittengeschwindigkeit einzuhalten. Wird nun, nachdem die eingestellte Werkstoffmenge herausgebrannt ist, der Schweißstrom abgeschaltet, so muß der Schweißer unter entsprechendem Kraftaufwand die Teile möglichst rasch zusammenstauchen und verschweißen. Bei kleinen Querschnitten, wo auch eine geringe Stauchkraft notwendig ist, läßt sich diese Schweißart ohne weiteres fertigungstechnisch auch bei großen Stückzahlen durchführen. Hat man aber größere Querschnitte und dazu noch große Stückzahlen zu verschweißen, so wird die Kraft des Schweißers bald nachlassen, und es werden Fehlschweißungen auftreten.

Als nächste Vervollkommnung wurden daher Maschinen gebaut, die die Stauchung maschinell ausführen. Arbeitet man motorisch, so wird durch einen Endschalter eine Kupplung eingerückt, die den Schlitten die Stauchung mit großer Wucht ausführen läßt. Bei hydraulischer oder pneumatischer Betätigung wird man durch den Endschalter ein entsprechendes Magnetventil zum Ansprechen bringen.

Mit der maschinellen Stauchung hat man sich aber noch nicht zufrieden gegeben, sondern für die *größten* Querschnitte oder für besonders gleichmäßige Schweißungen eine automatische Steuerung gesucht und gefunden.

Wesentlich für den Vorgang ist die Geschwindigkeit, mit der abgebrannt wird. Sie läßt sich folgendermaßen ermitteln: Es gilt die Bedingung, daß die für den Abschmelzvorgang aufzuwendende Wärme, gleich der Schweißleistung der Maschine ist abzüglich der Verluste, die durch Leitung und Strahlung des Werkstückes entstehen. Damit kann folgende Gleichung angeschrieben werden:

$$c \cdot G(\Theta_s - \Theta) = 0{,}239 \cdot N' \cdot t \quad (N' = \text{Leistung ohne Verluste})$$

und
$$G = q \cdot l \cdot \gamma$$

hieraus:
$$\frac{l}{t} = v = \frac{0{,}239 \cdot N'}{c \cdot q \cdot \gamma (\Theta_s - \Theta)} \tag{46}$$

Trägt man jetzt die Temperator Θ und die Geschwindigkeit v in Abhängigkeit der Zeit t auf, so erhält man die Abb. 352. Auf Grund der Kenntnis der Kurve

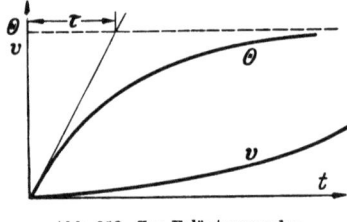

Abb. 352. Zur Erläuterung des Abbrennvorganges.

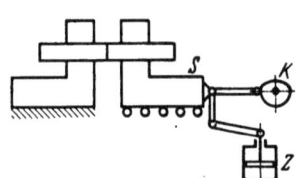

Abb. 353. Schema einer kurvengesteuerten Maschine.

$v = f(t)$ ist es nun möglich, für ein bestimmtes Schweißgut bei gegebener Maschinenleistung N die notwendige Geschwindigkeit zu finden.

Brennt man vom kalten Zustand heraus ab, so braucht man nur durch eine entsprechende Kurvenscheibe den Schlitten der Maschine so zu steuern, daß nach Beendigung des Abbrennweges der Stauchvorgang eingeleitet wird. Im Prinzip zeigt diese Anordnung Abb. 353. Der Schlitten S wird mit der jeweiligen Geschwindigkeit der Kurvenscheibe K vorwärts bewegt bis die richtige Länge abgebrannt ist. Dann wird der Hydraulik- oder Preßluftzylinder Z betätigt, der die notwendige Stauchkraft auf den Schlitten ausübt. Diese Arbeitsweise eignet sich nur für die Werkstücke, für die man solche Kurvenscheiben besitzt.

Die Berechnung von Kurvenscheiben aus dem Zeitwegdiagramm zeigt E. RIETSCH (*96*). Demnach darf das Zeitwegdiagramm nicht einfach auf einen Grundkreis abgewickelt werden. Vielmehr muß hier der Durchmesser der Übertragungsrollen berücksichtigt werden. Es werden in dem Aufsatz zwei Formeln für die richtige Berechnung angegeben.

Ein weiteres Beispiel für eine Kurvenscheibe bringt GÖNNER (*42*).

Aus der Gleichung (46) kann man weiterhin die wichtige Tatsache ableiten, daß je kleiner der Temperaturunterschied $\Theta_s - \Theta$ ist, desto größer die Geschwindigkeit werden muß.

§ 102   Maschinen.   257

Hat man einen bestimmten Querschnitt mit einer vorhandenen Maschinenleistung zu verschweißen, so wissen wir, daß der Abbrennvorgang bei einer gewissen Anfangstemperatur beginnt, die um so niedriger liegt, je höher die Leistung N ist, denn aus Gl. (46) ergibt sich:

$$\Theta = \Theta_s - \frac{0{,}239 \cdot N'}{c \cdot q \cdot \gamma \cdot v}$$

Hält man die für diese Temperatur ermittelte Geschwindigkeit v ein, so wird der Abbrennvorgang ein stetiger. Bei den automatischen Maschinen geht man nun umgekehrt vor. Den Schlitten läßt man mit einer festeingestellten Geschwindigkeit vorlaufen. Da die Werkstücke noch kalt sind, werden sie zusammengestoßen, der Schlitten bleibt stehen und es findet eine Erwärmung der Stoßstelle statt. Es wird nun die Änderung des elektrischen Zustandes im Sekundärkreis dazu verwendet die Steuerung des Schlittens mit einer gewissen Verzögerung auf Rücklauf zu schalten. Anschließend läßt man den Schlitten wieder vorlaufen. Dies wiederholt sich so oft, bis die für die eingestellte Geschwindigkeit und Leistung notwendige Anfangstemperatur erreicht ist. Der Abbrand wird dann stetig und man brennt die gewünschte Länge heraus. Ist dies erfolgt, so wird gestaucht und der Schweißstrom abgeschaltet. Das Oszillogramm dieses Vorganges einer automatischen Maschine zeigt Abb. 354. Die erste Schleife zeigt den Spannungsverlauf an den Elektroden. Die zweite Schleife den Weg des Schlittens und die dritte den Verlauf der Stauchkraft. Die Zonen des Berührens der Schweißteile sind eingezeichnet. Strom-, Kraft- und Wegverlauf sind für jede Berührung praktisch gleich. Nach der vierten Berührung ist die Temperatur erreicht, die es ermöglicht, den Abbrennvorgang ununterbrochen aufrecht zu erhalten. Werden die Werkstücke in Punkt C

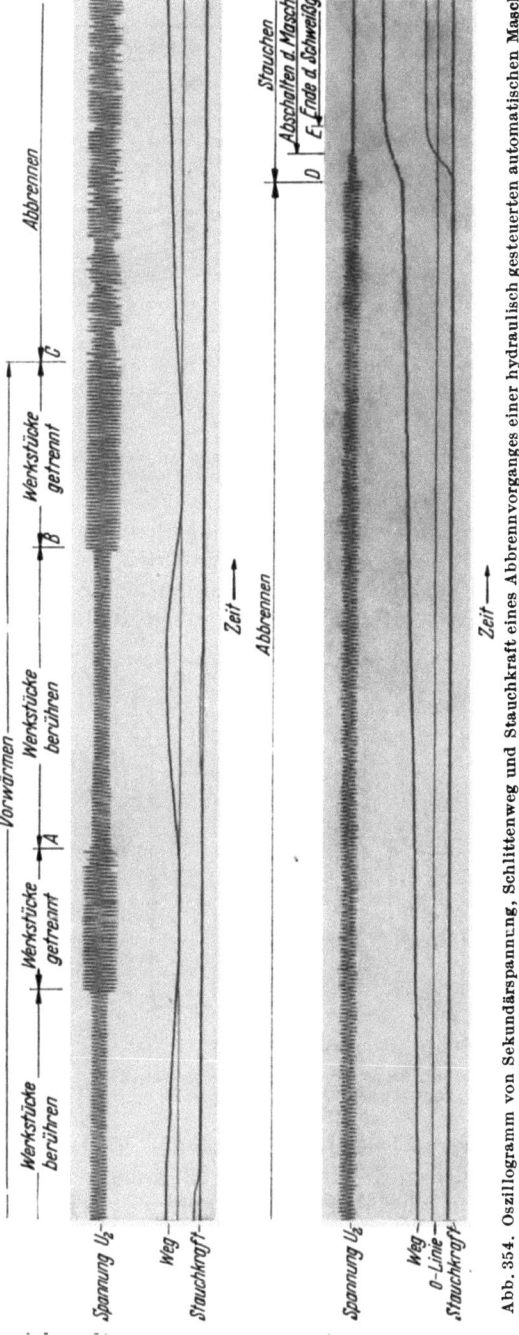

Abb. 354. Oszillogramm von Sekundärspannung, Schlittenweg und Stauchkraft eines Abbrennvorganges einer hydraulisch gesteuerten automatischen Maschine.

Brunst, Widerstandsschweißen.   17

wieder zur Berührung gebracht, so zeigt die Schleife 1 den typischen Spannungsverlauf. Bei Schleife 2 ist ein ständiges Vorlaufen des Schlittens zu erkennen. Ein Kraftanstieg kann noch nicht erfolgen. Im Punkt D wird auf Stauchen umgeschaltet. Die Schlittengeschwindigkeit wird gesteigert. Nach dem Zusammentreffen der Schweißteile fließt noch kurze Zeit der Schweißstrom. Von dem Zeitpunkt D an ist natürlich ein wesentlicher Kraftanstieg zu sehen, der bis zur eingestellten Stauchkraft geht, bis dann im Punkt E die Schweißung beendet ist.

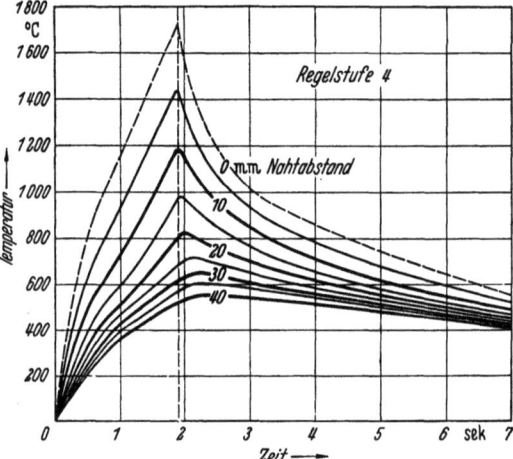

Abb. 355. Erläuterung des Temperaturverlaufes beim Abbrennschweißen. (KILGER.)

Das Oszillogramm ist dasjenige einer elektrisch-hydraulisch gesteuerten Maschine. Der Weg wurde durch eine wegabhängig, veränderliche Widerstandseinheit aufgezeichnet. Die Kraft wurde magneto-elastisch gemessen, indem das eine Werkstück zwischen, an den Spannbacken angebrachten Rollen gelagert und mit seinem Ende gegen die Druckmeßdose angelegt wurde.

Über den Temperaturverlauf hat KILGER (71) eingehende Messungen durchgeführt. Hierbei hat sich gezeigt, daß die Temperaturen zu Beginn der Schweißung rasch ansteigen. Die Zunahme pro Zeiteinheit ist um so größer je höher die zugeführte elektr. Leistung ist.

Bei Beginn des Abbrennens ist zunächst ein Nachlassen des Temperaturanstieges zu bemerken. Beim Stauchen und Nachwärmen werden dann größere Wärmemengen zugeführt, so daß die Temperaturen wieder ansteigen. Im Augenblick des Abschaltens wird der Maximalwert in der Schweißnaht erreicht. In den weiter zurückliegenden Querschnitten nehmen nach dem Abschalten die Temperaturen infolge der abwandernden Wärme noch zu. Die Spitzenwerte liegen hier natürlich wesentlich niedriger. Die Abb. 355 zeigt den Temperaturverlauf in Abhängigkeit der Zeit für verschiedene Nahtabstände. Es handelt ich um Schweißungen an 30 mm Rundeisen. S. hierzu auch § 34 u. 35.

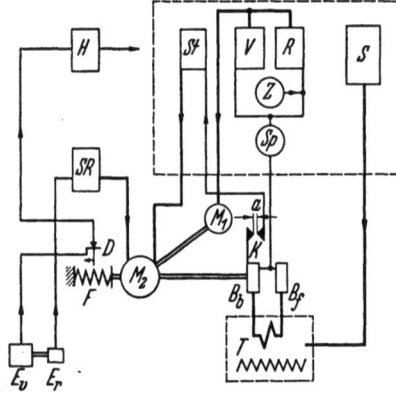

Abb. 356. Schema einer elektrisch-mechanisch gesteuerten Maschine. (AEG)

Im folgenden soll nun kurz das Schema der elektrisch-mechanisch und der elektrisch-hydraulisch gesteuerten Maschine erläutert werden.

Das Schema der elektrisch-mechanisch gesteuerten Maschine zeigt Abb. 356. Nachdem die beiden zu verschweißenden Werkstücke in Spannbackenpaare B_b und B_f eingespannt sind, wird die Maschine durch den Druckknopf E_v eingeschaltet. Hierdurch erhält das Schütz H Spannung und schaltet die ganze Schützengruppe innerhalb der gestrichelten Linie ein bzw. bereitet das Einschalten vor.

§ 102   Maschinen.   259

Zunächst wird Schütz V und S eingeschaltet. Das Schütz V schaltet den Motor M_1 in Vorwärtsrichtung ein. Die Werkstücke bewegen sich aufeinander zu mit der Geschwindigkeit, die ihnen der Motor M_1 erteilt. Reicht die Leistung bei der eingestellten Geschwindigkeit zum Abbrennen aus dem kalten Zustand nicht aus, dann wird sofort nach dem Berühren eine ruhende Erwärmung einsetzen. Die Spannung zwischen den beiden Backen fällt dann sehr stark ab und das Spannungsrelais S_p schaltet das Schütz V aus, wodurch der Motor M_1 still steht. Über ein Zeitrelais Z wird gleichzeitig nach Ablauf einer einstellbaren Zeit das Schütz R eingeschaltet, das den Motor M_1 solange rückwärts steuert, bis das Spannungsrelais S_p den durch vollständige Trennung der Werkstücke bewirkten Wiederanstieg der Spannung dazu benützt, um nun ohne jede Verzögerung R aus- und V einzuschalten. Dieses Spiel kann sich mehrfach wiederholen. Ist die Vorwärmung soweit gediehen, daß die Anfangstemperatur Θ erreicht ist, so setzt der Abbrennvorgang durch Fortfall des Rücklaufkommandos von selbst ein. Während dieses Vorganges fällt nämlich die Spannung nur unwesentlich ab, so daß das Spannungsrelais S_p nicht mehr in Tätigkeit tritt. Der Motor M_1 läuft weiter vorwärts bis der eingestellte Abbrandweg a von dem beweglichen Spannbackenpaar B_b zurückgelegt ist. In diesem Augenblick wird durch den Kontakt K das Stauchschütz St eingeschaltet, das einen etwa 10mal so schnell laufenden Motor M_2 zuschaltet. Auf diese Weise wird eine schlagartige Stauchung erzielt, die bis zur eingestellten Stauchkraft durchgeführt wird. Ist diese erreicht, fällt das Hauptschütz heraus und der gesamte Vorgang wird stillgesetzt.

Das Arbeiten einer elektrisch-hydraulisch gesteuerten Maschine sei an Hand der Abb. 357 gezeigt. B_f und B_b sind die festen und beweglichen Spannbackenpaare, in die die beiden Werkstücke eingespannt sind. Der Schlitten wird mit dem Kolben im Zylinder Z durch Preßöl hin und her bewegt. Das Preßöl wird über die Steuerventile von der Pumpe P her zugeführt. Der ganze Schweißvorgang wird durch den Druckknopf E ausgelöst. Er schaltet das Schütz Sch für den Schweißstrom und das Relais R ein. Dieses wieder schaltet den Magneten M_1 derartig, daß der Steuerkolben K_1 in seine linke Stellung kommt. Hierdurch wird der Weg 1 für das Preßöl freigegeben. Mit dem Ventil V_1 wird der Öldurchfluß und damit die Geschwindigkeit des Schlittens geregelt. V_3 ist dasjenige Ventil, mit dem die Schlittenkraft für das Vorwärmen eingestellt wird. Ist nun der Schlitten soweit vorgelaufen, daß sich die Werkstücke berühren, so kommt der Vorwärmstrom zum Fließen. Das Relais R erhält über den Wandler W Spannung und schaltet den Magneten M_1 und damit den Kolben K_1 nach rechts. Dies kann aber erst erfolgen, wenn auch das Kontaktventil V_4 geschlossen ist, was aber erst möglich ist, wenn der notwendige Vorwärmdruck erzielt ist. Ist

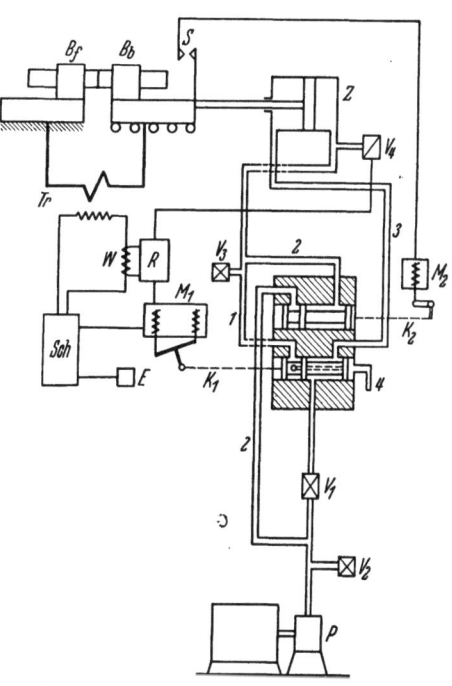

Abb. 357. Schema einer elektrisch-hydraulisch gesteuerten Maschine. (MIEBACH.)

17*

dies also der Fall, so geht der Kolben K_1 nach rechts und der Schlitten macht eine rückläufige Bewegung, da jetzt dem Zylinder Z über den Weg *3* das Preßöl zufließt. Das überschüssige Öl aus der nichtarbeitenden Zylinderhälfte (Z) kann über den Weg *4* in den Ölvorratsbehälter zurückfließen. Wenn die Werkstücke sich nicht mehr berühren, erhält das Relais R von dem Wandler W auch keine Spannung mehr und schaltet wieder auf Vorwärtsbewegung. Dieses Spiel wiederholt sich so lange, bis die Anfangstemperatur für den stetigen Abbrand erreicht ist. Dann findet der Schlitten keinen Widerstand mehr und läuft mit der eingestellten Geschwindigkeit (Ventil V_1) vor, bis der Weg S des eingestellten Abbrandes zurückgelegt ist und der Schalter S geschlossen wird. Dies hat zur Folge, daß der Steuerkolben K_2 durch den Magneten M_2 nach links geschaltet wird. Hierdurch wird der direkte Weg *2* für das Preßöl in den Zylinder Z frei. Der Schlitten läuft mit großer Geschwindigkeit vor und preßt die beiden Werkstücke jetzt mit der durch das Ventil V_2 eingestellten Stauchkraft zusammen. Zu gleicher Zeit wird das Schütz Sch abgeschaltet und die ganze Maschine wird stillgesetzt. Werden die ebenfalls hydraulisch betätigten Spannbacken geöffnet, so läuft der Schlitten in seine Ausgangsstellung zurück und die Maschine ist für einen neuen Arbeitsgang bereit.

2. Konstruktiver Aufbau der Maschinen.

§ 103. Stumpfschweißmaschinen gibt es von den kleinsten Drahtschweißmaschinen bis zu den großen automatisch arbeitenden Abbrennschweißmaschinen, die in der Lage sind, 40000 mm² und mehr zu verschweißen. Je nach dem Verwendungszweck hat sich ihre konstruktive Form herausgebildet. Sie haben alle folgende Hauptbestandteile: 1. Das Maschinengehäuse mit dem Transformator, 2. die Einspannvorrichtung, 3. die Staucheinrichtung und 4. die Steuereinrichtung. Der konstruktive Aufbau wird wesentlich durch die notwendigen Stauchkräfte und die Anordnung der Spannelemente bestimmt. Bei

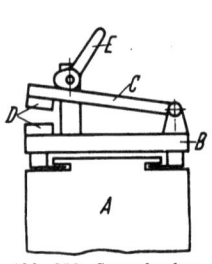
Abb. 358. Spannbacken-Anordnung für kleine Stumpfschweißmaschinen.

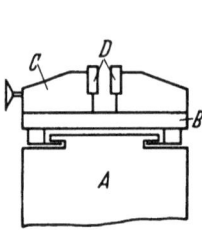
Abb. 359. Spannbacken-Anordnung mit waagerechter Parallelführung.

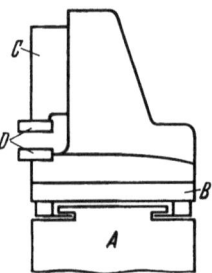
Abb. 360. Spannbacken-Anordnung mit senkrechter Parallelführung.

kleinsten und kleinen Leistungen sind die oberen beweglichen Spannbacken schwenkend angeordnet, wie es schematisch Abb. 358 zeigt. A stellt hier das Maschinengehäuse dar, auf ihm läuft die Führung des Stauchschlittens B. Von den beiden Spannbackenpaaren D ist das bewegliche auf dem Schlitten aufgebaut. Die oberen Spannbacken sind an einem Hebel C befestigt und lassen sich mit E festspannen. Bei mittleren und großen Leistungen werden meistens folgende beide Anordnungen gewählt: Abb. 359 zeigt die waagrechte Parallelführung. Hier stellt auch wieder A das Maschinengehäuse, B den Stauchschlitten und D die Spannbacken dar. An C befinden sich die beweglichen Spannbacken, die mittels einer Parallelführung das Festspannen der Formteile gestatten. Abb. 360 zeigt das gleiche Prinzip der Parallelführung in senkrechter Anordnung. Bei den Abbrennschweißmaschinen werden fast durchweg diese beiden Ausführungen gewählt; insbesondere die letztere gestattet eine günstige geschützte Anordnung für den Transformator.

Im DIN-Blatt 44751 sind die Stauchkräfte für die Stumpfschweißmaschinen näher erläutert und begrifflich festgelegt. Folgende Stauchkräfte sollten bevorzugt für die Bestimmung der Maschinengröße verwendet werden.

Stauchkräfte:	0,2	0,5	1,2	3	6	12	25	50 t.
Baugröße:	0,2	0,5	1,2	3	6	12	25	50.

DIN-Blatt 44752 enthält Bewertungsrichtlinien für Stumpfschweißmaschinen. Es sind die Begriffe für die beiden Verfahren festgelegt. Außerdem sind Richtlinien für die Arbeitsweise (C), den mechanischen Teil (D), den elektrischen Teil (E) und diejenigen technologischer Art (F) aufgestellt.

Im folgenden sollen nun die wesentlichsten Konstruktionen besprochen werden. Gerade auch auf diesem Gebiet gibt es sehr viele Sonderausführungen, die in diesem Rahmen unmöglich alle gezeigt werden können. Die Zusammenstellung kann also nicht den Anspruch auf Vollständigkeit stellen.

Als erstes sei eine Drahtschweißmaschine gezeigt, wie sie Abb. 361 darstellt. Sie ist so ausgeführt, daß sie auf einem Tisch oder auf einer Werkbank verwendet werden kann. *1* ist das Maschinengehäuse, in dem der Transformator untergebracht ist. Aufgebaut auf demselben sind die Führungen *2* für den beweglichen Spannteil *3*. *4* sind die festen und *5* die beweglichen Spannbacken. Festgespannt werden die zu verschweißenden Teile mit den Hebeln *6*, die durch Federn ihre Spannkraft erhalten. Die Stauchkraft wird hier durch eine Zugfeder aus-

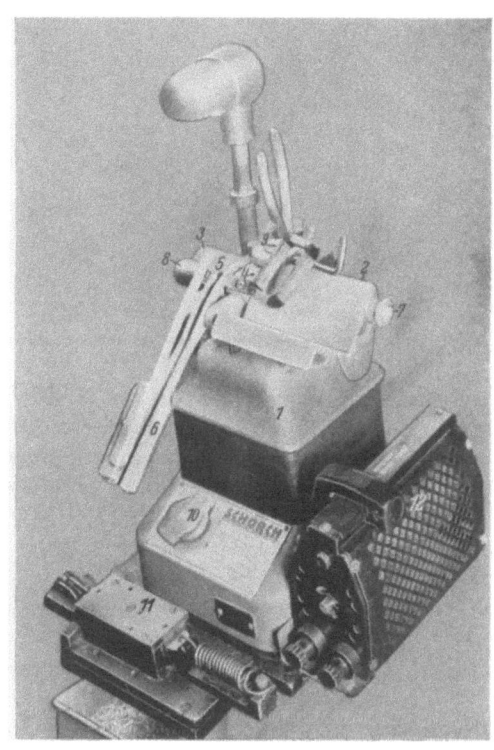

Abb. 361. Stumpfschweißmaschine für Drähte. (SCHORCH.)

geübt, die in die Führungen mit eingebaut ist. Die Einstellung der Federn erfolgt mittels der Schraube *7*. Der Stauchwegschalter (s. §101) ist in der zweiten Führung untergebracht und wird mittels einer Schraube bei *8* einreguliert. Mittels der Exenterscheibe *9* ist es möglich für die jeweilige Drahtstärke die richtige Einspannlänge für die Drähte zu finden. Der Schweißstrom wird durch Stufenschalter geregelt. In Abb. 361 ist dieser Schalter *10* ebenfalls zu sehen. Die hier gezeigte Maschine hat eine Leistung von 1 kVA. Es können mit ihr Eisendrähte bis 2,0 mm und Nichteisendrähte von 0,6 mm bis 1,6 mm Durchmesser verschweißt werden. 0,5 mm dürfte der kleinste maschinell stumpfschweißbare Durchmesser sein. Um den notwendigen senkrechten Abschnitt der Drahtenden zu erhalten, ist eine entsprechende Schere *11* angebracht. Außerdem ist zur Feinregulierung des Schweißstromes zusätzlich ein Schiebewiderstand *12* vorgesehen.

Bei dieser Maschine müssen alle Vorgänge von Hand ausgeführt werden: Öffnen und Schließen der Spannbacken, Freigeben des Stauchweges, Einschalten des Schweißstromes und Zurückbringen des Stauchschlittens in die Ausgangsstellung.

Die Handbetätigung wird bei der folgenden Maschinenausführung durch Fußhebel oder Preßluftantrieb ersetzt. Die in Abb. 362 gezeigte Maschine hat eine Anschlußleistung von 4 kVA. In dem Maschinengehäuse 1 ist der Transformator eingebaut. 2 ist die feste und 3 die bewegliche Spannseite. Das Bild wurde von der Rückseite (schräg oben) aufgenommen, um die Steuerelemente besser zu zeigen. Der ganze Schweißvorgang wird von der Welle 4 gesteuert, an die bei 5 der Fußhebel oder wie in unserem Fall gezeigt, ein Preßluftkolben angreift. Auf diese Weise ist eine Drehung der Welle um 90° möglich. Wird sie nach oben bewegt, so werden die Spannarme 2 und 3 durch die Exzenter 6 und 7 geschlossen. Anschließend gibt die Kurvenscheibe 8 mit dem Hebel 9 den Schlitten 10 frei, so daß die volle Stauchkraft, die mit der Schraube 12 eingestellt wird, auf die Schweißstelle 11 wirken kann. Ist dies erfolgt, so wird durch die Nockenscheibe 13 der Schweißstrom eingeschaltet. Nach der Verschweißung der Formteile wird durch den Endschalter 15 der Schweißstrom in Abhängigkeit des Stauchweges wieder abgeschaltet. Die Einstellung dieses Schalters erfolgt durch die Stellschraube 14. Nach Beendigung der Schweißung wird die Steuerwelle 4 wieder zurückbewegt. Jetzt müssen zuerst die Spannarme 2 und 3 geöffnet werden, bevor der Schlitten 10 seine rückläufige Bewegung macht. Dies wird dadurch erreicht, daß man der Kurvenscheibe 8 einen bestimmten Leerweg durch Einbau von Kugellagern und Anschläge gibt, so daß die Mitnahme mit einer Verzögerung erfolgt. Mit diesen Maschinen lassen sich bei kleinen Werkstücken erhebliche Stückzahlen erzielen. Kleinteile mit einem

Abb. 362. Kleine automatische Stumpfschweißmaschine. Ansicht der Rückseite (von oben).

Abb. 363. Abbrennschweißmaschine mit 100 kVA Dauerleistung. (KNOPP.)

§ 103   Maschinen.   263

Schweißquerschnitt von beispielsweise 7 mm² werden beim Einlegen von Hand bis zu 900 Stück pro Stunde geschweißt.

Die besprochenen Maschinen eignen sich nur für die Wulststumpfschweißung. Müssen aber Querschnitte über 150 mm² verschweißt werden, so wird in erster Linie das Abbrennschweißen angewendet. Die Maschinen zum Abbrennschweißen eignen sich in den meisten Fällen auch für die Wulststumpfschweißung.

Abb. 363 zeigt eine Abbrennstumpfschweißmaschine mittlerer Leistung. Ihre Dauerleistung beträgt 100 kVA. Sie wird von Hand betätigt und dient in erster Linie zum Schweißen von Werkzeugen, Wellen und Röhren. In dem Maschinenkörper 1 ist der Transformator mit dem Stufenschalter 2 untergebracht. Links ist das feste Spannbackenpaar 3 aufgebaut, wohingegen sich auf der rechten Seite die Schlittenführung, Schlitten 4 und hierauf das bewegliche Spannbackenpaar 5 befindet. Wesentlich ist für alle Stumpfschweißmaschinen, daß die Schlitten einwandfrei geführt sind, denn hiervon hängt es ab, wie genau die Maßhaltigkeit der Schweißung quer zur Achse der Schlittenbewegung durchgeführt wer-

Abb. 364. Spezialschweißmaschine für das Zusammenschweißen von Heizungsradiatoren. (MIEBACH.)

den kann. Um die Führung immer in einwandfreiem Zustand halten zu können, sollten sie nachstellbar sein. Insbesondere ist darauf zu achten, daß sie alle bestens abgedeckt sind. Die Schweißspritzer sind ihr größter Feind, deren Eindringen je nach Konstruktion der Maschine noch durch das Magnetfeld des Transformators unterstützt wird. Bei Abbrennschweißmaschinen ist in erster Linie auf diese Abdeckungen zu achten, denn die hier auftretenden glasharten Teilchen zerstören sonst in kurzer Zeit die beste Schlitten- und Spannbackenführung. Bei der in Abb. 363 gezeigten Maschine erfolgt das Festspannen der Werkstücke in die Spannbacken durch Handräder und Griff 6. Die Schlittenbewegung wird mittels dem Speichenrad 7 ausgeführt. Bei dem Abbrennschweißen ist es für die Massenfertigung wesentlich, daß das Verschweißen der Werkstücke mit der gleichen Stauchkraft erfolgt, da dies maßgebend ist für die Festigkeit der Schweißung. Man wird daher bei notwendig größeren Kräften den maschinellen Weg wählen, um einem Nachlassen derselben durch Ermüden des Arbeiters vorzubeugen. Die hier gezeigte Maschine wird mit Kraftstauchung ausgelegt. Sie wird nach einem bestimmten eingestellten Abbrennweg automatisch eingeschaltet. Die Maschine ist in diesem Fall mit 2 Fußschaltern 8 ausgerüstet. Hierdurch kann mit zwei Stufen gearbeitet werden, d.h. es kann für den Vorwärmvorgang eine niedrigere gewählt werden als für den Abbrennvorgang. Dies ist für verschie-

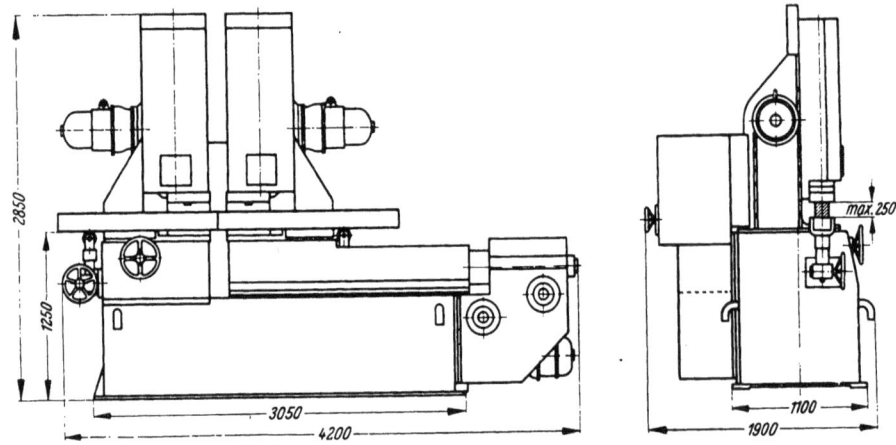

Abb. 365. Automatische Abbrennschweißmaschine für einen maximalen Schweißquerschnitt von 12000 mm^2. (Siemens.)

dene Schweißungen von großem Vorteil, wenn man z. B. verhältnismäßig kleine Querschnitte schweißt.

Abb. 364 zeigt eine Spezialmaschine für das Zusammenschweißen von Heizungsradiatoren. Es werden beide Durchgänge zu gleicher Zeit geschweißt. Jede

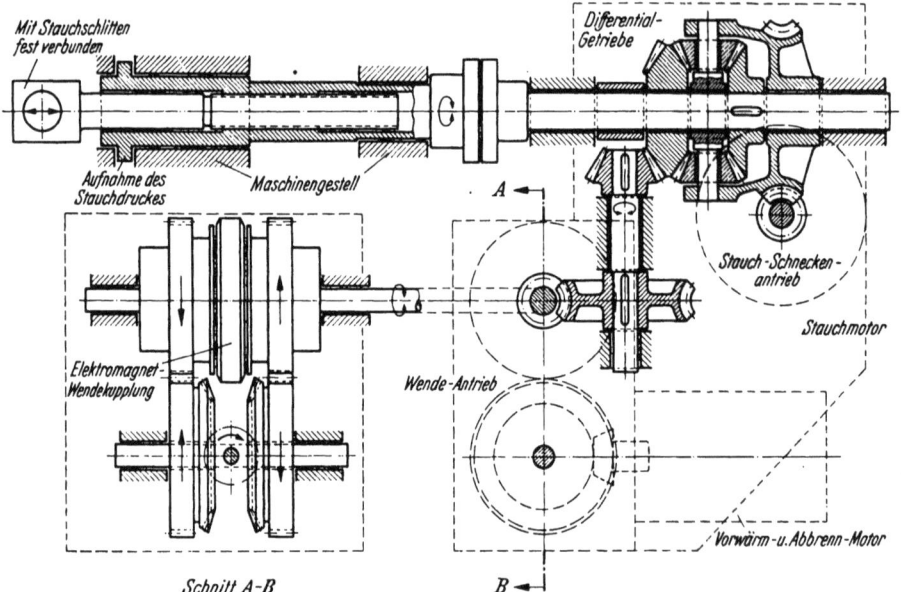

Abb. 366. Aufbau des Schlittenantriebes der Schweißmaschine der Abb. 365. (Siemens.)

Seite ist für sich mit einem Schweißtransformator von 25 kVA versehen. Die aufgewendete Stauchkraft kann bis zu 1000 kg betragen. Bei einer Blechdicke von 1,25 mm können bis zu 15 Glieder in 4 Min. geschweißt werden.

Abb. 365 zeigt eine Universalmaschine für automatischen Betrieb. Hier sind die Spannbacken mit senkrechten Führungen versehen. Das Festspannen der Werkstücke erfolgt durch motorischen Antrieb. Der seitlich angeflanschte Motor arbeitet über ein Schnecken- und Zahnradvorgelege auf eine Schraubenspindel. Zwischen Spannschlitten und Spindel ist eine Ringfeder eingebaut, um ein elastisches Arbeiten zu gewährleisten. Die linke feste Spannseite kann verstellt werden, um die Werkstücke zu zentrieren. Der auf dem Maschinengestell waagerecht bewegliche Stauchschlitten ist eine Schweißkonstruktion und wird durch eine Sonderkonstruktion mit großer Genauigkeit geführt. Der elektrische Antrieb besitzt zwei Antriebsmotoren. Der Stauchmotor treibt die Spindelmutter der Stauchspindel über ein Schneckengetriebe und ein Ausgleichsgetriebe an. Der zum Vorwärmen und Abbrennen erforderliche Motor arbeitet über

Abb. 367. Vollselbsttätige Stumpfschweißmaschine für Querschnitte bis zu 40000 mm². (Siemens.)

Kegelräder, eine elektromagnetische Wendekupplung, Schneckengetriebe und ein weiteres Kegelräderpaar ebenfalls auf das Ausgleichsgetriebe und damit auf die Spindelmutter. Die Drehzahl dieses Motors ist in weiten Grenzen regelbar. Den Aufbau des Getriebes zeigt Abb. 366. Der Schweißtransformator ist auf der Maschinenrückseite angebracht und ist eine Einphasen-Manteltype mit doppelter Röhrenwicklung. Die Stromzuführung erfolgt an die unteren und oberen Einspannbacken. Die Schweißleistung kann mit 5 Grob- und 4 Feinstufen, das sind insgesamt 20 Stufen, geregelt werden. Die maximale Leistung beträgt 420 kVA; dauernd kann die Maschine 160 kVA abgeben. Unter diesen Verhältnissen können bei offenen Längen bis zu 12000 mm² verschweißt wer-

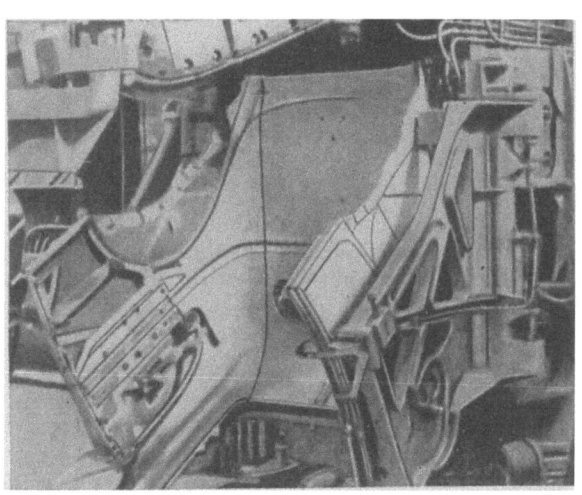

Abb. 368. Spezialabbrennstumpfschweißmaschine für Autokarosserieteile (MALLORY.)

den. Hierzu steht eine Spannkraft bis zu 35 t und eine Stauchkraft bis zu 30 t zur Verfügung. Die Schweißzeit beträgt bei 12000 mm² ungefähr 6 Min.

Es sind heute Maschinen im Betrieb, die 40000 mm² offene Länge verschweißen können. Hierzu sind Leistungen bis zu 1500 kVA notwendig. Die Einspannkräfte steigen bis auf 150 t, wohingegen die Stauchkräfte etwa 100 t betragen.

Es ist selbstverständlich, daß solche Maschinen den höchsten Starrheitsgrad aufweisen müssen entsprechend den neuzeitlichen Erkenntnissen des Maschinenbaues. Ferner werden die Transformatoren so in die Maschine eingebaut, daß mit Rücksicht auf die hohen Leistungen ein kleinstmöglicher induktiver Leistungsverlust auftritt. Diese Maschinen arbeiten vollautomatisch. Eine solche Maschine ist in Abb. 367 gezeigt.

Einen weiteren Anwendungsbereich hat sich die Abbrennschweißung in der Automobilindustrie erworben. Es werden unter anderem auf diese Weise die Karosseriebleche verschweißt. In diesem Fall müssen die Spannbacken und deren Führungen so genau gearbeitet sein, daß die Schweißungen auf $1/_{10}$ mm Genauigkeit durchgeführt werden können. Da es sich in den meisten Fällen um lange Nähte an großen, in der Form stark unterschiedlicher Werkstücke handelt, setzt die Herstellung der Spannbacken große Genauigkeit und Sorgfalt voraus. Ins-

Abb. 369. Doppel-Karosserie-Schweißmaschine. Verschweißen des Kofferteiles mit der Seitenwand bei der Opel-Type „Olympia". (Ottensener Eisenwerk.)

besondere müssen auch solche Spannkräfte aufgewendet werden, die ein Rutschen der Teile verhüten. Eine derartige Maschine mit eingelegten Karosserieteilen zeigt Abb. 368. Die Maschine hat die beachtliche Leistung von 60 Karosserieteilen pro Stunde.

Abb. 369 zeigt ein Beispiel aus der deutschen Automobilindustrie. Das Öffnen und Schließen der Traversen zum Einspannen der Werkstücke erfolgt von Hand. Die Spannkraft wird ölhydraulisch erzeugt. Der Schweißvorgang läuft automatisch ab und wird durch eine Druckknopfsteuerung eingeleitet. Die verschweißte Nahtlänge beträgt 385 mm bei einer Blechdicke von 0,9 mm.

3. Elektroden.

§ 104. Mit das wichtigste Maschinenelement ist auch wieder im Falle der Stumpfschweißung die Elektrode, oder auch Einspannbacken genannt. Wir haben hier den großen Vorteil, daß sie nicht unmittelbar mit der Schweißstelle in Berührung stehen. Von ihrer Ausführung hängt es vielfach ab, ob die Schweißung gelingt. Sie wird von der Form, Größe und Stoffart des Werkstückes bestimmt. Aus diesem Grunde ist es nicht möglich, eine Maschine mit allgemein brauchbaren Spannelementen zu versehen, sondern man muß im Gegenteil darauf bedacht sein, sie möglichst leicht austauschbar zu machen. Die Befestigungsart muß leicht lösbar und zweckdienlich gestaltet werden. Hierbei ist zu berücksichtigen, daß sie für den Übergang des Schweißstromes genügend Querschnitt hat. In erster Linie kommen großflächige schraubstockähnliche Einspannvorrichtungen in Frage. Als Befestigungselement dient die Schraube, die Nute, oder der Schwalbenschwanz. Letzterer wird vorwiegend, wie Abb. 370 zeigt, bei kleinen Maschinen verwendet. Beim Festspannen ist darauf zu achten, daß die gestrichelt hervorgehobenen Flächen gut eingepaßt sind, um vom Maschinenkörper b zur Elketrode a einen guten Stromübergang zu gewährleisten. Vornehmlich dürfen beim Auswechseln der Elektroden keine Schweißspritzer zwischen die Spannflächen geraten. Das Bauteil b wird aus einer möglichst harten Messingsorte mit nicht zu geringem elektrischen Leitwert hergestellt; die Elektrode a selbstverständlich aus Elektrolytkupfer oder aus Elektrodenmetall. Die Spannpratze c nebst der Befestigungsschraube d wird man am besten aus Stahl anfertigen.

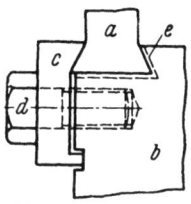

Abb. 370. Befestigung kleiner Elektroden mittels Schwalbenschwanzes.

Eine Spannart für die Elektroden großer Maschinen zeigt Abb. 371. Auch hier muß wieder auf gute Paßflächen geachtet werden, damit ein guter Stromübergang vom Elektrodenträger (Messingguß) b zur Elektrode a gewährleistet ist. Da diese Ausführung in erster Linie für Abbrennschweißmaschinen in Frage kommt, ist auf Reinigung dieser Flächen besonders zu achten. Die richtige Lage der Backen wird durch die Nutensteine c gegeben.

Die Form des Werkstückes allein bestimmt die Gestalt der Elektrode a; sie muß so sein, daß auf jeden Fall der Schweißstrom dem Werkstück so zugeführt wird, daß dies keinen Schaden nimmt, bzw. Brandstellen entstehen, und daß es nicht infolge der notwendigen Spannkraft verformt wird. Die Spannkraft muß so hoch gewählt werden, daß auf gar keinen Fall ein Rutschen der Werkstücke in Richtung der Stauchkraft eintreten kann, da dies unweigerlich zu Fehlschweißungen führt. In der Regel ist es ausreichend, wenn die Spannkräfte um 50% höher liegen wie die Stauchkräfte. In vielen Fällen wird man trotz bester Elektrodenform die

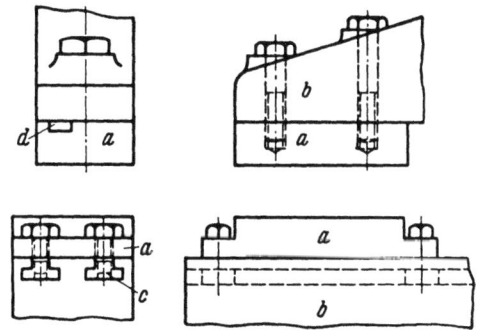

Abb. 371. Schraubstockähnliche Befestigung großer Elektroden.

Spannkraft mit Rücksicht auf die mechanische Festigkeit des Werkstückes nicht so hoch wählen können, um ein Rutschen zu verhindern. Hier müssen dann entsprechende Anschläge angebracht werden, die das Werkstück halten.

Am einfachsten dürften wohl volle Rund- und Vierkant- oder ähnliche Formeisen (auch Schienen) zu spannen sein. Eine Elektrode für kleinere Maschinen, z. B. zum Schweißen von Rundstäben, zeigt Abb. 372a. Sie wird auf die in Abb. 370 gezeigte Art in der Maschine befestigt. Größere Rundstäbe spannt man meistens mittels Prisma in der Art der Abb. 372b. Bei Backen, die eine genügende Tiefe haben, lassen sich mehrere solcher Prismen anbringen, wodurch dieselben allgemeiner verwendbar werden, wie es Abb. 372c zeigt. Eine andere Ausführung ist in Abb. 372d dargestellt. Sie eignet sich besonders für das Schweißen von Werkzeugen mit rundem Querschnitt. Die Backen haben den großen Vorteil, daß sie für jeden Durchmesser verwendbar sind, außerdem können auch zweierlei Durchmesser mit ihnen verschweißt werden, ohne die Backenlage zu ändern, da die Mittellinie des Werkstückes immer die gleiche bleibt. Beim Spannen kleinerer Querschnitte greifen die Backen kammartig ineinander.

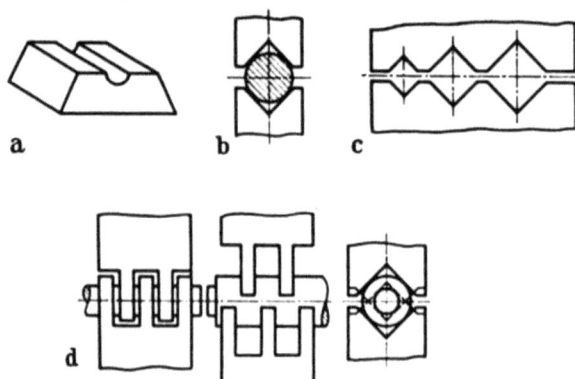

Abb. 372. Elektrodenausführung für runde Querschnitte.

Bei all diesen Spannarten haben wir mehr oder weniger ein linienförmiges Aufliegen der Werkstücke. Geht man nun zu nicht vollen Querschnitten über, d.h. also zu Röhren und insbesondere solchen mit dünnen Wanddicken, so würde dies zur Verformung derselben führen. Man ist hier gezwungen, zu der Elektrodenausführung der Abb. 373a überzugehen. Hier ist die Gewähr gegeben, daß das Werkstück ringsherum gefaßt wird und ein Stromübergang auf großer Fläche erfolgt. Die Elektroden wird man in vielen Fällen an den am meisten beanspruchten Stellen mit Auflagen aus Elektrodenmetall versehen. Für Rohrquerschnitte kann dies geschlossen ringsherum erfolgen, wie es Abb. 373b zeigt, oder man sieht nur einzelne Einsatzstreifen entsprechend Abb. 373c vor. Eine praktische Ausführung solcher Spannbacken für eine Hohlwelle zeigt Abb. 374. Die Metalleinlagen sind im Bilde deutlich zu erkennen.

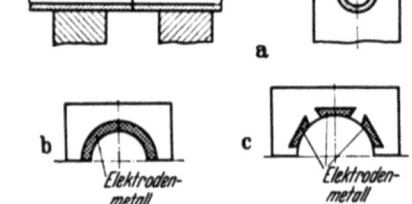

Abb. 373. Elektrodenausführungen für Rohre.

Abb. 374. Spanneinrichtung für Hohlwellen. (MALLORY.)

Infolge der Erwärmungs- und Druckverhältnisse sind die vorderen Kanten der Elemente dem stärksten Verschleiß unterworfen. Dies hat den Nachteil, daß bei einer stärkeren Abnützung eine Änderung der Einspannlänge l eintritt, was zu Fehlschweißungen führen kann. Es sind in dem im Bilde gezeigten Fall gerade diese Kanten mit Elektroden-Metalleinlagen versehen. Das Nähere über die jeweils zu verwendenden Metallsorten ist im §61 zu finden.

Die Elektroden für Vierkantquerschnitte gestalten sich wesentlich einfacher. Die einfachste Ausführung zeigt Abb. 375a. Die glatten Spannelemente sind mit einer Schulter a versehen, die beim Einlegen der Teile zum Ausrichten dient. Eine etwas bessere Anordnung gibt Abb. 375 b wieder. Den äußersten Fall des Vierkantquerschnittes stellt das Blech dar. Zum Spannen von Blechen dient meistens ein vollkommen glatter Spannbacken, wie ihn Abb. 375 c mit Metallauflage zeigt.

Die Formgebung der Elektroden wird bei Profileisen schon umständlicher. Auch die Instandhaltung macht Schwierigkeiten. Wesentlich ist, daß an allen Stellen des Profils die Teile gleich gut gespannt werden, um überall einen gleichmäßigen Stromübergang zu gewährleisten. Verhält-

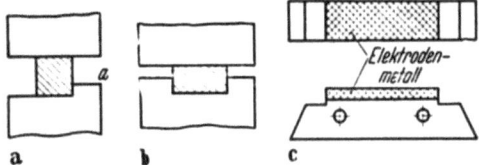

Abb. 375. Elektrodenausführungen für Vierkant- Querschnitte.

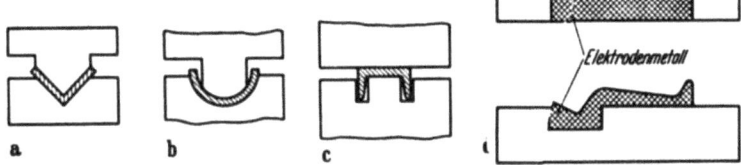

Abb. 376. Elektrodenausführungen für Profileisen.

nismäßig einfache Bedingungen stellt das Winkel- oder Kreisprofil. Anordnungen hierfür zeigt Abb. 376 a—b. Bei U-Eisen kann man die in Abb. 376 c wiedergegebene Anordnung wählen. Vielgestaltige Elektroden treten oft beim Schweißen von Karosserieblechen auf. Hier müssen die Elektroden möglichst große Lebensdauer haben, um die kostspielige Nacharbeit auf ein Minimum herabzusetzen. Diese Elektroden werden in manchen Fällen mit Metallauflagen versehen (Abb. 376 d). Die Elektrodenausführung an einer großen Maschine, auf der zwei Nähte zu gleicher Zeit nach dem Abbrennverfahren geschweißt werden, zeigt Abb. 377. Bei derartigen Elektroden für große Nahtlängen fertigt man die Einsätze am besten aus mehreren Teilen an, damit im Fall einer Beschädigung nicht der ganze Einsatz nachgearbeitet werden muß. Bei der Dünnblechschweißung sind nur die unteren Elektroden stromführend, die oberen Elektrodeneinsätze (ebenfalls Kupfer bzw. Elektrodenmetall) werden in

Abb. 377. Ansicht der Elektroden einer großen Karosserie-Schweißmaschine. (MALLORY.)

einem kräftigen Druckbügel aus Stahl befestigt, da bei diesen Maschinen mit erheblichen Spannkräften (bis zu 15 000 kg und mehr) gearbeitet wird. Die konstruktive Gestaltung einer derartigen Spannvorrichtung zeigt Abb. 378.

Bei ringförmigen Formteilen kann man, soweit sie flachkant gespannt werden, die Anordnung der Abb. 379a wählen. Bei kleineren Durchmessern ist dies nicht immer möglich. In diesem Fall spannt man die Teile hochkant, soweit die mechanische Festigkeit der Werkstücke dies zuläßt. Eine Senkung der notwendigen Einspannkräfte kann man auch dadurch erzielen, indem man kräftige Schultern a (Abb. 379b) anbringt, die zur Übertragung der Stauchkräfte auf das Werk-

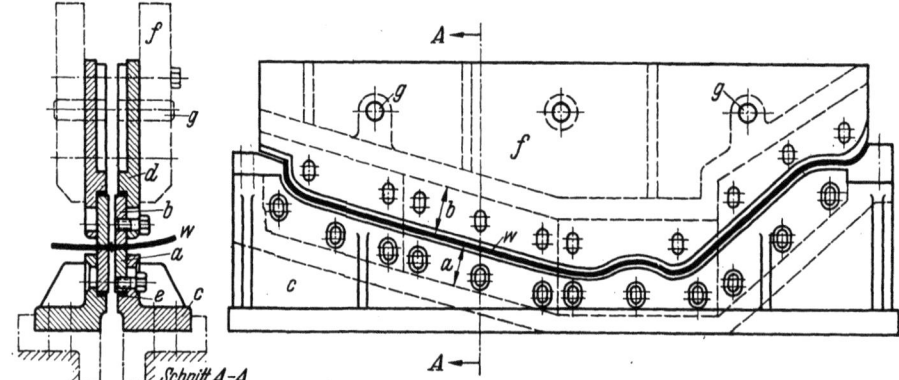

Abb. 378. Konstruktive Durchbildung der Elektrode für eine Karosserie-Schweißmaschine.
a untere Elektrodensegmente, b obere Elektrodensegmente, c untere Elektrodenhalter, d obere Elektrodenhalter, e Kupferunterlagen für das Nachstellen der Elektrodeneinsätze, f Spannbügel, g Sicherheits(Scher)-Bolzen, W Werkstücke. (GÖNNER.)

stück b dienen. Sie können ohne weiteres aus Stahl angefertigt werden. Die eigentlichen Elektroden c müssen selbstverständlich aus Elektrolytkupfer oder Elektrodenmetall sein. Diese Maßnahmen können beim Hochkantspannen schwächerer Querschnitte von großem Nutzen sein. Durch den Nebenschluß des Ringes entstehen Verluste, die evtl. so stark werden können, daß die Güte der Schweißung in Frage gestellt wird. Die Verluste werden verringert durch Vorwärmen des Ringes oder durch Verwenden einer Eisendrossel, die um den freien Teil des Ringes gelegt wird. Siehe hierzu Abb. 380. Pos. 1 stellt die Eisendrossel dar, die

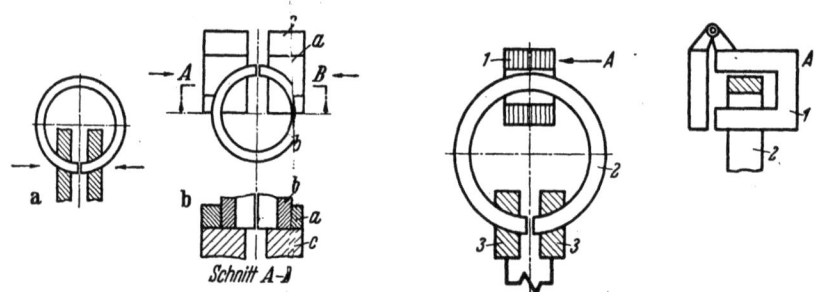

Abb. 379. Elektrode für ringförmige Werkstücke.

Abb. 380. Anordnung einer Eisendrossel bei ringförmigen Werkstücken.

um das Werkstück 2 gelegt ist. Pos. 3 deutet die Elektroden der Maschine an. Die Drossel muß selbstverständlich aufklappbar sein, damit man das Werkstück einlegen kann. Zu bemerken ist hier noch, daß bei kräftigen Stahlringen ein gewisser Nebenschluß evtl. erwünscht ist, um eine Erwärmung zu erzielen, die das Stauchen der Maschine erleichtert und eine Schonung der Spannbacken erwirkt. Die notwendigen „Ersatzquerschnitte" für Stahlringe werden im § 105 angegeben.

Eine andere Art des Verschweißens ringförmiger Teile wird beim Kettenschweißen angewendet. Im Schema zeigt dies Abb. 381a. a ist das zu verschwei-

Bende Kettenglied, das auf einem Widerlager b ruht. Die Elektroden c werden dann in der angedeuteten Weise angesetzt. Auch hier ist natürlich eine größere Leistung als bei offenen Längen infolge des Nebenschlusses notwendig. Wird der Nebenschluß zu groß, so müssen die Glieder aus zwei Hälften zusammengeschweißt werden, wie es Abb. 381b zeigt.

Abb. 382 gibt die Anordnung der Spannelemente für Schweißungen auf Gehrung wieder. Die eingezeichneten Pfeile deuten die Richtung der Stauchkräfte an. Bei rechtwinkliger Stumpfschweißung von Rundstäben kann die Anordnung der Abb. 383 gewählt werden.

Bezüglich der Kühlung der Elektroden gilt für die Stumpf- und Abbrennschweißung natürlich das Gleiche wie bei den anderen Verfahren. Die Kühlung

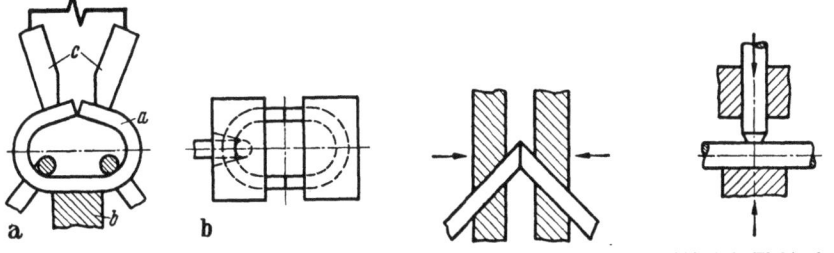

Abb. 381. Elektroden für das Schweißen von Kettengliedern.

Abb. 382. Spannelemente für Gehrungs-Schweißungen.

Abb. 383. Elektrodenanordnung für rechtwinkliges Stumpfschweißen.

ist unbedingt als direkte auszuführen. Bei den größeren Stumpf- bzw. Abbrennschweißmaschinen werden auch noch die Transformatoren mit Wasser gekühlt. Man kann bei Stumpfschweißmaschinen mit etwa folgendem gesamten Kühlwasserverbrauch rechnen:

Zahlentafel 50.

Leistung max. kVA.	Ltr./Stunde
100	300
200	380
420	600
1500	2000

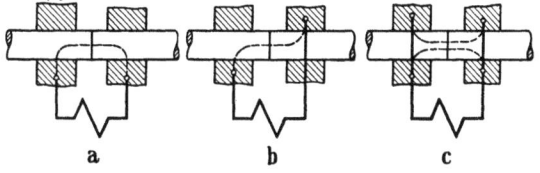

Abb. 384. Die Stromzuführungsarten an die Elektroden bei Stumpfschweißmaschinen.

Diese Werte können sich je nach Konstruktion der Maschine ändern und sollen hier nur als Richtzahlen dienen.

Bezüglich der Schweißstromzuführung an die Spannelemente ist noch folgendes zu bemerken: Bei kleinen Maschinen bzw. niedrigen Leistungen genügt die Zuleitung nur an zwei Backen, wie es Abb. 384a zeigt. Es ist dies konstruktiv am einfachsten durchzuführen. Die oberen Spannelemente können in diesem Fall in der Regel aus Stahl angefertigt werden. Es ist dann möglich, die Stahlbacken mit einer Riffelung zu versehen, die das Werkstück besser hält und ein Rutschen in Stauchrichtung vermeidet. Allerdings hinterlassen derartige Backen meistens mehr oder weniger kräftige Spuren am Werkstück. Man kann sie daher in der Regel nur bei noch nicht fertig bearbeiteten Werkstücken verwenden.

Die in Abb. 384a gezeigte Zweibackenstromzuführung hat bei großen Querschnitten den Nachteil einer ungleichmäßigen Erwärmung der Schweißstelle. Eine wesentliche Besserung bringt die diagonale Anordnung der Abb. 384b. Die beste und bei großen Maschinen fast durchweg angewendete Ausführung ist die Vierbackenzuführung der Abb. 384c. Sie ist insbesondere beim Schweißen großer Rund- und Vierkantteile notwendig. Alle vier Spannbacken müssen aus Kupfer oder Elektrodenmetall angefertigt werden.

C. Schweißbarkeit der Stähle.

1. Wulststumpfschweißen.

§ 105. Die Wulst- (oder einfacher) Stumpfschweißung ist in erster Linie geeignet für Stähle mit niedrigem Kohlenstoffgehalt und für Querschnitte bis zu 150 mm². Über diese Querschnitte hinaus dürfte heute wohl die Abbrennschweißung überlegen sein. Bei der Wulststumpfschweißung ist es wichtig, daß die Formteile gut vorbereitet sind. Die Stoßflächen müssen gut und genau aufeinander passen, damit in allen Teilen des Schweißquerschnittes gleiche Stromdichte herrscht und damit gleiche Wärmemengen erzeugt werden. Die Verteilung der Wärmemenge über den ganzen Querschnitt muß gleichmäßig sein, daher kann dieses Verfahren mit vollem Erfolg nur bei vollen, z. B. kreisförmigen oder quadratischen Querschnitten angewendet werden. Damit die Bedingung der Erzeugung gleicher Wärmemengen auf dem ganzen Querschnitt erfüllt ist, müssen beim Verschweißen verschiedener Querschnitte die Formteile entsprechend vorbereitet werden. Abb. 385 zeigt einzelne Beispiele. Rundstäbe mit verschiedenem Durchmesser müssen auf gleichen Durchmesser an der Schweißstelle gebracht werden, sei es durch Andrehen (a) oder durch Anstauchen (b). Bei Drehteilen (c) sollte das Maß l nicht zu klein gewählt werden. Werden Flachstähle mit Flachstählen stumpf verschweißt, so müssen Einschnitte entsprechend Abb. d angebracht werden. Die Abb. e deutet die Ausführung beim Verschweißen eines Rohres mit einem gezogenen Flansch an. Auch hier darf das Maß l nicht zu klein gewählt werden. Der zylindrische Ansatz ab Radius muß mindestens so lang sein, wie der Längenverlust beim Schweißen auftritt.

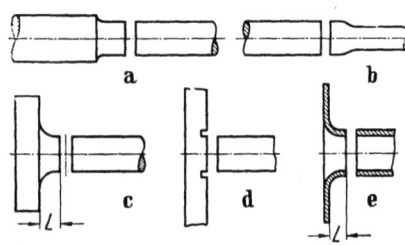

Abb. 385. Zur Vorbereitung der Formteile beim Stumpfschweißen.

Bei der Besprechung der Spannbacken wurde schon angedeutet, daß die Formteile die richtige Einspannlänge l haben müssen. Unter Einspannlänge wird das Stück verstanden, um das das Formteil aus dem stromzuführenden Spannbacken herausragt. Beim Verschweißen tritt bekanntlich durch das Stauchen ein Werkstoffverlust ein, der in den Stauchgrat übergeht. Dieser Verlust ist bei der Vorbereitung der Werkstücke zu berücksichtigen, damit die fertig verschweißten Formteile maßhaltig sind. Für die Einspannlänge kann man folgende grobe Richtlinien geben (s. hierzu Abb. 386):

Zahlentafel 51.

Stoff A_1	Stoff A_2	Abb.	l_1	l_2	l
niedergekohlter Stahl	niedergekohlter Stahl	a	0,7 d	0,7 d	1,4 d
gekohlter Stahl	gekohlter Stahl	a	0,6 d	0,6 d	1,2 d
niedergekohlter Stahl	gekohlter Stahl	a	1,5 d	1,6 d	2,1 d
Kupfer	niedergekohlter Stahl	b	1,8 d	0,7 d	2,5 d

Maßgebend für die Einspannlängen sind die elektrischen und Wärmeleitfähigkeiten. Ungleichheiten bei diesen müssen durch die Einspannlänge ausgeglichen werden. Stoffe mit niedrigen Leitfähigkeiten werden kürzer gespannt und solche mit hohen Leitfähigkeiten länger. Dies gilt z.B., wenn Stähle mit verschiedenem Kohlenstoffgehalt miteinander verschweißt werden sollen. Die höher gekohlten Stähle haben bekanntlich eine schlechtere Leitfähigkeit, sie müssen also auch

§ 105   Schweißbarkeit der Stähle.   273

kürzer gespannt werden. Unterscheiden sich die Leitfähigkeiten sehr stark, so bereitet man die Teile so vor, wie es Abb. 386b zeigt. Die kegelförmige Verjüngung vermeidet zu langes Einspannen und bringt eine starke Wärmeentwicklung durch Vergrößerung des Übergangswiderstandes an der Stoßstelle mit sich. Es ist einleuchtend, daß, wenn man die Einspannlängen größer macht, die Widerstände und damit auch die Erwärmung größer wird, d.h. aber wieder andererseits, daß man bei größeren Einspannlängen weniger Leistung benötigt. Ein Beispiel gibt Abb. 387 wieder für die Verschweißung von 320 mm² Eisen. Es ist die notwendige Leistung und Schweißzeit in Abhängigkeit der Einspannlängen aufgetragen. Bei kleineren Leistungen steigen natürlich die Schweißzeiten an, denn die umgesetzte Arbeit muß ja die gleiche bleiben, bzw. steigt sie sogar infolge der zunehmenden Verluste an. Zur Herabsetzung der Verluste wird man also mit hoher Leistung arbeiten; eine bestimmte Grenze darf jedoch

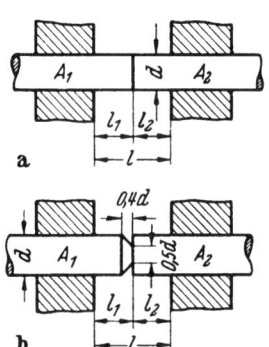

Abb. 386. Zur Erläuterung der Einspannlänge. (Siehe Zahlentafel 51.)

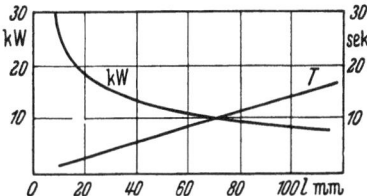

Abb. 387. Zusammenhang zwischen Leistung, Zeit und Einspannlängen bei beispielsweise 320 mm² Eisen.

nicht überschritten werden, da sonst leicht Überhitzungserscheinungen auftreten, die die Güte der Schweißung verschlechtern.

Große Vorsicht ist beim Verschweißen hoch gekohlter Stähle geboten, da die Möglichkeit einer starken Entkohlung der Schweißzone besteht. Auch ist eine zu rasche Erwärmung zu vermeiden. Ein Vorwärmen auf 400° C außerhalb der Maschine kann hier von Nutzen sein. Insbesondere dürfen die Schweißstellen nicht schroff abgekühlt werden. Weiterhin ist zu berücksichtigen, daß höher gekohlte Stähle mit höheren Stauchkräften verschweißt werden müssen, da sie in der Schweißhitze schwerer fließen. In der Zahlentafel 52 sind Richtwerte über die erforderlichen Leistungen für das Wulststumpfschweißen von niedergekohlten Stählen angegeben. Man kann selbstverständlich auch mit anderen Leistungen brauchbare Schweißungen erzielen.

Zahlentafel 52.

⌀ mm	Querschnitt mm²	Leistung kW	Stauchung mm	Schweißzeit sek	Anzahl der Schweißungen pro Stunde
6	27,28	2	1,5	2,5	400
8	50,27	3	1,7	4	375
10	78,54	4	1,8	5,5	350
12	113,1	5	2,0	7,5	250
14	154	7	2,3	8,5	200
16	201,1	8	2,5	10	150
18	254,5	9	2,7	14,5	130
20	314,2	10	3,0	20	95
25	460,9	12	3,3	30	80
30	706,9	18	3,5	38	70
35	962,1	25	4,0	43	65
40	1257	38	4,4	52	60

Für das Stumpfschweißen von niedergekohlten Stahlrohren auf einer 600 KW Maschine gibt MALLORY (80) die Festigkeitseigenschaften der Zahlentafel 53 an. Die Rohre hatten einen Innendurchmesser von 76,2 mm (3″) und einen Außendurchmesser von 119 mm (4″).

Beim Verschweißen ringförmiger Teile ist zu beachten, daß ein Teil des Schweißstromes seinen Weg über den Ring nimmt. Es tritt also ein bestimmter

Zahlentafel 53.

	Ungeschweißt	geschweißt	
		nach dem Schweißen	normalisiert
Fließgrenze in kg/mm²	26,0	27,4	26,7
Festigkeit in kg/mm²	41,5	38,3	38,0
Dehnung in % (auf 2″)	41,0	11,0	25,0
Einschnürung in %	68,0	18,4	41,8

Verlust ein, der berücksichtigt werden muß. Dieser ist um so höher, je kleiner der Durchmesser, je größer der Querschnitt und je besser die Leitfähigkeit des Ringes ist. Einen diesbezüglichen Anhaltspunkt möge das Diagramm der Abb. 388 geben. Hieraus kann man für einen bestimmten Stahlringquerschnitt und Ringdurchmesser einen „Ersatzquerschnitt" ablesen. Diesen kann man bei der Wahl der erforderlichen Maschinengröße für die Ermittlung der Stromaufnahme, Schweißzeit und stündlich erreichbaren Stückzahl zugrunde legen.

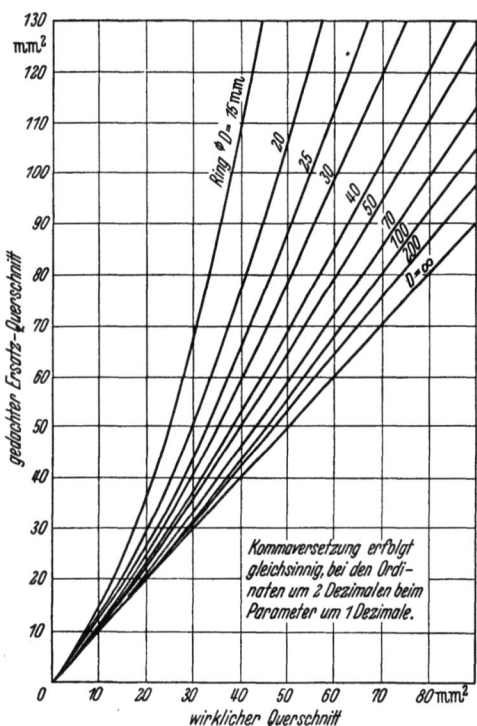

Abb. 388. Zur Bestimmung der „Ersatzquerschnitte" beim Stumpfschweißen von Stahlringen.

2. Abbrennschweißen.

§ 106. Das Abbrennschweißen hat sich einen großen Anwendungsbereich erworben und bei den größeren Querschnitten die Wulststumpfschweißung fast vollkommen verdrängt. Ihr großer Vorteil ist, daß die Stoßstellen keiner besonderen Vorbereitung bedürfen und Querschnitte in fast jeder beliebigen Form verschweißt werden können. Für die Gestaltung der Schweißstelle gilt grundsätzlich das Gleiche, wie es schon bei der Wulststumpfschweißung ausgeführt wurde. Desgleichen gelten annähernd die gleichen Bedingungen für die Einspannlängen mit der Erweiterung, daß die Abbrennschweißung weniger empfindlich ist gegen Ungenauigkeiten.

Den Mittelpunkt des Erwärmungsvorganges bildet das Abbrennen. Derselbe setzt sich aus folgenden Vorgängen zusammen (s. S. 253): Kurzschluß, Bildung einer flüssigen Strombrücke, Explosion der Strombrücke durch Metallverdampfung, Ausblasen des flüssigen Werkstoffes unter Zurücklassung von Mulden auf den Stoßflächen. Zu beachten ist, daß die Energiebelastung der Schweißstelle während des Abbrennens nicht zu hoch sein darf, da sonst auf dem Grund der Mulden Poren zurückbleiben (Abb. 389), die womöglich trotz Aufwendung hoher Stauchkräfte in der Naht noch vorhanden sind. Leistungsumsatz und Schweißzeit wirken sich in erster Linie auf Gefüge und Glühzone aus. Mit zunehmender Leistung und entsprechend abnehmender Schweißzeit geht die Wärmebeanspruchung des Werkstückes zurück, bis sich die Verhältnisse an der Naht umkehren und dann hier rasch ungünstig werden.

Für den Gefügeaufbau im Bereich der Schweißstelle sind Temperaturen, Glühzeiten und Abkühlung maßgebend. Steigt die Glühzeit an, so wird die Grobkornbildung begünstigt und zwar um so mehr, je höher die Temperaturen über der Linie GOSE (s. Eisen-Kohlenstoff-Diagramm Abb. 21) liegen. Haben wir ein sehr kleines Werkstoffvolumen, das an der Erwärmung beteiligt ist, so kann die Abkühlung an der Luft infolge der raschen Wärmeableitung in das Werkstück schon abschreckend wirken. In der Naht selber ist immer ein gußähnliches Gefüge zu erwarten. Allzu grobes Korn wird hier durch die Einwirkung der Stauchkräfte verhindert. Infolge der raschen Abkühlung wird in denjenigen Werkstückteilen, die über 900° lagen, feinlamellarer Perlit auftreten.

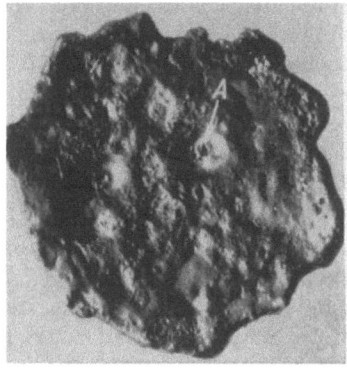

Abb. 389. Stoßfläche nach 15 mm Abbrand bei 30 mm Rundeisen. Bei A Porenbildung infolge zu hoher Schweißleistung. (KILGER.)

Bezüglich der auftretenden Härte kann man bei an der Luft abgekühlten Schweißungen mit einer Steigerung von etwa 20% in der Naht rechnen. Dagegen steigt dieselbe beim Abschrecken in Wasser um etwa 80%.

Untersucht man Abbrennschweißungen bei weichen C-Stählen auf ihre Festigkeit bei wechselnder Beanspruchung, so findet man, daß sie bei polierter Oberfläche die Festigkeit des Ausgangsstoffes übertreffen. Aber auch roh überarbeitete Verbindungen brechen außerhalb der Naht in der Walzhaut.

H. KILGER (71) hat eingehende Versuche über die Einflüsse der Schweißzeiten, Leistungen und Stauchkräfte gemacht und gefunden, daß Schweißzeiten und Leistungen nur insofern einen Einfluß auf die Festigkeit haben, daß bei übersteigerter Leistung die Tragfähigkeit der Naht unsicher wird, ohne daß äußere Anzeichen vorhanden sein müssen.

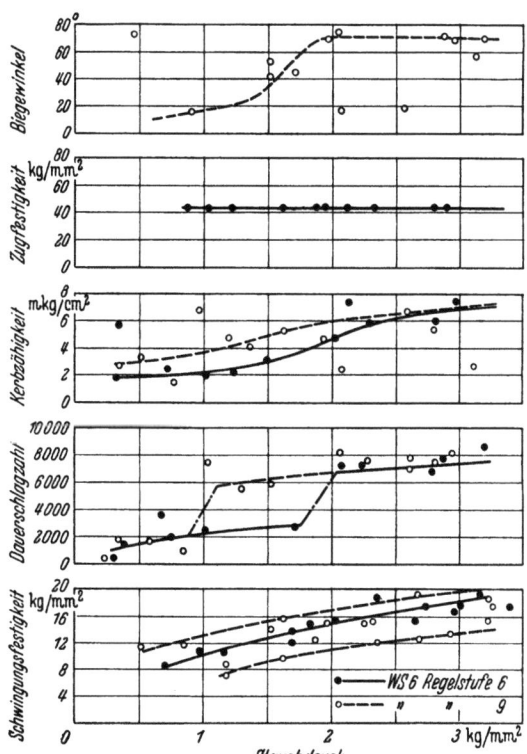

Abb. 390. Einfluß des Stauchdruckes auf die Festigkeit und Zähigkeit abbrenngeschweißter Verbindungen aus weichem Stahl. (KILGER.)

Anders liegen die Verhältnisse bei den Stauchkräften. Die Versuchsergebnisse für die verschiedenen Festigkeiten gibt Abb. 390 wieder. Die allgemeinen

Erfahrungen bei der Prüfung von Stumpfschweißungen zeigen, daß der Zerreißversuch hierfür sehr wenig geeignet ist. Auch in diesem Fall zeigt sich wieder, daß bei dieser Prüfart im Gegensatz zu den anderen kein Einfluß der Höhe des Stauchdruckes ab eines notwendigen Kleinstwertes festzustellen ist. Beim Biegewinkel ist eine ziemlich starke Streuung festzustellen. Immerhin läßt sich aber doch eine gewisse Gesetzmäßigkeit zwischen dem Stauchdruck und dem Biegewinkel als ein Maß für die Zähigkeit finden. Es ist ein rascher Anstieg bis zu 70° bei 2 kg/mm² vorhanden. Der Biegewinkel liegt hier verhältnismäßig niedrig, da gekerbte Probestähle verwendet wurden. Bei höheren Stauchdrücken ändert sich der Biegewinkel nicht mehr.

Die Kerbzähigkeit steht in keiner klaren Beziehung zu den anderen Festigkeiten. Sie kann aber als Maßstab für die Gefügebeschaffenheit gelten. Bei den Proben war ein ungünstiges Verhältnis von Prüfquerschnitt zu Schweißquerschnitt (50/700) vorhanden, dadurch wirkten sich kleine Bindungsfehler unverhältnismäßig stark auf das Ergebnis aus. Es ist daher auch eine starke Streuung festzustellen. Immerhin ist ein Zunehmen der Kerbzähigkeit mit steigendem Stauchdruck vorhanden. Jedoch ist bei 3 kg/mm² der Wert des Ausgangswerkstoffes mit 11 mkg/cm² noch lange nicht erreicht. Eine wesentliche Besserung der Kerbzähigkeit bei höheren Drücken dürfte nicht zu erwarten sein. Die Ermittlung der Dauerschlagfestigkeit wurde auf einem KRUPPschen Dauerschlagwerk vorgenommen. Die Streuung ist hier sehr gering und es ist ein deutlicher Sprung festzustellen. Die mit geringen Stauchdrücken hergestellten Verbindungen ergaben Proben mit teilweise sichtbaren Fehlern. Die

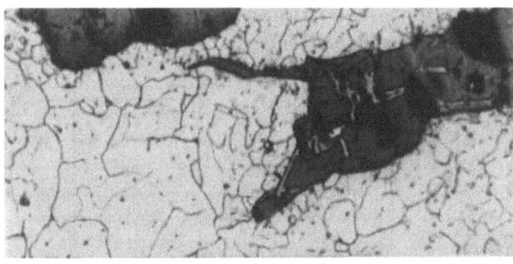

Abb. 391. Schlackeneinschlüsse in einer Naht infolge ungenügenden Stauchens. (V = 100×.) (KILGER.)

Bewertung nach ihrem äußeren Befund geht mit den Werten der gefundenen Schlagzahlen parallel. Der Steilabfall dürfte eine Folge von Verunreinigungen der Naht sein.

Die Schwingungsfestigkeit zeigt ein deutliches Ansteigen mit zunehmendem Stauchdruck. Auch hier sind wieder wie bei allen vorhergehenden Kurven die Werte von zwei Maschinenstufen eingetragen. Die auf den beiden Stufen erzielten Festigkeiten zeigen keine allzu großen Unterschiede. Auf der Maschinenstufe 9 erreicht die obere Grenze die Festigkeit des Ausgangswerkstoffes bei einem Stauchdruck von etwa 3 kg/mm², also etwas früher als auf der Stufe 6.

Die Versuchsreihen zeigen deutlich, daß eine mangelhafte Nahtfestigkeit auf ungenügendes Stauchen zurückzuführen ist. Denn dieses bringt, genügender Wärmeumsatz vorausgesetzt, eine unzureichende Abstoßung der Oxydationsprodukte mit sich. Den Ausschnitt aus einer Naht, die Schlackeneinschlüsse infolge ungenügenden Stauchens enthält, gibt Abb. 391 wieder.

Andererseits ist es natürlich auch notwendig, daß der Abbrennvorgang so geführt wird, daß ein Luftzutritt zu den Stoßstellen, d. h. also eine O_2- und N_2-Aufnahme verhindert wird. Dies wird durch den entstehenden Metalldampfdruck erreicht. Dieser Druck wird mit steigendem Schmelzvorgang, d. h. also mit steigendem Vorschub zunehmen, bzw. umgekehrt mit abnehmender Vorschubgeschwindigkeit abnehmen. Insbesondere hört er bei der Stromabschaltung ganz auf (Messungen über die Höhe des Druckes wurden von N. J. KOGANOWSKY (74)

§ 106　　　　　　　　Schweißbarkeit der Stähle.　　　　　　　　277

durchgeführt). Dies besagt also, daß der Strom nicht eher abgeschaltet werden darf, bis der Stauchvorgang eingeleitet ist.

Beim Abbrennen und Stauchen tritt ein Stoffverlust auf. Man ist selbstverständlich bestrebt, diesen möglichst klein zu halten. Beim Abbrennen mit Vorwärmen kann die Längenzugabe etwas kleiner gehalten werden als beim Abbrennen aus dem kalten Zustand. Der Verlust durch Abbrennen ist etwa 70% des Gesamtverlustes. Über den Gesamtverlust bei Stahl gibt eine Zusammenstellung die Fluchtlinien-

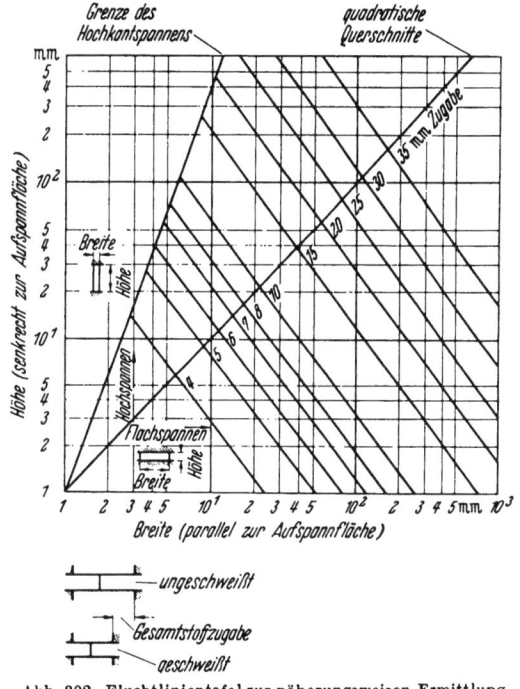

Abb. 392. Fluchtlinientafel zur näherungsweisen Ermittlung des Längenverlustes beim Abbrennschweißen.

Zahlentafel 54.

Querschnitt mm²	Leistung kVA
1 000	25
2 500	65
4 000	100
6 500	150
8 000	200
10 000	320
16 000	500
25 000	800

darstellung der Abb. 392 wieder. Diese Angaben können auf Grund der ganzen Vorgänge nur angenähert sein. Kreisquerschnitte können flächenmäßig gleich Vierkantquerschnitten gesetzt werden. Für die erforderliche Leistung möge die Zahlentafel 54 einige Anhaltswerte geben. Sie sollen auch nur als Richtwerte

Zahlentafel 55.

Querschnitt mm²	Schweißungen pro Std.	Transf. Leistung kVA	Notwendige Leistung kVA	Energie pro 1000 Schweißungen kWh	Stauchkraft kg	Stauchdruck kg/mm²
1,6 × 19	100	5	5	0,75	68	2,24
1,6 × 38	200	15	10	1,0	163	2,68
1,6 × 100	200	60	18	3	544	3,4
1,6 × 305	200	100	60	20	1700	3,5
1,6 × 510	150	150	150	55	2 720	3,38
1,6 × 920	100	350	220	120	7 260	5,02
1,6 × 3000	70	1050	850	300	24 100	2,81
3,2 × 76,8	200	30	30	2,4	680	3,52
3,2 × 200	175	100	75	45	2 270	3,09
6,4 × 100	200	100	75	45	2 270	3,16
13 × 100	150	150	150	70	4 080	3,16

dienen, denn wie wir schon gesehen haben, kann man innerhalb gewisser Grenzen mit verschiedenen Leistungen gleichwertige Schweißungen erzielen.

Bei runden und quadratischen Querschnitten kann man im Mittel mit 2,5 kg je mm² Stauchdruck rechnen.

Eine amerikanische Firma (MALLORY) gibt für die Flachstäbe die in Zahlentafel 55 wiedergegebenen Werte an. Andere amerikanische Angaben (66) gibt Zahlentafel 56 u. 57 wieder.

Zahlentafel 56. *Abbrenn-Stumpfschweißen von Stahl-Vollquerschnitten, ohne Vorwärmen.*

Querschnitt mm²	Durchmesser des gleichwertigen Kreisquerschnittes mm	Längenzugabe je Stück in mm			Abbrennzeit sek	Stauchkraft t
		Gesamt	Abbrennen	Stauchen		
6,45	2,88	1,02	0,76	0,25	0,2	0,04
64,5	9,1	2,8	2,29	0,51	2	0,41
194	15,7	4,82	3,8	1,02	6	1,22
323	20,3	6,07	4,8	1,27	10	2,04
645	28,8	8,68	6,9	1,78	20	4,08
1290	40,7	12,24	9,7	2,54	40	8,16
1940	49,6	13,8	11	2,8	60	12,22

Die Leistung kann man auch grob aus derjenigen der Wulststumpfschweißung ermitteln, indem man etwa 60% von dieser annimmt.

Eingehende Versuche hat das Staatliche Materialprüfungsamt in Berlin-Dahlem über die Festigkeitseigenschaften von abbrenngeschweißten, hochwertigen Betonstählen durchgeführt (93). Es seien hier kurz die wesentlichen Ergebnisse wiedergegeben. Versuche wurden mit den in Zahlentafel 58 aufgeführten Stählen gemacht.

Die Versuche wurden auf vollautomatischen Maschinen von Siemens (Type WS 61 und WS 8/25) durchgeführt. Verschweißt wurden die Proben mit einem Stauchdruck von 2; 3,5 und 5 kg/mm². Die Probestäbe hatten einen Durchmesser von 40 und 45 mm. Der Zugversuch ergab bei *nicht* bearbeiteter Schweißstelle die Ergebnisse der Zahlenafel 59.

Zahlentafel 57. *Abbrenn-Stumpfschweißen von Stahlrohren und breiten Blechen ohne Vorwärmen.*

Blechdicke bzw. Rohrwanddicke mm	Längenzugabe je Stück in mm			Abbrennzeit sek
	Gesamt	Abbrennen	Stauchen	
0,56	1,4	1,02	0,38	2
0,91	2,68	1,91	0,77	4
1,22	3,45	2,47	0,97	5
1,63	4,34	3,06	1,27	6
2,03	5,35	3,83	1,53	8
3,25	7,7	5,6	2,04	13
6,35	12,2	8,7	3,57	25
12,7	17,1	12,2	4,84	50
25,4	21,8	15,3	6,02	100

Beim Faltversuch wurden die Proben unter verschärften Bedingungen geprüft und zwar wurden sie um einen Dorn mit zweifacher Probendicke (Vorschrift verlangt vierfache) gebogen und der Winkel festgestellt, bei dem der erste Anriß erfolgt. Die Schweißstelle wurde an den Proben abgearbeitet. Der größte Teil der Proben zeigte selbst bei einem Biegewinkel von 180° keinen Anriß. Bei den Versuchsreihen wurde auch die Vickershärte VH 10 in der Nähe der Schweißnaht gemessen. Der Härteverlauf, sowie die angenäherte

Zahlentafel 58.

Stahl Nr.	Analyse in %						
	C	Si	Mn	P	S	Co	Cr
2	0,20	0,50	0,8/1,4	0,01	0,06	—	—
6	0,23/0,28	0,50/0,60	0,6/0,8	0,04	0,04	—	—
12*	0,06/0,10	bis 0,35	0,6/1,0	0,12/0,15	—	—	0,4/0,6
16	0,16/0,20	0,40/0,60	0,8/1,0	—	—	0,4/0,6	0,2/0,4

* Thomasstahl.

Lage der Meßstellen ist in Abb. 393 eingezeichnet. Die Bilder ergeben bei allen untersuchten Stählen auch bei den Härtespitzen keine hohen Werte, wobei der chrom-kupferlegierte Stahl eine etwas größere Aufhärtung zeigte. Ein deutlicher Einfluß der Glühzone läßt sich aus den Schaubildern nicht herleiten.

Der Stahl Nr. 2 mit 0,2 C wurde eingehender auf seine Dauerfestigkeit untersucht. Die Versuche wurden auf einem LOSENHAUSEN-Pulsator für schwellende Zugbeanspruchung mit einer Unterspannung von

Zahlentafel 59.

Stahl Nr.	Streckgrenze kg/mm²	Bruchfestigkeit kg/mm²	Bemerkungen
2	32,8	52,9	Die Glühzonen unmittelbar nach der Stauchung gemessen betrugen 20 bis 50 mm.
6	35,6	54,6	
12	35,6	53,4	
16	33,3	51,8	

10 kg/mm² durchgeführt. Das Ergebnis gibt Abb. 394 wieder. Es handelt sich um Proben, die auf 30 mm ⌀ sauber bearbeitet und von Hand poliert wurden und um diejenigen Proben, die mit 3,5 kg/mm² Stauchdruck verschweißt wurden. Die üblichen Werte der Usprungsfestigkeit für Flachstäbe mit Walzhaut aus Baustahl St 52 für ungeschweißten Werkstoff liegen bei $\sigma_{u\,2 \cdot 10^6} = 30$ kg/mm². Diesen Wert haben die vorliegenden Versuche sicher erreicht. Die Ursprungsfestigkeit von lichtbogengeschweißten Flachstäben aus St 52 wurde vom StMPA zu 28 kg/mm² ermittelt. Die deutsche Bundesbahn verlangt für Brückenschweißdraht bei St 52 eine solche von 18 kg/mm². Vergleicht man diese Werte mit den oben erzielten,

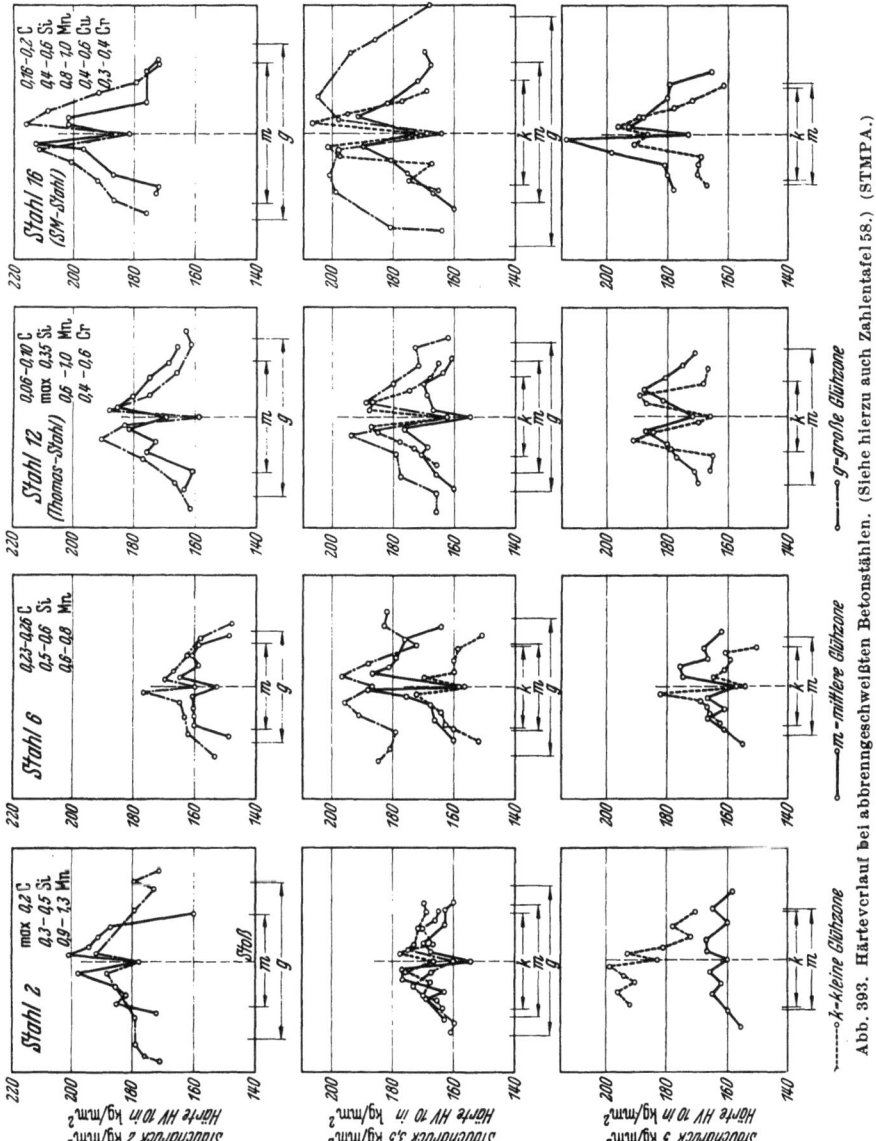

Abb. 393. Härteverlauf bei abbrenngeschweißten Betonstählen. (Siehe hierzu auch Zahlentafel 58.) (STMPA.)

so sieht man, daß die Dauerfestigkeit der geprüften Proben sehr hoch ist. Zu dem Gefügeaufbau ist zu bemerken, daß die Schweißstelle ein Gußgefüge mit WIDMANNSTÄTTENscher Struktur zeigt. In der Härtezone ist das Gefüge feinkörnig; die Zeilenstruktur ist durch die Temperatureinwirkung bei der Schweißung fast aufgehoben.

Zum Abbrennschweißen von Blechen ist noch zu bemerken: Infolge der geringen Steifigkeit, insbesondere dünner Bleche, wird die Einspannlänge beider

Bleche nur wenig größer gewählt als der Gesamtabbrand. Ferner muß zur Aufrechterhaltung der Steifigkeit der Einspannlängen die Abbrenngeschwindigkeit wenig kleiner sein als die Fortpflanzungsgeschwindigkeit der Wärme im

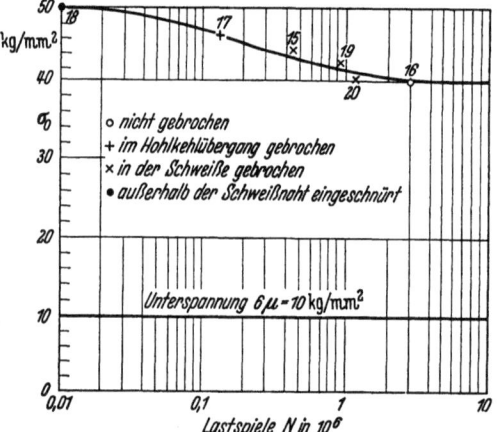

Abb. 394. Dauerfestigkeit des Stahles Nr. 2 der Versuchsreihe der Abb. 393.

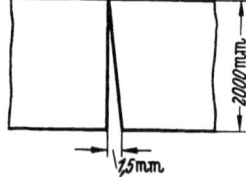

Abb. 395. Nahtvorbereitung dünner Bleche zum Abbrennschweißen.

Werkstück, sonst mißlingt die Schweißung. Wie schon bei der Gestaltung der Elektroden gesagt wurde, sind zum Einspannen der Bleche hohe Spannkräfte nötig, denn sie dürfen beim Stauchen auf keinen Fall ausweichen. Zweckmäßig ist es, die Bleche so vorzubereiten, daß der nach dem Einspannen vor dem Schweißen zwischen ihnen befindliche Spalt keilförmig ist in der Art der Abb. 395. Diese Vor-

Abb. 396. Beiderseitige Ansicht der Schweißnaht dünner Bleche. Obere Ansicht ist diejenige Seite der Bleche, die während dem Schweißen nach unten gerichtet war.

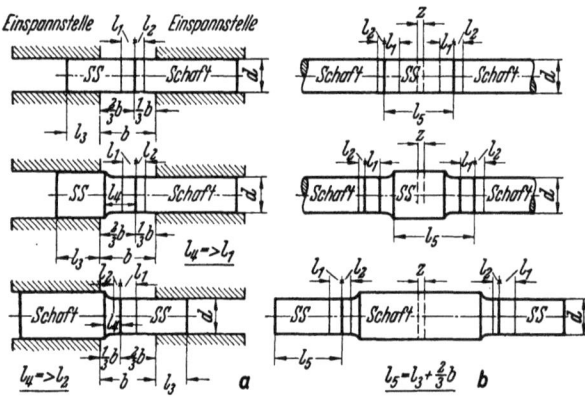

Abb. 397. Angaben über das Verhältnis der Einspannlängen beim Abbrennschweißen von Schnellstahlwerkzeugen mit dem Schaft bei verschiedenen Querschnitten.

a für einzelne Werkzeuge, b für zwei Werkzeuge bei kurzen Schnellstahlstücken. l_1 und l_2 schematische Andeutung des Längenverlustes durch Abbrennen und Stauchen.

sichtsmaßnahme verhindert, daß sich die Bleche am Anfang auf eine zu große Länge gleichzeitig berühren und dadurch die Stromdichte zu gering wäre. Die Ansicht einer Naht von abbrenngeschweißten Blechen mit 0,85 mm Dicke gibt Abb. 396 wieder. Man erkennt, daß neben der Naht praktisch keine Erwärmungszone vorhanden ist. Bleche werden aus dem kalten Zustand heraus abgebrannt.

Im Werkzeugbau hat das Abbrennschweißen eine große Bedeutung gewonnen. Alle Werkzeuge wie Drehstähle, Bohrer, Fräser, Reibahlen und ähnliche werden zur Einsparung von Schnellstahl bzw. hochwertigen Werkstoffen nicht mehr aus einem Stück angefertigt, sondern aus ihm werden nur noch die schneidenden Teile hergestellt und der Schaft wird aus SM-Stahl stumpf angeschweißt. Bei diesem Verschweißen von legierten und unlegierten Stählen ist zu beachten, daß die ersteren eine bedeutend schlechtere Wärme- und elektrische Leitfähigkeit haben. Wir müssen daher entsprechend dem schon früher Gesagten die Einspannlänge des legierten Stahles kürzer wählen als diejenige des unlegierten. Die Einspannlängen verhalten sich etwa wie 1:2. In Abb. 397a sind Angaben über Einspannlängen bei verschiedenen Querschnitten gemacht. Es gibt Fälle, bei denen das Schnellstahlstück zum Spannen zu kurz ist. Hier ist es günstig, wenn man es in der Länge für zwei Werkzeuge vorsieht und zwei Schäfte anschweißt, wie es Abb. 397b angibt. Es ist in diesem Fall natürlich eine Stoffzugabe z für den Trennschnitt vorgesehen.

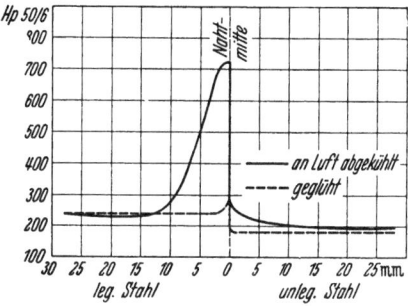

Abb. 398. Härteverlauf bei Abbrennschweißungen von legiertem mit unlegiertem Stahl. (Vickers-Härte.)

Schnellstähle bzw. legierte Stähle müssen zum Abbrennen unbedingt vorgewärmt werden, um einen möglichst sanften Vorgang zu erzielen. Bezüglich des

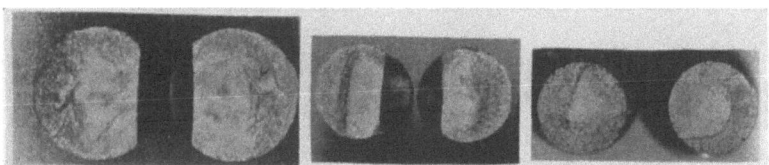

Abb. 399. Bruchproben von Abbrennschweißungen legierter mit unlegierten Stählen. Bruchflächen in der Schweißzone. Oben: Nichtgeglüht, unten: geglüht.

Vorbereitens der Teile gilt das Gleiche, wie es schon oben gesagt wurde. Beide Teile, Schaft wie schneidender Teil, werden im vorbearbeiteten Zustand miteinander verschweißt und nicht im fertigbearbeiteten, da es nie gelingen wird, die Teile in der Maschine so genau fluchtend zu verschweißen, wie es von spanabhebenden Werkzeugen verlangt wird. Außerdem ist es aus stofflichen Gründen notwendig, daß alle legierten Stähle nach dem Schweißen einer Warmbehandlung unterzogen werden, da sie ja alle dazu neigen, bei Abkühlung an der Luft mehr oder weniger aufzuhärten und Risse bilden. Man wird daher meistens, um ein zu rasches Abkühlen nach dem Schweißen zu vermeiden, die Teile sofort in irgend ein Wärmeisoliermittel (Kohlegrieß, Asche usw.) stecken und hier langsam abkühlen lassen. Den Härteverlauf in der Nähe der Schweißnaht zeigt Abb. 398. Es sind dies Mittelwerte von etwa 20 Probestäben. Desgleichen zeigt Abb. 399 die Bruchfläche von Zug- und Biegeproben (gekerbt) und zwar von geglühten und nicht geglühten Stäben.

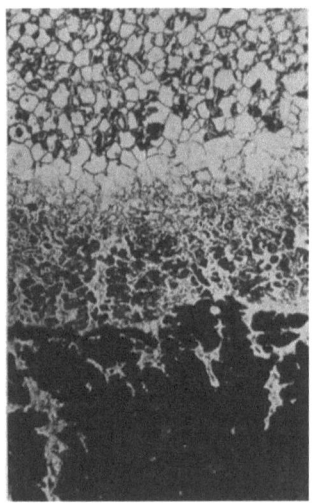 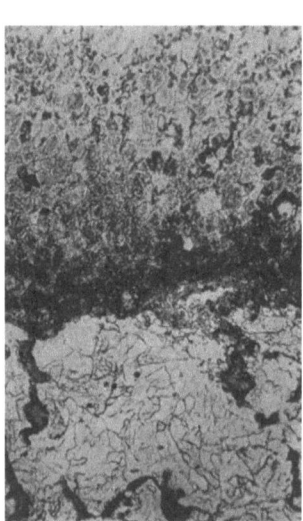

Abb. 400. Schliffe durch eine Abbrennschweißung von Schnellstahl mit Stahl. Links: ungeglüht, rechts; bei 800° geglüht. Oberes Gefüge: Schnellstahl, Mitte: Schweißnaht, unteres Gefüge: unlegierter Stahl. (V = 240×.)

Bei diesen Erwärmungsvorgängen treten ungünstige Gefügeumwandlungen ein, die durch eine nochmalige Warmbehandlung (meistens bei 800—850°) wieder rückgängig gemacht werden müssen. Am besten ist es, wenn neben der Schweißmaschine ein geeigneter Glühofen aufgestellt werden kann, so daß die geschweißten Teile mit der Schweißwärme gleich auf Glühtemperatur gebracht werden können und dann im Ofen langsam erkalten. Den Schnitt durch eine Schweißstelle von legiertem mit unlegiertem Stahl zeigt Abb. 400 und zwar einmal im ungeglühten und das andere Mal im geglühten Zustand.

F. Anwendungsbeispiele. § 107

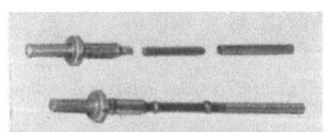 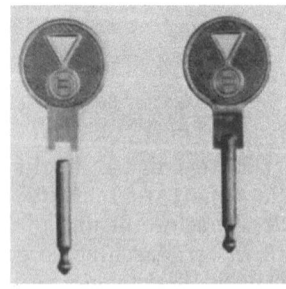

Abb. 401. Mittelelektrode einer Zündkerze. Wulststumpfschweißung von Stahl-Stahl-Nickel. Schweißquerschnitt 5,7 mm².

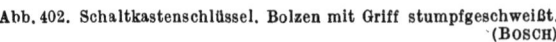

Abb. 402. Schaltkastenschlüssel. Bolzen mit Griff stumpfgeschweißt. (BOSCH)

§ 107　　　　　　　　　　Anwendungsbeispiele.　　　　　　　　　　283

Abb. 403. Zündkerze mit auf Gehäuse stumpfaufgeschweißter Masseelektrode. (BOSCH)

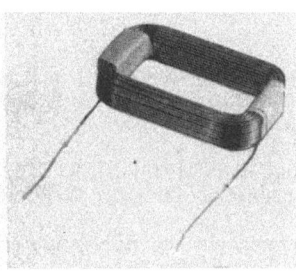

Abb. 404. Aluminium-Erregerspule mit stumpfangeschweißten Kupferdrähten als Lötanschluß.

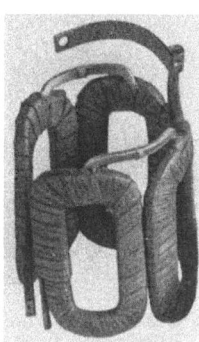

Abb. 405. Erreger-Spulensatz eines Anlassers. Spulenverbindung durch Stumpfschweißen hergestellt. Stoff: Reinaluminium (10 mm²).

Abb. 406. Stahlring aus Blechstreifen zusammengebogen und stumpfgeschweißt. Abbrennschweißung. 1180 mm². Innendurchmesser des Ringes 190 mm.

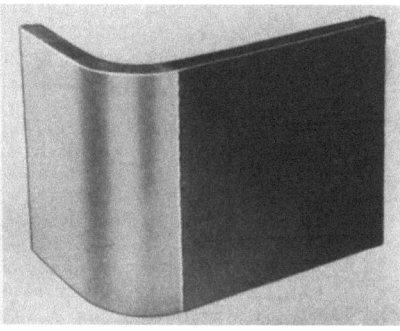

Abb. 407. Kupfer-Aluminium-Stumpfschweißung größeren Querschnittes nach dem Abbrennverfahren.

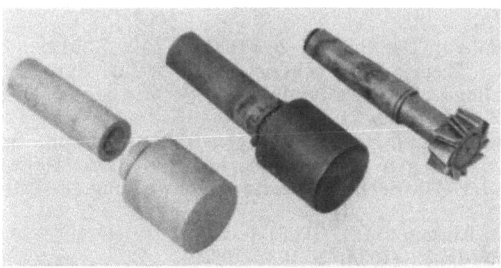

Abb. 408. Fräserwerkzeug. Vorderer schneidender Teil aus Schnellstahl an Befestigungskonus aus Baustahl stumpfangeschweißt. Abbrennschweißung. 616 mm².

Literaturverzeichnis.

1. Aluminium-Taschenbuch: Aluminium-Zentrale G.m.b.H. 9. Aufl., S. 8. Berlin 1942.
2. ANSTRUTHER, J. H.: Sheet Metal Ind. 13 (1939) S. 267—270.
3. AUER: Z. Metallkde. 28 (1936) S. 164—165.
4. — Z Metallkde. 30 (1938) S. 48.
5. BARRETT, J. C.: The Welding J. 28 (1949) Nr. 9, S. 821—831.
6. BEGEMAN, M.H., M.H.HIPPLE u. L.CULLUM: Weld. Res. Counc. 14 (1949) S. 385 bis 395.
7. BERTHOLD: Grundlagen der technischen Röntgendurchstrahlung. Leipzig: Barth.
8. BLUMRICH: Luftwissen 7 (1940) S. 96.
9. BOHNER, H.: Z. Metallkde. 20 (1928) S. 8—13.
10. — u. R. VOGEL: Z. Metallkde. 24 (1932) S. 169—175.
11. BOICE, W. K.: The Welding J. 28 (1949) Nr. 10, S. 946—956.
12. BOLLENRATH, F. u. W. BUNGART: Luftf.-Forschg. 13 (1936) S. 125.
13. — — Z. Metallkde. 31 (1939) S. 115—120.
14. — u. V. HAUK: Z. Metallkde. 34 (1942) S. 187.
15. BORCHERS, H. u. H. J. MIKULLA: Aluminium-Arch. 17 (1938).
16. BORSTEL, W.: Z. VDI Bd. 82 (1938) S. 704.
17. — Junkers-Nachr. 9 (1938) H. 7, S. 177—183.
18. BRAGG: The cristalline state. London 1933.
19. BROWN, G.H., C.N.HOYLER u. R.A.BIERWIRTH: Radio-Frequency Heating, D. van Nostrand Company, Inc. New York 1947.
20. BRUNST, W.: Feinmech. u. Präz. 42 (1944) H. 1—6, S. 31.
21. — Elektroschweißg. 11 (1940) H. 1, S. 9.
22. — Werkst.-Techn. u. Werksleiter 35 (1941) H. 2, S. 23.
23. BUNGARDT, W. u. F. BOLLENRATH: Z. Metallkde. 30 (1938) S. 28—29.
24. — u. E. OSSWALD: Z. Metallkde. 31 (1939) S. 46—47 u. 121.
25. — Z. Metallkde. 30 (1938) S. 202—205.
26. CHUTE, G. M.: Elektronics in industry. McGraw-Hill. New York 1946.
27. CIGANEK, L.: Elektroschweißg. 14 (1943) H. 5, S. 57.
28. COOPER, J. H.: The Welding J. 28 (1949) Nr. 8, S. 741—748.
29. DAVEY, P.: The physical review 25 (1925) Nr. 6, S. 753.
30. DESCH: Lehrbuch Metallkde., 4. Aufl. London-New-York-Toronto 1937.
31. DEHLINGER: Chemische Physik der Metalle und Legierungen. Leipzig 1939.
32. DIESSELHORST, H.: Ann. Phys. 1 (1900) S. 312.
33. DREYER, K. L. u. N. HANSEN: Z. Metallkde. 33 (1941) S. 193—204.
34. DUBBEL, H.: Taschenbuch Maschinenbau. 9. Aufl. Berlin: Springer 1943.
35. FAHRENBACH, W.: Widerstandsschweißen (Werkstattbücher, Heft 72). Berlin: Springer 1949.
36. — Z. Maschinenbau. Der Betrieb 20 (1941) H. 12, S. 517.
37. FRAENCKEL, A.: Theorie der Wechselströme. Berlin: Springer 1930.
38. FUSS, V.: Metallographie des Aluminiums. Berlin: Springer 1934.
39. GELLER, W.: Z. Metallkde. 31 (1939) S. 9—11.
40. GLOCKER: Materialprüfungen mit Röntgenstrahlen. Berlin: Springer 1927.
41. GOERRENS: Einführung in die Metallographie, 6. Aufl. Halle: Knapp 1936.
42. GÖNNER, O.: Die elektrische Widerstandsschweißung, 3. Aufl. München: Hanser 1949.
43. GOLDMANN, F.: Aluminium 1 (1929) S. 265.
44. GRAF: Z. Metallkde. 30 (1938) S. 103—108.
45. GÜERTLER: Metallographie, Lehr- u. Handbuch. Berlin: Gebr. Bornträger 1913.
46. HAAS, M.: Aluminium 23 (1941) S. 569.
47. HAASE, C.: Z. VDI 84 (1940) S. 90.
48. — Z. Metallkde. 28 (1936) S. 289.
49. HAASE, R., R. HEIERBERG u. W. WALKENHORST: Aluminium 22 (1940) S. 631—635.

50. HARTMANN, E. C. u. G. W. STICKLEY: The Welding J. 26 (1947) Nr. 4, S. 233s bis 252s.
51. HENGSTENBERG u. WASSERMANN: Z. Metallkde. 23 (1931) S. 114—117.
52. HESS, W. F., T. B. CAMERON u. D. J. ASHCRAFT: The Welding J. 26 (1947) Nr. 3, S. 170s—190s.
53. — u. W. J. CHILDS: Weld. Res. Counc. 12 (1947) S. 712—723.
54. — — R. F. UNDERHILL: Weld. Res. Counc. 14 (1949) S. 15—23.
55. — u. R. A. WYANT: The Welding J. 18 (1939) Nr. 10, S. 348.
56. — — u. B. L. AVERBACH: The Welding J. 24 (1945) Nr. 12.
57. HOCH, F.: Siemens-Z. 25 (1951) Nr. 2, S. 80—88.
58. HOFMANN, R.: Schweißen u. Schneiden 2 (1950) S. 412—418.
59. HOFMANN, W.: Z. VDI 93 (1951) Nr. 8, S. 190.
60. HOGLUND, G. O. u. G. S. BERNARD: The Welding J. 17 (1938) Nr. 11, S. 45 und Weld. Ind. 7 (1939) Nr. 3, S. 108.
61. HOLM, R.: Die technische Physik der elektrischen Kontakte. Berlin: Springer 1941.
62. — u. R. STÖRMER: Wiss. Veröff. Siemens-Werke, Bd. 9/2 (1930) S. 323.
63. — u. F. GÜLDENPFENNIG, E. HOLM u. R. STÖRMER: Wiss. Veröff. Siemens Werke Bd. 10 (1931) S. 53.
64. HOUDREMONT, E.: Einführung in die Sonderstahlkunde. Berlin: Springer 1935.
65. HIPPERSON, A. J.: Trans. Inst.Weld. 11 (1948) Nr. 4, Weld. Rrs. Ass., S. 69—80.
66. — u. T. WATSON: Welding 16 (1948) Nr. 10, S. 436—444.
67. JOHANSSON, C. H. u. I. O. LINDE: Ann. Phys. 78 (1925) S. 439.
68. JOHNSON, J. W.: The Welding J. 28 (1949) Nr. 10, S. 471s—476s.
69. KELLEY, F. C.: The Welding J. 30 (1951) Nr. 8, S. 728—736.
70. KILGER, H.: Elektroschweißg. 8 (1937) H. 1, S. 4—8.
71. — Fertigungstechnik und Güte abbrenngeschweißter Verbindungen. Braunschweig: F. Vieweg 1936.
72. KISLJUK, F. I.: Autogen. Delo 8 (1937) H. 9, S. 4—11.
73. KLEIN, E. H.: Hütte, Bd. II, S. 884—906, 27. Aufl. Berlin: W. Ernst & Sohn 1944.
74. KOGANOVSKY, N. J.: Autogen. Delo 10 (1939) H. 10/11, S. 17.
75. KOHLRAUSCH, F.: Ann. Phys. 1 (1900) S. 132.
76. KOUWENHOVEN, W. B. u. J. TAMPICO: Welding Research Supplement 1940, oct. S. 408.
77. KRÄMER, W.: ETZ 71 (1950) S. 185—188.
78. MÄDER, H. u. O. HAGEDORN: Elektroschweißg. 14 (1943) S. 1—7.
79. MAHL, H. u. F. PAVLEK: Z. Metallkde. 34 (1942) S. 232—235.
80. MALLORY & Co., P. R.: Ingineering data. Resistance Welding theory and practice. Indianapolis USA.
81. MASING: Handbuch d. Metallphysik. Leipzig: Akadem. Verlagsges. 1935.
82. McMASTER, C. R. u. H. J. GROWER: The Welding J. 26 (1947) Nr. 3, S. 223—232.
83. MELLER, K.: Taschenbuch für die Lichtbogenschweißung, 5. Aufl. Leipzig 1945.
84. MIERDEL: Wiss. Veröff. Siemens-Werke 15 (1936) S. 35.
85. MITSCHE, MIESSNER: Angewandte Metallographie. Leipzig: Barth 1939.
86. MÜLLER-HILLEBRAND, D.: Wiss. Veröff. Siemens-Werke, Bd. 20/21, S. 85.
87. NEUMANN, J. A.: Elektrische Widerstandsschweißung und Erwärmung. Berlin: Springer 1927.
88. NIPPES, E. F. u. R. F. UNDERHILL: The Welding J. 28 (1949) Nr. 10, S. 507s—520s.
89. OSSWALD, E.: Luftfahrtforschg. 14 (1937) S. 219.
90. PHILIPS: Resistance Welding Handbook. London 1949.
91. REICHEL, K.: Jahrbuch 1938 der Luftfahrtforschung I, S. 538—548.
92. RENNER, O., L. WOLFF: Schweißen und Schneiden 2 (1950) S. 283—293.
93. RICHTER, G. u. H. LUDWIG: Deutscher Ausschuß für Stahlbeton, H. 97, S. 9—26. Berlin: W. Ernst & Sohn 1941.
94. RIETSCH, E.: Masch.-Bau 16 (1937) H. 17/18, S. 453.
95. — Elektroschweißg. 10 (1939) H. 7, S. 128.
96. — Elektroschweißg. 13 (1942) H. 5, S. 68.
97. RÖHRIG, H.: Aluminium 23 (1941) S. 371.
98. — u. E. KÄPERNICK: Z. Metallkde. 28 (1936) S. 281 u. 385—387.
99. ROSENBERG, F.: Aluminium 19 (1937) S. 93.
100. — Schweißen u. Schneiden 3 (1951)H. 4, S. 115—116.
101. — Werkstatt u. Betrieb 80 (1947) H. 12, S. 293—296.
102. — AEG-Druckschrift J 1/1354. März 1939.
103. RÜETSCHI, K.: BBC—Mitteilungen 37 (1950) Nr. 8—9, S. 295—299.
104. RUPPIN, K.: ETZ 72 (1951) H. 10, S. 302—303.
105. SALELLES, R.: Rev. Soudure autogone 27 (1935) Nr. 260, S. 2.

106. SCHRAIVOGEL, K.: Aluminium 18 (1936) S. 177—183.
107. SCHNARZ, R.: Elektroschweißg. 13 (1942).
108. SCHWARTZ, M. u. F. v. GOLDMANN: Z. Metallkde. 25 (1933) S. 142—143 u. 194—196.
109. SCHIMPKE, K. u. H. A. HORN: Praktisches Handbuch der gesamten Schweißtechnik, Bd. 1, 4. Aufl. (1948), Bd. 2, 5. Aufl. (1950). Berlin: Springer.
110. SIEBEL, E.: Handbuch der Werkstoffprüfung II. Berlin: Springer 1939.
111. SLEPIAN-LUDWIG: Trans. Amer. Inst. Electr. Engr. 52 (1933) S. 693.
112. STUDER, F. J.: The Welding J. 18 (1939) H. 10, S. 374.
113. SUDASCH, E.: Schweißtechnik. München: Hanser 1950.
114. TAMMANN: Lehrbuch der Metallographie, 2. Aufl. Leipzig: Voss 1932.
115. THOMÄLEN, A.: Kurzes Lehrbuch der Elektrotechnik. Berlin: Springer 1929.
116. THUM, A. u. A. ERKER: Schweißen im Maschinenbau, Festigkeit und Berechnung von Schweißverbindungen. VDI-Fachausschuß für Schweißtechnik. Berlin: VDI-Verlag G.m.b.H. 1943.
117. VAN DUZEE u. THOMAS: Techn. Zbl. prakt. Metallbearb. 50 (1940) S. 350.
118. Verein Deutscher Eisenhüttenleute: Werkstoff-Handbuch Stahl u. Eisen. Düsseldorf: Stahleisen m. b. H. 1940.
119. WASSERMANN, G. u. J. WEERTS: Metallwirtsch. 14 (1935) S. 605.
120. WELTER, G.: The Welding J. 28 (1949) H. 9, S. 414s—438s.
121. WILBERT, H.: Elektroschweißg. 8 (1937) H. 10, S. 190.
122. ZEYEN, K. L. u. W. LOHMANN: Schweißen der Eisenwerkstoffe, 2. Aufl. Düsseldorf: Stahleisen m. b. H. 1948.
123. ZWICKER: Die technische Physik der Werkstoffe. Berlin: Springer 1941.

Sachverzeichnis.

Abbrennschweißen 253, 255.
Abbrennschweißmaschinen 260.
Abbrennverluste 277.
Abgeschrägte Stumpfnaht 229.
Abhebenuten bei Werkzeugen 242.
Abkühlverlauf 22.
Abkühlzeiten 19.
Abkühlgeschwindigkeit, kritische 24.
Ätzung, Korngrenzen- 10.
—, Kristallfeld- 10.
Äquipotentialflächen 50.
„a"-Flächen 50.
Aluminium 32.
—, Herstellung des 32.
Aluminiumlegierungen 34.
Aluminium, metallkundliches 35.
—, Normen 34.
Aluminiumgattung Al-Cu-Mg 38.
— Al-Mg (Al-Mg-Si) 39.
Aluminiumgußlegierung 34.
Aluminiumknetlegierung 34.
Amalgamieren 136.
Analogie 81.
Anlassen 24.
Anode 131.
Anodenspannung 133.
Anwendungsbeispiele:
 Buckelschweißen 251.
 Nahtschweißen 232.
 Punktschweißen 210.
 Stumpfschweißen 282.
Aperiodischer Ausgleich 153.
Arbeitsbegrenzer 127.
Armausladung beim Nahtschweißen 231.
Atome 8, 131.
Attramentierte Bleche 194.
Aufnahmen, elektrodeneigene 242.
—, elektrodenfremde 241.
Austenit 20.
Auswerfer 243.
Automatische Abbrennschweißmaschine 256.
— Stumpfschweißmaschine 262.

Baustähle 13.
Bayer-Verfahren 33.
Beryllium-Bronze 165.
Begrenzer 125.
Belastungskennlinien von Schaltgefäßen 136, 140.
Berührungsflächen 50.
Bleche 29.
Blombit-Metall 166.
Bördelnaht 230.
Bondern 194.
Bruchlast von Buckelschweißungen 246.
— — Punktschweißungen 179.
Bruchproben von Stählen 18.
Brünierte Bleche 193.
Buckelformen 245.
Buckelschweißen 6, 233.
Buckelschweißmaschinen 234.
Butzenwärme 84.

Chrom-Mangan-Stähle 31.
Chromnickel-Stähle 30.

Desoxydation 16.
Dauerleistung 99, 168.
Dellenschweißen 234.
DIN-Normen 26, 34.
Dornschlitten-Maschinen 213.
Doppelnaht-Maschinen 216.
Doppelpunkten 102.
Drehstrom-Maschinen 154.
Drehtransformator 219.
Druckprogramme 111, 208.
Durana-Metall 166.

Edelstähle 16.
Einheitsführungsgestelle 241.
Einkristalle 7.
Einphasen-Transformator 61, 155.
Einsatzstahl 14, 30.
Einschaltdauer 80, 224.
Einschaltvorgang 122.
Einspannlänge 272.
Einwegsteuerung 137.
Eisen-Kohlenstoff-Diagramm 20.
Elektroden beim:
 Buckelschweißen 237.
 Nahtschweißen 225.

Elektroden beim:
 Punktschweißen 160.
 Stumpfschweißen 266.
Elektrodenanordnung 102.
Elektrodendurchmesser beim Punktschweißen 182.
Elektrodenformen 160.
Elektrodenhalter 161.
Elektrodenkraft beim:
 Buckelschweißen 247, 251.
 Nahtschweißen 232.
 Punktschweißen 182, 198.
 Stumpfschweißen 277.
Elektrodenkühlung 164.
Elektrodenringe 226.
Elektrodenspitzen 160.
Elektrodenwerkstoffe 164.
Elektrolyse bei Alu-Herstellung 33.
Elektrolytkupfer 166.
Elektronen 131.
Elektronische Drehstrommaschinen 154.
Elektrostahl 16.
Elementarzelle 8.
Elkaloy 166.
Elkonite 166.
Elmet-Metalle 166.
Energieregler 146.
Engewiderstand 51.
Erregeranode 133.
Eutektoid 9, 19.

Federgestänge 105.
Ferrit 18.
Feinbleche 29.
Festigkeitswerte beim:
 Buckelschweißen 246.
 Nahtschweißen 229.
 Punktschweißen 179.
 Stumpfschweißen 275.
 bei stumpfgeschweißten Betonstählen 279.
Flächenzentriertes Gitter 8.
Folgepunktschweißmaschinen 175.
Fremdschichten 50.
Frequenzwandler 154.
Führungsgestell 242.
Führungsgestell mit Schiebeeinsatz 244.
Führungssäulen 241.

Sachverzeichnis.

Gehrung, Stumpfschweißen auf 271.
Gefügeaufbau der Stähle 18.
— beim Punktschweißen 184.
— — Abbrennschweißen 276, 282.
Gefügebild beim Alu-Punktschweißen 206.
Gegendruckkammer 113.
Gitter 8, 133.
Gitterspannung, kritische 133.
Gittersteuerung 133.
Gleichrichter 149, 151.
Gleitlager 227.
Glühbehandlung 21.
Glühtemperaturen 21.
Glühzeiten 22.
Grundlagen der Widerstandsschweißung 43.
Gußeisen 17.

Härten 24.
Haltepunkt 19.
Handelsbleche 29.
Handsicherungen 234.
Hautwiderstand 50.
Herstellung von Eisen und Stahl 15.
— der Leichtmetalle 32.
Hexagonales Gitter 8.
Hohlkörper-Schweißmaschinen 217.
Hütten-Aluminium 32.

Ignitrongefäße 134.
Induktive Speicher 148.

Joule'sches Gesetz 45.

Kalium 31.
Kaltauslagern 38.
Kaltschweißen 44.
Kaltverformung 20, 37.
Kapazitive Speicher 151.
Kappsches Diagramm 66.
Karosserie-Schweißmaschine 265.
Kaskade 221.
Kathode 131.
Kegelbefestigung bei Elektroden 161.
Kegelstumpfschweißung 249
Kennlinien des Transformators 70.
Kettenschweißungen 271.
Kerntransformator 76.
Koagulieren 44.
Kohlenstoffstähle 13.
Kommandoschalter 117.
Kontaktflächen 50.
Kontaktwiderstand 49.
Kopfrollen 226.
Kraftantriebe 107.

Krafterzeugung durch Druckluft und Drucköl 109.
— — Federgestänge 107.
Kraftprogramm 111.
Kreisdiagramm des Transformators 67.
Kristalle 7.
Kritische Abkühlgeschwindigkeit 24.
Kubisches Gitter 8.
Kühlwasserverbrauch 271.
Kühlwasserverteiler 241.
Kurvensteuerung 256.
Kurzschluß-Impedanz 66.
Kurz-überlappte Naht 229.
Kusit-Metall 166.

Längenverlust beim Abbrennschweißen 277.
Längsnaht-Schweißmaschine 213.
Lagerung der Rollenelektroden 227.
Lamellarer Perlit 18.
Leerlauf-Diagramm 63.
Legierte Stähle 14.
Legierungselemente, Einfluß der 14.
Leichtmetalle 31.
Leistungsschalter 114.
Leistungsstufe 130, 137.
Leitfähigkeit des Aluminiums 41.
—, elektrische 47.
—, Wärme- 81.
Löschkondensator 222.
Löschrohr 222.

Magnetischer Fluß 63.
Magnetisierungsstrom 62.
Manteltransformator 77.
Martensit 24.
Maschinenwirkungsgrad 93.
Matrizenform für Schweißbuckel 248.
Mechanische Behandlung u. das Gefüge 20.
Mehrimpulsschweißung 124.
Messung von Widerständen 55.
Metallkundliche Grundbegriffe 7.
Metalluntersuchung, Methoden der 10.
Mischkristalle 9.
Mitreiß-Schaltung 141.
— -Transformator 142.
Mittelbare Steuerung 141.
Modulator 219.
Modulationsgrad 220.

Nahtleistung 224.
Nahtschweißen 211.
— der Leichtmetalle 194.
— — Stähle 228.

Nahtschweißmaschinen 213.
Nahtschweißen mit Stromunterbrechung 212.
— ohne Stromunterbrechung 212.
Nahtvorbereitung 229.
Natrium 31.
Netzausgleich 155.
Netzfrequenz 138.
Normen für Leichtmetalle 34.
— — Stahl 26.

Oberflächenbehandlung der Leichtmetalle 196.
— — Stähle 192.
Oszillierende Entladung 154.
Oxydeinschlüsse 276.
Oxydschichten 59.

Parkern 194.
Perioden 138.
Perlit 18.
Phosphatierte Bleche 194.
Pilger-Schrittverfahren 213.
Polykristalline Metalle 8.
Pond 45.
Portal-Maschine 216.
Prägestempel für Schweißbuckel 248.
Preß-Schweißen 4.
Primärspannung 62, 114.
Primärwicklung 62.
Programmsteuerung 123.
Projektionsschweißen 234.
Pulsations-Schweißen 124.
Punktabstand 179, 200, 224.
Punktelektrode 160.
Punktschweißen 6, 101.
— der Leichtmetalle 194.
— — Stähle 177.
Punktschweißmaschine 167.
Punktschweißzeuge 173.

Quecksilberlagerung 228.

Raumgitter 8.
Reinaluminium 35.
Reineisen 12.
Reinstaluminium 35.
Reinsteisen 12.
Rekristallisation 10, 26.
— bei Aluminium 37.
Ringförmige Werkstücke 270, 274.
Ringnaht-Schweißmaschine 215.
Ringtransformator 78, 218.
Röhrensteuerungen 130.
Röntgenstrahlen 11.
Rohaluminium 32.
Rohrschweißmaschine 218.
Rohrschweißtransformator 78, 218.
Rollenelektroden 225.
Rollenkopf 227.

Sachverzeichnis.

Rollennahtschweißen 6, 211.
Rotationsspannung 220.
Rückfeinen 21.
RU-Linien 54.
Rundnahtmaschine 213.

Schaltbilder: Nahtschweißmaschinen 115.
— Punktschweißmaschinen 254.
— Stumpfschweißmaschinen 254.
Schalteinrichtungen 114.
Schalten des Schweißstromes, Buckelschweißen 234.
— — —, Nahtschweißen 219.
— — —, Punktschweißen 114.
— — —, Stumpfschweißen 254.
Scherfestigkeit beim Buckelschweißen 246.
Schmelzschweißen 1.
Schnellarbeitsstähle 14.
Schwalbenschwanzbefestigung bei Elektroden 267.
Schwarzbleche 29, 183.
Schweißbarkeit der Leichtmetalle: Punkt- u. Nahtschweißen 194.
— — Stähle: Buckelschweißen 245.
— — —, Nahtschweißen 228.
— — —, Punktschweißen 181.
— — —, Stumpfschweißen 272.
Schweißbegrenzer 125.
Schweißbutzen 83.
Schweißpause 224.
Schweißtakter 130.
Schweißverfahren, allgemein 2.
Schweißwärme 45.
Schweißwerkzeuge beim Buckelschweißen 239.
Schweißzeitbegrenzer 127.
Schweißzeiten: Buckelschweißen 247.
—, Nahtschweißen 231.
—, Punktschweißen: Alu 199.
— —, Stähle 183.
—, Stumpfschweißen 273, 277.
Schwellschweißen 124.
Schwingungsfestigkeit von Betonstählen 279.
Sekundärspannung 75, 170.
Sekundärwicklung 62, 75.

Sherardisierte Bleche 194.
Siemens-Martin-Verfahren 16.
Sinnbilder für Schweißnähte 4.
Sorbit 25.
Spannbacken 266.
Spannungskompensator 146.
Speichermaschinen 148.
Spreizelektrode 103.
Stahl 12.
Stahlbleche 29.
Stahlguß 17.
Stahlignitron 136.
Stauchgetriebe 265.
Stauchgrat 254.
Stauchkraft 275.
Stauchschlitten 254.
Stauchweg 273, 277.
Stauchwegschalter 254.
Stauchverluste 273, 277.
Steppnähte 211.
Steuergrundsätze, elektrotechnisches 120.
—, schweißtechnisches 118.
Steuereinrichtungen 114.
Steuerstufen 141.
Steuerung der Buckelschweißmaschinen 234.
— — Nahtschweißmaschinen 219.
— — Punktschweißmaschinen 114.
— — Stumpfschweißmaschinen 254.
Stoffverluste beim Stumpfschweißen 273, 277.
Stoffwiderstand 47.
Stoßelektrode 174.
Streufluß 64.
Streuinduktivität 64.
Strombegrenzer 126.
Stromprogramme 124.
Stromrichtergefäße 130.
Stumpfnaht 228.
—, unterlegte 228.
— bei Blechen 280.
— mit Drahteinlage 229.
Stumpfschweißen 7, 252.
— von Schnellstählen 281.
Stumpfschweißmaschinen 260.

Taktzeit 224.
Temperaturfeld 80.
Temperaturverlauf beim Punktschweißen 83, 89.
— — Stumpfschweißen 256.
Temperguß 17.
Tetroden 134.
Thomas-Verfahren 16.
Thyratron 133.

Tiefziehblech 29.
Tiegelstahl 15.
Tischpunktschweißmaschine 171.
Tonerdegewinnung 33.
Total-Leistung 70, 93.
— -Widerstand 47.
Transformator 61.
Transformatoraufbau, mechanisch 75.
Trioden 134.
Troostit 25.

Überlappte Naht 230.
Überlappungswinkel 157.
Übermikroskop 11.
Überspannungen 137.
Unterlegte Stumpfnaht 228.
Ursprung der Schweißwärme 45.

Vektordiagramm des Transformators 62.
Verbundnaht-Schweißmaschine 214.
Verformung, plastische 180.
Vergütungsstähle 14, 30.
Verluste beim Abbrennschweißen 277.
Verluste beim Stumpfschweißen 272.
Verzinkte Bleche 193.
Verzinnte Bleche 193.
Vorschubgeschwindigkeit 256.
Vorwärmen 253.

Waagerechte Spannbacken 260.
Wärmeäquivalent 45.
— -bilanz 93.
— -leitfähigkeit 81.
— -strom 81.
— -tönung 11.
— -widerstand 81.
Warmauslagern 38.
Warmbehandlung der Leichtmetalle 37.
— — Stähle 21.
Warmhärte 167.
— -verformung 17.
Wanderrollen, Maschinen mit 213.
Warzenschweißen 6, 233.
Wechselteile 243.
Werkzeugstähle 14.
Widerstand, des Aluminiums 41.
— — Eisens 48.
—, Kontakt- 49.
—, Ohm'scher 47.
—, Stoff- 47.
—, Total- 47.

Widerstandsverlauf 60.
Widmannstättische Struktur 26.
Wirkungsgrad, Maschinen- 93.
—, thermischer 95.
Wolfram 164.
Wulststumpfschweißen 252.

Zeitbegrenzer 127.
Zeit-Weg-Diagramm beim Abbrennschweißen 257.
Zementit 18.
— -schaubild 20.
Zinkdiffundierte Bleche 194.
Zündstift 136.
— -gesteuertes Gefäß 134.
Zündrohr 142, 222.

Zündvorgang im Ignitrongefäß 135.
Zündwinkelverschiebung 137.
Zugfestigkeit beim Buckelschweißen 246.
Zustandsdiagramme 9.
Zwangszustand der Stähle 24.
Zweiwegsteuerung 138.

If you have any concerns about our products,
you can contact us on
ProductSafety@springernature.com

In case Publisher is established outside the EU,
the EU authorized representative is:
**Springer Nature Customer Service Center GmbH
Europaplatz 3, 69115 Heidelberg, Germany**

Printed by Libri Plureos GmbH
in Hamburg, Germany